Formelsammlung zur Numerischen Mathematik mit C-Programmen

BÜCHER ZUR
NUMERISCHEN MATHEMATIK
VON G. ENGELN-MÜLLGES
UND F. REUTTER

NUMERISCHE MATHEMATIK
FÜR INGENIEURE
5., überarbeitete Auflage 1987
ISBN 3-411-01688-4

FORMELSAMMLUNG ZUR
NUMERISCHEN MATHEMATIK
MIT STANDARD-
FORTRAN 77-PROGRAMMEN
5., überarbeitete und erweiterte
Auflage 1986
ISBN 3-411-03125-5

FORMELSAMMLUNG ZUR
NUMERISCHEN MATHEMATIK
MIT BASIC-PROGRAMMEN
2., überarbeitete und erweiterte
Auflage 1985
ISBN 3-411-03100-X

FORMELSAMMLUNG ZUR
NUMERISCHEN MATHEMATIK
MIT PASCAL-PROGRAMMEN
1., Auflage 1985, 2. Auflage mit
TURBO-PASCAL-Programmen
erscheint 1987
ISBN 3-411-0311-5

FORMELSAMMLUNG ZUR
NUMERISCHEN MATHEMATIK
MIT C-PROGRAMMEN
1. Auflage 1987
ISBN 3-411-03112-3

FORMELSAMMLUNG ZUR
NUMERISCHEN MATHEMATIK
MIT TURBO-
BASIC-PROGRAMMEN
erscheint 1987

FORMELSAMMLUNG ZUR
NUMERISCHEN MATHEMATIK
MIT PL/1-PROGRAMMEN
erscheint 1988

FORMELSAMMLUNG ZUR
NUMERISCHEN MATHEMATIK
MIT
MODULA 2-PROGRAMMEN
erscheint 1988

FORMELSAMMLUNG ZUR
NUMERISCHEN MATHEMATIK
MIT APL-PROGRAMMEN
erscheint 1988

Formelsammlung zur Numerischen Mathematik mit C-Programmen

von
PROF. DR. GISELA ENGELN-MÜLLGES
Fachhochschule Aachen
und
O. PROF. EM. DR. FRITZ REUTTER
Rheinisch-Westfälische Technische Hochschule
Aachen

ANHANG C-PROGRAMME

von
Dr. Albert Becker, Thilo Gukelberger
und Dorothee Seesing

B·I·
Wissenschaftsverlag
Mannheim/Wien/Zürich

CIP-Kurztitelaufnahme der Deutschen Bibliothek

Engeln-Müllges, Gisela:
Formelsammlung zur numerischen Mathematik mit C-Programmen / von Gisela Engeln-Müllges u. Fritz Reutter. Anh. C-Programme / von Albert Becker; Thilo Gukelberger u. Dorothee Seesing. – Mannheim; Wien; Zürich: Bibliographisches Institut & F. A. Brockhaus AG, 1987.
ISBN 3-411-03112-3
NE: Reutter, Fritz:; Becker, Albert: C-Programme; Gukelberger, Thilo: C-Programme; Seesing, Dorothee: C-Programme; HST

Druck: Druckerei Krembel, Speyer
Bindearbeit: Pilger-Druckerei GmbH, Speyer
Printed in Germany
ISBN 3-411-03112-3

VORWORT

Diese Formelsammlung ist in erster Linie zur Nutzung durch Ingenieure aller Fachrichtungen in Studium und Beruf, außerdem Physiker, Informatiker, angehende und ausübende Lehrkräfte für mathematisch-naturwissenschaftlichen Unterricht, Personen in Assistentenberufen und anderen Anwendungsgebieten gedacht.

Sie umfaßt Standardmethoden der Numerischen Mathematik, die zum großen Teil algorithmisch formuliert sind oder durch Rechenschemata beschrieben. Auf Beweise wird verzichtet. Im einzelnen werden folgende Bereiche berücksichtigt: Algebraische und transzendente Gleichungen, lineare und nichtlineare Gleichungssysteme, Eigenwertaufgaben bei Matrizen, Approximation, Interpolation, ein- und zweidimensionale Splines, Differentiation, Integration, Anfangs- und Randwertaufgaben bei gewöhnlichen Differentialgleichungen.

Der Anhang enthält zu den meisten im Textteil enthaltenen Algorithmen C-Programme, die als Unterprogramme formuliert und ausreichend dokumentiert sind. Die Programme wurden auf einem IBM-AT02 mit Numerik-Koprozessor 80287 unter dem Betriebssystem IBM PC/DOS 3.10 ausgetestet und mit dem C-Compiler der Version 1.00 von IBM (Version 3.00 von MicroSoft) übersetzt.

Bei den Autoren der im Anhang abgedruckten Programme möchten wir uns herzlich bedanken. Frau I. Jansen danken wir herzlich für die Reinschrift der gegenüber der FORTRAN-Ausgabe dieser Formelsammlung geänderten Teile des Manuskriptes und dem Bibliographischen Institut für die große Unterstützung bei der Manuskripterstellung sowie die Drucklegung dieser Ausgabe.

Aachen, im April 1987

Gisela Engeln-Müllges

Fritz Reutter

BEZEICHNUNGEN.

$<$ $\leq$	kleiner, kleiner oder gleich
$>$ $\geq$	größer, größer oder gleich
$a \ll b$	a ist wesentlich kleiner als b
$\approx$	ungefähr gleich
$\sim$	proportional
$\in$	ist Element von
$\subset$	ist Teilmenge von
$\Rightarrow$	daraus folgt
$\prod$	Produktzeichen
$:=$	ist Bezeichnung für (Definition)
(a,b)	offenes Intervall von a bis b, $a < b$
$[a,b]$	abgeschlossenes Intervall von a bis b, $a < b$
$(a,b]$	halboffenes Intervall von a bis b (links offen), $a < b$
$[a,b)$	halboffenes Intervall von a bis b (rechts offen), $a < b$
$\mathbb{N}$	Menge der natürlichen Zahlen
$\mathbb{Z}$	Menge der ganzen Zahlen
$\mathbb{Q}$	Menge der rationalen Zahlen
$\mathbb{R}$	Menge der reellen Zahlen
$\mathbb{C}$	Menge der komplexen Zahlen
$\{x,y \mid x \in [a,b],\ y \in [c,d]\}$	Menge der Elemente x,y mit $x \in [a,b]$, $y \in [c,d]$
R^n	n-dimensionaler euklidischer Raum
$C^n[a,b]$	Menge der auf $[a,b]$ n-mal stetig differenzierbaren Funktionen
$C[a,b]$	Menge der auf $[a,b]$ stetigen Funktionen
$A = O(h^q)$	der Ausdruck A ist von der Ordnung h^q für $h \to 0$, d.h. es gilt $\lvert A/h^q \rvert \leq c$ mit $c = \text{const.}$
$0(1)n$	$0,1,2,\ldots,n$
[A]	s. im Literaturverzeichnis unter [A]

INHALTSVERZEICHNIS.

Seite

Seite

1. DARSTELLUNG VON ZAHLEN UND FEHLERANALYSE.

1.1 DEFINITION VON FEHLERGRÖSSEN.

Ein numerisches Verfahren liefert im allgemeinen anstelle einer gesuchten Zahl x nur einen Näherungswert X für diese Zahl x. Zur Beschreibung dieser Abweichung werden Fehlergrößen eingeführt.

DEFINITION 1.1 (*wahrer und absoluter Fehler*).

Ist X ein Näherungswert für die Zahl x, so heißt die Differenz

$$\Delta_x = x - X$$

der wahre Fehler von X und deren Betrag

$$|\Delta_x| = |x - X|$$

der absolute Fehler von X.

In den meisten Fällen ist die Zahl x nicht bekannt, so daß weder der wahre noch der absolute Fehler eines Näherungswertes X angegeben werden kann. Daher versucht man, für den absoluten Fehler $|\Delta_x|$ von X eine möglichst kleine obere Schranke $\alpha_x > 0$ anzugeben, so daß gilt $|\Delta_x| \leq \alpha_x$.

DEFINITION 1.2 (*maximaler absoluter Fehler, absoluter Höchstfehler*).

Ist $|\Delta_x|$ der absolute Fehler eines Näherungswertes X und ist $\alpha_x > 0$ eine möglichst kleine obere Schranke für $|\Delta_x|$, so daß

(1.1) $$|\Delta_x| \leq \alpha_x$$

gilt, dann heißt α_x maximaler absoluter Fehler oder absoluter Höchstfehler von X.

Bei bekanntem α_x ist wegen $|\Delta_x| = |x-X| \leq \alpha_x$

(1.2) $$X - \alpha_x \leq x \leq X + \alpha_x \text{ , also } x \in [X - \alpha_x, X + \alpha_x] \text{ .}$$

Um die Qualität von Näherungswerten vergleichen zu können, wird der relative Fehler eingeführt.

DEFINITION 1.3 (*relativer Fehler*).

Ist $|\Delta_x|$ der absolute Fehler eines Näherungswertes X für die Zahl x, so heißt der Quotient $\frac{|\Delta_x|}{|X|} = \frac{|x-X|}{|X|}$

der relative Fehler von X.

DEFINITION 1.4 (*maximaler relativer Fehler, relativer Höchstfehler*).

Ist $|\Delta_x|/|X|$ der relative Fehler eines Näherungswertes X und ist $\varrho_x > 0$ eine möglichst kleine obere Schranke für $|\Delta_x|/|X|$, so daß

$$\frac{|\Delta_x|}{|X|} \leq \varrho_x$$

gilt, dann heißt ϱ_x maximaler relativer Fehler oder relativer Höchstfehler von X.

Ist α_x ein absoluter Höchstfehler von X, so ist wegen (1.1) $\alpha_x/|X| = \varrho_x$ ein relativer Höchstfehler von X.

Häufig wird ein relativer Fehler oder Höchstfehler mit 100 multipliziert und in Prozent ($^0/_0$) angegeben; die entsprechende Größe σ_x heißt *prozentualer Fehler* von X

$$\sigma_x = 100\ \varrho_x\ ^0/_0 .$$

1.2 DEZIMALDARSTELLUNG VON ZAHLEN.

Für jede ganze Zahl a gibt es genau eine Entwicklung nach absteigenden Potenzen der Basis 10 (*Zehnerpotenzen*) der Gestalt

(1.3) $a = \pm(a_n\, 10^n + a_{n-1}\, 10^{n-1} + \ldots + a_1\, 10^1 + a_0\, 10^0)$

mit Koeffizienten $a_k \in \{0, 1, 2, 3, 4, 5, 6, 7, 8, 9\}$ und einer nichtnegativen ganzen Zahl n. Die *Dezimaldarstellung* von a erhält man, indem man die Ziffern, die zur Bezeichnung der Zahlen a_k dienen, in derselben Reihenfolge wie in (1.3) aufschreibt:

(1.4) $a = \pm\, a_n\, a_{n-1} \ldots a_1\, a_0 .$

Die Ziffern a_k in der Dezimaldarstellung (1.4) werden auch *Stellen* genannt.

Jede nicht ganze Zahl a besitzt genau eine Entwicklung nach absteigenden Zehnerpotenzen, in der mindestens eine Potenz mit einem negativen Exponenten auftritt, also ein Glied der Form

$$a_{-k}\, 10^{-k} \quad \text{mit} \quad k \in \mathbb{N}\ , \quad a_{-k} \neq 0 .$$

Die Dezimaldarstellung einer nicht ganzen Zahl heißt *Dezimalbruch*. Im Dezimalbruch einer Zahl a wird nach der Stelle a_0 ein Punkt gesetzt:

(1.5) $$a = \pm a_n a_{n-1} \dots a_1 a_0 . a_{-1} a_{-2} \dots a_{-k} .$$

Die rechts vom Punkt notierten Stellen heißen *Dezimalstellen* oder *Dezimalen*. Gibt es in einem Dezimalbruch eine Dezimale $a_{-j} \neq 0$, so daß alle folgenden Dezimalen $a_{-j-1} = a_{-j-2} = \dots = 0$ sind, dann heißt der Dezimalbruch *endlich*, andernfalls *unendlich*. Bekanntlich gilt

LEMMA 1.1. Jede rationale Zahl p/q mit teilerfremden $p \in \mathbb{Z}$ und $q \in \mathbb{N}$ wird durch einen endlichen oder durch einen unendlichen periodischen Dezimalbruch dargestellt, jede irrationale Zahl durch einen unendlichen nicht periodischen Dezimalbruch.

DEFINITION 1.5 *(Tragende Stellen oder Ziffern)*.
Alle Ziffern einer Dezimaldarstellung (1.4) oder (1.5), beginnend mit der ersten von 0 verschiedenen Ziffer, heißen tragende Ziffern oder Stellen.

Jede Zahl $a \neq 0$ kann eindeutig in der Form dargestellt werden

(1.5') $$a = m \cdot 10^q \quad \text{mit} \quad 0.1 \le |m| < 1 \quad \text{und} \quad q \in \mathbb{Z} \quad .$$

(1.5') heißt *normalisierte (dezimale) Gleitpunktdarstellung* von a, m heißt Mantisse, p Exponent.
Besitzt die Mantisse m t tragende Ziffern, $t \in \mathbb{N}$, so heißt m t-stellig.

1.3 RUNDUNGSVORSCHRIFTEN FÜR DEZIMALZAHLEN.

Wenn von einer Zahl $a \neq 0$ mit der Entwicklung

(1.6) $$a = \pm(a_n 10^n + a_{n-1} 10^{n-1} + \dots + a_{n-t+1} 10^{n-t+1} + a_{n-t} 10^{n-t} + \dots)$$

mit $a_n \neq 0$, $n \in \mathbb{Z}$, nur t tragende Stellen, $t \ge 1$, $t \in \mathbb{N}$, berücksichtigt werden sollen, kann man die auf a_{n-t+1} folgenden Stellen $a_{n-t}, \dots$ weglassen und erhält für a die Näherungszahl

(1.7) $$a^* = \pm(a_n 10^n + a_{n-1} 10^{n-1} + \dots + a_{n-t+1} 10^{n-t+1}) .$$

VORSCHRIFT 1.1 *(Rundung auf t tragende Stellen)*.
Um eine Zahl a mit der Entwicklung (1.6) mit $a_n \neq 0$, $n \in \mathbb{Z}$ auf t tragende Stellen zu runden ($t > 1$), wird die Entwicklung nach dem t-ten Glied $a_{n-t+1} 10^{n-t+1}$ abgebrochen, und es gilt mit (1.7):

1. Ist $|a-a^*| < \frac{1}{2} 10^{n-t+1}$, so bleibt a_{n-t+1} unverändert.
2. Ist $|a-a^*| \ge \frac{1}{2} 10^{n-t+1}$, so wird a_{n-t+1} durch $a_{n-t+1} + 1$ ersetzt.

oder

VORSCHRIFT 1.2 (*Rundung auf t tragende Stellen*).

In Vorschrift 1.1 wird 2. ersetzt durch

2. a) Ist $|a-a^*| > \frac{1}{2}\, 10^{n-t+1}$, so wird a_{n-t+1} durch $a_{n-t+1}+1$ ersetzt.

   b) Ist $|a-a^*| = \frac{1}{2}\, 10^{n-t+1}$, so bleibt a_{n-t+1} unverändert, falls es eine gerade Zahl ist, andernfalls wird es durch $a_{n-t+1}+1$ ersetzt.

DEFINITION 1.6 (*Rundungsfehler*).

Ist A die Zahl, die durch Rundung der Zahl a nach der Vorschrift 1.1 oder 1.2 entsteht, so heißt der absolute Fehler

$$|\Delta_a| = |a - A|$$

der Rundungsfehler von A.

LEMMA 1.2. Bei Rundung einer Zahl nach der Vorschrift 1.1 oder 1.2 beträgt der Rundungsfehler höchstens eine halbe Einheit der letzten mitgeführten Stelle.

1.4 SCHREIBWEISE FÜR NÄHERUNGSZAHLEN UND REGELN ZUR BESTIMMUNG DER ANZAHL SICHERER STELLEN.

Ist X der Näherungswert für eine gesuchte Zahl x, so gilt nach (1.2)

$$X - \alpha_x \le x \le X + \alpha_x \quad \text{oder} \quad x \in [X - \alpha_x,\, X + \alpha_x] .$$

Will man diese Schreibweise vermeiden und allein durch das Aufschreiben der Näherungszahl X Auskunft über die Größe von α_x erhalten, so benutzt man den Begriff der sicheren Stelle.

DEFINITION 1.7 (*Sichere Ziffern*)

Die Ziffer a_{n-m+1} einer Näherungszahl

$$X = \pm\, (a_n\, 10^n + a_{n-1}\, 10^{n-1} + \ldots + a_{n-t+1}\, 10^{n-t+1} + \ldots)$$

heißt sicher, wenn für den absoluten Höchstfehler α_x gilt
$\alpha_x \le \Omega \cdot 10^{n-t+1}$ mit $\frac{1}{2} \le \Omega \le 1$ fest, andernfalls heißt sie unsicher.

Ist a_j eine sichere Stelle, so sind auch alle vorangehenden tragenden Stellen sicher. Man trifft die folgende

VEREINBARUNG: Die letzte tragende Stelle einer Näherungszahl X muß eine sichere Stelle sein.

Bei Funktionentabellen wird i.a. $\Omega = \frac{1}{2}$ gewählt, bei der Angabe von Meßergebnissen $\Omega = 1$.

Im folgenden geben wir noch Regeln zur Bestimmung der Höchstzahl sicherer Stellen einer Näherungszahl an, die durch arithmetische Operationen angewandt auf Näherungszahlen entsteht (s. [66], S.98-100).

1. Bei der *Addition und Subtraktion* von Näherungszahlen werden im Ergebnis höchstens so viele Dezimalstellen beibehalten, wie die Näherungszahl mit der kleinsten Anzahl von sicheren Dezimalstellen besitzt.

2. Bei der *Multiplikation und Division* von Näherungszahlen besitzt das Ergebnis mindestens zwei sichere Ziffern weniger als die Näherungszahl mit der kleinsten Anzahl sicherer Ziffern und höchstens gleich viele wie diese.

3. Beim *Potenzieren* von Näherungszahlen besitzt das Ergebnis höchstens so viele sichere Ziffern, wie die zu potenzierende Zahl besitzt.

4. Beim *Wurzelziehen* besitzt das Ergebnis höchstens so viele sichere Ziffern, wie der Näherungswert des Radikanden besitzt.

Bei allen Zwischenergebnissen wird man eine (oder mehrere) Ziffer(n) mehr stehen lassen, als aus den Regeln 1 bis 4 folgt. Im Endergebnis werden diese Reservestellen dann weggelassen.

Will man ein Ergebnis mit einer bestimmten Anzahl sicherer Ziffern erhalten und können die in die Rechnung eingehenden Näherungswerte mit beliebiger Genauigkeit angegeben werden, so muß man diese mit so vielen sicheren Ziffern in die Rechnung einführen, als sie nach den Regeln 1 bis 4 ein Ergebnis mit der gewünschten Zahl sicherer Ziffern plus eins liefern.

Bemerkung: Die Anzahl sicherer Dezimalen liefert gemäß Def. 1.7 eine Abschätzung des absoluten Fehlers, die Anzahl der sicheren Ziffern hingegen liefert eine grobe Schätzung des relativen Fehlers: Bei k sicheren Ziffern gilt $\frac{|X-x|}{|x|} \approx 10^{-k}$.

1.5 FEHLERQUELLEN.

Bei der numerischen Behandlung eines Problems treten verschiedene Fehlerquellen auf. Der Gesamtfehler (oder akkumulierte Fehler) setzt sich zusammen aus dem:

1. Verfahrensfehler,
2. Eingangsfehler,
3. Rechnungsfehler.

1.5.1 DER VERFAHRENSFEHLER.

Viele Verfahren der numerischen Mathematik beruhen darauf, daß anstelle eines vorgelegten Problems, für welches eine geeignete Lösungsformel nicht existiert, ein Ersatzproblem derart formuliert wird, daß dessen Lösung a) numerisch berechnet werden kann und b) von der gesuchten Lösung des vorgelegten Problems hinreichend wenig abweicht. Die exakte Lösung eines solchen Ersatzproblems ist eine Näherungslösung für das vorgelegte Problem. Die Differenz zwischen der gesuchten Lösung und einer solchen Näherungslösung heißt der *Verfahrensfehler* des betreffenden numerischen Verfahrens. Er kann also nur im Zusammenhang mit dem jeweils verwendeten Verfahren untersucht werden, und das geschieht dort unter der Voraussetzung, daß die Anfangsdaten frei von Fehlern sind, so daß kein Eingangsfehler entsteht, und daß keine Rechnungsfehler auftreten.

1.5.2 DER EINGANGSFEHLER.

Der Fehler des Ergebnisses einer Aufgabe, der durch die Fehler der Anfangsdaten hervorgerufen wird, heißt *Eingangsfehler*.

Man nimmt an, das Resultat y sei eine reellwertige Funktion f, die sich aus den Anfangsdaten $x_1, x_2, \ldots, x_n$ berechnen läßt

$$y = f(x_1, x_2, \ldots, x_n) =: f(\mathfrak{x}) \text{ mit } \mathfrak{x}' = (x_1, x_2, \ldots, x_n) .$$

Sind nun statt der Argumente x_i nur Näherungswerte X_i bekannt, so erhält man statt des gesuchten Funktionswertes y einen Näherungswert Y für y mit

$$Y = f(X_1, X_2, \ldots, X_n) =: f(\mathfrak{X}) \quad , \quad \mathfrak{X}^T = (X_1, X_2, \ldots, X_n) \; .$$

Im folgenden wird eine obere Schranke für den Fehler $\Delta_y = y - Y$ bei Fehlern $\Delta_{x_i} = x_i - X_i$ der Anfangsdaten x_i angegeben.

SATZ 1.1. Es sei $G = \left\{ \mathfrak{x} \mid |x_i - X_i| \leq \alpha_{x_i} ,\ i = 1(1)n \right\}$, ferner seien $\mathfrak{x} \in G$ und $\mathfrak{X} \in G$, und f besitze in G stetige erste partielle Ableitungen f_{x_i}. Dann gibt es in G ein $\bar{\mathfrak{x}}^T = (\bar{x}_1, \bar{x}_2, \ldots, \bar{x}_n)$ mit $\bar{x}_i \in (X_i, X_i + \Delta_{x_i})$ für i = 1(1)n, so daß für den wahren Eingangsfehler

$$\Delta_y = y - Y = f(\mathfrak{x}) - f(\mathfrak{X}) = \sum_{i=1}^{n} \frac{\partial f(\bar{\mathfrak{x}})}{\partial x_i} \Delta_{x_i}$$

und für den maximalen absoluten Eingangsfehler

$$|\Delta_y| \leq \sum_{i=1}^{n} \left(\max_{\mathfrak{x} \in G} \left| \frac{\partial f(\mathfrak{x})}{\partial x_i} \right| \right) \alpha_{x_i} = \alpha_y$$

bzw. mit $\max\limits_{1 \leq i \leq n} \alpha_{x_i} = \alpha$

$$|\Delta_y| \leq \alpha \cdot \left(\sup_{\mathfrak{x} \in G} \sum_{i=1}^{n} \left| \frac{\partial f(\mathfrak{x})}{\partial x_i} \right| \right) = \alpha_y$$

gilt.

Für den maximalen absoluten Eingangsfehler α_y sind also im wesentlichen die Beträge der Ableitungen f_{x_i} verantwortlich.

Die Bestimmung des Eingangsfehlers aus den Fehlern der Anfangsdaten wird als *direkte Aufgabe der Fehlertheorie* bezeichnet, von der u.a. die zweckmäßige Auswahl des numerischen Verfahrens abhängt. Es wäre nämlich sinnlos, bei großem Eingangsfehler ein sehr genaues Verfahren anzusetzen und mit großer Stellenzahl zu rechnen.

Ist umgekehrt die Festlegung der Genauigkeit der Anfangsdaten offen, es wird aber das Resultat mit vorgegebener Genauigkeit verlangt, dann ist die *inverse Aufgabe der Fehlertheorie* zu lösen. Man muß also bestimmen, mit welcher Genauigkeit die Ausgangsdaten vorzugeben sind, damit der Eingangsfehler kleiner als der für das Resultat zugelassene Fehler ist; s. dazu [40], S.55/56.

Bei umfangreichen Aufgaben ist die Abschätzung des Eingangsfehlers sehr kompliziert und kaum praktikabel. In solchen Fällen sind statistische Fehlerabschätzungen angebracht, s. [18] Bd.2, S.381; [30], S.26ff..

Im folgenden wird noch der Eingangsfehler für einige arithmetische Operationen angegeben.

1. *Eingangsfehler einer Summe.* Es sei

$$y = f(x_1,x_2,\ldots,x_n) = x_1 + x_2 + \ldots + x_n, \quad x_i > 0, \quad i = 1(1)n .$$

Dann gelten folgende Aussagen:

a) Der absolute Fehler der Summe ist höchstens gleich der Summe der absoluten Höchstfehler der Summanden. Es gilt

$$|\Delta_y| \leq \alpha_{x_1} + \alpha_{x_2} + \ldots + \alpha_{x_n} = \alpha_y .$$

b) Der relative Höchstfehler der Summe liegt zwischen dem kleinsten und dem größten Wert der relativen Höchstfehler der Summanden. Es gilt mit $m \leq \varrho_{x_i} \leq M$, $m > 0$, $M > 0$,

$$m \leq \varrho_y \leq M .$$

2. *Eingangsfehler einer Differenz.* Es sei

$$y = f(x_1,x_2) = x_1 - x_2 \quad \text{mit} \quad x_1 > x_2 > 0 .$$

a) Für den absoluten Fehler gilt die Aussage 1a).

b) Für den relativen Höchstfehler sind folgende Fälle zu unterscheiden:

I. $x_1 \gg x_2$: $\varrho_y \approx \varrho_{x_1}$.

II. $x_1 \approx x_2$: ϱ_y wird sehr groß. In diesem Fall besteht die Gefahr der Auslöschung sicherer Stellen, man versucht dies dann durch eine andere Aufeinanderfolge der Rechenoperationen zu vermeiden.

3. *Eingangsfehler eines Produktes.* Es sei

$$y = f(x_1,x_2,\ldots,x_n) = x_1 x_2 \ldots x_n .$$

Wegen $|\Delta_y| \leq |Y| \sum_{i=1}^{n} \varrho_{x_i} = \alpha_y$ ist der relative Höchstfehler des Produktes gleich der Summe der relativen Höchstfehler der Faktoren. Es gilt

$$\varrho_y = \frac{\alpha_y}{|Y|} = \sum_{i=1}^{n} \varrho_{x_i} .$$

4. *Eingangsfehler eines Quotienten.* Es sei

$$y = f(x_1,x_2) = x_1/x_2 .$$

Wegen $|\Delta_y| \leq |Y|(\varrho_{x_1} + \varrho_{x_2}) = \alpha_y$ ist der relative Höchstfehler des Quotienten gleich der Summe der relativen Fehler von Zähler und Nenner. Es gilt $\varrho_y = \alpha_y/|Y| = \varrho_{x_1} + \varrho_{x_2}$.

1.5.3 DER RECHNUNGSFEHLER.

Wenn man sich für eine Methode zur numerischen Lösung einer Aufgabe entschieden hat, so bleibt noch die Freiheit in der Wahl des Algorithmus zu ihrer Durchführung, d.h. hinsichtlich der Reihenfolge für die arithmetischen, logischen und sonstigen Operationen von der Eingabe der Anfangsdaten bis zum Endergebnis. Unter Algorithmus versteht man eine endliche Menge von genau beschriebenen Anweisungen, die mit vorgegebenen Anfangsdaten in bestimmter Reihenfolge nacheinander auszuführen sind, um die Lösung zu ermitteln. Im Verlaufe dieser Rechnung entsteht durch Auflaufen der *lokalen Rechnungsfehler* der *akkumulierte Rechnungsfehler*. Der lokale Rechnungsfehler entsteht z.B. dadurch, daß irrationale Zahlen wie π, e, $\sqrt{2}$ durch endliche Dezimalbrüche ersetzt werden, daß im Rechnungsprozeß selbst gerundet wird, daß hinreichend kleine Größen vernachlässigt werden, daß sichere Stellen ausgelöscht werden usw.. Er entsteht also im wesentlichen durch Rundungen. Ist die Anzahl der Operationen sehr groß, so besteht die Gefahr der Verfälschung des Ergebnisses.

DEFINITION 1.8 (*Stabilität eines Algorithmus*).

Ein Algorithmus für ein numerisches Verfahren heißt stark stabil, schwach stabil oder instabil, je nachdem ein im n-ten Rechenschritt zugelassener Rechnungsfehler bei exakter Rechnung in den Folgeschritten abnimmt, von gleicher Größenordnung bleibt oder anwächst.

Instabile Algorithmen sind für die Praxis unbrauchbar. Z.B. sind Algorithmen der allgemeinen Form $y_{n+1} = ay_n + by_{n-1}$, a,b konstant, $n \in \mathbb{N}$ stabil, wenn man a und b so wählt, daß gilt

$$\left|\frac{a}{2} \pm \sqrt{\frac{a^2}{4} + b}\right| < 1 .$$

Es hat aber auch im Falle stabiler Algorithmen keinen Sinn, einerseits mit einem sehr genauen Verfahren zu arbeiten, wenn andererseits sehr grob gerechnet wird, also große Rechnungsfehler gemacht werden.

LITERATUR zu 1: [2] Bd.1, I; [7], 1; [18] Bd.2, Kap.15,16; [20], Kap.1; [29] I,I;[30], I; [35], I; [40], I § 6; [42]; [43], I; [66], S.96-100, [3], 1,2;[91 a], 1-3;[92b], Bd. 1, 1.7, 1.8.

2. NUMERISCHE VERFAHREN ZUR LÖSUNG ALGEBRAISCHER UND TRANSZENDENTER GLEICHUNGEN.

Ist f eine in einem abgeschlossenen Intervall I stetige und reellwertige Funktion, so heißt die Zahl $\xi \in I$ *Nullstelle der Funktion* f oder *Lösung der Gleichung*

(2.1) $$f(x) = 0 ,$$

falls $f(\xi) = 0$ ist.

Wenn f ein *algebraisches Polynom* der Form

(2.2) $$f(x) \equiv P_n(x) = \sum_{j=0}^{n} a_j x^j , \quad a_j \in \mathbb{R} , \quad a_n \neq 0$$

ist, heißt die Gleichung (2.1) *algebraisch*, und die natürliche Zahl n heißt der *Grad* des Polynoms bzw. der algebraischen Gleichung. Jede Gleichung (2.1), die nicht algebraisch ist, heißt *transzendent* (z.B. $e^x = 0$, $x - \sin x = 0$).

Nach dem Fundamentalsatz der Algebra besitzt eine algebraische Gleichung vom Grad n genau n Lösungen, die i.a. komplexe Zahlen und nicht notwendig voneinander verschieden sind. Diese Lösungen können i.a. nur bis zum Grad n=4 in geschlossener Form durch die Koeffizienten a_j ausgedrückt werden. Für $n \geq 5$ müssen Verfahren zur numerischen Bestimmung der Lösungen verwendet werden ([45], S.44; [66], S.113-121).

2.1 ITERATIONSVERFAHREN.

2.1.1 KONSTRUKTIONSMETHODE UND DEFINITION.

Anstelle der Gleichung (2.1) wird eine Gleichung der Form

(2.3) $$x = \varphi(x)$$

betrachtet. Dabei sei φ eine in einem abgeschlossenen Intervall I stetige und reellwertige Funktion, und $\xi \in I$ heißt Lösung von (2.3), wenn $\xi = \varphi(\xi)$ ist.

Die Untersuchung von Gleichungen der Form (2.3) bedeutet keine Beschränkung der Allgemeinheit, denn es gilt das

LEMMA 2.1. Sind f und g stetige Funktionen in einem abgeschlossenen Intervall I und ist $g(x) \neq 0$ für alle $x \in I$, dann besitzen die Gleichungen (2.1) und (2.3) mit

(2.4) $$\varphi(x) := x - f(x)g(x)$$

im Intervall I dieselben Lösungen, d.h. die beiden Gleichungen sind äquivalent.

Jede geeignete Wahl von g liefert eine zu (2.1) äquivalente Gleichung (2.3). Häufig kann eine Gleichung (2.1) auf die Form (2.3) gebracht werden, indem irgendeine Auflösung von (2.1) nach x vorgenommen wird.

Nun sei eine Gleichung der Form (2.3) mit dem zugehörigen Intervall I gegeben. Dann konstruiert man mit Hilfe eines *Startwertes* $x^{(0)} \in I$ eine Zahlenfolge $\{x^{(\nu)}\}$ nach der Vorschrift

(2.5) $$x^{(\nu+1)} := \varphi(x^{(\nu)}), \quad \nu = 0,1,2,\ldots .$$

Diese Folge läßt sich nur dann konstruieren, wenn für $\nu = 0,1,2,\ldots$

(2.6) $$x^{(\nu+1)} = \varphi(x^{(\nu)}) \in I$$

ist, da φ nur für $x \in I$ erklärt ist.

Wenn die Folge $\{x^{(\nu)}\}$ konvergiert, d.h. wenn

(2.7) $$\lim_{\nu \to \infty} x^{(\nu)} = \xi$$

ist, dann ist ξ eine Lösung der Gleichung (2.3). Es gilt

$$\xi = \lim_{\nu \to \infty} x^{(\nu)} = \lim_{\nu \to \infty} x^{(\nu+1)} = \lim_{\nu \to \infty} \varphi(x^{(\nu)}) = \varphi(\lim_{\nu \to \infty} x^{(\nu)}) = \varphi(\xi).$$

Ein solches *Verfahren der schrittweisen Annäherung* wird *Iterationsverfahren* genannt. Die Vorschrift (2.5) heißt *Iterationsvorschrift*; sie stellt für jedes feste ν einen *Iterationsschritt* dar. Die Funktion φ wird *Schrittfunktion* genannt. Die Folge $\{x^{(\nu)}\}$ heißt *Iterationsfolge*.

Die Iterationsschritte für $\nu = 0(1)N$ mit $N \in \mathbb{N}$ bilden zusammen mit dem Startwert $x^{(0)}$ das algorithmische Schema des Iterationsverfahrens:

$$x^{(0)} = \text{Startwert}, \quad x^{(1)} = \varphi(x^{(0)}),$$

$$x^{(2)} = \varphi(x^{(1)}), \ldots, x^{(N+1)} = \varphi(x^{(N)}).$$

2.1.2 EXISTENZ VON LÖSUNGEN UND EINDEUTIGKEIT DER LÖSUNGEN.

SATZ 2.1 (*Existenzsatz*).

Die Gleichung $x = \varphi(x)$ besitzt in dem endlichen, abgeschlossenen Intervall I mindestens eine Lösung ξ, falls φ die folgenden Bedingungen erfüllt:

(i) φ ist stetig in I,

(ii) $\varphi(x) \in I$ für alle $x \in I$.

Zur Beantwortung der Frage nach der Eindeutigkeit einer Lösung von (2.3) benötigt man die sogenannte *Lipschitzbedingung* (LB):

Wenn es eine Konstante L, $0 \le L < 1$, gibt, so daß für alle $x, x' \in I$

(2.8) $$|\varphi(x) - \varphi(x')| \le L|x-x'|$$

gilt, dann ist (2.8) eine LB für die Funktion φ. Die Konstante L heißt *Lipschitzkonstante*, und eine Funktion φ, welche eine LB (2.8) erfüllt, heißt *lipschitzbeschränkt*. Eine differenzierbare Funktion φ ist sicher lipschitzbeschränkt, wenn für alle $x \in I$ gilt

(2.9) $$|\varphi'(x)| \le L < 1 .$$

SATZ 2.2 (*Eindeutigkeitssatz*).

Die Gleichung $x = \varphi(x)$ besitzt höchstens eine Lösung $\xi \in I$, wenn φ im Intervall I einer LB (2.8) bzw. (2.9) genügt.

Da eine Funktion φ, die in I einer LB genügt, überall in I stetig ist, und dies für die Existenz mindestens einer Lösung in I hinreichend ist (sofern $\varphi(x) \in I$ für alle $x \in I$), gilt weiter der

SATZ 2.3 (*Existenz- und Eindeutigkeitssatz*).

Die Gleichung $x = \varphi(x)$ besitzt in dem endlichen, abgeschlossenen Intervall I genau eine Lösung ξ, wenn φ die folgenden Bedingungen erfüllt:

(i) φ genügt einer LB (2.8) oder, falls φ in I differenzierbar ist, einer Bedingung (2.9),
(ii) $\varphi(x) \in I$ für alle $x \in I$.

2.1.3 KONVERGENZ EINES ITERATIONSVERFAHRENS. FEHLERABSCHÄTZUNGEN. RECHNUNGSFEHLER.

SATZ 2.4. Es liege eine Gleichung der Form $x = \varphi(x)$ vor und ein endliches, abgeschlossenes Intervall I. Die Funktion φ erfülle die folgenden Bedingungen:

(i) φ genügt einer LB (2.8) oder, falls φ für alle $x \in I$ differenzierbar ist, einer Bedingung (2.9),
(ii) $\varphi(x) \in I$ für alle $x \in I$.

Dann existiert genau eine Lösung $\xi \in I$, die mittels der Iterationsvorschrift $x^{(\nu+1)} = \varphi(x^{(\nu)})$, $\nu = 0,1,2,\ldots$, zu einem beliebigen Startwert $x^{(0)} \in I$ erzeugt werden kann, d.h. es ist $\lim\limits_{\nu \to \infty} x^{(\nu+1)} = \xi$.

SATZ VON COLLATZ: Ist $|\varphi'(x)| \le L < 1$ für $|x-x^{(0)}| \le r$ und gilt $|\varphi(x^{(0)}) - x^{(0)}| \le (1-L)r$, so liegen alle iterierten Werte $x^{(\nu)}$ in $|x-x^{(0)}| \le r$ und konvergieren dort gegen die einzige Lösung ξ von $x = \varphi(x)$.

Die nach ν Iterationsschritten erzeugte Näherungslösung $x^{(\nu)}$ unterscheidet sich von der exakten Lösung ξ um den Fehler $\Delta^{(\nu)} = x^{(\nu)}-\xi$ unter der Annahme, daß keine Rechnungsfehler gemacht wurden. Es wird nun für ein festes ν eine Schranke α für den absoluten Fehler $|\Delta^{(\nu)}|$ gesucht. Ferner interessiert bei vorgegebener Schranke α die Anzahl ν der Iterationsschritte, die erforderlich ist, damit $|\Delta^{(\nu)}| \le \alpha$ gilt.

Es gelten

1. die *a posteriori-Fehlerabschätzung*

(2.10) $$|\Delta^{(\nu)}| = |x^{(\nu)}-\xi| \le \frac{L}{1-L} |x^{(\nu)}-x^{(\nu-1)}| = \alpha,$$

2. die *a-priori-Fehlerabschätzung*

(2.11) $$|\Delta^{(\nu)}| = |x^{(\nu)}-\xi| \le \frac{L^\nu}{1-L} |x^{(1)}-x^{(0)}| = \beta,$$

mit $\alpha \le \beta$.

Die a-priori-Fehlerabschätzung (2.11) kann bereits nach dem ersten Iterationsschritt vorgenommen werden. Sie dient vor allem dazu, bei vorgegebener Fehlerschranke die Anzahl ν der höchstens erforderlichen Iterationsschritte abzuschätzen. Die a posteriori-Fehlerabschätzung (2.10) kann erst im Verlauf oder nach Abschluß der Rechnung durchgeführt werden, da sie $x^{(\nu)}$ als bekannt voraussetzt; sie liefert eine bessere Schranke als die a priori-Fehlerabschätzung und wird deshalb zur Abschätzung des Fehlers verwendet. Um rasche Konvergenz zu erreichen, sollten die Schrittfunktion φ und das zugehörige Intervall I so gewählt werden, daß $L < \frac{1}{5}$ gilt. Dann sind auch die Fehlerabschätzungen genauer ([46], S. 163).

Für $0 < L \le \frac{1}{2}$ gilt im Fall (2.10) $|x^{(\nu)} - \xi| \le |x^{(\nu)} - x^{(\nu-1)}|$, d.h. der absolute Fehler von $x^{(\nu)}$ ist kleiner (für $L < \frac{1}{2}$) oder höchstens gleich (für $L = \frac{1}{2}$) der absoluten Differenz der letzten beiden Näherungen $x^{(\nu)}$, $x^{(\nu-1)}$. Für $\frac{1}{2} < L < 1$ kann jedoch der absolute Fehler von $x^{(\nu)}$ größer sein als $|x^{(\nu)} - x^{(\nu-1)}|$, so daß hier die Iterationsfolge noch nichts über den Fehler aussagen kann. Im Falle *alternierender Konvergenz* $(-1 < \varphi'(x) \le 0)$ kann die Fehlerabschätzung

$$|x^{(\nu)} - \xi| \le \frac{1}{2} |x^{(\nu)} - x^{(\nu-1)}|$$

benutzt werden; sie ist für $L = \frac{1}{3}$ identisch mit (2.10), für $L > \frac{1}{3}$ ist sie günstiger als (2.10).

Fehlerabschätzung ohne Verwendung der Lipschitzkonstanten L.

Läßt sich die Lipschitzkonstante nicht oder nur sehr grob ermitteln, so empfiehlt sich eine von J.B. Kioustelidis[1] angegebene praktikable Methode: Sei $x^{(\nu)}$ eine iterativ bestimmte Näherung für ξ (ξ sei einfache Nullstelle von f) und gelte für ein vorgegebenes $\varepsilon > 0$

$$\text{(A)} \qquad f(x^{(\nu)} - \varepsilon) \;\cdot\; f(x^{(\nu)} + \varepsilon) < 0 \; ,$$

so folgt daraus gemäß dem Zwischenwertsatz, daß $\xi \in (x^{(\nu)} - \varepsilon\, , x^{(\nu)} + \varepsilon)$ mit $f(\xi) = 0$ gilt. Es gilt also die Fehlerabschätzung $|x^{(\nu)} - \xi| < \varepsilon$. Praktisch geht man nun wie folgt vor: Man setzt zunächst ein ε fest, z.B. $\varepsilon = 10^{-k}$ $(k \in \mathbb{N})$ und prüft für dieses ε die Bedingung (A).[2] Ist (A) erfüllt, so ist $\varepsilon = 10^{-k}$ eine obere Schranke für den absoluten Fehler.

[1] J.B. Kioustelidis, Algorithmic Error Estimation for Approximate Solution of Nonlinear Systems of Equations, Computing 19 (1978), 313-320

[2] Zu empfehlen ist hier Rechnung mit doppelter Genauigkeit.

Um eine möglichst kleine obere Schranke zu erhalten, führt man die Rechnung noch einmal mit einem kleineren ε durch, z.B. mit $\varepsilon_1 = 10^{-k-1}$. Ist (A) für ε_1 erfüllt, so ist ε_1 eine kleinere obere Schranke für $|x^{(\nu)} - \xi|$ als ε. Analog fährt man solange fort, bis sich (A) für ein $\varepsilon_j = 10^{-k-j}$ nicht mehr erfüllen läßt. Dann ist $\varepsilon_{j-1} = 10^{-k-j+1}$ die genaueste Fehlerschranke, die man auf diese Weise erhalten hat.

BEMERKUNG. Ist ξ mehrfache Nullstelle von f, so muß statt der Funktion f die Funktion $g = f/f'$ für die Fehlerabschätzung verwendet werden, da ξ dann nur einfache Nullstelle von g ist. Statt (A) ergibt sich hier die analoge Bedingung

$$g(x^{(\nu)} + \varepsilon) \cdot g(x^{(\nu)} - \varepsilon) < 0 \quad .$$

Rechnungsfehler. Es sei $\varepsilon^{(\nu)}$ der lokale Rechnungsfehler des ν-ten Iterationsschrittes, der bei der Berechnung von $x^{(\nu)} = \varphi(x^{(\nu-1)})$ entsteht.Gilt $|\varepsilon^{(\nu)}| \le \varepsilon$ für $\nu = 0,1,2,\ldots$, so ergibt sich für den akkumulierten Rechnungsfehler des ν-ten Iterationsschrittes

$$|r^{(\nu)}| \le \frac{\varepsilon}{1-L}\,, \qquad 0 \le L < 1 \,.$$

Die Fehlerschranke $\varepsilon/(1-L)$ ist also unabhängig von der Anzahl ν der Iterationsschritte; der Algorithmus (2.5) ist somit stabil (vgl. Definition 1.8).

Da sich der Gesamtfehler aus dem Verfahrensfehler und dem Rechnungsfehler zusammensetzt, sollten Rechnungsfehler und Verfahrensfehler etwa von gleicher Größenordnung sein. Dann ergibt sich mit (2.11) aus der Beziehung

$$\frac{L^{\nu}}{1-L}\,|x^{(1)} - x^{(0)}| \approx \frac{\varepsilon}{1-L}$$

die Anzahl $\nu = \nu_0$ der höchstens erforderlichen Iterationsschritte. Es gilt

$$\nu_0 \approx \left(\log \frac{\varepsilon}{|x^{(1)} - x^{(0)}|}\right) / \log L \,. \tag{2.12}$$

2.1.4 PRAKTISCHE DURCHFÜHRUNG.

2.1.4.1 ALGORITHMUS.

Bei der Lösung einer Gleichung $f(x) = 0$ mit Hilfe eines Iterationsverfahrens geht man wie folgt vor:

ALGORITHMUS 2.1. Gesucht ist eine Lösung ξ der Gleichung $f(x) = 0$.
1. Schritt. Äquivalente Umformung von $f(x) = 0$ in eine Gleichung der Gestalt $x = \varphi(x)$.

2. Schritt. Festlegung eines Intervalls I, in welchem mindestens eine Nullstelle von f liegt; s. dazu Abschnitt 2.1.4.2.
3. Schritt. Prüfung, ob die Funktion φ für alle $x \in I$ die Voraussetzungen des Satzes 2.4 erfüllt; s. Abschnitt 2.1.4.3. 4. Schritt. Aufstellung der Iterationsvorschrift gemäß (2.5) und Wahl eines beliebigen Startwertes $x^{(0)} \in I$.
5. Schritt. Berechnung der Iterationsfolge $\{x^{(\nu)}\}$, $\nu = 1,2,\ldots$. Die Iteration ist solange fortzusetzen, bis von einem $\nu = N$ an zu vorgegebenem $\delta > 0$ gilt $|x^{(\nu+1)}-x^{(\nu)}| < \delta$ bzw. bis $\nu \geq \nu_0$ gilt bei vorgegebenem ν_0. Die Bestimmung von ν_0 erfolgt nach der Formel (2.12).
6. Schritt. Fehlerabschätzung (s. Abschnitt 2.1.3).

2.1.4.2 BESTIMMUNG DES STARTWERTES.

Zur Festlegung eines Startwertes ist es erforderlich, ein Intervall I zu finden, in dem die Voraussetzungen des Satzes 2.4 erfüllt sind.

a) Graphisch: Die gegebene Funktion f wird als Differenz $f = f_1 - f_2$ zweier Funktionen f_1 und f_2 geschrieben. Die Auflösung der Gleichung $f(x) \equiv f_1(x)-f_2(x) = 0$ bzw. $f_1(x) = f_2(x)$ ist äquivalent zur Bestimmung jener Abszissen, für welche die Graphen von f_1 und f_2 gleiche Ordinaten haben. Die Umformung von f in eine Differenz wird so vorgenommen, daß die für die Graphen von f_1 und f_2 erforderliche Rechen- und Zeichenarbeit möglichst gering ist. Man greift also möglichst auf Funktionen f_1, f_2 zurück, die tabelliert vorliegen oder sich besonders einfach zeichnen lassen. Eine Umgebung der Abszisse eines zeichnerisch ermittelten Schnittpunktes der Graphen von f_1 und f_2 wird als Intervall I und ein Wert $x^{(0)} \in I$ als Startwert gewählt.

b) Überschlagsrechnung: Die Aufstellung einer Wertetabelle für die Funktion f ermöglicht es, ein Intervall $I = [a,b]$ zu finden mit $f(a) \cdot f(b) < 0$, also $\operatorname{sgn} f(a) = -\operatorname{sgn} f(b)$.

c) Abschätzung der Schrittfunktion: Man kann auch von der zu $f(x) = 0$ äquivalenten Gleichung $x = \varphi(x)$ ausgehen. Gilt dann $|x| = |\varphi(x)| \leq r$, so kann man als Intervall $I = [-r,+r]$ wählen. Ebenso muß wegen der Stetigkeit von φ eine Eingrenzung $a \leq x = \varphi(x) \leq b$ möglich sein, dann ist $I = [a,b]$ zu setzen. Wenn in I die Voraussetzungen von Satz 2.4 erfüllt sind, dann kann irgendein Wert $x^{(0)} \in I$ als Startwert gewählt werden.

d) S. a. die noch folgende Bemerkung 2.2.

2.1.4.3 KONVERGENZUNTERSUCHUNG.

Es ist oft sehr schwierig, die hinreichenden Bedingungen für die Konvergenz (Satz 2.4) in einem praktischen Fall nachzuprüfen, also etwa zu zeigen, daß die LB (2.8) bzw. (2.9) für ein Intervall I erfüllt ist. Man hilft sich hier, indem man zunächst für den gewählten Startwert $x^{(0)} \in I$ die Bedingungen (i) $|\varphi'(x^{(0)})| < 1$ und (ii) $\varphi(x^{(0)}) \in I$ des Satzes 2.4 nachprüft, dann - falls sie erfüllt sind - mit der Iteration beginnt und nach jedem Iterationsschritt wieder prüft, ob die Bedingungen

(i) $\quad |\varphi'(x^{(\nu)})| < 1$ bzw. die Ungleichung

$$|x^{(\nu+1)}-x^{(\nu)}| = |\varphi(x^{(\nu)})-\varphi(x^{(\nu-1)})| < |x^{(\nu)}-x^{(\nu-1)}| ,$$

(ii) $\quad \varphi(x^{(\nu)}) \in I$

erfüllt sind.

Man kann auch zu einem vorgegebenem $\delta > 0$ die Abfrage

$$|x^{(\nu+1)}-x^{(\nu)}| < \delta$$

einbauen (vgl. Algorithmus 2.1). Sie wird für $\nu \geq N$ mit hinreichend großem N sicher erfüllt, wenn φ einer LB genügt. Anstelle dieser Abfrage können auch die Abfragen

$$|f(x^{(\nu)})| < \delta_1 \quad \text{oder} \quad \frac{|x^{(\nu+1)}-x^{(\nu)}|}{|x^{(\nu+1)}|} < \delta_2$$

eingebaut werden mit vorgegebenen δ_1, δ_2.

2.1.5 KONVERGENZORDNUNG EINES ITERATIONSVERFAHRENS.

Bei Iterationsverfahren, deren Operationszahl nicht im voraus bestimmbar ist, kann die Konvergenzordnung als Maßstab für den erforderlichen Rechenaufwand eines Verfahrens dienen.

DEFINITION 2.1 (*Konvergenzordnung*).

Die Iterationsfolge $\{x^{(\nu)}\}$ konvergiert von mindestens p-ter Ordnung gegen ξ, wenn eine Konstante $0 \leq M < \infty$ existiert, so daß für $p \in \mathbb{N}$ gilt

(2.13) $$\lim_{\nu\to\infty} \frac{|x^{(\nu+1)}-\xi|}{|x^{(\nu)}-\xi|^p} = M \,.$$

Das Iterationsverfahren $x^{(\nu+1)} = \varphi(x^{(\nu)})$ heißt dann ein Verfahren von mindestens p-ter Ordnung; es besitzt genau die Ordnung p, wenn $M \neq 0$ ist.

Durch (2.13) wird also ausgedrückt, daß der Fehler der $(\nu+1)$-ten Näherung ungefähr gleich M-mal der p-ten Potenz des Fehlers der ν-ten Näherung ist. Die Konvergenzgeschwindigkeit wächst mit der Konvergenzordnung. Bei $p = 1$ spricht man von *linearer Konvergenz*, bei $p = 2$ von *quadratischer Konvergenz* und allgemein bei $p > 1$ von *superlinearer Konvergenz*. Es gilt der

SATZ 2.5. Die Schrittfunktion φ sei für $x \in I$ p-mal stetig differenzierbar. Gilt dann mit $\lim\limits_{\nu\to\infty} x^{(\nu)} = \xi$

$$\varphi(\xi) = \xi, \quad \varphi'(\xi) = \varphi''(\xi) = \ldots = \varphi^{(p-1)}(\xi) = 0, \quad \varphi^{(p)}(\xi) \neq 0 \,,$$

so ist $x^{(\nu+1)} = \varphi(x^{(\nu)})$ ein Iterationsverfahren der Ordnung p mit

$$M = \frac{1}{p!}\,|\varphi^{(p)}(\xi)| \le \frac{1}{p!} \max_{x\in I} |\varphi^{(p)}(x)| \le M_1 \,.$$

Im Fall $p = 1$ gilt zusätzlich $M = |\varphi'(\xi)| < 1$.

Es gilt außerdem der in [6], S.231 bewiesene

SATZ 2.6. Sind $x^{(\nu+1)} = \varphi_1(x^{(\nu)})$ und $x^{(\nu+1)} = \varphi_2(x^{(\nu)})$ zwei Iterationsverfahren der Konvergenzordnung p_1 bzw. p_2, so ist

$$x^{(\nu+1)} = \varphi_1(\varphi_2(x^{(\nu)}))$$

ein Iterationsverfahren, das mindestens die Konvergenzordnung $p_1 \cdot p_2$ besitzt.

Unter Anwendung von Satz 2.6 lassen sich Iterationsverfahren beliebig hoher Konvergenzordnung konstruieren. Ist etwa $x^{(\nu+1)} = \varphi(x^{(\nu)})$ ein Iterationsverfahren der Konvergenzordnung $p > 1$, so erhält man durch die Schrittfunktion $\varphi_s(x)$ mit

$$\varphi_1(x) = \varphi(x), \quad \varphi_s(x) = \varphi(\varphi_{s-1}(x)) \quad \text{für } s = 2,3,\ldots$$

ein Iterationsverfahren der Konvergenzordnung p^s.

Spezialfall: *Quadratische Konvergenz.* Ist von einer Schrittfunktion φ bekannt, daß sie ein quadratisch konvergentes Verfahren liefert, so reduzieren sich die Voraussetzungen des Satzes 2.4 auf die des folgenden Satzes:

SATZ 2.4*. Die Funktion φ sei für alle $x \in I$ definiert und erfülle die folgenden Bedingungen

(i) $\varphi, \varphi', \varphi''$ sind stetig in I,

(ii) die Gleichung $x = \varphi(x)$ besitzt im Innern von I eine Lösung ξ mit $\varphi'(\xi) = 0$.

Dann existiert ein Intervall $I_r = \{x \mid |x-\xi| \le r,\ r > 0\}$, so daß die Folge $\{x^{(\nu)}\}$ mit $x^{(\nu+1)} = \varphi(x^{(\nu)})$ für jeden Startwert $x^{(0)} \in I_r$ von mindestens zweiter Ordnung gegen ξ konvergiert.

oder kurz

Unter den Voraussetzungen (i), (ii) des Satzes 2.4* konvergiert die Folge $\{x^{(\nu)}\}$ stets mindestens quadratisch gegen ξ, falls $x^{(0)}$ nur nahe genug an der Lösung ξ liegt.

Man könnte zunächst vermuten, daß der Satz nur theoretische Bedeutung besitzt. Es gelingt jedoch wegen der Willkür in der äquivalenten Umformung von $f(x) = 0$ in $x = \varphi(x)$, Schrittfunktionen φ von vornherein so zu konstruieren, daß $\varphi'(\xi) = 0$ ist (s. dazu die folgenden Abschnitte).

2.1.6 SPEZIELLE ITERATIONSVERFAHREN.

2.1.6.1 DAS NEWTONSCHE VERFAHREN FÜR EINFACHE NULLSTELLEN.

Die Funktion f sei zweimal stetig differenzierbar in $I = [a,b]$ und besitze in (a,b) eine *einfache Nullstelle* ξ, es seien also $f(\xi) = 0$ und $f'(\xi) \neq 0$. Man geht aus von der Darstellung (2.4) für φ und setzt darin $g(x) = 1/f'(x)$ und erhält für die Schrittfunktion φ die Darstellung

(2.14) $$\varphi(x) = x - \frac{f(x)}{f'(x)} .$$

Daraus folgt die Iterationsvorschrift

(2.15) $$x^{(\nu+1)} = \varphi(x^{(\nu)}) = x^{(\nu)} - \frac{f(x^{(\nu)})}{f'(x^{(\nu)})} , \quad \nu = 0,1,2,\dots .$$

Wegen $\varphi'(\xi) = 0$ konvergiert das Verfahren mindestens quadratisch (Satz 2.5), so daß zur Konvergenzuntersuchung Satz 2.4* benutzt werden kann.

Es muß also immer ein Intervall

$$(2.16)\qquad I_r(x) := \{ x \mid |x-\xi| \le r,\ r > 0 \} \subset [a,b]$$

geben, in welchem die Schrittfunktion φ mit der Darstellung (2.14) einer LB

$$(2.17)\qquad |\varphi'(x)| = \left| \frac{f(x)f''(x)}{f'^2(x)} \right| \le L < 1$$

genügt. Dabei muß für alle x des betrachteten Intervalls $f'(x) \neq 0$ gelten. Es gilt der

SATZ 2.7. Die Funktion f sei für alle $x \in [a,b]$ dreimal stetig differenzierbar und besitze in (a,b) eine einfache Nullstelle ξ. Dann gibt es ein Intervall (2.16) derart, daß die Iterationsfolge (2.15) für das Verfahren von Newton für jeden Startwert $x^{(0)} \in I_r$ von mindestens zweiter Ordnung gegen ξ konvergiert, d.h. ein Intervall I_r, in welchem die LB (2.17) erfüllt ist, sofern für alle $x \in I_r$ gilt $f'(x) \neq 0$. Es gelten die Fehlerabschätzungen (2.10) und (2.11) sowie unter Verwendung von (2.10) die demgegenüber verschärfte Fehlerabschätzung

$$|x^{(\nu+m)}-\xi| \le \frac{1}{M_1} \left(M_1 \, |x^{(\nu)}-\xi| \right)^{2^m}, \qquad \nu,m = 0,1,2,\ldots$$

mit

$$\frac{1}{2} \, \frac{\max\limits_{x \in I} |f''(x)|}{\min\limits_{x \in I} |f'(x)|} \le M_1 .$$

Im Fall einer mehrfachen Nullstelle mit der Vielfachheit j gilt $\varphi'(\xi) = 1 - 1/j$, so daß für $j \ge 2$ die quadratische Konvergenz des Verfahrens von Newton verlorengeht. Das Verfahren kann grundsätzlich natürlich auch hier angewandt werden, jedoch empfiehlt sich bei bekanntem j die Anwendung des Verfahrens von Newton für mehrfache Nullstellen (Satz 2.8, Abschnitt 2.1.6.2), bei unbekanntem j die Anwendunq des modifizierten Newtonschen Verfahrens (Satz 2.9, Abschnitt 2.1.6.2, s. auch Abschnitt 2.1.6.5) bzw. eine Kombination beider Verfahren.

Um die LB (2.17) prüfen zu können, müßte $f'(x) \neq 0$ für alle $x \in I_r$ (nicht nur an der Nullstelle ξ selbst) gelten. Außerdem müßten $|f'(x)|$ nach unten, $|f''(x)|$ und $|f(x)|$ nach oben abgeschätzt werden. In [46], S.28ff. wird ein Satz über das Newtonsche Verfahren, einschließlich schärferer Fehlerabschätzungen, bewiesen, in dem zwar die Forderung $L < 1$ auf $L \le \frac{1}{2}$ verschärft werden muß, jedoch $f'(x) \neq 0$ und die LB (2.17) nur an einer Stelle $x^{(0)}$ erfüllt sein müssen.

BEMERKUNG 2.1. Das Newtonsche Verfahren läßt sich auch auf Gleichungen $f(z) = 0$ anwenden, wo f eine in einem Gebiet G der Gaußschen Zahlenebene analytische Funktion einer komplexen Veränderlichen $z = x + iy$ ist.

BEMERKUNG 2.2. Satz 2.7 gewährleistet die Konvergenz des Newtonschen Verfahrens nur für genügend nahe bei ξ gelegene Startwerte $x^{(0)}$. Es gilt jedoch auch folgende Aussage globaler Art ([18], Bd.I, S.107):

Es sei f für $x \in [a,b]$ definiert und zweimal stetig differenzierbar. Außerdem gelte

a) $f(a)\cdot f(b) < 0$,

b) $f'(x) \neq 0$ für alle $x \in [a,b]$,

c) $f''(x) \geq 0$ (oder ≤ 0) für alle $x \in [a,b]$.

d) Ist c derjenige Randpunkt von $[a,b]$, in dem $|f'(x)|$ den kleineren Wert hat, so sei $\left|\frac{f(c)}{f'(c)}\right| \leq b-a$.

Dann konvergiert das Newtonsche Verfahren für jedes $x^{(0)} \in [a,b]$ gegen die eindeutige Lösung ξ von $f(x) = 0$, die in $[a,b]$ liegt.

2.1.6.2 DAS NEWTONSCHE VERFAHREN FÜR MEHRFACHE NULLSTELLEN.

Die Funktion f sei genügend oft stetig differenzierbar in $I = [a,b]$ und besitze in (a,b) eine Nullstelle ξ der Vielfachheit j, d.h. es seien $f(\xi) = 0,\ f'(\xi) = f''(\xi) = \ldots = f^{(j-1)}(\xi) = 0,\ f^{(j)}(\xi) \neq 0$.

SATZ 2.8 (*Newtonsches Verfahren für mehrfache Nullstellen*).

Die Funktion f sei $(j+1)$-mal stetig differenzierbar in $I = [a,b]$ und besitze in (a,b) eine Nullstelle ξ der Vielfachheit $j \geq 2$. Dann konvergiert das Iterationsverfahren mit der Iterationsvorschrift

$$x^{(\nu+1)} = x^{(\nu)} - j\,\frac{f(x^{(\nu)})}{f'(x^{(\nu)})} = \varphi(x^{(\nu)}), \quad \nu = 0,1,2,\ldots,$$

in einem r-Intervall (2.16) um ξ von mindestens zweiter Ordnung.

Die Anwendung des Satzes 2.8 setzt die Kenntnis der Vielfachheit j der Nullstelle voraus; j ist allerdings nur in den seltensten Fällen bekannt. Für eine mehrfache Nullstelle läßt sich jedoch auch ohne Kenntnis ihrer Vielfachheit ein quadratisch konvergentes Verfahren angeben. Man wendet dabei das Verfahren von Newton mit der Iterationsvorschrift (2.15) auf die Funktion $\psi := f/f'$ an. Dann ergibt sich die Iterationsvorschrift

$$(2.18)\quad \begin{cases} x^{(\nu+1)} = x^{(\nu)} - \dfrac{\psi(x^{(\nu)})}{\psi'(x^{(\nu)})} = x^{(\nu)} - j(x^{(\nu)})\dfrac{f(x^{(\nu)})}{f'(x^{(\nu)})} \quad \text{mit} \\ j(x^{(\nu)}) := \dfrac{1}{1 - \dfrac{f(x^{(\nu)})f''(x^{(\nu)})}{f'^2(x^{(\nu)})}}, \quad \nu = 0,1,2,\ldots, \end{cases}$$

und es gilt ([16], S. 119/20) der

SATZ 2.9 (*Modifziertes Newtonsches Verfahren für mehrfache Nullstellen*).

Die Funktion f sei hinreichend oft differenzierbar in $I = [a,b]$ und besitze in (a,b) eine Nullstelle ξ der Vielfachheit $j \geq 2$. Dann ist das Iterationsverfahren mit der Iterationsvorschrift (2.18) für jedes $x^{(0)}$ aus einem r-Intervall (2.16) um ξ quadratisch konvergent; es gilt gleichzeitig $\lim\limits_{\nu\to\infty} x^{(\nu)} = \xi$ und $\lim\limits_{\nu\to\infty} j(x^{(\nu)}) = j$.

2.1.6.3 REGULA FALSI FÜR EINFACHE UND MEHRFACHE NULLSTELLEN.

Regula falsi für einfache Nullstellen.

Die Funktion f sei in $I = [a,b]$ stetig und besitze in (a,b) eine einfache Nullstelle ξ. Zur näherungsweisen Bestimmung von ξ mit Hilfe des Verfahrens von Newton ist die Berechnung der Ableitung f' von f erforderlich, so daß die Differenzierbarkeit von f vorausgesetzt werden muß. Die Berechnung von f' kann in praktischen Fällen mit großen Schwierigkeiten verbunden sein. Die Regula falsi ist ein Iterationsverfahren, das ohne Ableitungen arbeitet und zwei Startwerte $x^{(0)}, x^{(1)}$ erfordert, ihre Iterationsvorschrift lautet [1])

$$(2.19)\quad x^{(\nu+1)} = x^{(\nu)} - \frac{x^{(\nu)} - x^{(\nu-1)}}{f(x^{(\nu)}) - f(x^{(\nu-1)})} f(x^{(\nu)});\ f(x^{(\nu)}) - f(x^{(\nu-1)}) \neq 0$$
$$\nu = 1,2,\ldots .$$

Falls einmal $f(x^{(\nu)}) = 0$ ist, wird das Verfahren abgebrochen. Wesentlich für die Konvergenz des Verfahrens ist, daß die Startwerte $x^{(0)}, x^{(1)}$ hinreichend nahe an der Nullstelle ξ liegen. Es gilt die Aussage des folgenden *Konvergenzsatzes* ([38], S. 43):

Falls die Funktion f für alle $x \in (a,b)$ zweimal stetig differenzierbar ist und mit zwei positiven Zahlen m, M den Bedingungen

---

1) *"Einpunkt-Formel mit Speicherung"*

$$|f'(x)| \geq m \quad , \quad |f''(x)| \leq M \quad , \quad x \in (a,b) \; ,$$

genügt, gibt es immer eine Umgebung $I_r(\xi) \subset (a,b)$, $r > 0$, so daß ξ in I_r die einzige Nullstelle von f ist und das Verfahren für jedes Paar von Startwerten $x^{(0)}, x^{(1)} \in I_r$, $x^{(0)} \neq x^{(1)}$, gegen die gesuchte Nullstelle ξ konvergiert.

Die Konvergenzordnung der Regula falsi mit der Iterationsvorschrift (2.19) ist $p = (1+\sqrt{5})/2 \approx 1.62$. Prinzipiell kann die Vorschrift (2.19) auch zur näherungsweisen Berechnung mehrfacher Nullstellen verwendet werden, dann geht jedoch die hohe Konvergenzordnung verloren. Die *modifizierte Regula falsi* besitzt auch bei mehrfachen Nullstellen die Konvergenzordnung $p \approx 1.62$. Zur Effizienz der Verfahren siehe [20], Abschn. 2.2.7.6.

Modifizierte Regula falsi für mehrfache Nullstellen.[1]

Ist ξ eine Nullstelle der Vielfachheit j von f und $|f^{(j+1)}(x)|$ in der Umgebung von ξ beschränkt, so ist ξ einfache Nullstelle der Funktion

$$\text{(2.20)} \qquad h : h(x) = f^2(x) \Big/ (f(x+f(x)) - f(x))$$

und $|h''(x)|$ beschränkt in der Umgebung von ξ. Verwendet man in der Iterationsvorschrift (2.19) statt f die Funktion h gemäß ihrer Definition (2.20), so konvergiert diese modifizierte Regula falsi ebenfalls von der Ordnung $p = (1+\sqrt{5})/2$ gegen die mehrfache Nullstelle ξ von f.

BEMERKUNG: Die modifizierten Verfahren von Newton (Abschnitt 2.1.6.2) und Steffensen (Abschnitt 2.1.6.4) ergeben sich ganz analog unter Verwendung von h gemäß (2.20) statt f aus den entsprechenden Verfahren für einfache Nullstellen.

Primitivform der Regula falsi.

Die Iterationsvorschrift lautet

$$\text{(2.19')} \qquad x^{(\nu+1)} = x^{(\nu)} - \frac{x^{(\mu)} - x^{(\nu)}}{f(x^{(\mu)}) - f(x^{(\nu)})} f(x^{(\nu)}) \; , \quad \begin{array}{l} \mu = 0,1,2,\ldots \; , \\ \nu = 1,2,3,\ldots \; , \end{array}$$

wobei μ der größte Index unterhalb ν ist, für den $f(x^{(\mu)}) \neq 0$, $f(x^{(\nu)}) \neq 0$ und $f(x^{(\mu)}) \cdot f(x^{(\nu)}) < 0$ gilt. Für die Startwerte $x^{(0)}, x^{(1)}$ muß somit

[1] Beweis von J.B. Kioustelidis in Num. Math. 33 (1979), 385-389

gelten $f(x^{(0)}) \cdot f(x^{(1)}) < 0$. Die Primitivform besitzt i.a. nur die Konvergenzordnung $p = 1$. Sie erlaubt allerdings eine sehr einfache Fehlerabschätzung, da die gesuchte Lösung ξ stets zwischen zwei beliebigen Werten $x^{(s)}$ und $x^{(t)}$ der Folge $\{x^{(\nu)}\}$ liegt; es gilt dann $x^{(s)} \le \xi \le x^{(t)}$, wenn $f(x^s) < 0$ und $f(x^t) > 0$ ist. Die Stetigkeit einer in $[a,b]$ reellwertigen Funktion f und die Existenz einer Lösung ξ der Gleichung $f(x) = 0$ in $[a,b]$ sind zusammen mit der Bedingung $f(x^{(0)}) \cdot f(x^{(1)}) < 0$ bereits hinreichend für die Konvergenz des Iterationsverfahrens der Primitivform der Regula falsi (2.19'). (Beweis s. [6], S. 240.)

2.1.6.4 DAS VERFAHREN VON STEFFENSEN FÜR EINFACHE UND MEHRFACHE NULLSTELLEN.

Es liege eine zur Gleichung $f(x) = 0$ in $I = [a,b]$ äquivalente Gleichung $x = \varphi(x)$ vor; ξ sei in (a,b) die einzige Lösung von $f(x) = 0$ bzw. $x = \varphi(x)$. Gemäß Satz 2.4 konvergiert das Iterationsverfahren mit der Schrittfunktion φ gegen ξ, sofern überall in I gelten

(i) $|\varphi'(x)| \le L < 1$, (ii) $\varphi(x) \in I$.

Mit der Schrittfunktion φ läßt sich nun ein Iterationsverfahren aufbauen, das sowohl für $|\varphi'(x)| < 1$ als auch für $|\varphi'(x)| > 1$ gegen ξ konvergiert, und zwar quadratisch. Dieses Verfahren heißt *Steffensen-Verfahren;* es besitzt gegenüber dem Newtonschen Verfahren den Vorteil, bei gleicher Konvergenzordnung ohne Ableitungen auszukommen. Man wendet das Verfahren besonders dann an, wenn $|\varphi'|$ nur wenig kleiner 1 oder $|\varphi'| > 1$ ist.

SATZ 2.10 (*Steffensen-Verfahren für einfache Nullstellen*).
Es sei $\varphi \in C^3[a,b]$, und ξ sei in (a,b) einzige Lösung der Gleichung $x = \varphi(x)$. Ist dann $\varphi'(\xi) \neq 1$, so konvergiert das Iterationsverfahren

$$x^{(\nu+1)} = x^{(\nu)} - \frac{(\varphi(x^{(\nu)}) - x^{(\nu)})^2}{\varphi(\varphi(x^{(\nu)})) - 2\varphi(x^{(\nu)}) + x^{(\nu)}} = \phi(x^{(\nu)}), \quad \nu = 0,1,2,\ldots,$$

für jeden Startwert $x^{(0)} \in I$ von mindestens zweiter Ordnung gegen ξ.

Nachteil dieses Verfahrens ist, daß es wegen $\varphi'(\xi) \neq 1$ nur im Falle einfacher Nullstellen anwendbar ist. Dagegen ist das folgende *modifizierte Verfahren von Steffensen* im Falle mehrfacher Nullstellen anzuwenden; es liefert die Nullstelle und deren Vielfachheit ([97]).

SATZ 2.11: (*Modifiziertes Steffensen-Verfahren für mehrfache Nullstellen*).

Die Funktion φ sei in $I = [a,b]$ hinreichend oft differenzierbar und die Gleichung $x = \varphi(x)$ mit $\varphi(x) = x - f(x)$ besitze in (a,b) eine einzige Lösung ξ der Vielfachheit $j \geq 2$. Dann konvergiert das Iterationsverfahren

$$x^{(\nu+1)} = x^{(\nu)} - j(x^{(\nu)})\frac{(x^{(\nu)} - \varphi(x^{(\nu)}))^2}{z(x^{(\nu)})} = \phi(x^{(\nu)}), \quad \nu = 0,1,2,\ldots$$

mit

$$j(x^{(\nu)}) := \frac{(z(x^{(\nu)}))^2}{(z(x^{(\nu)}))^2 + (x^{(\nu)} - \varphi(x^{(\nu)}))(z(x^{(\nu)}) + \varphi(2x^{(\nu)} - \varphi(x^{(\nu)})) - x^{(\nu)})}$$

$$z(x^{(\nu)}) := x^{(\nu)} - 2\varphi(x^{(\nu)}) + \varphi(\varphi(x^{(\nu)}))$$

für jeden beliebigen Startwert $x^{(0)} \in I$ von mindestens zweiter Ordnung gegen ξ; es gilt gleichzeitig $\lim\limits_{\nu \to \infty} j(x^{(\nu)}) = j$.

Zur Vermeidung einer Anhäufung von Rundungsfehlern sollte beim modifizierten Verfahren mit doppelter Wortlänge gerechnet werden.

2.1.6.5 DAS PEGASUS-VERFAHREN

Ist f eine stetige Funktion auf dem abgeschlossenen Intervall $[a,b]$ und gilt $f(a) \cdot f(b) < 0$, so existiert in (a,b) mindestens eine Nullstelle ungerader Ordnung. Das Pegasus-Verfahren (eine Variante der Regula falsi) berechnet eine dieser Nullstellen durch fortgesetzte Verkleinerung des Einschlußintervalls $[a,b]$. Es konvergiert immer, wenn die Voraussetzung $f(a) \cdot f(b) < 0$ erfüllt ist; die Konvergenzordnung beträgt $p \approx 1.642\ldots$ im Falle einfacher Nullstellen (Literatur: [118], [119]).

Algorithmus (Pegasus-Verfahren).

Gegeben: (i) $f \in C[a,b]$ mit $f(a) \cdot f(b) < 0$,
(ii) Schranke $\delta > 0$, $\delta \in \mathbb{R}$.

Gesucht: Nullstelle ξ von f mit $a < \xi < b$ so, daß der Abstand der letzten beiden iterierten Werte, die die Lösung einschließen, kleiner oder höchstens gleich δ ist.

Startwerte: $x^{(1)} := a$, $x^{(2)} := b$; dazu sind zu berechnen
$f_1 := f(x^{(1)})$, $f_2 := f(x^{(2)})$.

Pro Iterationsschritt ist wie folgt vorzugehen:

(a) Sekantenschritt: Es wird die Steigung s_{12} der Sekante zwischen $(x^{(1)}, f_1)$, $(x^{(2)}, f_2)$ berechnet

$$s_{12} = \frac{f_2 - f_1}{x^{(2)} - x^{(1)}}$$

und anschließend der Schnittpunkt $x^{(3)}$ der Sekante mit der x-Achse $x^{(3)} = x^{(2)} - f_2 / s_{12}$.

(b) Berechnung des neuen Funktionswertes: $f_3 = f(x^{(3)})$.

(c) Festlegung eines neuen Einschlußintervalles:
Falls $f_3 \cdot f_2 \le 0$ gilt, d.h. die Nullstelle ξ zwischen $x^{(2)}$ und $x^{(3)}$ liegt, wird gesetzt

$$x^{(1)} := x^{(2)}, \quad x^{(2)} := x^{(3)},$$
$$f_1 := f_2, \quad f_2 := f_3 .$$

Falls $f_3 \cdot f_2 > 0$ gilt, d.h. die Nullstelle ξ zwischen $x^{(1)}$ und $x^{(3)}$ liegt, so wird der alten Stelle x_1 statt f_1 ein neuer Wert $f_1 f_2 / (f_2 + f_3)$ zugeordnet; es wird gesetzt

$$x^{(1)} := x^{(1)}, \quad x^{(2)} := x^{(3)}$$
$$f_1 := f_1 \cdot \frac{f_2}{f_2 + f_3}, \quad f_2 := f_3 .$$

(d) Prüfung der Abbruchbedingungen:

Falls $|x^{(2)} - x^{(1)}| \le \delta$, wird die Iteration abgebrochen.
Es wird gesetzt $\xi := x^{(2)}$, falls $|f_2| \le |f_1|$, andernfalls $\xi := x^{(1)}$.

Falls $|x^{(2)} - x^{(1)}| > \delta$, so wird die Iteration mit den neuen Werten $x^{(1)}$, $x^{(2)}$, f_1, f_2 aus (c) als Startwerten in (a) fortgesetzt.

Im Falle mehrfacher Nullstellen gerader Ordnung kann das Verfahren dann verwendet werden, wenn man es statt auf f auf die Funktion g mit $g(x) = f(x) / f'(x)$ anwendet (dies gilt bei allen Verfahren für Nullstellen ungerader Ordnung). Denn ist ξ j-fache Nullstelle von f, so ist ξ einfache Nullstelle von g.

2.1.6.6 BISEKTION

Das Bisektionsverfahren oder Verfahren der fortgesetzten Intervallhalbierung geht von den gleichen Voraussetzungen aus wie das Pegasus-Verfahren: $f \in C\,[a,b]$, $f(a) \circ f(b) < 0$, so daß in (a,b) mindestens eine Nullstelle ξ ungerader Ordnung von f existiert. Das Verfahren besitzt allerdings nur die Konvergenzordnung $p = 1$.

In einem ersten Schritt wird $[a,b] =: [x^{(1)}, x^{(2)}]$ halbiert, man erhält $x^{(3)} := \frac{1}{2}(x^{(1)} + x^{(2)})$ und berechnet $f(x^{(3)})$. Gilt $f(x^{(3)}) = 0$, so ist man fertig mit $\xi = x^{(3)}$. Im Falle $f(x^{(2)}) \cdot f(x^{(3)}) < 0$ ist $[x^{(3)}, x^{(2)}]$ das neue Einschlußintervall, andernfalls $[x^{(1)}, x^{(3)}]$. Das neue Einschlußintervall wird wieder mit $[x^{(1)}, x^{(2)}]$ bezeichnet und analog zum ersten Schritt fortgefahren. Die Iteration wird abgebrochen, sobald $|x^{(2)} - x^{(1)}| \leq \delta$ zu vorgegebenem $\delta > 0$ gilt. Dann kann gesetzt werden

$$\xi \approx x^{(3)} = \frac{1}{2}(x^{(1)} + x^{(2)}) .$$

Es ergibt sich als obere Schranke für den absoluten Fehler von $x^{(3)}$

$$|x^{(3)} - \xi| \leq \frac{\delta}{2} .$$

Dieses Verfahren wird häufig eingesetzt, ihm ist aber unbedingt das Pegasus-Verfahren oder das Verfahren von Anderson-Björck wegen der höheren Konvergenzordnung bei gleicher Anzahl von Funktionsauswertungen pro Schritt vorzuziehen; Programme dazu sind im Anhang zu finden.

2.1.6.7 ENTSCHEIDUNGSHILFEN.

Mit Hilfe des *Effizienzindex* E von Traub (s.[92c], App. C) lassen sich die vorgenannten speziellen Iterationsverfahren gut vergleichen. Sei H die *Hornerzahl* (Anzahl erforderlicher Funktionsauswertungen pro Iterationsschritt) und p die Konvergenzordnung eines Iterationsverfahrens, so errechnet sich der Effizienzindex aus

$$E := p^{1/H} .$$

Die folgende Tabelle gibt eine Übersicht über den Effizienzindex bei Verfahren für einfache Nullstellen; je größer E, desto besser ist das Verfahren in der Nähe der Nullstelle.

Verfahren / Größen	Bisektion	Newton-Verfahren	Steffensen-Verfahren	Regula falsi	Pegasus-Verfahren
p	1	2	2	1.618	1.642
H	1	2	2	1	1
E	1	1.414	1.414	1.618	1.642

Ein weiteres Verfahren mit der Effizienz $1.682 \le E \le 1.710$, welches z.B. bei schleifenden Schnitten der Funktion dem Pegasus-Verfahren überlegen ist, ist das Verfahren von Anderson/Björck (s. [94b] und Anhang).

BEMERKUNG. Im Falle *mehrfacher Nullstellen gerader Ordnung* können die Verfahren für Nullstellen ungerader Ordnung (Pegasus-Verfahren, Bisektion Anderson/Björck) auf $g : g(x) = f(x) / f'(x)$ statt auf $f(x)$ angewandt werden. Denn: Ist ξ mehrfache Nullstelle von f, dann ist ξ einfache Nullstelle von g.

LITERATUR zu 2.1: [2] Bd. 2, 7.3-7.4; [6], §§ 17-19; [7], 2.1-2.4; [18] Bd. 1, Kap. 4; [19], 3.1-3.2; [29] I, 2.1-2.4; [30], II §§ 2-4; [35],5; [38], 2; [40], II §§ 1-5; [43], § 27; [45], § 1; [67] I, 1.5-1.7; [118], [119], [20], Kap. 2.

2.2 VERFAHREN ZUR LÖSUNG ALGEBRAISCHER GLEICHUNGEN.

Es werden algebraische Gleichungen in der folgenden Form betrachtet

(2.21) $$P_n(x) = \sum_{j=0}^{n} a_j x^j = 0 \;, \quad a_j \in \mathbb{C} \;, \quad a_n \neq 0 \;.$$

Der Fundamentalsatz der Algebra besagt, daß eine algebraische Gleichung (2.21) genau n komplexe Lösungen x_k besitzt, die entsprechend ihrer Vielfachheit α_k gezählt werden. Jedes algebraische Polynom (2.2) läßt sich in n Linearfaktoren zerlegen

(2.22) $$P_n(x) = a_n(x-x_1)(x-x_2)\dots(x-x_n) \;.$$

Kommt der Linearfaktor $(x-x_k)$ genau α_k-fach vor, so heißt x_k dabei α_k-fache Lösung von (2.21); man schreibt (2.22) in der Form

(2.23) $$\begin{cases} P_n(x) = a_n(x-x_1)^{\alpha_1}(x-x_2)^{\alpha_2}\dots(x-x_l)^{\alpha_l} \\ \text{mit} \quad \alpha_1 + \alpha_2 + \dots + \alpha_l = n \;. \end{cases}$$

Für $a_j \in \mathbb{R}$ können komplexe Lösungen von (2.21) nur als Paare konjugiert komplexer Lösungen auftreten, d.h. mit der Lösung $x = \alpha + i\beta$ ist auch $\bar{x} = \alpha - i\beta$ Lösung von (2.21), und zwar mit derselben Vielfachheit. Der Grad einer Gleichung (2.21) mit reellen Koeffizienten, die keine reellen Wurzeln besitzt, kann somit nur gerade sein, und jede derartige Gleichung ungeraden Grades besitzt mindestens eine reelle Lösung.

2.2.1 DAS HORNER-SCHEMA FÜR ALGEBRAISCHE POLYNOME.

Das Horner-Schema dient zur Berechnung der Funktionswerte eines Polynoms P_n und seiner Ableitungen an einer festen Stelle x_0; es arbeitet übersichtlich und rundungsfehlergünstig, spart Rechen- und Schreibarbeit.

2.2.1.1 DAS EINFACHE HORNER-SCHEMA FÜR REELLE ARGUMENTWERTE.

Man geht aus von der Polynomdarstellung

$$P_n(x) = a_n^{(0)}x^n + a_{n-1}^{(0)}x^{n-1} + \ldots + a_1^{(0)}x + a_0^{(0)}, \qquad a_j^{(0)} \in \mathbb{C} \quad .$$

Zur Berechnung des Funktionswertes $P_n(x_0)$, $x_0 \in \mathbb{R}$, wird $P_n(x_0)$ in der folgenden Form geschrieben

$$(2.24) \quad P_n(x_0) = (\ldots((a_n^{(0)}x_0 + a_{n-1}^{(0)})x_0 + a_{n-2}^{(0)})x_0 + \ldots)x_0 + a_0^{(0)} \ .$$

Unter Benutzung der Größen

$$(2.25) \quad \begin{cases} a_n^{(1)} := a_n^{(0)} \\ a_j^{(1)} := a_{j+1}^{(1)}x_0 + a_j^{(0)}, \qquad j = n-1, n-2, \ldots, 1, 0, \end{cases}$$

gilt für (2.24)

$$P_n(x_0) = a_0^{(1)} \ .$$

Die Rechenoperationen (2.25) werden in der folgenden Anordnung durchgeführt, dem sogenannten *Horner-Schema* :

P_n	$a_n^{(0)}$	$a_{n-1}^{(0)}$	$a_{n-2}^{(0)}$	$\ldots$	$a_1^{(0)}$	$a_0^{(0)}$
$x = x_0$	0	$a_n^{(1)}x_0$	$a_{n-1}^{(1)}x_0$	$\ldots$	$a_2^{(1)}x_0$	$a_1^{(1)}x_0$
$\sum$	$a_n^{(1)}$	$a_{n-1}^{(1)}$	$a_{n-2}^{(1)}$	$\ldots$	$a_1^{(1)}$	$a_0^{(1)} = P_n(x_0)$

In der ersten Zeile stehen also die Koeffizienten der einzelnen Potenzen von x, für fehlende Potenzen muß eine Null gesetzt werden.

Der Vorteil des Horner-Schemas liegt darin, daß außer Additionen nur Multiplikationen mit dem festen Faktor x_0 auszuführen sind. Beim Rechnen mit dem Rechenschieber sind diese Multiplikationen mit x_0 durch feste Zungeneinstellung schnell ausführbar.

Wird $P_n(x)$ durch $(x-x_0)$ dividiert mit $x_0 \in \mathbb{R}$ und $x \neq x_0$, so ergibt sich die Beziehung

$$(2.26) \qquad P_n(x) = (x-x_0)P_{n-1}(x) + P_n(x_0)$$

mit

$$\begin{cases} P_n(x_0) = a_0^{(1)} , \\ P_{n-1}(x) = a_n^{(1)}x^{n-1} + a_{n-1}^{(1)}x^{n-2} + \ldots + a_2^{(1)}x + a_1^{(1)} . \end{cases}$$

Die Koeffizienten des Polynoms P_{n-1} sind mit den im Horner-Schema für $x = x_0$ auftretenden und durch (2.25) definierten Koeffizienten $a_j^{(1)}$ identisch.

Abdividieren von Nullstellen (Deflation).

Ist x_0 Nullstelle von P_n, so gilt wegen $P_n(x_0) = 0$ gemäß (2.26)

$$(2.26') \qquad P_n(x) = (x-x_0)\, P_{n-1}(x) .$$

Die Koeffizienten des sogenannten *dividierten Polynoms* bzw. *Deflationspolynoms* P_{n-1} sind die $a_j^{(1)}$ im Horner-Schema.

2.2.1.2 DAS EINFACHE HORNER-SCHEMA FÜR KOMPLEXE ARGUMENTWERTE.

Besitzt das Polynoms P_n komplexe Koeffizienten und ist x_0 ein komplexer Argumentwert, so kann man zur Berechnung des Funktionswertes $P_n(x_0)$ das einfache Horner-Schema (s. Abschnitt 2.2.1.1) verwenden. Man hat dann lediglich für jeden Koeffizienten eine reelle und eine imaginäre Spalte zu berechnen.

Besitzt das Polynom P_n jedoch reelle Koeffizienten, so kann man zur Berechnung des Funktionswertes $P_n(x_0)$zu einem komplexen Argumentwert x_0 mit dem Horner-Schema ganz im Reellen bleiben, wenn man das sogenannte *doppelreihige* Horner-Schema verwendet. Zunächst nimmt man den zu x_0 konjugiert komplexen Argumentwert $\bar{x}_0$ hinzu und bildet

$$(x-x_0)(x-\bar{x}_0) = x^2 - px - q$$

mit reellen Zahlen p und q. Dividiert man jetzt P_n durch (x^2-px-q), so erhält man die Beziehung

$$(2.27)\quad \begin{cases} P_n(x) = (x^2-px-q)P_{n-2}(x) + b_1^{(1)}x + b_0^{(1)} \\ \text{mit} \\ P_{n-2}(x) = b_n^{(1)}x^{n-2} + b_{n-1}^{(1)}x^{n-3} + \ldots + b_3^{(1)}x + b_2^{(1)} . \end{cases}$$

Für die Koeffizienten $b_k^{(1)}$ von P_{n-2} gelten die Beziehungen

$$(2.28)\quad \begin{cases} b_n^{(1)} = a_n^{(0)} , \\ b_{n-1}^{(1)} = a_{n-1}^{(0)} + pb_n^{(1)} , \\ b_k^{(1)} = a_k^{(0)} + pb_{k+1}^{(1)} + qb_{k+2}^{(1)} , \quad k = 1(1)n-2 , \\ b_0^{(1)} = a_0^{(0)} + qb_1^{(1)} . \end{cases}$$

Die Rechenoperationen (2.28) werden in dem folgenden *doppelreihigen Horner-Schema* durchgeführt:

P_n	$a_n^{(0)}$	$a_{n-1}^{(0)}$	$a_{n-2}^{(0)}$	...	$a_2^{(0)}$	$a_1^{(0)}$	$a_0^{(0)}$
q	0	0	$qb_n^{(1)}$	...	$qb_4^{(1)}$	$qb_3^{(1)}$	$qb_2^{(1)}$
p	0	$pb_n^{(1)}$	$pb_{n-1}^{(1)}$	...	$pb_3^{(1)}$	$pb_2^{(1)}$	0
Σ	$b_n^{(1)}$	$b_{n-1}^{(1)}$	$b_{n-2}^{(1)}$	...	$b_2^{(1)}$	$b_1^{(1)}$	$b_0^{(1)}$

Für $x = x_0$ folgt aus (2.27) wegen $x_0^2 - px_0 - q = 0$

$$(2.29)\quad P_n(x_0) = b_1^{(1)}x_0 + b_0^{(1)}$$

als gesuchter Funktionswert.

Ist x_0 Nullstelle von P_n, so folgt wegen $P_n(x_0) = 0$ aus (2.29):

$$b_0^{(1)} = 0, \quad b_1^{(1)} = 0 .$$

Abdividieren von komplexen Nullstellen bei Polynomen mit reellen Koeffizienten.

Ist x_0 Nullstelle von P_n, so gilt wegen $P_n(x_0) = 0$, d.h. $b_0^{(1)} = 0$, $b_1^{(1)} = 0$ gemäß (2.27)

$$P_n(x) = (x^2 - px - q)P_{n-2}(x) .$$

Die Koeffizienten des Deflationspolynoms P_{n-2} sind die $b_k^{(1)}$ im doppelreihigen Horner-Schema.

2.2.1.3 DAS VOLLSTÄNDIGE HORNER-SCHEMA FÜR REELLE ARGUMENTWERTE.

Da das Horner-Schema neben dem Funktionswert $P_n(x_0)$ auch die Koeffizienten $a_j^{(1)}$ des Polynoms P_{n-1} liefert, ergibt sich die Möglichkeit, die k-ten Ableitungen $P_n^{(k)}$ des Polynoms P_n für $k = 1(1)n$ an der Stelle $x_0 \in \mathbb{R}$ zu berechnen. Aus (2.26) folgt

$$P_n'(x) = P_{n-1}(x) + (x-x_0)P_{n-1}'(x), \quad P_n^{(1)}(x) = P_n'(x) ,$$

also ist für $x = x_0$

$$P_n^{(1)}(x_0) = P_{n-1}(x_0) .$$

$P_n^{(1)}(x_0)$ ergibt sich, indem man an die 3. Zeile des Horner-Schemas ein weiteres Horner-Schema anschließt.

So fortfahrend folgt schließlich

$$P_n^{(k)}(x_0) = k!\, P_{n-k}(x_0), \quad k = 1(1)n .$$

Durch Fortsetzung des Horner-Schemas erhält man die Koeffizienten $P_{n-k}(x_0)$ der Taylorentwicklung von P_n an der Stelle $x = x_0$

$$P_n(x) = \widetilde{P}_n(x-x_0) = \sum_{k=0}^{n} (x-x_0)^k \frac{1}{k!} P_n^{(k)}(x_0) = \sum_{k=0}^{n} (x-x_0)^k P_{n-k}(x_0) .$$

RECHENSCHEMA 2.1 (*Vollständiges Horner-Schema*).

P_n	$a_n^{(0)}$	$a_{n-1}^{(0)}$	$a_{n-2}^{(0)}$	...	$a_1^{(0)}$	$a_0^{(0)}$	
$x = x_0$	0	$a_n^{(1)}x_0$	$a_{n-1}^{(1)}x_0$	...	$a_2^{(1)}x_0$	$a_1^{(1)}x_0$	
P_{n-1}	$a_n^{(1)}$	$a_{n-1}^{(1)}$	$a_{n-2}^{(1)}$	...	$a_1^{(1)}$		$\boxed{a_0^{(1)} = P_n(x_0)}$
$x = x_0$	0	$a_n^{(2)}x_0$	$a_{n-1}^{(2)}x_0$	...	$a_2^{(2)}x_0$		
P_{n-2}	$a_n^{(2)}$	$a_{n-1}^{(2)}$	$a_{n-2}^{(2)}$	...	$\boxed{a_1^{(2)} = \frac{1}{1!} P_n'(x_0)} = P_{n-1}(x_0)$		
$\vdots$	$\vdots$	$\vdots$	$\vdots$				
P_1	$a_n^{(n-1)}$	$a_{n-1}^{(n-1)}$	...				
$x = x_0$	0	$a_n^{(n)}x_0$					
P_0	$a_n^{(n)}$	$\boxed{a_{n-1}^{(n)} = \frac{1}{(n-1)!} P_n^{(n-1)}(x_0)} = P_1(x_0)$					
$x = x_0$	0						

$$\boxed{a_n^{(n+1)} = \frac{1}{n!} P_n^{(n)}(x_0)} = P_0(x_0)$$

mit $a_n^{(l)} = a_n^{(l-1)}$, $a_j^{(l)} = a_{j+1}^{(l)}x_0 + a_j^{(l-1)}$ für $j = 0(1)n-1$, $l = 1(1)n+1$.

Anzahl der Punktoperationen.

Die Aufstellung der Taylorentwicklung von P_n an einer Stelle x_0 mit Hilfe des vollständigen Horner-Schemas erfordert $\frac{1}{2}(n^2+n)$ Punktoperationen, während der übliche Weg (Differenzieren, Berechnen der Werte der Ableitungen, Dividieren durch k!, wobei k! als bekannter Wert vorausgesetzt wird) $n^2 + 2n - 2$, also für $n \geq 3$ mehr als doppelt so viele Punktoperationen erfordert. Durch das Einsparen von Punktoperationen wird das rundungsfehlergünstige Arbeiten ermöglicht, denn durch hohe Potenzen häufen sich systematische Rundungsfehler an.

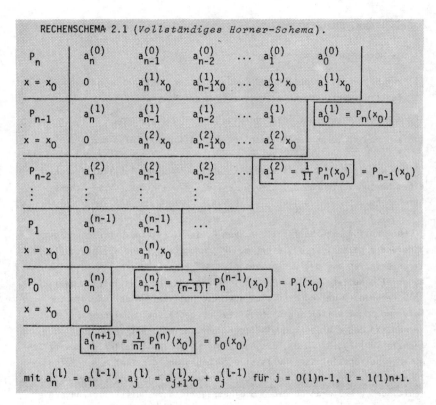

2.2.1.4 ANWENDUNGEN

Das Horner-Schema wird verwendet

(1) zur bequemen, schnellen und rundungsfehlergünstigen Berechnung der Funktionswerte und Ableitungswerte eines Polynoms P_n,

(2) zur Aufstellung der Taylorentwicklung eines Polynoms,

(3) zum Abdividieren von Nullstellen (Deflation von Polynomen).

Man wird z.B. bei der iterativen Bestimmung einer Nullstelle nach einem Newton-Verfahren P_n, P_n' bzw. P_n, P_n', P_n'' nach dem Horner-Schema berechnen.

Hat man für eine Nullstelle x_0 von P_n iterativ eine hinreichend gute Näherung erhalten, so dividiert man P_n durch $(x-x_0)$ und wendet das Iterationsverfahren auf das Deflationspolynom P_{n-1} an. So erhält man nacheinander alle Nullstellen von P_n und schließt aus, eine Nullstelle zweimal zu berechnen. Dabei könnten sich aber die Nullstellen der dividierten Polynome immer weiter von den Nullstellen des Ausgangspolynoms P_n entfernen, so daß die Genauigkeit immer mehr abnimmt. Wilkinson empfiehlt deshalb in [42], S. 70-83, das Abdividieren von Nullstellen grundsätzlich mit der betragskleinsten Nullstelle zu beginnen, d.h. mit einer Methode zu arbeiten, die für das jeweilige Polynom eine Anfangsnäherung so auswählt, daß die Iteration gegen die betragskleinste Nullstelle konvergiert (s. Verfahren von Muller, Abschnitt 2.2.2.3). Wird diese Forderung erfüllt, so ergeben sich alle Nullstellen mit einer Genauigkeit, die im wesentlichen von ihrer Kondition bestimmt ist, nicht von der Genauigkeit der vorher bestimmten Nullstelle. Wilkinson empfiehlt außerdem, nachdem man alle Nullstellen mittels Abdividieren gefunden hat, die berechneten Näherungswerte als Startwerte für eine Iteration mit dem ursprünglichen Polynom zu verwenden. Man erreicht damit eine Erhöhung der Genauigkeit, besonders in den Fällen, in denen das Abdividieren die Kondition verschlechtert hat.

2.2.2 METHODEN ZUR BESTIMMUNG SÄMTLICHER LÖSUNGEN ALGEBRAISCHER GLEICHUNGEN.

2.2.2.1 VORBEMERKUNGEN UND ÜBERBLICK.

Wenn hinreichend genaue Anfangsnäherungen für die Nullstellen eines Polynoms vorliegen, kann man mit Iterationsverfahren Folgen von Näherungswerten konstruieren, die gegen die Nullstellen konvergieren. Das Problem liegt in der Beschaffung der Startwerte.

Will man z.B. sämtliche reellen Nullstellen eines Polynoms P_n mit reellen Koeffizienten mit Hilfe eines der bisher angegebenen Iterationsverfahren berechnen, so muß man:

1. ein Intervall ermitteln, in dem alle Nullstellen liegen. Das kann z.B. nach dem folgenden Satz geschehen:

Ist $P_n(x) = x^n + a_{n-1}x^{n-1} + \ldots + a_1 x + a_0$ das gegebene Polynom und $A = \max\limits_{k=0(1)n-1} |a_k|$, so liegen alle Nullstellen von P_n in einem Kreis um den Nullpunkt der komplexen Zahlenebene mit dem Radius $r = A+1$.

Also ist $I = [-r,r]$.

Ist P_n ein Polynom mit lauter reellen Nullstellen, z.B. ein Orthogonalpolynom, s. 6.2.1, Sonderfälle 2. (in der Praxis gibt es Fälle, in denen man z.B. aufgrund des physikalischen Sachverhalts schließen kann, daß es n reelle Nullstellen gibt), so kann der *Satz von Laguerre* angewandt werden:

Die Nullstellen liegen alle in einem Intervall, dessen Endpunkte durch die beiden Lösungen der quadratischen Gleichung

$$nx^2 + 2a_{n-1}x + \left(2(n-1)a_{n-2} - (n-2)a_{n-1}^2\right) = 0$$

gegeben sind,

2. die Anzahl reeller Nullstellen nach den Vorzeichenregeln von Sturm und Descartes berechnen,

3. die Lage der Nullstellen durch Intervallteilung, Berechnung der Funktionswerte und Abzählung der Anzahl der Vorzeichenwechsel ermitteln.

Mit 3. ist es möglich, Intervalle $I_k \subset I$ anzugeben, in denen jeweils nur eine Nullstelle x_k liegt. Dann läßt sich z.B. das Newtonsche Verfahren zur näherungsweisen Berechnung der x_k anwenden. Dabei sind P_n und P_n' (bzw. P_n, P_n', P_n'') mit Hilfe des Horner-Schemas zu berechnen.

LITERATUR zu 1. bis 3.: [2] Bd. 2, 7.2; [43], S. 289ff.; [45], S. 46; [66], S. 119-121.

Dieser Weg ist mühsam und für die Praxis uninteressant. Hier braucht man Verfahren, die in kürzester Zeit und ohne Kenntnis von Startwerten sämtliche reellen und komplexen Nullstellen eines Polynoms mit reellen bzw. komplexen Koeffizienten liefern.

Für Polynome mit reellen Koeffizienten werden diese Anforderungen mühelos vom *Verfahren von Muller* erfüllt, s. Abschnitt 2.2.2.2.

Für Polynome mit komplexen Koeffizienten werden hier zwei Verfahren genannt, das *Verfahren von Jenkins und Traub* und das *Verfahren von Bauhuber*. Das Muller-Verfahren läßt sich auch auf Polynome mit komplexen Koeffizienten erweitern. Die Verfahren von Jenkins-Traub und Bauhuber werden hier nur kurz beschrieben ohne Formulierung eines Algorithmus. Für die Verfahren von Muller und Bauhuber sind im Anhang Programme angegeben.

2.2.2.2 DAS VERFAHREN VON MULLER.

Das Verfahren von Muller [111] liefert ohne vorherige Kenntnis von Startwerten sämtliche reellen und konjugiert komplexen Nullstellen eines Polynoms

$$(2.30)\quad \begin{cases} P_n: \quad P_n(x) = a_0 + a_1 x + a_2 x^2 + \dots + a_n x^n \\ \qquad\qquad\quad = \sum\limits_{j=0}^{n} a_j x^j \\ \text{für} \qquad a_j \in \mathbb{R}, \quad a_n \neq 0 \quad . \end{cases}$$

Prinzip des Verfahrens.

Zunächst wird durch Muller-Interation (s. Durchführung Muller-Iteration) ein Näherungswert $x_1^{(N)}$ für die betragskleinste Nullstelle x_1 von P_n bestimmt. Nach Division $P_n(x)/(x-x_1^{(N)})$ mit Horner und Vernachlässigung des Restes erhält man ein Polynom P_{n-1} vom Grad n-1, das im Rahmen der erzielten Genauigkeit ungefähr gleich dem Deflationspolynom $P_n(x)/(x-x_1)$ ist. Von P_{n-1} wird wiederum durch Muller-Iteration ein Näherungswert $x_2^{(N)}$ für die betragskleinste Nullstelle x_2 bestimmt (s. Durchführung der Muller-Iteration, dort ist mit $f \equiv P_{n-1}$ statt $f \equiv P_n$ zu arbeiten und x_1 durch x_2 zu ersetzen). Mit $x_2^{(N)}$ wird analog verfahren. Man erhält so Näherungswerte für sämtliche Nullstellen von P_n ungefähr dem Betrage nach geordnet. (Möglicherweise erhält man z.B. die im Betrag zweitkleinste Nullstelle zuerst.)
In den meisten Testbeispielen ergab sich die Anordnung

$$(2.31) \qquad |x_1| \le |x_2| \le \ldots \le |x_n| \,.$$

BEMERKUNG: Hat man durch Abdividieren und Anwendung des Muller-Verfahrens auf das jeweilige Deflationspolynom alle Nullstellen von P_n näherungsweise gefunden, so empfiehlt es sich grundsätzlich, die gewonnenen Näherungswerte als Startwerte für eine Nachiteration mit dem ursprünglichen Polynom P_n zu verwenden; hier eignet sich besonders das Newton-Verfahren. Man sollte aber auf jeden Fall erst sämtliche Nullstellen von P_n auf dem beschriebenen Weg näherungsweise berechnen, bevor man sie verbessert. Nach Untersuchungen von Wilkinson (s. [42], II, 30.) ist es nicht notwendig, direkt jede Nullstelle noch vor dem Abdividieren mit dem ursprünglichen Polynom zu verbessern, obwohl man meinen könnte, daß dies günstiger sei.

Durchführung der Muller-Iteration.

Zu je drei Wertepaaren $(x^{(k)},f_k)$, $k = \nu-2, \nu-1, \nu$ mit $f_k := f(x^{(k)})$ werden das zugehörige quadratische Interpolationspolynom ϕ und dessen Nullstellen bestimmt. Eine der Nullstellen wird als neue Näherung $x^{(\nu+1)}$ für die gesuchte betragskleinste Nullstelle x_1 von P_n: $f(x) \equiv P_n(x)$ gewählt.

Man erhält

(2.32) $$x^{(\nu+1)} = x^{(\nu)} + h_\nu \cdot q_{\nu+1}, \quad \nu = 2,3,\ldots$$

mit

(2.33) $$q_{\nu+1} = \frac{-2C_\nu}{B_\nu \pm \sqrt{B_\nu^2 - 4A_\nu C_\nu}},$$

wobei folgende Beziehungen gelten

(2.34) $$\begin{cases} h_\nu = x^{(\nu)} - x^{(\nu-1)}, \quad q_\nu = \dfrac{h_\nu}{h_{\nu-1}} \\ A_\nu = q_\nu f_\nu - q_\nu(1+q_\nu) f_{\nu-1} + q_\nu^2 f_{\nu-2}, \\ B_\nu = (2q_\nu+1) f_\nu - (1+q_\nu)^2 f_{\nu-1} + q_\nu^2 f_{\nu-2}, \\ C_\nu = (1+q_\nu) f_\nu. \end{cases}$$

Das Vorzeichen der Wurzel im Nenner von (2.33) ist so zu wählen, daß $x^{(\nu+1)}$ die näher an $x^{(\nu)}$ liegende Nullstelle von ϕ ist; d.h. als Nenner von $q_{\nu+1}$ ist diejenige der Zahlen $\pm\sqrt{}$ zu wählen, die den größeren Betrag besitzt.

Falls der Nenner von (2.33) verschwindet - dies ist dann der Fall, wenn $f(x^{(\nu)}) = f(x^{(\nu-1)}) = f(x^{(\nu-2)})$ gilt - schlägt Muller vor, statt (2.33) für $q_{\nu+1} = 1$ zu setzen und damit weiterzurechnen.

Automatischer Startprozeß.

Als Startwerte für die Iteration werden fest vorgegeben

(2.35) $$x^{(0)} = -1, \quad x^{(1)} = 1, \quad x^{(2)} = 0.$$

Als Funktionswerte an den Stellen $x^{(0)}$, $x^{(1)}$, $x^{(2)}$ (und nur an diesen!) werden nicht die Funktionswerte des jeweiligen Polynoms f genommen, sondern die Werte

$$\begin{aligned} &a_0 - a_1 + a_2 \quad \text{für} \quad f_0 = f(x^{(0)}) \,, \\ &a_0 + a_1 + a_2 \quad \text{für} \quad f_1 = f(x^{(1)}) \,, \\ &a_0 \qquad\qquad\quad \text{für} \quad f_2 = f(x^{(2)}) \,. \end{aligned}$$ [1)]

Abbruchbedingung.

Die Iteration (2.32) wird abgebrochen, falls zu vorgegebenem $\varepsilon > 0$ die Abfrage

$$\frac{|x^{(\nu+1)} - x^{(\nu)}|}{|x^{(\nu+1)}|} < \varepsilon$$

erfüllt ist. Ist dies für ein $\nu = N-1$ der Fall, so ist $x^{(N)} = x_1^{(N)}$ der gesuchte Näherungswert für x_1.

Auftreten konjugiert komplexer Nullstellen.

Falls der Radikand der Wurzel in (2.33) negativ ausfällt, so kann dies zwei Ursachen haben:

(1) Eine reelle Lösung der Gleichung $f(x) \equiv P_n(x) = 0$ wird durch eine Folge konjugiert komplexer Zahlen approximiert. Die Imaginärteile der Folge $\left\{x^{(\nu)}\right\}$ sowie die Imaginärteile der zugehörigen Polynomwerte streben dann gegen Null.

(2) x_1 ist eine komplexe Nullstelle. Mit x_1 ist dann auch $\bar{x}_1$ Nullstelle von P_n. In diesem Fall liefert die Division $P_n/[(x-x_1^{(N)})(x-\bar{x}_1^{(N)})]$ unter Vernachlässigung des Restes ein Polynom P_{n-2} vom Grad n-2 (s. Abschnitt 2.2.1.2), für das wiederum die Muller-Iteration eine Näherung für die i.a. betragskleinste Nullstelle liefert.

Zur Konvergenz des Verfahrens.

Konvergenz im Großen konnte nicht nachgewiesen werden. Es konnte aber gezeigt werden, daß Konvergenz eintritt, wenn der Prozeß hinreichend nahe an einer einfachen bzw. doppelten Nullstelle beginnt. Jedoch erreichte Muller mit der in [111], S. 210 angegebenen Modifikation Konvergenz in allen getesteten Fällen zu dem angegebenen Startprozeß.

---

1) Die Verwendung dieser künstlichen Startwerte wurde von Muller selbst empfohlen. Man kann aber ebenso an den Startstellen -1,0,+1 die wirklichen Polynomwerte benutzen.

Konvergenzordnung.

In [111] wird für den Fall einfacher Nullstellen die Konvergenzordnung $p = 1{,}84$, für den Fall doppelter Nullstellen $p = 1{,}23$ nachgewiesen.

2.2.2.3 DAS VERFAHREN VON BAUHUBER.

Das Verfahren von Bauhuber [95] liefert sämtliche reellen und komplexen Nullstellen eines Polynoms P_n mit komplexen Koeffizienten.

Prinzip des Verfahrens.

Zu einem beliebigen Startwert $x^{(0)}$ soll eine Folge von Näherungen $\left\{x^{(\nu)}\right\}$, $\nu = 1,2,\ldots$, so konstruiert werden, daß die zugehörige Folge der Beträge von P_n monoton fällt

(2.36) $$|P_n(x^{(0)})| > |P_n(x^{(1)})| > \ldots \quad .$$

Als Iterationsverfahren wird das Verfahren von Newton verwendet. Die Iteration wird abgebrochen, wenn z.B. die Abfrage $|P(x^{(\nu+1)})| < \varepsilon$ zu vorgegebenem $\varepsilon > 0$ erfüllt ist. Gilt für ein festes

(2.37) $$|P(x^{(\nu)})| \leq |P(x^{(\nu+1)})| \; ,$$

so muß $x^{(\nu+1)}$ aus der Folge der $\left\{x^{(\nu)}\right\}$ ausgeschlossen werden. Mit einem zweidimensionalen Suchprozeß, der als "Spiralisierung" bezeichnet und komplex durchgeführt wird, wird dann ein neues $x^{(\nu+1)}$ ermittelt, für das

$$|P(x^{(\nu)})| > |P(x^{(\nu+1)})|$$

gilt; damit wird die Iteration fortgesetzt. Die Folgen der Näherungswerte werden durch Extrapolation verbessert. Ist $x^{(N)}$ der ermittelte Näherungswert, so wird er als Nullstelle von P_n bezeichnet; man berechnet das Deflationspolynom $P_n/(x-x^{(N)})$ mit dem Horner-Schema, vernachlässigt den Rest und wendet das eben beschriebene Verfahren auf das Restpolynom P_{n-1} vom Grad $n-1$ an. Analog fortfahrend erhält man alle Nullstellen des Polynoms P_n .

Grundgedanke der Spiralisierung.

Es sei $x^{(\nu+1)}$ derjenige Wert der Folge $\left\{x^{(\nu)}\right\}$, für den erstmals (2.37) gilt. Dann muß innerhalb eines Kreises um $x^{(\nu)}$ mit dem Radius $r = |x^{(\nu+1)} - x^{(\nu)}|$ ein x_{s+1} existieren mit

(2.38) $$|P(x_{s+1})| < |P(x^{(\nu)})| \; ,$$

welches durch Absuchen des Kreisgebietes von außen nach innen mit einer

Polygonspirale ermittelt wird. Dazu wird mit einem komplexen Faktor $q = q_1 + i\, q_2$, q_1, q_2 reell, $|q| < 1$ gearbeitet, den Bauhuber $q = 0.1 + 0.9\, i$ wählt (diese Wahl ist nicht bindend).

Algorithmus für die Spiralisierung.

Mit den Startwerten
$$\begin{cases} x_0 := x^{(\nu+1)} \quad \text{mit (2.37)} \\ \Delta x_0 := x^{(\nu+1)} - x^{(\nu)} \\ q := 0.1 + 0.9\, i \end{cases}$$

werden zunächst für $\ell = 0$ nacheinander die folgenden Größen berechnet:

$$(2.39) \qquad \begin{cases} \Delta x_{\ell+1} = q \cdot \Delta x_\ell \\ x_{\ell+1} = x^{(\nu)} + \Delta x_{\ell+1} \\ \Delta P = |P(x^{(\nu)})| - |P(x_{\ell+1})| \end{cases}$$

Im Falle $\Delta P \leq 0$ wird ℓ um eins erhöht und (2.39) erneut berechnet. Analog wird solange fortgefahren, bis erstmals für ein $\ell = s$ gilt $\Delta P > 0$. Dann wird $x^{(\nu+1)}$ ersetzt durch x_{s+1} und damit nach Newton weiter iteriert.

2.2.2.4 DAS VERFAHREN VON JENKINS UND TRAUB.

Das Verfahren von Jenkins und Traub ([105], [117]) ist ein Iterationsverfahren zur Ermittlung der betragskleinsten Nullstelle eines Polynoms P_n mit komplexen Koeffizienten. Es ist für alle Startwerte $x^{(0)} \in (-\infty, |x_i|_{min}]$ global konvergent von mindestens zweiter Ordnung. Es behandelt auch den Fall von zwei oder mehr betragsgleichen Nullstellen. Je nachdem, ob die betragskleinste Nullstelle einfach, zweifach oder mehr als zweifach ist, wird der vom Computer auszuführende Algorithmus automatisch durch entsprechend eingebaute logische Entscheidungen modifiziert. Nachdem die betragskleinste(n) Nullstelle(n) näherungsweise ermittelt ist (sind), wird durch Abdividieren der Nullstelle(n) das Restpolynom bestimmt. Hiervon liefert das gleiche Verfahren eine Näherung für die nächste(n) Nullstelle(n).

LITERATUR zu 2.2: [2] Bd.2, 7.6, 7.8; [4], 3.2-3.4, 3.9; [7], 2.6-2.7; [18] Bd.1, Kap. 7.8; [19], 3.3-3.4; [29] I, 2.5-2.7; [30], II §§ 1.3; [31] Bd.1, VI 21; [34], 4.5-4.6; [40], II §§ 3,6-8; [42], Kap.2; [45], § 2; [67] I, 1.3-1.4; [99].

Ergänzende Literatur zu Kap. 2: [86 a], § 8;[91 a], 5;[91 b], I,3; [92b]Bd.1,2;[95 a];[98 b];[113 a].

3. VERFAHREN ZUR NUMERISCHEN LÖSUNG LINEARER GLEICHUNGS-SYSTEME.

Man unterscheidet *direkte* und *iterative* Methoden zur numerischen Lösung linearer Gleichungssysteme. Die direkten Methoden liefern die exakte Lösung, sofern man von Rundungsfehlern absieht. Die iterativen Methoden gehen von einer Anfangsnäherung für die Lösung (dem sogenannten Startvektor) aus und verbessern diese schrittweise.

Zu den direkten Methoden gehören der Gaußsche Algorithmus, das Gauß-Jordan-Verfahren, das Verfahren von Cholesky, die Verfahren für Systeme mit Bandmatrizen, die Methode des Pivotisierens und andere.

Zu den iterativen Methoden gehören das Iterationsverfahren in Gesamtschritten, das Iterationsverfahren in Einzelschritten und die Relaxationsverfahren.

3.1 AUFGABENSTELLUNG UND LÖSBARKEITSBEDINGUNGEN. PRINZIP DER DIREKTEN METHODEN.

Gegeben sei ein System von n linearen Gleichungen mit n Unbekannten x_i der Form

$$(3.1)\quad \left\{\begin{array}{l} a_{11}x_1 + a_{12}x_2 + \ldots + a_{1n}x_n = a_1 , \\ a_{21}x_1 + a_{22}x_2 + \ldots + a_{2n}x_n = a_2 , \\ \vdots \qquad\qquad\qquad\qquad\qquad \vdots \\ a_{n1}x_1 + a_{n2}x_2 + \ldots + a_{nn}x_n = a_n , \end{array}\right.$$

wobei die Koeffizienten $a_{ik} \in \mathbb{R}$ und die rechten Seiten $a_i \in \mathbb{R}$, $i,k = 1(1)n$, vorgegebene Zahlen sind. In Matrizenschreibweise lautet (3.1)

$$(3.1')\quad \mathfrak{A}\mathfrak{x} = \mathfrak{a}$$

mit

$$\mathfrak{A} = (a_{ik}) = \begin{pmatrix} a_{11} & a_{12} & \cdots & a_{1n} \\ a_{21} & a_{22} & \cdots & a_{2n} \\ \vdots & & & \vdots \\ a_{n1} & a_{n2} & \cdots & a_{nn} \end{pmatrix}, \quad \mathfrak{x} = \begin{pmatrix} x_1 \\ x_2 \\ \vdots \\ x_n \end{pmatrix}, \quad \mathfrak{a} = \begin{pmatrix} a_1 \\ a_2 \\ \vdots \\ a_n \end{pmatrix} .$$

Ein Vektor $\mathfrak{x}$, dessen Komponenten x_i, $i = 1(1)n$, jede Gleichung des Systems (3.1) zu einer Identität machen, heißt Lösungsvektor oder kurz Lösung von (3.1) bzw. (3.1'). Ein Gleichungssystem (3.1') heißt *homogen*, wenn $\mathfrak{a} = \mathfrak{o}$ ist, andernfalls heißt es *inhomogen*.

1. Das homogene Gleichungssystem: $\mathfrak{A}\mathfrak{x} = \mathfrak{o}$.

a) det $\mathfrak{A} \neq 0$: Es existiert nur die triviale Lösung $\mathfrak{x} = \mathfrak{o}$.

b) det $\mathfrak{A} = 0$: Die Matrix $\mathfrak{A}$ habe den Rang r. Dann besitzt das homogene System genau n-r linear unabhängige Lösungen.

2. Das inhomogene Gleichungssystem: $\mathfrak{A}\mathfrak{x} = \mathfrak{a}$ mit $\mathfrak{a} \neq \mathfrak{o}$. Es gilt der

SATZ 3.1. Ein inhomogenes Gleichungssystem $\mathfrak{A}\mathfrak{x} = \mathfrak{a} \neq \mathfrak{o}$ ist genau dann auflösbar, wenn der Rang der erweiterten Matrix $(\mathfrak{A}, \mathfrak{a})$ gleich dem Rang der Matrix $\mathfrak{A}$ ist: $\mathrm{Rg}(\mathfrak{A}, \mathfrak{a}) = \mathrm{Rg}(\mathfrak{A})$.

a) det $\mathfrak{A} \neq 0$: Es existiert genau eine Lösung, sie lautet $\mathfrak{x} = \mathfrak{A}^{-1}\mathfrak{a}$.

b) det $\mathfrak{A} = 0$: Ist das System auflösbar, so ist die Lösung nicht eindeutig bestimmt. Sie ergibt sich als Summe einer Linearkombination der n-r linear unabhängigen Lösungen des homogenen und einer speziellen Lösung des inhomogenen Systems.

PRINZIP DER DIREKTEN METHODEN.

Das Prinzip der direkten Methoden besteht in einer Dreieckszerlegung der Matrix $\mathfrak{A}$ des zu lösenden Gleichungssystems $\mathfrak{A}\mathfrak{x} = \mathfrak{a}$: Die Matrix $\mathfrak{A}$ wird in das Produkt $\mathfrak{L} \cdot \mathfrak{R}$ [1] einer unteren Dreiecksmatrix $\mathfrak{L}$ und einer oberen Dreiecksmatrix $\mathfrak{R}$ zerlegt (sofern die Zerlegung existiert), wobei eine der beiden Dreiecksmatrizen normiert sein muß, um eine eindeutige Zerlegung zu erreichen. Die Dreieckszerlegung bewirkt eine Überführung des Systems $\mathfrak{A}\mathfrak{x} = \mathfrak{a}$ in ein äquivalentes System $\mathfrak{R}\mathfrak{x} = \mathfrak{r}$, aus dem sich wegen der oberen Dreiecksform von $\mathfrak{R}$ rekursiv die Lösung gewinnen läßt. Sind für die Dreieckszerlegung Zeilenvertauschungen erforderlich, so wird statt $\mathfrak{A}$ eine aus $\mathfrak{A}$ durch die gleichen Zeilenvertauschungen hervorgegangene Matrix $\mathfrak{P}\mathfrak{A}$ ($\mathfrak{P}$ = Permutationsmatrix) in die beiden Dreiecksmatrizen $\mathfrak{L}$ und $\mathfrak{R}$ zerlegt.

DEFINITION. Die (k,k)-Matrix $\mathfrak{A}_k$, die aus den ersten k Zeilen und k Spalten von $\mathfrak{A}$ gebildet wird, heißt *Hauptabschnittsmatrix*. Ihre Determinante det $(\mathfrak{A}_k)$ heißt *Hauptabschnittsdeterminante* der Ordnung k.

---

[1] In der Literatur wird die Dreieckszerlegung häufig als $\mathfrak{L}\mathfrak{R}$-Zerlegung oder $\mathfrak{L}\mathfrak{U}$-Zerlegung bezeichnet.

DEFINITION. Eine Matrix $\mathcal{C} = (c_{ik})$ heißt *untere Dreiecksmatrix* (Subdiagonalmatrix), wenn $c_{ik} = 0$ für $k > i$; sie heißt *normiert*, wenn außerdem $c_{ii} = 1$ für alle i ist.

DEFINITION. Eine Matrix $\mathcal{B} = (b_{ik})$ heißt *obere Dreiecksmatrix* (Superdiagnonalmatrix), wenn $b_{ik} = 0$ für $i > k$ gilt; sie heißt *normiert*, wenn außerdem $b_{ii} = 1$ für alle i ist.

DEFINITION. Eine (n,n)-Matrix $\mathcal{P}$ heißt *Permutationsmatrix*, wenn in jeder Zeile und Spalte genau eine eins und n-1 Nullen vorkommen.

BEMERKUNG. Die Permutationsmatrix $\mathcal{P}$ entsteht aus der Einheitsmatrix $\mathcal{E}$ dadurch, daß man in $\mathcal{E}$ die i-te und k-te Zeile vertauscht hat. Dann ist $\mathcal{P}\mathfrak{A}$ diejenige Matrix, die aus $\mathfrak{A}$ durch Vertauschung der i-ten und k-ten Zeile hervorgeht.

Es gilt der

SATZ. Jede (n,n)-Matrix $\mathfrak{A}$ mit $\det(\mathfrak{A}_k) \neq 0$ für $k = 1(1)n-1$ kann (ohne Zeilenvertauschungen) eindeutig in das Produkt zerlegt werden:

$$(3.2)\quad \mathcal{C}\mathcal{B} = \begin{pmatrix} 1 & & & \\ c_{21} & 1 & & \\ \vdots & & \ddots & \\ c_{n1} & c_{n2} & \cdots & 1 \end{pmatrix} \begin{pmatrix} b_{11} & b_{12} & \cdots & b_{1n} \\ & b_{22} & \cdots & b_{2n} \\ & & \ddots & \vdots \\ & & & b_{nn} \end{pmatrix} .$$

Werden für eine Dreieckszerlegung Zeilenvertauschungen zugelassen, so kann die Voraussetzung $\det(\mathfrak{A}_k) \neq 0$ für $k = 1(1)n-1$ des Satzes entfallen; es gilt dann der

SATZ. Für eine (n,n)-Matrix $\mathfrak{A}$ mit $\det \mathfrak{A} \neq 0$ gilt mit einer (n,n)-Permutationsmatrix $\mathcal{P}$ die Zerlegung

$$(3.2')\quad \mathcal{P}\mathfrak{A} = \mathcal{C}\mathcal{B} ,$$

wobei $\mathcal{C}$ und $\mathcal{B}$ durch $\mathcal{P}$ und $\mathfrak{A}$ eindeutig bestimmt sind.
In $\mathcal{P}\mathfrak{A}$ sind die Zeilen von $\mathfrak{A}$ permutiert. Es gilt mit $\det \mathcal{P} = (-1)^k$, k = Anzahl der Zeilenvertauschungen,

$$\det \mathfrak{A} = (-1)^k \cdot \det \mathcal{B} = (-1)^k\, b_{11} b_{22} \cdots b_{nn} .$$

Aus den beiden Sätzen ergeben sich die folgenden Algorithmen für die Lösung linearer Systeme durch Dreieckszerlegung.

ALGORITHMUS 3.1 (Elimination *ohne* Zeilenvertauschungen).
Gegeben : $\mathfrak{A}\mathfrak{x} = \mathfrak{a}$ mit det $\mathfrak{A}_k \neq 0$ für k = 1(1)n-1.
Gesucht : Lösung $\mathfrak{x}$.
1. Schritt: Dreieckszerlegung $\mathfrak{A} = \mathfrak{L}\mathfrak{B}$ zur Ermittlung von $\mathfrak{L}$ und $\mathfrak{B}$ gemäß (3.2).
2. Schritt: Vorwärtselimination $\mathfrak{a} = \mathfrak{L}\mathfrak{b}$ zur Bestimmung von $\mathfrak{b}$.
3. Schritt: Rückwärtselimination $\mathfrak{B}\mathfrak{x} = \mathfrak{b}$ zur Berechnung der Lösung $\mathfrak{x}$.

ALGORITHMUS 3.2 (Elimination *mit* Zeilenvertauschungen).
Gegeben : $\mathfrak{A}\mathfrak{x} = \mathfrak{a}$ mit det $\mathfrak{A} \neq 0$.
Gesucht : Lösung $\mathfrak{x}$.
1. Schritt: Dreieckszerlegung $\mathfrak{P}\mathfrak{A} = \mathfrak{L}\mathfrak{B}$ zur Ermittlung von $\mathfrak{L}$ und $\mathfrak{B}$ gemäß (3.2').
2. Schritt: Vorwärtselimination $\mathfrak{P}\mathfrak{a} = \mathfrak{L}\mathfrak{b}$ zur Ermittlung von $\mathfrak{b}$.
3. Schritt: Rückwärtselimination $\mathfrak{B}\mathfrak{x} = \mathfrak{b}$ zur Berechnung der Lösung $\mathfrak{x}$.

Die folgenden direkten Eliminationsverfahren arbeiten nach den angegebenen Algorithmen. Sie unterscheiden sich lediglich dadurch, daß spezielle Eigenschaften der Matrix $\mathfrak{A}$ in $\mathfrak{A}\mathfrak{x} = \mathfrak{a}$ ausgenutzt werden, wodurch eine zum Teil erhebliche Ersparnis an Rechenzeit erreicht werden kann.

LITERATUR zu 3.1: [34], S.20; [44], § 8; [45], § 5.5-5.6, [82], S.31/32, [13a], [20],3., [20a],3.

3.2 DER GAUSS-ALGORITHMUS.

Das *Prinzip des Gaußschen Algorithmus* ist die Überführung eines Gleichungssystems der Form (3.1) in ein gestaffeltes System

$$\text{(3.3)} \qquad \begin{cases} b_{11}x_1 + b_{12}x_2 + \cdots + b_{1n}x_n = b_1 \;, \\ \qquad\quad\;\; b_{22}x_2 + \cdots + b_{2n}x_n = b_2 \;, \\ \qquad\qquad\qquad\qquad\quad \vdots \\ \qquad\qquad\qquad\qquad\; b_{nn}x_n = b_n \;, \end{cases}$$

aus dem die x_i, i = 1(1)n, rekursiv folgen, falls $b_{11}b_{22}\cdots b_{nn} \neq 0$ ist.

Konstruktion des Verfahrens.

Bekanntlich ist die Lösung eines Gleichungssystems (3.1) unabhängig von der Anordnung der Gleichungen. Man kann also o.B.d.A. eine Zeilenvertauschung derart vornehmen, daß das betragsgrößte Element der ersten Spalte von $\mathfrak{A}$ in die erste Zeile kommt. Die durch die Umordnung entstandene Matrix heiße $\mathfrak{A}^{(0)}$, ihre Elemente $a_{ik}^{(0)}$ und die Komponenten der rechten Seite $a_i^{(0)}$, so daß (3.1) in das äquivalente System

(3.4) $$\sum_{k=1}^{n} a_{ik}^{(0)} x_k = a_i^{(0)} \;, \quad i = 1(1)n \;,$$

übergeht. Ist det $\mathfrak{A} \neq 0$, so gilt für das betragsgrößte Element der ersten Spalte $a_{11}^{(0)} \neq 0$. Zur Elimination von x_1 aus den Gleichungen $i = 2(1)n$ multipliziert man die 1. Gleichung von (3.4) mit $-a_{i1}^{(0)}/a_{11}^{(0)}$ und addiert sie jeweils zur i-ten Gleichung, so daß sich für $i = 2(1)n$ zusammen mit der unveränderten 1. Zeile ergibt (1. Eliminationsschritt):

(3.5) $$\begin{cases} a_{11}^{(0)}x_1 + a_{12}^{(0)}x_2 + \ldots + a_{1n}^{(0)}x_n = a_1^{(0)} \;, \\ \qquad\quad \tilde{a}_{22}^{(1)}x_2 + \ldots + \tilde{a}_{2n}^{(1)}x_n = \tilde{a}_2^{(1)} \;, \\ \qquad\quad \vdots \qquad\qquad\qquad\qquad\quad \vdots \\ \qquad\quad \tilde{a}_{n2}^{(1)}x_2 + \ldots + \tilde{a}_{nn}^{(1)}x_n = \tilde{a}_n^{(1)} \end{cases}$$

mit

$$\begin{cases} \tilde{a}_{ik}^{(1)} = \begin{cases} 0 \quad \text{für} \quad k = 1, \quad i = 2(1)n \;, \\ a_{ik}^{(0)} - a_{1k}^{(0)} \dfrac{a_{i1}^{(0)}}{a_{11}^{(0)}} \quad \text{sonst} \end{cases} \;, \\ \\ \tilde{a}_i^{(1)} = a_i^{(0)} - a_1^{(0)} \dfrac{a_{i1}^{(0)}}{a_{11}^{(0)}} \;, \quad i = 2(1)n. \end{cases}$$

Das System (3.5) besteht also aus einer Gleichung mit den n Unbekannten $x_1, x_2, \ldots, x_n$ und n-1 Gleichungen mit den n-1 Unbekannten $x_2, \ldots, x_n$.

Auf die n-1 Gleichungen $i = 2(1)n$ von (3.5) wendet man das Eliminationsverfahren erneut an. Dazu muß man zunächst wieder eine Zeilenvertauschung durchführen, so daß das betragsgrößte Element der $\tilde{a}_{i2}^{(1)}$ für $i = 2(1)n$ in der 2. Gleichung erscheint; nach der Zeilenvertauschung werden die Elemente der neu entstandenen Zeilen 2 bis n mit $a_{ik}^{(1)}$ bzw. $a_i^{(1)}$ bezeichnet:

(3.6) $$\begin{cases} a_{11}^{(0)}x_1 + a_{12}^{(0)}x_2 + \ldots + a_{1n}^{(0)}x_n = a_1^{(0)} \;, \\ \qquad\quad a_{22}^{(1)}x_2 + \ldots + a_{2n}^{(1)}x_n = a_2^{(1)} \;, \\ \qquad\quad \vdots \qquad\qquad\qquad\qquad\quad \vdots \\ \qquad\quad a_{n2}^{(1)}x_2 + \ldots + a_{nn}^{(1)}x_n = a_n^{(1)} \;, \end{cases}$$

wobei wegen det $\mathfrak{A} \neq 0$ gelten muß $a_{22}^{(1)} \neq 0$.
Verfährt man nun analog mit der 2. bis n-ten Gleichung von (3.6), so sind für jeden weiteren Eliminationsschritt j mit $j = 2(1)n-1$ die Elemente

$$(3.7)\quad \begin{cases} \tilde{a}_{ik}^{(j)} = \begin{cases} 0 & \text{für } k = 1(1)j, \quad i = (j+1)(1)n\,, \\ a_{ik}^{(j-1)} - a_{jk}^{(j-1)} \dfrac{a_{ij}^{(j-1)}}{a_{jj}^{(j-1)}} & \text{sonst}\,, \end{cases} \\[2ex] \tilde{a}_{i}^{(j)} = a_{i}^{(j-1)} - a_{j}^{(j-1)} \dfrac{a_{ij}^{(j-1)}}{a_{jj}^{(j-1)}}\,, \quad i = (j+1)(1)n\,, \end{cases}$$

zu berechnen. Nach jedem Eliminationsschritt j sind die Gleichungen j+1 bis n so umzuordnen, daß das betragsgrößte Element der $\tilde{a}_{ij+1}^{(j)}$ für $j+1 \leq i \leq n$ in der (j+1)-ten Gleichung steht; die Elemente der neu entstandenen Gleichungen j+1 bis n werden mit $a_{ik}^{(j)}$ bzw. $a_{i}^{(j)}$ bezeichnet. Man erhält so nach n-1 Eliminationsschritten das gestaffelte Gleichungssystem

$$(3.8)\quad \begin{cases} a_{11}^{(0)}x_1 + a_{12}^{(0)}x_2 + a_{13}^{(0)}x_3 + \ldots + a_{1n}^{(0)}x_n = a_1^{(0)}\,, \\ \qquad\quad a_{22}^{(1)}x_2 + a_{23}^{(1)}x_3 + \ldots + a_{2n}^{(1)}x_n = a_2^{(1)}\,, \\ \qquad\qquad\quad a_{33}^{(2)}x_3 + \ldots + a_{3n}^{(2)}x_n = a_3^{(2)}\,, \\ \qquad\qquad\qquad\qquad\quad \vdots \qquad\quad \vdots \\ \qquad\qquad\qquad\qquad a_{nn}^{(n-1)}x_n = a_n^{(n-1)} \end{cases}$$

Mit $b_{ik} = a_{ik}^{(i-1)}$, $b_i = a_i^{(i-1)}$ besitzt (3.8) die Gestalt (3.3). Aus dem zu (3.1) äquivalenten System (3.8) berechnet man rekursiv die x_i gemäß

$$(3.9)\quad \begin{cases} x_n = \dfrac{a_n^{(n-1)}}{a_{nn}^{(n-1)}}\,, \\[2ex] x_j = \dfrac{a_j^{(j-1)}}{a_{jj}^{(j-1)}} - \displaystyle\sum_{k=j+1}^{n} \dfrac{a_{jk}^{(j-1)}}{a_{jj}^{(j-1)}}\, x_k, \quad j = n-1, n-2, \ldots, 1\,. \end{cases}$$

Im Fall det $\mathfrak{A} \neq 0$ darf keines der Diagonalelemente $a_{jj}^{(j-1)}$ verschwinden. Ist es nach irgendeinem Eliminationsschritt nicht mehr möglich, ein Element $a_{jj}^{(j-1)} \neq 0$ zu finden, so bedeutet dies, daß det $\mathfrak{A} = 0$ ist. Ob dann überhaupt eine Lösung existiert und wenn ja, wieviele Parameter sie besitzt, folgt automatisch aus der Rechnung (vgl. dazu [20], Abschnitt 3.3.5. Für die Determinate von $\mathfrak{A}$ gilt

$$\det \mathfrak{A} = (-1)^k \cdot b_{11} \cdot b_{22} \cdot \ldots \cdot b_{nn}\,,$$

wobei k die Anzahl der Zeilenvertauschungen ist.

Da der Rang r von $\mathfrak{A}$ gleich der Anzahl der nichtverschwindenden Diagonalelemente $b_{jj} = a_{jj}^{(j-1)}$ der Superdiagonalmatrix $\mathfrak{B}$ (gegebenenfalls unter Spaltenvertauschungen) ist, läßt sich die Anzahl n-r der Parameter nach Durchführung der n-1 Eliminationsschritte sofort angeben.

RECHENSCHEMA 3.1 (*Gaußscher Algorithmus für n = 3*).

Bezeichnung der Zeilen	$a_{ik}^{(j)}, \tilde{a}_{ik}^{(j)}$			$a_i^{(j)}, \tilde{a}_i^{(j)}$	Operationen
$1^{(0)}$	$a_{11}^{(0)}$	$a_{12}^{(0)}$	$a_{13}^{(0)}$	$a_1^{(0)}$	-
$2^{(0)}$	$a_{21}^{(0)}$	$a_{22}^{(0)}$	$a_{23}^{(0)}$	$a_2^{(0)}$	-
$3^{(0)}$	$a_{31}^{(0)}$	$a_{32}^{(0)}$	$a_{33}^{(0)}$	$a_3^{(0)}$	-
$\tilde{2}^{(1)}$	0	$\tilde{a}_{22}^{(1)}$	$\tilde{a}_{23}^{(1)}$	$\tilde{a}_2^{(1)}$	$2^{(0)} - \frac{a_{21}^{(0)}}{a_{11}^{(0)}} \cdot 1^{(0)}$
$\tilde{3}^{(1)}$	0	$\tilde{a}_{32}^{(1)}$	$\tilde{a}_{33}^{(1)}$	$\tilde{a}_3^{(1)}$	$3^{(0)} - \frac{a_{31}^{(0)}}{a_{11}^{(0)}} \cdot 1^{(0)}$
$2^{(1)}$	0	$a_{22}^{(1)}$	$a_{23}^{(1)}$	$a_2^{(1)}$	Zeilenvertauschung von $\tilde{2}^{(1)}, \tilde{3}^{(1)}$ in $2^{(1)}, 3^{(1)}$ so daß gilt $\lvert a_{22}^{(1)}\rvert = \max(\lvert\tilde{a}_{22}^{(1)}\rvert, \lvert\tilde{a}_{32}^{(1)}\rvert)$
$3^{(1)}$	0	$a_{32}^{(1)}$	$a_{33}^{(1)}$	$a_3^{(1)}$	
$\tilde{3}^{(2)} = 3^{(2)}$	0	0	$\tilde{a}_{33}^{(2)} = a_{33}^{(2)}$	$\tilde{a}_3^{(2)} = a_3^{(2)}$	$3^{(1)} - \frac{a_{32}^{(1)}}{a_{22}^{(1)}} \cdot 2^{(1)}$

Die Zeilen $1^{(0)}$, $2^{(1)}$, $3^{(2)}$ bilden das gesuchte gestaffelte System (3.8), aus dem die Lösungen x_i rekursiv gemäß (3.9) bestimmt werden. Die Zeilenvertauschung der Zeilen $\tilde{2}^{(1)}$, $\tilde{3}^{(1)}$ erübrigt sich, falls $\left|\tilde{a}_{22}^{(1)}\right| \geq \left|\tilde{a}_{32}^{(1)}\right|$ ist; dann ist $\tilde{a}_{2i}^{(1)} = a_{2i}^{(1)}$ und $\tilde{a}_{3i}^{(1)} = a_{3i}^{(1)}$ für i = 2,3 zu setzen.

BEMERKUNG 3.1 *(Pivotsuche)*. Wenn die Koeffizienten gerundete Zahlen sind oder im Verlaufe der Rechnung gerundet werden muß, sind die Zeilenvertauschungen unerläßlich, um Verfälschungen des Ergebnisses durch Rundungsfehler möglichst zu vermeiden. Man bezeichnet diese Strategie als *Spaltenpivotsuche oder teilweise Pivotsuche* und die Diagonalelemente $b_{jj} = a_{jj}^{(j-1)}$ als *Pivotelemente*. Verwendet man als Pivotelement jeweils das betragsgrößte Element der gesamten Restmatrix, so spricht man von *vollständiger Pivotsuche*. Hierfür ist der Aufwand sehr groß, für die Praxis ist die teilweise Pivotisierung bzw. die skalierte Pivotsuche (s.P 3) angemessener.

BEMERKUNG 3.2 (Homogene Systeme). Die praktische Lösung homogener Systeme vom Rang r erfolgt so, daß mit dem Gaußschen Algorithmus die Dreiecksmatrix $\mathfrak{B}$ hergestellt wird. Das System reduziert sich auf r linear unabhängige Gleichungen (d.h. man erhält r Diagonalelemente $b_{ii} \neq 0$, $i=1(1)r$). Für die restlichen $n-r$ Unbekannten setzt man beliebige Zahlenwerte bzw. Parameter ein, so daß sich damit die ersten r Unbekannten ermitteln lassen.

Gauß-Algorithmus als Dreieckszerlegung.

Die Vorgehensweise beim Gaußschen Algorithmus entspricht genau dem Algorithmus 3.1, wenn ohne Zeilenvertauschung gearbeitet wird. Dann besteht der folgende Zusammenhang: Für die Elemente der Zerlegungsmatrizen $\mathfrak{C} = (c_{ij})$, $\mathfrak{B} = (b_{ij})$ und den Vektor $\mathfrak{b} = (b_1, b_2, \dots, b_n)^T$ gilt

$$b_{ij} = \begin{cases} a_{ij}^{(i-1)} & , \ i \le j \\ 0 & , \ i > j \end{cases} , \quad c_{ij} = \begin{cases} a_{ij}^{(j-1)} \ / \ a_{jj}^{(j-1)} & , \ i > j \\ 1 & , \ i = j \\ 0 & , \ i < j \end{cases} ,$$

$$b_i = a_i^{(i-1)} ,$$

und die Lösungen x_i ergeben sich rekursiv aus

$$x_n = \frac{b_n}{b_{nn}}$$

$$x_i = \frac{1}{b_{ii}} \left(b_i - \sum_{j=i+1}^{n} b_{ij} x_j \right) , \quad i = n-1, n-2, \dots, 1 .$$

Während des Eliminationsprozesses können die Elemente von $\mathfrak{A}$ zeilenweise durch die Elemente der Zerlegungsmatrizen überspeichert werden; die c_{ij} für $i > j$ stehen dann unterhalb der Hauptdiagonalen, die $c_{ii} = 1$ werden nicht abgespeichert und die b_{ij} $(i \le j)$ stehen in und über der Hauptdiagonalen. Ebenso können die Elemente von $\mathfrak{a}$ durch die von $\mathfrak{b}$ überspeichert werden.

Im folgenden Algorithmus soll die Vorgehensweise der Dreieckszerlegung mit Spaltenpivotsuche unter Verwendung der Überspeicherung der Elemente von $\mathfrak{A}$ durch die Elemente von $\mathfrak{C}$ und $\mathfrak{B}$ formuliert werden.

ALGORITHMUS 3.3 (Dreieckszerlegung mit Spaltenpivotsuche).

Gegeben: $\mathfrak{A} = (a_{ij})$, $i,j = 1(1)n$, $\det \mathfrak{A} \neq 0$.

Gesucht: Dreieckszerlegung $\mathfrak{P} \cdot \mathfrak{A} = \mathfrak{L}\mathfrak{R}$, wobei $\mathfrak{L}$ und $\mathfrak{R}$ auf $\mathfrak{A}$ überspeichert werden.

Dann sind nacheinander folgende Schritte auszuführen:

1. Vorbesetzen des Pivotvektors $\mathfrak{p} = (p_1, p_2, \ldots, p_n)^T$ mit $p_i = i$ für alle i .
2. Für jeden Wert $j = 1(1)n-1$ ist durchzuführen:
   - 2.1 Bestimme $i_0 \geq j$ mit $|a_{i_0 j}| = \max\{|a_{ij}| \ , \ i = j(1)n\}$ (Pivotsuche) und vertausche p_{i_0} mit p_j und die i_0-te Zeile in $\mathfrak{A}$ mit der j-ten Zeile. Gilt $a_{jj} = 0$, dann ist $\mathfrak{A}$ singulär und das Verfahren ist abzubrechen. Andernfalls:
   - 2.2 Für jedes $i = j+1(1)n$ ist durchzuführen:
     - 2.2.1 Ersetze a_{ij} durch a_{ij}/a_{jj} .
     - 2.2.2 Führe für $\ell = j+1(1)n$ durch: Ersetze $a_{i\ell}$ durch $a_{i\ell} - a_{j\ell} \cdot a_{ij}$.

Dann ist

$$\mathfrak{P} = (\mathfrak{e}_{p_1}, \mathfrak{e}_{p_2}, \ldots, \mathfrak{e}_{p_n})^T, \quad \mathfrak{L} = \begin{pmatrix} 1 & 0 & \cdots & 0 \\ a_{21} & 1 & & \vdots \\ \vdots & & \ddots & \vdots \\ a_{n1} & \cdots & a_{n,n-1} & 1 \end{pmatrix}, \quad \mathfrak{R} = \begin{pmatrix} a_{11} & a_{12} & \cdots & a_{nn} \\ 0 & a_{22} & \cdots & a_{2n} \\ \vdots & & \ddots & \vdots \\ 0 & \cdots & \cdots & a_{nn} \end{pmatrix} ;$$

$\mathfrak{e}_{p_j}$ ist der p_j-te Standard-Einheitsvektor mit einer 1 in der p_j-ten Komponente.

ALGORITHMUS 3.4 (Gauß-Algorithmus mit Spaltenpivotsuche).

Gegeben: $\mathfrak{A}\mathfrak{x} = \mathfrak{a}$, $\det \mathfrak{A} \neq 0$.

Gesucht: Lösung $\mathfrak{x}$.

1. Schritt: Bestimmung des Pivotvektors $\mathfrak{p}$ und der Dreiecksmatrizen $\mathfrak{L}$ und $\mathfrak{R}$ nach Algorithmus 3.3 .

2. Schritt: Berechnung von $\mathfrak{b} = (b_1, b_2 \ldots, b_n)^T$ durch Vorwärtselimination aus $\mathfrak{P}\mathfrak{a} = \mathfrak{L}\mathfrak{b}$ mit $\mathfrak{P}\mathfrak{a} = (a_{p_1}, a_{p_2}, \ldots, a_{p_n})^T$ nach der Vorschrift

$$b_1 = a_{p_1} \ , \ b_i = a_{p_i} - \sum_{j=1}^{i-1} a_{ij} b_j \quad \text{für} \quad i = 2(1)n \ .$$

3. Schritt: Berechnung der Lösung $\mathfrak{x}$ aus $\mathfrak{R}\mathfrak{x} = \mathfrak{b}$ durch Rückwärtselimination mit

$$x_n = \frac{b_n}{a_{nn}} \ ,$$

$$x_i = \frac{1}{a_{ii}} \left(b_i - \sum_{j=i+1}^{n} a_{ij} x_j \right) \quad \text{für} \quad i = n-1, n-2, \ldots, 1 \ .$$

LITERATUR zu 3.2: [2] Bd.2, 6.2; [3], 5.32; [7], 5.3; [10], § 16; [14], 17a; [19], 2.1; [20], 3.2; [26], 8.2; [29] I, 4.1-4.3; [30], VI, § 2.2; [35], 4.1; [40], III § 1; [42], S.119ff., 198; [44], § 6.1; [45], § 5.1; [67] I, 2.3, [13a].

3.3 MATRIZENINVERSION MIT HILFE DES GAUSS'SCHEN ALGORITHMUS.

Gegeben seien n lineare Gleichungssysteme $\mathfrak{A}\mathfrak{x}_\ell = \mathfrak{e}_\ell$, $\ell=1(1)n$, mit $\det\mathfrak{A} \neq 0$, $\mathfrak{e}_\ell$ Einheitsvektoren. Faßt man die n rechten Seiten $\mathfrak{e}_\ell$ zu der Einheitsmatrix $\mathfrak{E}$ zusammen und die n Lösungsvektoren $\mathfrak{x}_\ell$ zu einer Matrix $\mathfrak{X}$, so lassen sich die n Systeme kompakt schreiben: $\mathfrak{A}\mathfrak{X} = \mathfrak{E}$.

Daraus resultiert gemäß Definition der Inversen: $\mathfrak{X} = \mathfrak{A}^{-1}$, d.h. die n Lösungsvektoren $\mathfrak{x}_\ell$ der n Systeme $\mathfrak{A}\mathfrak{x}_\ell = \mathfrak{e}_\ell$ bauen spaltenweise $\mathfrak{A}^{-1}$ auf. Man gewinnt $\mathfrak{A}^{-1}$, indem man die n Systeme mit dem Gaußschen Algorithmus löst; auch hier ist die teilweise Pivotisierung unerläßlich. Es sind $(4n^3/3)-(n/3)$ Punktoperationen erforderlich.

LITERATUR zu 3.3: [7], 5.5; [10], § 21; [29], 5.3; [30], VI § 2.2; [34], S.24; [44], § 6.6; [45], S.147, [20], § 3.3.6, [13a].

3.4 DAS VERFAHREN VON CHOLESKY

Ist die Matrix $\mathfrak{A}$ in (3.2) symmetrisch ($a_{ik} = a_{ki}$) und positiv definit ($\mathfrak{x}^T\mathfrak{A}\mathfrak{x} > 0$ für alle $\mathfrak{x} \neq 0$), so kann das Verfahren von Cholesky angewandt werden. Es sind gegenüber dem Gaußschen Algorithmus asymptotisch nur halb so viele Punktoperationen erforderlich.[1)]

Prinzip des Verfahrens.

Mit der Zerlegung $\mathfrak{A} = \mathfrak{B}^T\mathfrak{B}$, wo $\mathfrak{B} = (b_{ik})$ eine obere Dreiecksmatrix ist, wird das System $\mathfrak{A}\mathfrak{x} = \mathfrak{a}$ gemäß Algorithmus 3.1 mit $\mathfrak{L} := \mathfrak{B}^T$ in ein äquivalentes System $\mathfrak{B}\mathfrak{x} = \mathfrak{b}$ überführt. Die Elemente b_{ik} von $\mathfrak{B}$ und die Komponenten b_i von $\mathfrak{b}$ ergeben sich aus

$$\mathfrak{A} = \mathfrak{B}^T\mathfrak{B} \quad \text{und} \quad \mathfrak{a} = \mathfrak{B}^T\mathfrak{b}$$

bzw. den Formeln

$$b_{kj} = \begin{cases} \left(a_{kj} - \sum\limits_{\ell=1}^{k-1} b_{\ell j} b_{\ell k}\right) \cdot \dfrac{1}{b_{kk}} & \text{für } k+1 \le j \le n, \quad j = 2(1)n\,, \\ 0 & \text{für } k > j\,, \end{cases}$$

1) Programm für positiv definite Bandmatrizen s. Anhang.

$$(3.10)\quad \begin{cases} b_{jj} = \sqrt{a_{jj} - \sum\limits_{\ell=1}^{j-1} b_{\ell j}^2} & , \quad j = 1(1)n \, , \\[2ex] b_j = \left(a_j - \sum\limits_{\ell=1}^{j-1} b_{\ell j} b_\ell \right) \dfrac{1}{b_{jj}} & , \quad j = 1(1)n \, . \end{cases}$$

Die Lösung $\mathfrak{x}$ ergibt sich rekursiv aus $\mathfrak{L}\mathfrak{x} = \mathfrak{b}$ gemäß Algorithmus 3.4, 3. Schritt.

LITERATUR zu 3.4: [19], S.57/8; [33], S.36ff.; [35], 4.3; [40], S.149/150; [44], § 6.7; [45], S.99, [13a].

3.5 DAS GAUSS-JORDAN-VERFAHREN.

Das Gauß-Jordan-Verfahren ist eine Modifikation des Gaußschen Algorithmus, welche die rekursive Berechnung der Lösungen x_i gemäß (3.9) erspart. Der erste Schritt des Verfahrens ist identisch mit dem ersten Eliminationsschritt des Gaußschen Algorithmus; man erhält somit (3.6). Die Gleichungen 2 bis n sind so umgeordnet, daß $a_{22}^{(1)}$ das betragsgrößte Element der $a_{i2}^{(1)}$ für $i = 2(1)n$ ist. Jetzt wird die 2. Gleichung von (3.6) nacheinander für $i = 1$ mit $-a_{12}^{(0)}/a_{22}^{(1)}$ und für $i = 3(1)n$ mit $-a_{i2}^{(1)}/a_{22}^{(1)}$ multipliziert und jeweils zur i-ten Gleichung addiert. Man erhält nach diesem ersten Jordan-Schritt ein Gleichungssystem der Form

$$(3.11)\quad \begin{cases} a_{11}^{(I)} x_1 \qquad\qquad\quad + a_{13}^{(I)} x_3 + a_{14}^{(I)} x_4 + \ldots + a_{1n}^{(I)} x_n = a_1^{(I)} \, , \\ \qquad\quad a_{22}^{(I)} x_2 + a_{23}^{(I)} x_3 + a_{24}^{(I)} x_4 + \ldots + a_{2n}^{(I)} x_n = a_2^{(I)} \, , \\ \qquad\qquad\qquad\quad a_{33}^{(I)} x_3 + a_{34}^{(I)} x_4 + \ldots + a_{3n}^{(I)} x_n = a_3^{(I)} \, , \\ \qquad\qquad\qquad\quad \vdots \\ \qquad\qquad\qquad\quad a_{n3}^{(I)} x_3 + a_{n4}^{(I)} x_4 + \ldots + a_{nn}^{(I)} x_n = a_n^{(I)} \, . \end{cases}$$

Dabei ist $a_{11}^{(I)} = a_{11}^{(0)}$ und $a_{22}^{(I)} = a_{22}^{(1)}$; für diese unveränderten und für die neu gewonnenen Elemente soll die Bezeichnung mit dem Strich verwendet werden. Die Gleichungen 3 bis n von (3.11) sind bereits so umgeordnet, daß $a_{33}^{(I)}$ das betragsgrößte Element der $a_{i3}^{(I)}$ für $i = 3(1)n$ ist. In einem zweiten Jordan-Schritt multipliziert man die dritte Gleichung von (3.11) mit $-a_{i3}^{(I)}/a_{33}^{(I)}$ für $i = 1(1)n$ und $i \neq 3$ und addiert sie zur i-ten Gleichung. So fortfahrend erhält man nach n-1 Jordan-Schritten schließlich n Gleichungen der Form $a_{ii}^{(n-1)} x_i = a_i^{(n-1)}$, $i = 1(1)n$, aus denen sich unmittelbar die x_i berechnen lassen.

LITERATUR zu 3.5: [19], S. 52/53;[20], 3.5; [25], 5.7A; [26], S. 276/277.

3.6 BESTIMMUNG DER ZU EINER MATRIX INVERSEN MATRIX MIT DEM AUSTAUSCHVERFAHREN.

Das Austauschverfahren (auch Methode des Pivotisierens genannt) liefert zu einer gegebenen Matrix $\mathfrak{A}$ die inverse Matrix $\mathfrak{A}^{-1}$ durch die Umkehrung eines linearen Gleichungssystems

$$(3.12) \qquad \mathfrak{A}\mathfrak{x} = \mathfrak{y}, \quad \mathfrak{A} = (a_{ik}^{(0)}), \qquad i,k = 1(1)n$$

mit $\mathfrak{x}^T = (x_1, x_2, \ldots, x_n)$, $\mathfrak{y}^T = (y_1, y_2, \ldots, y_n)$, $\det \mathfrak{A} \neq 0$. Die Lösung von (3.12) wird in der Form $\mathfrak{x} = \mathfrak{A}^{-1}\mathfrak{y}$ gewonnen.

Prinzip des Verfahrens.

Das gewöhnliche Einsetzungsverfahren wird hier schematisiert. Die Lösung erhält man durch schrittweises Austauschen einer beliebigen Variablen y_i gegen ein x_k, jeder dieser Schritte heißt Austauschschritt oder Pivotschritt; die Methode heißt *Austauschverfahren* oder *Pivotisieren*. Die zu x_k gehörige Spalte der Matrix $\mathfrak{A}$ heißt *Pivotspalte*, die zu y_i gehörige Zeile *Pivotzeile*; Pivotzeile und Pivotspalte kreuzen sich im *Pivotelement*. Eine Vertauschung von x_k und y_i ist nur dann möglich, wenn das zugehörige Pivotelement verschieden von Null ist. Nach n Pivotschritten ist $\mathfrak{A}^{-1}$ bestimmt. Die Elemente der nach dem j-ten Pivotschritt entstandenen Matrix werden mit $a_{ik}^{(j)}$ bezeichnet, $j = 1(1)n$.

RECHENREGELN für einen Austauschschritt (Pivotschritt).

1. Das Pivotelement ist durch seinen reziproken Wert zu ersetzen: $a_{ik}^{(j)} = 1/a_{ik}^{(j-1)}$.
2. Die übrigen Elemente der Pivotspalte sind durch das Pivotelement zu dividieren: $a_{lk}^{(j)} = a_{lk}^{(j-1)}/a_{ik}^{(j-1)}$ für $l \neq i$.
3. Die übrigen Elemente der Pivotzeile sind durch das negative Pivotelement zu dividieren: $a_{il}^{(j)} = -a_{il}^{(j-1)}/a_{ik}^{(j-1)}$ für $l \neq k$.
4. Die restlichen Elemente der Matrix transformieren sich nach der Regel

$$a_{lm}^{(j)} = a_{lm}^{(j-1)} - \frac{a_{lk}^{(j-1)} \cdot a_{im}^{(j-1)}}{a_{ik}^{(j-1)}} \quad \text{für } l \neq i,\ m \neq k\ ,$$

d.h. von dem Element $a_{lm}^{(j-1)}$ wird das Produkt aus dem Element der Pivotspalte mit gleichem Zeilenindex und aus dem Element der Pivotzeile mit gleichem Spaltenindex, dividiert durch das Pivotelement, subtrahiert.

Schematisierter erster Pivotschritt mit dem Pivotelement $a_{ik}^{(0)}$:

	x_1	...	x_k	...	x_m	...	x_n
y_1	$a_{11}^{(0)}$	...	$a_{1k}^{(0)}$	...	$a_{1m}^{(0)}$	...	$a_{1n}^{(0)}$
⋮	⋮		⋮		⋮		⋮
y_i	$a_{i1}^{(0)}$	...	$a_{ik}^{(0)}$	...	$a_{im}^{(0)}$	...	$a_{in}^{(0)}$
⋮	⋮		⋮		⋮		⋮
y_l	$a_{l1}^{(0)}$	...	$a_{lk}^{(0)}$	...	$a_{lm}^{(0)}$	...	$a_{ln}^{(0)}$
⋮	⋮		⋮		⋮		⋮
y_n	$a_{n1}^{(0)}$	...	$a_{nk}^{(0)}$	...	$a_{nm}^{(0)}$	...	$a_{nn}^{(0)}$

	x_1	...	y_i	...	x_m	...	x_n
y_1	$a_{11}^{(1)}$	...	$a_{1k}^{(1)}$	...	$a_{1m}^{(1)}$	...	$a_{1n}^{(1)}$
⋮	⋮		⋮		⋮		⋮
x_k	$a_{i1}^{(1)}$	...	$a_{ik}^{(1)}$	...	$a_{im}^{(1)}$	...	$a_{in}^{(1)}$
⋮	⋮		⋮		⋮		⋮
y_l	$a_{l1}^{(1)}$	...	$a_{lk}^{(1)}$	...	$a_{lm}^{(1)}$	...	$a_{ln}^{(1)}$
⋮	⋮		⋮		⋮		⋮
y_n	$a_{n1}^{(1)}$	...	$a_{nk}^{(1)}$	...	$a_{nm}^{(1)}$	...	$a_{nn}^{(1)}$

Ist an einer Stelle der Rechnung kein weiterer Pivotschritt mehr möglich, weil alle als Pivotelemente in Frage kommenden Elemente verschwinden, so bedeutet dies $\det \mathfrak{A} = 0$ (vgl. [20], Abschnitt 3.6).

Zur Vermeidung einer Akkumulation von Rundungsfehlern wird - solange die Wahl frei ist - für das Austauschen der x_k mit den y_i stets das betragsgrößte Element als Pivotelement gewählt.

BEMERKUNG 3.3: Das Austauschverfahren bzw. der Gaußsche Algorithmus zur Bestimmung der Inversen sind nur zu empfehlen, wenn $\mathfrak{A}^{-1}$ explizit gesucht ist; das Austauschverfahren spielt z. B. in der linearen Programmierung ([34], S. 28 ff.) eine Rolle. Bei der Lösung von Systemen $\mathfrak{A}\mathfrak{x}_i = \mathfrak{y}_i$, $i=1(1)m$ mit m verschiedenen rechten Seiten $\mathfrak{y}_i$ sollte man die Lösungen nicht über $\mathfrak{A}^{-1}$ aus $\mathfrak{x}_i = \mathfrak{A}^{-1}\mathfrak{y}_i$ gewinnen, sondern durch gleichzeitige Anwendung des Gaußschen Algorithmus auf alle m rechten Seiten. Dann sind nur $n^3/3 - n/3 + mn^2$ Punktoperationen erforderlich. Berechnet man dagegen $\mathfrak{A}^{-1}$ mit Gauß und anschließend $\mathfrak{x}_i = \mathfrak{A}^{-1}\mathfrak{y}_i$, so sind es $4n^3/3 - n/3 + mn^2$ Punktoperationen.

LITERATUR zu 3.6: [2] Bd.2, S.20/4; [20], 3.6; [34], 1.3.

3.7 GLEICHUNGSSYSTEME MIT TRIDIAGONALEN MATRIZEN.

Eine Matrix $\mathfrak{A} = (a_{ik})$ heißt tridiagonal, falls gilt $a_{ik} = 0$ für $|i-k| > 1$, $i,k = 1(1)n$. Ein Gleichungssystem (3.1) bzw. (3.2) mit tridiagonaler Matrix hat die Gestalt

$$\text{(3.13)} \quad \begin{pmatrix} a_{11} & a_{12} & & & & \\ a_{21} & a_{22} & a_{23} & & & \\ & a_{32} & a_{33} & a_{34} & & \\ & & \ddots & \ddots & \ddots & \\ & & & a_{n-1\,n-2} & a_{n-1\,n-1} & a_{n-1\,n} \\ & & & & a_{n\,n-1} & a_{nn} \end{pmatrix} \begin{pmatrix} x_1 \\ x_2 \\ x_3 \\ \vdots \\ x_{n-1} \\ x_n \end{pmatrix} = \begin{pmatrix} a_1 \\ a_2 \\ a_3 \\ \vdots \\ a_{n-1} \\ a_n \end{pmatrix}$$

Prinzip des Verfahrens.

Das System $\mathfrak{A}\mathfrak{x} = \mathfrak{a}$ läßt sich mit der Zerlegung $\mathfrak{A} = \mathfrak{L}\mathfrak{B}$[1], wo $\mathfrak{L}$ eine bidiagonale Subdiagonalmatrix und $\mathfrak{B}$ eine bidiagonale normierte Superdiagonalmatrix ist, in ein äquivalentes System $\mathfrak{B}\mathfrak{x} = \mathfrak{b}$ überführen. Die Koeffizienten von $\mathfrak{B}$ und die Komponenten von $\mathfrak{b}$ ergeben sich durch Koeffizientenvergleich aus den Beziehungen

$$\mathfrak{A} = \mathfrak{L}\mathfrak{B} \quad \text{und} \quad \mathfrak{a} = \mathfrak{L}\mathfrak{b}.$$

Durchführung des Verfahrens.

Die Elemente der Matrizen $\mathfrak{A}, \mathfrak{B}, \mathfrak{L}$ und des Vektors $\mathfrak{b}$ werden wie folgt bezeichnet

$$\text{(3.14)} \quad \left\{ \begin{aligned} \mathfrak{A} &= \begin{pmatrix} d_1 & c_1 & & & \\ b_2 & d_2 & c_2 & & \\ & \ddots & \ddots & \ddots & \\ & & b_{n-1} & d_{n-1} & c_{n-1} \\ & & & b_n & d_n \end{pmatrix}, \quad \mathfrak{B} = \begin{pmatrix} 1 & \gamma_1 & & & \\ & 1 & \gamma_2 & & \\ & & \ddots & \ddots & \\ & & & 1 & \gamma_{n-1} \\ & & & & 1 \end{pmatrix} \\ \mathfrak{L} &= \begin{pmatrix} \alpha_1 & & & & \\ \beta_2 & \alpha_2 & & & \\ & \ddots & \ddots & & \\ & & \beta_{n-1} & \alpha_{n-1} & \\ & & & \beta_n & \alpha_n \end{pmatrix}, \quad \mathfrak{b} = \begin{pmatrix} g_1 \\ g_2 \\ \vdots \\ g_{n-1} \\ g_n \end{pmatrix} \end{aligned} \right.$$

---

[1] sofern sie existiert, siehe Abschnitt 3.1

Die α_i, γ_i und g_i sind in der folgenden Reihenfolge zu ermitteln:

(1) $\alpha_1 = d_1 \quad , \quad \gamma_1 = c_1/\alpha_1$

(2) $\alpha_i = d_i - b_i\,\gamma_{i-1} \quad , \quad i = 2(1)n$

$\gamma_i = c_i/\alpha_i \quad , \quad i = 2(1)n-1$

(3) $g_1 = a_1/\alpha_1$

$g_i = (a_i - b_i\,g_{i-1})/\alpha_i \, , \quad i = 2(1)n$

Daraus ergeben sich die gesuchten Lösungen

(4) $x_n = g_n$

$x_i = g_i - \gamma_i\,x_{i+1} \, , \quad i = n-1, n-2, \ldots, 1$

Die Matrix $\mathfrak{A}$ ist nichtsingulär, d.h. det $\mathfrak{A} \neq 0$, wenn $|d_1| > |c_1| > 0$; $|d_i| \geq |b_i| + |c_i|$ $b_i c_i \neq 0$, $i = 2(1)n-1$; $|d_n| > |b_n| > 0$ gilt ([7], S. 184; [19], S. 58ff.;[38] 6.3). Es liegt dann eine tridiagonale, diagonal dominante Matrix vor. Über lineare Gleichungssysteme mit *fünfdiagonalen* Matrizen s. Abschnitt 3.9.1.

Für die Determinante einer tridiagonalen Matrix gilt mit $\mathfrak{A} = \mathfrak{L}\mathfrak{R}$ und (3.14)

$$\det \mathfrak{A} = \det \mathfrak{L} \cdot \det \mathfrak{R} = \det \mathfrak{L} = \alpha_1 \cdot \alpha_2 \cdot \ldots \cdot \alpha_n \quad .$$

BEMERKUNG 3.4. Bei Gleichungssystemen mit symmetrischen, tridiagonalen bzw. zyklisch tridiagonalen, diagonal-dominanten[1] und anderen positiv definiten Matrizen ist der Gaußsche Algorithmus auch ohne Pivotsuche numerisch stabil; Konditionsverbesserung und Nachiteration tragen nicht zur Verbesserung der Lösung bei (s. [82], 8, 10, 11; [89], S. 15).
In allen anderen Fällen ist Pivotsuche erforderlich. Dadurch kann sich jedoch die Bandbreite (s. Abschnitt 3.9) erhöhen, sie kann sich aber höchstensfalls verdoppeln.

LITERATUR zu 3.7: [7], S. 182/4; [19], 2.3.2; [20], 3.3.4; [87], S. 81 ff.

1) Eine Matrix $\mathfrak{A}_n = (a_{ik})$ heißt diagonal dominant, falls für $i=1(1)n$ gilt, $|a_{ii}| \geq \sum_{\substack{k=1\\k\neq i}}^{n} |a_{ik}|$; wenigstens für ein i muß das Größerzeichen gelten; sie heißt stark diagonal dominant, falls überall das Größerzeichen gilt.

3.8 GLEICHUNGSSYSTEME MIT ZYKLISCH TRIDIAGONALEN MATRIZEN.

Eine Matrix $\mathfrak{A} = (a_{ik})$, $i,k = 1(1)n$, heißt *zyklisch tridiagonal*, falls gilt $a_{ik} = 0$ für $1 < |i-k| < n-1$, $i,k = 1(1)n$.

Es sei $\mathfrak{A}\mathfrak{x} = \mathfrak{a}$ ein System mit zyklisch tridiagonaler Matrix $\mathfrak{A}$; $\mathfrak{A}$ habe die Gestalt (3.15).

Prinzip des Verfahrens.

Das System $\mathfrak{A}\mathfrak{x} = \mathfrak{a}$ läßt sich nun analog zum Verfahren für tridiagonale Matrizen mit der Zerlegung $\mathfrak{A} = \mathfrak{L}\mathfrak{R}$ in ein äquivalentes System $\mathfrak{R}\mathfrak{x} = \mathfrak{r}$ überführen.[1] Dazu wird die Matrix $\mathfrak{A}$ in der folgenden Form geschrieben

$$(3.15)\qquad \mathfrak{A} = \begin{pmatrix} d_1 & c_1 & & & & b_1 \\ b_2 & d_2 & c_2 & & & \\ & b_3 & d_3 & c_3 & & \\ & & \ddots & \ddots & \ddots & \\ & & & b_{n-1} & d_{n-1} & c_{n-1} \\ c_n & & & & b_n & d_n \end{pmatrix}$$

Die Koeffizienten von $\mathfrak{R}$ und die Komponenten von $\mathfrak{r}$ ergeben sich (ohne Pivotisierung) aus den Beziehungen

$$\mathfrak{A} = \mathfrak{L}\mathfrak{R} \qquad \text{und} \qquad \mathfrak{a} = \mathfrak{L}\mathfrak{r}$$

mit

$$\mathfrak{R} = \begin{pmatrix} 1 & \gamma_1 & & & & \delta_1 \\ & 1 & \gamma_2 & & & \delta_2 \\ & & \ddots & \ddots & & \vdots \\ & & & 1 & \gamma_{n-2} & \delta_{n-2} \\ & & & & 1 & \gamma_{n-1} \\ & & & & & 1 \end{pmatrix}, \quad \mathfrak{L} = \begin{pmatrix} \alpha_1 & & & & \\ \beta_2 & \alpha_2 & & & \\ & \ddots & \ddots & & \\ & & \beta_{n-1} & \alpha_{n-1} & \\ \varepsilon_3 & \varepsilon_4 \cdots \varepsilon_n & & \beta_n & \alpha_n \end{pmatrix}, \quad \mathfrak{r} = \begin{pmatrix} g_1 \\ g_2 \\ \vdots \\ g_{n-1} \\ g_n \end{pmatrix}.$$

Für die Determinante von $\mathfrak{A}$ gilt wegen $\mathfrak{A} = \mathfrak{L}\mathfrak{R}$

$$\det \mathfrak{A} = \alpha_1 \cdot \alpha_2 \cdot \ldots \cdot \alpha_n .$$

---

[1] vgl. Abschnitt 3.1

Mit

$$\alpha_1 = d_1\,, \quad \gamma_1 = \frac{c_1}{\alpha_1}\,, \quad \delta_1 = \frac{b_1}{\alpha_1}\,, \quad \varepsilon_3 = c_n\,, \quad g_1 = \frac{a_1}{\alpha_1}\,,$$

$$\alpha_i = d_i - b_i\,\gamma_{i-1}\,, \qquad i = 2(1)n-1\,,$$

$$\gamma_i = \frac{c_i}{\alpha_i}\,, \qquad i = 2(1)n-2\,,$$

$$\beta_i = b_i\,, \qquad i = 2(1)n-1\,,$$

$$\delta_i = -\frac{\beta_i\delta_{i-1}}{\alpha_i}\,, \qquad i = 2(1)n-2\,,$$

$$\varepsilon_i = -\varepsilon_{i-1}\,\gamma_{i-3}\,, \qquad i = 4(1)n\,,$$

$$g_i = \frac{1}{\alpha_i}\,(a_i - g_{i-1}\beta_i)\,, \qquad i = 2(1)n-1\,,$$

$$\beta_n = b_n - \varepsilon_n\gamma_{n-2}\,,$$

$$\gamma_{n-1} = \frac{1}{\alpha_{n-1}}\,(c_{n-1} - \beta_{n-1}\delta_{n-2})\,,$$

$$\alpha_n = d_n - \sum_{i=3}^{n} \varepsilon_i\delta_{i-2} - \beta_n\,\gamma_{n-1}\,,$$

$$g_n = \frac{1}{\alpha_n}\,(a_n - \sum_{i=3}^{n}\varepsilon_i\,g_{i-2} - \beta_n\,g_{n-1})$$

ergeben sich die Lösungen

$$x_n = g_n\,,$$

$$x_{n-1} = g_{n-1} - \gamma_{n-1}x_n\,,$$

$$x_i = g_i - \gamma_i x_{i+1} - \delta_i x_n\,, \qquad i = n-2, n-3, \dots, 1\,.$$

LITERATUR zu 3.8: [89], S.19/21.

3.9 GLEICHUNGSSYSTEME MIT FÜNFDIAGONALEN MATRIZEN UND ALLGEMEINEN BANDMATRIZEN.

3.9.1 SYSTEME MIT FÜNFDIAGONALEN MATRIZEN.

Eine Matrix $\mathfrak{A} = (a_{ik})$, $i,k = 1(1)n$, heißt fünfdiagonal, falls gilt

$$a_{ik} = 0 \quad \text{für} \quad |i-k| > 2\,, \quad i,k = 1(1)n\;.$$

Prinzip des Lösungsverfahrens.

Mit der Zerlegung $\mathfrak{A} = \mathfrak{C}\mathfrak{B}$ (vgl. Abschnitt 3.1), wo $\mathfrak{C}$ eine tridiagonale Subdiagonalmatrix und $\mathfrak{B}$ eine normierte tridiagonale Superdiagonalmatrix ist, läßt sich ein System $\mathfrak{A}\mathfrak{x} = \mathfrak{a}$ mit fünfdiagonaler Matrix $\mathfrak{A}$ in ein äquivalentes System $\mathfrak{B}\mathfrak{x} = \mathfrak{b}$ überführen. Die Koeffizienten von $\mathfrak{B}$, $\mathfrak{b}$, $\mathfrak{x}$ ergeben sich aus: $\mathfrak{A} = \mathfrak{C}\mathfrak{B}$, $\mathfrak{a} = \mathfrak{C}\mathfrak{b}$ und $\mathfrak{B}\mathfrak{x} = \mathfrak{b}$.

Durchführung des Verfahrens.

Wegen der vektoriellen Abspeicherung werden die Elemente von $\mathfrak{A}$, $\mathfrak{a}$, $\mathfrak{B}$, $\mathfrak{C}$, $\mathfrak{x}$ und $\mathfrak{b}$ wie folgt bezeichnet

$$\mathfrak{A} = \begin{pmatrix} d_1 & e_1 & f_1 & & & & \\ c_2 & d_2 & e_2 & f_2 & & & \\ b_3 & c_3 & d_3 & e_3 & f_3 & & \\ & \ddots & \ddots & \ddots & \ddots & \ddots & \\ & & b_{n-2} & c_{n-2} & d_{n-2} & e_{n-2} & f_{n-2} \\ & & & b_{n-1} & c_{n-1} & d_{n-1} & e_{n-1} \\ & & & & b_n & c_n & d_n \end{pmatrix}, \quad \mathfrak{a} = \begin{pmatrix} a_1 \\ a_2 \\ \vdots \\ \vdots \\ a_{n-1} \\ a_n \end{pmatrix},$$

$$\mathfrak{C} = \begin{pmatrix} \alpha_1 & & \\ \beta_2 & \alpha_2 & \\ \varepsilon_3 & \beta_3 & \alpha_3 \\ \ddots & \ddots & \ddots \\ \varepsilon_{n-1} & \beta_{n-1} & \alpha_{n-1} \\ & \varepsilon_n & \beta_n & \alpha_n \end{pmatrix}, \mathfrak{B} = \begin{pmatrix} 1 & \gamma_1 & & & & \\ & 1 & \gamma_2 & \delta_2 & & \\ & & 1 & \gamma_2 & \delta_3 & \\ & & & 1 & \gamma_{n-2} & \delta_{n-2} \\ & & & & 1 & \gamma_{n-1} \\ & & & & & 1 \end{pmatrix},$$

$$\mathfrak{b} = \begin{pmatrix} g_1 \\ g_2 \\ \vdots \\ g_n \end{pmatrix}, \quad \mathfrak{x} = \begin{pmatrix} x_1 \\ x_2 \\ \vdots \\ x_n \end{pmatrix}.$$

Die Koeffizienten α_i, β_i, γ_i, ε_i, δ_i der Zerlegungsmatrizen, die Komponenten g_i von $\mathfrak{b}$ und die Lösungen ergeben sich mit $\varepsilon_i = b_i$ aus den folgenden Beziehungen in der angegebenen Reihenfolge:

(1) $\alpha_1 = d_1$,

$\gamma_1 = \frac{e_1}{1}$,

$\delta_1 = \frac{f_1}{\alpha_1}$,

(2) $\beta_2 = c_2$,

$\alpha_2 = d_2 - \beta_2\gamma_1$,

$\gamma_2 = (e_2 - \beta_2\delta_1)\,\frac{1}{\alpha_2}$,

$\delta_2 = \frac{f_2}{\alpha_2}$,

(3) $\beta_i = c_i - b_i\,\gamma_{i-2}$, $i = 3(1)n$,

$\alpha_i = d_i - b_i\,\delta_{i-2} - \beta_i\,\gamma_{i-1}$, $i = 3(1)n$,

$\gamma_i = (e_i - \beta_i\,\delta_{i-1})/\alpha_i$, $i = 3(1)n-1$,

$\delta_i = \frac{f_i}{\alpha_i}$, $i = 3(1)n-2$,

(4) $g_1 = \frac{a_1}{\alpha_1}$,

$g_2 = (a_2 - \beta_2\,g_1)\,\frac{1}{\alpha_2}$,

$g_i = \frac{1}{\alpha_i}\,[a_i - b_i\,g_{i-2} - \beta_i\,g_{i-1}]$, $i = 3(1)n$,

(5) $x_n = g_n$,

$x_{n-1} = g_{n-1} - \gamma_{n-1}\,x_n$,

$x_i = g_i - \gamma_i\,x_{i+1} - \delta_i\,x_{i+2}$, $i = n-2(-1)1$.

Für die Determinante von $\mathfrak{A}$ erhält man wegen $\mathfrak{A} = \mathcal{L}\mathcal{R}$ und $\det \mathcal{R} = 1$

$$\det \mathfrak{A} = \det \mathcal{L} = \alpha_1 \cdot \alpha_2 \cdot \ldots \cdot \alpha_n \ .$$

3.9.2 GLEICHUNGSSYSTEME MIT BANDMATRIZEN.

Eine Matrix $\mathfrak{A} = (a_{ik})$, $i,k = 1(1)n$, deren Elemente außerhalb eines Bandes längs der Hauptdiagonalen verschwinden, heißt *Bandmatrix* oder *bandstrukturierte* Matrix. Für die Nullelemente $a_{ik} = 0$ gilt

$$\begin{cases} i-k > m_1 & \text{mit } 0 \le m_1 \le n-2 \quad \text{und} \\ k-i > m_2 & \text{mit } 0 \le m_2 \le n-2 \ . \end{cases}$$

Die Größe $m = m_1 + m_2 + 1$ heißt *Bandbreite*. Spezielle Bandmatrizen sind

Diagonalmatrizen: $m_1 = m_2 = 0$,

bidiagonale Matrizen: $m_1 = 1$, $m_2 = 0$ oder $m_1 = 0$, $m_2 = 1$,

tridiagonale Matrizen: $m_1 = m_2 = 1$,

fünfdiagonale Matrizen: $m_1 = m_2 = 2$.

Bei der Zerlegung $\mathfrak{A} = \mathfrak{L}\mathfrak{R}$ werden die Dreiecksmatrizen $\mathfrak{R}$ und $\mathfrak{L}$ ebenfalls bandförmig, wodurch sich der Rechenaufwand bei gegenüber n kleinen Zahlen m_1, m_2 bedeutend verringert. (Programme s. Anhang)

LITERATUR zu 3.9: [36], S.65; [82] § 23, [13a].

3.10 FEHLER, KONDITION UND NACHITERATION.

3.10.1 FEHLER UND KONDITION.

Die mit Hilfe direkter Methoden ermittelte Lösung eines linearen Gleichungssystems ist meist nicht die exakte Lösung, da

1. im Verlaufe der Rechnung Rundungsfehler auftreten, deren Akkumulation zur Verfälschung der Ergebnisse führen kann.
2. Ungenauigkeiten in den Ausgangsgrößen bestehen können, die Ungenauigkeiten in den Lösungen hervorrufen.

Wenn kleine Änderungen in den Ausgangsdaten große Änderungen in der Lösung hervorrufen, heißt die Lösung *instabil*; man spricht von einem *schlecht konditionierten* System.

Es ist erforderlich, ein Maß für die Güte einer Näherungslösung $\mathfrak{x}^{(0)}$ für $\mathfrak{x}$ zu finden. Das Einsetzen der Näherungslösung $\mathfrak{x}^{(0)}$ in das System $\mathfrak{A}\mathfrak{x} = \mathfrak{a}$ liefert den Fehlervektor

$$\mathfrak{r}^{(0)} = \mathfrak{a} - \mathfrak{A}\mathfrak{x}^{(0)} ; \tag{3.16}$$

man bezeichnet $\mathfrak{r}^{(0)}$ als das *Residuum*. Ist $\mathfrak{x}^{(0)}$ eine gute Approximation der exakten Lösung $\mathfrak{x}$, so werden notwendig die Komponenten von $\mathfrak{r}^{(0)}$ sehr klein sein, so daß gilt $|\mathfrak{r}^{(0)}| < \varepsilon$. Umgekehrt ist $|\mathfrak{r}^{(0)}| < \varepsilon$ nicht hinreichend dafür, daß $\mathfrak{x}^{(0)}$ eine gute Approximation für $\mathfrak{x}$ darstellt; das gilt nur für die Lösungen gut konditionierter Systeme. Das Residuum ist also als Maß für die Güte einer Näherungslösung nicht geeignet. Ebensowenig reicht als Kennzeichen für schlechte Kondition die Kleinheit des Betrages der Determinante aus. Im folgenden werden einige Konditionsmaße angegeben.

1. Konditionsmaß.

Die Zahl

$$K_H(\mathfrak{A}) = \frac{|\det \mathfrak{A}|}{\alpha_1\alpha_2\ldots\alpha_n} \quad \text{mit} \quad \alpha_i = \sqrt{a_{i1}^2 + a_{i2}^2 + \ldots + a_{in}^2} \; , \quad i = 1(1)n \; ,$$

heißt *Hadamardsches Konditionsmaß* der Matrix $\mathfrak{A}$. Eine Matrix $\mathfrak{A}$ heißt schlecht konditioniert, wenn gilt $K_H(\mathfrak{A}) \ll 1$.

Erfahrungswerte: $K_H(\mathfrak{A}) < 0.01$ schlechte Kondition, $K_H(\mathfrak{A}) > 0.1$ gute Kondition, $0.01 \leq K_H(\mathfrak{A}) \leq 0.1$ keine genaue Aussage.

Für Gleichungssysteme, bei denen $K_H = O(10^{-k})$ ist, kann - muß aber nicht - eine Änderung in der k-ten oder früheren sicheren Stelle eines Koeffizienten von $\mathfrak{A}$ zu Änderungen der Ordnung $O(10^k)$ in der Lösung führen (s. dazu [7], S.163ff.; [42], S.116ff., S.133ff., S.143ff.).

2. Konditionsmaß.

$$\mu(\mathfrak{A}) \doteq \|\mathfrak{A}\| \; \|\mathfrak{A}^{-1}\| \quad {}^{1)} .$$

3. Konditionsmaß.

$$\tilde{\mu}(\mathfrak{A}) = \frac{\max\limits_i |\lambda_i|}{\min\limits_i |\lambda_i|} ,$$

wo λ_i, $i = 1(1)n$, die Eigenwerte der Matrix $\mathfrak{A}$ sind (s. Kapitel 5).

Hier zeigt ein großes $\mu(\mathfrak{A})$ bzw. $\tilde{\mu}(\mathfrak{A})$ schlechte Kondition an.

Keine der genannten drei Konditionszahlen gibt eine erschöpfende Kennzeichnung der Kondition einer Matrix.

Eine Reihe anderer Möglichkeiten zur Einführung eines Konditionsmaßes sind in [2] Bd.2, S.270ff.; [6], S.81/82; [10], S.149-159; [19], S.39/40; [44], S.212-215 angegeben.

Auf schlechte Kondition eines linearen Gleichungssystems kann man auch im Verlaufe seiner Lösung mit Hilfe des Gaußschen Algorithmus schließen, wenn die Elemente $a_{jj}^{(j-1)}$ des gestaffelten Systems (3.8) nacheinander einen Verlust von einer oder mehreren sicheren Stellen erleiden, der z.B. bei der Subtraktion fast gleich großer Zahlen entsteht.

Zusammenfassend läßt sich sagen, daß ein System $\mathfrak{A}\mathfrak{x} = \mathfrak{a}$ mit $\mathfrak{A} = (a_{ik})$ schlecht konditioniert ist, wenn eine der folgenden Aussagen für das System zutrifft:

---

1) S. Abschnitt 3.11.2

1. $K_H(\mathfrak{A}) < 0.01$;
2. $\mu(\mathfrak{A}) \gg 1$;
3. $\tilde{\mu}(\mathfrak{A}) \gg 1$;
4. kleine Änderungen der Koeffizienten a_{ik} bewirken große Änderungen der Lösung;
5. die Koeffizienten $a_{jj}^{(j-1)}$ des nach dem Gaußschen Algorithmus erhaltenen gestaffelten Systems verlieren nacheinander eine oder mehrere sichere Stellen;
6. die Elemente der Inversen $\mathfrak{A}^{-1}$ von $\mathfrak{A}$ sind groß im Vergleich zu den Elementen von $\mathfrak{A}$ selbst;
7. langsame Konvergenz der Nachiteration.

Möglichkeiten zur Konditionsverbesserung.

(a) *Äquilibrierung* (s. [40], S.160): Man multipliziert die Zeilen von $\mathfrak{A}$ mit einem konstanten Faktor, d.h. man geht vom gegebenen System $\mathfrak{A}\mathfrak{x} = \mathfrak{a}$ zu

$$\mathfrak{D}_1 \mathfrak{A} \mathfrak{x} = \mathfrak{D}_1 \mathfrak{a}$$

über, wo $\mathfrak{D}_1$ eine nichtsinguläre Diagonalmatrix darstellt. Nach Ergebnissen von Wilkinson erhält man i.a. dann optimale Konditionszahlen, wenn man so multipliziert, daß alle Zeilenvektoren der Matrix $\mathfrak{A}$ gleiche Norm haben.

(b) *Skalierung* (s.([3],5;[82],11): Man multipliziert die k-te Spalte von $\mathfrak{A}$ mit einem konstanten Faktor. Physikalisch bedeutet dies die Änderung des Maßstabes für die Unbekannte x_k. Das gleiche kann man für die rechte Seite machen. Auf alle Spalten bezogen ergibt sich statt $\mathfrak{A}\mathfrak{x} = \mathfrak{a}$ das System

$$\mathfrak{A}\mathfrak{D}_2 \mathfrak{x} = \mathfrak{D}_2 \mathfrak{a} .$$

(c) Auch Linearkombination von Gleichungen kann zur Konditionsverbesserung führen. Die Kondition kann allerdings auch dadurch verschlechtert werden (s. Beispiel dazu in [30], S.345/346).

3.10.2 NACHITERATION.

Wenn die Koeffizienten a_{ik} eines linearen Gleichungssystems $\mathfrak{A}\mathfrak{x} = \mathfrak{a}$ mit $\mathfrak{A} = (a_{ik})$ *exakt* gegeben sind, das System aber schlecht konditioniert ist, kann eine mit Rundungsfehlern behaftete Näherungslösung, die mittels einer direkten Methode bestimmt wurde, iterativ verbessert werden. Sei $\mathfrak{x}^{(0)}$ die mit Hilfe des Gaußschen Algorithmus gewonnene Näherungslösung des Systems $\mathfrak{A}\mathfrak{x} = \mathfrak{a}$, dann ist durch (3.16) das Residuum (Fehlervektor) $\mathfrak{r}^{(0)}$ definiert. Mit Hilfe des Residuums $\mathfrak{r}^{(0)}$ läßt sich ein Korrekturvektor $\mathfrak{z}^{(1)}$ so bestimmen, daß gilt

$$\mathfrak{x}^{(1)} = \mathfrak{x}^{(0)} + \mathfrak{z}^{(1)} ,$$

wobei $\mathfrak{x}^{(1)}$ eine gegenüber $\mathfrak{x}^{(0)}$ verbesserte Näherung für die gesuchte Lösung $\mathfrak{x}$ ist. Es gilt

$$\mathfrak{A}\mathfrak{z}^{(1)} = \mathfrak{a} - \mathfrak{A}\mathfrak{x}^{(0)} = \mathfrak{r}^{(0)} . \tag{3.17}$$

Da $\mathfrak{a}$, $\mathfrak{A}$ und $\mathfrak{x}^{(0)}$ bekannt sind, läßt sich das Residuum $\mathfrak{r}^{(0)}$ berechnen. Zur Berechnung von $\mathfrak{x}^{(0)}$ ist das System $\mathfrak{A}\mathfrak{x} = \mathfrak{a}$ mit Hilfe des Gaußschen Algorithmus bereits auf obere Halbdiagonalform gebracht worden, so daß sich $\mathfrak{z}^{(1)}$ aus (3.17) rasch bestimmen läßt; man muß nur noch die rechte Seite transformieren. Für $\mathfrak{x}^{(1)}$ ergibt sich dann das Residuum $\mathfrak{r}^{(1)} = \mathfrak{a} - \mathfrak{A}\mathfrak{x}^{(1)}$, so daß sich dieser Prozeß wiederholen läßt.

Die allgemeine Vorschrift zur Berechnung eines $(\nu+1)$-ten Korrekturvektors $\mathfrak{z}^{(\nu+1)}$ lautet

$$\mathfrak{A}\mathfrak{z}^{(\nu+1)} = \mathfrak{a} - \mathfrak{A}\mathfrak{x}^{(\nu)} = \mathfrak{r}^{(\nu)} , \quad \nu = 0,1,2,\ldots .$$

Es wird solange gerechnet, bis sich für ein $\nu = \nu_0$ die Komponenten der Korrekturvektoren $\mathfrak{z}^{(\nu_0)}$ und $\mathfrak{z}^{(\nu_0+1)}$ in der gewünschten Stellenzahl nicht mehr ändern. Dann gilt für die gesuchte Lösung

$$\mathfrak{x} \approx \mathfrak{x}^{(\nu_0+1)} = \mathfrak{x}^{(\nu_0)} + \mathfrak{z}^{(\nu_0+1)} .$$

Es empfiehlt sich, die Berechnung der Residuen mit doppelter Stellenzahl durchzuführen und jeweils erst das Ergebnis auf die einfache Stellenzahl zu runden.

Eine hinreichende Konvergenzbedingung für die Nachiteration ist zwar bekannt ([42], S.155), jedoch für die Praxis zu aufwendig. Die Konvergenz ist umso schlechter, je schlechter die Kondition des Systems ist (vgl. auch [25], 5.8; [26], 8.4; [34], S.24/25; [44], S.352-354; [45], S.163).

LITERATUR zu 3.10: [2] Bd.2, 8.11; [7], 5.4; [10], § 15; [19], S.39/40; [20], 3.7; [29] I, 4.4; [35], 4.4-4.6; [40], III § 2; [44], § 16.5; [87], 4.4, [13a].

3.11 ITERATIONSVERFAHREN.

3.11.1 VORBEMERKUNGEN.

Bei den direkten Methoden besteht aufgrund der großen Anzahl von Punktoperationen die Gefahr der Akkumulation von Rundungsfehlern, so daß bei schlecht konditioniertem System die Lösung völlig unbrauchbar werden kann. Dagegen sind die iterativen Methoden gegenüber Rundungsfehlern weitgehend unempfindlich, da jede Näherungslösung als Ausgangsnäherung für die folgende Iterationsstufe angesehen werden kann. Die Iterationsverfahren konvergieren jedoch nicht für alle lösbaren Systeme.

Die hier angegebenen Verfahren in Einzel- und Gesamtschritten konvergieren nur linear und außerdem (wegen eines für wachsendes n ungünstiger werdenden Wertes der Lipschitzkonstanten) bei den meisten in der Praxis vorkommenden Problemen auch noch sehr langsam. Deshalb sind die iterativen Methoden den direkten nur in sehr speziellen Fällen überlegen, nämlich dann, wenn $\mathfrak{A}$ schwach besetzt ist, sehr groß und so strukturiert, daß bei Anwendung eines der direkten Verfahren die zu verarbeitenden Matrizen nicht mehr in den oder die verfügbaren Speicher passen. Die Konvergenz kann i.a. durch die Anwendung eines auf dem Gesamt- bzw. Einzelschrittverfahren aufbauenden Relaxationsverfahren beschleunigt werden. Dies erfordert jedoch zusätzlich eine möglichst genaue Bestimmung des betragsgrößten und des betragskleinsten Eigenwertes der Iterationsmatrix bei Anwendung des Gesamtschrittverfahrens bzw. des betragsgrößten Eigenwertes bei Anwendung des Einzelschrittverfahrens.

3.11.2 DAS ITERATIONSVERFAHREN IN GESAMTSCHRITTEN.

Gegeben sei das lineare Gleichungssystem $\mathfrak{A}\mathfrak{x} = \mathfrak{a}$ mit $\det \mathfrak{A} \neq 0$, das ausgeschrieben die Form (3.1) besitzt.

Um einen Näherungsvektor für $\mathfrak{x}$ zu finden, konstruiert man eine Folge $\left\{\mathfrak{x}^{(\nu)}\right\}$, $\nu = 1,2,\ldots$, für die unter gewissen Voraussetzungen $\lim_{\nu\to\infty} \mathfrak{x}^{(\nu)} = \mathfrak{x}$ gilt.

Es sei o.B.d.A. vorausgesetzt, daß keines der Diagonalelemente a_{jj} von $\mathfrak{A}$ verschwindet, andernfalls werden die Zeilen entsprechend vertauscht. Indem man jeweils die i-te Gleichung von (3.1) nach x_i auflöst, bringt man das System auf die äquivalente Form:

$$x_i = -\sum_{\substack{k=1\\k\neq i}}^{n} \frac{a_{ik}}{a_{ii}} x_k + \frac{a_i}{a_{ii}}\ , \qquad i = 1(1)n\ ,$$

die mit den Abkürzungen

$$(3.18) \qquad c_i = \frac{a_i}{a_{ii}}\ , \qquad b_{ik} = \begin{cases} -\dfrac{a_{ik}}{a_{ii}} & \text{für} \quad i \neq k \\ 0 & \text{für} \quad i = k \end{cases}$$

in Matrizenschreibweise lautet

$$(3.19) \qquad \mathfrak{x} = \mathfrak{B}\mathfrak{x} + \mathfrak{c} \quad \text{mit} \quad \mathfrak{B} = (b_{ik}), \qquad \mathfrak{c} = \begin{pmatrix} c_1 \\ c_2 \\ \vdots \\ c_n \end{pmatrix}.$$

Man definiert eine vektorielle Schrittfunktion durch

$$(3.20) \qquad \vec{\varphi}\,(\mathfrak{x}) := \mathfrak{B}\mathfrak{x} + \mathfrak{c}$$

und konstruiert mit einem Startvektor $\mathfrak{x}^{(0)}$ und der Vorschrift

$$(3.21) \qquad \mathfrak{x}^{(\nu+1)} = \vec{\varphi}(\mathfrak{x}^{(\nu)}) = \mathfrak{B}\mathfrak{x}^{(\nu)} + \mathfrak{c} \quad \text{mit } \mathfrak{x}^{(\nu)} = \begin{pmatrix} x_1^{(\nu)} \\ x_2^{(\nu)} \\ \vdots \\ x_n^{(\nu)} \end{pmatrix}, \quad \nu = 0,1,2,\ldots,$$

eine Folge $\left\{\mathfrak{x}^{(\nu)}\right\}$; komponentenweise lautet die *Iterationsvorschrift*

$$(3.21') \qquad x_i^{(\nu+1)} = c_i + \sum_{k=1}^{n} b_{ik} x_k^{(\nu)} = \frac{a_i}{a_{ii}} - \sum_{\substack{k=1\\k\neq i}}^{n} \frac{a_{ik}}{a_{ii}} x_k^{(\nu)},\ i = 1(1)n,\ \nu = 0,1,2,\ldots.$$

Die Matrix $\mathfrak{B}$ heißt *Iterationsmatrix*. Die Rechnung wird zweckmäßig in einem Schema der folgenden Form durchgeführt:

RECHENSCHEMA 3.3 (*Iteration in Gesamtschritten für $n = 3$*).

c_i	b_{ik}			$x_i^{(0)}$	$x_i^{(1)}$	...
$\frac{a_1}{a_{11}}$	0	$-\frac{a_{12}}{a_{11}}$	$-\frac{a_{13}}{a_{11}}$	0		
$\frac{a_2}{a_{22}}$	$-\frac{a_{21}}{a_{22}}$	0	$-\frac{a_{23}}{a_{22}}$	0		
$\frac{a_3}{a_{33}}$	$-\frac{a_{31}}{a_{33}}$	$-\frac{a_{32}}{a_{33}}$	0	0		

Zur Beantwortung der Frage, unter welchen Bedingungen die Folge $\{\mathfrak{x}^{(\nu)}\}$ konvergiert, benötigt man die Begriffe *Vektor-Norm* und *Matrix-Norm*.

R^n sei ein n-dimensionaler Vektorraum und $\mathfrak{x}$ ein Element von R^n. Unter der Norm von $\mathfrak{x}$ versteht man eine diesem Vektor zugeordnete reelle Zahl $\|\mathfrak{x}\|$, die die folgenden *Vektor-Norm-Axiome* erfüllt:

(3.22)
1. $\|\mathfrak{x}\| > 0$ für alle $\mathfrak{x} \in \mathbb{R}^n$ mit $\mathfrak{x} \neq \mathfrak{o}$.
2. $\|\mathfrak{x}\| = 0$ genau dann, wenn $\mathfrak{x} = \mathfrak{o}$ ist.
3. $\|\alpha\mathfrak{x}\| = |\alpha|\,\|\mathfrak{x}\|$ für alle $\mathfrak{x} \in \mathbb{R}^n$ und beliebige Zahlen α.
4. $\|\mathfrak{x}+\mathfrak{y}\| \leq \|\mathfrak{x}\| + \|\mathfrak{y}\|$ für alle $\mathfrak{x}, \mathfrak{y} \in \mathbb{R}^n$.
   (Dreiecksungleichung)

Vektor-Normen sind z.B.:

(3.23)

$$\|\mathfrak{x}\|_\infty := \max_{1 \leq i \leq n} |x_i| \quad \text{(sup-Norm oder Maximumnorm)}$$

$$\|\mathfrak{x}\|_1 := \sum_{i=1}^{n} |x_i| \quad \text{(Norm der Komponenten-Betragssumme),}$$

$$\|\mathfrak{x}\|_2 := \sqrt{\sum_{i=1}^{n} |x_i|^2} \quad \text{(Euklidische Norm).}$$

Ist $\mathfrak{A}$ eine (n,n)-Matrix mit $\mathfrak{A} = (a_{ik})$, so heißt eine reelle Zahl $\|\mathfrak{A}\|$, die den *Matrix-Norm-Axiomen*

$$(3.24)\quad \begin{cases} 1.\ \|\mathfrak{A}\| \geq 0 \text{ für alle } \mathfrak{A}, \\ 2.\ \|\mathfrak{A}\| = 0 \text{ genau dann, wenn } \mathfrak{A} = \mathfrak{O} \text{ (Nullmatrix) ist,} \\ 3.\ \|\alpha\mathfrak{A}\| = |\alpha|\ \|\mathfrak{A}\| \text{ für alle } \mathfrak{A} \text{ und beliebige Zahlen } \alpha, \\ 4.\ \|\mathfrak{A}+\mathfrak{B}\| \leq \|\mathfrak{A}\| + \|\mathfrak{B}\| \text{ für alle } \mathfrak{A}, \mathfrak{B}, \\ 5.\ \|\mathfrak{A}\mathfrak{B}\| \leq \|\mathfrak{A}\|\ \|\mathfrak{B}\| \end{cases}$$

genügt, eine Norm der (n,n)-Matrix $\mathfrak{A}$.

Matrix-Normen sind z.B.:

$$(3.25)\quad \begin{cases} \|\mathfrak{A}\|_\infty := \max\limits_{1 \leq i \leq n} \sum\limits_{k=1}^{n} |a_{ik}| & \text{(Zeilensummennorm)}\ , \\ \|\mathfrak{A}\|_1 := \max\limits_{1 \leq k \leq n} \sum\limits_{i=1}^{n} |a_{ik}| & \text{(Spaltensummennorm)}\ , \\ \|\mathfrak{A}\|_2 := \sqrt{\sum\limits_{i,k=1}^{n} |a_{ik}|^2} & \text{(Euklidische Norm)}\ . \end{cases}$$

Die eingeführten Matrix-Normen müssen mit den Vektor-Normen verträglich sein.

DEFINITION 3.2. Eine Matrix-Norm heißt mit einer Vektor-Norm verträglich, wenn für jede Matrix $\mathfrak{A}$ und jeden Vektor $\mathfrak{x}$ die Ungleichung

$$\|\mathfrak{A}\mathfrak{x}\| \leq \|\mathfrak{A}\|\ \|\mathfrak{x}\|$$

erfüllt ist. Die Bedingung heißt *Verträglichkeitsbedingung*. Die Matrix-Normen $\|\mathfrak{A}\|_j$ sind mit den Vektor-Normen $\|\mathfrak{x}\|_j$ verträglich, $j = 1,2,\infty$.

SATZ 3.2. Es sei $\mathfrak{x} \in R^n$ eine Lösung der Gleichung $\mathfrak{x} = \vec{\varphi}(\mathfrak{x})$; $\vec{\varphi}(\mathfrak{x})$ erfülle die Lipschitzbedingung bezüglich der Vektornorm

$$\|\vec{\varphi}(\mathfrak{x}) - \vec{\varphi}(\mathfrak{x}')\| \leq L\|\mathfrak{x} - \mathfrak{x}'\| \quad \text{mit } 0 \leq L < 1$$

für alle $\mathfrak{x}, \mathfrak{x}' \in R^n$.

Dann gilt für die durch $\mathfrak{x}^{(\nu+1)} = \vec{\varphi}(\mathfrak{x}^{(\nu)})$ mit dem beliebigen Startvektor $\mathfrak{x}^{(0)} \in R^n$ definierte Iterationsfolge $\{\mathfrak{x}^{(\nu)}\}$:

1. $\lim\limits_{\nu \to \infty} \mathfrak{x}^{(\nu)} = \mathfrak{x}$;
2. $\mathfrak{x}$ ist eindeutig bestimmt;

3. $\| \mathfrak{x}^{(\nu)} - \mathfrak{x} \| \leq \frac{L}{1-L} \| \mathfrak{x}^{(\nu)} - \mathfrak{x}^{(\nu-1)} \|$ (a posteriori-Fehlerabschätzung)

$\leq \frac{L^{\nu}}{1-L} \| \mathfrak{x}^{(1)} - \mathfrak{x}^{(0)} \|$ (a priori-Fehlerabschätzung) .

SATZ 3.3. Ist für die Koeffizienten a_{ik} des linearen Gleichungssystems $\mathfrak{A}\mathfrak{x} = \mathfrak{a}$ mit $\mathfrak{A} = (a_{ik})$ das

a) *Zeilensummenkriterium*

$$(3.26) \qquad \max_{1 \leq i \leq n} \sum_{k=1}^{n} |b_{ik}| = \max_{1 \leq i \leq n} \sum_{\substack{k=1 \\ k \neq i}}^{n} \left| \frac{a_{ik}}{a_{ii}} \right| \leq L_\infty < 1 ,$$

b) *Spaltensummenkriterium*

$$(3.27) \qquad \max_{1 \leq k \leq n} \sum_{i=1}^{n} |b_{ik}| = \max_{1 \leq k \leq n} \sum_{\substack{i=1 \\ i \neq k}}^{n} \left| \frac{a_{ik}}{a_{ii}} \right| \leq L_1 < 1 ,$$

c) *Kriterium von Schmidt - v. Mises*

$$(3.28) \qquad \sqrt{\sum_{i=1}^{n} \sum_{k=1}^{n} |b_{ik}|^2} = \sqrt{\sum_{i=1}^{n} \sum_{\substack{k=1 \\ k \neq i}}^{n} \left| \frac{a_{ik}}{a_{ii}} \right|^2} \leq L_2 < 1$$

erfüllt, dann konvergiert die durch (3.21) bzw. (3.21') definierte Iterationsfolge mit (3.18) und (3.19) für jeden Startvektor $\mathfrak{x}^{(0)} \in R^n$ gegen die eindeutig bestimmte Lösung $\mathfrak{x}$[1], und es gilt die Fehlerabschätzung

$$f_\infty^{(\nu)} := \| \mathfrak{x}^{(\nu)} - \mathfrak{x} \|_\infty = \max_{1 \leq i \leq n} |x_i^{(\nu)} - x_i| \leq \frac{L_\infty}{1-L_\infty} \max_{1 \leq i \leq n} |x_i^{(\nu)} - x_i^{(\nu-1)}|$$

(a posteriori) ,

$$(3.29) \qquad \leq \frac{L_\infty^{\nu}}{1-L_\infty} \max_{1 \leq i \leq n} |x_i^{(1)} - x_i^{(0)}|$$

(a priori)

bzw.

$$f_1^{(\nu)} := \| \mathfrak{x}^{(\nu)} - \mathfrak{x} \|_1 = \sum_{i=1}^{n} |x_i^{(\nu)} - x_i| \leq \frac{L_1}{1-L_1} \sum_{i=1}^{n} |x_i^{(\nu)} - x_i^{(\nu-1)}|$$

(a posteriori),

$$(3.30) \qquad \leq \frac{L_1^{\nu}}{1-L_1} \sum_{i=1}^{n} |x_i^{(1)} - x_i^{(0)}|$$

(a priori)

---

[1] Im Falle (3.26) sogar komponentenweise.

bzw.

$$f_2^{(\nu)} := \| \mathfrak{x}^{(\nu)} - \mathfrak{x} \|_2 = \sqrt{\sum_{i=1}^{n} |x_i^{(\nu)} - x_i|^2} \le \frac{L_2}{1-L_2} \sqrt{\sum_{i=1}^{n} |x_i^{(\nu)} - x_i^{(\nu-1)}|^2}$$

(a posteriori) ,

(3.31)
$$\le \frac{L_2^{\nu}}{1-L_2} \sqrt{\sum_{i=1}^{n} |x_i^{(1)} - x_i^{(0)}|^2}$$

(a priori)

ALGORITHMUS 3.5 (*Iteration in Gesamtschritten*).
Gegeben ist das lineare Gleichungssystem $\mathfrak{A}\mathfrak{x} = \mathfrak{a}$ mit

$$\mathfrak{A} = (a_{ik}), \qquad \mathfrak{x} = \begin{pmatrix} x_1 \\ \vdots \\ x_n \end{pmatrix}, \qquad \mathfrak{a} = \begin{pmatrix} a_1 \\ \vdots \\ a_n \end{pmatrix}, \quad i,k = 1(1)n ,$$

gesucht ist seine Lösung $\mathfrak{x}$ mittels Iteration in Gesamtschritten.

1. Schritt. Das gegebene System wird auf die äquivalente Form (3.19) gebracht mit den Größen (3.18).

2. Schritt. Man prüfe, ob eines der in Satz 3.3 angegebenen hinreichenden Konvergenzkriterien erfüllt ist. Falls nicht, versuche man durch geeignete Linearkombinationen von Gleichungen ein System mit überwiegenden Diagonalelementen herzustellen, welches einem der Konvergenzkriterien genügt. Ist dies nicht möglich, so berechne man die Lösung nach einer direkten Methode.

3. Schritt. Falls eines der Konvergenzkriterien erfüllt ist, wähle man einen beliebigen Startvektor $\mathfrak{x}^{(0)}$; o.B.d.A. kann man $\mathfrak{x}^{(0)} = \mathfrak{o}$ wählen.

4. Schritt. Man erzeuge eine Iterationsfolge $\{\mathfrak{x}^{(\nu)}\}$ nach der Vorschrift (3.21) bzw. (3.21'). Dazu verwende man zweckmäßig das Rechenschema 3.3. Es wird solange iteriert, bis eine der beiden folgenden Abfragen bejaht ist:

a) $\max\limits_{1 \le i \le n} |x_i^{(\nu+1)} - x_i^{(\nu)}| < \delta$, $\delta > 0$ vorgegeben; δ sollte etwa in der Größenordnung des Rechnungsfehlers liegen (vgl. dazu Abschnitt 2.1.3).

b) $\nu > \nu_0$, ν_0 vorgegebene Zahl, die aus einer a priori-Fehlerabschätzung ermittelt wurde.

5. Schritt (Fehlerabschätzung). Falls (3.26) erfüllt ist, wird die Fehlerabschätzung (3.29) verwendet. Ist (3.26) nicht erfüllt, sondern (3.27), so wird die Fehlerabschätzung (3.30) verwendet. Ist nur (3.28) erfüllt, so kann nur die gröbste Fehlerabschätzung (3.31) benutzt werden.

BEMERKUNG 3.5. Die Abfrage a) im 4. Schritt des Algorithmus 3.5 ist praktisch einem Konvergenznachweis gleichzusetzen; denn für $0 \leq L_\infty < 1$ und hinreichend großes ν kann 4a) immer erfüllt werden.

3.11.3 DAS ITERATIONSVERFAHREN IN EINZELSCHRITTEN ODER DAS GAUSS-SEIDELSCHE ITERATIONSVERFAHREN.

Das Gauß-Seidelsche Iterationsverfahren unterscheidet sich vom Iterationsverfahren in Gesamtschritten nur dadurch, daß zur Berechnung der $(\nu+1)$-ten Näherung von x_i die bereits berechneten $(\nu+1)$-ten Näherungen von $x_1, x_2, \ldots, x_{i-1}$ berücksichtigt werden. Hat man das gegebene Gleichungssystem (3.1) auf die äquivalente Form (3.19) mit (3.18) gebracht, so lautet hier die Iterationsvorschrift

$$(3.32)\quad \begin{cases} \mathfrak{x}^{(\nu+1)} = \mathfrak{B}_r \mathfrak{x}^{(\nu)} + \mathfrak{B}_l \mathfrak{x}^{(\nu+1)} + \mathfrak{c} \quad \text{mit} \\ \mathfrak{B}_r = \begin{pmatrix} 0 & b_{12} & b_{13} \ldots b_{1n} \\ 0 & 0 & \ddots & \vdots \\ \vdots & \vdots & \ddots & b_{n-1,n} \\ 0 & 0 & \ldots\ldots & 0 \end{pmatrix}, \mathfrak{B}_l = \begin{pmatrix} 0 & \ldots\ldots & & 0 \\ b_{21} & \ddots & & \vdots \\ \vdots & & \ddots & \vdots \\ b_{n1} & b_{n2} \ldots & b_{n,n-1} & 0 \end{pmatrix} \end{cases}$$

bzw. in Komponenten geschrieben für $i = 1(1)n$, $\nu = 0,1,2,\ldots$

$$(3.32')\quad x_i^{(\nu+1)} = c_i + \sum_{k=i+1}^{n} b_{ik} x_k^{(\nu)} + \sum_{k=1}^{i-1} b_{ik} x_k^{(\nu+1)} = \frac{a_i}{a_{ii}} - \sum_{k=i+1}^{n} \frac{a_{ik}}{a_{ii}} x_k^{(\nu)} - \sum_{k=1}^{i-1} \frac{a_{ik}}{a_{ii}} x_k^{(\nu+1)} .$$

Hinreichende Konvergenzkriterien für das Iterationsverfahren in Einzelschritten sind:

1. das Zeilensummenkriterium (Satz 3.3);
2. das Spaltensummenkriterium (Satz 3.3);
3. ist $\mathfrak{A}$ symmetrisch $(a_{ik} = a_{ki})$ und positiv definit $(\mathfrak{x}^T \mathfrak{A} \mathfrak{x} > 0$ für $\mathfrak{x} \neq 0)$, so konvergiert das Verfahren

Die Rechnung wird zweckmäßig in einem Rechenschema der folgenden Form durchgeführt.

RECHENSCHEMA 3.4 (*Iterationsverfahren in Einzelschritten für $n = 3$*).

c_i	b_{ik} für $k \geq i$			b_{ik} für $k < i$			$x_i^{(0)}$	$x_i^{(1)}$	...
$\frac{a_1}{a_{11}}$	0	$-\frac{a_{12}}{a_{11}}$	$-\frac{a_{13}}{a_{11}}$	0	0	0	0		
$\frac{a_2}{a_{22}}$	0	0	$-\frac{a_{23}}{a_{22}}$	$-\frac{a_{21}}{a_{22}}$	0	0	0		
$\frac{a_3}{a_{33}}$	0	0	0	$-\frac{a_{31}}{a_{33}}$	$-\frac{a_{32}}{a_{33}}$	0	0		

Hier wird kein eigener Algorithmus formuliert, weil der Wortlaut völlig mit dem des Algorithmus 3.1 übereinstimmen würde; hier kommen lediglich für den 2. Schritt andere Konvergenzkriterien in Frage, und im 4. Schritt lautet die Iterationsvorschrift (3.32) bzw. (3.32').

3.11.4 RELAXATION BEIM GESAMTSCHRITTVERFAHREN.

Beim Gesamtschrittverfahren erfolgte die Iteration nach der Vorschrift

$$(3.33) \qquad \mathfrak{x}^{(\nu+1)} = \mathfrak{c} + \mathfrak{B}\,\mathfrak{x}^{(\nu)}, \qquad \nu = 0,1,2,\ldots$$

mit der Iterationsmatrix $\mathfrak{B}$ bzw. umgeformt nach der Vorschrift

$$(3.34) \qquad \mathfrak{x}^{(\nu+1)} = \mathfrak{x}^{(\nu)} + \mathfrak{z}^{(\nu)}$$

mit

$$(3.35) \qquad \begin{cases} \mathfrak{z}^{(\nu)} = \mathfrak{c} - \mathfrak{B}^{*}\mathfrak{x}^{(\nu)}, \\ \mathfrak{B}^{*} = \mathfrak{E} - \mathfrak{B}; \end{cases}$$

$\mathfrak{z}^{(\nu)}$ heißt Korrekturvektor. Man versucht nun, den Wert $\mathfrak{x}^{(\nu)}$ durch $\omega \cdot \mathfrak{z}^{(\nu)}$ statt durch $\mathfrak{z}^{(\nu)}$ zu verbessern; ω heißt Relaxationskoeffizient. Das Iterationsverfahren (3.34) erhält so die Form

$$(3.36) \qquad \mathfrak{x}^{(\nu+1)} = \mathfrak{x}^{(\nu)} + \omega\,\mathfrak{z}^{(\nu)},$$

ω ist so zu wählen, daß die Konvergenzgeschwindigkeit gegenüber der des Gesamtschrittverfahrens erhöht wird.

Besitzt nun die Iterationsmatrix $\mathfrak{B}$ des Gesamtschrittverfahrens (3.33) die reellen Eigenwerte

$$\lambda_1 \geq \lambda_2 \geq \dots \geq \lambda_n \quad \text{mit} \quad \lambda_1 \neq -\lambda_n ,$$

so ist mit dem Relaxationskoeffizienten

$$\omega = \frac{2}{2 - \lambda_1 - \lambda_n}$$

die Konvergenz des Relaxationsverfahrens (3.36) mit (3.35) besser als die des Gesamtschrittverfahrens (Beweis s. [40], S.188ff.).
Im Falle $\omega < 1$ spricht man von *Unterrelaxation*; für $\omega > 1$ von *Überrelaxation*. Zur Durchführung der Relaxation benötigt man scharfe Schranken für die Eigenwerte von $\mathfrak{L}$, die das Vorzeichen berücksichtigen. Verfahren zur näherungsweisen Bestimmung der Eigenwerte sind in Kapitel 5 angegeben.

3.11.5 RELAXATION BEIM EINZELSCHRITTVERFAHREN.

Die Iterationsvorschrift für das Einzelschrittverfahren lautet

$$(3.37) \qquad \mathfrak{x}^{(\nu+1)} = \mathfrak{r} + \mathfrak{L}_r \mathfrak{x}^{(\nu)} + \mathfrak{L}_l \mathfrak{x}^{(\nu+1)} , \quad \nu = 0,1,2,\dots$$

bzw. umgeformt

$$(3.38) \qquad \left\{ \begin{aligned} \mathfrak{x}^{(\nu+1)} &= \mathfrak{x}^{(\nu)} + \mathfrak{z}^{(\nu)} \quad \text{mit} \\ \mathfrak{z}^{(\nu)} &= \mathfrak{r} + \mathfrak{L}_l \mathfrak{x}^{(\nu+1)} - (\mathfrak{E} - \mathfrak{L}_r)\, \mathfrak{x}^{(\nu)} . \end{aligned} \right.$$

Ersetzt man nun in (3.38) analog zu Abschnitt 3.11.4 den Korrekturvektor $\mathfrak{z}^{(\nu)}$ durch $\omega \cdot \mathfrak{z}^{(\nu)}$ mit dem Relaxationskoeffizienten ω, so erhält man als Iterationsvorschrift für das Verfahren der sukzessiven Relaxation

$$(3.39) \qquad \mathfrak{x}^{(\nu+1)} = \mathfrak{x}^{(\nu)} + \omega\left(\mathfrak{r} + \mathfrak{L}_l \mathfrak{x}^{(\nu+1)} - (\mathfrak{E} - \mathfrak{L}_r)\, \mathfrak{x}^{(\nu)} \right) .$$

Die Berechnung des optimalen Wertes für ω ist schwierig. Es läßt sich zeigen, daß überhaupt nur Relaxationsverfahren (3.39) konvergent sein können für $0 < \omega < 2$ (s. [35], S.236).

Für ein Gleichungssystem mit symmetrischer, positiv definiter, tridiagonaler bzw. diagonal blockweise tridiagonaler Matrix [1] ist der optimale Überrelaxationsfaktor für das *Verfahren der sukzessiven Überrelaxation (kurz SOR)*

$$\omega_{opt} = \frac{2}{1+\sqrt{1-\lambda_1^2}} \quad ;$$

λ_1 ist der größte Eigenwert der Matrix $\mathcal{L} = \mathcal{L}_l + \mathcal{L}_r$ (s. [33], S.60, S.208/210, S.214). Solche Matrizen treten bei der Diskretisierung von Randwertaufgaben vom elliptischen Typ auf. SOR mit ω_{opt} konvergiert hier erheblich rascher als die Relaxation beim Gesamtschrittverfahren.

Für Gleichungssysteme mit symmetrischer, aber nicht diagonal blockweise tridiagonalen Matrizen sowie schiefsymmetrischen Matrizen wird in [112] eine günstige Näherung für ω angegeben.

LITERATUR zu 3.11: [33], 2 u. 5.2; [36], 8.3; [40], III § 5; [94], 6-8; [Ea 8], 2.7, 3.12.

3.12 ENTSCHEIDUNGSHILFEN FÜR DIE AUSWAHL DES VERFAHRENS.

Trotz der Vielzahl numerischer Verfahren, die zur Lösung linearer Gleichungssysteme zur Verfügung stehen, ist die praktische Bestimmung der Lösungen für große Werte von n [2] eine problematische numerische Aufgabe. Die Gründe hierfür sind

(1) der Arbeitsaufwand (die Rechenzeit),

(2) der Speicherplatzbedarf,

(3) die Verfälschung der Ergebnisse durch Rundungsfehler oder mathematische Instabilität des Problems.

Zu (1): Der Arbeitsaufwand läßt sich über die Anzahl erforderlicher Punktoperationen abschätzen.

---

1) Es handelt sich um eine tridiagonale Blockmatrix, deren Diagonalblöcke Diagonalmatrizen sind, s. Abschnitt 3.13.

2) In der Praxis treten durchaus Systeme mit 5000 und mehr Unbekannten auf.

TABELLE (*Anzahl der Punktoperationen*).[1]

Anzahl der Unbekannten in (3.1)	Gaußscher Algorithmus	Verfahren[2] von Cholesky	Gauß-Jordan-Verfahren	Austauschverfahren	Gaußscher Algorithmus für Systeme mit tridiagonalen Matrizen	Iterationsverfahren (pro Schritt)
n	$\frac{n}{3}(n^2+3n-1)$	$\frac{n^3}{6}+\frac{3n^2}{2}+\frac{n}{3}$	$\frac{n}{2}(n^2+2n+1)$	n^3+n^2	5n - 4	2n(n-1)
5	65	60	90	150	21	40
10	430	320	605	1100	46	180
20	3060	1940	4410	8400	96	760

Zu (2): Vom Computer her gesehen ergeben sich bezüglich des Speicherplatzes zwei kritische Größen für n:

(a) der für die Speicherung der a_{ik} verfügbare Platz im Arbeitsspeicher (Hauptspeicher),

(b) der dafür verfügbare Platz in den Hintergrundspeichern (Magnetplatten, Disketten, Magnetbänder, Kassetten u.a.m.).

Der Speicherplatzbedarf verringert sich, wenn $\mathfrak{A}$ spezielle Eigenschaften, z.B. Bandstruktur, besitzt, dünn besetzt ist, symmetrisch ist. Es entsteht praktisch kein Speicherplatzbedarf, wenn sich die a_{ik} aufgrund einer im Einzelfall gegebenen Vorschrift jeweils im Computer berechnen lassen ("generated Matrix").

Zu (3): Durch geeignete Gestaltung des Ablaufs der Rechnung kann die Akkumulation von Rundungsfehlern unter Kontrolle gehalten werden, sofern die Ursache nicht in mathematischer Instabilität des Problems liegt. Deshalb sollte grundsätzlich mit teilweiser Pivotisierung gearbeitet werden, es sei denn, die spezielle Struktur des Systems garantiert numerische Stabilität. Mit relativ geringem Aufwand lassen sich die Ergebnisse jeweils durch Nachiteration verbessern.

---

[1] s. auch Bemerkung 3.3

[2] Außerdem sind n Quadratwurzeln zu berechnen.

BEMERKUNG 3.6. Im allgemeinen lassen sich weder die Kondition des Systems noch die Frage, ob die Bedingungen für die eindeutige Lösbarkeit erfüllt sind, vor Beginn der numerischen Rechnung prüfen. Daher sollten die Programme so gestaltet sein, daß sie den Benutzern im Verlaufe der Rechnung darüber Auskunft geben (z.B. Stop bei schlechter Kondition, die sich durch zu langsame Konvergenz der Nachiteration bemerkbar macht,o.ä.).

BEMERKUNG 3.7. Bei sehr großen Systemen, wo die Elemente von $\mathfrak{A}$ und $\mathfrak{a}$ nicht vollständig im Arbeitsspeicher unterzubringen sind, müssen sogenannte Blockmethoden angewandt werden, s. dazu Abschnitt 3.13. Solche Systeme treten vorwiegend im Zusammenhang mit der numerischen Lösung partieller Differentialgleichungen auf.

LITERATUR zu 3.12: [7], 5; [19], 2; [20], 3.9; [87], 4.1; [94], 18.

3.13 GLEICHUNGSSYSTEME MIT BLOCKMATRIZEN.

Es liege ein Gleichungssystem von n Gleichungen mit n Unbekannten der Form (3.2)

$$\mathfrak{A}\mathfrak{x} = \mathfrak{a}$$

vor. Eine Zerlegung der (n,n)-Matrix $\mathfrak{A} = (a_{ik})$ in *Blöcke* (*Untermatrizen*) geschieht durch horizontale und vertikale Trennungslinien, die die ganze Matrix durchschneiden. Man erhält eine sogenannte *Blockmatrix*, die aus Untermatrizen $\mathfrak{A}_{ik}$ kleinerer Ordnung aufgebaut ist: $\mathfrak{A} = (\mathfrak{A}_{ik})$.

Zerlegt man nun die quadratische Matrix $\mathfrak{A}$ so, daß die *Diagonalblöcke* $\mathfrak{A}_{ii}$ quadratische (n_i,n_i)-Matrizen sind und die Blöcke $\mathfrak{A}_{ik}$ Matrizen mit n_i Zeilen und n_k Spalten, so erhält man bei entsprechender Zerlegung der Vektoren $\mathfrak{x}$ und $\mathfrak{a}$ das System $\mathfrak{A}\mathfrak{x} = \mathfrak{a}$ in der Form

$$\begin{pmatrix} \mathfrak{A}_{11} & \mathfrak{A}_{12} & \dots & \mathfrak{A}_{1N} \\ \mathfrak{A}_{21} & \mathfrak{A}_{22} & \dots & \mathfrak{A}_{2N} \\ \vdots & & & \\ \mathfrak{A}_{N1} & \mathfrak{A}_{N2} & \dots & \mathfrak{A}_{NN} \end{pmatrix} \begin{pmatrix} \mathfrak{x}_1 \\ \mathfrak{x}_2 \\ \vdots \\ \mathfrak{x}_N \end{pmatrix} = \begin{pmatrix} \mathfrak{a}_1 \\ \mathfrak{a}_2 \\ \vdots \\ \mathfrak{a}_N \end{pmatrix} \tag{3.40}$$

Es gilt

$$\sum_{i=1}^{N} n_i = n \ , \qquad \sum_{k=1}^{N} \mathfrak{A}_{ik}\,\mathfrak{x}_k = \mathfrak{a}_i \ , \qquad i = 1(1)N \ .$$

Es werden nur solche Zerlegungen betrachtet, deren Diagonalblöcke quadratisch sind, weil man mit ihnen so operieren kann, als wären die Blöcke Zahlen. Man kann deshalb zur Lösung von Gleichungssystemen (3.40) mit Blockmatrizen im wesentlichen die bisher behandelten Methoden verwenden, nur rechnet man jetzt mit Matrizen und Vektoren statt mit Zahlen. Divisionen durch Matrixelemente sind jetzt durch Multiplikationen mit der Inversen zu ersetzen. Die Methode der teilweisen Pivotisierung kann nicht angewandt werden. In den Anwendungen treten jedoch meist Blocksysteme ganz spezieller Gestalt auf, bei denen ohnehin Pivotisierung überflüssig ist (weil z.B. die Koeffizientenmatrix positiv definit ist).

Hier wird zur Veranschaulichung der Vorgehensweise bei Blockmethoden der Gaußsche Algorithmus für vollbesetzte Blocksysteme und für blockweise tridiagonale Systeme angegeben. Anschließend werden einige Methoden zur Behandlung spezieller Blocksysteme mit entsprechenden Literaturangaben genannt.

GAUSS'SCHER ALGORITHMUS FÜR BLOCKSYSTEME.

1. Eliminationsschritt.

Formal verläuft die Elimination analog zu Abschnitt 3.2 ohne Pivotisierung. Die Division durch die Diagonalelemente wird hier ersetzt durch die Multiplikation mit der Inversen $\left(\mathfrak{A}_{jj}^{(j-1)}\right)^{-1}$. Multiplikation von

$$1^{(0)}: \quad \mathfrak{A}_{11}^{(0)}\mathfrak{x}_1 + \mathfrak{A}_{12}^{(0)}\mathfrak{x}_2 + \ldots + \mathfrak{A}_{1N}^{(0)}\mathfrak{x}_N = \mathfrak{a}_1^{(0)}$$

mit $-\mathfrak{A}_{i1}^{(0)}\left(\mathfrak{A}_{11}^{(0)}\right)^{-1}$ von links und Addition zur i-ten Zeile (nacheinander für i = 2,3,...,N) liefert das System

$$\begin{array}{llll}
1^{(0)}: & \mathfrak{A}_{11}^{(0)}\mathfrak{x}_1 + \mathfrak{A}_{12}^{(0)}\mathfrak{x}_2 + \ldots + \mathfrak{A}_{1N}^{(0)}\mathfrak{x}_N & = \mathfrak{a}_1^{(0)} & , \\
2^{(1)}: & \qquad\quad \mathfrak{A}_{22}^{(1)}\mathfrak{x}_2 + \ldots + \mathfrak{A}_{2N}^{(1)}\mathfrak{x}_N & = \mathfrak{a}_2^{(1)} & , \\
3^{(1)}: & \qquad\quad \mathfrak{A}_{32}^{(1)}\mathfrak{x}_2 + \ldots + \mathfrak{A}_{3N}^{(1)}\mathfrak{x}_N & = \mathfrak{a}_3^{(1)} & , \\
\vdots & \qquad\quad \vdots \qquad\qquad\quad \vdots & \quad \vdots & \\
N^{(1)}: & \qquad\quad \mathfrak{A}_{N2}^{(1)}\mathfrak{x}_2 + \ldots + \mathfrak{A}_{NN}^{(1)}\mathfrak{x}_N & = \mathfrak{a}_N^{(1)} & .
\end{array}$$

2. Eliminationsschritt.

Multiplikation von $2^{(1)}$ mit $-\mathfrak{A}_{i2}^{(1)}\left(\mathfrak{A}_{22}^{(1)}\right)^{-1}$ von links und Addition zur i-ten Zeile nacheinander für i = 3,4,...,N liefert das System

$$\begin{array}{ll}
1^{(0)}: & \mathfrak{A}_{11}^{(0)}\mathfrak{x}_1 + \mathfrak{A}_{12}^{(0)}\mathfrak{x}_2 + \mathfrak{A}_{13}^{(0)}\mathfrak{x}_3 + \ldots + \mathfrak{A}_{1N}^{(0)}\mathfrak{x}_N = \mathfrak{a}_1^{(0)} \quad , \\
2^{(1)}: & \mathfrak{A}_{22}^{(1)}\mathfrak{x}_2 + \mathfrak{A}_{23}^{(1)}\mathfrak{x}_3 + \ldots + \mathfrak{A}_{2N}^{(1)}\mathfrak{x}_N = \mathfrak{a}_2^{(1)} \quad , \\
3^{(2)}: & \mathfrak{A}_{33}^{(2)}\mathfrak{x}_3 + \ldots + \mathfrak{A}_{3N}^{(2)}\mathfrak{x}_N = \mathfrak{a}_3^{(2)} \quad , \\
\vdots & \vdots \\
N^{(2)}: & \mathfrak{A}_{N3}^{(2)}\mathfrak{x}_3 + \ldots + \mathfrak{A}_{NN}^{(2)}\mathfrak{x}_N = \mathfrak{a}_N^{(2)} \quad .
\end{array}$$

Nach N-1 analogen Eliminationsschritten erhält man das blockweise gestaffelte System $\mathfrak{B}\mathfrak{x} = \mathfrak{b}$, wo $\mathfrak{B}$ eine Block-Superdiagonalmatrix ist, der Form

$$\begin{array}{ll}
1^{(0)}: & \mathfrak{A}_{11}^{(0)}\mathfrak{x}_1 + \mathfrak{A}_{12}^{(0)}\mathfrak{x}_2 + \ldots + \mathfrak{A}_{1N}^{(0)}\mathfrak{x}_N = \mathfrak{a}_1^{(0)} \quad , \\
2^{(1)}: & \mathfrak{A}_{22}^{(1)}\mathfrak{x}_2 + \ldots + \mathfrak{A}_{2N}^{(1)}\mathfrak{x}_N = \mathfrak{a}_2^{(1)} \quad , \\
\vdots & \ddots \quad \vdots \\
N^{(N-1)}: & \mathfrak{A}_{NN}^{(N-1)}\mathfrak{x}_N = \mathfrak{a}_N^{(N-1)} \quad .
\end{array}$$

Durch Rückrechnung ergeben sich daraus die $\mathfrak{x}_i$, i = 1(1)N, man erhält N Gleichungssysteme

$$\mathfrak{A}_{NN}^{(N-1)}\mathfrak{x}_N = \mathfrak{a}_N^{(N-1)} \quad ,$$

$$\mathfrak{A}_{jj}^{(j-1)}\mathfrak{x}_j = \mathfrak{a}_j^{(j-1)} - \sum_{k=j+1}^{N} \mathfrak{A}_{jk}^{(j-1)}\mathfrak{x}_k \quad ,$$

wobei die $\mathfrak{A}_{jj}^{(j-1)}$ quadratisch sind. Diese Systeme lassen sich jetzt mit dem Gaußschen Algorithmus (mit Pivotisierung) gemäß Abschnitt 3.2 behandeln.

Bei der numerischen Lösung partieller DGLen und Integralgleichungen treten häufig Gleichungssysteme auf mit blockweise tridiagonalen Matrizen, s. dazu auch [19], S. 61-64. Im folgenden wird ein Algorithmus für diesen Fall angegeben.

GAUSS'SCHER ALGORITHMUS FÜR TRIDIAGONALE BLOCKSYSTEME

Gegegeben sei das lineare Gleichungssystem (3.40) mit tridiagonaler Blockmatrix der Form

$$\mathfrak{A} = \begin{pmatrix} \mathfrak{D}_1 & \mathfrak{C}_1 & & & \\ \mathfrak{B}_2 & \mathfrak{D}_2 & \mathfrak{C}_2 & & \\ & \ddots & \ddots & \ddots & \\ & & \mathfrak{B}_{N-1} & \mathfrak{D}_{N-1} & \mathfrak{C}_{N-1} \\ & & & \mathfrak{B}_N & \mathfrak{D}_N \end{pmatrix}$$

Dann ergeben sich die Lösungen des Systems, indem man die Matrix $\mathfrak{A}$ analog zu Abschnitt 3.7 zerlegt in bidiagonale Blockmatrizen. Die Lösungen ergeben sich, wenn man die folgenden Berechnungen in der angegebenen Reihenfolge ausführt:

(1) $\mathfrak{A}_1 = \mathfrak{D}_1 \quad , \quad \Gamma_1 = \mathfrak{A}_1^{-1}\mathfrak{C}_1$

(2) $\mathfrak{A}_i = \mathfrak{D}_i - \mathfrak{B}_i \Gamma_{i-1} \quad , \quad i = 2(1)N$

$\Gamma_i = \mathfrak{A}_i^{-1} \mathfrak{C}_i \quad , \quad i = 2(1)N-1$

(3) $\mathfrak{b}_1 = \mathfrak{A}_i^{-1}\mathfrak{a}_1$

$\mathfrak{b}_i = \mathfrak{A}_i^{-1} (\mathfrak{a}_i - \mathfrak{B}_i \mathfrak{b}_{i-1}) \quad , \quad i = 2(1)N$

(4) $\mathfrak{x}_N = \mathfrak{b}_N$

$\mathfrak{x}_i = \mathfrak{b}_i - \Gamma_i \mathfrak{x}_{i+1} \quad , \quad i = N-1,N-2,\ldots,1$

LITERATUR: [19], S. 61-64

WEITERE VERFAHREN.

(1) Ist $\mathfrak{A} = (\mathfrak{A}_{ik})$ positiv definit und besitzen alle Diagonalblöcke $\mathfrak{A}_{ii}$ ein und dieselbe Ordnung $n_1 = n_2 = \ldots = n_N = \frac{n}{N}$, so läßt sich die in [2], 2, S.49-51 beschriebene Quadratwurzelmethode (Analogon zum Verfahren von Cholesky) anwenden.

(2) Sind alle Blöcke $\mathfrak{A}_{ik}$ quadratische Matrizen der gleichen Ordnung, so läßt sich eine Blockmethode anwenden, die eine Modifikation des Verfahrens von Gauß-Jordan darstellt, s. [2], 2, S.51-54.

(3) Ein Beispiel zu Systemen mit tridiagonalen Blockmatrizen ist in [33], S. 210 zu finden. Dort liegt speziell eine diagonal blockweise tridiagonale Matrix vor, d.h. eine blockweise tridiagonale Matrix, deren Diagonalblöcke Diagonalmatrizen sind.

(4) Zur Blockiteration und Blockrelaxation s. [19], S.63ff.; [33], S.216ff.

LITERATUR zu 3.13: [2], 6.6; [19], 2.4; [33], 5.2.3; [36], 8.5; [94], 14.
Ergänzende Literatur zu Kap. 3.: [81 a];[86 b], Kap. III;[87 a];[91 a], 6; [92 a], Chapt. III;[92b] Bd.1,1.1-1.4, 4-6;[94].

4. SYSTEME NICHTLINEARER GLEICHUNGEN.

Gegeben sei ein System aus n nichtlinearen Gleichungen ($n \in \mathbb{N}$ 1, $n \geq 2$)

$$(4.1) \quad \begin{cases} f_1(x_1,x_2,\ldots,x_n) = 0 , \\ f_2(x_1,x_2,\ldots,x_n) = 0 , \\ \vdots \\ f_n(x_1,x_2,\ldots,x_n) = 0 , \end{cases}$$

D_f sei ein endlicher, abgeschlossener Bereich des $\mathbb{R}^n$, auf dem die $f_i(x_1,x_2,\ldots,x_n)$, $i = 1(1)n$, definiert sind, die f_i seien stetig und reellwertig.

Mit

$$\mathfrak{x} = \begin{pmatrix} x_1 \\ x_2 \\ \vdots \\ x_n \end{pmatrix} \quad \text{und} \quad \vec{f} = \begin{pmatrix} f_1 \\ f_2 \\ \vdots \\ f_n \end{pmatrix}$$

läßt sich (4.1) ausdrücken durch

$$(4.1') \quad \vec{f} : D_f \subset \mathbb{R}^n \mapsto \mathbb{R}^n , \quad \mathfrak{x} \mapsto \vec{f}(\mathfrak{x}) = \mathfrak{O} .$$

4.1 ALLGEMEINES ITERATIONSVERFAHREN.

Zu $\vec{f}(\mathfrak{x}) = \mathfrak{O}$ wird ein äquivalentes System

$$(4.2) \quad \vec{\varphi} : D_\varphi \subseteq D_f \subset \mathbb{R}^n \to \mathbb{R}^n , \quad \mathfrak{x} \mapsto \mathfrak{x} = \vec{\varphi}(\mathfrak{x})$$

erzeugt mit $\vec{\varphi} = (\varphi_1,\varphi_2,\ldots,\varphi_n)^T$. $\bar{\mathfrak{x}}$ heißt Fixpunkt von $\vec{\varphi}$ bzw. Lösung von $\mathfrak{x} = \varphi(\mathfrak{x})$, falls gilt $\bar{\mathfrak{x}} = \varphi(\bar{\mathfrak{x}})$. Mit Hilfe eines Startvektors $\mathfrak{x}^{(0)} \in D_\varphi$ wird eine Iterationsfolge $\{\mathfrak{x}^{(\nu)}\}$ konstruiert nach der Vorschrift

$$(4.2') \quad \mathfrak{x}^{(\nu+1)} = \vec{\varphi}(\mathfrak{x}^{(\nu)}) , \quad \nu = 0,1,2,\ldots$$

$\vec{\varphi}$ heißt Schrittfunktion, (4.2') Iterationsvorschrift.

SATZ 4.1. Es sei $D \subseteq D_\varphi$ ein endlicher, abgeschlossener Bereich, und es gelte

(i) $\vec{\varphi}(\mathfrak{x}) \in D$ für alle $\mathfrak{x} \in D$, d.h. $\vec{\varphi}$ stellt eine Abbildung von D in sich dar.

(ii) Es gibt eine Konstante L mit $0 \le L < 1$ und eine Norm $\| \circ \|$, so daß für alle $\mathfrak{x}, \mathfrak{x}' \in D$ die Lipschitzbedingung erfüllt ist

(4.3) $\| \vec{\varphi}(\mathfrak{x}) - \vec{\varphi}(\mathfrak{x}') \| \le L \| \mathfrak{x} - \mathfrak{x}' \|$.

Dann gilt:

(a) Es gibt genau einen Fixpunkt $\bar{\mathfrak{x}}$ in D.

(b) Die Iteration (4.3) konvergiert für jeden Startwert $\mathfrak{x}^{(0)} \in D$ gegen $\bar{\mathfrak{x}}$.

(c) Es gelten die Fehlerabschätzungen

(4.4) $\| \mathfrak{x}^{(\nu)} - \bar{\mathfrak{x}} \| \le \frac{L^\nu}{1-L} \| \mathfrak{x}^{(1)} - \mathfrak{x}^{(0)} \|$ (a priori-Fehlerabschätzung),

(4.5) $\| \mathfrak{x}^{(\nu)} - \bar{\mathfrak{x}} \| \le \frac{L}{1-L} \| \mathfrak{x}^{(\nu)} - \mathfrak{x}^{(\nu-1)} \|$ (a posteriori-Fehlerabschätzung).

Zum Beweis siehe [18] Bd. 1, S.131 ff.

Ein Analogon zur Bedingung $|\varphi'| \le L < 1$ im eindimensionalen Fall läßt sich mit Hilfe der Funktionalmatrix formulieren. Besitzen die φ_i in D stetige partielle Ableitungen nach den x_k , so kann mit der Funktionalmatrix (Jakobi-Matrix)

$$\mathfrak{J}_\varphi := \left(\frac{\partial \varphi_i}{\partial x_n} \right)_{\substack{i=1(1)n \\ k=1(1)n}} = \begin{pmatrix} \frac{\partial \varphi_1}{\partial x_1} & \frac{\partial \varphi_1}{\partial x_2} & \dots & \frac{\partial \varphi_1}{\partial x_n} \\ \frac{\partial \varphi_2}{x_1} & \frac{\partial \varphi_2}{x_2} & \dots & \frac{\partial \varphi_2}{x_n} \\ \vdots & & & \\ \frac{\partial \varphi_n}{\partial x_1} & \frac{\partial \varphi_n}{\partial x_2} & \dots & \frac{\partial \varphi_n}{\partial x_n} \end{pmatrix}$$

die Lipschitzbedingung (4.3) in Satz 4.1 ersetzt werden durch

(4.3') $\| \mathfrak{J}_\varphi \| \le L < 1$,

sofern D konvex und abgeschlossen ist.

Unter Verwendung der verschiedenen Matrixnormen (3.25) ergeben sich für (4.3') die folgenden Kriterien:

Zeilensummenkriterium:

$$(4.6)\qquad \|\boldsymbol{\vartheta}_\varphi\|_\infty = \max_{\substack{i=1(1)n\\ \boldsymbol{\varphi}\in D}} \sum_{k=1}^{n} \left|\frac{\partial\varphi_i}{\partial x_k}\right| \le L_\infty < 1\,,$$

Spaltensummenkriterium:

$$(4.7)\qquad \|\boldsymbol{\vartheta}_\varphi\|_1 = \max_{\substack{k=1(1)n\\ \boldsymbol{\varphi}\in D}} \sum_{i=1}^{n} \left|\frac{\partial\varphi_i}{\partial x_k}\right| \le L_1 < 1\,,$$

Kriterium von E. Schmidt und R. v. Mises:

$$(4.8)\qquad \|\boldsymbol{\vartheta}_\varphi\|_2 = \max_{\boldsymbol{\varphi}\in D} \left(\sum_{i=1}^{n} \sum_{k=1}^{n} \left(\frac{\partial\varphi_i}{\partial x_k}\right)^2 \right)^{1/2} \le L_2 < 1\,.$$

Ist (4.6) erfüllt, so lassen sich unter Verwendung Maximumnorm $\|\cdot\|_\infty$ gemäß Satz 4.1 die zugehörigen Fehlerabschätzungen angeben. Entsprechendes gilt für (4.7) und (4.8). *)

D... *nzordnung).*

... $\boldsymbol{\varphi}^{(\nu)}$ } konvergiert von mindestens p-ter Ordnung

...nstante $0 \le M < \infty$ existiert, so daß gilt

$$\ldots \frac{\boldsymbol{\varphi}^{(\nu+1)} - \bar{\boldsymbol{\varphi}}\,\|}{\boldsymbol{\varphi}^{(\nu)} - \bar{\boldsymbol{\varphi}}\,\|^{p}} = M < \infty\,.$$

...n $\boldsymbol{\varphi}^{(\nu+1)} = \vec{\varphi}(\boldsymbol{\varphi}^{(\nu)})$ heißt dann ein Verfah-

...onvergenzordnung; es besitzt genau die Konver-

... $\ne 0$.

...2] Bd.2, § 7.5.1; [6], § 13.2; [18],Bd.1, § 5.1-5.3; [20], 4.1; [35], 5.1-5.2; [38], 9.1.; [77], § 5.2;

*) Eine praktikable Fehlerabschätzung ohne Verwendung der Lipschitzkonstanten ist in [20], Kap. 4, zu finden.

4.2 SPEZIELLE ITERATIONSVERFAHREN.

4.2.1 NEWTONSCHE VERFAHREN.

4.2.1.1 DAS QUADRATISCH KONVERGENTE NEWTON-VERFAHREN.

Es liege ein System (4.1) vor mit einer Lösung $\bar{\mathfrak{x}}$ im Inneren von D_f. Die f_i besitzen in D_f stetige zweite partielle Ableitungen und für die Funktionalmatrix (Jakobimatrix)

$$\mathfrak{J}_f := \left(\frac{f_i}{\partial x_k} \right)_{\substack{i=1(1)n \\ k=1(1)n}} = \begin{pmatrix} \frac{\partial f_1}{\partial x_1} & \frac{\partial f_1}{\partial x_2} & \cdots & \frac{\partial f_1}{\partial x_n} \\ \vdots & & & \\ \frac{\partial f_n}{\partial x_1} & \frac{\partial f_n}{\partial x_2} & \cdots & \frac{\partial f_n}{\partial x_n} \end{pmatrix}$$

gelte $\det(\mathfrak{J}_f) \neq 0$. Dann existiert immer eine Umgebung $D \subset D_f$ von $\bar{\mathfrak{x}}$ so, daß die Voraussetzungen des Satzes 4.1 für die Schrittfunktion des Newton-Verfahrens

$$\vec{\varphi}(\mathfrak{x}) := \mathfrak{x} - \mathfrak{J}_f^{-1}(\mathfrak{x}) \cdot \vec{f}(\mathfrak{x})$$

erfüllt sind. Die Iterationsvorschrift lautet damit

(4.9) $\quad \mathfrak{x}^{(\nu+1)} = \mathfrak{x}^{(\nu)} - \mathfrak{J}_f^{-1}(\mathfrak{x}^{(\nu)}) \cdot \vec{f}(\mathfrak{x}^{(\nu)})$

(4.9') $\quad \mathfrak{x}^{(\nu+1)} = \mathfrak{x}^{(\nu)} + \Delta \mathfrak{x}^{(\nu+1)}, \quad \nu = 0,1,2,\ldots$

mit $\quad \Delta \mathfrak{x}^{(\nu+1)} = -\mathfrak{J}_f^{-1}(\mathfrak{x}^{(\nu)}) \cdot \vec{f}(\mathfrak{x}^{(\nu)})$

oder

(4.10) $\quad \mathfrak{J}_f(\mathfrak{x}^{(\nu)}) \cdot \Delta \mathfrak{x}^{(\nu+1)} = -\vec{f}(\mathfrak{x}^{(\nu)})$.

Algorithmus 4.1.

Für jedes $\nu = 0,1,2,\ldots$ sind nacheinander folgende Schritte auszuführen:

(i) Lösung des linearen Gleichungssystems (4.10) zur Berechnung von $\Delta\boldsymbol{\varphi}^{(\nu+1)}$.

(ii) Berechnung von $\boldsymbol{\varphi}^{(\nu+1)}$ gemäß (4.9').

Mögliche Abbruchbedingungen:

(a) $\nu \geq \nu_{max}$, $\nu_{max} \in \mathbb{N}$.

(b) $\| \Delta\boldsymbol{\varphi}^{(\nu+1)} \| = \| \boldsymbol{\varphi}^{(\nu+1)} - \boldsymbol{\varphi}^{(\nu)} \| \leqslant \delta$, $\delta > 0$, $\delta \in \mathbb{R}$.

(c) $\| \vec{f} (\boldsymbol{\varphi}^{(\nu+1)} \| \leq \varepsilon$, $\varepsilon > 0$, $\varepsilon \in \mathbb{R}$.

Mit Algorithmus 4.1 wird die Berechnung der Inversen in (4.9) durch die Lösung eines linearen Gleichungssystems ersetzt. Die Konvergenz ist immer gewährleistet, wenn die Iteration nahe genug an der Lösung $\overline{\boldsymbol{\varphi}}$ beginnt.

Primitivform des Newton-Verfahrens.

Um sich die Lösung eines linearen Gleichungssystems (4.10) in jedem Iterationsschritt zu ersparen, kann statt (4.10) das System

$$(4.10') \quad \mathfrak{J}_f \, (\boldsymbol{\varphi}^{(0)}) \Delta\boldsymbol{\varphi}^{(\nu+1)} = - f \, (\boldsymbol{\varphi}^{(\nu)})$$

verwendet werden mit fester Matrix $\mathfrak{J}_f \, (\boldsymbol{\varphi}^{(0)})$ für alle Iterationsschritte. Dann ist die Dreieckszerlegung ($\mathcal{LR}$-Zerlegung, siehe Abschnitt 3.1) der Matrix $\mathfrak{J}_f$ nur einmal auszuführen, Vorwärts- und Rückwärtselimination sind für jede neue rechte Seite notwendig, ebenso die Berechnung von $\boldsymbol{\varphi}^{(\nu+1)}$ nach (4.9').

Man kann auch so verfahren, daß man etwa ν_0 Schritte mit fester Matrix $\mathfrak{J}_f(\boldsymbol{\varphi}^{(0)})$ gemäß (4.10') iteriert, dann ν_1 Schritte mit fester Matrix $\mathfrak{J}_f(\boldsymbol{\varphi}^{(\nu_0)})$ usw.; auf diese Weise wird die Konvergenzgeschwindigkeit etwas erhöht.

4.2.1.2 GEDÄMPFTES NEWTON-VERFAHREN

Das gedämpfte Newton-Verfahren ist eine Variante des quadratisch konvergenten Newton-Verfahrens, vgl. [7], § 5.2.
Eine Newton-Iterierte $\mathfrak{x}^{(\nu+1)}$ wird erst akzeptiert, wenn in der Euklidischen Norm gilt

$$\| \vec{f}\,(\mathfrak{x}^{(\nu+1)}) \|_2 < \| \vec{f}\,(\mathfrak{x}^{(\nu)}) \|_2 \quad .$$

Mit den gleichen Voraussetzungen wie für das Newton-Verfahren in Abschnitt 4.2.1.1 gilt der

Algorithmus 4.2 . Für $\nu = 0,1,2,\ldots$ sind nacheinander folgende Schritte auszuführen:

(i) Berechnung von $\Delta\mathfrak{x}^{(\nu+1)}$ aus (4.10).

(ii) Berechnung eines j so, daß gilt

$$j := \min \left\{ i \mid i \geq 0, \| \vec{f}\,(\mathfrak{x}^{(\nu)} + \frac{1}{2^i}\Delta\mathfrak{x}^{(\nu+1)}) \|_2 < \| \vec{f}\,(\mathfrak{x}^{(\nu)}) \|_2 \right\} \quad .$$

(iii) $\mathfrak{x}^{(\nu+1)} := \mathfrak{x}^{(\nu)} + \Delta\mathfrak{x}^{(\nu+1)} / 2^j$.

(iv) Abbruchbedingungen: gemäß Algorithmus 4.1

Den Schritt (ii) führt man zu vorgegebenem i_{max} nur für $0 \leq i \leq i_{max}$ durch. Sollte die Bedingung dann noch immer nicht erfüllt sein, rechnet man mit $j = 0$ weiter. Das Verfahren ist quadratisch konvergent.

Im Anhang sind zum gedämpften Newton-Verfahren zwei Unterprogramme angegeben. Das eine der Programme arbeitet mit Vorgabe der Jakobi-Matrix, das zweite Programm schätzt die Jakobi-Matrix mit dem vorderen Differenzenquotienten. Beim zweiten Programm ist es möglich anzugeben, wieviele Iterationsschritte mit fester geschätzter Jakobi-Matrix durchgeführt werden sollen. Falls diese Anzahl IUPD > 1 ist, entspricht das Verfahren der gedämpften Primitivform des Newtonschen Iterationsverfahrens. Umfangreiche Tests haben ergeben, daß das gedämpfte Newton-Verfahren bzw. die gedämpfte Primitivform im allgemeinen weit besser sind als das normale Newton-Verfahren und das Verfahren von Brown. Es hat sich auch gezeigt, daß die Dämpfungsgröße i_{max} stark vom Problem abhängig ist und bei gleichem Startvektor das Verfahren bei verschiedener Vorgabe von i_{max} einmal konvergiert, ein anderes Mal nicht; es kann insbesondere bei verschiedenen i_{max} gegen verschiedene Nullstellen konvergieren. Bei völliger Offenheit der Situation sollte deshalb zunächst mit $i_{max} = 4$, IUPD = 1 und maximal 1000 Iterationen gearbeitet werden.

4.2.2 REGULA FALSI.

Gegeben sei das nichtlineare Gleichungssystem (4.1). Man bildet damit die Vektoren

$$(4.11)\quad \vec{\delta f}(x_j,\tilde{x}_j) = \frac{1}{x_j-\tilde{x}_j}\Big((\vec{f}(x_1,\dots,x_j,\dots,x_n) - \vec{f}(x_1,\dots,\tilde{x}_j,\dots,x_n))\Big)\,,$$

bzw. ausführlich $\qquad j = 1(1)n$,

$$\vec{\delta f}(x_j,\tilde{x}_j) = \frac{1}{x_j-\tilde{x}_j}\begin{pmatrix} f_1(x_1,\dots,x_j,\dots,x_n) - f_1(x_1,\dots,\tilde{x}_j,\dots,x_n) \\ f_2(x_1,\dots,x_j,\dots,x_n) - f_2(x_1,\dots,\tilde{x}_j,\dots,x_n) \\ \vdots \qquad\qquad\qquad \vdots \\ f_n(x_1,\dots,x_j,\dots,x_n) - f_n(x_1,\dots,\tilde{x}_j,\dots,x_n)\end{pmatrix}.$$

Mit den Vektoren (4.11) wird die folgende Matrix gebildet

$$\vec{\Delta f}(\boldsymbol{\varphi},\tilde{\boldsymbol{\varphi}}) = (\vec{\delta f}(x_1,\tilde{x}_1),\ \vec{\delta f}(x_2,\tilde{x}_2),\dots,\vec{\delta f}(x_n,\tilde{x}_n))\ ,$$

sie entspricht der Funktionalmatrix beim Newton-Verfahren, wenn dort die Differentialquotienten durch die Differenzenquotienten ersetzt werden.

Ist $\bar{\boldsymbol{\varphi}} \in B$ eine Lösung von (4.1) und sind $\boldsymbol{\varphi}^{(\nu-1)}, \boldsymbol{\varphi}^{(\nu)} \in B$ Näherungen für $\bar{\boldsymbol{\varphi}}$, so errechnet sich für jedes $\nu = 1,2,3,\dots$ eine weitere Näherung $\boldsymbol{\varphi}^{(\nu+1)}$ nach der *Iterationsvorschrift der Regula falsi*

$$(4.11')\quad \boldsymbol{\varphi}^{(\nu+1)} = \boldsymbol{\varphi}^{(\nu)} - (\vec{\Delta f}(\boldsymbol{\varphi}^{(\nu)},\boldsymbol{\varphi}^{(\nu-1)})^{-1}\vec{f}(\boldsymbol{\varphi}^{(\nu)}) = \vec{\phi}(\boldsymbol{\varphi}^{(\nu)},\boldsymbol{\varphi}^{(\nu-1)})\ ;$$

es sind also stets zwei Startvektoren $\boldsymbol{\varphi}^{(0)}, \boldsymbol{\varphi}^{(1)}$ erforderlich. Hinreichende Bedingungen dafür, daß die Folge der Vektoren (4.11) für $\nu \to \infty$ gegen $\bar{\boldsymbol{\varphi}}$ konvergiert, sind in [59] angegeben; die Bedingungen sind für die praktische Durchführung unbrauchbar. Ist jedoch $\det \boldsymbol{\vartheta}(\bar{\boldsymbol{\varphi}}) \neq 0$, so konvergiert das Verfahren sicher, wenn die Startvektoren nahe genug bei $\bar{\boldsymbol{\varphi}}$ liegen; die Konvergenzordnung ist dann $k = (1+\sqrt{5})/2$.

Fehlerabschätzungen (vgl. [59], S.3):

$$\| \bar{\varphi} - \varphi^{(\nu)} \| \le \prod_{k=1}^{\nu-1} \left(\frac{s_k}{1-s_k}\right) \frac{1-2s_1}{1-3s_1} \| \varphi^{(2)} - \varphi^{(1)} \| , \quad \nu = 2,3,\ldots$$

$$\text{mit} \quad s_1 \le \frac{2}{7}, \quad s_2 = \frac{s_1}{1-s_1}, \quad s_k = \frac{s_{k-1}}{1-s_{k-1}} \cdot \frac{s_{k-2}}{1-s_{k-2}}, \quad k \ge 3 .$$

In [59], S.99 ist eine Variante des o.a. Verfahrens zu finden.

Ein dem Steffensen-Verfahren verwandtes Verfahren zur Lösung nichtlinearer Systeme (4.1) von mindestens zweiter Konvergenzordnung ist in [60], S.147/148 angegeben.

4.2.3 DAS VERFAHREN DES STÄRKSTEN ABSTIEGS (GRADIENTENVERFAHREN).

Gegeben sei ein nichtlineares Gleichungssystem (4.1). Es besitze in B eine Lösung $\bar{\varphi}$. Bildet man die Funktion

$$(4.12) \quad Q(\varphi) := \sum_{i=1}^{n} f_i^2(\varphi), \qquad Q(\varphi) = Q(x_1, x_2, \ldots, x_n) \quad ,$$

so ist genau dann, wenn $f_i(\varphi) = 0$ für $i = 1(1)n$ gilt, auch $Q(\varphi) = 0$. Die Aufgabe, Lösungen $\bar{\varphi}$ zu suchen, für die $Q(\varphi) = 0$ ist, ist also äquivalent zu der Aufgabe, das System (4.1) aufzulösen.

Mit Hilfe von (4.12) und

$$\nabla Q(\varphi) = \text{grad}\, Q(\varphi) = \begin{pmatrix} Q_{x_1} \\ Q_{x_2} \\ \vdots \\ Q_{x_n} \end{pmatrix}, \quad Q_{x_i} := \frac{\partial Q}{\partial x_i}, \quad i = 1(1)n \quad ,$$

ergibt sich ein Iterationsverfahren zur näherungsweisen Bestimmung von $\bar{\varphi}$ mit der *Iterationsvorschrift*

$$(4.13) \qquad \boldsymbol{\varphi}^{(\nu+1)} = \boldsymbol{\varphi}^{(\nu)} - \frac{Q(\boldsymbol{\varphi}^{(\nu)})}{(\nabla Q(\boldsymbol{\varphi}^{(\nu)}))^2} \nabla Q(\boldsymbol{\varphi}^{(\nu)}) = \vec{\varphi}(\boldsymbol{\varphi}^{(\nu)}) \quad .$$

Die Schrittfunktion lautet somit

$$\vec{\varphi}(\boldsymbol{\varphi}) = \boldsymbol{\varphi} - \frac{Q(\boldsymbol{\varphi})}{(\nabla Q(\boldsymbol{\varphi}))^2} \nabla Q(\boldsymbol{\varphi}) \quad .$$

Zur Konvergenz gelten die entsprechenden Aussagen wie beim Newtonschen Verfahren. Die Konvergenz der nach der Vorschrift (4.13) gebildeten Vektoren der Folge $\{\boldsymbol{\varphi}^{(\nu)}\}$ gegen $\bar{\boldsymbol{\varphi}}$ ist wie dort gewährleistet, wenn der Startvektor $\boldsymbol{\varphi}^{(0)}$ nur nahe genug bei $\bar{\boldsymbol{\varphi}}$ liegt. I.a. kann man jedoch beim Gradientenverfahren mit gröberen Ausgangsnäherungen (Startvektoren) $\boldsymbol{\varphi}^{(0)}$ arbeiten als beim Newtonschen Verfahren; das Gradientenverfahren konvergiert allerdings nur linear. Über eine Methode zur Konvergenzverbesserung s. [2] Bd.2, S.150/151.

Die Anwendung des Gradientenverfahrens wird allerdings erschwert, wenn in der Umgebung der gesuchten Lösung $\bar{\boldsymbol{\varphi}}$ auch Nichtnull-Minima der Funktion $Q(\boldsymbol{\varphi})$ existieren. Dann kann es vorkommen, daß die Iterationsfolge gegen eines dieser Nichtnull-Minima konvergiert (vgl. dazu [2] Bd.2, S.152).

Über allgemeine Gradientenverfahren und die zugehörigen Konvergenzbedingungen s. [35], 5.4.1; [38], 9.2.2.

n = 2: Mit $x_1 = x$, $x_2 = y$, $f_1 = f$, $f_2 = g$ und $Q = f^2 + g^2$ lautet (4.13)

$$\begin{cases} x^{(\nu+1)} = x^{(\nu)} - \dfrac{Q(\boldsymbol{\varphi}^{(\nu)})Q_x(\boldsymbol{\varphi}^{(\nu)})}{Q_x^2(\boldsymbol{\varphi}^{(\nu)})+Q_y^2(\boldsymbol{\varphi}^{(\nu)})} \\[2ex] y^{(\nu+1)} = y^{(\nu)} - \dfrac{Q(\boldsymbol{\varphi}^{(\nu)})Q_y(\boldsymbol{\varphi}^{(\nu)})}{Q_x^2(\boldsymbol{\varphi}^{(\nu)})+Q_y^2(\boldsymbol{\varphi}^{(\nu)})} \end{cases} \quad .$$

Einen geeigneten Startvektor $\boldsymbol{\varphi}^{(0)}$ beschafft man sich hier durch grobes Aufzeichnen der Graphen von $f = 0$ und $g = 0$.

$$\beta = \frac{3Q_0 - 4Q_1 + Q_2}{4(Q_0 - 2Q_1 + Q_2)}$$

und $Q_0 = Q(\varphi^{(1)})$, $Q_1 = Q(\varphi^{(1)} + \frac{1}{2}\Delta\varphi^{(1)})$, $Q_2 = Q(\varphi^{(1)} + \Delta\varphi^{(1)})$ (Verfahren von Booth, s. Quart. J. Mech. Appl. Math. 2(1949), pp 460-468).
Als Maß für die Schrittlängenänderung zweier aufeinanderfolgender Schritte (Suchschritte,Wegschritte,Newtonschritte) dient dabei der Wert

$$H := \max_{1 \le i \le n} |x_i^{(\nu+1)} - x_i^{(\nu)}| \Big/ \max_{1 \le i \le n} |x_i^{(\nu)} - x_i^{(\nu-1)}| .$$

In dem angegebenen Programm ist nur eine maximale Schrittlängenänderung um den Faktor $H = 2$ in einem Schritt zugelassen. Das Verfahren konvergiert umso langsamer, je näher man der Lösung $\bar{\varphi}$ ist. Nach jeweils fünf Doppelschritten (Such-Weg-Schritten) des modifizierten Gradientenverfahrens mit dem Startvektor $\varphi^{(0)}$ wird nun die erreichte Näherung $\varphi^{(10)}$ als Startwert für das Newtonsche Verfahren verwendet und jeweils geprüft, ob die Schrittlängenänderungen aufeinanderfolgender Newton-Schritte abnehmen. Solange dies zutrifft, ist Konvergenz des Newtonschen Verfahrens zu erwarten. Es wird nach dem Newtonschen Verfahren, das bekanntlich schneller konvergiert, solange weitergerechnet, bis sich entweder die Näherungslösung mit geforderter Genauigkeit ergibt oder sich durch zu große Schrittlängenänderung ein Nichtnull-Minimum ankündigt. Im letzten Fall werden erneut fünf Doppelschritte des Such-Weg-Verfahrens durchgeführt usf.. Das genannte Abbrechen des Newton-Verfahrens erfolgt jeweils automatisch wegen Überschreitung der für einen Schritt zugelassenen Schrittlängenänderung.

4.2.4 DAS VERFAHREN VON BROWN.

Das Verfahren von Brown zur Lösung eines Systems (4.1) von n nichtlinearen Gleichungen mit n Unbekannten ist ein (lokal) quadratisch konvergentes, Newton-ähnliches Iterationsverfahren, das ohne vorherige Kenntnis der partiellen Ableitungen arbeitet. Die Approximation des nichtlinearen Systems in der Umgebung der Lösung geschieht hier durch ein lineares System nacheinander komponentenweise. Bei der Berechnung einer neuen Komponente kann deshalb die letzte Information über die vorherbestimmten Komponenten bereits verwendet werden. Pro Interationsschritt benötigt das Verfahren nur etwa halb so viele Funktionsauswertungen wie das Newton-Verfahren. Ein Programm dazu ist im Anhang zu finden.

LITERATUR zu 4.2: [2] Bd.2, § 7.5; [3], 6.10; [4], 5.9; [16]; [18] Bd.1, 5.4-5.5, 5.9; [19], 3.3; [20], 4.2; [25], 3.3; [34], 4.4; [38], 9.2-9.3; [67] I, 2.5.
Ergänzende Literatur zu Kap. 4: [67]; [92b], Bd. 1, Teil III.

5. EIGENWERTE UND EIGENVEKTOREN VON MATRIZEN.

5.1 DEFINITIONEN UND AUFGABENSTELLUNGEN.

Gegeben ist eine (n,n)-Matrix $\mathfrak{A} = (a_{ik})$, $i,k = 1(1)n$, und gesucht sind Vektoren $\mathfrak{x}$ derart, daß der Vektor $\mathfrak{A}\mathfrak{x}$ dem Vektor $\mathfrak{x}$ proportional ist mit einem zunächst noch unbestimmten Parameter λ

$$(5.1) \qquad \mathfrak{A}\mathfrak{x} = \lambda\mathfrak{x} \, .$$

Mit der (n,n)-Einheitsmatrix $\mathfrak{E}$ läßt sich (5.1) in der Form

$$(5.2) \qquad \mathfrak{A}\mathfrak{x} - \lambda\mathfrak{x} = (\mathfrak{A} - \lambda\mathfrak{E})\mathfrak{x} = \mathfrak{o}$$

schreiben. (5.2) ist ein homogenes lineares Gleichungssystem, das genau dann nichttriviale Lösungen $\mathfrak{x} \neq \mathfrak{o}$ besitzt, wenn

$$(5.3) \qquad P(\lambda) := \det(\mathfrak{A} - \lambda\mathfrak{E}) = 0$$

ist, ausführlich geschrieben

$$(5.3') \qquad P(\lambda) = \begin{vmatrix} a_{11}-\lambda & a_{12} & a_{13} & \cdots & a_{1n} \\ a_{21} & a_{22}-\lambda & a_{23} & \cdots & a_{2n} \\ \vdots & & \ddots & & \vdots \\ a_{n1} & a_{n2} & a_{n3} & \cdots & a_{nn}-\lambda \end{vmatrix} = 0 \, .$$

(5.3) bzw. (5.3') heißt *charakteristische Gleichung* der Matrix $\mathfrak{A}$; $P(\lambda)$ ist ein Polynom in λ vom Grade n und heißt entsprechend *charakteristisches Polynom* der Matrix $\mathfrak{A}$. Die Nullstellen λ_i, $i = 1(1)n$, von $P(\lambda)$ heißen *charakteristische Zahlen* oder *Eigenwerte* (EWe) von $\mathfrak{A}$. Nur für die EWe λ_i besitzt (5.2) nichttriviale Lösungen $\mathfrak{x}_i$. Ein zu einem EW λ_i gehöriger Lösungsvektor $\mathfrak{x}_i$ heißt *Eigenvektor* (EV) der Matrix $\mathfrak{A}$ zum EW λ_i, es gilt

$$(5.4) \qquad \mathfrak{A}\mathfrak{x}_i = \lambda_i\mathfrak{x}_i \quad \text{bzw.} \quad (\mathfrak{A} - \lambda_i\mathfrak{E})\mathfrak{x}_i = \mathfrak{o} \, .$$

Die Aufgabe, die EWe und EVen einer Matrix $\mathfrak{A}$ zu bestimmen, heißt *Eigenwertaufgabe* (EWA).

Es wird zwischen der *vollständigen* und der *teilweisen* EWA unterschieden. Die vollständige EWA verlangt die Bestimmung sämtlicher EWe und EVen, die teilweise EWA verlangt nur die Bestimmung eines (oder mehrerer) EWes (EWe) ohne oder mit dem (den) zugehörigen EV (EVen).

Man unterscheidet zwei Klassen von *Lösungsmethoden*:

1. *Iterative Methoden*: Sie umgehen die Aufstellung des charakteristischen Polynoms $P(\lambda)$ und versuchen, die EWe und EVen schrittweise anzunähern. Hier wird nur das Verfahren nach v. Mises angegeben.

2. *Direkte Methoden*: Sie erfordern die Aufstellung des charakteristischen Polynoms $P(\lambda)$, die Bestimmung der EWe λ_i als Nullstellen von $P(\lambda)$ und die anschließende Berechnung der EVen $\mathfrak{x}_i$ als Lösungen der homogenen Gleichungssysteme (5.4). Sie sind zur Lösung der vollständigen EWA geeignet; unter ihnen gibt es auch solche, die das Ausrechnen umfangreicher Determinanten vermeiden, z.B. das Verfahren von Krylov, das hier angegeben wird.

LITERATUR zu 5.1: [2] Bd.2,8.1; [3],5.92; [6], § 8; [7],5.7; [10], S.277/9; [19], 4.0; [20], 5.1; [34], 5.2; [36], 6.1; [44], §§ 13.1-13.2, 15; [45], § 9, [84 b]; [92b], Bd.2, Teil IV; [93 a].

5.2 DIAGONALÄHNLICHE MATRIZEN.

Eine (n,n)-Matrix $\mathfrak{A}$, die zu einem k_j-fachen EW stets k_j linear unabhängige EVen und wegen $\sum k_j = n$ genau n linear unabhängige EVen zu der Gesamtheit ihrer EWe besitzt, heißt *diagonalähnlich*. Die n linear unabhängigen EVen spannen einen n-dimensionalen Vektorraum R^n auf.

Die EVen sind bis auf einen willkürlichen Faktor bestimmt. Es wird so normiert, daß gilt

$$(5.5)\quad \|\mathfrak{x}_i\|_3^{\,1)} = |\mathfrak{x}_i| = \sqrt{\mathfrak{x}_i^T\mathfrak{x}_i} = \sqrt{\sum_{k=1}^{n} x_{i,k}^2} = 1 \text{ mit } \mathfrak{x}_i = \begin{pmatrix} x_{i,1} \\ x_{i,2} \\ \vdots \\ x_{i,n} \end{pmatrix}.$$

Bezeichnet man mit $\mathfrak{X}$ die nichtsinguläre Eigenvektormatrix

$$(5.6)\quad \mathfrak{X} = (\mathfrak{x}_1, \mathfrak{x}_2, \ldots, \mathfrak{x}_n),$$

so gilt mit der Diagonalmatrix $\mathfrak{D}$ der EWe

$$\mathfrak{D} = \begin{pmatrix} \lambda_1 & 0 & \cdots & 0 \\ 0 & \lambda_2 & 0 \cdots & 0 \\ \vdots & & \ddots & \vdots \\ \vdots & & \ddots & 0 \\ 0 & \cdots & 0 & \lambda_n \end{pmatrix}$$

1) Vgl. Abschnitt 3.11.2

und wegen det $\mathfrak{H} \neq 0$

(5.7) $$\mathfrak{D} = \mathfrak{H}^{-1} \mathfrak{A} \mathfrak{H} .$$

Jede Matrix mit n linear unabhängigen EVen $\mathfrak{x}_i$ läßt sich also auf Hauptdiagonalform transformieren. Es gilt der folgende

SATZ 5.1 (*Entwicklungssatz*).

> Ist $\mathfrak{x}_1, \mathfrak{x}_2, \ldots, \mathfrak{x}_n$ ein System von n linear unabhängigen Eigenvektoren, so läßt sich jeder beliebige Vektor $\mathfrak{z} \neq \mathfrak{o}$ des n-dimensionalen Vektorraumes R^n als Linearkombination
>
> $$\mathfrak{z} = c_1 \mathfrak{x}_1 + c_2 \mathfrak{x}_2 + \ldots + c_n \mathfrak{x}_n , \qquad c_i = \text{const.},$$
>
> darstellen, wobei für mindestens einen Index i gilt $c_i \neq 0$.

Als Sonderfall enthalten die diagonalähnlichen Matrizen die hermiteschen Matrizen $\mathfrak{h} = (h_{ik})$ mit $\mathfrak{h} = \bar{\mathfrak{h}}^T$ bzw. $h_{ik} = \bar{h}_{ki}$ ($\bar{h}_{ki}$ sind die zu h_{ki} konjugiert komplexen Elemente) und diese wiederum die symmetrischen Matrizen $\mathfrak{S} = (s_{ik})$ mit reellen Elementen $s_{ik} = s_{ki}$.

Hermitesche (und damit auch symmetrische) Matrizen besitzen die folgenden *Eigenschaften*:

1. Sämtliche EWe sind reell;bei symmetrischen Matrizen sind auch die EVen reell.
2. Die zu verschiedenen EWen gehörenden EVen sind unitär (konjugiert orthogonal): $\bar{\mathfrak{x}}_i^T \mathfrak{x}_k = 0$ für $i \neq k$; für gemäß (5.5) normierte EVen gilt

$$\bar{\mathfrak{x}}_i^T \mathfrak{x}_k = \delta_{ik} = \begin{cases} 1 & \text{für } i = k , \\ 0 & \text{für } i \neq k . \end{cases}$$

3. Die Eigenvektormatrix (5.6) ist unitär ($\bar{\mathfrak{H}}^T = \mathfrak{H}^{-1}$).

Bei symmetrischen Matrizen ist in 2. und 3. unitär durch orthogonal zu ersetzen.

BEMERKUNG 5.1. Die Berechnung der Eigenwerte und Eigenvektoren einer komplexen (n,n)-Matrix kann auf die entsprechende Aufgabe für eine reelle (2n,2n)-Matrix zurückgeführt werden. Es sei

$$\mathfrak{A} = \mathfrak{B} + i\,\mathfrak{C} , \qquad \mathfrak{B}, \mathfrak{C} \quad \text{reelle Matrizen} ,$$
$$\mathfrak{x} = \mathfrak{u} + i\,\mathfrak{w} , \qquad \mathfrak{u}, \mathfrak{w} \quad \text{reelle Vektoren} .$$

Dann erhält man durch Einsetzen in (5.1) zwei reelle lineare homogene Gleichungssysteme

$$\mathfrak{B}\check{\mathfrak{u}} - \mathfrak{C}\mathfrak{w} = \lambda\check{\mathfrak{u}},$$
$$\mathfrak{C}\check{\mathfrak{u}} + \mathfrak{B}\mathfrak{w} = \lambda\mathfrak{w}.$$

Diese lassen sich mit der (2n,2n)-Matrix $\tilde{\mathfrak{A}}$ und dem Vektor $\tilde{\mathfrak{x}}$

$$\tilde{\mathfrak{A}} = \begin{pmatrix} \mathfrak{B} & -\mathfrak{C} \\ \mathfrak{C} & \mathfrak{B} \end{pmatrix}, \qquad \tilde{\mathfrak{x}} = \begin{pmatrix} \check{\mathfrak{u}} \\ \mathfrak{w} \end{pmatrix}$$

zur reellen Ersatzaufgabe $\tilde{\mathfrak{A}}\tilde{\mathfrak{x}} = \tilde{\lambda}\tilde{\mathfrak{x}}$ zusammenfassen.

LITERATUR zu 5.2: [20], 5.2; [33], 4.3; [44], § 14.1; [45], § 9.2.

5.3. DAS ITERATIONSVERFAHREN NACH V. MISES.

5.3.1 BESTIMMUNG DES BETRAGSGRÖSSTEN EIGENWERTES UND DES ZUGEHÖRIGEN EIGENVEKTORS.

Es sei eine EWA (5.2) vorgelegt mit einer diagonalähnlichen reellen Matrix $\mathfrak{A}$,d.h. einer Matrix mit n linear unabhängigen EVen $\mathfrak{x}_1, \mathfrak{x}_2, \ldots, \mathfrak{x}_n \in R^n$. Man beginnt mit einem beliebigen reellen Vektor $\mathfrak{z}^{(0)} \neq \mathfrak{o}$ und bildet mit der Matrix $\mathfrak{A}$ die iterierten Vektoren $\mathfrak{z}^{(\nu)}$ nach der Vorschrift

$$\mathfrak{z}^{(\nu+1)} := \mathfrak{A}\mathfrak{z}^{(\nu)}, \qquad \mathfrak{z}^{(\nu)} = \begin{pmatrix} z_1^{(\nu)} \\ z_2^{(\nu)} \\ \vdots \\ z_n^{(\nu)} \end{pmatrix}, \quad \nu = 0,1,2,\ldots . \tag{5.8}$$

Nach Satz 5.1 läßt sich $\mathfrak{z}^{(0)}$ als Linearkombination der n EVen $\mathfrak{x}_i$, i = 1(1)n, darstellen

$$\mathfrak{z}^{(0)} = \sum_{i=1}^{n} c_i \mathfrak{x}_i \tag{5.9}$$

mit $c_i \neq 0$ für mindestens ein i, so daß wegen (5.4) mit (5.8) und (5.9) folgt

$$\mathfrak{z}^{(\nu)} = c_1\lambda_1^{\nu}\mathfrak{x}_1 + c_2\lambda_2^{\nu}\mathfrak{x}_2 + \ldots + c_n\lambda_n^{\nu}\mathfrak{x}_n .$$

Nun werden die Quotienten $q_i^{(\nu)}$ der i-ten Komponenten der Vektoren $\mathfrak{z}^{(\nu+1)}$ und $\mathfrak{z}^{(\nu)}$ gebildet

$$q_i^{(\nu)} := \frac{z_i^{(\nu+1)}}{z_i^{(\nu)}} = \frac{c_1\lambda_1^{\nu+1}x_{1,i} + c_2\lambda_2^{\nu+1}x_{2,i} + \ldots + c_n\lambda_n^{\nu+1}x_{n,i}}{c_1\lambda_1^{\nu}\,x_{1,i} + c_2\lambda_2^{\nu}\,x_{2,i} + \ldots + c_n\lambda_n^{\nu}\,x_{n,i}} .$$

Die Weiterbehandlung erfordert *Fallunterscheidungen*:

1. $|\lambda_1| > |\lambda_2| \geq |\lambda_3| \geq \ldots \geq |\lambda_n|$

a) $c_1 \neq 0$, $x_{1,i} \neq 0$: Für die Quotienten $q_i^{(\nu)}$ gilt

$$q_i^{(\nu)} = \lambda_1 + O\left(\left|\frac{\lambda_2}{\lambda_1}\right|^{\nu}\right) \quad \text{bzw.} \quad \lim_{\nu \to \infty} q_i^{(\nu)} = \lambda_1 \, .$$

Die Voraussetzung $x_{1,i} \neq 0$ ist für mindestens ein i erfüllt. Es strebt also mindestens einer der Quotienten $q_i^{(\nu)}$ gegen λ_1, für die übrigen vgl. unter b).

Für genügend große ν ist $q_i^{(\nu)}$ eine Näherung für den betragsgrößten EW λ_1. Bezeichnet man mit λ_i^* die Näherungen für λ_i, so gilt hier

$$\lambda_1^* = q_i^{(\nu)} \approx \lambda_1 \, . \tag{5.10}$$

Bei der praktischen Durchführung des Verfahrens wird solange gerechnet, bis für die $q_i^{(\nu)}$ mit einer vorgegebenen Genauigkeit gleichmäßig für alle i mit $x_{1,i} \neq 0$ (5.10) gilt.

Der Vektor $\mathfrak{z}^{(\nu)}$ hat für große ν annähernd die Richtung von $\mathfrak{x}_1$. Für $\nu \to \infty$ erhält man das folgende asymptotische Verhalten

$$\mathfrak{z}^{(\nu)} \sim \lambda_1^{\nu} c_1 \mathfrak{x}_1, \qquad \mathfrak{z}^{(\nu)} \sim \lambda_1 \mathfrak{z}^{(\nu-1)} \, .$$

Sind die EVen $\mathfrak{x}_i$ normiert und bezeichnet man mit $\mathfrak{x}_i^*$ die Näherungen für $\mathfrak{x}_i$, so gilt mit (5.5) für hinreichend großes ν

$$\mathfrak{x}_1^* = \frac{\mathfrak{z}^{(\nu)}}{|\mathfrak{z}^{(\nu)}|} \approx \mathfrak{x}_1 \, .$$

b) $c_1 = 0$ oder $x_{1,i} = 0$, $c_2 \neq 0$, $x_{2,i} \neq 0$, $|\lambda_2| > |\lambda_3| \geq \ldots \geq |\lambda_n|$:

Der Fall $c_1 = 0$ tritt dann ein, wenn der Ausgangsvektor $\mathfrak{z}^{(0)}$ keine Komponente in Richtung von $\mathfrak{x}_1$ besitzt. Im Falle symmetrischer Matrizen ist $c_1 = 0$, wenn $\mathfrak{z}^{(0)}$ orthogonal ist zu $\mathfrak{x}_1$ wegen $\mathfrak{x}_i^T \mathfrak{x}_k = 0$ für $i \neq k$; dann gilt

$$q_i^{(\nu)} = \lambda_2 + O\left(\left|\frac{\lambda_3}{\lambda_2}\right|^{\nu}\right) \quad \text{bzw.} \quad \lim_{\nu \to \infty} q_i^{(\nu)} = \lambda_2 \, .$$

$$\mathfrak{z}^{(\nu)} \sim \begin{cases} c_1 \lambda_1^{\nu} \mathfrak{x}_1 & \text{für} \quad c_1 \neq 0 \, , \\ c_2 \lambda_2^{\nu} \mathfrak{x}_2 & \text{für} \quad c_1 = 0 \, . \end{cases}$$

Für hinreichend großes ν erhält man die Beziehungen

$$\mathfrak{x}_1^* = \frac{\mathfrak{z}^{(\nu)}}{|\mathfrak{z}^{(\nu)}|} \approx \mathfrak{x}_1 \quad \text{für} \quad c_1 \neq 0, \quad \mathfrak{x}_2^* = \frac{\mathfrak{z}^{(\nu)}}{|\mathfrak{z}^{(\nu)}|} \approx \mathfrak{x}_2 \quad \text{für} \quad c_1 = 0,$$

$$\lambda_2^* = q_i^{(\nu)} \approx \lambda_2 \begin{cases} \text{für alle } i = 1(1)n, \text{ falls } c_1=0,\ c_2 \neq 0,\ x_{2,i} \neq 0 \text{ ist,} \\ \text{für alle } i \text{ mit } x_{1,i} = 0, \text{ falls } c_1 \neq 0 \text{ ist.} \end{cases}$$

Es kann also vorkommen, daß die $q_i^{(\nu)}$ für verschiedene i gegen verschiedene EWe streben.

c) $c_i = 0$ für $i = 1(1)j$, $c_{j+1} \neq 0$, $x_{j+1,i} \neq 0$, $|\lambda_{j+1}| > |\lambda_{j+2}| \geq \ldots \geq |\lambda_n|$:
Man erhält hier für hinreichend großes ν die Beziehungen

$$\lambda_{j+1}^* = q_i^{(\nu)} \approx \lambda_{j+1}, \qquad \mathfrak{x}_{j+1}^* = \frac{\mathfrak{z}^{(\nu)}}{|\mathfrak{z}^{(\nu)}|} \approx \mathfrak{x}_{j+1} .$$

Gilt hier $x_{j+1,i} = 0$ für ein i, so strebt das zugehörige $q_i^{(\nu)}$ gegen λ_{j+2}.

Im folgenden Rechenschema dient als *Rechenkontrolle* die zusätzlich eingeführte Spaltensumme $t_k = a_{1k} + a_{2k} + \ldots + a_{nk}$, $k = 1(1)n$. Sie liefert bei der Berechnung von $\mathfrak{z}^{(\nu)}$ für $\nu \geq 1$ eine zusätzliche Vektorkomponente $z_{n+1}^{(\nu)}$. Bei richtiger Rechnung muß gelten:

$$z_{n+1}^{(\nu)} = \sum_{i=1}^{n} z_i^{(\nu)} = \sum_{k=1}^{n} t_k \, z_k^{(\nu-1)} .$$

RECHENSCHEMA 5.1 (*Verfahren nach v. Mises*: $\mathfrak{A}\mathfrak{z}^{(\nu)} = \mathfrak{z}^{(\nu+1)}$).

$\mathfrak{A}$				$\mathfrak{z}^{(0)}$	$\mathfrak{z}^{(1)}$	$\mathfrak{z}^{(2)}$	...
a_{11}	a_{12}	...	a_{1n}	$z_1^{(0)}$	$z_1^{(1)}$	$z_1^{(2)}$	
a_{21}	a_{22}	...	a_{2n}	$z_2^{(0)}$	$z_2^{(1)}$	$z_2^{(2)}$	
⋮	⋮		⋮	⋮	⋮	⋮	
a_{n1}	a_{n2}	...	a_{nn}	$z_n^{(0)}$	$z_n^{(1)}$	$z_n^{(2)}$	
t_1	t_2	...	t_n	/	$z_{n+1}^{(1)}$	$z_{n+1}^{(2)}$	

BEMERKUNG 5.2. Bei der praktischen Durchführung berechnet man nicht nur die Vektoren $\mathfrak{z}^{(\nu)}$, sondern normiert jeden Vektor $\mathfrak{z}^{(\nu)}$ dadurch, daß man jede seiner Komponenten durch die betragsgrößte Komponente dividiert, so daß diese gleich 1 wird. Bezeichnet man den normierten Vektor mit $\mathfrak{z}_n^{(\nu)}$, so wird $\mathfrak{z}^{(\nu+1)}$ nach der Vorschrift $\mathfrak{A}\mathfrak{z}_n^{(\nu)} = \mathfrak{z}^{(\nu+1)}$ bestimmt. Eine andere Möglichkeit ist, jeden Vektor $\mathfrak{z}^{(\nu)}$ auf Eins zu normieren, was jedoch mehr

Rechenzeit erfordert. Durch die Normierung wird ein zu starkes Anwachsen der Werte $z_i^{(\nu)}$ und auch der Rundungsfehler vermieden.

BEMERKUNG 5.3. Da die exakten Werte der EWe und EVen nicht bekannt sind, muß zur Sicherheit die Rechnung mit mehreren (theoretisch mit n) linear unabhängigen Ausgangsvektoren $\mathfrak{z}^{(0)}$ durchgeführt werden, um aus den Ergebnissen auf den jeweils vorliegenden Fall schließen zu können. Für die Praxis gilt das jedoch nicht, denn mit wachsendem n wird die Wahrscheinlichkeit immer geringer, daß man zufällig ein $\mathfrak{z}^{(0)}$ wählt, das z.B. keine Komponente in Richtung von $\mathfrak{x}_1$ hat oder etwa bereits selbst ein EV ist.

2. $\lambda_1 = \lambda_2 = \ldots = \lambda_p,\ |\lambda_1| > |\lambda_{p+1}| \geq \ldots \geq |\lambda_n|$ *(mehrfacher EW)*

Für $c_1x_{1,i} + c_2x_{2,i} + \ldots + c_px_{p,i} \neq 0$ ergeben sich zu p linear unabhängigen Ausgangsvektoren $\mathfrak{z}^{(0)}$ die Beziehungen

$$q_i^{(\nu)} = \lambda_1 + O\left(\left|\frac{\lambda_{p+1}}{\lambda_1}\right|^\nu\right) \quad \text{bzw.} \quad \lim_{\nu\to\infty} q_i^{(\nu)} = \lambda_1\ ,$$

$$\mathfrak{z}^{(\nu)} \sim \lambda_1^\nu \left(c_1^{(r)}\mathfrak{x}_1 + c_2^{(r)}\mathfrak{x}_2 + \ldots + c_p^{(r)}\mathfrak{x}_p\right) = \mathfrak{y}_r, \quad r = 1(1)p,\ \nu = 0,1,2,\ldots\ .$$

Die p Vektoren $\mathfrak{y}_r$ sind linear unabhängig und spannen den sogenannten *Eigenraum* [1)] zu λ_1 auf; d.h. sie bilden eine Basis des Eigenraumes zu λ_1. Als Näherung für λ_1 nimmt man für hinreichend großes ν wieder $\lambda_1^* = q_i^{(\nu)}$, für die EVen $\mathfrak{x}_i$, i = 1(1)p, erhält man hier keine Näherungen sondern nur die Linearkombinationen $\mathfrak{y}_r$.

3. $\lambda_1 = -\lambda_2,\ |\lambda_1| > |\lambda_3| \geq \ldots \geq |\lambda_n|$

Man bildet die Quotienten $\tilde{q}_i^{(\nu)}$ der i-ten Komponenten der Vektoren $\mathfrak{z}^{(\nu+2)}$ und $\mathfrak{z}^{(\nu)}$

$$\tilde{q}_i^{(\nu)} := \frac{z_i^{(\nu+2)}}{z_i^{(\nu)}}$$

und erhält mit $c_1x_{1,i} + (-1)^\nu c_2x_{2,i} \neq 0$

$$\tilde{q}_i^{(\nu)} = \lambda_1^2 + O\left(\left|\frac{\lambda_3}{\lambda_1}\right|^\nu\right) \quad \text{bzw.} \quad \lim_{\nu\to\infty} \tilde{q}_i^{(\nu)} = \lambda_1^2\ . \tag{5.11}$$

Für $\nu \to \infty$ ergibt sich das folgende asymptotische Verhalten

$$\mathfrak{x}_1 \sim \mathfrak{z}^{(\nu+1)} + \lambda_1 \mathfrak{z}^{(\nu)}\ ,$$
$$\mathfrak{x}_2 \sim \mathfrak{z}^{(\nu+1)} - \lambda_1 \mathfrak{z}^{(\nu)}\ .$$

[1)] s. dazu [44], S.151.

Man erhält somit als Näherungen λ_1^*, λ_2^* für λ_1 und λ_2 für hinreichend großes ν wegen (5.11)

$$\lambda_{1,2}^* = \pm\sqrt{\tilde{q}_i^{(\nu)}} \approx \lambda_{1,2}$$

und als Näherungen für $\mathfrak{c}_1$ und $\mathfrak{c}_2$

$$\mathfrak{c}_1^* = \frac{\mathfrak{z}^{(\nu+1)} + \lambda_1^* \mathfrak{z}^{(\nu)}}{|\mathfrak{z}^{(\nu+1)} + \lambda_1^* \mathfrak{z}^{(\nu)}|} \approx \mathfrak{c}_1 ,$$

$$\mathfrak{c}_2^* = \frac{\mathfrak{z}^{(\nu+1)} - \lambda_1^* \mathfrak{z}^{(\nu)}}{|\mathfrak{z}^{(\nu+1)} - \lambda_1^* \mathfrak{z}^{(\nu)}|} \approx \mathfrak{c}_2 .$$

Bei der praktischen Durchführung macht sich das Auftreten dieses Falles dadurch bemerkbar, daß gleiches Konvergenzverhalten nur für solche Quotienten eintritt, bei denen die zum Zähler und Nenner gehörigen Spalten durch genau eine Spalte des Rechenschemas getrennt sind.

BEMERKUNG 5.4. Die Fälle 2 und 3 gelten auch für betragsnahe EWe $|\lambda_i| \approx |\lambda_j|$ für $i \neq j$.

5.3.2 BESTIMMUNG DES BETRAGSKLEINSTEN EIGENWERTES.

In (5.2) wird $\lambda = 1/\varkappa$ gesetzt. Dann lautet die transformierte EWA

$$\mathfrak{A}^{-1} \mathfrak{c} = \varkappa \mathfrak{c} .$$

Mit dem Verfahren nach v. Mises bestimmt man nach der Vorschrift

$$\mathfrak{z}^{(\nu+1)} = \mathfrak{A}^{-1} \mathfrak{z}^{(\nu)} \tag{5.12}$$

den betragsgrößten EW $\hat{\varkappa}$ von $\mathfrak{A}^{-1}$. Für den betragskleinsten EW $\hat{\lambda}$ von $\mathfrak{A}$ erhält man so die Beziehung

$$|\hat{\lambda}| = 1/|\hat{\varkappa}| .$$

Zur Bestimmung von $\mathfrak{A}^{-1}$ kann z.B. das Verfahren des Pivotisierens verwendet werden (Abschnitt 3.6). Die Berechnung von $\mathfrak{A}^{-1}$ kann aber auch umgangen werden, wenn die Vektoren $\mathfrak{z}^{(\nu+1)}$ jeweils aus der Beziehung $\mathfrak{A}\,\mathfrak{z}^{(\nu+1)} = \mathfrak{z}^{(\nu)}$, die aus (5.12) folgt, berechnet werden - etwa mit Hilfe des Gaußschen Algorithmus.

BEMERKUNG 5.5. Ist $\mathfrak{A}$ symmetrisch und det $\mathfrak{A} = 0$, so verschwindet mindestens ein EW, so daß $\hat{\lambda} = 0$ ist ([20], S.160).

5.3.3 BESTIMMUNG WEITERER EIGENWERTE UND EIGENVEKTOREN.

$\mathfrak{A}$ sei eine symmetrische Matrix; die EVen $\mathfrak{e}_i$ seien orthonormiert. Dann gilt mit (5.9) $c_1 = \mathfrak{z}^{(0)T}\mathfrak{e}_1$. Man bildet

$$\mathfrak{y}^{(0)} := \mathfrak{z}^{(0)} - c_1\mathfrak{e}_1 = c_2\mathfrak{e}_2 + c_3\mathfrak{e}_3 + \ldots + c_n\mathfrak{e}_n$$

und verwendet $\mathfrak{y}^{(0)}$ als Ausgangsvektor für das Verfahren von v. Mises. Wegen

$$\mathfrak{y}^{(0)T}\mathfrak{e}_1 = \mathfrak{z}^{(0)T}\mathfrak{e}_1 - c_1 = 0$$

ist $\mathfrak{y}^{(0)}$ orthogonal zu $\mathfrak{e}_1$, und der Fall 1.b) des Abschnittes 5.3.1 tritt ein, d.h. die Quotienten $q_i^{(\nu)}$ streben gegen λ_2. Da $\mathfrak{e}_1$ nur näherungsweise bestimmt wurde, wird $\mathfrak{y}^{(0)}$ nicht vollständig frei von Komponenten in Richtung von $\mathfrak{e}_1$ sein, so daß man bei jedem Schritt des Verfahrens die $\mathfrak{y}^{(\nu)}$ von Komponenten in Richtung $\mathfrak{e}_1$ säubern muß. Das geschieht, indem man

$$\tilde{\mathfrak{y}}^{(\nu)} = \mathfrak{y}^{(\nu)} - (\mathfrak{y}^{(\nu)T}\mathfrak{e}_1)\cdot\mathfrak{e}_1 \quad \text{mit} \quad \tilde{\mathfrak{y}}^{(\nu)T} = (\tilde{y}_1^{(\nu)}, \tilde{y}_2^{(\nu)}, \ldots, \tilde{y}_n^{(\nu)})$$

bildet und danach $\mathfrak{y}^{(\nu+1)} = \mathfrak{A}\tilde{\mathfrak{y}}^{(\nu)}$ berechnet. So fortfahrend erhält man für hinreichend großes ν Näherungswerte λ_2^* für λ_2 und $\mathfrak{e}_2^*$ für $\mathfrak{e}_2$

$$\lambda_2^* = q_i^{(\nu)} = \frac{\tilde{y}_i^{(\nu+1)}}{\tilde{y}_i^{(\nu)}} \approx \lambda_2 \; ; \quad \mathfrak{e}_2^* = \frac{\tilde{\mathfrak{y}}^{(\nu)}}{|\tilde{\mathfrak{y}}^{(\nu)}|} \approx \mathfrak{e}_2 \; .$$

Zur Berechnung weiterer EWe und EVen wird ganz analog vorgegangen. Sollen etwa der im Betrag drittgrößte EW und der zugehörige EV bestimmt werden, so wird als Ausgangsvektor mit bekannten EVen $\mathfrak{e}_1, \mathfrak{e}_2$

$$\mathfrak{y}^{(0)} := \mathfrak{z}^{(0)} - c_1\mathfrak{e}_1 - c_2\mathfrak{e}_2$$

gebildet mit $c_1 = \mathfrak{z}^{(0)T}\mathfrak{e}_1$, $c_2 = \mathfrak{z}^{(0)T}\mathfrak{e}_2$.

Da $\mathfrak{e}_1$, $\mathfrak{e}_2$ wieder nur näherungsweise durch $\mathfrak{e}_1^*, \mathfrak{e}_2^*$ gegeben sind, müssen hier die $\mathfrak{y}^{(\nu)}$ entsprechend von Komponenten in Richtung von $\mathfrak{e}_1, \mathfrak{e}_2$ gesäubert werden usw..

LITERATUR zu 5.3: [10], § 53; [20], 5.3-5.4, 5.6; [25], 5.10; [28], § 15; [29] I,6.2-6.3; [44], § 14.4; [45], § 10.1-10.2; [67] I, 2.2.

5.4 KONVERGENZVERBESSERUNG MIT HILFE DES RAYLEIGH-QUOTIENTEN IM FALLE HERMITESCHER MATRIZEN.

Für den betragsgrößten EW λ_1 einer hermiteschen Matrix läßt sich bei nur unwesentlich erhöhtem Rechenaufwand eine gegenüber (5.10) verbesserte Näherung angeben. Man benötigt dazu den Rayleigh-Quotienten.

DEFINITION 5.1 (*Rayleigh-Quotient*).

Ist $\mathfrak{A}$ eine beliebige (n,n)-Matrix, so heißt

$$R[\mathfrak{x}] = \frac{\bar{\mathfrak{x}}^T \mathfrak{A} \mathfrak{x}}{\bar{\mathfrak{x}}^T \mathfrak{x}}$$

Rayleigh-Quotient von $\mathfrak{A}$.

Wegen $\mathfrak{A}\mathfrak{x}_i = \lambda_i \mathfrak{x}_i$ gilt $R[\mathfrak{x}_i] = \lambda_i$, d.h. der Rayleigh-Quotient zu einem EV $\mathfrak{x}_i$ ist gleich dem zugehörigen EW λ_i. Ist $\mathfrak{A}$ hermitesch, so gilt der

SATZ 5.2. Der Rayleigh-Quotient nimmt für die EVen einer hermiteschen Matrix $\mathfrak{A}$ seine Extremalwerte an. Für $|\lambda_1| \geq |\lambda_2| \geq \ldots \geq |\lambda_n|$ gilt $|R[\mathfrak{x}]| \leq |\lambda_1|$.

Der Rayleigh-Quotient zu dem iterierten Vektor $\mathfrak{z}^{(\nu)}$ lautet

$$R[\mathfrak{z}^{(\nu)}] = \frac{\bar{\mathfrak{z}}^{(\nu)T} \mathfrak{z}^{(\nu+1)}}{\bar{\mathfrak{z}}^{(\nu)T} \mathfrak{z}^{(\nu)}} .$$

Wegen Satz 5.2 gilt die Ungleichung

$$|R[\mathfrak{z}^{(\nu)}]| \leq |\lambda_1| ,$$

so daß man mit $|R[\mathfrak{z}^{(\nu)}]|$ eine *untere Schranke* für $|\lambda_1|$ erhält.

Der Rayleigh-Quotient, gebildet zu der Näherung $\mathfrak{z}^{(\nu)}$ für den EV $\mathfrak{x}_1$, liefert einen besseren Näherungswert für den zugehörigen EW λ_1, als die Quotienten $q_i^{(\nu)}$. Es gilt nämlich

$$R[\mathfrak{z}^{(\nu)}] = \lambda_1 + O\left(\left|\frac{\lambda_2}{\lambda_1}\right|^{2\nu}\right),$$

hier ist die Ordnung des Restgliedes $O(|\lambda_2/\lambda_1|^{2\nu})$ im Gegensatz zur Ordnung $O(|\lambda_2/\lambda_1|^{\nu})$ bei den Quotienten $q_i^{(\nu)}$.

LITERATUR zu 5.4: [2] Bd.2, S.221; [10], § 61; [19], S.149; [20], 5.5; [28], S.69; [33], 4.3; [44], § 13.6; [45], § 10.3.

5.5 DIREKTE METHODEN.

5.5.1 DAS VERFAHREN VON KRYLOV.

Es sei eine EWA (5.2) vorgelegt mit einer diagonalähnlichen reellen Matrix $\mathfrak{A}$ (über den Fall nichtdiagonalähnlicher Matrizen s. [44], S.176); gesucht sind sämtliche EWe und EVen.

5.5.1.1 BESTIMMUNG DER EIGENWERTE.

1. Fall. Sämtliche EWe λ_i, $i = 1(1)n$, seien einfach.

Das charakteristische Polynom $P(\lambda)$ der Matrix $\mathfrak{A}$ sei in der Form

$$(5.13)\qquad P(\lambda) = \sum_{j=0}^{n-1} a_j\lambda^j + \lambda^n$$

dargestellt. Dann können die a_j aus dem folgenden linearen Gleichungssystem bestimmt werden:

$$(5.14)\qquad \mathfrak{Z}\mathfrak{a} + \mathfrak{z}^{(n)} = \mathfrak{o}$$

mit

$$\mathfrak{Z} = (\mathfrak{z}^{(0)}, \mathfrak{z}^{(1)}, \mathfrak{z}^{(2)}, \ldots, \mathfrak{z}^{(n-1)}),$$

$$\mathfrak{z}^{(\nu)} = \mathfrak{A}\,\mathfrak{z}^{(\nu-1)}, \quad \nu = 1(1)n,$$

$$\mathfrak{a}^T = (a_0, a_1, \ldots, a_{n-1}).$$

Dabei ist $\mathfrak{z}^{(0)}$ ein Ausgangsvektor mit der Darstellung (5.9), der bis auf die folgenden Annahmen willkürlich ist:

a) $c_i \neq 0$ für $i = 1(1)n$: Dann ist $\det \mathfrak{Z} \neq 0$ und das System (5.14) ist eindeutig lösbar. Einschließlich $\mathfrak{z}^{(0)}$ gibt es n linear unabhängige Vektoren $\mathfrak{z}^{(\nu)}$, $\nu = 1(1)n-1$.

b) $c_i = 0$ für $i = q+1, q+2, \ldots, n$ [1]: Dann gilt
$\mathfrak{z}^{(0)} = c_1\mathfrak{x}_1 + c_2\mathfrak{x}_2 + \ldots + c_q\mathfrak{x}_q$ mit $c_i \neq 0$ für $i = 1(1)q$, $q < n$.

Die q+1 Vektoren $\mathfrak{z}^{(0)}$ und $\mathfrak{z}^{(\nu+1)} = \mathfrak{A}\,\mathfrak{z}^{(\nu)}$, $\nu = 0(1)q-1$, sind linear abhängig: $\det \mathfrak{Z} = 0$. Die (n,q)-Matrix

$$\mathfrak{Z}_q = (\mathfrak{z}^{(0)}, \mathfrak{z}^{(1)}, \ldots, \mathfrak{z}^{(q-1)})$$

---

[1] Es wird o.B.d.A. so numeriert.

besitzt den Rang q, so daß sich mit

$$\mathfrak{b}^T = (b_0, b_1, \ldots, b_{q-1})$$

das inhomogene lineare Gleichungssystem von n Gleichungen für q Unbekannte b_j, $j = 0(1)q-1$, ergibt

$$(5.15) \qquad \mathfrak{Z}_q \mathfrak{b} + \mathfrak{z}^{(q)} = \mathfrak{o},$$

von denen q widerspruchsfrei sind und ausgewählt werden können. Die b_j, $j = 0(1)q-1$, $b_q = 1$ sind die Koeffizienten eines Teilpolynoms $P_q(\lambda)$ von $P(\lambda)$:

$$(5.16) \qquad P_q(\lambda) = \sum_{j=0}^{q} b_j \lambda^j .$$

Aus $P_q(\lambda) = 0$ lassen sich q der insgesamt n EWe λ_i bestimmen. Um sämtliche voneinander verschiedenen λ_i zu erhalten, muß das gleiche Verfahren für verschiedene (höchstens n) linear unabhängige $\mathfrak{z}^{(0)}$ durchgeführt werden.

2. Fall. Es treten mehrfache EWe auf.

$\mathfrak{A}$ besitze s verschiedene EWe λ_j, $j = 1(1)s$, $s < n$, der Vielfachheiten p_j mit $p_1 + p_2 + \ldots + p_s = n$; dann geht man so vor: Zunächst ist festzustellen, wieviele linear unabhängige iterierte Vektoren $\mathfrak{z}^{(\nu+1)} = \mathfrak{A}\mathfrak{z}^{(\nu)}$, $\nu = 0,1,2,\ldots$, zu einem willkürlich gewählten Ausgangsvektor der Darstellung

$$(5.17) \qquad \mathfrak{z}^{(0)} = c_1\mathfrak{e}_1 + c_2\mathfrak{e}_2 + \ldots + c_s\mathfrak{e}_s , \qquad \mathfrak{e}_r \text{ EV zu } \lambda_r ,$$

bestimmt werden können. Sind etwa

$$\mathfrak{z}^{(0)}, \mathfrak{z}^{(1)}, \ldots, \mathfrak{z}^{(s)}$$

linear unabhängig, so liefert das lineare Gleichungssystem von n Gleichungen für $s < n$ Unbekannte $\hat{b}_j$

$$(5.18) \qquad \begin{cases} \hat{\mathfrak{Z}}\hat{\mathfrak{b}} + \mathfrak{z}^{(s)} = \mathfrak{o} \quad \text{mit} \quad \hat{\mathfrak{b}}^T = (\hat{b}_0, \hat{b}_1, \ldots, \hat{b}_{s-1}) \\ \text{und} \quad \hat{\mathfrak{Z}} = (\mathfrak{z}^{(0)}, \mathfrak{z}^{(1)}, \ldots, \mathfrak{z}^{(s-1)}) \end{cases}$$

die Koeffizienten $\hat{b}_j$ des Minimalpolynoms

$$(5.19) \qquad m(\lambda) = \sum_{j=0}^{s-1} \hat{b}_j \lambda^j + \lambda^s = \prod_{l=1}^{s} (\lambda - \lambda_l).$$

$m(\lambda)$ hat die s verschiedenen EWe von $\mathfrak{A}$ als einfache Nullstellen. Sind in (5.17) einige der $c_i = 0$, so ist analog zu 1.b) vorzugehen.

5.5.1.2 BESTIMMUNG DER EIGENVEKTOREN.

1. Fall. Sämtliche EW λ_i, $i = 1(1)n$, seien einfach.

Die EVen lassen sich als Linearkombinationen der iterierten Vektoren $\mathfrak{z}^{(\nu)}$ gewinnen. Es gilt

$$\mathfrak{e}_i = \sum_{j=0}^{n-1} \tilde{a}_{ij}\, \mathfrak{z}^{(j)} ,$$

wobei die $\tilde{a}_{ij}$ die Koeffizienten des Polynoms

$$P_i(\lambda) = \frac{P(\lambda)}{\lambda-\lambda_i} = \sum_{j=0}^{n-1} \tilde{a}_{ij}\, \lambda^j$$

sind. Die $\tilde{a}_{ij}$ lassen sich leicht mit dem einfachen Horner-Schema bestimmen.

2. Fall. Es treten mehrfache EWe auf.

Das eben beschriebene Verfahren ist auch dann noch anwendbar. Hier erhält man jedoch zu einem Ausgangsvektor $\mathfrak{z}^{(0)}$ jeweils nur einen EV, d.h. die Vielfachheit bleibt unberücksichtigt. Man muß deshalb entsprechend der Vielfachheit p_j des EWes λ_j genau p_j linear unabhängige Ausgangsvektoren $\mathfrak{z}^{(0)}$ wählen und erhält damit alle p_j EVen zu λ_j.

BEMERKUNG 5.6. Das Verfahren von Krylov sollte nur angewandt werden, wenn die Systeme (5.14), (5.15) und (5.18) gut konditioniert sind, da sonst Ungenauigkeiten bei der Bestimmung der Koeffizienten in (5.13), (5.16) und (5.19) zu wesentlichen Fehlern bei der Bestimmung der λ_j führen.

5.5.2 BESTIMMUNG DER EIGENWERTE POSITIV DEFINITER SYMMETRISCHER TRIDIAGONALER MATRIZEN MIT HILFE DES QD-ALGORITHMUS.

Für positiv-definite *symmetrische* tridiagonale Matrizen $\mathfrak{A}$ (vgl. Abschnitt 3.7) der Form (3.14) mit $b_i := c_i$, $c_i \neq 0$, $i = 1(1)n$

lassen sich die Eigenwerte mit Hilfe des QD-Algorithmus bestimmen. Das *QD-Schema* ist zeilenweise auszufüllen und hat die Form:

ν	$e_0^{(\nu)}$	$q_1^{(\nu)}$	$e_1^{(\nu)}$	$q_2^{(\nu)}$	$e_2^{(\nu)}$	$q_3^{(\nu)}$	$e_3^{(\nu)}$	...	$q_n^{(\nu)}$	$e_n^{(\nu)}$
1		$q_1^{(1)}$		0		0		...	0	
	0		$e_1^{(1)}$		$e_2^{(1)}$		$e_3^{(1)}$	...		0
2		$q_1^{(2)}$		$q_2^{(2)}$		$q_3^{(2)}$		...	$q_n^{(2)}$	
	0		$e_1^{(2)}$		$e_2^{(2)}$		$e_3^{(2)}$	...		0
3		$q_1^{(3)}$		$q_2^{(3)}$		$q_3^{(3)}$		...	$q_n^{(3)}$	
	0		$e_1^{(3)}$		$e_2^{(3)}$		$e_3^{(3)}$	...		0
⋮	⋮	⋮	⋮	⋮	⋮	⋮	⋮	...	⋮	⋮
↓	↓	↓	↓	↓	↓	↓	↓		↓	↓
∞	0	λ_1	0	λ_2	0	λ_3	0	...	λ_n	0

Setzt man das QD-Schema mit den Werten

$$q_1^{(1)} = d_1 \, , \; q_{k+1}^{(1)} = d_{k+1} - e_k^{(1)} \, , \; e_k^{(1)} = c_k^2 / q_k^{(1)} \, , \; k = 1(1)n-1 \, ,$$

für die beiden ersten Zeilen an und setzt $e_0^{(\nu)} = e_n^{(\nu)} = 0$, so erhält man die weiteren Zeilen des Schemas nach den Regeln

$$e_k^{(\nu+1)} = q_{k+1}^{(\nu)} \cdot e_k^{(\nu)} / q_k^{(\nu+1)} \, , \; q_k^{(\nu+1)} = e_k^{(\nu)} + q_k^{(\nu)} - e_{k-1}^{(\nu+1)} \, .$$

Hierbei berechnet man für festes ν nacheinander

$$q_1^{(\nu)} \, , \; e_1^{(\nu)} \, , \; q_2^{(\nu)} \, , \; e_2^{(\nu)} \, , \; \ldots \, , \; e_{n-1}^{(\nu)} \, , \; q_n^{(\nu)} \; .$$

Dann sind durch

$$\lim_{\nu \to \infty} q_k^{(\nu)} = \lambda_k$$

die der Größe nach geordneten EWe von $\mathfrak{A}$ gegeben. Es gilt auch $\lim_{\nu \to \infty} e_k^{(\nu)} = 0$. Die Matrix $\mathfrak{A}$ hat lauter positive verschiedene EWe λ_i ([33], S.139 und 168).

BEMERKUNG 5.7. Eine für DVA besonders geeignete direkte Methode stellt die Jakobi-Methode in der ihr durch Neumann gegebenen Form dar ([31] Bd.I, Kap. 7; ferner [2] Bd.2 § 8.8; [10], § 81; [33], 4.4; [67] I, S.56 ff; [87], 5.5).

5.5.3 EIGENWERTE UND EIGENVEKTOREN EINER MATRIX NACH DEN VERFAHREN VON MARTIN, PARLETT, PETERS, REINSCH, WILKINSON.

Besitzt die Matrix $\mathfrak{A} = (a_{ik})$, $i,k = 1(1)n$, keine spezielle Struktur, so kann man sie durch sukzessive auszuführende Transformationen in eine Form bringen, die eine leichte Bestimmung der Eigenwerte und Eigenvektoren zuläßt.

Unter Verwendung der Arbeiten [110], [113], [114] wird in P 5.5.3 ein Programm angegeben, das im wesentlichen die folgenden Schritte durchführt:

1. Schritt. Vorbehandlung der Matrix $\mathfrak{A}$ zur Konditionsverbesserung nach einem von B.N. Parlett und C. Reinsch angegebenen Verfahren [113].

2. Schritt. Transformation der Matrix $\mathfrak{A}$ auf obere *Hessenbergform* $\mathfrak{B}$ (s. [40], S.213) mit

$$(5.21)\qquad \mathfrak{B} = (b_{ik}) = \begin{pmatrix} b_{11} & b_{12} & \cdot & \cdot & \cdot & b_{1n} \\ b_{21} & b_{22} & \cdot & \cdot & \cdot & b_{2n} \\ & b_{32} & \cdot & \cdot & \cdot & b_{3n} \\ & & \ddots & & & \vdots \\ & & & & b_{nn-1} & b_{nn} \end{pmatrix},$$

d.h. $b_{ik} = 0$ für $i > k+1$, nach einem Verfahren von R.S. Martin und J.H. Wilkinson [110].

Gesucht ist zu der gegebenen Matrix eine nichtsinguläre Matrix $\mathfrak{L}$, so daß gilt

$$(5.22)\qquad \mathfrak{B} = \mathfrak{L}^{-1}\,\mathfrak{A}\,\mathfrak{L}.$$

Diese Transformation gelingt durch Überführung des Systems (5.1) $\mathfrak{A}\mathfrak{x} = \lambda\mathfrak{x}$ in ein dazu äquivalentes gestaffeltes System

$$(5.23)\qquad \mathfrak{B}\mathfrak{y} = \lambda\mathfrak{y} \quad \text{mit} \quad \mathfrak{y} = \mathfrak{L}^{-1}\mathfrak{x}$$

in einer Weise, die dem Gaußschen Algorithmus, angewandt auf (3.2), entspricht. Anstelle des bekannten Vektors $\mathfrak{a}$ in (3.2) tritt hier der unbekannte Vektor $\lambda\mathfrak{x}$.

Mit (5.22) folgt

$$\det(\mathfrak{B} - \lambda \mathfrak{E}) = \det(\mathfrak{A} - \lambda \mathfrak{E}),$$

d.h. $\mathfrak{B}$ und $\mathfrak{A}$ besitzen dieselben Eigenwerte λ_i.
Wegen der einfachen Gestalt (5.21) von $\mathfrak{B}$ lassen sich die λ_i damit leichter bestimmen.

3. Schritt. Die Bestimmung der Eigenwerte λ_i wird nun mit dem *QR-Algorithmus* nach G. Peters und J.H. Wilkinson [114] vorgenommen. Ausgehend von $\mathfrak{B}_1 := \mathfrak{B}$ wird eine Folge $\{\mathfrak{B}_s\}$, $s = 1,2,3,\ldots$, von oberen Hessenbergmatrizen konstruiert, die gegen eine Superdiagonalmatrix $\mathfrak{R} = (r_{ik})$, $i,k = 1(1)n$, konvergiert.[1] Es gilt dann für alle i: $r_{ii} = \lambda_i$.

Mit $\mathfrak{B}_1 := \mathfrak{B}$ lautet die *Konstruktionsvorschrift*:

(i) $$\mathfrak{B}_s - k_s \mathfrak{E} = \mathfrak{Q}_s \mathfrak{R}_s, \qquad s = 1,2,\ldots,$$

(ii) $$\mathfrak{B}_{s+1} = \mathfrak{R}_s \mathfrak{Q}_s + k_s \mathfrak{E}$$

Die Vorschrift (i) beinhaltet die Zerlegung der Hessenbergmatrix $\mathfrak{B}_s - k_s \mathfrak{E}$ in das Produkt aus einer Orthogonalmatrix $\mathfrak{Q}_s$ ($\mathfrak{Q}_s^T = \mathfrak{Q}_s^{-1}$) und einer Superdiagonalmatrix $\mathfrak{R}_s$. Danach wird $\mathfrak{B}_{s+1}$ nach der Vorschrift (ii) gebildet, $\mathfrak{B}_{s+1}$ anstelle von $\mathfrak{B}_s$ gesetzt und zu (i) zurückgegangen. Durch geeignete Wahl des sogenannten *Verschiebungsparameters* k_s wird erhebliche Konvergenzbeschleunigung erreicht. Mit $k_s = 0$ für alle s ergibt sich der QR-Algorithmus von Rutishauser (s. [40], S.244 ff.).

4. Schritt. Die Bestimmung der Eigenvektoren erfolgt ebenfalls nach [114]. Wegen (5.23) gilt

$$\mathfrak{B}\mathfrak{y}_i = \lambda_i \mathfrak{y}_i \quad \text{mit} \quad \mathfrak{x}_i = \mathfrak{L}\mathfrak{y}_i .$$

Zu jedem λ_i lassen sich daraus rekursiv bei willkürlich gegebenem y_{in} die Komponenten y_{ik}, $k = n-1,n-2,\ldots,1$, von $\mathfrak{y}_i$ berechnen. Mit $\mathfrak{x}_i = \mathfrak{L}\mathfrak{y}_i$ ergeben sich die gesuchten EVen $\mathfrak{x}_i$, $i = 1(1)n$.

5. Schritt. Normierung der Eigenvektoren $\mathfrak{x}_i$.

LITERATUR zu 5.5: [2] Bd.2, 8.2; [10], §§ 42,43; [33], 4.6; [44] §§ 21, 22; [57], III; [88], 11.6.5; [110]; [113]; [114].

---

1) Konvergenzbedingungen s. [40], S. 245.

6. APPROXIMATION STETIGER FUNKTIONEN.

Bei der Annäherung einer stetigen Funktion f durch eine sogenannte *Approximationsfunktion* ϕ werden zwei Aufgabenstellungen unterschieden:

1. Eine gegebene Funktion f ist durch eine Funktion ϕ zu ersetzen, deren formelmäßiger Aufbau für den geforderten Zweck besser geeignet ist, d.h. die sich z.B. einfacher differenzieren oder integrieren läßt, oder deren Funktionswerte leicht berechenbar sind.
2. Eine empirisch gegebene Funktion f, von der endlich viele Wertepaare $(x_i, f(x_i))$ an den paarweise verschiedenen Stützstellen x_i bekannt sind, ist durch eine formelmäßig gegebene Funktion ϕ zu ersetzen. Wenn f graphisch durch eine Kurve gegeben ist, kann man sich Wertepaare $(x_i, f(x_i))$ verschaffen und damit zum obigen Fall zurückkehren.

6.1 APPROXIMATIONSAUFGABE UND BESTE APPROXIMATION.

Jeder Funktion $f \in C[a,b]$ ordnen wir eine reelle nichtnegative Zahl $\| f \|$ zu, genannt *Norm* von f, die den folgenden *Normaxiomen* genügt:

$$
(6.1)\quad \begin{cases}
1. & \| f \| \ge 0 . \\
2. & \| f \| = 0 \text{ genau dann, wenn } f = 0 \text{ überall in } [a,b] . \\
3. & \| \alpha f \| = |\alpha| \, \| f \| \quad \text{für beliebige Zahlen } \alpha . \\
4. & \| f+g \| \le \| f \| + \| g \| \text{ für } f,g \in C[a,b] .
\end{cases}
$$

Für je zwei Funktionen $f_1, f_2 \in C[a,b]$ kann mit Hilfe einer Norm ein *Abstand*

$$\rho(f_1,f_2) := \| f_1 - f_2 \|$$

erklärt werden, für den die folgenden *Abstandsaxiome* gelten:

$$
\begin{cases}
1. & \rho(f_1,f_2) \ge 0 . \\
2. & \rho(f_1,f_2) = 0 \text{ genau dann, wenn } f_1 = f_2 \text{ überall in } [a,b] . \\
3. & \rho(f_1,f_2) = \rho(f_2,f_1) . \\
4. & \rho(f_1,f_3) \le \rho(f_1,f_2) + \rho(f_2,f_3) \text{ für } f_1,f_2,f_3 \in C[a,b] .
\end{cases}
$$

Es wird ein System von n+1 linear unabhängigen Funktionen $\varphi_0, \varphi_1, \ldots, \varphi_n \in C[a,b]$ vorgegeben. Die Funktionen $\varphi_0, \varphi_1, \ldots, \varphi_n$

heißen *linear abhängig*, wenn es Zahlen $c_0, c_1, \ldots, c_n$ gibt, die nicht alle Null sind, so daß gilt $c_0\varphi_0(x) + c_1\varphi_1(x) + \ldots + c_n\varphi_n(x) = 0$ für alle $x \in [a,b]$, andernfalls heißen $\varphi_0, \varphi_1, \ldots, \varphi_n$ *linear unabhängig*. Mit diesen Funktionen φ_k, $k = 0(1)n$, werden als Approximationsfunktionen die Linearkombinationen

$$(6.2)\qquad \Phi(x) = \sum_{k=0}^{n} c_k\varphi_k(x), \quad x \in [a,b], \quad c_k = \text{const.}, \; c_k \in \mathbb{R}\,,$$

gebildet. Eine solche Approximation heißt *lineare Approximation*. $\bar{C}$ sei die Menge aller Φ. Jede Linearkombination Φ ist durch das (n+1)-Tupel $(c_0, c_1, \ldots, c_n)$ ihrer Koeffizienten bestimmt. Der Abstand von Φ und einer Funktion $f \in C[a,b]$ hängt bei festgehaltenem f nur von Φ ab; es ist

$$(6.3)\qquad \varrho(f, \Phi) = \|f - \Phi\| =: D(c_0, c_1, \ldots, c_n).$$

Häufig verwendete Funktionensysteme $\varphi_0, \varphi_1, \ldots, \varphi_n$ sind:

1. $\varphi_0 = 1, \; \varphi_1 = x, \; \varphi_2 = x^2, \ldots, \varphi_n = x^n$;

   die Approximationsfunktionen Φ sind dann algebraische Polynome vom Höchstgrad n.

2. $\varphi_0 = 1, \; \varphi_1 = \cos x, \; \varphi_2 = \sin x, \; \varphi_3 = \cos 2x, \; \varphi_4 = \sin 2x, \ldots$;

   die Approximationsfunktionen Φ sind dann trigonometrische Polynome.

3. $\varphi_0 = 1, \; \varphi_1 = e^{\alpha_1 x}, \; \varphi_2 = e^{\alpha_2 x}, \ldots, \varphi_n = e^{\alpha_n x}$

   mit paarweise verschiedenen reellen Zahlen α_i.

4. $\varphi_0 = 1, \; \varphi_1 = \dfrac{1}{(x-\alpha_1)^{p_1}}, \; \varphi_2 = \dfrac{1}{(x-\alpha_2)^{p_2}}, \ldots, \varphi_n = \dfrac{1}{(x-\alpha_n)^{p_n}}, \quad \alpha_i \in \mathbb{R}\,, \; p_i \in \mathbb{N}$;

   mehrere Werte α_j (bzw. p_j) können gleich sein, dann müssen die zugehörigen Werte p_j (bzw. α_j) verschieden sein. Die Approximationsfunktionen Φ sind dann spezielle rationale Funktionen (s. auch Bemerkung 6.1).

5. Orthogonale Funktionensysteme, s. dazu Sonderfälle in Abschnitt 6.2.1.

Ein Kriterium für die lineare Unabhängigkeit eines Funktionensystems $\varphi_0, \varphi_1, \ldots, \varphi_n \in C^n[a,b]$ ist das Nichtverschwinden der *Wronskischen Determinante* für $x \in [a,b]$

$$W(\varphi_0, \varphi_1, \ldots, \varphi_n) = \begin{vmatrix} \varphi_0 & \varphi_1 & \cdots & \varphi_n \\ \varphi_0' & \varphi_1' & \cdots & \varphi_n' \\ \vdots & \vdots & & \vdots \\ \varphi_0^{(n)} & \varphi_1^{(n)} & \cdots & \varphi_n^{(n)} \end{vmatrix} \neq 0$$

Approximationsaufgabe:

Zu einer gegebenen Funktion $f \in C[a,b]$ und zu einem vorgegebenen Funktionensystem $\varphi_0, \varphi_1, \ldots, \varphi_n \in C[a,b]$ ist unter allen Funktionen $\phi \in \bar{C}$ der Gestalt (6.2) eine Funktion

$$(6.4) \qquad \phi^{(0)}(x) = \sum_{k=0}^{n} c_k^{(0)} \varphi_k(x)$$

zu bestimmen mit der Eigenschaft

$$(6.5) \quad D(c_0^{(0)}, c_1^{(0)}, \ldots, c_n^{(0)}) = \|f - \phi^{(0)}\| = \min_{\phi \in \bar{C}} \|f - \phi\| = \min_{\phi \in \bar{C}} D(c_0, c_1, \ldots, c_n) .$$

$\phi^{(0)}$ heißt eine *beste Approximation* von f bezüglich des vorgegebenen Systems $\varphi_0, \varphi_1, \ldots, \varphi_n$ und im Sinne der gewählten Norm $\|.\|$.

SATZ 6.1 (*Existenzsatz*).

Zu jeder Funktion $f \in C[a,b]$ existiert für jedes System linear unabhängiger Funktionen $\varphi_0, \varphi_1, \ldots, \varphi_n \in C[a,b]$ und jede Norm $\|.\|$ mindestens eine beste Approximation $\phi^{(0)}$ der Gestalt (6.4) mit der Eigenschaft (6.5).

Das Funktionensystem $\varphi_0, \varphi_1, \ldots, \varphi_n$ wird im Hinblick auf die jeweilige Aufgabenstellung gewählt, z.B. sind zur Bestimmung einer besten Approximation für eine 2π-periodische Funktion i.a. nicht algebraische, sondern trigonometrische Polynome zweckmäßig.

BEMERKUNG 6.1 (*Rationale Approximation*).

Bei manchen Aufgabenstellungen, z.B. dann, wenn bekannt ist, daß f(x) für Werte x_j außerhalb $[a,b]$ Pole besitzt, empfiehlt sich als Approximationsfunktion eine Funktion der Gestalt

$$(6.2') \qquad \psi(x) = \frac{\sum_{k=0}^{m} a_k \varphi_k(x)}{\sum_{k=0}^{l} b_k \varphi_k(x)}, \qquad \varphi_k \in C[a,b] .$$

Für $\varphi_k(x) = x^k$, liefert der Ansatz eine rationale Funktion, deren Zähler den Höchstgrad m, deren Nenner den Höchstgrad l besitzt. Wird o.B.d.A. $a_0 = 1$ gesetzt, so ist unter allen Funktionen $\psi \in \bar{\bar{C}}$ der Gestalt (6.2') eine beste Approximation $\psi^{(0)}$ mit der Eigenschaft

$$D(a_1^{(0)}, a_2^{(0)}, \ldots, a_m^{(0)}, b_0^{(0)}, b_1^{(0)}, \ldots, b_l^{(0)}) = \|f - \psi^{(0)}\| =$$

$$= \min_{\psi \in \bar{\bar{C}}} \|f - \psi\| = \min_{\psi \in \bar{\bar{C}}} D(a_1, a_2, \ldots, a_m, b_0, b_1, \ldots, b_l)$$

zu bestimmen (bzgl. einer weiteren Verallgemeinerung s. z.B. [78] § 4).

LITERATUR zu 6.1: [2] Bd.1, 4.1; [3] 4.1; [6], §§ 2.5, 25.1; [8], I § 1; [14], 1,2; [19], 5.0, 5.1; [20], 6.2; [28], II; [32] I,I, § 1.1; [38], 1.5; [45], § 22.1; [87], 11.1.

6.2 APPROXIMATION IM QUADRATISCHEN MITTEL.[1]

6.2.1 KONTINUIERLICHE FEHLERQUADRATMETHODE VON GAUSS.

Man legt für eine Funktion g die folgende L_2-Norm zugrunde

$$(6.6) \qquad \|g\|_2 = \left(\int_a^b w(x)\, g^2(x)dx \right)^{\frac{1}{2}}, \quad g \in C[a,b] \quad ;$$

dabei ist $w(x) > 0$ eine gegebene, auf $[a,b]$ integrierbare *Gewichtsfunktion*. Setzt man $g = f - \phi$ und betrachtet das Quadrat des Abstandes (6.3), so lautet die (6.5) entsprechende Bedingung

$$(6.7) \qquad \|f-\phi^{(0)}\|_2^2 = \min_{\phi \in \bar{C}} \|f-\phi\|_2^2 = \min_{\phi \in \bar{C}} \int_a^b w(x)(f(x)-\phi(x))^2 dx = \min_{\phi \in \bar{C}} D^2(c_0,c_1,\ldots,c_n) \quad ,$$

d.h. das Integral über die gewichteten Fehlerquadrate ist zum Minimum zu machen. Die notwendigen Bedingungen $\partial D^2/\partial c_j = 0$ liefern mit (6.2) und $\partial\phi/\partial c_j = \varphi_j(x)$ n+1 lineare Gleichungen zur Bestimmung der n+1 Koeffizienten $c_k^{(0)}$ einer besten Approximation (6.4):

$$(6.8) \qquad \sum_{k=0}^{n} c_k^{(0)} \int_a^b w(x)\,\varphi_j(x)\varphi_k(x)dx = \int_a^b w(x)f(x)\,\varphi_j(x)dx, \quad j = 0(1)n,$$

oder ausführlich

$$(6.8') \qquad \begin{pmatrix} (\varphi_0,\varphi_0) & (\varphi_0,\varphi_1) & \ldots & (\varphi_0,\varphi_n) \\ (\varphi_1,\varphi_0) & (\varphi_1,\varphi_1) & \ldots & (\varphi_1,\varphi_n) \\ \vdots & \vdots & & \vdots \\ (\varphi_n,\varphi_0) & (\varphi_n,\varphi_1) & \ldots & (\varphi_n,\varphi_n) \end{pmatrix} \begin{pmatrix} c_0^{(0)} \\ c_1^{(0)} \\ \vdots \\ c_n^{(0)} \end{pmatrix} = \begin{pmatrix} (f,\varphi_0) \\ (f,\varphi_1) \\ \vdots \\ (f,\varphi_n) \end{pmatrix}$$

mit $(\varphi_j,\varphi_k) := \int_a^b w(x)\,\varphi_j(x)\varphi_k(x)dx; \quad (f,\varphi_j) := \int_a^b w(x)\, f(x)\,\varphi_j(x)dx.$

Die Gleichungen (6.8) heißen *Normalgleichungen*.

---

1) oder L_2-Approximation

Die Determinante des Gleichungssystems (6.8') heißt *Gramsche Determinante* des Systems $\varphi_0, \varphi_1, \ldots, \varphi_n$. Es gilt das

LEMMA 6.1. Ein Funktionensystem $\varphi_0, \varphi_1, \ldots, \varphi_n \in C[a,b]$ ist genau dann linear abhängig, wenn seine Gramsche Determinante verschwindet (s. [2] Bd.1, S.319; [38], S.133).

SATZ 6.2. Zu jeder Funktion $f \in C[a,b]$ existiert für jedes System linear unabhängiger Funktionen $\varphi_0, \varphi_1, \ldots, \varphi_n \in C[a,b]$ und die Norm (6.6) genau eine beste Approximation $\Phi^{(0)}$ der Gestalt (6.4) mit der Eigenschaft (6.7), deren Koeffizienten $c_k^{(0)}$ sich aus (6.8) ergeben.

Sonderfälle.

1. Algebraische Polynome.

Die Approximationsfunktionen Φ sind mit $\varphi_k(x) = x^k$ algebraische Polynome vom Höchstgrad n

$$(6.9) \qquad \Phi(x) = \sum_{k=0}^{n} c_k x^k .$$

Das System (6.8) zur Bestimmung der $c_k^{(0)}$ lautet hier

$$(6.10) \qquad \sum_{k=0}^{n} c_k^{(0)} \int_a^b w(x) x^{j+k} dx = \int_a^b w(x) f(x) x^j dx, \qquad j = 0(1)n ,$$

und mit $w(x) \equiv 1$ (siehe Bemerkung 6.2)

$$(6.10') \qquad \begin{pmatrix} \int_a^b dx & \int_a^b x dx & \int_a^b x^2 dx & \ldots & \int_a^b x^n dx \\ \int_a^b x dx & \int_a^b x^2 dx & \int_a^b x^3 dx & \ldots & \int_a^b x^{n+1} dx \\ \int_a^b x^2 dx & \int_a^b x^3 dx & \int_a^b x^4 dx & \ldots & \int_a^b x^{n+2} dx \\ \vdots & \vdots & \vdots & & \vdots \\ \int_a^b x^n dx & \int_a^b x^{n+1} dx & \int_a^b x^{n+2} dx & \ldots & \int_a^b x^{2n} dx \end{pmatrix} \begin{pmatrix} c_0^{(0)} \\ c_1^{(0)} \\ c_2^{(0)} \\ \vdots \\ c_n^{(0)} \end{pmatrix} = \begin{pmatrix} \int_a^b f(x) dx \\ \int_a^b f(x) x dx \\ \int_a^b f(x) x^2 dx \\ \vdots \\ \int_a^b f(x) x^n dx \end{pmatrix} .$$

2. Orthogonale Funktionensysteme.

Die Funktionen φ_k bilden ein orthogonales System, wenn gilt

$$(\varphi_j, \varphi_k) = \int_a^b w(x)\, \varphi_j(x)\, \varphi_k(x) dx = 0 \quad \text{für } j \neq k .$$

Dann erhält (6.8) die besonders einfache Gestalt

(6.11) $(\varphi_j, \varphi_j)c_j^{(0)} = (f, \varphi_j), \quad j = 0(1)n$.

Bei einer Erhöhung von n auf n+1 im Ansatz (6.2) bleiben also hier im Gegensatz zu nicht orthogonalen Funktionensystemen die $c_j^{(0)}$ für j = 0(1)n unverändert und $c_{n+1}^{(0)}$ errechnet sich aus (6.11) für j = n+1.

Beispiele orthogonaler Funktionensysteme.

a) $\varphi_k(x) = \cos kx, \quad x \in [0,2\pi], \quad k = 0(1)n, \quad w(x) = 1$;

b) $\varphi_k(x) = \sin kx, \quad x \in [0,2\pi], \quad k = 1(1)n, \quad w(x) = 1$;

c) Legendresche Polynome P_k für $x \in [-1,+1]$ mit

$$P_{k+1}(x) = \frac{1}{k+1}\Big((2k+1)x\,P_k(x) - k\,P_{k-1}(x)\Big),$$

$$P_0(x) = 1, \quad P_1(x) = x, \quad k = 1,2,3,\ldots, \quad w(x) = 1.$$

d) Tschebyscheffsche Polynome T_k für $x \in [-1,+1]$ mit

$$T_{k+1}(x) = 2x\,T_k(x) - T_{k-1}(x), \quad T_0(x) = 1, \quad T_1(x) = x,$$

$k = 1,2,3,\ldots, \quad w(x) = 1/\sqrt{1-x^2}$ (vgl. Abschnitt 6.3.2.1).

e) Orthogonalisierungsverfahren von E. Schmidt:

Es seien $\varphi_0, \varphi_1, \ldots, \varphi_n \in C[a,b]$ n+1 vorgegebene linear unabhängige Funktionen. Dann läßt sich ein diesem System zugeordnetes orthogonales Funktionensystem $\tilde{\varphi}_0, \tilde{\varphi}_1, \ldots, \tilde{\varphi}_n \in C[a,b]$ konstruieren. Man bildet dazu die Linearkombinationen

$$\tilde{\varphi}_k = a_{k0}\tilde{\varphi}_0 + a_{k1}\tilde{\varphi}_1 + \ldots + a_{k,k-1}\tilde{\varphi}_{k-1} + \varphi_k, \quad k = 0(1)n,$$

und bestimmt die konstanten Koeffizienten a_{kj} der Reihe nach so, daß die Orthogonalitätsrelationen $(\tilde{\varphi}_j, \tilde{\varphi}_k) = 0$ für $j \neq k$ erfüllt sind; man erhält

$$a_{kj} = -(\varphi_k, \tilde{\varphi}_j)/(\tilde{\varphi}_j, \tilde{\varphi}_j), \quad k = 0(1)n, \quad j = 0(1)k-1 .$$

Für $\varphi_k = x^k$, $x \in [-1,+1]$, liefert das Verfahren die Legendreschen Polynome.

Das Orthogonalisierungsverfahren läßt sich auch im Falle der diskreten Fehlerquadratmethode (Abschnitt 6.2.2) anwenden, wenn man für $(\varphi_k, \tilde{\varphi}_j)$, $(\tilde{\varphi}_j, \tilde{\varphi}_j)$ die Werte gemäß (6.15) einsetzt.

BEMERKUNG 6.2. Als Gewichtsfunktion wird in vielen Fällen $w(x) = 1$ für alle $x \in [a,b]$ gewählt. Bei manchen Problemen sind jedoch andere Gewichtsfunktionen sinnvoll. Erhält man z.B. mit $w(x) = 1$ eine beste Approximation $\phi^{(0)}$, für die $(f(x) - \phi^{(0)}(x))^2$ etwa in der Umgebung von $x = a$ und $x = b$

besonders groß wird, so wähle man statt $w(x) = 1$ ein $\tilde{w}(x)$, das für $x \to a$ und $x \to b$ besonders groß wird. Dann erhält man eine zu dieser Gewichtsfunktion $\tilde{w}(x)$ gehörige beste Approximation $\tilde{\phi}^{(0)}$, für die $(f(x) - \tilde{\phi}^{(0)}(x))^2$ für $x \to a$ und $x \to b$ klein wird. Für $a = -1$, $b = +1$ kann z.B. $\tilde{w}(x) = 1/\sqrt{1-x^2}$ eine solche Gewichtsfunktion sein.

BEMERKUNG 6.3 (*Rationale Approximation*).
Zur Bestimmung der $l+m+1$ Koeffizienten $a_k^{(0)}$, $b_k^{(0)}$ einer besten rationalen Approximation $\psi^{(0)}$ (s. Bemerkung 6.1) im Sinne der kontinuierlichen (und der diskreten, s. Abschnitt 6.2.2) Gaußschen Fehlerquadratmethode erhält man ein nichtlineares Gleichungssystem.

ALGORITHMUS 6.1 (*Kontinuierliche Gaußsche Fehlerquadratmethode*).
Gegeben sei eine Funktion $f \in C[a,b]$; gesucht ist für f die beste Approximation $\phi^{(0)}$ nach der kontinuierlichen Gaußschen Fehlerquadratmethode.

1. Schritt. Wahl eines geeigneten Funktionensystems $\varphi_0, \varphi_1, \ldots, \varphi_n$ zur Konstruktion der Approximationsfunktion (6.9).

2. Schritt. Wahl einer geeigneten Gewichtsfunktion $w(x) > 0$; vgl. dazu Bemerkung 6.2.

3. Schritt. Aufstellung und Lösung des linearen Gleichungssystems (6.8) bzw. (6.8') für die Koeffizienten $c_k^{(0)}$ der besten Approximation (6.4). Sind die Approximationsfunktionen ϕ speziell algebraische Polynome, so ist das System (6.10) bzw. für $w(x) \equiv 1$ das System (6.10') zu lösen; bilden die φ_k ein orthogonales System, so ist (6.11) zu lösen.

6.2.2 DISKRETE FEHLERQUADRATMETHODE VON GAUSS.[1)]

Hier wird eine beste Approximation $\phi^{(0)}$ der Gestalt (6.4) gesucht für eine Funktion $f \in C[a,b]$, von der an $N+1$ diskreten Stellen $x_i \in [a,b]$, $i = 0(1)N$, $N \geq n$, die Funktionswerte $f(x_i)$ gegeben sind. Es wird für eine Funktion g die Seminorm[2)]

(6.12) $$\|g\|_2 = \left(\sum_{i=0}^{N} w_i \, g^2(x_i) \right)^{\frac{1}{2}}$$

zugrunde gelegt mit den Zahlen $w_i > 0$ als Gewichten. Setzt man $g = f - \phi$ und betrachtet das Quadrat des Abstandes (6.3), so lautet die (6.5) entsprechende Bedingung für eine beste Approximation unter Verwendung der Seminorm (6.12)

(6.13) $$\|f - \phi^{(0)}\|_2^2 = \min_{\phi \in \bar{C}} \|f - \phi\|_2^2 = \min_{\phi \in \bar{C}} \sum_{i=0}^{N} w_i \left(f(x_i) - \phi(x_i)\right)^2 = \min_{\phi \in \bar{C}} D^2(c_0, c_1, \ldots, c_n),$$

---

1) oder diskrete L_2-Approximation

2) Für eine Seminorm gelten die Axiome (6.1) mit Ausnahme von 2.

d.h. die Summe der gewichteten Fehlerquadrate ist zum Minimum zu machen. Die notwendigen Bedingungen $\partial D^2/\partial c_j = 0$ liefern n+1 lineare Gleichungen zur Bestimmung der n+1 Koeffizienten $c_k^{(0)}$ einer besten Approximation.

Mit

$$\phi(x_i) = \sum_{k=0}^{n} c_k \varphi_k(x_i) , \quad \frac{\partial \phi(x_i)}{\partial c_j} = \varphi_j(x_i)$$

erhält man das lineare Gleichungssystem (Gaußsche Normalgleichungen)

$$(6.14) \quad \sum_{k=0}^{n} c_k^{(0)} \sum_{i=0}^{N} w_i \varphi_j(x_i) \varphi_k(x_i) = \sum_{i=0}^{N} w_i f(x_i) \varphi_j(x_i), \; j = 0(1)n, \; N \geq n,$$

das unter Verwendung von

$$(6.15) \quad \begin{cases} (\varphi_j, \varphi_k) = \sum_{i=0}^{N} w_i \varphi_j(x_i) \varphi_k(x_i) , \\ (f, \varphi_j) = \sum_{i=0}^{N} w_i f(x_i) \varphi_j(x_i) \end{cases}$$

die Form (6.8') besitzt. Mit der folgenden

DEFINITION 6.1 (*Tschebyscheff-System*)

Ein Funktionensystem $\varphi_0, \varphi_1, \ldots, \varphi_n \in C[a,b]$ heißt ein Tschebyscheff-System, wenn ein beliebiges verallgemeinertes Polynom ϕ mit $\phi(x) = c_0 \varphi_0(x) + c_1 \varphi_1(x) + \ldots + c_n \varphi_n(x)$ dieses Systems, bei dem mindestens einer der Koeffizienten von Null verschieden ist, im Intervall $[a,b]$ nicht mehr als n Nullstellen besitzt,

gilt der in [2], 1, S. 48ff. bzw. [14], S.52ff. bewiesene

SATZ 6.3. Zu jeder Funktion $f \in C[a,b]$, von der an N+1 diskreten Stellen $x_i \in [a,b]$, $i = 0(1)N$, die Funktionswerte $f(x_i)$ gegeben sind, existiert für jedes Tschebyscheff-System $\varphi_0, \varphi_1, \ldots, \varphi_n \in C[a,b]$, $n \leq N$, und die Norm (6.12) genau eine beste Approximation $\phi^{(0)}$ der Gestalt (6.4) mit der Eigenschaft (6.13), deren Koeffizienten $c_k^{(0)}$ sich aus (6.14) ergeben.

Die lineare Unabhängigkeit der φ_k ist notwendig dafür, daß die φ_k ein Tschebyscheff-System bilden.

Im Fall $N < n$ entfällt die Eindeutigkeitsaussage von Satz 6.3. Im Fall $N = n$ liegt Interpolation vor.

Sonderfall. Werden als Approximationsfunktionen ϕ algebraische Polynome (6.9) verwendet, dann lautet (6.14) mit $\varphi_k(x_i) = x_i^k$

$$(6.16)\qquad \sum_{k=0}^{n} c_k^{(0)} \sum_{i=0}^{N} w_i\, x_i^{k+j} = \sum_{i=0}^{N} w_i\, f(x_i) x_i^j\ ,\quad j = 0(1)n\ .$$

Für gleiche Gewichte $w_i = 1$ gilt speziell

$$(6.16')\qquad \begin{pmatrix} N+1 & \sum x_i & \sum x_i^2 & \ldots & \sum x_i^n \\ \sum x_i & \sum x_i^2 & \sum x_i^3 & \ldots & \sum x_i^{n+1} \\ \sum x_i^2 & \sum x_i^3 & \sum x_i^4 & \ldots & \sum x_i^{n+2} \\ \vdots & \vdots & \vdots & & \vdots \\ \sum x_i^n & \sum x_i^{n+1} & \sum x_i^{n+2} & \ldots & \sum x_i^{2n} \end{pmatrix} \begin{pmatrix} c_0^{(0)} \\ c_1^{(0)} \\ c_2^{(0)} \\ \vdots \\ c_n^{(0)} \end{pmatrix} = \begin{pmatrix} \sum f(x_i) \\ \sum f(x_i)x_i \\ \sum f(x_i)x_i^2 \\ \vdots \\ \sum f(x_i)x_i^n \end{pmatrix}$$

wobei jede Summe über $i = 0(1)N$ läuft. Die Matrix in (6.16') ist oft schlecht konditioniert.

BEMERKUNG 6.4. In den meisten Fällen werden die Gewichte $w_i = 1$ gewählt. Eine andere Wahl ist sinnvoll, wenn bekannt ist, daß die Werte $f(x_i)$ für verschiedene x_i unterschiedlich genau sind. Dann werden i.a. den weniger genauen Funktionswerten kleinere Gewichte zugeordnet. Normiert man die Gewichte w_i außerdem so, daß $w_0 + w_1 + \ldots + w_N = 1$ ist, kann man sie als die Wahrscheinlichkeiten für das Auftreten der Werte $f(x_i)$ an den Stellen x_i deuten. Man kann auch in (6.13) für die Gewichte $w_i = 1/f^2(x_i)$ setzen. Dies ist gleichbedeutend damit, daß man die Quadratsumme der relativen Fehler minimiert:

$$\sum_{i=0}^{N} \left(\frac{f(x_i) - \phi(x_i)}{f(x_i)} \right)^2 \overset{!}{=} \text{Min.}$$

ALGORITHMUS 6.2 *(Diskrete Gaußsche Fehlerquadratmethode).* Von $f \in C[a,b]$ sind an N+1 diskreten Stellen $x_i \in [a,b]$, $i = 0(1)N$, die Werte $f(x_i)$ gegeben. Gesucht ist für f die beste Approximation $\phi^{(0)}$ nach der diskreten Gaußschen Fehlerquadratmethode.

1. Schritt. Wahl eines geeigneten Funktionensystems $\varphi_0, \varphi_1, \ldots, \varphi_n$ zur Konstruktion der Approximationsfunktionen (6.2), $n \le N$.

2. Schritt. Festlegen der Gewichte w_i, vgl. dazu Bemerkung 6.4.

3. Schritt. Aufstellen und Lösen des linearen Gleichungssystems (6.14) bzw. (6.8') mit den Abkürzungen (6.15) für die Koeffizienten $c_k^{(0)}$ der besten Approximation (6.4). Ist speziell $\varphi_k(x) = x^k$, so ist das System (6.16), im Falle $w_i = 1$ das System (6.16') aufzustellen und zu lösen.

BEMERKUNG 6.5. Die Forderung $x_i \neq x_k$ für $i \neq k$ kann fallengelassen werden, sofern $N'+1$ Stützstellen x_i paarweise verschieden voneinander sind und $n \le N' \le N$ gilt.

Beispiel: *Lineare Regression.*

Gegeben sind in der x,y-Ebene N+1 Punkte (x_i, y_i), $i = 0(1)N$, die Ausprägungen der Merkmale x,y in der Merkmalsebene. Gesucht sind zur Beschreibung des Zusammenhangs beider Merkmale in der Merkmalsebene zwei Regressionsgeraden, je eine für die Abhängigkeit des Merkmals y von x bzw. x von y, mit den Gleichungen

$$g_1: \quad y = \phi^{(0)}(x) = c_0^{(0)} + c_1^{(0)}x \quad \text{(Regression von y auf x)},$$
$$g_2: \quad x = \tilde{\phi}^{(0)}(y) = \tilde{c}_0^{(0)} + \tilde{c}_1^{(0)}y \quad \text{(Regression von x auf y)}.$$

Die Koeffizienten $c_0^{(0)}$, $c_1^{(0)}$ zu g_1 ergeben sich aus den Normalgleichungen (6.14) mit $w_i = 1$, $\varphi_0(x) = 1$, $\varphi_1(x) = x$ bzw. (6.16') für n = 1. Die Gleichungen lauten

$$(N+1)\, c_0^{(0)} + \Big(\sum_{i=0}^{N} x_i\Big)\, c_1^{(0)} = \sum_{i=0}^{N} y_i \,,$$

$$\Big(\sum_{i=0}^{N} x_i\Big)\, c_0^{(0)} + \Big(\sum_{i=0}^{N} x_i^2\Big)\, c_1^{(0)} = \sum_{i=0}^{N} x_i y_i \,.$$

Man erhält mit $\sum := \sum_{i=0}^{N}$ die Lösungen

$$c_0^{(0)} = \frac{\sum y_i \sum x_i^2 - \sum x_i \sum x_i y_i}{(N+1)\sum x_i^2 - (\sum x_i)^2}\,,$$

$$c_1^{(0)} = \frac{(N+1)\sum x_i y_i - \sum x_i \sum y_i}{(N+1)\sum x_i^2 - (\sum x_i)^2}\,.$$

Faßt man nun y als unabhängige und x als abhängige Variable auf, so ergeben sich entsprechend die Koeffizienten $\tilde{c}_0^{(0)}$, $\tilde{c}_1^{(0)}$ für g_2. Durch Einsetzen sieht man sofort, daß der Schwerpunkt $(\bar{x}, \bar{y})$ mit

$$\bar{x} = \frac{1}{N+1} \sum_{i=0}^{N} x_i\,, \quad \bar{y} = \frac{1}{N+1} \sum_{i=0}^{N} y_i$$

stets Schnittpunkt der beiden Regressionsgeraden ist. Die Abweichung der Geraden voneinander ist dafür maßgebend, ob mit Recht näherungsweise von einem linearen Zusammenhang der Merkmale x,y gesprochen werden kann.

BEMERKUNG: Nur unter der Voraussetzung, daß der Ansatz für die Modellfunktion ϕ im Sinne der Anwendung vernünftig ist, ist mit der Fehlerquadratmethode eine gute Approximation zu erwarten. Ist keine Modellvorstellung vorhanden, so sollten Ausgleichssplines verwendet werden. Liegen mehrere geeignete Modelle vor, so wählt man diejenige der zugehörigen besten Approximationen $\phi^{(0)}$ aus, die die kleinste Fehlerquadratsumme besitzt.

LITERATUR zu 6.2: [2] Bd.1, § 5; [3], 4.2; [8], I §§ 3,6,9; [14], 5; [15], 4; [19], 5.3; [20], 6.3; [30], III, § 3; [34], 3.1; [43], §§ 20, 22; [45], § 22.2-4; [87], 11.2.3.

6.3 APPROXIMATION VON POYLNOMEN DURCH TSCHEBYSCHEFF-POLYNOME.

Für die Berechnung von Funktionswerten wird eine Funktion f durch eine Funktion ϕ so approximiert, daß für alle Argumente x eines Intervalls $[a,b]$ und mit einer Schranke $\varepsilon > 0$ für den absoluten Fehler $|f(x)-\phi(x)| \le \varepsilon$ gilt. Bei der Approximation im quadratischen Mittel kann eine solche von x unabhängige Schranke für den absoluten Fehler nicht angegeben werden, dagegen ist dies bei der sogenannten *gleichmäßigen* oder *Tschebyscheffschen Approximation* möglich.

Hier wird nur der Fall der gleichmäßigen Approximation von Polynomen durch *Tschebyscheff-Polynome* angegeben. Auf diesen Fall läßt sich die gleichmäßige Approximation einer Funktion f durch eine Approximationsfunktion ϕ wie folgt zurückführen:

Die nach einem bestimmten Glied abgebrochene Taylorentwicklung von f, deren Restglied im Intervall [a,b] nach oben abgeschätzt wird und den Abbruchfehler liefert, stellt ein Polynom dar, das mit Hilfe einer Linearkombination von Tschebyscheff-Polynomen gleichmäßig approximiert werden kann. Abbruch- und Approximationsfehler sollen dabei die gleiche Größenordnung haben und eine unterhalb der vorgegebenen Schranke ε liegende Summe besitzen.

Der Grad des Approximationspolynoms ist kleiner als der des Polynoms, das durch Abbrechen der Taylorentwicklung entsteht. Also ist auch die Berechnung von Werten des Approximationspolynoms weniger aufwendig als die von Werten der abgebrochenen Taylorentwicklung. Die Ermittlung des Approximationspolynoms erfordert einen einmaligen Rechenaufwand, der sich allerdings nur dann lohnt, wenn zahlreiche Funktionswerte nach der geschilderten Methode berechnet werden sollen.

6.3.1 BESTE GLEICHMÄSSIGE APPROXIMATION, DEFINITION.

Als Norm einer Funktion g wird die sogenannte *Maximumnorm*

$$\|g\|_\infty = \max_{x \in [a,b]} |g(x)|w(x) , \quad g(x),\ w(x) \in C[a,b] ,$$

zugrunde gelegt mit der Gewichtsfunktion $w(x) > 0$; zur Gewichtsfunktion vergleiche Bemerkung 6.1. Mit $\bar{C}$ wird die Menge aller Linearkombinationen ϕ der Gestalt (6.2) zu einem gegebenen System linear unabhängiger Funktionen $\varphi_0, \varphi_1, \ldots, \varphi_n \in C[a,b]$ bezeichnet. Eine beste Approximation $\phi^{(0)}$ der Gestalt (6.4) unter allen Funktionen $\phi \in \bar{C}$ besitzt im Sinne der Maximumnorm und gemäß (6.5) die Eigenschaft

$$(6.17) \qquad \begin{aligned} \|f-\phi^{(0)}\|_\infty &= \max_{x \in [a,b]} |f(x)-\phi^{(0)}(x)|w(x) = \\ &= \min_{\phi \in \bar{C}} \left(\max_{x \in [a,b]} |f(x)-\phi(x)|w(x) \right) , \end{aligned}$$

so daß das Maximum des gewichteten absoluten Fehlers $|f(x)-\phi^{(0)}(x)|$ einer besten Approximation $\phi^{(0)}$ auf dem ganzen Intervall $[a,b]$ minimal wird. Damit ist gewährleistet, daß der absolute Fehler $|f-\phi^{(0)}|$ für alle $x \in [a,b]$ einen Wert $\varepsilon > 0$ nicht überschreitet; es gilt also $|f(x)-\phi^{(0)}(x)| \leq \varepsilon$ für alle $x \in [a,b]$, d.h. f wird durch $\phi^{(0)}$ mit der *Genauigkeit* ε approximiert.

Eine beste Approximation $\phi^{(0)}$ im Sinne der Maximumnorm heißt deshalb *beste gleichmäßige Approximation* für f in der Funktionenklasse $\bar{C}$.

Im Falle der gleichmäßigen Approximation einer beliebigen Funktion $f \in C[a,b]$ gibt es im Gegensatz zur Approximation im quadratischen Mittel kein allgemeines Verfahren [1] zur Bestimmung der in $\phi^{(0)}$ auftreten-

---

1) Über Näherungsverfahren vgl. [2] Bd.1, 4.5; [27], § 7; [41], II, §§ 4-6.

den Koeffizienten $c_k^{(0)}$. Hier wird nur der für die Praxis wichtige Sonderfall der gleichmäßigen Approximation von Polynomen durch sogenannte Tschebyscheff-Polynome angegeben.

6.3.2 APPROXIMATION DURCH TSCHEBYSCHEFF-POLYNOME.

6.3.2.1 EINFÜHRUNG DER TSCHEBYSCHEFF-POLYNOME.

Als Funktionensystem $\varphi_0, \varphi_1, \ldots, \varphi_n$ werden die *Tschebyscheff-Polynome* T_k mit

(6.18) $$T_k(x) = \cos(k \text{ arc } \cos x), \quad k = 0(1)n, \quad x \in [-1,+1]$$

gewählt, es sind

(6.18') $$\begin{cases} T_0(x) = 1, & T_3(x) = 4x^3-3x, \\ T_1(x) = x, & T_4(x) = 8x^4-8x^2+1, \\ T_2(x) = 2x^2-1, & T_5(x) = 16x^5-20x^3+5x. \end{cases}$$

Allgemein lassen sich die Tschebyscheff-Polynome mit Hilfe der Rekursionsformel

(6.19) $$T_{k+1} = 2xT_k - T_{k-1}, \quad T_0 = 1, \quad T_1 = x, \quad k = 1(1)\ldots,$$

berechnen. Wichtige *Eigenschaften* der Tschebyscheff-Polynome sind: [1)]

1. T_k ist ein Polynom in x vom Grade k.
2. Der Koeffizient von x^k in T_k ist 2^{k-1}.
3. Für alle k und für $x \in [-1,+1]$ gilt $|T_k(x)| \leq 1$.
4. Die Werte $T_k(x_j) = \pm 1$ werden an k+1 Stellen $x_j = \cos \frac{\pi j}{k}$, $j = 0(1)k$, angenommen.
5. T_k besitzt in $[-1,+1]$ genau k reelle Nullstellen $x_j = \cos \frac{2j+1}{k} \frac{\pi}{2}$, $j = 0(1)k-1$.

[1)] S. auch [32] Bd.III, S.356-360.

6.3.2.2 DARSTELLUNG VON POLYNOMEN ALS LINEARKOMBINATION VON TSCHEBYSCHEFF-POLYNOMEN.

Die Potenzen von x lassen sich wegen (6.18') bzw. (6.19) als Linearkombinationen von Tschebyscheff-Polynomen schreiben. Es sind

$$(6.20)\quad \begin{cases} 1 = T_0 , & x^3 = 2^{-2}(3T_1+T_3) , \\ x = T_1 , & x^4 = 2^{-3}(3T_0+4T_2+T_4) , \\ x^2 = 2^{-1}(T_0+T_2) , & x^5 = 2^{-4}(10T_1+5T_3+T_5) , \end{cases}$$

und allgemein gilt für k = 0,1,2,...

$$(6.20')\qquad x^k = 2^{1-k}\left(T_k + \binom{k}{1} T_{k-2} + \binom{k}{2} T_{k-4} + \ldots + T^*\right) ,$$

wobei das letzte Glied T^* für ungerades k die Form

$$T^* = \binom{k}{\frac{k-1}{2}} T_1$$

besitzt und für gerades k die Form

$$T^* = \frac{1}{2}\binom{k}{\frac{k}{2}} T_0 .$$

Jedes Polynom in x vom Grad m

$$(6.21)\qquad P_m(x) = \sum_{i=0}^{m} a_i x^i , \quad a_i \in \mathbb{R} ,$$

läßt sich eindeutig als Linearkombination

$$(6.22)\qquad P_m(x) = \sum_{j=0}^{m} b_j T_j(x)$$

von Tschebyscheff-Polynomen ausdrücken. Man erhält (6.22), indem man in (6.21) die Potenzen von x durch (6.20) bzw. (6.20') ersetzt.

Zur Bestimmung der Koeffizienten b_j der T-Entwicklung (6.22) aus den Koeffizienten a_i von (6.21) dienen für i,j = 0(1)10 die folgenden Rechenschemata.

RECHENSCHEMA 6.1a.

a_0	1					
$\frac{a_2}{2}$	1	1				
$\frac{a_4}{8}$	3	4	1			
$\frac{a_6}{32}$	10	15	6	1		
$\frac{a_8}{128}$	35	56	28	8	1	
$\frac{a_{10}}{512}$	126	210	120	45	10	1
	b_0	b_2	b_4	b_6	b_8	b_{10}

RECHENSCHEMA 6.1b.

a_1	1				
$\frac{a_3}{4}$	3	1			
$\frac{a_5}{16}$	10	5	1		
$\frac{a_7}{64}$	35	21	7	1	
$\frac{a_9}{256}$	126	84	36	9	1
	b_1	b_3	b_5	b_7	b_9

Die - außer a_0 - durch 2^{i-1} dividierten Koeffizienten a_i (linke Spalte) werden jeweils mit derjenigen Zahl in der zugehörigen Zeile multipliziert, die in der Spalte über dem gesuchten Koeffizienten b_j steht und auch dort eingetragen. Die Spaltensumme der eingetragenen Zahlen liefert dann den Koeffizienten b_j der T-Entwicklung. Als Rechenkontrolle dient die Summenprobe

$$\sum_{i=0}^{m} a_i = \sum_{j=0}^{m} b_j$$

6.3.2.3 BESTE GLEICHMÄSSIGE APPROXIMATION.

Es ist zweckmäßig, neben der T-Entwicklung (6.22) auch deren Teilsummen

$$S_n(x) = \sum_{j=0}^{n} b_j \, T_j(x) , \qquad n \leq m ,$$

zu betrachten. Insbesondere ist

$$P_m(x) = S_m(x) = S_{m-1}(x) + b_m \, T_m(x) .$$

Als Approximationsfunktionen für P_m werden die Linearkombinationen ϕ mit

$$\phi(x) = \sum_{k=0}^{n} c_k \, T_k(x) , \qquad n < m ,$$

gewählt. Die Frage nach einer besten gleichmäßigen Approximation $\phi^{(0)}$ mit

$$\phi^{(0)}(x) = \sum_{k=0}^{n} c_k^{(0)} \, T_k(x) , \qquad n < m ,$$

für P_m im Sinne von (6.17) beantwortet der

SATZ 6.4. Die beste gleichmäßige Approximation $\phi^{(0)}$ eines Polynoms P_m durch ein Polynom (m-1)-ten Grades im Intervall $[-1,+1]$ ist mit $c_k^{(0)} = b_k$ für k = 0(1)m-1 die eindeutig bestimmte Teilsumme

$$\phi^{(0)}(x) = S_{m-1}(x) = \sum_{k=0}^{m-1} b_k \, T_k(x)$$

von dessen T-Entwicklung S_m. Für $w(x) \equiv 1$ gilt

$$\| P_m - S_{m-1} \|_\infty = \max_{x \in [-1,+1]} | P_m(x) - S_{m-1}(x) | \leq |b_m| .$$ [1)]

Um $\phi^{(0)}$ zu erhalten, streicht man also nur in der T-Entwicklung S_m das letzte Glied $b_m \, T_m$.

6.3.2.4 GLEICHMÄSSIGE APPROXIMATION.

Da die Koeffizienten b_j der T-Entwicklung mit wachsendem j in den meisten Fällen dem Betrage nach rasch abnehmen, wird auch beim Weglassen von mehr als einem Glied der T-Entwicklung S_m noch eine sehr gute Approximation des Polynoms P_m erreicht, die nur wenig von der besten gleichmäßigen Approximation S_{m-1} abweicht. Ist dann

---

1) S. [8] I, § 12, [34], S. 202.

$$S_n(x) = \sum_{j=0}^{n} b_j\, T_j(x), \qquad n \le m-1 \quad ,$$

eine Teilsumme der T-Entwicklung S_m, so gilt wegen Eigenschaft 3

$$\|P_m - S_n\|_\infty = \max_{x\in[-1,+1]} |P_m(x)-S_n(x)| \le \sum_{j=n+1}^{m} |b_j| = \varepsilon_1 \; .$$

Da ε_1 unabhängig von x ist, ist S_n eine gleichmäßige Approximation für P_m, für n = m-1 ist es die beste gleichmäßige Approximation.

Um für eine genügend oft differenzierbare Funktion f im Intervall [-1,+1] eine entsprechende Approximationsfunktion ϕ zu finden, geht man aus von ihrer Taylorentwicklung an der Stelle x = 0

$$f(x) = P_m(x) + R_{m+1}(x) \; ,$$

die sich aus einem Polynom P_m und dem Restglied R_{m+1} zusammensetzt. Für $x \in [-1,+1]$ gelte mit dem von x unabhängigen *Abbruchfehler* ε_2

$$|R_{m+1}(x)| \le \varepsilon_2 \; .$$

Als Approximationsfunktion für f wählt man die Teilsumme S_n der T-Entwicklung S_m für P_m ($n \le m-1$). Dann ist

$$\max_{x\in[-1,+1]} |f(x)-S_n(x)| = \|f - S_n\|_\infty = \|P_m + R_{m+1} - S_n\|_\infty$$

$$\le \|P_m - S_n\|_\infty + \|R_{m+1}\|_\infty \le \varepsilon_1 + \varepsilon_2 \quad .$$

Der maximale absolute Fehler bei der Approximation von f durch S_n setzt sich somit aus dem Fehler ε_1 bei der gleichmäßigen Approximation von P_m durch S_n und dem Abbruchfehler ε_2 zusammen. Wenn bei vorgegebener Genauigkeit ε die Ungleichung $\varepsilon_1 + \varepsilon_2 \le \varepsilon$ erfüllt ist, dann wird wegen $\|f - S_n\| \le \varepsilon$ die Funktion f durch das Polynom S_n im Intervall [-1,+1] gleichmäßig approximiert.

ALGORITHMUS 6.3 (*gleichmäßige Approximation durch Tschebyscheff-Polynome*).

Gegeben ist eine für $x \in [-1,+1]$ genügend oft differenzierbare Funktion f. Gesucht ist für f ein Approximationspolynom S_n mit $|f(x)-S_n(x)| \le \varepsilon$ für alle $x \in [-1,+1]$.

1. Schritt. Taylorentwicklung für f an der Stelle x = 0

$$f(x) = P_m(x) + R_{m+1}(x) = \sum_{i=0}^{m} a_i\, x^i + R_{m+1}(x), \quad a_i = \frac{f^{(i)}(0)}{i!} \; ,$$

wobei sich das kleinste m aus der Forderung $|R_{m+1}(x)| \leq \varepsilon_2 < \varepsilon$ für alle $x \in [-1,+1]$ ergibt.

2. Schritt. T-Entwicklung für P_m unter Verwendung der Rechenschemata 6.1:

$$P_m(x) = \sum_{j=0}^{m} b_j\, T_j(x) \equiv S_m(x) .$$

3. Schritt. Wahl des kleinstmöglichen $n \leq m-1$, so daß gilt

$$|f(x)-S_n(x)| \leq \varepsilon_2 + |b_{n+1}| + |b_{n+2}| +\ldots+ |b_m| \leq \varepsilon_2 + \varepsilon_1 \leq \varepsilon.$$

S_n ist das gesuchte Approximationspolynom für f mit der für das ganze Intervall $[-1,+1]$ gültigen Genauigkeit ε. Zur Berechnung von Näherungswerten für die Funktion f mit Hilfe von S_n wird S_n mit (6.18) bzw. (6.18') nach Potenzen von x umgeordnet; man erhält

$$S_n(x) = \sum_{j=0}^{n} b_j\, T_j(x) \equiv \sum_{k=0}^{n} \tilde{a}_k\, x^k = \tilde{P}_n(x)$$

([32], I II § 2).

BEMERKUNG 6.6. Ein Intervall $[a,b] \neq [-1,+1]$ wird durch eine lineare Transformation in das Intervall $[-1,+1]$ übergeführt. Durch $x = 2x'/(b-a) - (b+a)/(b-a)$ geht das x'-Intervall $[a,b]$ in das x-Intervall $[-1,+1]$ über.

BEMERKUNG 6.7. Nach den Approximationssätzen von Weierstraß läßt sich jede Funktion $f \in C[a,b]$ für alle $x \in [a,b]$ durch ein algebraisches Polynom vom Grade $n = n(\varepsilon)$ mit vorgeschriebener Genauigkeit ε gleichmäßig approximieren und jede 2π-periodische stetige Funktion für alle $x \in (-\infty,+\infty)$ durch ein trigonometrisches Polynom (6.24) mit $n = n(\varepsilon)$ mit vorgeschriebener Genauigkeit ε gleichmäßig approximieren ([19], 5.1; [41] II, § 1). Die Sätze von Weierstraß sind Existenzsätze; sie liefern keine Konstruktionsmethode für die Approximationsfunktionen. In Abschnitt 6.3.2.4 bzw. [27] § 5 sind spezielle Methoden zur Erzeugung einer gleichmäßigen Approximation durch algebraische bzw. trigonometrische Polynome angegeben, s.a. [31] Bd.I,I; [78], § 21. Über einen Algorithmus zur gleichmäßigen Approximation durch gebrochene rationale Funktionen s. [41], II, § 5; [78], § 22; Tabellen der Koeffizienten für gleichmäßige Approximationen wichtiger transzendenter Funktionen s. [65]; [70]; [71]; [72]; [73].

LITERATUR zu 6.3: [2] Bd.1, § 4; [4], 1.10-1.12; [7], 3.8; [8], I §§ 5,11-13; [11], 5.6, 8; [14], 3; [15], 5.6; [18] Bd.2, 9.4; [19], 5.4; [20], 6.4; [26], 3; [27], I; [30] I,III, § 1.4; [31] Bd.I,I; [34], 7.2; [38], 1.5; [41], II §§ 4.6; [45], § 24; [67], 3.3; [70], 3.4; [87], 11.4.

6.4 APPROXIMATION PERIODISCHER FUNKTIONEN.

Eine 2π-periodische Funktion läßt sich unter gewissen Voraussetzungen (s. z.B.[3], 9.2,9.4) durch ihre Fouriersche Reihe darstellen:

$$f(x) = \frac{\alpha_0}{2} + \sum_{k=1}^{\infty}(\alpha_k \cos kx + \beta_k \sin kx)$$

mit

$$(6.23)\quad \begin{cases} \alpha_k = \dfrac{1}{\pi} \displaystyle\int_{-\pi}^{+\pi} f(x)\cos kx \; dx, & k = 0(1),\ldots, \\ \beta_k = \dfrac{1}{\pi} \displaystyle\int_{-\pi}^{+\pi} f(x)\sin kx \; dx, & k = 1(1),\ldots . \end{cases}$$

Für gerade Funktionen ($f(-x) = f(x)$) gilt $\beta_k \equiv 0$, für ungerade Funktionen ($f(-x) = -f(x)$) $\alpha_k \equiv 0$ für alle k. Soweit die Integrale (6.23) elementar ausführbar sind, kann die mit einem endlichen $k = n$ abgebrochene Fouriersche Reihe zur Approximation von $f(x)$ benutzt werden. Ist aber schon f so beschaffen, daß die entsprechenden unbestimmten Integrale nicht in geschlossener Form darstellbar sind oder ist f nur in Form einer Wertetabelle gegeben, dann wird ein trigonometrisches Polynom

$$(6.24)\qquad \phi(x) = \frac{a_0}{2} + \sum_{k=1}^{n} (a_k \cos kx + b_k \sin kx)$$

gesucht, das $f(x)$ approximiert.

6.4.1 APPROXIMATION IM QUADRATISCHEN MITTEL.

Gesucht ist eine beste Approximation $\phi^{(0)}$ der Gestalt (6.24) für eine 2π-periodische Funktion f, von der an 2N äquidistanten diskreten Stützstellen $x_j = j\frac{\pi}{N}$, $j = 0(1)2N-1$, die Funktionswerte $f(x_j)$ gegeben sind. In der Praxis arbeitet man immer mit einer geraden Anzahl von Stützstellen. Indem man die Norm (6.12) mit $w_i = 1$ zugrundelegt, erhält man im Falle $2n+1 < 2N$ ein zu (6.14) analoges lineares Gleichungssystem für die $2n+1$ Koeffizienten $a_0^{(0)}$, $a_k^{(0)}$, $b_k^{(0)}$, $k = 1(1)n$; sie sind für $2n+1 < 2N$ nach Satz 6.3 eindeutig bestimmt. Die Approximationsfunktion (6.24) hat dann die Gestalt

$$\phi^{(0)}(x) = \frac{a_0^{(0)}}{2} + \sum_{k=1}^{n} (a_k^{(0)} \cos kx + b_k^{(0)} \sin kx)$$

mit

$$a_0^{(0)} = \frac{1}{N} \sum_{j=1}^{2N} y_j, \quad a_k^{(0)} = \frac{1}{N} \sum_{j=1}^{2N} y_j \cos k x_j, \quad b_k^{(0)} = \frac{1}{N} \sum_{j=1}^{2N} y_j \sin k x_j, \quad k = 1(1)n.$$

Bei festem N ändern sich die schon berechneten Koeffizienten $a_0^{(0)}$, $a_k^{(0)}$, $b_k^{(0)}$ nicht, wenn n vergrößert wird.

Für n = N ergibt sich $b_N^{(0)} = 0$, so daß statt der 2n+1 Koeffizienten nur noch 2n Koeffizienten in $\phi^{(0)}$ auftreten. Jetzt ist die Anzahl 2n der Koeffizienten gleich der Anzahl 2N der Stützstellen, es liegt der Fall der trigonometrischen Interpolation vor.

6.4.2 TRIGONOMETRISCHE INTERPOLATION.

Das trigonometrische Interpolationspolynom hat die Gestalt

$$\phi(x) = \frac{a_0}{2} + \sum_{k=1}^{N-1} (a_k \cos k x + b_k \sin k x) + \frac{a_N}{2} \cos Nx .$$

Für die Koeffizienten gilt

$$(6.25) \quad \begin{cases} a_0 = \frac{1}{N} \sum_{j=1}^{2N} y_j & a_N = \frac{1}{N} \sum_{j=1}^{2N} (-1)^j y_j , \\ a_k = \frac{1}{N} \sum_{j=1}^{2N} y_j \cos k x_j, & b_k = \frac{1}{N} \sum_{j=1}^{2N} y_j \sin k x_j, \quad k = 1(1)N-1. \end{cases}$$

Für DVA geeignete Algorithmen zur Berechnung der Koeffizienten nach den Vorschriften (6.25) in [32], Bd. III, S. 432 ff.; [35], 2.3.; [41], 2. Aufl. S. 50 ff.. Hier wird ein sowohl für Handrechnung als auch für DVA geeignetes Verfahren angeführt, für das ein Algol-Programm in [45], S. 368-370 angegeben ist (vgl. auch [2], Bd. 1, Abschnitt 5.12). Die Anzahl 2N der Stützstellen sei durch 4 teilbar, es gelte hier 2N = 12, also $x_j = j \cdot \frac{2\pi}{12} = j \cdot \frac{\pi}{6}$. Man erhält das trigonometrische Interpolationspolynom

$$\phi(x) = \frac{a_0}{2} + \sum_{k=1}^{5} (a_k \cos k x + b_k \sin k x) + \frac{a_6}{2} \cos 6x .$$

mit den Koeffizienten ([43], S.231 ff.; [45], S.364):

$$a_k = \frac{1}{6} \sum_{j=1}^{12} y_j \cos k x_j, \quad k = 0(1)6, \quad b_k = \frac{1}{6} \sum_{j=1}^{12} y_j \sin k x_j, \quad k=1(1)5.$$

Zur Berechnung der a_k, b_k dienen die folgenden Rechenschemata.

RECHENSCHEMA 6.2 (*Numerische harmonische Analyse nach Runge*).

1. Faltung	-	y_1	y_2	y_3	y_4	y_5	y_6
(der y_j):	y_{12}	y_{11}	y_{10}	y_9	y_8	y_7	-
Summe s_j	s_0	s_1	s_2	s_3	s_4	s_5	s_6
Differenz d_j	-	d_1	d_2	d_3	d_4	d_5	-

2. Faltung	s_0	s_1	s_2	s_3
(der s_j):	s_6	s_5	s_4	-
Summe S_j	S_0	S_1	S_2	S_3
Differenz D_j	D_0	D_1	D_2	-

2. Faltung	d_1	d_2	d_3
(der d_j):	d_5	d_4	-
Summe $\overline{S}_j$	$\overline{S}_1$	$\overline{S}_2$	$\overline{S}_3$
Differenz $\overline{D}_j$	$\overline{D}_1$	$\overline{D}_2$	-

Zur *Berechnung der Koeffizienten der Cosinusglieder* sind in jeder Zeile S_j, D_j mit den links davor stehenden Cosinuswerten zu multiplizieren.

$\cos 0 = 1$	$+S_0$ $+S_2$	$+S_1$ $+S_3$	$+D_0$	-	$+S_0$	$-S_3$	$+D_0$	$-D_2$
$\cos\frac{\pi}{6} = \frac{\sqrt{3}}{2}$	-	-	-	$\frac{\sqrt{3}}{2}D_1$	-	-	-	-
$\cos\frac{\pi}{3} = \frac{1}{2}$	-	-	$\frac{1}{2}D_2$	-	$-\frac{1}{2}S_2$	$\frac{1}{2}S_1$	-	-
Summen	Σ_1	Σ_2	Σ_1	Σ_2	Σ_1	Σ_2	Σ_1	Σ_2
$\Sigma_1 + \Sigma_2$ $\Sigma_1 - \Sigma_2$	$6a_0$ $6a_6$		$6a_1$ $6a_5$		$6a_2$ $6a_4$		$6a_3$ -	

Zur *Berechnung der Koeffizienten der Sinusglieder* sind in jeder Zeile die $\overline{S}_j$, $\overline{D}_j$ mit den links davor stehenden Sinuswerten zu multiplizieren.

$\sin\frac{\pi}{6}=\frac{1}{2}$	$\frac{1}{2}\bar{S}_1$	-	-	-	-	-
$\sin\frac{\pi}{3}=\frac{\sqrt{3}}{2}$	-	$\frac{\sqrt{3}}{2}\bar{S}_2$	$\frac{\sqrt{3}}{2}\bar{D}_1$	$\frac{\sqrt{3}}{2}\bar{D}_2$	-	-
$\sin\frac{\pi}{2}=1$	$+\bar{S}_3$	-	-	-	$+\bar{S}_1$	$-\bar{S}_3$
Summen	Σ_1	Σ_2	Σ_1	Σ_2	Σ_1	Σ_2
$\Sigma_1+\Sigma_2$ $\Sigma_1-\Sigma_2$	$6b_1$ $6b_5$		$6b_2$ $6b_4$		$6b_3$ -	

6.4.3 KOMPLEXE DISKRETE FOURIER-TRANSFORMATION

Ist f eine reell- oder komplexwertige Funktion mit der Periode $L=x_N-x_o$ (d.h. $f(x+L)=f(x)$ für alle x) und sind abweichend von Abschnitt 6.4.2 an den $N=2^\tau$ mit $\tau\in\mathbb{N}$ äquidistanten Stützstellen

$$x_j=x_o+j\,\frac{L}{N}\quad,\qquad j=0(1)N-1$$

die Funktionswerte $f_j:=f(x_j)$ vorgegeben, dann läßt sich die Funktion f durch ihre diskrete, ebenfalls L-periodische Fourierteilsumme

$$\sum_{k=-\frac{N}{2}+1}^{\frac{N}{2}-1} c_k\, e^{i\left(k\frac{2\pi}{L}x\right)} + c_{\frac{N}{2}}\cos\left(\frac{N}{2}\cdot\frac{2\pi}{L}x\right)$$

($i=\sqrt{-1}$, $e^{i\xi}=\cos\xi+i\sin\xi$) annähern; die Fourierteilsumme interpoliert f an den Stellen $(x_j,f(x_j))$. Die N komplexen Koeffizienten sind die diskreten Fourierkoeffizienten

$$c_k=\frac{1}{N}\sum_{j=0}^{N-1} f_j\, e^{-i\left(k\frac{2\pi}{L}x_j\right)}\quad;$$

sie beschreiben diejenigen harmonischen Schwingungsanteile in der Funktion f, die das k-fache der Grundfrequenz $2\pi/L$ sind, für wachsende k wird dieser Anteil immer kleiner. Eine effektive Berechnung der diskreten Fourierkoeffizienten geschieht mit der sogenannten *Schnellen Fouriertransformation* oder *Fast Fourier Transform* (FFT), die im obigen Fall $N=2^\tau$, $\tau\in\mathbb{N}$, am effektivsten ist. Die Anzahl der nötigen (komplexen) Multiplikationen reduziert sich damit von $2^\tau\cdot 2^\tau$ auf $(\tau/2)\,2^\tau$.

Ist die Funktion f reellwertig (d.h. $f_j \in \mathbb{R}$), so ist auch ihre diskrete Fourierteilsumme reell und gegeben durch

$$a_0 + 2 \sum_{k=1}^{\frac{N}{2}-1} \left\{ a_k \cos\left(k \frac{2\pi}{L} x \right) + b_k \sin\left(k \frac{2\pi}{L} x \right) \right\} + a_{N/2} \cos\left(\frac{N}{2} \frac{2\pi}{L} x \right)$$

mit den diskreten Fourierkoeffizienten

$$a_k = \frac{1}{N} \sum_{j=0}^{N-1} f_j \cos\left(k \frac{2\pi}{L} x_j \right) = \operatorname{Re}(c_k)$$

$$b_k = \frac{1}{N} \sum_{j=0}^{N-1} f_j \sin\left(k \frac{2\pi}{L} x_j \right) = - \operatorname{Im}(c_k) \quad .$$

Die Koeffizienten $2a_k$, $2b_k$ und $a_{N/2}$ beschreiben die Anteile der entsprechenden harmonischen Schwingungen $\cos\left(k \frac{2\pi}{L} x \right)$, $\sin\left(k \frac{2\pi}{L} x \right)$ und $\cos\left(\frac{N}{2} \cdot \frac{2\pi}{L} x \right)$ in der periodischen Funktion f. Die Bestimmung der Funktionswerte f_j aus den diskreten Fourierkoeffizienten c_k über die Beziehung

$$f_j = \sum_{k=0}^{\frac{N}{2}} c_k e^{i\left(j \frac{2\pi}{L} x_k \right)} + \sum_{k=\frac{N}{2}+1}^{N-1} c_{k-N} e^{i\left(j \frac{2\pi}{L} x_k \right)} ,$$

auch Umkehrtransformation genannt, kann mit demselben Algorithmus erfolgen, wenn man die Normierung durch die Division durch N unterläßt und die N-te Einheitswurzel

$e^{-i \frac{2\pi}{N}}$ durch $e^{i \frac{2\pi}{N}}$ ersetzt.

In Abschnitt P 6.4.3 ist ein Unterprogramm zur Bestimmung der diskreten Fourierkoeffizienten gemäß der FFT angegeben, s. auch [27a].

LITERATUR zu 6.4: [2], § 5.11; [14], 8e; [19], 5.5; [20], 6.5; [30], III, § 3.4; [35], 2.3;[41],§ 4,3;[43], §§ 23,24;[45], § 23;[67], 3.4.

Ergänzende Literatur zu Kap. 6: [3], 4; [78 b], Capt. II,III,V,XIV; [85 a];[90 a], 2-5;[92b],B.2,11.4-11.8 .

7. INTERPOLATION UND SPLINES.

7.1 AUFGABENSTELLUNG ZUR INTERPOLATION DURCH ALGEBRAISCHE POLYNOME.

Gegeben sind n+1 *Wertepaare* (x_i, y_i) mit $x_i,\ y_i \in \mathbb{R}$, $i = 0(1)n$, in Form einer Wertetabelle:

i	0	1	2	...	n
x_i	x_0	x_1	x_2	...	x_n
y_i	y_0	y_1	y_2	...	y_n

Die *Stützstellen* x_i seien paarweise verschieden, aber nicht notwendig äquidistant oder in der natürlichen Reihenfolge angeordnet. Die Wertepaare (x_i, y_i) heißen *Interpolationsstellen.*

Gesucht ist ein algebraisches Polynom $\phi \equiv P_m$ möglichst niedrigen Grades m [1], das an den Stützstellen x_i die zugehörigen *Stützwerte* y_i annimmt. Es gilt der

SATZ 7.1 (*Existenz- und Eindeutigkeitssatz*).

Zu n+1 Interpolationssstellen (x_i, y_i) mit den paarweise verschiedenen Stützstellen x_i, $i = 0(1)n$, gibt es genau ein Polynom ϕ:

$$\phi(x) \equiv P_n(x) = \sum_{k=0}^{n} c_k\, x^k, \quad c_k \in \mathbb{R},$$

mit der Eigenschaft

$$\phi(x_i) \equiv P_n(x_i) = \sum_{k=0}^{n} c_k\, x_i^k = y_i, \quad i = 0(1)n\,.$$

ϕ heißt das *Interpolationspolynom* zu dem gegebenen System von Interpolationsstellen.

Sind von einer Funktion $f \in C[a,b]$ an den n+1 Stützstellen x_i die Stützwerte $f(x_i)$ bekannt, und ist $\phi \in C[a,b]$ das Interpolationspolynom zu den Interpolationsstellen $(x_i,\ y_i = f(x_i))$, d.h. es gilt $\phi(x_i) = f(x_i) = y_i$, so trifft man die Annahme, daß ϕ die Funktion f in $[a,b]$ annähert. Die Ermittlung von Werten $\phi(\bar{x})$ zu Argumenten $\bar{x} \in [a,b]$, $\bar{x} \neq x_i$, nennt man *Interpolation* ; liegt $\bar{x}$ außerhalb $[a,b]$, so spricht man von *Extrapolation.*

Im folgenden werden verschiedene Darstellungsformen (*Interpolationsformeln*) für das eindeutig bestimmte Interpolationspolynom zu n+1 Interterpolationsstellen angegeben.

[1] Über Interpolation durch gebrochen rationale Funktionen (rationale Interpolation) vgl. [32], H § 5; [35], 2.2; [41], I § 5 und Abschnitt 7.13.

BEMERKUNG. (*Hermite-Interpolation*). Ist zu jedem x_i, $i = 0(1)n$, $x_i \in [a,b]$, statt des einen Stützwertes y_i ein (m_i+1)-Tupel von Zahlen $(y_i, y_i', \ldots, y_i^{(m_i)})$ gegeben, dann heißt das Interpolationspolynom H mit

$$H^{(\nu)}(x_i) = y_i^{(\nu)} \quad \text{für } \nu = 0(1)m_i, \quad i = 0(1)n \; ,$$

Hermitesches Interpolationspolynom (s. [41], S.7-16).

LITERATUR zu 7.1: [2] Bd.1, 2.1; [3], 7.31; [18] Bd.2, 9.1; [20], 7.1; [25], 6.0-1; [30], III § 1; [32], H § 1; [35], 2.1.1; [38], 3.1; [41], I § 1; [45], § 11.1; [67] I, 3.1.

7.2 INTERPOLATIONSFORMELN VON LAGRANGE.

7.2.1 FORMEL FÜR BELIEBIGE STÜTZSTELLEN.

ϕ wird mit von y_k unabhängigen L_k in der Form angesetzt

$$\phi(x) \equiv L(x) = \sum_{k=0}^{n} L_k(x) y_k \; . \tag{7.1}$$

An den Stützstellen x_i muß wegen $\phi(x_i) = y_i$ gelten $L(x_i) = y_i$, $i = 0(1)n$. Für die L_k gelten die Beziehungen

$$L_k(x_i) = \begin{cases} 1 & \text{für } k = i \; , \\ 0 & \text{für } k \neq i \end{cases}$$

und allgemein

$$\begin{cases} L_k(x) = \dfrac{(x-x_0)(x-x_1)\ldots(x-x_{k-1})(x-x_{k+1})\ldots(x-x_n)}{(x_k-x_0)(x_k-x_1)\ldots(x_k-x_{k-1})(x_k-x_{k+1})\ldots(x_k-x_n)} \\[2ex] = \prod\limits_{\substack{i=0 \\ i \neq k}}^{n} \dfrac{x-x_i}{x_k-x_i} = \prod\limits_{i=0}^{n}{}' \dfrac{x-x_i}{x_k-x_i} \; ; \end{cases} \tag{7.2}$$

dabei bedeutet der Strich am Produktzeichen, daß $i \neq k$ sein muß.

Die L_k sind Polynome vom Grad n, so daß $P_n \equiv L$ ein Polynom vom Höchstgrad n ist. (7.1) ist die *Interpolationsformel von Lagrange für beliebige Stützstellen*.

ALGORITHMUS 7.1 (*Interpolationsformel von Lagrange*).

Gegeben seien n+1 Interpolationsstellen (x_i, y_i), $i = 0(1)n$; die Stützstellen x_i seien paarweise verschieden. Aufzustellen ist die Interpolationsformel von Lagrange.

1. Schritt. Ermittlung der L_k nach Formel (7.2).
2. Schritt. Aufstellen der Interpolationsformel L gemäß Formel (7.1).

Lineare Interpolation.

Für die Interpolationsstellen (x_0,y_0), (x_1,y_1) wird die Interpolationsformel von Lagrange mit dem Höchstgrad $n = 1$ bestimmt. Mit (7.2) wird

$$L_0(x) = \frac{x-x_1}{x_0-x_1}, \qquad L_1(x) = \frac{x-x_0}{x_1-x_0},$$

so daß die Interpolationsformel lautet

$$(7.3)\quad L(x) = \sum_{k=0}^{1} L_k(x)y_k = \frac{x-x_1}{x_0-x_1}\,y_0 + \frac{x-x_0}{x_1-x_0}\,y_1 = \frac{\begin{vmatrix} y_0 & x_0-x \\ y_1 & x_1-x \end{vmatrix}}{x_1 - x_0}.$$

7.2.2 FORMEL FÜR ÄQUIDISTANTE STÜTZSTELLEN.

Die Stützstellen x_i seien äquidistant mit der festen *Schrittweite* $h = x_{i+1}-x_i$, $i = 0(1)n-1$. Dann ist $x_i = x_0 + hi$, $i = 0(1)n$, es wird gesetzt

$$x = x_0 + ht, \qquad t \in [0,n].$$

Damit erhält man für (7.2)

$$L_k(x) = \prod_{\substack{i=0\\ i\neq k}}^{n} \frac{t-i}{k-i} =: \tilde{L}_k(t) = \frac{t(t-1)\ldots(t-k+1)(t-k-1)\ldots(t-n)}{k!(-1)^{n-k}(n-k)!}.$$

Die *Interpolationsformel von Lagrange für äquidistante Stützstellen* lautet somit

$$\tilde{L}(t) = \sum_{k=0}^{n} \tilde{L}_k(t)y_k = \Big(\prod_{i=0}^{n}(t-i)\Big)\Big(\sum_{k=0}^{n}\frac{(-1)^{n-k}y_k}{k!\,(n-k)!(t-k)}\Big).$$

LITERATUR zu 7.2: [2], 2.2-4; [3], 7.36; [4], 1.7; [7], 3.1-2; [14], 6; [18] Bd.2, 10.2; [20], 7.2; [25], 6.2; [30], III § 1; [32], H § 2.2; [34], 7.11; [35], 2.1.1; [38], 3.1.1; [43], § 8.6-9; [45], § 11.3; [67], S.89.

7.3 DAS INTERPOLATIONSSCHEMA VON AITKEN FÜR BELIEBIGE STÜTZSTELLEN.

Wenn zu n+1 gegebenen Interpolationsstellen (x_i,y_i) mit nicht notwendig äquidistanten Stützstellen x_i nicht das Interpolationspolynom ϕ selbst, sondern nur sein Wert $\phi(\bar{x})$ an einer Stelle $\bar{x}$ benötigt wird, so benutzt man zu dessen Berechnung zweckmäßig das Interpolationsschema von Aitken.

Den Wert $\phi(\bar{x})$ des Interpolationspolynoms findet man durch fortgesetzte Anwendung der linearen Interpolation (7.3). Das zu (x_0,y_0) und (x_1,y_1) gehörige lineare Interpolationspolynom wird mit P_{01} bezeichnet. Es gilt

$$P_{01}(x) = \frac{1}{x_1-x_0}\begin{vmatrix} y_0 & x_0-x \\ y_1 & x_1-x \end{vmatrix} .$$

Sind x_0, x_i zwei verschiedene Stützstellen, so gilt für das zugehörige lineare Interpolationspolynom P_{0i}:

$$(7.4) \qquad P_{0i}(x) = \frac{1}{x_i-x_0}\begin{vmatrix} y_0 & x_0-x \\ y_i & x_i-x \end{vmatrix} = P_{i0}(x),\ i=1(1)n,\ i \text{ fest}$$

und es sind $P_{0i}(x_0) = y_0$, $P_{0i}(x_i) = y_i$, d.h. P_{0i} löst die Interpolationsaufgabe für die beiden Wertepaare (x_0,y_0), (x_i,y_i).

Unter Verwendung zweier linearer Polynome P_{01} und P_{0i} für $i \geq 2$ werden Polynome P_{01i} vom Höchstgrad zwei erzeugt mit

$$(7.5) \qquad P_{01i}(x) = \frac{1}{x_i-x_1}\begin{vmatrix} P_{01}(x) & x_1-x \\ P_{0i}(x) & x_i-x \end{vmatrix} ,\quad i=2(1)n,\quad i \text{ fest} .$$

P_{01i} ist das Interpolationspolynom, das die Interpolationsaufgabe für die drei Interpolationsstellen (x_0,y_0), (x_1,y_1), (x_i,y_i) löst. Die fortgesetzte Anwendung der linearen Interpolation führt auf Interpolationspolynome schrittweise wachsenden Grades. Das Interpolationspolynom vom Höchstgrad n zu n+1 Interpolationsstellen erhält man durch lineare Interpolation, angewandt auf zwei verschiedene Interpolationspolynome vom Höchstgrad n-1, von denen jedes für n der gegebenen n+1 Stützstellen aufgestellt ist. Allgemein berechnet man bei bekannten Funktionswerten der Polynome $P_{012\ldots(k-1)i}$ vom Grade k-1 die Funktionswerte der Polynome $P_{012\ldots ki}$ vom Grade k nach der Formel

$$(7.6) \qquad P_{012\ldots(k-1)ki}(x) = \frac{1}{x_i-x_k}\begin{vmatrix} P_{012\ldots(k-1)k}(x) & x_k-x \\ P_{012\ldots(k-1)i}(x) & x_i-x \end{vmatrix} ,\quad \begin{array}{l} k=0(1)n-1, \\ i=(k+1)(1)n. \end{array}$$

Dabei lösen die Polynome $P_{012\ldots ki}$ vom Grade k die Interpolationsaufgabe zu den Interpolationsstellen (x_0,y_0), (x_1,y_1), …, (x_k,y_k), (x_i,y_i).

RECHENSCHEMA 7.1 (*Interpolationsschema von Aitken*).

i	x_i	y_i	$P_{0i}(\bar{x})$	$P_{01i}(\bar{x})$	$P_{012i}(\bar{x})$	...	$P_{0123...n}(\bar{x})$	$x_i-\bar{x}$
0	x_0	y_0						$x_0-\bar{x}$
1	x_1	y_1	P_{01}					$x_1-\bar{x}$
2	x_2	y_2	P_{02}	P_{012}				$x_2-\bar{x}$
3	x_3	y_3	P_{03}	P_{013}	P_{0123}			$x_3-\bar{x}$
⋮	⋮	⋮	⋮	⋮	⋮			⋮
l	x_l	y_l	P_{0l}	P_{01l}	P_{012l}			$x_l-\bar{x}$
⋮	⋮	⋮	⋮	⋮	⋮	⋱		⋮
n	x_n	y_n	P_{0n}	P_{01n}	P_{012n}	...	$P_{0123...n}$	$x_n-\bar{x}$

$P_{012...n}$ löst die Interpolationsaufgabe zu den n+1 Interpolationsstellen (x_i,y_i), $i = 0(1)n$. Im obigen Schema erhält man den Wert $P_{012...n}(\bar{x})$ an einer festen Stelle $\bar{x}$.

ALGORITHMUS 7.2 (*Interpolationsschema von Aitken*).

Gegeben sei von einer Funktion $f \in C[a,b]$ für das Stützstellensystem x_i eine Wertetabelle $(x_i,\ y_i = f(x_i))$, $i = 0(1)n$. Gesucht ist der Wert $\phi(\bar{x}) = P_{0123...n}(\bar{x})$ des zugehörigen Interpolationspolynoms an einer nichttabellierten Stelle $\bar{x} \neq x_i$, der als Näherungswert für $f(\bar{x})$ benutzt wird.

1. Schritt. In dem Rechenschema 7.1 sind zunächst für $i = 0(1)n$ die Spalte der x_i, die der y_i und die der $x_i-\bar{x}$ auszufüllen.

2. Schritt. Berechnung der $P_{0i}(\bar{x})$ nach Formel (7.4) für $i = 1(1)n$ und $x = \bar{x}$.

3. Schritt. Berechnung der $P_{01i}(\bar{x})$ nach Formel (7.5) für $i = 2(1)n$ und $x = \bar{x}$.

4. Schritt. Berechnung aller weiteren $P_{012...ki}(\bar{x})$ nach Formel (7.6) für $k = 3(1)n-1$ und $i = (k+1)(1)n$ bis zum Wert $P_{0123...n}(\bar{x}) = \phi(\bar{x})$.

Nützlich für die praktische Anwendung des Aitken-Schemas ist, daß nicht im voraus entschieden werden muß, mit wievielen Interpolationsstellen (x_i,y_i) gearbeitet wird. Es ist möglich, stufenweise neue Interpolationsstellen hinzuzunehmen, das Schema also *zeilenweise* auszufüllen. Die Stützstellen müssen nicht monoton angeordnet sein.

LITERATUR zu 7.3: [2] Bd.1, 2.2.3; [7], 3.3; [14], 8a; [18] Bd.2, 10.4.5; [19], 6.2; [20], 7.3; [25], 6.4; [29] II, 8.4; [30], III § 1.2; [32], H § 2.4; [41], S.47.

7.4 INVERSE INTERPOLATION NACH AITKEN.

Ist für eine in Form einer Wertetabelle $(x_i, y_i = f(x_i))$ vorliegende Funktion $f \in C[a,b]$ zu einem nichttabellierten Wert $\bar{y} = f(\bar{x})$ das Argument $\bar{x}$ zu bestimmen oder sind die Nullstellen einer tabellierten Funktion zu bestimmen, d.h. die zu $\bar{y} = 0$ gehörigen Argumente $\bar{x}$, so kann das Aitkenschema verwendet werden, indem man dort die Rollen von x und y vertauscht. Voraussetzung dafür ist, daß die Umkehrfunktion $x = f^{-1}(y)$ als eindeutige Funktion existiert, d.h. f in $[a,b]$ streng monoton ist. Man bestimmt dann den Wert $\bar{x} = \Phi^*(\bar{y})$ des Interpolationspolynoms Φ^* zu den Interpolationsstellen $(y_i, x_i = f^{-1}(y_i))$.

RECHENSCHEMA 7.2 (*Inverse Interpolation nach Aitken*).

i	y_i	x_i	x_{0i}	x_{01i}	...	$x_{012...n}$	$y_i - \bar{y}$
0	y_0	x_0					$y_0 - \bar{y}$
1	y_1	x_1	x_{01}				$y_1 - \bar{y}$
2	y_2	x_2	x_{02}	x_{012}			$y_2 - \bar{y}$
⋮	⋮	⋮	⋮	⋮	⋱		⋮
n	y_n	x_n	x_{0n}	x_{01n}	...	$x_{012...n}$	$y_n - \bar{y}$

Man geht nach Algorithmus 7.2 vor, indem dort x und y vertauscht, sowie P_{0i} durch x_{0i}, P_{01i} durch x_{01i} usw. ersetzt werden.

LITERATUR zu 7.4: [2] Bd.1, 2.15; [3], 7.38; [7], 3.4; [18] Bd.2, 10.6-7; [19], 6.2; [20], 7.4.

7.5 INTERPOLATIONSFORMELN VON NEWTON.

7.5.1 FORMEL FÜR BELIEBIGE STÜTZSTELLEN.

Sind n+1 Interpolationsstellen (x_i, y_i), $i = 0(1)n$, gegeben, so lautet der Ansatz für das Newtonsche Interpolationspolynom N:

$$(7.7) \quad \Phi(x) \equiv N(x) = b_0 + b_1(x-x_0) + b_2(x-x_0)(x-x_1) + \ldots + b_n(x-x_0)(x-x_1)(x-x_2)\ldots(x-x_{n-1}) .$$

Aus den Forderungen $\Phi(x_i) \equiv N(x_i) = y_i$ für $i = 0(1)n$ ergibt sich ein System von n+1 linearen Gleichungen für die n+1 Koeffizienten b_k. Mit Hilfe der dividierten Differenzen erster und höherer Ordnung

$$[x_i x_k] \quad := \frac{y_i - y_k}{x_i - x_k} \,,$$

$$[x_i x_k x_l] \quad := \frac{[x_i x_k] - [x_k x_l]}{x_i - x_l} \,,$$

$$[x_i x_k x_l x_m] := \frac{[x_i x_k x_l] - [x_k x_l x_m]}{x_i - x_m} \,, \ldots,$$

die bei jeder Permutation der paarweise verschiedenen Stützstellen unverändert bleiben ([43], S.65 f.; [45], § 11.4), ergeben sich für die gesuchten Koeffizienten die Beziehungen

$$(7.8) \quad \begin{cases} b_0 = y_0 \,, \\ b_1 = [x_1 x_0] = \dfrac{y_1 - y_0}{x_1 - x_0} \,, \\ b_2 = [x_2 x_1 x_0] = \dfrac{[x_2 x_1] - [x_1 x_0]}{x_2 - x_0} \,, \\ b_3 = [x_3 x_2 x_1 x_0] = \dfrac{[x_3 x_2 x_1] - [x_2 x_1 x_0]}{x_3 - x_0} \,, \\ \quad \vdots \\ b_n = [x_n x_{n-1} \ldots x_2 x_1 x_0] = \dfrac{[x_n x_{n-1} \ldots x_2 x_1] - [x_{n-1} x_{n-2} \ldots x_1 x_0]}{x_n - x_0} \,. \end{cases}$$

Die b_k lassen sich besonders bequem nach dem folgenden Rechenschema bestimmen, dabei ist die Reihenfolge der Stützstellen x_i beliebig.

RECHENSCHEMA 7.3.

i	x_i	y_i				
0	x_0	$y_0 = \underline{b_0}$				
			$[x_1 x_0] = \underline{b_1}$			
1	x_1	y_1		$[x_2 x_1 x_0] = \underline{b_2}$		
			$[x_2 x_1]$		$[x_3 x_2 x_1 x_0] = \underline{b_3}$	...
2	x_2	y_2		$[x_3 x_2 x_1]$	$\vdots$	
			$[x_3 x_2]$	$\vdots$		
3	x_3	y_3	$\vdots$			
$\vdots$	$\vdots$	$\vdots$				

ALGORITHMUS 7.3 (*Interpolationsformel von Newton*).

Gegeben seien n+1 Interpolationsstellen (x_i, y_i), $i = 0(1)n$. Gesucht ist das zugehörige Interpolationspolynom in der Form von Newton.

1. Schritt. Berechnung der b_k mit dem Rechenschema 7.3 unter Verwendung von (7.8).
2. Schritt. Aufstellen der Interpolationsformel $N(x)$ gemäß (7.7).

Zur Newtonschen Interpolationsformel s. [2], Bd.1, S.81ff.; [30], S.119; [38], S.52/53; [41], S.35/36; [43] § 8; [45], § 11.4.

7.5.2 FORMEL FÜR ÄQUIDISTANTE STÜTZSTELLEN.

Die Stützstellen x_i seien äquidistant mit der festen Schrittweite $h = x_{i+1}-x_i$, $i = 0(1)n-1$. Dann ist $x_i = x_0+hi$, $i = 0(1)n$, und es wird gesetzt

$$x = x_0 + ht, \qquad t \in [0,n] .$$

Für die Koeffizienten b_i in Rechenschema 7.3 führt man mit sogenannten *Differenzen* Δ_i^k eine abkürzende Schreibweise ein. Die Differenzen sind wie folgt definiert:

$$(7.9)\quad \begin{cases} \Delta_i^0 = y_i , & \\ \Delta_{i+1/2}^{k+1} = \Delta_{i+1}^k - \Delta_i^k , & k = 0,2,4,\ldots , \\ \Delta_i^{k+1} = \Delta_{i+1/2}^k - \Delta_{i-1/2}^k , & k = 1,3,5,\ldots . \end{cases}$$

Dann ist z.B.

$$\Delta_{i+1/2}^1 = y_{i+1}-y_i ,$$
$$\Delta_i^2 = \Delta_{i+1/2}^1 - \Delta_{i-1/2}^1 = y_{i+1} - 2y_i + y_{i-1} ,$$
$$\Delta_{i+1/2}^3 = \Delta_{i+1}^2 - \Delta_i^2 = y_{i+2} - 3y_{i+1} + 3y_i - y_{i-1} .$$

Die Differenzen Δ_i^k werden nach dem folgenden Rechenschema bestimmt:

RECHENSCHEMA 7.4 (*Differenzenschema*).

i	y_i	$\Delta_{i+1/2}^1$	Δ_i^2	$\Delta_{i+1/2}^3$	$\cdots$
0	y_0				
		$y_1-y_0 = \Delta_{1/2}^1$			
1	y_1		$\Delta_{3/2}^1 - \Delta_{1/2}^1 = \Delta_1^2$		
		$y_2-y_1 = \Delta_{3/2}^1$		$\Delta_{3/2}^3$	
2	y_2		$\Delta_{5/2}^1 - \Delta_{3/2}^1 = \Delta_2^2$	$\vdots$	
		$y_3-y_2 = \Delta_{5/2}^1$	$\vdots$		
3	y_3	$\vdots$			
$\vdots$	$\vdots$				

Das Schema kann beliebig fortgesetzt werden. Für die b_i gilt dann mit $h = x_{i+1} - x_i$

$$b_i = [x_i \; x_{i-1} \ldots x_1 x_0] = \frac{1}{i!h^i} \Delta^i_{i/2}, \quad i = 1(1)n,$$

und für (7.7) unter Verwendung der Binomialkoeffizienten $\binom{t}{k}$

$$N(x) = \tilde{N}(t) = y_0 + \binom{t}{1}\Delta^1_{1/2} + \binom{t}{2}\Delta^2_1 + \ldots + \binom{t}{n}\Delta^n_{n/2};$$

$N(x)$ bzw. $\tilde{N}(t)$ ist die *Newtonsche Interpolationsformel für absteigende Differenzen*, sie wird mit $N_+(x)$ bzw. $\tilde{N}_+(t)$ bezeichnet.

BEMERKUNG 7.1. Die Differenzen Δ^k_j beziehen sich hier grundsätzlich auf y-Werte, so daß statt $\Delta^k_j y$ kurz Δ^k_j geschrieben wird.

LITERATUR zu 7.5: [2] Bd.1,2.5-6; [3],7.33-34; [4],1.6; [7], 3.6; [14], 6.7; [19], 6.1; [20], 7.5; [25], 6.3; [30], III § 1.5-6; [32], H § 2.6; [35], 2.1.3; [38] 3.1.2; [41], I § 3; [43], § 9; [45], § 11.4-5; [67], 3.1.

7.6 INTERPOLATIONSFORMELN FÜR ÄQUIDISTANTE STÜTZSTELLEN MIT HILFE DES FRAZERDIAGRAMMS.

Mit Hilfe des *Frazerdiagramms* kann man eine große Anzahl verschiedener Darstellungsformen für ein und dasselbe Interpolationspolynom gewinnen. Die Begründung dafür, daß verschiedene Darstellungsformen benötigt werden, wird in Abschnitt **7.11 gegeben**. Da äquidistante Stützstellen x_i mit der Schrittweite $h = x_{i+1} - x_i$ vorliegen, wird durch $x = x_0 + ht$ eine neue Veränderliche t eingeführt. Auf die Numerierung der Stützstellen kommt es nicht an, so daß der Index i nur irgendwelche ganzen Zahlen nacheinander zu durchlaufen braucht, z.B. -3,-2,-1,0,1,2,...; t durchläuft dann das durch den kleinsten und den größten Wert von i begrenzte Intervall I.

Im Frazerdiagramm werden die durch (7.9) definierten Differenzen Δ^k_j benutzt. Ferner treten Binomialkoeffizienten $\binom{t}{k}$ auf; $\binom{t}{k}$ ist ein Polynom in t vom Grad k. Es werden die folgenden *Eigenschaften der Binomialkoeffizienten* benötigt:

$$\binom{t}{k} = \frac{t(t-1)(t-2)\ldots(t-k+1)}{k!}, \quad \binom{t}{0} = 1, \quad \binom{t}{k} = 0 \text{ für } k < 0$$

und die wichtige Identität $\binom{t+1}{k} - \binom{t}{k} = \binom{t}{k-1}$.

Im folgenden wird das Frazerdiagramm bis zur Spalte mit den vierten Differenzen angegeben; es kann analog nach oben, unten und rechts beliebig weit fortgesetzt werden.

FRAZERDIAGRAMM

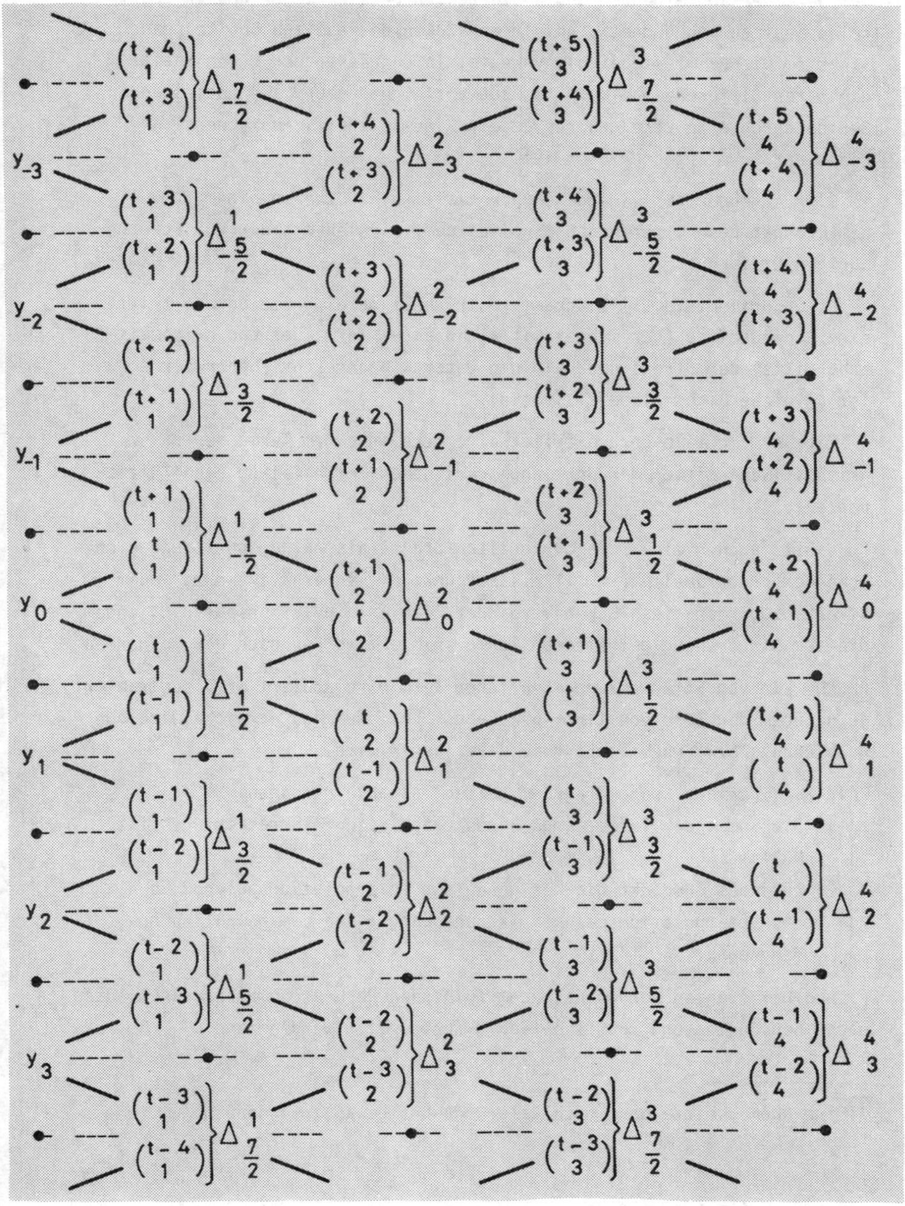

Erläuterung des Frazerdiagramms.

Das Frazerdiagramm besteht aus einem rhombischen Netz, dessen Ecken auf je einer ansteigenden und absteigenden Gerade liegen und in vertikalen Spalten angeordnet sind. In den Ecken der nullten Spalte (ganz links im Diagramm) stehen die y-Werte, in den Ecken der r-ten Spalte die r-ten Differenzen Δ^r, $r > 0$. Zur ansteigenden und zur absteigenden Gerade durch eine Ecke gehören je ein Binomialkoeffizient, der links neben der Ecke angeschrieben ist.

Eine an- oder absteigende Gerade trifft eine Ecke in einem *Term*, dem Produkt des betreffenden Binomialkoeffizienten mit der zur Ecke gehörigen Differenz.

Eine horizontale, im Diagramm gestrichelt gezeichnete Gerade trifft eine Rhombusmitte (bezeichnet mit •) in einem Term, der das arithmetische Mittel der direkt oberhalb und unterhalb angeschriebenen Terme ist (gleiche Binomialkoeffizienten).

Eine horizontale Gerade trifft eine Ecke in einem Term, der das arithmetische Mittel der dort angeschriebenen Terme ist (gleiche Differenzen).

Wählt man nun eine Ecke der nullten Spalte als Anfangspunkt und eine Ecke der r-ten Spalte ($r > 0$) als Endpunkt [1], so erhält man zu jedem Streckenzug, der diese Ecken verbindet, ein Interpolationspolynom, indem die vom Streckenzug getroffenen Terme summiert werden nach der folgenden

REGEL: Ein vom Streckenzug getroffener Term wird addiert bzw. subtrahiert, je nachdem der Term von links bzw. von rechts kommend erreicht wird oder nach rechts bzw. nach links gehend verlassen wird.

SATZ 7.2. Für das Frazerdiagramm gelten folgende Aussagen:

1. Die Summe der Terme längs eines geschlossenen Streckenzuges ist Null.
2. Zu jedem Endpunkt gibt es genau ein Interpolationspolynom, d.h. das Interpolationspolynom ist unabhängig von dem gewählten Anfangspunkt.

Die Differenzen werden nach dem folgenden Rechenschema berechnet, das nach oben, unten und rechts beliebig fortgesetzt werden kann.

[1] Eine Rhombusmitte darf nicht als Endpunkt gewählt werden.

RECHENSCHEMA 7.5 (*Differenzenschema*).

i	y_i	$\Delta^1_{i+1/2}$	Δ^2_i	$\Delta^3_{i+1/2}$	Δ^4_i
....	....				
-2	y_{-2}				
		$\Delta^1_{-3/2}$			
-1	y_{-1}		Δ^2_{-1}		
		$\Delta^1_{-1/2}$		$\Delta^3_{-1/2}$	
0	y_0		Δ^2_0		Δ^4_0
		$\Delta^1_{1/2}$		$\Delta^3_{1/2}$	
1	y_1		Δ^2_1		
		$\Delta^1_{3/2}$			
2	y_2				
....	....				

BEISPIELE. Im folgenden werden sechs Interpolationsformeln für das zu den Interpolationsstellen (x_i, y_i) für $i = -2(1)2$ gehörige Interpolationspolynom $\tilde{\Phi}(t)$ mit Hilfe des Frazerdiagramms aufgestellt. Wegen $i = -2(1)2$ liegt der Endpunkt aller Streckenzüge bei dem Term mit der Differenz Δ^4_0 und t durchläuft das Intervall $I_t = [-2,2]$.

1. Summe der Terme, die von der absteigenden Gerade durch y_{-2} getroffen werden:

$$\tilde{\Phi}(t) \equiv \tilde{N}_+(t) = y_{-2} + \binom{t+2}{1} \Delta^1_{-3/2} + \binom{t+2}{2} \Delta^2_{-1} + \binom{t+2}{3} \Delta^3_{-1/2} + \binom{t+2}{4} \Delta^4_0$$

(*Newtonsche Formel für absteigende Differenzen*).

2. Summe der Terme, die von der ansteigenden Gerade durch y_2 getroffen werden:

$$\tilde{\Phi}(t) \equiv \tilde{N}_-(t) = y_2 + \binom{t-2}{1} \Delta^1_{3/2} + \binom{t-1}{2} \Delta^2_1 + \binom{t}{3} \Delta^3_{1/2} + \binom{t+1}{4} \Delta^4_0$$

(*Newtonsche Formel für aufsteigende Differenzen*).

3. Summe der Terme, die von einem Streckenzug im Zickzack getroffen werden, der bei y_0 mit positiver Steigung beginnt:

$$\tilde{\Phi}(t) \equiv \tilde{G}_1(t) = y_0 + \binom{t}{1} \Delta^1_{-1/2} + \binom{t+1}{2} \Delta^2_0 + \binom{t+1}{3} \Delta^3_{-1/2} + \binom{t+2}{4} \Delta^4_0$$

(*1. Formel von Gauß*).

4. Summe der Terme, die von einem Streckenzug im Zickzack getroffen werden, der bei y_0 mit negativer Steigung beginnt:

$$\tilde{\Phi}(t) \equiv \tilde{G}_2(t) = y_0 + \binom{t}{1} \Delta^1_{1/2} + \binom{t}{2} \Delta^2_0 + \binom{t+1}{3} \Delta^3_{1/2} + \binom{t+1}{4} \Delta^4_0$$

(*2. Formel von Gauß*).

5. Die Summe der Terme, die von der horizontalen Gerade durch y_0 getroffen werden:

$$\tilde{\phi}(t) \equiv \tilde{S}(t) = y_0 + \frac{1}{2}\binom{t}{1}\left(\Delta^1_{1/2} + \Delta^1_{-1/2}\right) + \frac{1}{2}\Delta^2_0\left(\binom{t+1}{2} + \binom{t}{2}\right) + $$
$$+ \frac{1}{2}\binom{t+1}{3}\left(\Delta^3_{1/2} + \Delta^3_{-1/2}\right) + \frac{1}{2}\Delta^4_0\left(\binom{t+2}{4} + \binom{t+1}{4}\right)$$

(*Stirlingsche Formel*). Es gilt $\tilde{S}(t) = \frac{1}{2}\left(\tilde{G}_1(t) + \tilde{G}_2(t)\right)$.

6. Es wird noch eine weitere Formel aufgestellt, die als Summe der Terme auf der horizontalen Gerade durch die Rhombusmitte zwischen y_0 und y_1 entsteht. Diese Formel bildet insofern eine Ausnahme, als sie nicht bei Δ^4_0 enden kann, sondern schon bei $\Delta^3_{1/2}$ enden muß, da die horizontale Gerade Δ^4_0 nicht trifft.

$$\tilde{\phi}^*(t) \equiv \tilde{B}(t) = \frac{1}{2}(y_0 + y_1) + \frac{1}{2}\Delta^1_{1/2}\left(\binom{t}{1} + \binom{t-1}{1}\right) + \frac{1}{2}\binom{t}{2}\left(\Delta^2_0 + \Delta^2_1\right) + $$
$$+ \frac{1}{2}\Delta^3_{1/2}\left(\binom{t+1}{3} + \binom{t}{3}\right)$$

(*Besselsche Formel oder 3. Gaußsche Formel*). Es gilt ferner

$$\tilde{\phi}(t) = \tilde{\phi}^*(t) + \binom{t+1}{4}\Delta^4_0 .$$

Im folgenden werden die Interpolationsformeln noch in allgemeiner Form angegeben. Dazu substituiert man $x=x_j+ht$ an Stelle von $x = x_0+ht$, benutzt die Stützstellen $x_{j+i} = x_j+ih$ und beginnt mit y_j. Dann durchläuft t wieder das durch den kleinsten und den größten Wert von i begrenzte Intervall.

1. *Newtonsche Formel für absteigende Differenzen.*
Stützstellen in der Reihenfolge: $x_j, x_{j+1}, x_{j+2}, \ldots, x_{j+n}$, also $t \in [0,n]$

$$\tilde{N}_+(t) = y_j + \binom{t}{1}\Delta^1_{j+1/2} + \binom{t}{2}\Delta^2_{j+1} + \ldots + \binom{t}{n}\Delta^n_{j+n/2} .$$

2. *Newtonsche Formel für aufsteigende Differenzen.*
Stützstellen in der Reihenfolge: $x_j, x_{j-1}, x_{j-2}, \ldots, x_{j-n}$, also $t \in [-n,0]$

$$\tilde{N}_-(t) = y_j + \binom{t}{1}\Delta^1_{j-1/2} + \binom{t+1}{2}\Delta^2_{j-1} + \ldots + \binom{t+n-1}{n}\Delta^n_{j-n/2} .$$

3. *Erste Formel von Gauß.*
Stützstellen in der Reihenfolge: $x_j, x_{j-1}, x_{j+1}, x_{j-2}, x_{j+2}, \ldots$

$$\tilde{G}_1(t) = y_j + \binom{t}{1}\Delta^1_{j-1/2} + \binom{t+1}{2}\Delta^2_j + \binom{t+1}{3}\Delta^3_{j-1/2} + \binom{t+2}{4}\Delta^4_j + \ldots .$$

4. *Zweite Formel von Gauß.*
Stützstellen in der Reihenfolge: $x_j, x_{j+1}, x_{j-1}, x_{j+2}, x_{j-2}, \ldots$

$$\tilde{G}_2(t) = y_j + \binom{t}{1}\Delta^1_{j+1/2} + \binom{t}{2}\Delta^2_j + \binom{t+1}{3}\Delta^3_{j+1/2} + \binom{t+1}{4}\Delta^4_j + \ldots .$$

5. *Stirlingsche Formel.*

Die Formel von Stirling ist bei Verwendung der gleichen Stützstellen das arithmetische Mittel der beiden Formeln von Gauß.

$$\tilde{S}(t) = \tfrac{1}{2}(\tilde{G}_1(t) + \tilde{G}_2(t)) = y_j + \tfrac{1}{2}\binom{t}{1}\left(\Delta^1_{j+1/2} + \Delta^1_{j-1/2}\right) + \tfrac{1}{2}\Delta^2_j\left(\binom{t+1}{2} + \binom{t}{2}\right) +$$
$$+ \tfrac{1}{2}\binom{t+1}{3}\left(\Delta^3_{j+1/2} + \Delta^3_{j-1/2}\right) + \tfrac{1}{2}\Delta^4_j\left(\binom{t+2}{4} + \binom{t+1}{4}\right) + \ldots .$$

6. *Besselsche Formel.*

Stützstellen in der Reihenfolge (gerade Anzahl): $x_j, x_{j+1}, x_{j-1}, x_{j+2}, \ldots$

$$\tilde{B}(t) = \tfrac{1}{2}(y_j + y_{j+1}) + \tfrac{1}{2}\Delta^1_{j+1/2}\left(\binom{t}{1} + \binom{t-1}{1}\right) + \tfrac{1}{2}\binom{t}{2}\left(\Delta^2_j + \Delta^2_{j+1}\right)$$
$$+ \tfrac{1}{2}\Delta^3_{j+1/2}\left(\binom{t+1}{3} + \binom{t}{3}\right) + \ldots .$$

Jetzt stellen natürlich nur diejenigen Formeln identische Interpolationspolynome dar, die gleiche Endpunkte im Frazerdiagramm besitzen, vgl. Satz 7.2.

LITERATUR zu 7.6: [2] Bd.1,2.8; [20],7.6; [30],III § 1.9; [41], S.45; [45], § 12.

7.7 RESTGLIED DER INTERPOLATION UND AUSSAGEN ZUR ABSCHÄTZUNG DES INTERPOLATIONSFEHLERS.

Das Interpolationspolynom $\phi \in C(I_x)$, gebildet zu n+1 Interpolationsstellen $(x_i, y_i = f(x_i))$, $x_i \in I_x$, nimmt an den Stützstellen x_i die Stützwerte $f(x_i)$ an, während es i.a. an allen anderen Stellen $x \in I_x$ von $f \in C(I_x)$ abweicht. Dann ist R mit

$$R(x) = f(x) - \phi(x), \quad x \in I_x ,$$

der wahre *Interpolationsfehler*, und R heißt *Restglied der Interpolation*. Während das Restglied R also an den Stützstellen verschwindet, kann man über seinen Verlauf in I_x für $x \neq x_i$ i.a. nichts aussagen, denn man kann f an den Stellen $x \neq x_i$ beliebig ändern, ohne damit ϕ zu verändern. Ist jedoch f in I_x (n+1)-mal stetig differenzierbar, so gilt im Falle beliebiger Stützstellen

(7.10) $$R(x) = \frac{1}{(n+1)!} f^{(n+1)}(\xi)\, \pi(x) \text{ mit } \pi(x) = \prod_{i=m_1}^{m_2} (x-x_i),\ \xi = \xi(x) \in I_x ,$$

bzw. im Falle äquidistanter Stützstellen $x_i = x_0+hi$, $x=x_0+ht$, $t \in I_t$

(7.11) $$\begin{cases} R(x) = R(x_0+ht) = h^{n+1} \frac{1}{(n+1)!} f^{(n+1)}(\tilde{\xi})\, \pi^*(t) =: \tilde{R}(t) \text{ mit} \\ \pi^*(t) = \prod_{i=m_1}^{m_2} (t-i), \quad \tilde{\xi} = \tilde{\xi}(t) \in I_t ,\quad m_2-m_1 = n . \end{cases}$$

Die Untersuchung des Verlaufs von $\pi(x)$ aus (7.10) zur Abschätzung des Interpolationsfehlers ist bei beliebiger Wahl der Stützstellen in I_x recht schwierig. Im Falle äquidistanter Stützstellen erhält man für $\pi^*(t)$ aus (7.11) den in den Abbildungen 7.1 und 7.2 qualitativ angegebenen Verlauf für n = 5 und n = 6.

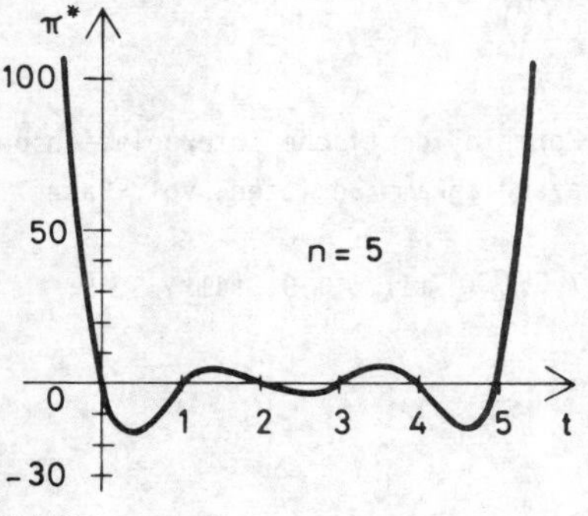

Abbildung 7.1

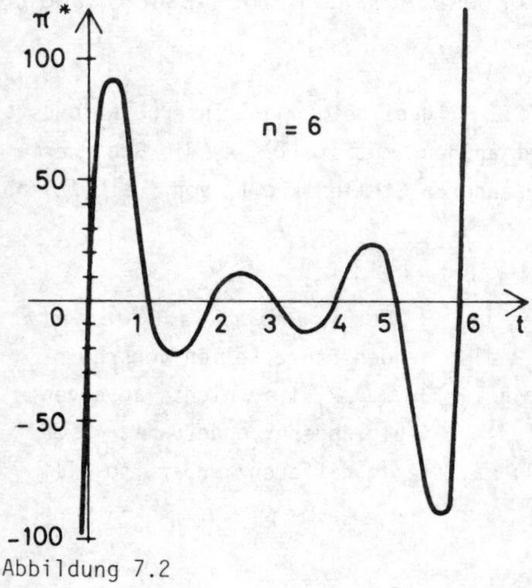

Abbildung 7.2

Die Beträge der Extremwerte von $\pi^*(t)$ nehmen bis zur Mitte des Intervalls $[0,n]$ ab und danach wieder zu, sie wachsen außerhalb dieses Intervalls stark an. Man entnimmt daraus: $\tilde{R}(t)$ wird besonders groß für Werte, die außerhalb des Interpolationsintervalls liegen (Extrapolation); das Interpolationsintervall erstreckt sich von der ersten bis zur letzten der zur Interpolation verwendeten Stützstellen. Diese Aussage ist von Bedeutung für die Auswahl der für eine bestimmte Aufgabe geeigneten Darstellungsform des Interpolationspolynoms, vgl. dazu Abschnitt 7.11.

Eine mögliche Schätzung des Restgliedes

$$R(x) = R(x_0 + th) = \tilde{R}(t)$$

für den Fall, daß auch außerhalb des Interpolationsintervalls Interpolationsstellen bekannt sind und somit die (n+1)-ten Differenzen Δ^{n+1} gebildet werden können, ist

$$\tilde{R}(t) \approx \frac{1}{(n+1)!}\,\Delta^{n+1}\,\pi^*(t),$$

falls sich die Differenzen Δ^{n+1} nur wenig voneinander unterscheiden; es ist dann gleichgültig, welche der (n+1)-ten Differenzen verwendet wird, vgl. [30], S.136/137; [45], S.218 .

Als Schätzwert mit dem Newton-Restglied für beliebige Stützstellen erhält man für den Interpolationsfehler $R(\bar{x})$ an einer Stelle $\bar{x} \in [a,b]$

$$R(\bar{x}) \approx [x_{n+1}\,,\,x_n,\,x_{n-1},\ldots,x_1,\,x_0]\prod_{i=0}^{n}(\bar{x}-x_i)\,,$$

wenn außer den für Φ verwendeten Interpolationsstellen (x_i, y_i), $i=0(1)n$, noch eine weitere Stelle (x_{n+1}, y_{n+1}) bekannt ist.

LITERATUR zu 7.7: [2] Bd.1,2.3-2.4; [7],3.2; [19], 6.3.1-2; [20], 7.7; [29] II, 8.2; [30], III, § 1.10; [45], § 11.4-5.

7.8 INTERPOLIERENDE POLYNOM-SPLINES DRITTEN GRADES.

7.8.1 PROBLEMSTELLUNG.

Von der Funktion $f \in C[a,b]$ seien an n+1 Stützstellen (Knoten) x_i die Stützwerte $y_i = f(x_i)$ gegeben. Ziel ist die Konstruktion einer möglichst "glatten" Kurve durch die vorgegebenen Punkte (x_i, y_i) mit Hilfe von Polynomsplines dritten Grades (kurz kubischen Splines). Unter der Voraussetzung

$$a = x_0 < x_1 < x_2 < \ldots < x_n = b\ ,$$

d.h. bei monotoner Anordnung der Knoten, kann die gesuchte Kurve durch eine Splinefunktion S mit $S(x) \approx f(x)$ dargestellt werden, die sich stückweise aus kubischen Polynomen P_i für $x \in [x_i, x_{i+1}]$, $i = 0(1)n-1$, zusammensetzt. Die P_i müssen dann gewissen Anschlußbedingungen genügen. Je nach Vorgabe der Randbedingungen ergeben sich die unter I. aufgelisteten verschiedenen Arten von Splinefunktionen S.

I. Arten von Splinefunktionen S auf $[a,b]$:

(i) Natürliche kubische Splines.

(ii) Periodische kubische Splines.

(iii) Kubische Splines mit not-a-knot-Randbedignung.

(iv) Verallgemeinerte natürliche kubische Splines.

(v) Kubische Splines mit vorgegebener erster Randableitung.

(iv) Kubische Splines mit vorgegebener dritter Randableitung.

II. Parametrische kubische Splines

Läßt sich die Bedingung der strengen Monotonie der Knoten nicht erfüllen, so müssen parametrische Splines verwendet werden. Hier wird die Parameterdarstellung $\{x(t), y(t)\}$ der gesuchten Kurve durch die Punkte (x_i, y_i) angenähert durch eine vektorielle Splinefunktion

$$\begin{pmatrix} S_x(t) \\ S_y(t) \end{pmatrix} \approx \begin{pmatrix} x(t) \\ y(t) \end{pmatrix}, \quad t = \text{Kurvenparameter},$$

bei der jede der Komponenten S_x, S_y eine Splinefunktion der Art I. ist. S_x ist eine zu Wertepaaren (t_i, x_i) und S_y eine zu Wertepaaren (t_i, y_i) für $i = 0(1)n$ und $t_0 < t_1 < \ldots < t_n$ ermittelte Splinefunktion. Je nach vorgegebenen Randbedingungen gehört das Paar S_x, S_y von Splinefunktionen zu einer der unter I. genannten Arten. Die Parameterwerte t_i sind i.a. näherungsweise zu ermitteln.

7.8.2 DEFINITION DER SPLINEFUNKTIONEN

Die in Abschnitt 7.8.1 unter I. genannten Splinefunktionen zu den Interpolationsstellen (x_i, y_i), $i = 0(1)n$, $n \geq 2$, mit monoton angeordneten Knoten x_i $(a = x_0 < x_1 < \ldots < x_n = b)$ werden wie folgt definiert:

(1) S ist in $[a,b]$ zweimal stetig differenzierbar.

(2) S ist in jedem Intervall $[x_i, x_{i+1}]$, $i = 0(1)n-1$, durch ein kubisches Polynom P_i gegeben.

(3) S erfüllt die Interpolationsbedingung $S(x_i) = y_i$, $i = 0(1)n$.

(4) (i) Für $x \in (-\infty, a]$ bzw. $x \in [b, \infty)$ reduziert sich S auf die Tangente an den Graphen von S an der Stelle $a = x_0$ bzw. $b = x_n$; es gilt $S''(x_0) = S''(x_n) = 0$. S heißt mit diesen Randbedingungen *natürliche kubische Splinefunktion.*

(ii) Mit den Randbedingungen $S(x_0) = S(x_n)$, $S'(x_0) = S'(x_n)$, $S''(x_0) = S''(x_n)$ heißt S *periodische kubische Splinefunktion* mit der Periode $[a,b] = [x_0, x_n]$.

(iii) Mit den Randbedingungen $P_o(x) = P_1(x)$, $P_{n-2}(x) = P_{n-1}(x)$ heißt S kubische *Splinefunktion mit not-a-knot-Bedingung*. Diese Bedingung besagt, daß die 3. Ableitung der Splinefunktion in den Knoten x_1 und x_{n-1} stetig ist. Damit sind x_1 und x_{n-1} keine "echten" Knoten der Splinefunktion ("not a knot").

(iv) Mit den Randbedingungen $S''(x_0) = \alpha$, $S''(x_n) = \beta$ heißt S *verallgemeinerte natürliche kubische Splinefunktion*.

(v) Mit den Randbedingungen $S'(x_0) = \alpha$, $S'(x_n) = \beta$ heißt S *kubische Splinefunktion mit vorgegebener erster Randableitung*.

(vi) Mit den Randbedingungen $S'''(x_0) = \alpha$, $S'''(x_n) = \beta$ heißt S *kubische Splinefunktion mit vorgegebener dritter Randableitung*.

Zur Konstruktion von S gemäß Eigenschaft (2) wird angesetzt

(7.12) $$S(x) \equiv P_i(x) := a_i + b_i(x-x_i) + c_i(x-x_i)^2 + d_i(x-x_i)^3$$
$$\text{für } x \in [x_i, x_{i+1}], \quad i = 0(1)n-1 .$$

Dieser 4-parametrige Ansatz ergibt sich aus der Forderung $S \in C^2[a,b]$, vgl. Bemerkung 7.2.

Die Eigenschaften (1) und (3) von S führen z.B. im Fall (i) zu folgenden 4n Bedingungen für die P_i:

(a) $P_i(x_i) = y_i$, $\quad i = 0(1)n$,

(b) $P_i(x_i) = P_{i-1}(x_i)$, $\quad i = 1(1)n$,

(c) $P_i'(x_i) = P_{i-1}'(x_i)$, $\quad i = 1(1)n-1$,

(d) $P_i''(x_i) = P_{i-1}''(x_i)$, $\quad i = 1(1)n$

wobei formal gesetzt wird $P_n(x_n) = a_n$, $P_n''(x_n) = 2c_n$, dazu kommen noch zwei Randbedingungen. Man hat also 4n+2 Bedingungen für die 4n+2 Koeffizienten a_i, b_i, c_i, d_i für $i = o(1)n-1$ und a_n, c_n. Analog sieht es bei den anderen Splinearten aus. Die Eigenschaft (1), aus der sich die Bedingungen (c) und (d) ergeben, stellt die stärkste Forderung an die Splinefunktion S dar. Sie bewirkt den glatten Anschluß der Polynome P_i und P_{i-1} an dem Knoten x_i, $i = 1(1)n-1$; dort haben die Graphen die benachbarten Polynome P_{i-1} und P_i die gleiche Krümmung. Diese Eigenschaft macht die Splinefunktion S besonders geeignet zur Approximation einer Funktion f, über deren Verlauf man empirisch (z.B. durch Messungen) Informationen besitzt und von der bekannt ist, daß sich ihr Verlauf zeichnerisch gut mit Hilfe eines biegsamen Kurvenlineals (Spline) beschreiben läßt.

BEMERKUNG 7.2. Die Polynom-Splines dritten Grades (zweimal stetig differenzierbar, 4-parametrig) gehören zur Klasse der Splinefunktionen von ungeradem Grad 2k-1 (k-mal stetig differenzierbar, 2k-parametrig). In besonderen Fällen benutzt man auch Splinefunktionen von geradem Grad 2k, z.B. zum flächentreuen Ausgleich von Histogrammen oder empirischen Häufigkeitsverteilungen (s. [89] u.H. Späth, ZAMM 48 (1968), S. 106/7).

Die in Abschnitt 7.8.1 unter II. genannten *parametrischen kubischen Splines* verwendet man dort, wo sich die Bedingung der strengen Monotonie der Knoten x_i nicht erfüllen läßt, z.B. bei der Interpolation von geschlossenen Kurven, von Kurven mit Doppelpunkt oder anderen Kurven, die sich nicht in expliziter Form $\eta = S(x)$ näherungsweise durch Splines der Art I. beschreiben lassen. Hier stellt man, wie bereits erwähnt, die ebene Kurve durch die Punkte (x_i, y_i), $i = 0(1)n$, parametrisch durch zwei Funktionen dar: $x = x(t)$, $y = y(t)$, t = Kurvenparameter. Dazu wählt man streng monotone Werte des Parameters $t_0 < t_1 < \ldots < t_n$ und legt durch (t_i, x_i) und (t_i, y_i), $i = 0(1)n$, jeweils einen Spline S_x bzw. S_y mit $x(t) \approx S_x(t)$ und $y(t) \approx S_y(t)$. Die Parameterwerte t_i, $i = 0(1)n$, zu den gegebenen Punkten (x_i, y_i) sind zuvor näherungweise zu berechnen. Man erhält so die vektorielle parametrische kubische Splinefunktion

$$\begin{pmatrix} S_x(t) \\ S_y(t) \end{pmatrix} \equiv \begin{pmatrix} P_{ix}(t) \\ P_{iy}(t) \end{pmatrix} \approx \begin{pmatrix} x(t) \\ y(t) \end{pmatrix} \qquad \text{für } t \in [t_i, t_{i+1}] .$$

Diese Überlegungen lassen sich entsprechend auf beliebige im R^3 gegebene Wertetripel (x_i, y_i, z_i), $i = 0(1)n$, einer Raumkurve übertragen.

7.8.3 BERECHNUNG DER KUBISCHEN SPLINEFUNKTIONEN.

I. Berechnung der folgenden Arten von Splinefunktionen S auf [a,b]:

(i) Natürliche kubische Splinefunktion.

Zur Bestimmung der Koeffizienten a_i, b_i, c_i, d_i der kubischen Polynome P_i gelten folgende Gleichungen

$$
(7.13)\quad \begin{cases}
1.\ a_i = y_i, & i = 0(1)n\,, \\
2.\ c_0 = c_n = 0\,, & \\
3.\ h_{i-1}c_{i-1}+2c_i(h_{i-1}+h_i)+h_i c_{i+1} = \frac{3}{h_i}(a_{i+1}-a_i) - \frac{3}{h_{i-1}}(a_i-a_{i-1}) & \\
\qquad\qquad \text{für } i = 1(1)n-1 \text{ mit } h_i = x_{i+1}-x_i \text{ für } i = 0(1)n-1\,, & \\
4.\ b_i = \frac{1}{h_i}(a_{i+1}-a_i) - \frac{h_i}{3}(c_{i+1}+2c_i), & i = 0(1)n-1\,, \\
5.\ d_i = \frac{1}{3h_i}(c_{i+1}-c_i)\,, & i = 0(1)n-1\,.
\end{cases}
$$

Die Gleichungen 3. in (7.13) stellen ein lineares Gleichungssystem von n-1 Gleichungen für die n-1 Unbekannten $c_1, c_2, \ldots, c_{n-1}$ dar. In der Matrixschreibweise besitzt es die Form

$$\mathfrak{A}\,\mathfrak{c} = \mathfrak{a}$$

mit

$$
\mathfrak{A} = \begin{pmatrix}
2(h_0+h_1) & h_1 & & & \\
h_1 & 2(h_1+h_2) & h_2 & & \\
& h_2 & 2(h_2+h_3) & h_3 & \\
& \ddots & \ddots & \ddots & \\
& & h_{n-3} & 2(h_{n-3}+h_{n-2}) & h_{n-2} \\
& & & h_{n-2} & 2(h_{n-2}+h_{n-1})
\end{pmatrix},
$$

$$
\mathfrak{c} = \begin{pmatrix} c_1 \\ c_2 \\ \vdots \\ c_{n-1} \end{pmatrix}, \quad
\mathfrak{a} = \begin{pmatrix}
\frac{3}{h_1}(a_2-a_1) - \frac{3}{h_0}(a_1-a_0) \\
\frac{3}{h_2}(a_3-a_2) - \frac{3}{h_1}(a_2-a_1) \\
\vdots \\
\frac{3}{h_{n-1}}(a_n-a_{n-1}) - \frac{3}{h_{n-2}}(a_{n-1}-a_{n-2})
\end{pmatrix}
$$

Eigenschaften der Matrix $\mathfrak{A}$.

Die Matrix $\mathfrak{A}$ ist tridiagonal, symmetrisch, stark diagonaldominant, positiv definit und besitzt nur positive Elemente.
Da eine tridiagonale, diagonal dominante Matrix stets invertierbar ist ($\det \mathfrak{A} \neq 0$), sind Gleichungssysteme mit solchen Matrizen stets eindeutig lösbar. Bei der numerischen Lösung sollte man den Gaußschen Algorithmus für tridiagonale Matrizen (s. Abschnitt 3,7) verwenden. Das

System ist gut konditioniert; Pivotsuche und Nachiteration sind nicht erforderlich, s. dazu Bemerkung 3.4.

(ii) Periodische kubische Splinefunktion.

Zur Bestimmung der Koeffizienten a_i, b_i, c_i, d_i der kubischen Polynome (7.12) der periodischen kubischen Splinefunktion S mit $S(x) = S(x+kp), k \in \mathbb{Z}$ und der Periode $p = b - a$ gelten folgende Gleichungen für $n \geq 3$:

(7.14)

1. $a_i = y_i\,, \quad i = 0(1)n-1\,,$
2. $a_0 = a_n\,, \quad b_0 = b_n\,, \quad c_0 = c_n\,,$
3. Gleichungssystem zur Bestimmung der c_i, $i = 1(1)n$

$\mathfrak{A}\mathfrak{c} = \mathfrak{a}$ mit

$$\mathfrak{A} = \begin{pmatrix} 2(h_0+h_1) & h_1 & & & & h_0 \\ h_1 & 2(h_1+h_2) & h_2 & & & \\ & h_2 & 2(h_2+h_3) & h_3 & & \\ & & \ddots & \ddots & \ddots & \\ & & & h_{n-2} & 2(h_{n-2}+h_{n-1}) & h_{n-1} \\ h_0 & & & & h_{n-1} & 2(h_{n-1}+h_n) \end{pmatrix},$$

$$\mathfrak{c} = \begin{pmatrix} c_1 \\ c_2 \\ \vdots \\ c_n \end{pmatrix}, \quad \mathfrak{a} = \begin{pmatrix} \frac{3}{h_1}(a_2-a_1) - \frac{3}{h_0}(a_1-a_0) \\ \frac{3}{h_2}(a_3-a_2) - \frac{3}{h_1}(a_2-a_1) \\ \vdots \\ \frac{3}{h_n}(a_{n+1}-a_n) - \frac{3}{h_{n-1}}(a_n-a_{n-1}) \end{pmatrix}$$

mit $a_{n+1} = a_1$, $a_n = a_0$, $c_n = c_0$, $h_n = h_0$, $h_i = x_{i+1}-x_i$,

4. $b_i = \frac{1}{h_i}(a_{i+1}-a_i) - \frac{h_i}{3}(c_{i+1}+2c_i)\,, \quad i = 0(1)n-1,$
5. $d_i = \frac{1}{3h_i}(c_{i+1}-c_i)\,, \quad i = 0(1)n-1.$

Für $n = 2$ hat die Matrix $\mathfrak{A}$ in (7.14) die Gestalt

$$\mathfrak{A} = \begin{pmatrix} 2(h_0+h_1) & h_0+h_1 \\ h_0+h_1 & 2(h_0+h_1) \end{pmatrix}$$

Eigenschaften der Matrix $\mathfrak{A}$.

Die Matrix $\mathfrak{A}$ ist zyklisch tridiagonal, symmetrisch, diagonal dominant, positiv definit und besitzt nur positive Elemente, d.h. $\mathfrak{A}$ ist gut konditioniert. Ein Algorithmus zur Lösung von Gleichungssystemen mit zyklisch tridiagonalen Matrizen ist in Abschnitt 3.8 angegeben.

(iii) Kubische Splines mit not-a-knot-Randbedingung

Es gelten die folgenden Bedingungen zur Bestimmung der Koeffizienten a_i, b_i, c_i, d_i der zugehörigen Splinefunktion (7.12):

(7.13')

1. $a_i = y_i, \quad i = 0(1)n$

2. $(h_0 + 2h_1)c_1 + (h_1 - h_0)c_2 = \frac{3}{h_1+h_0}\left[(a_2-a_1) - \frac{h_1}{h_0}(a_1-a_0)\right]$

   $h_{i-1}c_{i-1} + 2c_i(h_{i-1}+h_i) + h_i c_{i+1} = \frac{3}{h_i}(a_{i+1}-a_i) - \frac{3}{h_{i-1}}(a_i-a_{i-1}),$

   $\vdots \qquad i = 2(1)n-2,$

   $(h_{n-2}-h_{n-1})c_{n-2} + (2h_{n-2}+h_{n-1})c_{n-1} = \frac{3}{h_{n-1}+h_{n-2}} \cdot \left[\frac{h_{n-2}}{h_{n-1}} \cdot (a_n-a_{n-1}) - (a_{n-1}-a_{n-2}) \right]$

   mit $h_i = x_{i+1}-x_i, \quad i = 1(1)n-1$

3. $c_0 = c_1 + \frac{h_0}{h_1}(c_1 - c_2)$

   $c_n = c_{n-1} + \frac{h_{n-1}}{h_{n-2}}(c_{n-1}-c_{n-2})$

4. $b_i = \frac{1}{h_i}(a_{i+1}-a_i) - \frac{h_i}{3}(c_{i+1}+2c_i), \qquad i = 0(1)n-1,$

5. $d_i = \frac{1}{3h_i}(c_{i+1}-c_i), \qquad i = 0(1)n-1.$

(iv) Verallgemeinerte natürliche kubische Splines

Zur Berechnung der Koeffizienten a_i, b_i, c_i, d_i der zugehörigen Splinefunktion (7.12) mit den Randbedingungen $S''(x_0) = \alpha$, $S''(x_n) = \beta$ werden in den Gleichungen (7.13) 2. und 3. wie folgt geändert:

$$
(7.13'')\begin{cases}
2.\quad c_0 = \frac{\alpha}{2} \quad , \quad c_n = \frac{\beta}{2} \\
3.\quad \text{Für } i=1: \quad 2(h_0+h_1)c_1 + h_1c_2 = \frac{3}{h_1}(a_2-a_1) - \frac{3}{h_0}(a_1-a_0) - h_0\frac{\alpha}{2} \\
\quad\;\; \text{für } i=n-1: \quad h_{n-2}c_{n-2} + 2(h_{n-2}+h_{n-1})c_{n-1} = \\
\qquad = \frac{3}{h_{n-1}}(a_n-a_{n-1}) - \frac{3}{h_{n-2}}(a_{n-1}-a_{n-2}) - \frac{h_{n-1}\beta}{2}
\end{cases}
$$

(v) Kubische Splines mit vorgegebener erster Randableitung

Zur Berechnung der Koeffizienten a_i, b_i, c_i, d_i der Splinefunktion (7.12) mit den Randbedingungen $S'(x_0) = \alpha$, $S'(x_n) = \beta$ werden die Gleichungen (7.13) mit den folgenden Änderungen verwendet:

$$
(7.13''')\begin{cases}
2.\quad \text{entfällt} \\
3.\quad \text{für } i=1: \quad (\frac{3}{2}h_0 + 2h_1)c_1 + h_1c_2 = 3\left[\frac{a_2-a_1}{h_1} - \frac{1}{2}(3\frac{a_1-a_0}{h_0} - \alpha)\right] \\
\quad\;\; \text{für } i=n-1: \quad (2h_{n-2} + \frac{3}{2}h_{n-1})c_{n-1} + h_{n-2}c_{n-2} = \\
\qquad = 3\left[\frac{1}{2}(3\frac{a_n-a_{n-1}}{h_{n-1}} - \beta) - \frac{a_{n-1}-a_{n-2}}{h_{n-2}}\right] \\
\quad\;\; \text{zusätzlich:} \quad c_0 = \frac{1}{2h_0}\left(\frac{3}{h_0}(a_1-a_0) - 3\alpha - c_1h_0\right) \\
\qquad\qquad\qquad c_n = -\frac{1}{2h_{n-1}}\left(\frac{3}{h_{n-1}}(a_n-a_{n-1}) - 3\beta + c_{n-1}h_{n-1}\right)
\end{cases}
$$

(vi) Kubische Splines mit vorgegebener dritter Randableitung

Zur Berechnung der Koeffizienten a_i, b_i, c_i, d_i der Splinefunktion (7.12) mit den Randbedingungen $S'''(x_0) = \alpha$, $S'''(x_n) = \beta$ werden die Gleichungen (7.13) mit den folgenden Änderungen verwendet :

$$
(7.13'''')\begin{cases}
2.\quad \text{entfällt} \\
3.\quad i=1: \quad (3h_0+2h_1)c_1 + h_1c_2 = \frac{3}{h_1}(a_2-a_1) - \frac{3}{h_0}(a_1-a_0) + \frac{\alpha h_0^2}{2} \\
\quad\;\; i=n-1: \quad h_{n-2}c_{n-2} + (2h_{n-2}+3h_{n-1})c_{n-1} = \\
\qquad = \frac{3}{h_{n-1}}(a_n-a_{n-1}) - \frac{3}{h_{n-2}}(a_{n-1}-a_{n-2}) - \frac{\beta h_{n-1}^2}{2} \\
\quad\;\; \text{zusätzlich:} \quad c_0 = c_1 - \frac{\alpha h_0}{2} \quad , \quad c_n = c_{n-1} + \frac{\beta h_{n-1}}{2}
\end{cases}
$$

II. Berechnung der parametrischen kubischen Splines.

Es sind die Koeffizienten der Komponentenfunktionen S_x, S_y mit

$$S_x: \quad S_x(t) \equiv P_{ix}(t) = a_{ix}+b_{ix}(t-t_i)+c_{ix}(t-t_i)^2+d_{ix}(t-t_i)^3 \quad \text{für} \quad t \in [t_i, t_{i+1}]$$

$$S_y: \quad S_y(t) \equiv P_{iy}(t) = a_{iy}+b_{iy}(t-t_i)+c_{iy}(t-t_i)^2+d_{iy}(t-t_i)^3 \quad \text{für} \quad t \in [t_i, t_{i+1}]$$

je nach Vorgabe der Randbedingungen anlalog zu (i) bis (vi) unter I. zu berechnen. Dazu werden zunächst näherungsweise die zu den (x_i, y_i) gehörigen Parameterwerte t_i nach den folgenden Formeln ermittelt:

$$t_0 = 0\,, \quad t_{i+1} = t_i + \sqrt{(x_{i+1}-x_i)^2 + (y_{i+1}-y_i)^2}\,, \quad i = 0(1)n-1\,.$$

Weitere Möglichkeiten zur Bestimmung der t_i sind in [89], S. 48 angegeben. Anschließend werden im Falle natürlicher bzw. periodischer parametrischer Splines die Koeffizienten von S_x nach den Formeln (7.13)(bzw. (7.14)) bestimmt, indem die x_i durch t_i, die y_i durch x_i ersetzt werden. Zur Bestimmung der Koeffizienten von S_y sind nur die x_i durch t_i zu ersetzen, die y_i bleiben. Analog ist die Vorgehensweise in den Fällen (iii) bis (vi).

Sind im R^3 Wertetripel x_i, y_i, z_i als Koordinaten der Punkte einer Raumkurve gegeben, so sind drei Splinefunktionen S_x, S_y, S_z analog zum vorher beschriebenen ebenen Fall zu bestimmen, wobei für die t_i zu setzen ist

$$t_0 = 0, \; t_{i+1} = t_i + \sqrt{(x_{i+1}-x_i)^2+(y_{i+1}-y_i)^2+(z_{i+1}-z_i)^2}\,, \quad i = 0(1)n-1\,.$$

Die periodischen parametrischen Splines sind besonders zweckmäßig für die Darstellung von geschlossenen glatten Kurven, z.B. von Höhenlinien einer nur punktweise gegebenen konvexen Fläche.

BEMERKUNG. Zu allen hier vorgestellten Randbedingungen können die kubischen Splinefunktionen mit Hilfe des Programms SPLINE im Anhang berechnet werden. Dabei werden am linken und rechten Rand jeweils gleichartige Randbedingungen verlangt. Leicht realisierbar wäre auch der Fall, wo man links und rechts verschiedenartige Bedingungen stellt (z.B. $S''(x_0)=\alpha$, $S'''(x_n)=\beta$). Man kann aber auch die erste und zweite Ableitung in x_0 und x_n vorschreiben, s. dazu R. Wodicka, Interner Bericht des Instituts für Geometrie und Praktische Mathematik der RWTH Aachen (1977).

Konvergenz interpolierender Splines.

Im Gegensatz zur Konvergenz bei der Interpolation ist die Konvergenz interpolierender Splines gegen die anzunähernde Funktion immer gewährleistet, s. [1], S. 27; [35], 2.43;[41], S. 168/169.

Fehlerabschätzungen.

Über Fehlerabschätzungen s. [35], I, S. 86; [41], II, S. 169.

BEMERKUNG 7.3. Die Splinefunktionen lassen sich neben der dargestellten Verwendung zur Interpolation auch zur Approximation benutzen. Will man nämlich vorgegebene Punkte nicht durch glatte Kurven *verbinden*, sondern durch glatte Kurven möglichst gut *ausgleichen* (sinnvoll z.B. bei Meßwerten, die mit Fehlern behaftet sind), so arbeitet man mit Ausgleichsfunktionen. Hat man Anhaltspunkte für ein mögliches Modell der anzunähernden Kurve, so sollte man die Fehlerquadratmethode benutzen (s. Abschnitt 6.2.2). Existiert jedoch keine Modellvorstellung, so verwendet man zweckmäßig *Ausgleichssplines* , s. dazu Abschnitt 7.10 und [79], 6;[89], S. 74/85;[90];[20], S. 235 ff.;[115]. Weitere Literatur über Splines höheren Grades, rationale Splines, verallgemeinerte kubische Splines (4-parametrige Splines mit nichtpolynomialen Ansatzfunktionen) s.[1];[12];[31],II.; [79];[80];[89].

LITERATUR zu 7.8: [1];[12];[14],9;[31], Bd.II,8;[32], H §4;[35], 2.4; [38], III;[41], III;[47];[78];[79];[80];[89];[90], 1.7,[78 b].

7.9 HERMITE-SPLINES FÜNFTEN GRADES.

Von der Funktion f seien an $n+1$ Stützstellen x_i neben den Funktionswerten $y_i = f(x_i)$ auch die Steigungen $y_i' = y'(x_i)$ gegeben, d.h. es liegen $n+1$ Wertetripel (x_i, y_i, y_i') für $i = 0(1)n$ vor. Hier läßt sich durch Hermite-Splines eine besonders gute Anpassung erreichen, denn es ist jetzt das Ziel die Konstruktion einer möglichst "glatten" Kurve durch die vorgegebenen Punkte (x_i, y_i) mit den Steigungen y_i' mit Hilfe von Polynomsplines fünften Grades (Hermite Splines). Unter der Voraussetzung monotoner Anordnung der x_i

$$a = x_0 < x_1 < \ldots < x_n = b$$

kann die gesuchte Kurve durch eine Splinefunktion S mit $S(x) \approx f(x)$ dargestellt werden, die sich stückweise aus Polynomen P_i fünften Grades für

$x \in [x_i, x_{i+1}]$, $i = 0(1)n-1$, zusammensetzt.

Die P_i müssen dann gewissen Randbedingungen genügen, und es ergeben sich je nach Vorgabe der Randbedingungen die unter I. aufgeführten verschiedenen Arten von Hermite-Splinefunktionen S. Läßt sich die Bedingung der strengen Monotonie der Knoten x_i nicht erfüllen, so müssen auch hier parametrische Hermite-Splines verwendet werden, s. dazu auch Abschnitt 7.8.1 unter II.. Die parametrischen Hermite-Splines mit verschiedenen Randbedingungen sind unter II. in diesem Abschnitt angegeben.

I. Arten von Hermite-Splinefunktionen und ihre Berechnung

Gesucht ist auf $[a,b] = [x_0, x_n]$ eine Splinefunktion S mit den Eigenschaften:

(1) S ist in $[a,b]$ dreimal stetig differenzierbar.

(2) S ist in jedem Intervall $[x_i, x_{i+1}]$ für $i = 0(1)n-1$ durch ein Polynom P_i fünften Grades gegeben.

(3) S erfüllt die Interpolationsbedingung $S(x_i) = y_i, S'(x_i) = y'_i$, $i = 0(1)n$.

(4) Es sei eine der folgenden Randbedingungen (i) bis (v) vorgegeben:

(i) $S''(x_0) = S''(x_n) = 0$, dann heißt S eine *natürliche Hermite-Splinefunktion*.

(ii) $S(x_0) = S(x_n)$, $S'(x_0) = S'(x_n)$, $S''(x_0) = S''(x_n)$, $S'''(x_0) = S'''(x_n)$, dann heißt S eine *periodische Hermite-Splinefunktion*.

(iii) $y''(x_0) = y''_0$, $y''(x_n) = y''_n$.

(iv) Krümmungsradien r_0 und r_n an den Stellen x_0 bzw. x_n

(v) $y'''(x_0) = y'''_0$, $y'''(x_n) = y'''_n$.

Zur Konstruktion von S gemäß Eigenschaft (2) wird angesetzt

$$S(x) \equiv P_i(x) := a_i + b_i(x-x_i) + c_i(x-x_i)^2 + d_i(x-x_i)^3 + e_i(x-x_i)^4 + f_i(x-x_i)^5 ,$$

$$x \in [x_i, x_{i+1}] , \quad i = 0(1)n-1 . \tag{7.15}$$

Der 6-parametrige Ansatz ergibt sich aus der Forderung $S \in C^3[a,b]$. Die Eigenschaften (1) und (3) von S führen zu folgenden Bedingungen für die P_i:

(a) $P_i(x_i) = y_i$, $i=0(1)n$, (d) $P'_i(x_i) = P'_{i-1}(x_i)$, $i=1(1)n-1$,

(b) $P'_i(x_i) = y'_i$, $i=0(1)n$, (e) $P''_i(x_i) = P''_{i-1}(x_i)$, $i=1(1)n-1$,

(c) $P_i(x_i) = P_{i-1}(x_i)$, $i=1(1)n$, (f) $P'''_i(x_i) = P'''_{i-1}(x_i)$, $i=1(1)n-1$,

wobei formal $P_n(x_n) = a_n$, $P'_n(x_n) = b_n$ gesetzt wird.

Zur Bestimmung der Koeffizienten $a_i, b_i, c_i, d_i, e_i, f_i$ der Polynome P_i (7.15) sind für die *nichtperiodischen Hermite-Splines* mit den Randbedingungen (i),(iii),(iv) und (v) die folgenden Gleichungen in der angegebenen Reihenfolge auszuwerten:

(1) $a_i = y_i$, $b_i = y'_i$ für $i = 0(1)n$

(2) (i) $c_0 = c_n = 0$

(iii) $c_0 = \frac{1}{2} y''_0$, $c_n = \frac{1}{2} y''_n$

(iv) $c_0 = (1+b_0^2)^{3/2}/2r_0$, $c_n = (1+b_n^2)^{3/2}/2r_n$

(v) $$c_0 = \frac{1}{3}\left[\frac{10(a_1-a_0)}{h_0^2} - \frac{2(2b_1+3b_0)}{h_0} - \frac{y'''_0 \cdot h_0}{6} + c_1\right]$$

$$c_n = \frac{1}{3}\left[\frac{10(a_{n-1}-a_n)}{h_{n-1}^2} + \frac{2(2b_{n-1}+3b_n)}{h_{n-1}} + \frac{y'''_n \cdot h_{n-1}}{6} + c_{n-1}\right]$$

(3) Gleichungssysteme für $c_1, c_2, \ldots, c_{n-1}$ mit $h_i = x_{i+1} - x_i$:

$$3\left(\frac{\alpha}{h_0} + \frac{1}{h_1}\right)c_1 - \frac{1}{h_1}c_2 = 10\left[\frac{a_2-a_1}{h_1^3} - \frac{a_1-a_0}{h_0^3}\right] + 4\left[\frac{b_0}{h_0^2} - \frac{3}{2}\left(\frac{1}{h_1^2} - \frac{1}{h_0^2}\right)\cdot b_1 - \frac{b_2}{h_1^2}\right] + \beta_1$$

$$-\frac{1}{h_{i-1}}c_{i-1} + 3\left(\frac{1}{h_{i-1}} + \frac{1}{h_i}\right)c_i - \frac{1}{h_i}c_{i+1} = 10\left[\frac{a_{i+1}-a_i}{h_i^3} - \frac{a_i-a_{i-1}}{h_{i-1}^3}\right] + 4\left[\frac{b_{i-1}}{h_{i-1}^2} - \frac{3}{2}\left(\frac{1}{h_i^2} - \frac{1}{h_{i-1}^2}\right)b_i - \frac{b_{i+1}}{h_i^2}\right] \text{ für } i=2(1)n-2$$

$$-\frac{1}{h_{n-2}}c_{n-2} + 3\left(\frac{1}{h_{n-2}} + \frac{\alpha}{h_{n-1}}\right)c_{n-1} = 10\left[\frac{a_n-a_{n-1}}{h_{n-1}^3} - \frac{a_{n-1}-a_{n-2}}{h_{n-2}^3}\right] + 4\left[\frac{b_{n-2}}{h_{n-2}^2} - \frac{3}{2}\left(\frac{1}{h_{n-1}^2} - \frac{1}{h_{n-2}^2}\right)b_{n-1} - \frac{b_n}{h_{n-1}^2}\right] + \beta_2$$

(7.16) Dabei sind die Größen α, β_1 und β_2 je nach Wahl der Randbedingungen (RB) (i), (iii),(iv),(v) wie folgt zu setzen:

$$\alpha = \begin{cases} 1 & \text{für RB (i),(iii),(iv)} \\ 8/9 & \text{für RB (v)} \end{cases}$$

$$\beta_1 = \begin{cases} 0 & \text{für RB (i)} \\ y_0''/2h_0 & \text{für RB (iii)} \\ (1+b_0^2)^{3/2}/2h_0 r_0 & \text{für RB (iv)} \\ \frac{10}{3h_0^3}(a_1-a_0) - \frac{2}{3h_0^2}(2b_1+3b_0) - \frac{y_0'''}{18} & \text{für RB(v)} \end{cases}$$

$$\beta_2 = \begin{cases} 0 & \text{für RB (i)} \\ y_n''/2h_{n-1} & \text{für RB (iii)} \\ (1+b_n^2)^{3/2}/2h_{n-1} r_n & \text{für RB (iv)} \\ -\frac{10}{3h_{n-1}^3}(a_n-a_{n-1}) + \frac{2}{3h_{n-1}^2}(3b_n+2b_{n-1}) + \frac{y_n'''}{18} & \text{für RB (v)} \end{cases}$$

(4) $$d_i = \frac{10}{h_i^3}(a_{i+1}-a_i) - \frac{2}{h_i^2}(2b_{i+1}+3b_i) + \frac{1}{h_i}(c_{i+1}-3c_i)\ , \quad i=0(1)n-1$$

$$d_n = d_{n-1} - \frac{2}{h_{n-1}^2}(b_n-b_{n-1}) + \frac{2}{h_{n-1}}(c_n+c_{n-1})$$

(5) $$e_i = \frac{1}{2h_i^3}(b_{i+1}-b_i) - \frac{1}{h_i^2}c_i - \frac{1}{4h_i}(d_{i+1}+5d_i)\ , \quad i=0(1)n-1$$

(6) $$f_i = \frac{1}{10h_i^3}(c_{i+1}-c_i-3d_ih_i-6e_ih_i^2)\ , \quad i=0(1)n-1$$

Das System 3. in (7.16) ist ein lineares Gleichungssystem für n-1 Koeffizienten $c_1, c_2, \ldots, c_{n-1}$; es hat die Form $\mathfrak{A}\mathfrak{c} = \mathfrak{r}$

mit

$$\mathfrak{A} = \begin{pmatrix} 3\left(\frac{\alpha}{h_0}+\frac{1}{h_1}\right) & -\frac{1}{h_1} & & & \\ -\frac{1}{h_1} & 3\left(\frac{1}{h_1}+\frac{1}{h_2}\right) & -\frac{1}{h_2} & & \\ & \ddots & \ddots & \ddots & \\ & & -\frac{1}{h_{n-3}} & 3\left(\frac{1}{h_{n-3}}+\frac{1}{h_{n-2}}\right) & -\frac{1}{h_{n-2}} \\ & & & -\frac{1}{h_{n-2}} & 3\left(\frac{1}{h_{n-2}}+\frac{\alpha}{h_{n-1}}\right) \end{pmatrix}$$

$$\mathfrak{c} = \begin{pmatrix} c_1 \\ c_2 \\ \cdot \\ \cdot \\ \cdot \\ \cdot \\ \cdot \\ c_{n-1} \end{pmatrix} \quad \mathfrak{a} = \begin{pmatrix} 10\left[\dfrac{a_2-a_1}{h_1^3} - \dfrac{a_1-a_0}{h_0^3}\right] + 4\left[\dfrac{b_0}{h_0^2} - \dfrac{3}{2}\left(\dfrac{1}{h_1^2} - \dfrac{1}{h_0^2}\right)\cdot b_1 - \dfrac{b_2}{h_1^2}\right] + \beta_1 \\ 10\left[\dfrac{a_3-a_2}{h_2^3} - \dfrac{a_2-a_1}{h_1^3}\right] + 4\left[\dfrac{b_1}{h_1^2} - \dfrac{3}{2}\left(\dfrac{1}{h_2^2} - \dfrac{1}{h_1^2}\right)\cdot b_2 - \dfrac{b_3}{h_2^2}\right] \\ \vdots \\ 10\left[\dfrac{a_n-a_{n-1}}{h_{n-1}^3} - \dfrac{a_{n-1}-a_{n-2}}{h_{n-2}^3}\right] + 4\left[\dfrac{b_{n-2}}{h_{n-2}^2} - \dfrac{3}{2}\left(\dfrac{1}{h_{n-1}^2} - \dfrac{1}{h_{n-2}^2}\right)\cdot b_{n-1} - \dfrac{b_n}{h_{n-1}^2}\right] + \beta_2 \end{pmatrix}$$

Eigenschaften der Matrix $\mathfrak{A}$.

Die Matrix $\mathfrak{A}$ ist tridiagonal, symmetrisch, stark diagonal dominant, besitzt positive Hauptdiagonalelemente und negative, von Null verschiedene Nebendiagonalelemente; sie ist also positiv definit. Das Gleichungssystem ist folglich eindeutig lösbar nach der in Abschnitt 3.7 beschriebenen Methode. Pivotisierung und Nachiteration sind überflüssig.

Zur Bestimmung der Koeffizienten $a_i, b_i, c_i, d_i, e_i, f_i$ der Polynome P_i (7.15) der *periodischen Hermite-Splines* mit den Randbedingungen (4)(ii) sind die folgenden Gleichungen in der angegebenen Reihenfolge auszuwerten:

(7.16')

(1) $a_i = y_i \;,\; b_i = y_i'$ für $i = 0(1)n$

(2) $c_0 = c_n \,,\; c_1 = c_{n+1} \,,\; a_1 = a_{n+1},\; b_1 = b_{n+1} \,,\; h_0 = h_n$

(3) Gleichungssystem für $c_1, c_2, \ldots, c_n$ mit $h_i = x_{i+1} - x_i$:

$$3\left(\frac{1}{h_0}+\frac{1}{h_1}\right)c_1 - \frac{1}{h_1}c_2 - \frac{1}{h_0}c_n = 10\left[\frac{a_2-a_1}{h_1^3} - \frac{a_1-a_0}{h_0^3}\right] + $$
$$+ 4\left[\frac{b_0}{h_0^3} - \frac{3}{2}\left(\frac{1}{h_1^2}-\frac{1}{h_0^2}\right)b_1 - \frac{b_2}{h_1^2}\right] +$$

$$-\frac{1}{h_{i-1}}c_{i-1} + 3\left(\frac{1}{h_{i-1}}+\frac{1}{h_i}\right)c_i - \frac{1}{h_i}c_{i+1} = 10\left[\frac{a_{i+1}-a_i}{h_i^3} - \frac{a_i-a_{i-1}}{h_{i-1}^3}\right] +$$
$$+ 4\left[\frac{b_{i-1}}{h_{i-1}^3} - \frac{3}{2}\left(\frac{1}{h_i^2}-\frac{1}{h_{i-1}^2}\right)b_i - \frac{b_{i+1}}{h_i^2}\right] \;,\quad i = 2(1)n-1$$

$$-\frac{1}{h_0}c_1-\frac{1}{h_{n-1}}c_{n-1}+3\left(\frac{1}{h_{n-1}}+\frac{1}{h_0}\right)c_n=10\left[\frac{a_1-a_n}{h_0^3}-\frac{a_n-a_{n-1}}{h_{n-1}^3}\right]+$$

$$+4\left[\frac{b_{n-1}}{h_{n-1}^3}-\frac{3}{2}\left(\frac{1}{h_0^2}-\frac{1}{h_{n-1}^2}\right)b_n-\frac{b_1}{h_0^2}\right]$$

(4) $$d_i=\frac{10}{h_i^3}(a_{i+1}-a_i)-\frac{2}{h_i^2}(2b_{i+1}+3b_i)+\frac{1}{h_i}(c_{i+1}-3c_i)\ ,\quad i=0(1)n-1$$

$$d_n=d_{n-1}-\frac{2}{h_{n-1}^2}(b_n-b_{n-1})+\frac{2}{h_{n-1}}(c_n+c_{n-1})$$

(5) $$e_i=\frac{1}{2h_i^3}(b_{i+1}-b_i)-\frac{1}{h_i^2}c_i-\frac{1}{4h_i}(d_{i+1}+5d_i),\quad i=0(1)n-1$$

(6) $$f_i=\frac{1}{10h_i^3}(c_{i+1}-c_i-3d_ih_i-6e_ih_i^2)\ ,\quad i=0(1)n-1$$

Das System 3. in (7.16') ist ein lineares Gleichungssystem von n Gleichungen für die n Unbekannten $c_1,c_2,\ldots,c_n$ mit einer zyklisch tridiagonalen, symmetrischen, stark diagonal dominanten Matrix mit positiven Hauptdiagonalelementen und negativen, von Null verschiedenen Elementen außerhalb der Hauptdiagonalen; die Matrix ist positiv definit. Das System sollte nach dem Gaußschen Algorithmus für zyklisch tridiagonale Matrizen gemäß Abschnitt 3.8 gelöst werden.

II. Parametrische Hermite-Splines

Sind Wertetripel (x_i,y_i,y_i'), $i=0(1)n$ einer Kurve C gegeben, die x_i aber nicht streng monoton angeordnet, so wird näherungsweise eine Parameterdarstellung $\{x(t),y(t)\}\approx\{S_x(t),S_y(t)\}$ von C ermittelt, indem die Hermite-Splinefunktion S_x und S_y zu den Wertetripeln $(t_i,x_i,\dot{x}_i)$ bzw. $(t_i,y_i,\dot{y}_i)$ gemäß I. berechnet werden mit monoton angeordneten Parameterwerten t_i; ihre Berechnung erfolgt gemäß Abschnitt 7.8.3. Die $\dot{x}_i,\dot{y}_i$ sind nur aus den vorgegebenen y_i', $i=0(1)n$, wegen $\dot{x}_i^2+\dot{y}_i^2=1$ und $y_i'=\dot{y}_i/\dot{x}_i$ wie folgt zu ermitteln:

(7.17) $$\begin{cases}\dot{x}_i=\dfrac{\sigma_i}{+\sqrt{1+y_i'^2}} & \text{mit}\begin{cases}\sigma_i=\operatorname{sgn}(\mathfrak{r}_{i+1}-\mathfrak{r}_i)^T\dot{\mathfrak{r}}_{i+} & \text{für } i=0(1)n-1\ ,\\ \sigma_i=\operatorname{sgn}(\mathfrak{r}_n-\mathfrak{r}_{n-1})^T\dot{\mathfrak{r}}_{n+} & \text{für } i=n\ ,\end{cases}\\[2ex] \dot{y}_i=\dot{x}_i\,y_i' & \text{für } i=0(1)n\ ,\end{cases}$$

mit den Bezeichnungen

$$\mathfrak{r}_i := \begin{pmatrix} x_i \\ y_i \end{pmatrix} \quad , \quad \dot{\mathfrak{r}}_i := \begin{pmatrix} \dot{x}_i \\ \dot{y}_i \end{pmatrix} , \dot{\mathfrak{r}}_{i+} := \begin{pmatrix} |\dot{x}_i| \\ |\dot{x}_i|\; y_i' \end{pmatrix} .$$

Das Vorzeichen σ_i von $\dot{x}_i$ wurde so bestimmt, daß der von $(\mathfrak{r}_{i+1} - \mathfrak{r}_i)$ und $\dot{\mathfrak{r}}_i$ eingeschlossene Winkel immer $< \pi/2$ ist, d.h. für das Skalarprodukt $(\mathfrak{r}_{i+1} - \mathfrak{r}_i)^T \dot{\mathfrak{r}}_i > 0$ gilt. Falls für ein festes i das Skalarprodukt $(\mathfrak{r}_{i+1} - \mathfrak{r}_i)^T \dot{\mathfrak{r}}_{i+}$ verschwindet, wird $\sigma_i = \operatorname{sgn}(\mathfrak{r}_i - \mathfrak{r}_{i-1})^T \dot{\mathfrak{r}}_{i+}$ gewählt, sofern $(\mathfrak{r}_i - \mathfrak{r}_{i-1})^T \dot{\mathfrak{r}}_{i+} \neq 0$ gilt, andernfalls ist das Problem nicht eindeutig. Ebenfalls nicht eindeutig ist die Vorgabe von $\mathfrak{r}_0, \mathfrak{r}_1$ und y_0', wenn $(\mathfrak{r}_1 - \mathfrak{r}_0)^T \dot{\mathfrak{r}}_{0+} = 0$ gilt.

Im Falle einer vertikalen Tangente wird gesetzt: $\dot{\mathfrak{r}}_{i+} = \begin{pmatrix} 0 \\ 1 \end{pmatrix}$ mit $\dot{\mathfrak{r}}_i = \sigma_i \dot{\mathfrak{r}}_{i+}$

Berechnung der parametrischen Hermite-Splines.

Die Berechnung der Splinefunktionen S_x bzw. S_y erfolgt nun analog zu I. Dabei wird S_x zu den Wertetripeln $(t_i, x_i, \dot{x}_i)$ und S_y zu den Wertetripeln $(t_i, y_i, \dot{y}_i)$ berechnet. Die $\dot{x}_i, \dot{y}_i$ sind aus den y_i' wie zuvor beschrieben zu ermitteln. Als Randbedingungen können hier vorgegeben werden:

(1) natürliche Randbedingungen
(2) periodische Randbedingungen
(3) y_0'' , y_n'' .
(4) $(\ddot{x}_0, \ddot{y}_0)$, $(\ddot{x}_n, \ddot{y}_n)$.
(5) Krümmungsradien r_o, r_n .
(6) $(\dddot{x}_0, \dddot{y}_0)$, $(\dddot{x}_n, \dddot{y}_n)$.

Die Splinefunktionen S_x und S_y mit den Randbedingungen (1) oder (2) oder ... oder (6) werden wie folgt berechnet:

Zu (1) S_x, S_y sind natürlich. Die Berechnung von S_x zu den Wertetripeln $(t_i, \dot{x}_i, x_i)$ erfolgt nach den Formeln (7.16) mit (i), indem in den Formeln x_i durch t_i , y_i durch x_i, y_i' durch $\dot{x}_i$ ersetzt wird. Die Berechnung von S_y zu den Wertetripeln $(t_i, y_i, \dot{y}_i)$ erfolgt nach den Formeln (7.16) mit (i), indem in den Formeln x_i durch t_i, y_i' durch $\dot{y}_i$ ersetzt wird, y_i bleibt.

Zu (2) S_x, S_y sind periodisch. Die Berechnung von S_x erfolgt nach den Formeln (7.16'), in den Formeln ist zunächst x_i durch t_i , y_i durch x_i und' y_i' durch $\dot{x}_i$ zu ersetzen. Die Berechnung von S_y erfolgt nach den Formeln (7.16') mit t_i statt x_i, y_i bleibt, $\dot{y}_i$ statt y_i'.

Zu (3) Berechnung von S_x gemäß (7.16)(iii), dort ist t_i statt x_i, x_i statt y_i, $\dot{x}_i$ statt y_i' zu setzen, und es sind die Randbedingungen $\ddot{x}_0 = 1$, $\ddot{x}_n = 1$ statt y_0'', y_n'' zu verwenden, wobei $\dot{x}_o, \dot{x}_n \neq 0$ sei. Berechnung von S_y gemäß (7.16)(iii) mit t_i statt x_i, y_i bleibt, $\dot{y}_i$ statt y_i' und den Randbedingungen $\ddot{y}_0, \ddot{y}_n$ statt y_0'', y_n''. Dabei werden $\ddot{y}_0, \ddot{y}_n$ wie folgt berechnet:

$$\ddot{y}_0 = \frac{1}{\dot{x}_0}\left(\dot{x}_0^3\, y_0'' + \dot{y}_0\right) \quad , \quad \ddot{y}_n = \frac{1}{\dot{x}_n}\left(\dot{x}_n^3\, y_n'' + \dot{y}_n\right)$$

Zu (4) Berechnung von S_x gemäß (7.16)(iii) mit t_i statt x_i, x_i statt y_i, $\dot{x}_i$ statt y_i', $\ddot{x}_0$ statt y_0'' und $\ddot{x}_n$ statt y_n''. Berechnung von S_y gemäß (7.16)(iii), indem dort t_i statt x_i, $\dot{y}_i$ statt y_i', $\ddot{y}_0$ statt y_0'' und $\ddot{y}_n$ statt y_n'' gesetzt wird.

Zu (5) Die Berechnung S_x erfolgt gemäß (7.16)(iii), dort ist t_i statt x_i, x_i statt y_i, $\dot{x}_i$ statt y_i', $\ddot{x}_0$ statt y_0'', $\ddot{x}_n$ statt y_n'' zu setzten. Dabei werden $\ddot{x}_0, \ddot{x}_n$ wie folgt ermittelt

$$\ddot{x}_0 = \begin{cases} -\dfrac{1}{r_0\dot{y}_0} & \text{für } \dot{x}_0 = 0 \\ 1 & \text{sonst.} \end{cases}$$

$$\ddot{x}_n = \begin{cases} -\dfrac{1}{r_n\dot{y}_n} & \text{für } \dot{x}_n = 0 \\ 1 & \text{sonst.} \end{cases}$$

Die Berechnung von S_y erfolgt gemäß (7.16)(iii) mit t_i statt x_i, y_i bleibt, $\dot{y}_i$ statt y_i', $\ddot{y}_0$ statt y_0'', $\ddot{y}_n$ statt y_n''. Dabei sind $\ddot{y}_0$ und $\ddot{y}_n$ aus den folgenden Formeln zu berechnen:

$$\ddot{y}_0 = \begin{cases} 1 & \text{für } \dot{x}_0 = 0\,, \\ \dfrac{1}{\dot{x}_0}\left(\dfrac{1}{r_0} + \dot{y}_0\right) & \text{sonst.} \end{cases}$$

$$\ddot{y}_n = \begin{cases} 1 & \text{für } \dot{x}_n = 0\,, \\ \dfrac{1}{\dot{x}_n}\left(\dfrac{1}{r_n} + \dot{y}_n\right) & \text{sonst.} \end{cases}$$

Zu (6) Die Berechnung von S_x erfolgt nach den Formeln (7.16)(v) mit t_i statt x_i, x_i statt y_i, $\dot{x}_i$ statt y_i', $\dddot{x}_0$ statt y_0''' und $\dddot{x}_n$ statt y_n'''.
Die Berechnung von S_y wird nach den Formeln (7.16)(v) mit t_i statt x_i, y_i bleibt, $\dot{y}_i$ statt y_i', $\dddot{y}_0$ statt y_0''', $\dddot{y}_n$ statt y_n''' vorgenommen.

BEMERKUNG. Im Programmteil sind zu allen hier aufgeführten Arten von Hermite-Splines Programme zu finden.

BEMERKUNG. Bei Vorgabe anderer Randbedingungen müssen die Formeln entsprechend umgerechnet werden. Die Formeln für den Fall der Vorgabe von Wertequadrupeln (x_i, y_i, y_i', y_i'') sind in [89], S. 55 ff. zu finden.

LITERATUR zu 7.9: [1], IV; [79],5.2; [89],S. 52 ff.

7.10 POLYNOMIALE AUSGLEICHSSPLINES DRITTEN GRADES.

Von der Funktion $f \in C[a,b]$ seien an $n+1$ Stützstellen x_i, für die $a = x_0 < x_1 < \ldots < x_n = b$ gelte, die Stützwerte $f(x_i) = u_i$ gegeben. Sind die u_i durch Messungen gewonnen, die i.a. mit Fehlern behaftet sind, so macht die Streuung der u_i eine vernünftige Annäherung mit Hilfe von Interpolation unmöglich; man benötigt eine fehlerausgleichende Ersatzfunktion S, deren Graph möglichst glatt durch den Punkthaufen (x_i, u_i) verläuft.

PRINZIP DES VERFAHRENS.

Wir legen eine interpolierende polynomiale Splinefunktion S dritten Grades durch noch unbekannte Ordinatenwerte y_i derart, daß die Differenzen $u_i - y_i$ positiv proportional den Sprüngen r_i der dritten Ableitung der Splinefunktion S in x_i sind. Dann ist S durch folgende Eigenschaften definiert:

(1) S ist in $[a,b]$ zweimal stetig differenzierbar.

(2) S ist in jedem Intervall $[x_i, x_{i+1}]$, $i = 0(1)n-1$, durch ein kubisches Polynom P_i gegeben.

(3) $S(x_i) = y_i$, $i = 0(1)n$.

(4) $w_i(u_i-y_i)=r_i$, $i=0(1)n$, $w_i>0$, w_i = Proportionalitätsfaktoren (Gewichte) mit

$$r_0 = P_0'''(x_0)$$
$$r_i = P_i'''(x_i) - P_{i-1}'''(x_i), \quad i=1(1)n-1,$$
$$r_n = -P_{n-1}'''(x_n).$$

Zur Konstruktion von S gemäß (2) wird angesetzt:

$$S(x) \equiv P_i(x) = a_i + b_i(x-x_i) + c_i(x-x_i)^2 + d_i(x-x_i)^3$$
$$\text{für } x \in [x_i, x_{i+1}], \qquad i=0(1)n-1.$$

Zur Bestimmung der Koeffizienten a_i, b_i, c_i, d_i der kubischen Polynome P_i gelten folgende Gleichungen:

1. $c_0 = c_n = 0$ (natürliche Splines).
2. Gleichungssysteme zur Bestimmung der $c_1, c_2, \ldots, c_{n-1}$:

$$\begin{aligned}
&+\left(\frac{6}{w_{i-1}}\cdot\frac{1}{h_{i-2}}\cdot\frac{1}{h_{i-1}}\right)c_{i-2} + \\
&+\left(h_{i-1} - \frac{6}{w_{i-1}}\cdot\frac{1}{h_{i-1}}\left(\frac{1}{h_{i-2}}+\frac{1}{h_{i-1}}\right) - \frac{6}{w_i}\cdot\frac{1}{h_{i-1}}\left(\frac{1}{h_{i-1}}+\frac{1}{h_i}\right)\right)c_{i-1} + \\
&+\left(2(h_{i-1}+h_i) + \frac{6}{w_{i-1}}\cdot\frac{1}{h_{i-1}^2} + \frac{6}{w_i}\left(\frac{1}{h_{i-1}}+\frac{1}{h_i}\right)^2 + \frac{6}{w_{i+1}}\cdot\frac{1}{h_i^2}\right)c_i + \\
&+\left(h_i - \frac{6}{w_i}\cdot\frac{1}{h_i}\left(\frac{1}{h_{i-1}}+\frac{1}{h_i}\right) - \frac{6}{w_{i+1}}\cdot\frac{1}{h_i}\left(\frac{1}{h_i}+\frac{1}{h_{i+1}}\right)\right)c_{i+1} + \\
&+\left(\frac{6}{w_{i+1}}\cdot\frac{1}{h_i}\cdot\frac{1}{h_{i+1}}\right)c_{i+2} \\
&= 3\left(\frac{u_{i+1}-u_i}{h_i} - \frac{u_i-u_{i-1}}{h_{i-1}}\right), \quad i=1(1)n-1, \quad h_i = x_{i+1}-x_i.
\end{aligned}$$

Alle Summanden, in denen nicht definierte Indizes (z.B. c_{-1} oder c_{n+1}) auftreten, sind durch Null zu ersetzen.

3. $$a_0 = u_0 + \frac{1}{w_0}\cdot\frac{2}{h_0}(c_0-c_1),$$
$$a_i = u_i - \frac{2}{w_i}\left[\frac{1}{h_{i-1}}c_{i-1} - \left(\frac{1}{h_{i-1}}+\frac{1}{h_i}\right)c_i + \frac{1}{h_i}c_{i+1}\right], \quad i=1(1)n-1$$
$$a_n = u_n - \frac{1}{w_n}\cdot\frac{2}{h_{n-1}}(c_{n-1}-c_n)$$

4. $$b_i = \frac{1}{h_i}(a_{i+1}-a_i) - \frac{h_i}{3}(c_{i+1}+2c_i), \qquad i=0(1)n-1.$$

5. $$d_i = \frac{1}{3h_i}(c_{i+1}-c_i), \qquad i=0(1)n-1.$$

Die Matrix des Gleichungssystems 2. ist fünfdiagonal. Ein Algorithmus zur Lösung solcher Systeme ist in Abschnitt 12.2.1 angegeben.

BEMERKUNG ZUR WAHL DER GEWICHTE.

Es läßt sich zeigen, daß sich für $w_i \to \infty$ die interpolierende kubische natürliche Splinefunktion zu den Wertepaaren (x_i, u_i) ergibt und für $w_i \to 0$ die im Sinne der Fehlerquadratmethode ausgleichende Gerade. Man kann also durch entsprechende Wahl der Gewichte erreichen, daß die sich ergebene Splinefunktion nahe an den Meßwerten u_i verläuft (große w_i) oder mehr ausgleicht (kleine w_i). In der Praxis geschieht dies im interaktiven Verkehr mit einem Computer-Display. Bei gleichbleibenden Versuchsbedingungen kann man dann Erfahrungswerte für die Gewichte verwenden.

LITERATUR zu 7.10: [79], 6;[89], S. 74-85;[90];[20], S. 235 ff.;[115]; H. Schumacher, Staatsarbeit, Aachen 1977.

7.11 INTERPOLATION BEI FUNKTIONEN MEHRERER VERÄNDERLICHEN.

7.11.1 INTERPOLATIONSFORMEL VON LAGRANGE.

Hier wird nur der Fall zweier unabhängiger Veränderlichen x und y betrachtet mit Funktionen $z = f(x,y)$, $(x,y,z) \in R^3$. Gegeben seien N+1 Interpolationsstellen, die o.B.d.A. mit $(x_j, y_j,\ z_j = f(x_j, y_j))$ bezeichnet werden, mit den paarweise verschiedenen Stützstellen (x_j, y_j), $j = 0(1)N$. Gesucht ist ein algebraisches Polynom möglichst niedrigen Grades $r = \max\{p+q\}$

$$P_r(x,y) = \sum_{p,q} a_{pq}\, x^p y^q \quad \text{mit} \quad P_r(x_j, y_j) = f(x_j, y_j), \quad j = 0(1)N.$$

Hier sind Existenz und Eindeutigkeit der Lösung i.a. nicht gesichert ([2] Bd.1, S.130; [19], Abschnitt 6.6; [32] Bd.III, S.292).

Sind speziell die Stützstellen Eckpunkte (Gitterpunkte) eines rechtwinkligen Netzes, so daß alle Punkte mit x_i = const. auf einer Parallelen zur y-Achse, alle Punkte mit y_k = const. auf einer Parallelen zur x-Achse liegen, und bezeichnet man die Stützstellen mit (x_i, y_k), $i = 0(1)m$, $k = 0(1)n$, die Funktionswerte $f(x_i, y_k)$ mit f_{ik}, so ist die Anordnung der Interpolationsstellen wie folgt gegeben:

	y_0	y_1	...	y_n
x_0	f_{00}	f_{01}	...	f_{0n}
x_1	f_{10}	f_{11}	...	f_{1n}
$\vdots$	$\vdots$	$\vdots$		$\vdots$
x_m	f_{m0}	f_{m1}	...	f_{mn}

Diese spezielle Interpolationsaufgabe ist eindeutig lösbar durch

$$\phi(x,y) = \sum_{i=0}^{m} \sum_{k=0}^{n} a_{ik}\, x^i\, y^k$$

([32] Bd.III, S.292). Die Interpolationsformel von Lagrange für die obige Stützstellenverteilung erhält mit

$$(7.18)\quad \begin{cases} L_i^{(1)}(x) = \dfrac{(x-x_0)\ \dots(x-x_{i-1})\ (x-x_{i+1})\ \dots(x-x_m)}{(x_i-x_0)\dots(x_i-x_{i-1})(x_i-x_{i+1})\dots(x_i-x_m)}, \\[2ex] L_k^{(2)}(y) = \dfrac{(y-y_0)\ \dots(y-y_{k-1})(y-y_{k+1})\ \dots(y-y_n)}{(y_k-y_0)\dots(y_k-y_{k-1})(y_k-y_{k+1})\dots(y_k-y_n)} \end{cases}$$

die Form

$$\phi\,(x,y) \equiv L(x,y) = \sum_{i=0}^{m} \sum_{k=0}^{n} L_i^{(1)}(x)\ L_k^{(2)}(y) f_{ik}\,.$$

In (7.18) müssen die Stützstellen zwar nicht äquidistant sein, jedoch ist $x_{i+1}-x_i = h_i^{(1)}$ = const. für alle y_k und festes i,

$y_{k+1}-y_k = h_k^{(2)}$ = const. für alle x_i und festes k.

Über die Lagrangesche Interpolationsformel für äquidistante Stützstellen $h_i^{(1)}$ = const., $h_k^{(2)}$ = const., über die Formeln von Newton, Bessel, Gauß und Stirling für die obige Stützstellenverteilung und äquidistante Stützstellen s. [2] Bd.1, S.134/135; [43], S.110ff..

Zur Approximation von Funktionen mehrerer Veränderlichen vgl. noch [6], § 25;[32] Band III, S. 348-350; die Verfahren sind weniger weit entwickelt als bei Funktionen einer Veränderlichen. Es empfiehlt sich die Verwendung mehrdimensionaler Splines.

BEMERKUNG 7.5 *(Interpolation bei beliebiger Anordnung der Interpolationsstellen)*. Sind die Interpolationsstellen (x_i,y_i) beliebig (d.h. sie bilden i.a. kein Rechteckgitter), so ist die *Methode von D. Shepard* zu empfehlen. Die Originalarbeit hat den Titel "A two-dimensional interpolation function for irregularly spaced data" und ist in den Proc. 1964 ACM Nat. Conf., 517-524 zu finden. Sie ist auch in "Approximation Theory II", herausgegebenen von G.G. Lorentz, C.K. Chui, L.L. Schumaker, S. 211 ff. mit einigen Modifikationen abgedruckt. Sie ist unabhängig von der Anordnung der Interpolationsstellen eindeutig bestimmt.

LITERATUR zu. 7.11.1: [2] Bd.1, 2.12; [19], 6.6; [20], 7.11; [32], H § 6; [43], § 13.

7.11.2 ZWEIDIMENSIONALE POLYNOM-SPLINES DRITTEN GRADES.

Gegeben seien in der x,y-Ebene ein Rechteckgitter

$$R = \left\{ (x_i, y_i) \;\middle|\; \begin{array}{l} a = x_0 < x_1 < \ldots < x_n = b \\ c = y_0 < y_1 < \ldots < y_m = d \end{array} \right\}$$

und den Punkten (x_i, y_j) zugeordnete Höhen über der x,y-Ebene

$$u_{ij} := u(x_i, y_j)\ , \quad i = 0(1)n, \quad j = 0(1)m\ .$$

Gesucht ist eine die Ordinaten u_{ij} interpolierende möglichst glatte Fläche über der x,y-Ebene, die durch eine zweidimensionale Splinefunktion $S = S(x,y)$, $(x,y) \in R$, beschrieben wird, die wie folgt eingeführt werden kann.

Die bikubische Splinefunktion $S = S(x,y)$ wird für $(x,y) \in R$ durch die folgenden Eigenschaften definiert:

(1) S erfüllt die Interpolationsbedingung
$S(x_i, y_j) = u_{ij}$, $i = 0(1)n$, $j = 0(1)m$.

(2) $S \in C^1(R)$, $\frac{\partial^2 S}{\partial x \partial y}$ stetig auf R .

(3) In jedem Teilrechteck R_{ij} mit

$$R_{ij} := \left\{ (x,y) \;\middle|\; \begin{array}{l} x_i \leq x \leq x_{i+1} \\ y_j \leq y \leq y_{j+1} \end{array} \right\} \quad \begin{array}{l} i = 0(1)n-1 \\ j = 0(1)m-1 \end{array}$$

ist S identisch mit einem bikubischen Polynom $f_{ij} = f_{ij}(x,y)$.

(4) S erfülle gewisse, noch vorzugebende Randbedingungen.

Gemäß der Eigenschaft (3) hat die bikubische Spline-Funktion die Darstellung

$$(7.19)\qquad S(x,y) \equiv f_{ij}(x,y) = \sum_{k=0}^{3} \sum_{\ell=0}^{3} a_{ijk\ell}\,(x-x_i)^k\,(y-y_j)^\ell$$

$$\text{für}\quad (x,y) \in R_{ij}\quad ,\quad i=0(1)n-1\quad ,\quad j=0(1)m-1\ .$$

Gleichung (7.19) lautet ausführlich ausgeschrieben:

$$f_{ij}(x,y) = \sum_{k=0}^{3} \sum_{\ell=0}^{3} a_{ijk\ell}\,(x-x_i)^k\,(y-y_j)^\ell =$$

$$\begin{array}{llll}
a_{ij00} & + a_{ij01}(y-y_j) & + a_{ij02}(y-y_j)^2 & + a_{ij03}(y-y_j)^3 \; + \\
a_{ij10}(x-x_i) & + a_{ij11}(y-y_j)(x-x_i) & + a_{ij12}(y-y_j)^2(x-x_i) & + a_{ij13}(y-y_j)^3(x-x_i) + \\
a_{ij20}(x-x_i)^2 & + a_{ij21}(y-y_j)(x-x_i)^2 & + a_{ij22}(y-y_j)^2(x-x_i)^2 & + a_{ij23}(y-y_j)^3(x-x_i)^2 + \\
a_{ij30}(x-x_i)^3 & + a_{ij31}(y-y_j)(x-x_i)^3 & + a_{ij32}(y-y_j)^2(x-x_i)^3 & + a_{ij33}(y-y_j)^3(x-x_i)^3 +
\end{array}$$

Die $16 \cdot m \cdot n$ Koeffizienten $a_{ijk\ell}$ von (7.19) müssen nun so bestimmt werden, daß S die Bedingungen (1) und (2) erfüllt. Zur eindeutigen Bestimmung der $a_{ijk\ell}$ müssen dann noch (wie bei den eindimensionalen Splines) gewisse Randbedingungen auf R vorgegeben werden; eine Möglichkeit ist die Vorgabe der folgenden partiellen Ableitungen von S

$$(7.20)\quad \begin{cases}
\dfrac{\partial}{\partial x} S(x_i,y_j) =: p_{ij} = a_{ij10}\ , & i=0,n,\quad j=0(1)m\ , \\[2mm]
\dfrac{\partial}{\partial y} S(x_i,y_j) =: q_{ij} = a_{ij01}\ , & i=0(1)n\ ,\ j=0,m\ , \\[2mm]
\dfrac{\partial^2}{\partial x\,\partial y} S(x_i,y_j) =: r_{ij} = a_{ij11}\ , & i=0,n\quad ,\ j=0,m\ .
\end{cases}$$

Sie können auch mit Hilfe eindimensionaler kubischer Splines[1] oder anderer Interpolationsmethoden näherungsweise berechnet werden.[2] In Carl de Boor: Bicubic Spline Interpolation, J. Math. Phy. 41 (1962), 215 wird nachgewiesen, daß zu gegebenen u_{ij} und gegebenen Randableitungen (7.20) genau eine bikubische Splinefunktion (7.19) existiert, welche die gegebenen u_{ij} interpoliert.

---

[1] In Algorithmus 7.4 werden eindimensionale Splines durch jeweils drei Punkte benutzt, man kann aber genauso jeweils eindimensionale Splines durch alle gegebenen Punkte (x_i,u_{ij}), $i=0(1)n$, j fest bzw. (y_j,u_{ij}), $j=0(1)m$, i fest, legen und ableiten.

[2] Je nach Vorgabeart der Randbedingungen wird einer der folgenden Algorithmen eingesetzt.

Berechnung der bikubischen Splinefunktion S.

Im folgenden werden drei Algorithmen zur Berechnung von S angegeben.

ALGORITHMUS 7.3. (s. auch [89]).

Gegeben: (i) $u_{ij} = u(x_i, y_j) = a_{ij00}$ für $i = 0(1)n$, $j = 0(1)m$

(ii) die Randwerte für die partiellen Ableitungen (7.20).

Gesucht: Die bikubische Splinefunktion S der Form (7.19).

1. Schritt. Berechnung der $a_{ij10} = p_{ij}$ für $i = 1(1)n-1$, $j = 0(1)m$ nach

$$(7.21)\quad \begin{cases} a_{i-1,j10}\dfrac{1}{h_{i-1}} + 2a_{ij10}\left(\dfrac{1}{h_{i-1}} + \dfrac{1}{h_i}\right) + a_{i+1,j10}\dfrac{1}{h_i} = \\ = \dfrac{3}{h_{i-1}^2}(a_{ij00} - a_{i-1,j00}) + \dfrac{3}{h_i^2}(a_{i+1,j00} - a_{ij00}) , \\ \text{für } i = 1(1)n-1 , \quad j = 0(1)m , \\ \text{mit } h_i = x_{i+1} - x_i \quad \text{für } i = 0(1)n-1 . \end{cases}$$

Dies sind (m+1) lineare Gleichungssysteme mit je (n-1) Gleichungen für (n+1) Unbekannte. Durch die Vorgabe der 2(m+1) Größen a_{ij10} , $i = 0,n$, $j = 0(1)m$ sind diese Systeme eindeutig lösbar.

2. Schritt. Bestimmung der $a_{ij01} = q_{ij}$ für $i = 0(1)n$, $j = 1(1)m-1$ mit

$$(7.22)\quad \begin{cases} a_{ij-1,01}\dfrac{1}{h_{j-1}} + 2a_{ij01}\left(\dfrac{1}{h_{j-1}} + \dfrac{1}{h_j}\right) + a_{ij+1,01}\dfrac{1}{h_j} = \\ = \dfrac{3}{h_{j-1}^2}(a_{ij00} - a_{ij-1,00}) + \dfrac{3}{h_j^2}(a_{ij+1,00} - a_{ij00}) , \\ i = 0(1)n , \quad j = 1(1)m-1 , \\ h_j = y_{j+1} - y_j , \quad i = 0(1)m-1 . \end{cases}$$

Mit den vorgegebenen 2(n+1) Randwerten a_{ij01} , $i = 0(1)n$, $j = 0,m$ sind die Systeme eindeutig lösbar.

3. Schritt. Berechnung der $a_{ij11} = r_{ij}$ für $i = 1(1)n-1$, $j = 0,m$ aus den Gleichungssystemen

$$(7.23)\quad \begin{cases} \dfrac{1}{h_{i-1}}\, a_{i-1,j11} + 2a_{ij11}\left(\dfrac{1}{h_{i-1}} + \dfrac{1}{h_i}\right) + \dfrac{1}{h_i}\, a_{i+1,j11} = \\[2ex] = \dfrac{3}{h_{i-1}^2}\,(a_{ij01} - a_{i-1,j01}) + \dfrac{3}{h_i^2}\,(a_{i+1,j01} - a_{ij01}) \\[2ex] \text{mit} \quad h_i = x_{i+1} - x_i \,. \end{cases}$$

Die vier Eckwerte a_{0011}, a_{n011}, a_{0m11} und a_{nm11} sind vorgegeben.

4. Schritt. Berechnung der Ableitungen $r_{ij} = a_{ij11}$, $i = 0(1)n$, $j = 1(1)m-1$ mit

$$(7.24)\quad \begin{cases} \dfrac{1}{h_{j-1}}\, a_{ij-1,11} + 2a_{ij11}\left(\dfrac{1}{h_{j-1}} + \dfrac{1}{h_j}\right) + a_{ij+1,11}\,\dfrac{1}{h_j} = \\[2ex] = \dfrac{3}{h_{j-1}^2}\,(a_{ij10} - a_{ij-1,10}) + \dfrac{3}{h_j^2}\,(a_{ij+1,10} - a_{ij10}) \;, \\[2ex] \text{mit} \quad h_j = y_{j+1} - y_j \quad \text{für} \quad j = 0(1)m-1 \;. \end{cases}$$

Die erforderlichen Randwerte a_{ij11} für $i = 1(1)n-1$, $j = 0,m$ wurden mit dem 3. Schritt bestimmt, die a_{ij11} , $i = 0,n$, $j = 0,m$ sind vorgegeben.

5. Schritt. Bestimmung der Matrizen $\{\mathcal{G}(x_i)\}^{-1}$. Wegen

$$(7.25)\quad \begin{cases} \mathcal{G}(x_i) = \begin{pmatrix} 1 & 0 & 0 & 0 \\ 0 & 1 & 0 & 0 \\ 1 & h_i & h_i^2 & h_i^3 \\ 0 & 1 & 2h_i & 3h_i^2 \end{pmatrix} \\[2ex] \text{mit} \quad \det \mathcal{G}(x_i) = h_i^4 \neq 0 \quad , \quad h_i = x_{i+1} - x_i \;, \quad i = 0(1)n-1 \;, \\ \text{existiert} \;\; \mathcal{G}(x_i)^{-1} . \text{ Es gilt} \\[2ex] \{\mathcal{G}(x_i)\}^{-1} = \begin{pmatrix} 1 & 0 & 0 & 0 \\ 0 & 1 & 0 & 0 \\ -\dfrac{3}{h_i^2} & -\dfrac{2}{h_i} & \dfrac{3}{h_i^2} & -\dfrac{1}{h_i} \\[2ex] \dfrac{2}{h_i^3} & \dfrac{1}{h_i^2} & -\dfrac{2}{h_i^3} & \dfrac{1}{h_i^2} \end{pmatrix} . \end{cases}$$

6. Schritt. Bestimmung der Matrizen $\left\{\mathcal{G}(y_j)^T\right\}^{-1}$. Wegen

$$(7.26)\quad \left\{\begin{array}{l} \mathcal{G}(y_j) = \begin{pmatrix} 1 & 0 & 0 & 0 \\ 0 & 1 & 0 & 0 \\ 1 & h_j & h_j^2 & h_j^3 \\ 0 & 1 & 2h_j & 3h_j^2 \end{pmatrix} \\ \text{mit } \det \mathcal{G}(y_j) = h_j^4 \neq 0 \;,\; h_j = y_{j+1} - y_j \;,\; j = 0(1)m-1, \\ \text{existiert } \left\{\mathcal{G}(y_j)^T\right\}^{-1}. \text{ Es gilt} \\ \left\{[\mathcal{G}(y_j)]^T\right\}^{-1} = \begin{pmatrix} 1 & 0 & -\frac{3}{h_j^2} & \frac{2}{h_j^3} \\ 0 & 1 & -\frac{2}{h_j} & \frac{1}{h_j^2} \\ 0 & 0 & \frac{3}{h_j^2} & -\frac{2}{h_j^3} \\ 0 & 0 & -\frac{1}{h_j} & \frac{1}{h_j^2} \end{pmatrix} \end{array}\right.$$

7. Schritt. Bestimmung der Matrizen $\mathfrak{M}_{ij}$ nach

$$(7.27)\quad \left\{ \mathfrak{M}_{ij} = \begin{pmatrix} a_{ij00} & a_{ij01} & a_{ij+1,00} & a_{ij+1,01} \\ a_{ij10} & a_{ij11} & a_{ij+1,10} & a_{ij+1,11} \\ a_{i+1,j00} & a_{i+1,j01} & a_{i+1,j+1,00} & a_{i+1,j+1,01} \\ a_{i+1,j10} & a_{i+1,j11} & a_{i+1,j+1,10} & a_{i+1,j+1,11} \end{pmatrix} \right. \qquad \begin{array}{l} i = 0(1)n-1 \\ j = 0(1)m-1 \end{array}$$

8. Schritt. Berechnung der Koeffizientenmatrizen $\mathcal{A}_{ij}$ für f_{ij} gemäß Gleichung

$$(7.28)\qquad \mathcal{A}_{ij} = \left\{\mathcal{G}(x_i)\right\}^{-1} \mathfrak{M}_{ij} \left\{[\mathcal{G}(y_j)]^T\right\}^{-1} = \left\{ a_{ijk\ell} \right\}_{\ell = 0(1)3}^{k = 0(1)3}$$

9. Schritt. Aufstellung der bikubischen Splinefunktion $S(x,y) \equiv f_{ij}(x,y)$ für jedes Rechteck R_{ij} gemäß (7.19).

ALGORITHMUS 7.4..

Gegeben: Funktionswerte $u_{ij} = u(x_i, y_j)$ für $i = 0(1)n$, $j = 0(1)m$ an den Gitterpunkten (x_i, y_j).

Gesucht: Die zugehörige Splinefunktion S der Form (7.19).

Weg: Die zur Behandlung von S erforderlichen Randwerte für die partiellen Ableitungen $p_{ij} = a_{ij10}$, $q_{ij} = a_{ij01}$, $r_{ij} = a_{ij11}$ gemäß (7.20) werden hier mit Hilfe eindimensionaler (natürlicher) kubischer Splinefunktionen durch jeweils drei Punkte und deren Ableitungen ermittelt. Durch die Punkte (x_i, u_{ij}) werden für $i = 0,1,2$ und $i = n-2,n-1,n$ Splines für $j = 0(1)m$, gelegt und abgeleitet; sie liefern die p_{ij} am Rande. Durch die Punkte (y_j, u_{ij}) werden für $j = 0,1,2$ und $j = m-2,m-1,m$ Splines für $i = 0(1)n$ gelegt und abgeleitet; sie liefern die q_{ij} am Rande. Um diese Vorgehensweise im Algorithmus wiedererkennen zu können, wurden die Formeln (7.30) nicht in (7.29), (7.32) nicht in (7.31) und (7.34) nicht in (7.33) eingearbeitet, was zu Vereinfachungen geführt hätte. Diese vereinfachten Formeln liegen aber dem Programm BIKUB2 zugrunde und sind dort ablesbar.(Siehe auch Fußnote S. 167.)

Zur Berechnung der $r_{ij} = a_{ij11}$ für $i = 0,n$, $j = 0,m$ werden eindimensionale natürliche Splines durch die Punkte (x_i, q_{ij}) für $i = 0,1,2$ und $i = n-2,n-1,n$ und $j = 0,m$ gelegt und abgeleitet. Die a_{ij00} sind durch die u_{ij} vorgegeben. Dann wird die bikubische Splinefunktion S gemäß (7.19) wie folgt berechnet:

1. Schritt. Berechnung der Randwerte a_{ij10}, $i = 0,n$, $j = 0(1)m$ mit

$$
(7.29)\quad \begin{cases} a_{0j10} = S_x(x_0, y_j) = b_{0j} = \\ \qquad = \dfrac{1}{h_0}(a_{1j00} - a_{0j00}) - \dfrac{h_0}{3} c_{1j}, \quad j = 0(1)m \\ \text{und} \\ a_{nj10} = S_x(x_n, y_n) = b_{n-1,j} + 2c_{n-1,j}\, h_{n-1} + \\ \qquad + 3d_{n-1,j}\, h_{n-1}^2, \quad j = 0(1)m, \quad h_i = x_{i+1} - x_i \end{cases}
$$

mit den aus (7.30) zu ermittelnden Werten für die Koeffizienten b_{ij}, c_{ij} und d_{ij}

$$
\begin{cases} 1.\quad u_{ij} = a_{ij00}, \quad i = 0,1,2,(n-2),(n-1),n, \quad j = 0(1)m \\ 2.\quad c_{0j} = c_{2j} = c_{n-2,j} = c_{nj} = 0, \qquad j = 0(1)m, \\ \qquad \text{(natürliche Splines)} \end{cases}
$$

$$(7.30)\quad \begin{cases} 3.\ c_{ij} = \dfrac{3}{2(h_i+h_{i-1})}\left[\dfrac{1}{h_i}(a_{i+1,j00} - a_{ij00}) - \right. \\ \qquad\qquad \left. + \dfrac{1}{h_{i-1}}(a_{ij00} - a_{i-1,j00})\right] , \\ \qquad i = 1,(n-1) \quad , \quad j = 0(1)m \\ \text{bestimmt.} \\ 4.\ b_{n-1,j} = \dfrac{1}{h_{n-1}}(a_{nj00} - a_{n-1,j00}) - \dfrac{2h_{n-1}}{3} c_{n-1,j} , \\ \qquad\qquad j = 0(1)m \\ 5.\ d_{n-1,j} = -\dfrac{1}{3h_{n-1}} c_{n-1,j} , \qquad j = 0(1)m . \end{cases}$$

2. Schritt. Berechnung der Randwerte a_{ij01} , $i = 0(1)n$, $j = 0,m$ mit

$$(7.31)\quad \begin{cases} a_{i001} = S_y(x_i,y_0) = \beta_{i0} = \\ \qquad = \dfrac{1}{h_0}(a_{i100} - a_{i000}) - \dfrac{h_0}{3}\gamma_{i1} \quad , \quad i = 0(1)n , \\ \text{und} \\ a_{im01} = S_y(x_i,y_m) = \\ \qquad = \beta_{im-1} + 2\gamma_{im-1}\, h_{m-1} + 3\delta_{im-1}\, h_{m-1}^2 , \quad i = 0(1)n , \\ \text{mit} \quad h_j = y_{j+1} - y_j . \end{cases}$$

mit den gemäß (7.32) zu ermittelnden Koeffizienten

$$(7.32)\quad \begin{cases} 1.\ u_{ij} = \alpha_{ij} = a_{ij00} , \quad i = 0(1)n, \quad j = 0,1,2,(m-2),(m-1),m \\ 2.\ \gamma_{i0} = \gamma_{i2} = \gamma_{i,m-2} = \gamma_{im} = 0 \quad , \quad i = 0(1)n \\ 3.\ \gamma_{ij} = \dfrac{3}{2(h_{j-1}+h_j)}\left[\dfrac{1}{h_j}(a_{ij+1,00} - a_{ij00}) - \right. \\ \qquad\qquad \left. + \dfrac{1}{h_{j-1}}(a_{ij00} - a_{ij-1,00})\right] , \\ \qquad i = 0(1)n \quad , \quad j = 1,(m-1) . \end{cases}$$

$$\left\{\begin{array}{l}
4.\quad \beta_{i,m-1} = \frac{1}{h_{m-1}}(a_{im00} - a_{i,m-1,00}) - \frac{2h_{m-1}}{3}\gamma_{i,m-1} \\
\quad i = 0(1)n \quad , \\
5.\quad \delta_{im-1} = -\frac{1}{3h_{m-1}}\gamma_{im-1} \quad , \qquad i = 0(1)n \quad .
\end{array}\right.$$

3. Schritt. Berechnung der Randwerte a_{ij11}, $i = 0,n$, $j = 0,m$ mit

$$(7.33)\quad \left\{\begin{array}{l}
a_{0j11} = S_{yx}(x_0,y_j) = r_{0j} = \tilde{b}_{0j} = \\
\qquad = \frac{1}{h_0}(a_{1j01} - a_{0j01}) - \frac{h_0}{3}\tilde{c}_{1j} \quad , \quad j = 0,m \quad , \\
\text{und} \\
a_{nj11} = S_{yx}(x_n,y_j) = r_{nj} = \\
\qquad = \tilde{b}_{n-1,j} + 2\tilde{c}_{n-1,j}\,h_{n-1} + 3\tilde{d}_{n-1,j}\,h_{n-1}^2 \quad , \ j = 0,\ m \\
\text{mit} \quad h_i = x_{i+1} - x_i \ .
\end{array}\right.$$

mit den gemäß (7.34) zu ermittelnden Koeffizienten

$$(7.34)\quad \left\{\begin{array}{l}
1.\quad q_{ij} = a_{ij01} \quad , \ i = 0,1,2,(n-2),(n-1),n \ , \quad j = 0,m \\
2.\quad \tilde{c}_{0j} = \tilde{c}_{2j} = \tilde{c}_{n-2,j} = \tilde{c}_{n,j} = 0 \quad , \qquad j = 0,m \\
3.\quad \tilde{c}_{ij} = \frac{3}{2}\frac{1}{(h_{i-1}+h_i)}\left[\frac{1}{h_i}(a_{i+1,j01} - a_{ij01}) - \right. \\
\qquad\qquad \left. + \frac{1}{h_{i-1}}(a_{ij01} - a_{i-1,j01})\right] \\
\quad i = 1,n-1 \qquad , \quad j = 0,m \\
4.\quad \tilde{b}_{n-1,j} = \frac{1}{h_{n-1}}(a_{nj01} - a_{n-1,j01}) - \frac{2h_{n-1}}{3}\tilde{c}_{n-1,j} \\
\qquad\qquad , \quad j = 0,m \\
5.\quad \tilde{d}_{n-1,j} = -\frac{1}{3h_{n-1}}\tilde{c}_{n-1,j} \quad , \qquad j = 0,m
\end{array}\right.$$

4. Schritt. Berechnung der partiellen Ableitungen a_{ij10} für $i = 1(1)n-1$, $j = 0(1)m$ mit (7.21)

5. Schritt. Lösung der Gleichungssysteme (7.22) zur Bestimmung der a_{ij01} , $i=0(1)n$, $j=1(1)m-1$.

6. Schritt. Bestimmung der Werte a_{ij11} , $i=1(1)n-1$, $j=0,m$ mit (7.23).

7. Schritt. Berechnung der partiellen Ableitungen a_{ij11}, $i=0(1)n$, $j=1(1)m-1$ mit (7.24).

8. Schritt. Bestimmung der Matrizen $\left\{\mathcal{G}(x_i)\right\}^{-1}$ mit (7.25).

9. Schritt. Bestimmung der Matrizen $\left\{[\mathcal{G}(y_j)]^T\right\}^{-1}$ mit (7.26).

10. Schritt. Bestimmung der Matrizen $\mathcal{M}_{ij}$ gemäß (7.27).

11. Schritt. Berechnung der Koeffizientenmatrizen $\mathcal{A}_{ij}$ nach (7.29), $i=0(1)n-1$, $j=0(1)m-1$.

12. Schritt. Aufstellung der bikubischen Splinefunktionen $S(x,y) \equiv f_{ij}(x,y)$, $(x,y) \in R_{ij}$, gemäß (7.19).

ALGORITHMUS 7.5:

Gegeben: (i) Funktionswerte $u_{ij} = u(x_i,y_j)$ für $i=0(1)n$, $j=0(1)m$ an den Gitterpunkten (x_i,y_j) ;

(ii) Flächennormalen $\mathcal{n}_{ij}$ für jeden Gitterpunkt (x_i,y_j) mit

$$\mathcal{n}_{ij}^T = (n_{ij1}, n_{ij2}, n_{ij3}) ,$$

$$n_{ij3} \neq 0 \ , \quad i=0(1)n \ , \quad j=0(1)m \ .$$

Gesucht: Die zugehörige Splinefunktion S der Form (7.19), die in den Gitterpunkten die Ordinaten (i) und die Normalen (ii) besitzt.

Weg: Aus den Komponenten der Normalenvektoren $\mathcal{n}_{ij}$ lassen sich die p_{ij} und q_{ij} über dem gesamten Gitter bestimmen, so daß deren Berechnung über eindimensionale Splines hier entfällt.

Mit $z=u(x,y)$ gilt für den Flächenvektor

$$\mathcal{X}(x,y) = \begin{pmatrix} x \\ y \\ u(x,y) \end{pmatrix}$$

Mit den Tangentenvektoren

$$\mathfrak{t}_x = \frac{\partial}{\partial x}\mathfrak{t}(x,y) = \begin{pmatrix} 1 \\ 0 \\ u_x(x.y) \end{pmatrix}$$

$$\mathfrak{t}_y = \frac{\partial}{\partial y}\mathfrak{t}(x,y) = \begin{pmatrix} 0 \\ 1 \\ u_y(x,y) \end{pmatrix}$$

wird die Flächennormale $\mathfrak{n}$ durch das vektorielle Produkt

$$\mathfrak{n} = \mathfrak{t}_x \times \mathfrak{t}_y \quad = \begin{pmatrix} -u_x \\ -u_y \\ 1 \end{pmatrix}$$

beschrieben. Wenn wir also die 3. Komponente der gegebenen Normalenvektoren $\mathfrak{n}_{ij}$ zu Eins normieren, so erhalten wir

$$\frac{\mathfrak{n}_{ij}}{n_{ij3}} = \begin{pmatrix} \dfrac{n_{ij1}}{n_{ij3}} \\ \dfrac{n_{ij2}}{n_{ij3}} \\ 1 \end{pmatrix} \overset{!}{=} \mathfrak{n}(x_i,y_j) = \begin{pmatrix} -u_x(x_i,y_j) \\ -u_y(x_i,y_j) \\ 1 \end{pmatrix} .$$

Es gelten somit die Beziehungen

$$\left.\begin{aligned} p_{ij} &= a_{ij10} = -\frac{n_{ij1}}{n_{ij3}} , \\ q_{ij} &= a_{ij01} = -\frac{n_{ij2}}{n_{ij3}} \end{aligned}\right\} \quad \begin{aligned} i &= 0(1)n \quad , \\ j &= 0(1)m \quad . \end{aligned}$$

Es sind also von den Ableitungen nur noch die $r_{ij} = a_{ij11}$ über eindimensionale Splines zu berechnen. Lösung:

1. Schritt. Berechnung der partiellen Ableitungen $p_{ij} = a_{ij10} = -n_{ij1}/n_{ij3}$ für $i = 0(1)n$, $j = 0(1)m$.

2. Schritt. Berechnung der partiellen Ableitungen $q_{ij} = a_{ij01} = -n_{ij2}/n_{ij3}$ für $i = 0(1)n$, $j = 0(1)m$.

3. Schritt. Berechnung der vier Randwerte für die gemischten partiellen Ableitungen $r_{ij} = a_{ij11}$ für $i = 0,n$, $j = 0,m$ gemäß (7.33) und (7.34).

4. Schritt. Bestimmung der Werte a_{ij11} für $i = 1(1)n-1$, $j = 0,m$ gemäß (7.23).

5. Schritt. Bestimmung der a_{ij11} für $i = 0(1)n$, $j = 1(1)m-1$ gemäß (7.24).

6. Schritt. Bestimmung der Matrizen $\left\{\mathcal{G}(x_i)\right\}^{-1}$ nach (7.25).

7. Schritt. Bestimmung der Matrizen $\left\{[\mathcal{G}(y_j)]^T\right\}^{-1}$ gemäß (7.26).

8. Schritt. Bestimmung der Matrizen $\mathfrak{M}_{ij}$ gemäß (7.27).

9. Schritt. Berechnung der Koeffizientenmatrizen $\mathfrak{A}_{ij}$ für $i = 0(1)n-1$, $j = 0(1)m-1$ gemäß (7.28).

10. Schritt. Aufstellung der bikubischen Splinefunktion $S \equiv f_{ij}$ für jedes Rechteck R_{ij} in der Form (7.19).

LITERATUR zu 7.11.2: [12], VII; [55]; [61]; [78]; [89], 8; [90]; [115]; W. Boxberg, Staatsarbeit, Aachen 1979.

7.12 BÉZIER-SPLINES

Im Programmteil werden Programme zur Berechnung der kubischen, modifizierten kubischen, bikubischen und modifizierten bikubischen Bézier-Splines angegeben. Die Algorithmen zu diesem Verfahren sind in [20], S. 332 ff. zu finden.

7.13 RATIONALE INTERPOLATION

Algebraische Polynome sind wegen ihrer im allgemeinen starken Schwankungen nicht gut zur Darstellung glatter Kurven geeignet. Abhilfe konnte hier mit Splines geschaffen werden. Will man jedoch zur Interpolation einer glatten Kurve eine einzige Funktion benutzen (und nicht wie bei den Splines eine stückweise aus Polynomen zusammengesetzte Funktion), so bietet sich die Interpolation durch rationale Funktionen an. Ein Algorithmus hierzu wurde von H. Werner entwickelt und ist in [40], S. 58 ff. zu finden.

Hier wird nur kurz die Aufgabenstellung genannt und in Abschnitt P 7.13 ein Programm von H. Werner angegeben (in der FORTRAN-Ausgabe).

AUFGABENSTELLUNG:

Gegeben seien n+1 Interpolationsstellen (x_i, y_i), $y_i = f(x_i)$, $x_i \neq x_k$ für $i \neq k$, $i = 0(1)n$.
Gesucht wird dazu eine Interpolationsfunktion

$$R : R(x) = \frac{p(x)}{q(x)} \quad ,$$

wo p und q Polynome vom Höchstgrad ℓ bzw. m sind und $q \neq 0$ gilt. R erfülle die Interpolationsbedingungen

$$R(x_i) = \frac{p(x_i)}{q(x_i)} = y_i \quad , \quad i = 0(1)n \quad .$$

R kann in der Form eines klassischen Kettenbruches

$$R(x) = a_{n+1} + \cfrac{(x-x_{n+1})}{a_n + \cfrac{(x-x_n)}{a_{n-1} + \cfrac{(x-x_{n-1})}{a_{n-2} + \dots}}}$$

oder in der komprimierten Form

$$R(x) = a_{n+1} + (x-x_{n+1})\, a_n + \cfrac{(x-x_{n+1})\,(x-x_n)}{a_{n-1} + (x-x_{n-1})a_{n-2} + \cfrac{(x-x_{n-1})(x-x_{n-2})}{a_{n-3} + \dots}}$$

ermittelt werden, falls es existiert. Das Programm in P 7.13, liefert nach Wahl eine der zuvor genannten Darstellungsformen von R, sofern die Aufgabe lösbar ist, andernfalls eine entsprechende Meldung.

7.14 ENTSCHEIDUNGSHILFEN BEI DER AUSWAHL DES ZWECKMÄSSIGSTEN VERFAHRENS ZUR ANGENÄHERTEN DARSTELLUNG EINER STETIGEN FUNKTION.

A. Ein *algebraisches Interpolationspolynom* (Abschnitt 7.1 bis 7.7) dient zur angenäherten Darstellung einer als stetig vorausgesetzten Funktion f, von der nur ihre Werte $f(x_i)$ an den Stütztstellen x_i, $i = 0(1)n$, bekannt sind. Zu n+1 Interpolationsstellen $(x_i, y_i = f(x_i))$ mit paarweise verschiedenen Stützstellen $x_i \in I_x$ existiert genau ein Interpolationspolynom $\phi = \phi(x)$ vom Höchstgrad n bzw. $\tilde{\phi} = \tilde{\phi}(t)$ bei äquidistanten Stützstellen. Das Interpolationspolynom ϕ bzw. $\tilde{\phi}$ kann durch verschiedene Interpolationsformeln dargestellt werden.

Interessiert nicht das Interpolationspolynom ϕ in allgemeiner Gestalt, sondern nur sein Wert $\phi(\bar{x})$ an einer (oder wenigen) Stelle(n) $\bar{x}$, so benutzt man zu dessen Berechnung zweckmäßig das Interpolationsschema von Aitken (Abschnitt 7.3). Das Verfahren erlaubt, stufenweise neue Interpolationsstellen hinzuzunehmen; dabei müssen die Stützstellen nicht monoton angeordnet sein.

Bei allen *Interpolationsformeln für äquidistante Stützstellen*, die man mit Hilfe des Frazerdiagramms aufstellen kann, hängt ein beliebiges k-tes Glied nur von jeweils k bzgl. des Index benachbarten Interpolationsstellen ab, d.h. die aus den ersten k Gliedern gebildete Formel stellt ein Polynom vom Höchstgrad k-1 dar. Das Hinzunehmen neuer Interpolationsstellen hat zur Folge, daß *ohne* Veränderung der ersten k Glieder neue Glieder hinzugefügt werden. Mit jeder neuen Interpolationsstelle kommt ein Glied hinzu und der Höchstgrad des Polynoms wächst um eins. Mit wachsender Zahl von Interpolationsstellen werden i.a. die Binomialkoeffizienten bei den Differenzen höherer Ordnung rasch kleiner.
Aus den Aussagen über das Verhalten des Restgliedes $\tilde{R}(t)$ in Abschnitt 7.7 ergeben sich Richtlinien über eine zweckmäßige Auswahl von Interpolationsformeln für äquidistante Stützstellen, wenn ϕ bzw. $\tilde{\phi}$ an einer festen Stelle $\bar{x}$ bzw. $\bar{t}$ nur näherungsweise berechnet werden soll.

Grundsätzlich soll noch bemerkt werden, daß es sich in der *Praxis* kaum lohnt, mit Interpolationspolynomen vom Grad $n > 5$ zu arbeiten, da solche Polynome in ihrem Verlauf zu einer starken Welligkeit neigen.

Überhaupt sind Polynome zur Interpolation glatter Funktionen nicht besonders gut geeignet. Besser eignen sich hier rationale Funktionen; damit ist außerdem Interpolation auch noch in der Nähe von Polstellen möglich. Die Bestimmung der Koeffizienten von ϕ ist bei *rationaler Interpolation* jedoch weitaus komplizierter als bei der Polynominterpolation, s. deshalb unter B.
Literatur zu rationalen Interpolation: [41], S. 58ff. und Abschnitt 7.13.

B Die *Interpolation mittels Polynom-Splines* (Abschnitte 7.8-7.10, 7.11.2, 7.12)empfiehlt sich wegen der besonders guten Approximationseigenschaft überall dort, wo man eine möglichst *glatte Kurve* bzw. *Fläche* konstruieren möchte (z.B. in der Karosseriekonstruktion, im Schiffsbau,

im Flugzeugbau usw.). Hat man neben den Stützwerten y_i auch noch Ableitungen an den Stützstellen gegeben, so sollte man mit *Hermite-Splines* arbeiten, um eine besonders gute Anpassung zu erreichen.
Im Falle periodischer Funktionen f arbeitet man mit *periodischen Splines*, sofern neben den Funktionswerten auch die Werte der ersten und zweiten bzw. ersten, zweiten und dritten Ableitungen im Anfangs- und Endpunkt des Periodenintervalls übereinstimmen. Stimmen nur die Funktionswerte überein, aber nicht die Ableitungswerte, so arbeitet man mit *natürlichen Splines*, die für ein Periodenintervall konstruiert werden. Zur Konstruktion möglichst glatter Kurven, die sich nicht in expliziter Form $\eta = S(x)$ durch eine Splinefunktion näherungsweise beschreiben lassen (z.B. Kurven mit Doppelpunkt oder geschlossene Kurven), verwendet man *parametrische Splines;* für die Darstellung geschlossener, überall glatter Kurven verwendet man speziell *periodische parametrische Splines*. Zur Interpolation möglichst glatter Flächen kann man im Falle eines Rechteckgitters (x_i, y_i) bikubische Splines verwenden, s. Abschnitt 7.11, im Falle beliebiger Lage der Interpolationssstellen die Methode von Shepard (s. Bemerkung 7.5) oder Bézier-Splines (s. Abschnitt 7.12).

C. Sind die Stützwerte y_i durch *Messungen* ermittelt, so können sie mit erheblichen Fehlern behaftet sein, stark streuen und zudem unterschiedlich genau sein (s. Bemerkung 6.4). Dann empfiehlt sich die Approximation nach der diskreten Gaußschen *Fehlerquadratmethode* (Abschnitt 6.2.2), wenn man eine genau Vorstellung von der Gestalt der Approximationsfunktion Φ hat. Im mehrdimensionalen Fall s. auch [90a]. Existiert jedoch keine Modellvorstellung, so sollte man *Ausgleichssplines* verwenden, s. dazu Bemerkung 7.3 in Abschnitt 7.8.3 und Abschnitt 7.10. Bei der *Approximation periodischer Funktionen* ist gemäß Abschnitt 6.4 zu verfahren.

D. Ist, wie z.B. bei der Bestimmung von Funktionswerten transzendenter Funktionen in DVA, eine gleichmäßige Fehlerschranke für alle Argumentwerte $x \in [a,b]$ vorgeschrieben, so wendet man u.a. die gleichmäßige Approximation durch Tschebyscheff-Polynome (Abschnitt 6.3) an.

LITERATUR zu 7 : [1], VII; [2] Bd.1, 2.6 , 2.7; [3], 7.35; [14], 8d; [19], 6.3.3; [20], 7; [29] II, 8.7; [31] Bd.II, 8; [35], 2.4; [38], 3; [41], I § 3; [87], 6.6; [89], [90], [90a].

Ergänzende Literatur zu Kap. 7.: [74 III], S. 69-120, 161-194; [78 b], Chapt I, IV, V, XVI; [86 a], §§ 3,4,6; [92b], Bd2, 11.1, 11.2, 12.

8. NUMERISCHE DIFFERENTIATION.

8.1 DIFFERENTIATION MIT HILFE EINES INTERPOLATIONSPOLYNOMS.

8.1.1 BERECHNUNG DER ERSTEN ABLEITUNG AN EINER BELIEBIGEN STELLE.

Durch Ableitung der in Abschnitt 7.6 angegebenen Interpolationsformeln 1.-6. in ihrer allgemeinen Form (Stützstellen $x_j,\dots,x_{j+n}$) zu äquidistanten Stützstellen kann man näherungsweise die erste Ableitung einer Funktion f an einer beliebigen Stelle bestimmen. Mit $t=(x-x_j)/h$ gilt

1. $$N'_+(x) = \frac{1}{h}\tilde{N}'_+(t) = \frac{1}{h}\Big(\Delta^1_{j+1/2} + \frac{2t-1}{2!}\Delta^2_{j+1} + \frac{3t^2-6t+2}{3!}\Delta^3_{j+3/2} + \frac{4t^3-18t^2+22t-6}{4!}\Delta^4_{j+2} + \dots + \frac{1}{n!}\sum_{k=0}^{n-1}\frac{\prod_{i=0}^{n-1}(t-i)}{t-k}\Delta^n_{j+n/2}\Big),$$

2. $$N'_-(x) = \frac{1}{h}\tilde{N}'_-(t) = \frac{1}{h}\Big(\Delta_{j-1/2} + \frac{2t+1}{2!}\Delta^2_{j-1} + \frac{3t^2+6t+2}{3!}\Delta^3_{j-3/2} + \frac{4t^3+18t^2+22t+6}{4!}\Delta^4_{j-2} + \dots + \frac{1}{n!}\sum_{k=0}^{n-1}\frac{\prod_{i=0}^{n-1}(t+i)}{t+k}\Delta^n_{j-n/2}\Big),$$

3. $$G'_1(x) = \frac{1}{h}\tilde{G}'_1(t) = \frac{1}{h}\Big(\Delta^1_{j-1/2} + \frac{2t+1}{2!}\Delta^2_j + \frac{3t^2-1}{3!}\Delta^3_{j-1/2} + \frac{4t^3+6t^2-2t-2}{4!}\Delta^4_j + \dots\Big),$$

4. $$G'_2(x) = \frac{1}{h}\tilde{G}'_2(t) = \frac{1}{h}\Big(\Delta^1_{j+1/2} + \frac{2t-1}{2!}\Delta^2_j + \frac{3t^2-1}{3!}\Delta^3_{j+1/2} + \frac{4t^3-6t^2-2t+2}{4!}\Delta^4_j + \dots\Big),$$

5. $$S'(x) = \frac{1}{h}\tilde{S}'(t) = \frac{1}{h}\Big(\frac{1}{2}(\Delta^1_{j-1/2} + \Delta^1_{j+1/2}) + t\Delta^2_j + \frac{1}{2}\frac{3t^2-1}{3!}(\Delta^3_{j-1/2} + \Delta^3_{j+1/2}) + \frac{4t^3-2t}{4!}\Delta^4_j + \dots\Big),$$

6. $$B'(x) = \frac{1}{h}\tilde{B}(t) = \frac{1}{h}\Big(\Delta^1_{j+1/2} + \frac{1}{2}\frac{2t-1}{2!}(\Delta^2_j + \Delta^2_{j+1}) + \frac{3t^2-3t+1/2}{3!}\Delta^3_{j+1/2} + \dots\Big).$$

Das Restglied folgt durch Differentiation des Restgliedes der Interpolationsformel. Rechnungsfehler wirken sich infolge Auslöschung sicherer Stellen stark aus. Sogar an den Stützstellen, wo f und das zugehörige Interpolationspolynom ϕ übereinstimmen, kann ϕ' von f' stark abweichen (aufrauhende Wirkung der Differentiation).

Formeln zur näherungsweisen Differentiation mit Hilfe von Interpolationspolynomen für beliebig verteilte Stützstellen finden sich in [2] Bd.1, S.157-162.

8.1.2 TABELLE ZUR BERECHNUNG DER ERSTEN UND ZWEITEN ABLEITUNGEN AN STÜTZSTELLEN.

Gegeben seien Wertepaare $(x_i, y_i = f(x_i))$, $i = 0(1)n$. Gesucht sind Näherungswerte Y_i', Y_i'' für die Ableitungen $y_i' = f'(x_i)$, $y_i'' = f''(x_i)$. Es gilt

$$y_i' = Y_i' + \text{Restglied}, \quad y_i'' = Y_i'' + \text{Restglied}.$$

Die folgende Tabelle gibt die gesuchten Näherungswerte Y_i' bzw. Y_i'', $i = 0(1)n$, $n = 2(1)6$ bzw. $n = 2,3,4,$an. Sie werden über Interpolationspolynome gewonnen. Die Anzahl $n+1$ der verwendeten Stützstellen ist jeweils in der Tabelle angegeben. Die Restgliedkoeffizienten sind jeweils in den mittleren Stützstellen des Interpolationsintervalls $[x_0, x_n]$ am kleinsten. Es empfiehlt sich daher, wenn genügend Interpolationsstellen vorliegen, diese von Schritt zu Schritt durch Erhöhung des Index i um 1 so umzunumerieren, daß zur Ermittlung von Y_i' bzw. Y_i'' jeweils die Formeln für die mittleren Stützstellen verwendet werden. Doch auch hier wirken sich Rechnungsfehler infolge Auslöschung sicherer Stellen stark aus.

Anzahl der Interpolationsstellen	Näherungswerte Y_i', Y_i''	Restglied ($\xi, \xi_1, \xi_2 \in [x_0, x_n]$)
3	$Y_0' = \frac{1}{2h}(-3y_0 + 4y_1 - y_2)$	$\frac{h^2}{3} f'''(\xi)$
	$Y_1' = \frac{1}{2h}(-y_0 + y_2)$	$-\frac{h^2}{6} f'''(\xi)$
	$Y_2' = \frac{1}{2h}(y_0 - 4y_1 + 3y_2)$	$\frac{h^2}{3} f'''(\xi)$
	$Y_0'' = \frac{1}{h^2}(y_0 - 2y_1 + y_2)$	$-hf'''(\xi_1) + \frac{h^2}{6} f^{(4)}(\xi_2)$
	$Y_1'' = \frac{1}{h^2}(y_0 - 2y_1 + y_2)$	$-\frac{h^2}{12} f^{(4)}(\xi)$
	$Y_2'' = \frac{1}{h^2}(y_0 - 2y_1 + y_2)$	$hf'''(\xi_1) + \frac{h^2}{6} f^{(4)}(\xi_2)$

Anzahl der Interpolationsstellen	Näherungswerte Y'_i, Y''_i	Restglied ($\xi, \xi_1, \xi_2 \in [x_0, x_n]$)
4	$Y'_0 = \frac{1}{6h}(-11y_0 + 18y_1 - 9y_2 + 2y_3)$	$-\frac{h^3}{4} f^{(4)}(\xi)$
	$Y'_1 = \frac{1}{6h}(-2y_0 - 3y_1 + 6y_2 - y_3)$	$\frac{h^3}{12} f^{(4)}(\xi)$
	$Y'_2 = \frac{1}{6h}(y_0 - 6y_1 + 3y_2 + 2y_3)$	$-\frac{h^3}{12} f^{(4)}(\xi)$
	$Y'_3 = \frac{1}{6h}(-2y_0 + 9y_1 - 18y_2 + 11y_3)$	$\frac{h^3}{4} f^{(4)}(\xi)$
	$Y''_0 = \frac{1}{6h^2}(12y_0 - 30y_1 + 24y_2 - 6y_3)$	$\frac{11}{12} h^2 f^{(4)}(\xi_1) - \frac{h^3}{10} f^{(5)}(\xi_2)$
	$Y''_1 = \frac{1}{6h^2}(6y_0 - 12y_1 + 6y_2)$	$-\frac{h^2}{12} f^{(4)}(\xi_1) + \frac{h^3}{30} f^{(5)}(\xi_2)$
	$Y''_2 = \frac{1}{6h^2}(6y_1 - 12y_2 + 6y_3)$	$-\frac{h^2}{12} f^{(4)}(\xi_1) - \frac{h^3}{30} f^{(5)}(\xi_2)$
	$Y''_3 = \frac{1}{6h^2}(-6y_0 + 24y_1 - 30y_2 + 12y_3)$	$\frac{11}{12} h^2 f^{(4)}(\xi_1) + \frac{h^3}{10} f^{(5)}(\xi_2)$
5	$Y'_0 = \frac{1}{12h}(-25y_0 + 48y_1 - 36y_2 + 16y_3 - 3y_4)$	$\frac{h^4}{5} f^{(5)}(\xi)$
	$Y'_1 = \frac{1}{12h}(-3y_0 - 10y_1 + 18y_2 - 6y_3 + y_4)$	$-\frac{h^4}{20} f^{(5)}(\xi)$
	$Y'_2 = \frac{1}{12h}(y_0 - 8y_1 + 8y_3 - y_4)$	$\frac{h^4}{30} f^{(5)}(\xi)$
	$Y'_3 = \frac{1}{12h}(-y_0 + 6y_1 - 18y_2 + 10y_3 + 3y_4)$	$-\frac{h^4}{20} f^{(5)}(\xi)$
	$Y'_4 = \frac{1}{12h}(3y_0 - 16y_1 + 36y_2 - 48y_3 + 25y_4)$	$\frac{h^4}{5} f^{(5)}(\xi)$
	$Y''_0 = \frac{1}{24h^2}(70y_0 - 208y_1 + 228y_2 - 112y_3 + 22y_4)$	$-\frac{5}{6} h^3 f^{(5)}(\xi_1) + \frac{h^4}{15} f^{(6)}(\xi_2)$
	$Y''_1 = \frac{1}{24h^2}(22y_0 - 40y_1 + 12y_2 + 8y_3 - 2y_4)$	$\frac{h^3}{12} f^{(5)}(\xi_1) - \frac{h^4}{60} f^{(6)}(\xi_2)$
	$Y''_2 = \frac{1}{24h^2}(-2y_0 + 32y_1 - 60y_2 + 32y_3 - 2y_4)$	$\frac{h^4}{90} f^{(6)}(\xi)$
	$Y''_3 = \frac{1}{24h^2}(-2y_0 + 8y_1 + 12y_2 - 40y_3 + 22y_4)$	$-\frac{h^3}{12} f^{(5)}(\xi_1) - \frac{h^4}{60} f^{(6)}(\xi_2)$
	$Y''_4 = \frac{1}{24h^2}(22y_0 - 112y_1 + 228y_2 - 208y_3 + 70y_4)$	$\frac{5}{6} h^3 f^{(5)}(\xi_1) + \frac{h^4}{15} f^{(6)}(\xi_2)$

Anzahl der Interpolationsstellen	Näherungswerte Y_i'	Restglied $(\xi,\xi_1,\xi_2 \in [x_0,x_n])$
6	$Y_0' = \frac{1}{60h}(-137y_0+300y_1-300y_2+200y_3-75y_4+12y_5)$	$-\frac{h^5}{6} f^{(6)}(\xi)$
	$Y_1' = \frac{1}{60h}(-12y_0-65y_1+120y_2-60y_3+20y_4-3y_5)$	$\frac{h^5}{30} f^{(6)}(\xi)$
	$Y_2' = \frac{1}{60h}(3y_0-30y_1-20y_2+60y_3-15y_4+2y_5)$	$-\frac{h^5}{60} f^{(6)}(\xi)$
	$Y_3' = \frac{1}{60h}(-2y_0+15y_1-60y_2+20y_3+30y_4-3y_5)$	$\frac{h^5}{60} f^{(6)}(\xi)$
	$Y_4' = \frac{1}{60h}(3y_0-20y_1+60y_2-120y_3+65y_4+12y_5)$	$-\frac{h^5}{30} f^{(6)}(\xi)$
	$Y_5' = \frac{1}{60h}(-12y_0+75y_1-200y_2+300y_3-300y_4+137y_5)$	$\frac{h^5}{6} f^{(6)}(\xi)$
7	$Y_0' = \frac{1}{60h}(-147y_0+360y_1-450y_2+400y_3-225y_4+72y_5-10y_6)$	$\frac{h^6}{7} f^{(7)}(\xi)$
	$Y_1' = \frac{1}{60h}(-10y_0-77y_1+150y_2-100y_3+50y_4-15y_5+2y_6)$	$-\frac{h^6}{42} f^{(7)}(\xi)$
	$Y_2' = \frac{1}{60h}(2y_0-24y_1-35y_2+80y_3-30y_4+8y_5-y_6)$	$\frac{h^6}{105} f^{(7)}(\xi)$
	$Y_3' = \frac{1}{60h}(-y_0+9y_1-45y_2+45y_4-9y_5+y_6)$	$-\frac{h^6}{140} f^{(7)}(\xi)$
	$Y_4' = \frac{1}{60h}(y_0-8y_1+30y_2-80y_3+35y_4+24y_5-2y_6)$	$\frac{h^6}{105} f^{(7)}(\xi)$
	$Y_5' = \frac{1}{60h}(-2y_0+15y_1-50y_2+100y_3-150y_4+77y_5+10y_6)$	$-\frac{h^6}{42} f^{(7)}(\xi)$
	$Y_6' = \frac{1}{60h}(10y_0-72y_1+225y_2-400y_3+450y_4-360y_5+147y_6)$	$\frac{h^6}{7} f^{(7)}(\xi)$

LITERATUR zu 8.1: [2] Bd.1,3.2.1-2; [4],2.11; [7], 4.1; [14], 13; [18] Bd.2, 12.1,2; [19], 6.5; [20], 8.1; [30], IV, § 1.3; [34], 6.1; [38], 3.3-4; [43]; [87], 7.

8.2 DIFFERENTIATION MIT HILFE INTERPOLIERENDER KUBISCHER POLYNOM-SPLINES.

Die Grundlage für die Verwendung der Splinefunktionen zur näherungsweisen Differentiation bildet die folgende Aussage ([1], S.27; [32] III, S.269): Es sei f für $x \in [a,b]$ zweimal stetig differenzierbar; S sei die interpolierende kubische Splinefunktion zu den Knoten x_i, $i = 0(1)n$, $n \geq 2$, $a = x_0 < x_1 < x_2 < \ldots < x_n = b$. Für $n \to \infty$ und $h_i = x_{i+1}-x_i \to 0$

streben für $x \in [a,b]$ S gegen f, S' gegen f' und S'' gegen f''. Diese Aussage gilt auch für periodische Splines. Durch Differentiation der Splinefunktion (7.12) folgen für $x \in [x_i, x_{i+1}]$

$$(8.1)\quad S'(x) \equiv P_i'(x) = b_i + 2c_i(x-x_i) + 3d_i(x-x_i)^2, \quad i = 0(1)n-1,$$

$$(8.2)\quad S''(x) \equiv P_i''(x) = 2c_i + 6d_i(x-x_i), \quad i = 0(1)n-1,$$

so daß P_i' bzw. P_i'' Näherungsfunktionen für f' bzw. f'', $x \in [x_i, x_{i+1}]$, sind.

Die Genauigkeit der Annäherung für f'' läßt sich erhöhen, wenn man mit den erhaltenen Werten für $f'(x_i)$ als Funktionswerte noch einmal eine Spline-Interpolation durchführt und die zugehörige Splinefunktion erneut ableitet ("spline-on-spline", [1], S.43 und 49).
Die numerische Differentiation mit Hilfe kubischer Splines läßt i.a. eine bessere Übereinstimmung von S' und f' erwarten, als sie durch die Differentiation eines Interpolationspolynoms erreicht werden kann (siehe Abschnitt 8.1).

LITERATUR zu 8.2: [1], 2.3; 2.5; [12], S.10-15; [20], 8.2; [31] Bd.II, 8.2; [32] Bd.III, S.265; [35], 2.4.3; [41], III § 5.

8.3 DIFFERENTIATION NACH DEM ROMBERG-VERFAHREN.

Gegeben seien eine Funktion $f \in C^{2n}[a,b]$ und eine Schrittweite $h = h_0$. Gesucht ist ein Näherungswert für $f'(x)$ an der Stelle $x = x_0 \in [a,b]$.

Das Verfahren von Romberg erzeugt nun durch fortgesetzte Halbierung der Schrittweite h und geeignete Linearkombination zugehöriger Approximationen für $f'(x_0)$ Näherungswerte höherer Fehlerordnung für $f'(x_0)$.
Mit $h_j = h/2^j$ für $j = 0,1,2,...$, d.h. $h_{j+1} = h_j/2$ werden sogenannte zentrale Differenzenquotienten

$$(8.3)\quad D_j^{(0)}(f) := \frac{f(x_0+h_j) - f(x_0-h_j)}{2h_j}$$

gebildet und mit ihnen Linearkombinationen

$$(8.4)\quad D_j^{(k)}(f) := \frac{1}{2^{2k}-1}\left(2^{2k} D_{j+1}^{(k-1)}(f) - D_j^{(k-1)}(f)\right)$$

für $j = 0,1,2,...$, $k = 0(1)n-1$, wobei sich das größtmögliche n aus der Voraussetzung $f \in C^{2n}[a,b]$ ergibt. Dann gilt

(8.5) $$f'(x_0) = D_j^k(f) + O(h_j^{2k+2}) ,$$

so daß $D_j^k(f)$ ein Näherungswert der Fehlerordnung h_j^{2k+2} für $f'(x_0)$ ist. Die Rechnung wird zeilenweise nach dem folgenden Schema durchgeführt:

RECHENSCHEMA 8.1 (*Romberg-Verfahren zur numerischen Differentiation*).

$D_j^{(0)}$ s.Gl.(8.3)	$D_j^{(1)} = \frac{4D_{j+1}^{(0)}-D_j^{(0)}}{3}$	$D_j^{(2)} = \frac{16D_{j+1}^{(1)}-D_j^{(1)}}{15}$	...	$D_j^{(m-1)}$ s.Gl.(8.4)	$D_j^{(m)}$ s.Gl.(8.4)
$D_0^{(0)}$					
$D_1^{(0)}$	$D_0^{(1)}$				
$D_2^{(0)}$	$D_1^{(1)}$	$D_0^{(2)}$			
$\vdots$	$\vdots$	$\vdots$	$\ddots$		
$D_{m-1}^{(0)}$	$D_{m-2}^{(1)}$	$D_{m-3}^{(2)}$	...	$D_0^{(m-1)}$	
$D_m^{(0)}$	$D_{m-1}^{(1)}$	$D_{m-2}^{(2)}$	...	$D_1^{(m-1)}$	$D_0^{(m)}$

Das Schema ist solange fortzusetzen ($j = m$), bis zu vorgegebenen $\varepsilon > 0$ die Ungleichung
$$|D_0^{(m)} - D_1^{(m-1)}| < \varepsilon$$
erfüllt ist, sofern $m \leq n$ ist. Dann ist $D_0^{(m)}$ der gesuchte Näherungswert für $f'(x_0)$ mit
$$f'(x_0) = D_0^{(m)}(f) + O(h^{2m+2}) .$$

BEMERKUNG 8.1. Bei zu kleinen Werten von h wird das Resultat durch Rechnungsfehler infolge Auslöschung sicherer Stellen bei der Bildung der $D_j^{(k)}$ verfälscht. Solange die Werte $D_j^{(k)}$ mit wachsendem j sich monoton verhalten, kann man die Rechnung fortsetzen; wenn sie zu oszillieren beginnen, ist die Rechnung abzubrechen, auch wenn die geforderte Genauigkeit noch nicht erreicht ist. Benötigt man eine größere Genauigkeit, so müssen die Funktionswerte genauer angegeben werden. Ein wesentlicher Vorzug des Verfahrens liegt darin, daß sich durch die fortgesetzte Halbierung der Schrittweite schließlich einmal der Wert h_j einstellt, für den Verfahrensfehler und Rundungsfehler etwa gleich groß werden. Wenn die Oszillation beginnt, ist dieser Wert bereits überschritten, und es überwiegen die Rundungsfehler.

LITERATUR zu 8.3: [3], 7.22; [7], 4.2; [14], 13; [18], Bd.2, 12.3; [20], 8.3; [41], III § 8.

9. NUMERISCHE QUADRATUR.

9.1 VORBEMERKUNGEN UND MOTIVATION.

Jede auf einem Intervall I_x stetige Funktion f besitzt dort Stammfunktionen F, die sich nur durch eine additive Konstante unterscheiden, mit

$$\frac{dF(x)}{dx} = F'(x) = f(x), \qquad x \in I_x .$$

Die Zahl $I(f; \alpha,\beta)$ heißt das *bestimmte Integral* der Funktion f über $[\alpha,\beta]$; es gilt der *Hauptsatz der Integralrechnung*

(9.1) $$I(f; \alpha,\beta) := \int_{\alpha}^{\beta} f(x)dx = F(\beta)-F(\alpha), \qquad [\alpha,\beta] \subset I_x ,$$

f heißt *integrierbar* auf $[\alpha,\beta]$.

In der Praxis ist man in den meisten Fällen auf eine näherungsweise Berechnung bestimmter Integrale $I(f; \alpha,\beta)$ mit Hilfe sogenannter *Quadraturformeln* *) angewiesen. Die Ursachen dafür können sein:

1. f hat eine Stammfunktion F, die nicht in geschlossener (integralfreier) Form darstellbar ist (z.B. $f(x) = (\sin x)/x$, $f(x) = e^{-x^2}$).

2. f ist nur an diskreten Stellen $x_k \in [\alpha,\beta]$ bekannt.

3. F ist in geschlossener Form darstellbar, jedoch ist die Ermittlung von F oder auch die Berechnung von $F(\alpha)$ und $F(\beta)$ mit Aufwand verbunden.

Ein mögliches Ersatzproblem für die Integration ist z.B. eine Summe

$$I(f; \alpha,\beta) \approx Q(f; \alpha,\beta) = \sum_k A_k\, f(x_k), \qquad x_k \in [\alpha,\beta],$$

in welche diskrete Stützwerte $f(x_k)$, versehen mit Gewichten A_k, eingehen.

LITERATUR zu 9.1: [20], 9.1; [26], 6.1; [38], S.70; [66], III; [69].

9.2 INTERPOLATIONSQUADRATURFORMELN.

9.2.1 KONSTRUKTIONSMETHODEN.

Von dem Integranden f eines bestimmten Integrals $I(f; a,b)$ seien an n+1 paarweise verschiedenen und nicht notwendig äquidistanten Stützstellen $x_k \in [a,b] \subset [\alpha,\beta]$, $k = 0(1)n$, die Stützwerte $y_k = f(x_k)$ bekannt. Dann liegt es nahe, durch die n+1 Stützpunkte $(x_k,\ y_k = f(x_k))$ das zugehörige Interpolationspolynom Φ vom Höchstgrad n zu legen und das bestimmte Integral von Φ über $[a,b]$: $I(\Phi; a,b)$ als Näherungswert für das gesuchte

Integral $I(f; a,b)$ zu benutzen. Mit dem Restglied $R(x)$ der Interpolation gilt

$$f(x) = \phi(x) + R(x), \quad x \in [a,b] .$$

Für das Integral $I(f; a,b)$ erhält man somit

$$(9.2) \quad \begin{cases} I(f; a,b) = \int_a^b f(x)dx = Q(f; a,b) + E(f; a,b) \quad \text{mit} \\ Q(f; a,b) = I(\phi; a,b) = \int_a^b \phi(x)dx, \\ E(f; a,b) = I(R; a,b) = \int_a^b R(x)dx . \end{cases}$$

Nach Ausführung der Integration über ϕ bzw. R liefert $Q(f, a,b)$ die *Quadraturformel* und $E(f; a,b)$ das zugehörige *Restglied der Quadratur*. Die Quadraturformel ϕ dient als Näherungswert für $I(f; a,b)$; es gilt $Q(f; a,b) \approx I(f; a,b)$. Die Summe aus Q und E wird als *Integrationsregel* bezeichnet. Für die Quadraturformel erhält man die Darstellung

$$(9.3) \quad Q(f; a,b) = \sum_{k=0}^{n} A_k f(x_k) .$$

Dabei ergeben sich bei gegebenen Stützstellen x_k und Integrationsgrenzen a,b die *Gewichte* A_k als Lösungen des linearen Gleichungssystems

$$(9.4) \quad \frac{1}{m+1} (b^{m+1} - a^{m+1}) = \sum_{k=0}^{n} A_k x_k^m , \quad m = 0(1)n ,$$

bzw. ausführlich

$$(9.4') \quad \begin{pmatrix} 1 & 1 & 1 & \dots & 1 \\ x_0 & x_1 & x_2 & \dots & x_n \\ x_0^2 & x_1^2 & x_2^2 & \dots & x_n^2 \\ \vdots & \vdots & \vdots & & \vdots \\ x_0^n & x_1^n & x_2^n & \dots & x_n^n \end{pmatrix} \begin{pmatrix} A_0 \\ A_1 \\ A_2 \\ \vdots \\ A_n \end{pmatrix} = \begin{pmatrix} b - a \\ \frac{1}{2}(b^2 - a^2) \\ \frac{1}{3}(b^3 - a^3) \\ \vdots \\ \frac{1}{n+1}(b^{n+1} - a^{n+1}) \end{pmatrix}$$

Das System (9.4) ist eindeutig lösbar.

Mit dieser Methode kann also zu einem gegebenen Intervall $[a,b]$ und $n+1$ gegebenen paarweise verschiedenen und nicht notwendig äquidistanten Stützstellen $x_k \in [a,b]$ jeweils eine Interpolationsquadraturformel hergeleitet werden. Sind dann an diesen Stützstellen $x_k \in [a,b]$ Funktionswerte $f(x_k)$ einer über $[a,b]$ zu integrierenden Funktion f bekannt, so liefert die Quadraturformel (9.3) einen Näherungswert für das Integral I(f; a,b).

Für das Restglied E(f; a,b) der Quadratur gilt mit (9.2)

$$E(f;\, a,b) = \int_a^b R(x)dx = \int_a^b (f(x) - \phi(x))dx \, .$$

Falls also $f - \phi$ in $[a,b]$ das Vorzeichen mehrfach wechselt, heben sich positive und negative Fehler teilweise auf, so daß der resultierende Fehler selbst dann sehr klein werden kann, wenn ϕ keine gute Approximation von f darstellt, d.h. zwischen den Stützstellen stark von f abweicht. Durch Integration werden also Fehler geglättet. Mit (7.10) und $f \in C^{n+1}[a,b]$ erhält man für E(f; a,b) die Darstellung

$$(9.5) \quad \begin{cases} E(f;\, a,b) = \dfrac{1}{(n+1)!} \displaystyle\int_a^b f^{(n+1)}(\xi)\, \pi(x)dx \quad \text{mit} \\ \xi = \xi(x,x_0,x_1,\ldots,x_n) \in [a,b], \quad \pi(x) = (x-x_0)(x-x_1)\ldots(x-x_n) \end{cases}$$

bzw.

$$(9.5') \quad E(f;\, a,b) = \frac{1}{(n+1)!} f^{(n+1)}(\xi^*) \int_a^b \pi(x)dx, \qquad \xi^* \in [a,b] \, ,$$

falls überall in $[a,b]$ gilt $\pi(x) \geq 0$ oder $\pi(x) \leq 0$. Allgemein besitzt das Restglied für Funktionen $f \in C^{2n}[a,b]$ die folgende Darstellung:

(1) Unter Verwendung von 2n-1 Stützstellen $x_k \in [a,b]$ gilt

$$E(f;\, a,b) = c_{2n-1} \frac{(b-a)^{2n+1}}{(2n)!} f^{(2n)}(\xi), \quad \xi \in [a,b] \, ,$$

(2) unter Verwendung von 2n Stützstellen $x_k \in [a,b]$ gilt

$$E(f;\, a,b) = c_{2n} \frac{(b-a)^{2n+1}}{(2n)!} f^{(2n)}(\xi), \quad \xi \in [a,b] \, .$$

Die Koeffizienten c_{2n-1} bzw. c_{2n} hängen nur von den Stützstellen ab. In [2], Bd.1, S.186 ff. ist eine Tabelle der c_{2n}, c_{2n-1} für zwei bis elf Stützstellen angegeben. Zur Darstellung des Restgliedes vgl. man auch [14], III, § 10; [19], 7.1; [24], 6; [25], 8.2; [43], S.143-145.

9.2.2 NEWTON-COTES-FORMELN.

Mit Hilfe des linearen Gleichungssystems (9.4) lassen sich spezielle *Quadraturformeln für äquidistante Stützstellen* aufstellen. Die Randpunkte des Integrationsintervalls $[a,b]$ fallen dabei jeweils mit

Stützstellen des zu integrierenden Interpolationspolynoms zusammen. So konstruierte Formeln gehören zur Klasse der Newton-Cotes-Formeln.

Es wird unterschieden zwischen Quadraturformeln vom *geschlossenen* Typ und vom *offenen* Typ. Eine Quadraturformel heißt vom geschlossenen Typ, wenn die Randpunkte des Integrationsintervalls zu den Stützstellen gehören, andernfalls vcm offenen Typ.

Mit einem oberen Index an Q und E wird im folgenden der Name der Quadraturformel gekennzeichnet, mit dem unteren Index die gewählte Schrittweite. Auf die Angabe von f in Q(f; a,b) bzw. E(f; a,b) wird verzichtet.

9.2.2.1 DIE SEHNENTRAPEZFORMEL.

Betrachtet man das Integral von f über $[a,b] = [0,h]$ und wählt die Randpunkte $x_0 = 0$, $x_1 = h$ als Stützstellen, so ergeben sich aus (9.4) wegen $n = 1$, $a = 0$, $b = h$ die Gewichte $A_0 = A_1 = \frac{h}{2}$, so daß die Quadraturformel (9.3) lautet

$$Q^{ST}(0,h) = A_0 f(x_0) + A_1 f(x_1) = \frac{h}{2}(f(0) + f(h)).$$

$Q^{ST}(0,h)$ heißt *Sehnentrapezformel* (ST-Formel). Für das zugehörige Restglied folgt mit (9.5') die Darstellung

$$E^{ST}(0,h) = \frac{1}{2} f''(\xi^*) \int_0^h x(x-h)dx = -\frac{h^3}{12} f''(\xi^*), \quad \xi^* \in [0,h], \; f'' \in C[0,h].$$

Die ST-Formel besitzt somit die *lokale Fehlerordnung* $O(h^3)$. Geometrisch bedeutet $Q^{ST}(0,h)$ die Fläche des der Kurve $y = f(x)$ für $x \in [0,h]$ einbeschriebenen Sehnentrapezes. Zusammengefaßt folgt die *Sehnentrapezregel*

$$\int_0^h f(x)dx = Q^{ST}(0,h) + E^{ST}(0,h) = \frac{h}{2}(f(0)+f(h)) - \frac{h^3}{12} f''(\xi^*), \quad \xi^* \in [0,h].$$

Ist die Integration über ein ausgedehntes Intervall $[\alpha,\beta]$ auszuführen, so zerlegt man $[\alpha,\beta]$ in N Teilintervalle der Länge $h = \frac{\beta-\alpha}{N}$; h heißt *Schrittweite*. Für das Integral von f über $[\alpha,\beta]$ gilt dann die *summierte Sehnentrapezregel*

$$\begin{cases} \int_\alpha^\beta f(x)dx = Q_h^{ST}(\alpha,\beta) + E_h^{ST}(\alpha,\beta) \quad \text{mit} \\ Q_h^{ST}(\alpha,\beta) = \frac{h}{2}\left(f(\alpha) + f(\beta) + 2\sum_{k=1}^{N-1} f(\alpha + kh)\right) \\ E_h^{ST}(\alpha,\beta) = -\frac{\beta-\alpha}{12} h^2 f''(\eta), \quad \eta \in [\alpha,\beta], \quad f'' \in C[\alpha,\beta]. \end{cases}$$

Dabei sind $Q_h^{ST}(\alpha,\beta)$ die *summierte ST-Formel* und $E_h^{ST}(\alpha,\beta)$ das *Restglied der summierten ST-Formel*; die globale Fehlerordnung ist $O(h^2)$. Im Falle periodischer Funktionen f sollte grundsätzlich die ST-Formel angewandt werden, vgl. [20], S.287.

9.2.2.2 DIE SIMPSONSCHE FORMEL.

Betrachtet man das Integral von f über $[a,b] = [0,2h]$ und wählt $x_0 = 0$, $x_1 = h$, $x_2 = 2h$ als Stützstellen, so ergeben sich aus (9.4) wegen $n = 2$, $a = 0$, $b = 2h$ die Gewichte $A_0 = A_2 = \frac{1}{3}h$, $A_1 = \frac{4}{3}h$, so daß die Quadraturformel (9.3) lautet

$$Q^S(0,2h) = A_0 f(x_0) + A_1 f(x_1) + A_2 f(x_2) = \frac{h}{3}\big(f(0) + 4f(h) + f(2h)\big) .$$

$Q^S(0,2h)$ heißt *Simpsonsche Formel* (S-Formel). Für das Restglied der S-Formel gilt

$$E^S(0,2h) = -\frac{h^5}{90} f^{(4)}(\xi^*), \quad \xi^* \in [0,2h], \quad f^{(4)} \in C[0,2h] .$$

Die S-Formel besitzt somit die lokale Fehlerordnung $O(h^5)$. Zusammengefaßt folgt die *Simpsonsche Regel*

$$\int_0^{2h} f(x)dx = Q^S(0,2h) + E^S(0,2h) = \frac{h}{3}\big(f(0) + 4f(h) + f(2h)\big) - \frac{h^5}{90} f^{(4)}(\xi^*), \quad \xi^* \in [0,2h].$$

Zur Bestimmung des Integrals von f über ein ausgedehntes Intervall $[\alpha,\beta]$ zerlegt man $[\alpha,\beta]$ in 2N Teilintervalle der Länge $h = \frac{\beta-\alpha}{2N}$, so daß die *summierte Simpsonsche Regel* lautet

$$\begin{cases} \displaystyle\int_\alpha^\beta f(x)dx = Q_h^S(\alpha,\beta) + E_h^S(\alpha,\beta) \quad \text{mit} \\ \displaystyle Q_h^S(\alpha,\beta) = \frac{h}{3}\Big(f(\alpha) + f(\beta) + 4\sum_{k=0}^{N-1} f(\alpha+(2k+1)h) + 2\sum_{k=1}^{N-1} f(\alpha+2kh)\Big), \\ \displaystyle E_h^S(\alpha,\beta) = -\frac{\beta-\alpha}{180} h^4 f^{(4)}(\eta), \quad \eta \in [\alpha,\beta], \quad f^{(4)} \in C[\alpha,\beta] . \end{cases}$$

Dabei ist $Q_h^S(\alpha,\beta)$ die *summierte S-Formel* und $E_h^S(\alpha,\beta)$ das *Restglied der summierten S-Formel*. Die summierte S-Formel besitzt die globale Fehlerordnung $O(h^4)$.

BEMERKUNG 9.1. Ein Nachteil der S-Formel ist, daß immer eine gerade Anzahl von Teilintervallen der Länge h erforderlich ist, um die Formel anwenden zu können. Dieser Nachteil läßt sich aber durch Kombination der S-Formel mit der 3/8-Formel im Falle einer ungeraden Zahl von Teilintervallen immer vermeiden, vgl. dazu Bemerkung 9.2 in Abschnitt 9.2.2.3.

9.2.2.3 DIE 3/8-FORMEL.

Betrachtet man das Integral von f über $[a,b] = [0,3h]$ und wählt $x_0 = 0$, $x_1 = h$, $x_2 = 2h$, $x_3 = 3h$ als Stützstellen, so ergeben sich aus (9.4) wegen $n = 3$, $a = 0$, $b = 3h$ die Gewichte $A_0 = \frac{3}{8}h$, $A_1 = \frac{9}{8}h$, $A_2 = \frac{9}{8}h$, $A_3 = \frac{3}{8}h$. Die Quadraturformel (9.3) lautet damit

$$Q^{3/8}(0,3h) = A_0 f(x_0)+A_1 f(x_1)+A_2 f(x_2)+A_3 f(x_3) = \frac{3h}{8}\big(f(0)+3f(h)+3f(2h)+f(3h)\big).$$

$Q^{3/8}(0,3h)$ heißt 3/8-Formel. Für das Restglied der 3/8-Formel gilt

$$E^{3/8}(0,3h) = -\frac{3}{80}h^5 f^{(4)}(\xi^*), \quad \xi^* \in [0,3h], \quad f^{(4)} \in C[0,3h] .$$

Die lokale Fehlerordnung ist somit $O(h^5)$. Zusammengefaßt folgt die *3/8-Regel*

$$\int_0^{3h} f(x)dx = Q^{3/8}(0,3h) + E^{3/8}(0,3h)$$
$$= \frac{3h}{8}\big(f(0)+3f(h)+3f(2h)+f(3h)\big) - \frac{3}{80}h^5 f^{(4)}(\xi^*), \; \xi^* \in [0,3h].$$

Zur Bestimmung des Integrals von f über ein ausgedehntes Intervall $[\alpha,\beta]$ zerlegt man $[\alpha,\beta]$ in 3N Teilintervalle der Länge $h = \frac{\beta-\alpha}{3N}$, so daß die *summierte 3/8-Regel* lautet

$$\begin{cases} \displaystyle\int_\alpha^\beta f(x)dx = Q_h^{3/8}(\alpha,\beta) + E_h^{3/8}(\alpha,\beta) \quad \text{mit} \\ \displaystyle Q_h^{3/8}(\alpha,\beta) = \frac{3h}{8}\Big(f(\alpha)+f(\beta)+3\sum_{k=1}^{N} f(\alpha+(3k-2)h) + \\ \displaystyle\qquad + 3\sum_{k=1}^{N} f(\alpha+(3k-1)h) + 2\sum_{k=1}^{N-1} f(\alpha+3kh)\Big), \\ \displaystyle E_h^{3/8}(\alpha,\beta) = -\frac{\beta-\alpha}{80}h^4 f^{(4)}(\eta), \quad \eta \in [\alpha,\beta], \quad f^{(4)} \in C[\alpha,\beta]. \end{cases}$$

Dabei ist $Q_h^{3/8}(\alpha,\beta)$ die *summierte 3/8-Formel* und $E_h^{3/8}(\alpha,\beta)$ das *Restglied der summierten 3/8-Formel*. Die summierte 3/8-Formel besitzt die globale Fehlerordnung $O(h^4)$.

BEMERKUNG 9.2 Soll das Integral $I(f;\alpha,\beta)$ von f über $[\alpha,\beta]$ mit der globalen Fehlerordnung $O(h^4)$ berechnet werden bei vorgegebenem h, und ist es nicht möglich, das Intervall $[\alpha,\beta]$ in 2N oder 3N Teilintervalle der Länge h zu zerlegen, so empfiehlt es sich, die Simpsonsche Formel mit der 3/8-Formel zu kombinieren, da beide die Fehlerordnung $O(h^4)$ besitzen.

9.2.2.4 WEITERE NEWTON-COTES-FORMELN.

Bisher wurden drei Newton-Cotes-Formeln angegeben, die sich jeweils durch Integration des Interpolationspolynoms für f zu 2 bzw. 3 bzw. 4 Stützstellen ergaben. Hier werden vier weitere Formeln angegeben zu 5,6,7 und 8 Stützstellen. Diese Formeln werden sofort zusammen mit den Restgliedern aufgeschrieben, so daß sich folgende Regeln ergeben:

4/90-Regel (5 Stützstellen).

$$\int_0^{4h} f(x)dx = \frac{4h}{90}\Big(7f(0)+32f(h)+12f(2h)+32f(3h)+7f(4h)\Big) - \frac{8h^7}{945} f^{(6)}(\xi^*),$$
$$\xi^* \in [0,4h], \quad f^{(6)} \in C[0,4h].$$

Summierte 4/90-Regel. Mit $h = \frac{\beta-\alpha}{4N}$ ist

$$\int_\alpha^\beta f(x)dx = \frac{4h}{90}\Big(7f(\alpha)+7f(\beta)+32\sum_{k=1}^{N} f(\alpha+(4k-3)h)+12\sum_{k=1}^{N} f(\alpha+(4k-2)h) +$$
$$+32\sum_{k=1}^{N} f(\alpha+(4k-1)h)+14\sum_{k=1}^{N-1} f(\alpha+4kh)\Big) - \frac{2(\beta-\alpha)}{945} h^6 f^{(6)}(\eta), \ \eta \in [\alpha,\beta], \ f^{(6)} \in C[\alpha,\beta].$$

5/288-Regel (6 Stützstellen).

$$\int_0^{5h} f(x)dx = \frac{5h}{288}\Big(19f(0)+75f(h)+50f(2h)+50f(3h)+75f(4h)+19f(5h)\Big)+$$
$$- \frac{275}{12096} h^7 f^{(6)}(\xi^*), \quad \xi^* \in [0,5h], \quad f^{(6)} \in C[0,5h].$$

Summierte 5/288-Regel. Mit $h = \frac{\beta-\alpha}{5N}$ ist

$$\int_\alpha^\beta f(x)dx = \frac{5h}{288}\Big(19f(\alpha)+19f(\beta)+75\sum_{k=1}^{N} f(\alpha+(5k-4)h) +$$
$$+50\sum_{k=1}^{N} f(\alpha+(5k-3)h)+50\sum_{k=1}^{N} f(\alpha+(5k-2)h) +$$
$$+75\sum_{k=1}^{N} f(\alpha+(5k-1)h)+38\sum_{k=1}^{N-1} f(\alpha+5kh)\Big) - \frac{55(\beta-\alpha)}{12096} h^6 f^{(6)}(\eta),$$
$$\eta \in [\alpha,\beta], \ f^{(6)} \in C[\alpha,\beta].$$

6/840-Regel (7 Stützstellen).

$$\int_0^{6h} f(x)dx = \frac{6h}{840}\Big(41f(0)+216f(h)+27f(2h)+272f(3h)+27f(4h)+216f(5h)+ + 41f(6h)\Big) - \frac{9}{1400}\,h^9 f^{(8)}(\xi^*),\quad \xi^* \in [0,6h],\quad f^{(8)} \in C[0,6h].$$

Summierte 6/840-Regel. Mit $\frac{\beta-\alpha}{6N}$ ist

$$\int_\alpha^\beta f(x)dx = \frac{6h}{840}\Big(41f(\alpha)+41f(\beta)+216\sum_{k=1}^{N} f(\alpha+(6k-5)h) + +27\sum_{k=1}^{N} f(\alpha+(6k-4)h)+272\sum_{k=1}^{N} f(\alpha+(6k-3)h) + +27\sum_{k=1}^{N} f(\alpha+(6k-2)h)+216\sum_{k=1}^{N} f(\alpha+(6k-1)h + +82\sum_{k=1}^{N-1} f(\alpha+6kh)\Big) - \frac{3(\beta-\alpha)}{2800}\,h^8 f^{(8)}(\eta),\quad \eta \in [\alpha,\beta],\quad f^{(8)} \in C[\alpha,\beta].$$

7/17280-Regel. (8 Stützstellen).

$$\int_0^{7h} f(x)dx = \frac{7h}{17280}\Big(751f(0)+3577f(h)+1323f(2h)+2989f(3h)+2989f(4h)+ +1323f(5h)+3577f(6h)+751f(7h)\Big) - \frac{8163}{518400}\,h^9 f^{(8)}(\xi^*),$$

$$\xi^* \in [0,7h],\quad f^{(8)} \in C[0,7h].$$

Summierte 7/17280-Regel. Mit $h = \frac{\beta-\alpha}{7N}$ ist

$$\int_\alpha^\beta f(x)dx = \frac{7h}{17280}\Big(751f(\alpha)+751f(\beta)+3577\sum_{k=1}^{N} f(\alpha+(7k-6)h) + + 1323\sum_{k=1}^{N} f(\alpha+(7k-5)h) + 2989\sum_{k=1}^{N} f(\alpha+(7k-4)h) + + 2989\sum_{k=1}^{N} f(\alpha+(7k-3)h) + 1323\sum_{k=1}^{N} f(\alpha+(7k-2)h) + + 3577\sum_{k=1}^{N} f(\alpha+(7k-1)h) + 1502\sum_{k=1}^{N-1} f(\alpha+7kh)\Big) - \frac{8163(\beta-\alpha)}{3628800}\,h^8 f^{(8)}(\eta),$$

$$\eta \in [\alpha,\beta],\quad f^{(8)} \in C[\alpha,\beta].$$

Eine Herleitung der Restglieder aller Newton-Cotes-Formeln ist in [10] Bd.1, 3.4.2; [19], S.323/4; [24], 6.1 und [43], S.144-146 zu finden.

Ist n+1 die Anzahl der verwendeten Stützstellen und bezeichnen wir mit $O(h^q)$ die lokale Fehlerordnung, so gilt für

1) gerades n+1: $q = n+2$,
2) ungerades n+1: $q = n+3$.

Die globale Fehlerordnung ist jeweils $O(h^{q-1})$.

Die genannten Newton-Cotes-Formeln sind Formeln vom geschlossenen Typ; Newton-Cotes-Formeln vom offenen Typ sind in [4], S.75 zu finden. Bei wachsendem Grad des integrierten Interpolationspolynoms, d.h. bei wachsender Anzahl (> 8) verwendeter Stützstellen, treten negative Gewichte auf, so daß die Quadraturkonvergenz nicht mehr gesichert ist (s. Abschnitt 9.6). Außerdem differieren die Koeffizienten bei zunehmendem Grad immer stärker voneinander, was zum unerwünschten Anwachsen von Rundungsfehlern führen kann. Deshalb werden zur Integration über große Intervalle anstelle von Formeln höherer Ordnung besser summierte Formeln niedrigerer Fehlerordnung mit hinreichend kleiner Schrittweite h oder das Romberg-Verfahren (Abschnitt 9.5) verwendet.

9.2.3 QUADRATURFORMELN VON MACLAURIN.

Bei den Formeln von Maclaurin liegen die Stützstellen jeweils in der Mitte eines Teilintervalls der Länge h, es sind also Formeln vom offenen Typ. Gewichte und Restglieder können z.B. mittels Taylorabgleich bestimmt werden.

9.2.3.1 DIE TANGENTENTRAPEZFORMEL.

Betrachtet man das Integral von f über $[a,b] = [0,h]$, wählt nur eine Stützstelle x_0 in $[0,h]$ und fordert, daß diese möglichst günstig liegt, so daß sich Polynome vom Grad 0 und 1 exakt integrieren lassen,so ergeben sich aus (9.4) mit n = 1 die Lösungen $A_0 = h$, $x_0 = \frac{h}{2}$. Die Quadraturformel (9.3) lautet

$$Q^{TT}(0,h) = A_0 f(x_0) = h\, f(\tfrac{h}{2}) .$$

$Q^{TT}(0,h)$ heißt Tangententrapezformel (TT-Formel), da sie geometrisch den Flächeninhalt des Trapezes bedeutet, dessen vierte Seite von der Tangente

an f(x) im Punkt $(\frac{h}{2}, f(\frac{h}{2}))$ gebildet wird.
Für das zugehörige Restglied folgt

$$E^{TT}(0,h) = \frac{h^3}{24} f''(\xi^*), \quad \xi^* \in [0,h], \quad f'' \in C[0,h].$$

Die lokale Fehlerordnung ist $O(h^3)$.
Zusammengefaßt folgt die *Tangententrapezregel*

$$\begin{cases} \int_0^h f(x)dx = Q^{TT}(0,h) + E^{TT}(0,h) \quad \text{mit} \\ Q^{TT}(0,h) = h\, f(\frac{h}{2}), \\ E^{TT}(0,h) = \frac{h^3}{24} f''(\xi^*), \quad \xi^* \in [0,h], \quad f'' \in C[0,h]. \end{cases}$$

Zur Bestimmung des Integrals von f über ein ausgedehntes Intervall $[\alpha,\beta]$ zerlegen wir $[\alpha,\beta]$ in N Teilintervalle der Länge $h = \frac{\beta-\alpha}{N}$, so daß die *summierte Tangententrapezregel* lautet

$$\begin{cases} \int_\alpha^\beta f(x)dx = Q_h^{TT}(\alpha,\beta) + E_h^{TT}(\alpha,\beta) \quad \text{mit} \\ Q_h^{TT}(\alpha,\beta) = h \sum_{k=0}^{N-1} f(\alpha+(2k+1)\frac{h}{2}), \\ E_h^{TT}(\alpha,\beta) = \frac{h^2}{24} (\beta-\alpha)\, f''(\eta), \quad \eta \in [\alpha,\beta], \quad f'' \in C[\alpha,\beta]. \end{cases}$$

BEMERKUNG 9.3. Die beiden Trapezformeln (ST und TT) sind von derselben Fehlerordnung. Der Restgliedkoeffizient der TT-Formel ist nur halb so groß wie der der ST-Formel. Außerdem ist bei der Integration nach der TT-Formel stets ein Funktionswert weniger zu berechnen, da als Stützstellen die Intervallmitten genommen werden.

9.2.3.2 WEITERE MACLAURIN-FORMELN.

Im folgenden werden noch die Formeln für 2,3,4 und 5 Stützstellen angegeben und zusammen mit den zugehörigen Restgliedern als Integrationsregeln aufgeschrieben.

Regel zu 2 Stützstellen.

$$\int_0^{2h} f(x)dx = h\left(f(\frac{h}{2}) + f(\frac{3h}{2})\right) + \frac{h^3}{12} f''(\xi^*), \quad \xi^* \in [0,2h], \quad f'' \in C[0,2h].$$

Summierte Regel. Mit $h = \frac{\beta-\alpha}{2N}$ ist

$$\int_\alpha^\beta f(x)dx = h \sum_{k=1}^{2N} f\left(\alpha+(2k-1)\frac{h}{2}\right) + \frac{\beta-\alpha}{24} h^2 f''(\eta), \quad \eta \in [\alpha,\beta], \quad f'' \in C[\alpha,\beta].$$

Regel zu 3 Stützstellen.

$$\int_0^{3h} f(x)dx = \frac{3h}{8}\left(3f(\frac{h}{2})+2f(\frac{3h}{2})+3f(\frac{5h}{2})\right)+\frac{5103}{20480}\,h^5 f^{(4)}(\xi^*),\quad \xi^*\in[0,3h],\ f^{(4)}\in C[0,3h].$$

Summierte Regel. Mit $h = \frac{\beta-\alpha}{3N}$ ist

$$\int_\alpha^\beta f(x)dx = \frac{3h}{8}\sum_{k=1}^{N-1}\left(3f(\alpha+(6k+1)\frac{h}{2}) + 2f(\alpha+(6k+3)\frac{h}{2}) + 3f(\alpha+(6k+5)\frac{h}{2})\right) + \frac{1701}{20480}(\beta-\alpha)h^4 f^{(4)}(\eta),\quad \eta\in[\alpha,\beta],\quad f^{(4)}\in C[\alpha,\beta].$$

Regel zu 4 Stützstellen.

$$\int_0^{4h} f(x)dx = \frac{h}{12}\left(13f(\frac{h}{2}) + 11f(\frac{3h}{2}) + 11f(\frac{5h}{2}) + 13f(\frac{7h}{2})\right) + \frac{103}{1440}\,h^5 f^{(4)}(\xi^*),\quad \xi^*\in[0,4h],\quad f^{(4)}\in C[0,4h].$$

Summierte Regel. Mit $h = \frac{\beta-\alpha}{4N}$ ist

$$\int_\alpha^\beta f(x)dx = \frac{h}{12}\sum_{k=0}^{N-1}\left(13f(\alpha+(8k+1)\frac{h}{2})+11f(\alpha+(8k+3)\frac{h}{2})+11f(\alpha+(8k+5)\frac{h}{2}) + 13f(\alpha+(8k+7)\frac{h}{2})\right)+\frac{103}{5760}(\beta-\alpha)h^4 f^{(4)}(\eta),\quad \eta\in[\alpha,\beta],\ f^{(4)}\in C[\alpha,\beta].$$

Regel zu 5 Stützstellen.

$$\int_0^{5h} f(x)dx = \frac{5h}{1152}\left(275f(\frac{h}{2})+100f(\frac{3h}{2})+402f(\frac{5h}{2})+100f(\frac{7h}{2})+275f(\frac{9h}{2})\right) + \frac{435\,546\,875}{3170\,893\,824}\,h^7 f^{(6)}(\xi^*),\quad \xi^*\in[0,5h],\ f^{(6)}\in C[0,5h].$$

Summierte Regel. Mit $h = \frac{\beta-\alpha}{5N}$ ist

$$\int_\alpha^\beta f(x)dx = \frac{5h}{1152}\sum_{k=0}^{N-1}\Big(275f(\alpha+(10k+1)\frac{h}{2}) + 100f(\alpha+(10k+3)\frac{h}{2}) + 402f(\alpha+(10k+5)\frac{h}{2}) + 100f(\alpha+(10k+7)\frac{h}{2}) + 275f(\alpha+(10k+9)\frac{h}{2})\Big)+\frac{87\,109\,375}{3170\,893\,824}(\beta-\alpha)h^6 f^{(6)}(\eta),$$

$$\eta\in[\alpha,\beta],\quad f^{(6)}\in C[\alpha,\beta].$$

Aus der Aufstellung ist erkennbar, daß die Formeln mit ungerader Stützstellenzahl ebenso wie bei den Newton-Cotes-Formeln die günstigeren Formeln sind. Die Formel für $n = 6$ wird nicht mehr angegeben, da sie dieselbe Fehlerordnung hat wie die für $n = 5$. In der Formel für $n = 7$ ist bereits ein negatives Gewicht, nämlich A_0, so daß die Quadraturkonvergenz nicht mehr gesichert ist.

9.2.4 DIE EULER-MACLAURIN-FORMELN.

Die Euler-Maclaurin-Formeln entstehen durch Integration der Newtonschen Interpolationsformel $\tilde{N}_+(t)$ für absteigende Differenzen.
Es sei f 2n-mal stetig differenzierbar auf $[0,h]$. Betrachtet man das Integral von f über $[0,h]$ und wählt als Stützstellen $x_0 = 0$, $x_1 = h$, so ergibt sich für jedes $n \in \mathbb{N}$ mit $f \in C^{2n}[0,h]$ eine *Euler-Maclaurin-Formel* (EM_n-Formel)

$$(9.6)\quad Q^{EM_n}(0,h) = \frac{h}{2}\Big(f(0)+f(h)\Big) + \sum_{j=1}^{n-1} \frac{B_{2j}}{(2j)!} h^{2j}\Big(f^{(2j-1)}(0)-f^{(2j-1)}(h)\Big)$$

mit den Bernoullischen Zahlen

$$B_0 = 1,\ B_1 = -\frac{1}{2},\ B_2 = \frac{1}{6},\ B_4 = -\frac{1}{30},\ B_6 = \frac{1}{42},\ldots;\ B_{2j+1} = 0 \text{ für } j = 1,2,\ldots\ .$$

Das zugehörige Restglied lautet

$$(9.7)\qquad E^{EM_n}(0,h) = -\frac{B_{2n}}{(2n)!} h^{2n+1} f^{(2n)}(\xi^*)\ ,\quad \xi^* \in [0,h]\ .$$

Zusammengefaßt folgt mit (9.6) und (9.7) für jedes n eine *Euler-Maclaurin-Regel*

$$\int_0^h f(x)dx = Q^{EM_n}(0,h) + E^{EM_n}(0,h)\ .$$

Ist die Integration über ein ausgedehntes Intervall $[\alpha,\beta]$ zu erstrecken, so zerlegt man $[\alpha,\beta]$ in N Teilintervalle der Länge $h = \frac{\beta-\alpha}{N}$ und wendet eine EM_n-Formel und das zugehörige Restglied auf jedes Teilintervall an. Man erhält so die *summierte Euler-Maclaurin-Regel*

$$\int_\alpha^\beta f(x)dx = Q_h^{EM_n}(\alpha,\beta) + E_h^{EM_n}(\alpha,\beta),$$

mit der *summierten Euler-Maclaurin-Formel*

$$Q_h^{EM_n}(\alpha,\beta) = \frac{h}{2}\Big(f(\alpha) + 2\sum_{\nu=1}^{N-1} f(\alpha+\nu h)+f(\beta)\Big) + \sum_{j=1}^{n-1} \frac{B_{2j}}{(2j)!} h^{2j}\Big(f^{(2j-1)}(\alpha)-f^{(2j-1)}(\beta)\Big)$$
(9.8)

und dem *Restglied der summierten Euler-Maclaurin-Formel*

$$E_h^{EM_n}(\alpha,\beta) = -\frac{\beta-\alpha}{(2n)!} B_{2n}\, h^{2n} f^{(2n)}(\eta),\quad \eta \in [\alpha,\beta]\ .$$

BEMERKUNG 9.4. Mit der Sehnentrapezformel kann man für (9.6) auch schreiben

$$Q^{EM_n}(0,h) = Q^{ST}(0,h) + \sum_{k=1}^{n-1} \tilde{c}_{2k}\, h^{2k}$$

und mit der summierten Sehnentrapezformel für (9.8)

$$Q_h^{EM_n}(\alpha,\beta) = Q_h^{ST}(\alpha,\beta) + \sum_{k=1}^{n-1} c_{2k}\, h^{2k},$$

wobei die $\tilde{c}_{2k}$ und c_{2k} unabhängig von h sind. Die einfache bzw. summierte Euler-Maclaurin-Formel setzt sich also aus der einfachen bzw. summierten Sehnentrapezformel und einem Korrekturglied zusammen. Für n = 1 sind die ST-Formel und die EM_n-Formel identisch.

9.2.5 FEHLERSCHÄTZUNGSFORMELN UND RECHNUNGSFEHLER.

Da in der Regel die Ableitungen $f^{(n+1)}(x)$ entweder nicht bekannt sind oder nur mit erheblichem Aufwand abgeschätzt werden können, ist die genaue Kenntnis des Restgliedkoeffizienten von geringem praktischen Nutzen. Wesentlich ist die Kenntnis der *globalen* Fehlerordnung $O(h^q)$ des Restgliedes; sie reicht aus, um unter Verwendung von zwei mit den Schrittweiten h_1 und h_2 berechneten Näherungswerten für das Integral einen Schätzwert für den wahren Fehler angeben zu können.

Wurde etwa das Integral $I(f;\alpha,\beta)$ näherungsweise mit der Schrittweite h_i nach einer Quadraturformel der globalen Fehlerordnung $O(h_i^q)$ berechnet, so gilt

$$I(f;\alpha,\beta) = Q_{h_i}(\alpha,\beta) + E_{h_i}(\alpha,\beta)$$

mit $\qquad E_{h_i}(\alpha,\beta) = O(h_i^q)\,.$

Für i = 1 und i = 2, q fest, erhält man die folgende Fehlerschätzungsformel für den Fehler $E_{h_1}(\alpha,\beta)$ des mit der Schrittweite h_1 berechneten Näherungswertes $Q_{h_1}(\alpha,\beta)$ für $I(f;\alpha,\beta)$:

$$(9.9)\qquad E_{h_1}(\alpha,\beta) \approx \frac{Q_{h_1}(\alpha,\beta) - Q_{h_2}(\alpha,\beta)}{\left(\frac{h_2}{h_1}\right)^q - 1} = E_{h_1}^*(\alpha,\beta)\,.$$

Mit (9.9) läßt sich ein gegenüber $Q_{h_1}(\alpha,\beta)$ verbesserter Näherungswert $Q_{h_1}^*(\alpha,\beta)$ für $I(f;\alpha,\beta)$ angeben; es gilt

$$Q_{h_1}^*(\alpha,\beta) = Q_{h_1}(\alpha,\beta) + E_{h_1}^*(\alpha,\beta)$$

$$(9.10)\qquad = \frac{1}{\left(\frac{h_2}{h_1}\right)^q - 1}\left(\left(\frac{h_2}{h_1}\right)^q Q_{h_1}(\alpha,\beta) - Q_{h_2}(\alpha,\beta)\right).$$

Wählt man speziell $h_2 = 2h_1$ und setzt $h_1 = h$, so erhält (9.9) die Form

$$(9.9') \qquad E_h(\alpha,\beta) \approx \frac{Q_h(\alpha,\beta) - Q_{2h}(\alpha,\beta)}{2^q - 1}$$

und für $Q_h^*(\alpha,\beta)$ ergibt sich aus (9.10) die Beziehung

$$(9.10') \qquad Q_h^*(\alpha,\beta) = \frac{1}{2^q - 1}\,(2^q\, Q_h(\alpha,\beta) - Q_{2h}(\alpha,\beta)) \;.$$

Dabei sind $Q_h(\alpha,\beta)$ der mit der Schrittweite h berechnete Näherungswert, $Q_{2h}(\alpha,\beta)$ der mit der doppelten Schrittweite berechnete Näherungswert und $Q_h^*(\alpha,\beta)$ der gegenüber $Q_h(\alpha,\beta)$ verbesserte Näherungswert für $I(f;\, \alpha,\beta)$.

Für die Trapezformeln, die Simpsonsche Formel und die 3/8-Formel lauten die (9.9') entsprechenden Fehlerschätzungsformeln und die (9.10') entsprechenden verbesserten Näherungswerte Q_h^*

Sehnen- und Tangententrapezformel (q = 2):

$$E_h^{ST} \approx \frac{1}{3}\,(Q_h^{ST} - Q_{2h}^{ST}) \quad , \qquad E_h^{TT} \approx \frac{1}{3}\,(Q_h^{TT} - Q_{2h}^{TT}) \quad ,$$

$$Q_h^{*ST} = \frac{1}{3}\,(4\,Q_h^{ST} - Q_{2h}^{ST}) \quad , \qquad Q_h^{*TT} = \frac{1}{3}\,(4\,Q_h^{TT} - Q_{2h}^{TT}) \;;$$

Simpsonsche Formel und 3/8-Formel (q = 4):

$$E_h^{S} \approx \frac{1}{15}\,(Q_h^{S} - Q_{2h}^{S}) \quad , \qquad E_h^{3/8} \approx \frac{1}{15}\,(Q_h^{3/8} - Q_{2h}^{3/8}) \;,$$

$$Q_h^{*S} = \frac{1}{15}\,(16\,Q_h^{S} - Q_{2h}^{S}) \;, \qquad Q_h^{*3/8} = \frac{1}{15}\,(16\,Q_h^{3/8} - Q_{2h}^{3/8}) \;.$$

Mit Hilfe der Euler-Maclaurin-Formeln läßt sich zeigen, daß bei Verwendung der gegenüber Q_h^{ST} und Q_h^{S} verbesserten Näherungswerte Q_h^{*ST} und Q_h^{*S} für I sogar zwei h-Potenzen in der Fehlerordnung gewonnen werden; es gilt

$$I(f;\, \alpha,\beta) = Q_h^{*ST}(\alpha,\beta) + O(h^4)$$

bzw.

$$I(f;\, \alpha,\beta) = Q_h^{*S}\,(\alpha,\beta) + O(h^6) \;,$$

vgl. auch Abschnitt 9.5.

RECHNUNGSFEHLER. Während der globale Verfahrensfehler z.B. im Falle der ST-Regel bzw. S-Regel von zweiter bzw. von vierter Ordnung mit $h \to 0$ abnimmt, wächst der Rechnungsfehler in beiden Fällen von der Ordnung $O(\frac{1}{h})$, so daß der Gesamtfehler (Verfahrensfehler plus Rechnungsfehler) nicht beliebig klein gehalten werden kann. Diese Aussage gilt auch für andere Quadraturformeln. Es ist empfehlenswert, die Schrittweite h so zu wählen, daß Verfahrensfehler und Rechnungsfehler von gleicher Größenordnung sind. Im Falle der ST-Regel ergibt sich nach [26], S.173 für den globalen Rechnungsfehler die Beziehung

$$r_h(\alpha,\beta) = \frac{1}{2h}\,(\beta-\alpha)^2\,\varepsilon,$$

wobei ε der maximale absolute Rechnungsfehler pro Rechenschritt ist.

LITERATUR zu 9.2: [2] Bd.1, 3.4; [4], 2.; [7], 4.3-4.5; [14], 10; [18], 13.2,3,5 ; [19], 7.1; [20], 9.1; [24], 6; [25], 8.2; [26], 6.2-6.6; [28], § 2; [30], IV § 2.1-2; [32] H § 7.1-3; [34], 6.2; [35], 3.1; [38], 4.1, 4.2; [41], III § 6; [43] § 16 A; [45], § 13.1-5; [67] I, 3.2.1; [87], 8.

9.3 TSCHEBYSCHEFFSCHE QUADRATURFORMELN.

Bei der Konstruktion aller bisher behandelten Quadraturformeln vom Typ (9.3) wurden die n+1 Stützstellen $x_k \in [a,b]$ vorgegeben und die Gewichte A_k als Lösungen des für sie linearen Gleichungssystems (9.4) erhalten. Sind die Funktionswerte f(x) des Integranden empirisch bestimmt und alle mit gleichen Fehlern behaftet, so wird der dadurch bedingte Fehler des Integralwertes am kleinsten, wenn alle Gewichte der Quadraturformel gleich sind.
Die Tschebyscheffschen Formeln haben die Form (9.3) mit gleichen Gewichten.

Man betrachtet das Integral von f über $[-h,h]$ und setzt die *Tschebyscheffschen Regeln* in der Form an

$$I(f;-h,h) = \int_{-h}^{h} f(x)dx = Q^{Ch_{n+1}}(-h,h) + E^{Ch_{n+1}}(-h,h)\ ,$$

wobei n+1 die Anzahl der Stützstellen $x_k \in [-h,h]$ ist. $Q^{Ch_{n+1}}(-h,h)$ heißt *Tschebyscheffsche Formel* (Ch_{n+1}-Formel) zu n+1 Stützstellen und $E^{Ch_{n+1}}(-h,h)$ ist das *Restglied der Ch_{n+1}-Formel.*

Die Gewichte A_k werden gleich groß vorgegeben

$$A_k = \frac{2h}{n+1}, \quad k = 0(1)n .$$

Es wird gefordert, daß die Quadraturformel $Q^{Ch_{n+1}}(-h,h)$ Polynome bis zum Grad m = n+1 exakt integriert. So erhält man aus (9.4) mit m = 1(1)n+1 für die n+1 Stützstellen x_k n+1 nichtlineare Gleichungen. Es muß also vorausgesetzt werden, daß sich die Funktionswerte f(x) an den Stützstellen x_k berechnen oder aus einer Tabelle ablesen lassen; ist von f nur eine Wertetabelle bekannt, so sind die Tschebyscheffschen Formeln i.a. nicht anwendbar.

Für n = 1 sind in (9.4) $a=-h$, $b=h$, $m=1,2$, $A_0=A_1=h$ zu setzen. Man erhält die Lösungen $x_0=-h/\sqrt{3}$, $x_1=h/\sqrt{3}$, so daß die zugehörige *Tschebyscheffsche Regel für 2 Stützstellen* lautet:

$$\begin{cases} \int_{-h}^{h} f(x)dx = Q^{Ch_2}(-h,h) + E^{Ch_2}(-h,h) \quad \text{mit} \\ Q^{Ch_2}(-h,h) = h(f(-h/\sqrt{3}) + f(h/\sqrt{3})) , \\ E^{Ch_2}(-h,h) = O(h^5) . \end{cases}$$

Allgemein haben die Tschebyscheffschen Formeln mit 2ν und $2\nu+1$ Stützstellen die lokale Fehlerordnung $O(h^{2\nu+3})$. Die Restgliedkoeffizienten sind in [2], Bd.1, S.219 zu finden.

Tabelle der Stützstellenwerte ([30], S.206):

n	x_k	k = 0(1)n	
1	$x_{0,1} = \pm\ 0{,}577350\ h$		
2	$x_{0,2} = \pm\ 0{,}707107\ h$	$x_1 = 0$	
3	$x_{0,3} = \pm\ 0{,}794654\ h$	$x_{1,2} = \pm\ 0{,}187592\ h$	
4	$x_{0,4} = \pm\ 0{,}832498\ h$	$x_{1,3} = \pm\ 0{,}374541\ h$	$x_2 = 0$
5	$x_{0,5} = \pm\ 0{,}866247\ h$	$x_{1,4} = \pm\ 0{,}422519\ h$	
	$x_{2,3} = \pm\ 0{,}266635\ h$		
6	$x_{0,6} = \pm\ 0{,}883862\ h$	$x_{1,5} = \pm\ 0{,}529657\ h$	
	$x_{2,4} = \pm\ 0{,}323912\ h$	$x_3 = 0$	

Reelle Werte x_k ergeben sich nur für n = 0(1)6 und n = 8.

Ist die Integration über ein ausgedehntes Intervall $[\alpha,\beta]$ zu erstrecken, so zerlegt man $[\alpha,\beta]$ in N Teilintervalle der Länge 2h mit $h = \frac{\beta-\alpha}{2N}$ und wendet auf jedes Teilintervall die entsprechende Ch_{n+1}-Formel an. Die Stützstellen sind dabei wie folgt zu transformieren:

$$x_k \to \alpha + (2j+1)h + x_k, \quad j = 0(1)N-1, \quad k = 0(1)n.$$

Man erhält so für n = 1 folgende *summierte Tschebyscheffsche Regel*

$$\begin{cases} \int\limits_\alpha^\beta f(x)dx = Q_h^{Ch_2}(\alpha,\beta) + E_h^{Ch_2}(\alpha,\beta) \quad \text{mit} \\ Q_h^{Ch_2}(\alpha,\beta) = h \sum\limits_{j=0}^{N-1} \left(f(\alpha+(2j+1)h - \frac{h}{\sqrt{3}}) + f(\alpha+(2j+1)h + \frac{h}{\sqrt{3}}) \right), \\ E_h^{Ch_2}(\alpha,\beta) = O(h^4) . \end{cases}$$

Dabei ist $Q_h^{Ch_2}(\alpha,\beta)$ die *summierte Tschebyscheffsche Formel zu zwei Stützstellen* und $E_h^{Ch_2}(\alpha,\beta)$ das *Restglied der summierten Ch_2-Formel.*

Die Tschebyscheffschen Formeln haben für eine gerade Anzahl von Stützstellen eine günstigere Fehlerordnung als die Newton-Cotes-Formeln.

LITERATUR zu 9.3: [2] Bd.1,3.6; [20],9.4;[24], 10; [43], § 16B.

9.4 QUADRATURFORMELN VON GAUSS.

Um die Gaußschen Formeln optimaler Genauigkeit zu erhalten, werden weder die Stützstellen noch die Gewichte vorgeschrieben, so daß in (9.4) insgesamt 2(n+1) = 2n+2 freie Parameter enthalten sind. Die Forderung, daß die Quadraturformel Polynome bis zum Grad 2n+1 exakt integriert, führt hier auf ein System von 2n+2 Gleichungen für die n+1 Gewichte A_k und die n+1 Stützstellen x_k, $k = 0(1)n$; es lautet

$$\frac{1}{m+1}\,(b^{m+1} - a^{m+1}) = \sum_{k=0}^{n} A_k\, x_k^m, \qquad m = 0(1)2n+1 ;$$

und ist linear bzgl. der Gewichte A_k und nichtlinear bzgl. der Stützstellen x_k. Man muß hier also voraussetzen, daß sich die Funktionswerte f(x) an den sogenannten *Gaußschen Stützstellen* $x_k \in [a,b]$ berechnen oder aus einer Tabelle ablesen lassen. Ist von der Funktion f nur eine Wertetabelle bekannt, in der die Gaußschen Stützstellen im allgemeinen nicht auftreten werden, so berechnet man das Integral bei äquidistanten Stützstellen mittels einer Newton-Cotes-Formel oder einer Maclaurin-Formel und bei beliebigen Stützstellen mittels einer mit Hilfe des Systems (9.4) konstruierten Quadraturformel.

Für das Integral von f über [a,b] = [-1,+1] läßt sich zeigen, daß die n+1 Gaußschen Stützstellen x_k gerade die Nullstellen der *Legendreschen Polynome* $P_{n+1}(x)$ in [-1,+1] sind (s. hierzu z.B. [30], S.209; [37], 1.2; [38], S.86/87 sowie [20], S.277).

Betrachtet man nun das Integral von f über [-h,+h] und setzt

$$\int_{-h}^{+h} f(x)dx = Q^{G_{n+1}}(-h,h) + E^{G_{n+1}}(-h,h) = \sum_{k=0}^{n} A_k\, f(x_k) + O(h^q) ,$$

so bezeichnet man diese Beziehung als *Gaußsche Regel*, $Q^{G_{n+1}}(-h,h)$ als *Gaußsche Formel* (G_{n+1}-Formel) und $E^{G_{n+1}}(-h,h)$ als *Restglied der G_{n+1}-Formel* zu n+1 Gaußschen Stützstellen.

Das Intervall [-1,+1] muß zunächst immer auf [-h,+h] transformiert werden. Dann ergeben sich für einige spezielle Gaußsche Quadraturformeln die folgenden Gewichte A_k und Stützstellen x_k, k = 0(1)n.

Tabelle der Gaußschen Stützstellenwerte und Gewichte:

n	x_k, k = 0(1)n	A_k, k = 0(1)n
0	$x_0 = 0$	$A_0 = 2h$
1	$x_{0,1} = \pm \frac{h}{\sqrt{3}}$ $(\frac{1}{\sqrt{3}} = 0{,}577350269)$	$A_0 = A_1 = h$
2	$x_{0,2} = \pm \sqrt{0{,}6}\, h$ $x_1 = 0$ $(\sqrt{0{,}6} = 0{,}774596669)$	$A_0 = A_2 = \frac{5}{9} h = 0{,}\bar{5}\, h$ $A_1 = \frac{8}{9} h = 0{,}\bar{8}\, h$
3	$x_{0,3} = \pm 0{,}86113631\, h$ $x_{1,2} = \pm 0{,}33998104\, h$	$A_0 = A_3 = 0{,}34785485\, h$ $A_1 = A_2 = 0{,}65214515\, h$
4	$x_{0,4} = \pm 0{,}90617985\, h$ $x_{1,3} = \pm 0{,}53846931\, h$ $x_2 = 0$	$A_0 = A_4 = 0{,}23692689\, h$ $A_1 = A_3 = 0{,}47862867\, h$ $A_2 = \frac{128}{225} h = 0{,}56\bar{8}\, h$
5	$x_{0,5} = \pm 0{,}93246951\, h$ $x_{1,4} = \pm 0{,}66120939\, h$ $x_{2,3} = \pm 0{,}23861919\, h$	$A_0 = A_5 = 0{,}17132449\, h$ $A_1 = A_4 = 0{,}36076157\, h$ $A_2 = A_3 = 0{,}46791393\, h$

Weitere Werte sind in [65], Table 25.4 angegeben.

Das Restglied besitzt die allgemeine Form

$$E^{G_{n+1}}(-h,h) = \frac{2^{2n+3}((n+1)!)^4}{(2n+3)((2n+2)!)^3} h^{2n+3} f^{(2n+2)}(\xi^*),\ \xi^* \in [-h,h],\ f^{(2n+2)} \in C[-h,h],$$

d.h. die *lokale Fehlerordnung* bei n+1 Stützstellen in $[-h,+h]$ ist $O(h^{2n+3})$.

Im folgenden werden zwei der Gaußschen Regeln explizit aufgeschrieben und zwar die für 2 und 3 Stützstellen $x_k \in [-h,+h]$:

1. n = 1 (2 Stützstellen):

$$\begin{cases} \int_{-h}^{+h} f(x)dx = Q^{G_2}(-h,h) + E^{G_2}(-h,h) \quad \text{mit} \\ Q^{G_2}(-h,h) = h\left(f(-\frac{h}{\sqrt{3}}) + f(\frac{h}{\sqrt{3}})\right), \\ E^{G_2}(-h,h) = \frac{h^5}{135} f^{(4)}(\xi^*),\ \xi^* \in [-h,+h],\ f^{(4)} \in C[-h,+h]. \end{cases}$$

2. n = 2 (3 Stützstellen):

$$\begin{cases} \int_{-h}^{+h} f(x)dx = Q^{G_3}(-h,h) + E^{G_3}(-h,h) \quad \text{mit} \\ Q^{G_3}(-h,h) = \frac{h}{9}\left(5f(-\sqrt{0{,}6}\,h) + 8f(0) + 5f(\sqrt{0{,}6}\,h)\right), \\ E^{G_3}(-h,h) = \frac{h^7}{15750} f^{(6)}(\xi^*),\quad \xi^* \in [-h,+h],\ f^{(6)} \in C[-h,+h]. \end{cases}$$

Mit zwei Stützstellen erhält man eine Formel der lokalen Fehlerordnung $O(h^5)$, mit drei Stützstellen eine Formel der lokalen Fehlerordnung $O(h^7)$. Die Newton-Cotes-Formeln der lokalen Fehlerordnungen $O(h^5)$ und $O(h^7)$ erfordern dagegen drei bzw. fünf Stützstellen.

Für $n = 4$ und $n = 5$ lassen sich die Formeln an Hand der Tabelle der x_k, A_k leicht bilden. Dabei ist

$$E^{G_4} = \frac{h^9}{3472875} f^{(8)}(\xi^*),\qquad E^{G_5} = \frac{h^{11}}{1237732650} f^{(10)}(\xi^*),\qquad \xi^* \in [-h,+h].$$

Zur Bestimmung des Integrals von f über ein Intervall $[\alpha,\beta]$ teilt man $[\alpha,\beta]$ in N Teilintervalle der Länge 2h: $h = \frac{\beta-\alpha}{2N}$. Die Stützstellen sind dabei wie folgt zu transformieren:

$$x_k \rightarrow \alpha+(2j+1)h + x_k,\quad j = 0(1)N-1,\quad k = 0(1)n.$$

Man erhält für n = 1 und n = 2 die folgenden summierten Gaußschen Regeln:

$$\begin{cases} \int_\alpha^\beta f(x)dx = Q_h^{G_2}(\alpha,\beta) + E_h^{G_2}(\alpha,\beta) \quad \text{mit} \\ Q_h^{G_2}(\alpha,\beta) = h\sum_{j=0}^{N-1}\Big(f(\alpha+(2j+1)h-\frac{h}{\sqrt{3}}) + f(\alpha+(2j+1)h+\frac{h}{\sqrt{3}})\Big), \\ E_h^{G_2}(\alpha,\beta) = \frac{\beta-\alpha}{270}h^4 f^{(4)}(\eta), \quad \eta\in[\alpha,\beta], \quad f^{(4)}\in C[\alpha,\beta]. \end{cases}$$

$$\begin{cases} \int_\alpha^\beta f(x)dx = Q_h^{G_3}(\alpha,\beta) + E_h^{G_3}(\alpha,\beta) \quad \text{mit} \\ Q_h^{G_3}(\alpha,\beta) = \frac{h}{9}\sum_{j=0}^{N-1}\Big(5f(\alpha+(2j+1)h-\sqrt{\tfrac{3}{5}}h) + 8f(\alpha+(2j+1)h) + \\ \qquad +5f(\alpha+(2j+1)h+\sqrt{\tfrac{3}{5}}h)\Big), \\ E_h^{G_3}(\alpha,\beta) = \frac{\beta-\alpha}{31500}h^6 f^{(6)}(\eta), \quad \eta\in[\alpha,\beta], \quad f^{(6)}\in C[\alpha,\beta]. \end{cases}$$

Die Gaußschen Formeln $Q^{G_{n+1}}$ sind trotz ihrer optimalen Eigenschaften in bezug auf die Fehlerordnung für das Rechnen ohne elektronische Rechenhilfsmittel ungeeignet, da die Nullstellen der Legendreschen Polynome als Stützstellen und auch die Gewichte unglatte Zahlen sind. Da bei Verwendung einer Gaußschen Formel gegenüber einer Newton-Cotes-Formel gleicher Fehlerordnung nur etwa die Hälfte an Ordinaten benötigt werden, spart man etwa die Hälfte an Rechenzeit ein.

LITERATUR zu 9.4: [2] Bd.1,3.5; [4] 2.10; [7],4.6; [14], 12; [19], 7.3; [20], 9.4; [29] II,9.5; [32], H § 7,9; [35], 3.5; [37]; [38], 4.3; [41], III § 6 V; [43], § 16.6; [45], § 13.6; [67] I, 3.2.3.

9.5 DAS VERFAHREN VON ROMBERG.

Das Verfahren von Romberg beruht auf der Approximation des Integrals $I(f;\alpha,\beta)$ durch die Sehnentrapezformel. Durch fortgesetzte Halbierung der Schrittweite und geeignete Linearkombination zugehöriger Approximationen für das Integral werden Quadraturformeln von höherer Fehlerordnung erzeugt (s. [20], S.281 ff.).

Man zerlegt $[\alpha,\beta]$ zunächst in N_0 Teilintervalle der Länge $h_0 = \frac{\beta-\alpha}{N_0}$ und setzt

$$N_j = 2^j N_0, \quad h_j = \frac{\beta-\alpha}{2^j N_0} = \frac{h_0}{2^j}, \quad j = 0,1,2\ldots$$

was der fortgesetzten Halbierung der Schrittweiten entspricht.

Das Integral von f über $[\alpha,\beta]$ erhält man in der Darstellung

$$I(f;\,\alpha,\beta) = \int_\alpha^\beta f(x)dx = L_j^{(k)}(f) + O(h_j^{2(k+1)}) ,$$

dabei ist $L_j^{(k)}(f)$ die Quadraturformel der Fehlerordnung $O(h_j^{2(k+1)})$.

Die Rechnung wird *zeilenweise* nach dem folgenden Schema durchgeführt:

RECHENSCHEMA 9.1 (*Verfahren von Romberg*).

$L_j^{(0)}=Q_{h_j}^{ST}(\alpha,\beta)$	$L_j^{(1)}=\frac{4L_{j+1}^{(0)}-L_j^{(0)}}{3}$	$L_j^{(2)}=\frac{16L_{j+1}^{(1)}-L_j^{(1)}}{15}$	...	$L_j^{(m-1)}$	$L_j^{(m)}$
$L_0^{(0)}$					
$L_1^{(0)}$	$L_0^{(1)}$				
$L_2^{(0)}$	$L_1^{(1)}$	$L_0^{(2)}$			
$\vdots$	$\vdots$	$\vdots$	$\ddots$		
$L_{m-1}^{(0)}$	$L_{m-2}^{(1)}$	$L_{m-3}^{(2)}$	...	$L_0^{(m-1)}$	
$L_m^{(0)}$	$L_{m-1}^{(1)}$	$L_{m-2}^{(2)}$	...	$L_1^{(m-1)}$	$L_0^{(m)}$

Dabei können die $L_j^{(0)}$ nach der Formel

$$L_j^{(0)}(f) := Q_{h_j}^{ST}(\alpha,\beta) = \frac{h_j}{2}\Big(f(\alpha)+f(\beta)+2\sum_{\nu=1}^{N_j-1} f(\alpha+\nu h_j)\Big)$$

berechnet werden. Besser und schneller ist es, diese Formel nur für $j = 0$ zu verwenden und für $j = 1,2,3,\ldots$ die sich daraus ergebende Formel

$$L_j^{(0)}(f) = \frac{1}{2}L_{j-1}^{(0)} + h_j\{f(\alpha+h_j)+f(\alpha+3h_j)+\ldots+f(\beta-h_j)\} = \frac{1}{2}L_{j-1}^{(0)} + h_j\sum_{k=0}^{N_{j-1}-1} f(\alpha+(2k+1)h_j)$$

Die $L_j^{(k)}$ für $k \geq 1$ und $j=0,1,2,\ldots$ werden nach der Formel

$$L_j^{(k)}(f) = \frac{1}{4^k-1}\Big(4^k\; L_{j+1}^{(k-1)}(f) - L_j^{(k-1)}(f)\Big)$$

berechnet. Das Schema wird solange fortgesetzt, bis zu vorgegebenem $\varepsilon > 0$ gilt: $|L_0^{(m)} - L_1^{(m-1)}| < \varepsilon$. Dann wird $L_0^{(m)}(f)$ als bester erreichter Näherungswert für $I(f;\,\alpha,\beta)$ verwendet; es gilt mit $m \leq n-1$ die Romberg-Regel

$$I(f;\,\alpha,\beta) = \int_\alpha^\beta f(x)dx = L_0^{(m)}(f) + E^{R_m}(f;\,\alpha,\beta) \quad \text{mit}$$

$$E^{R_m}(f;\,\alpha,\beta) = (-1)^{m+1}\,\frac{\beta-\alpha}{2^{m(m+1)}}\,\frac{B_{2m+2}}{(2m+2)!}\,h_0^{2m+2}\,f^{(2m+2)}(\xi),\quad \xi\in[\alpha,\beta] .$$

Unter der Voraussetzung $f \in C^{2n}[\alpha,\beta]$ konvergieren die Spalten $L_j^{(k)}$ des Schemas für jedes feste k und $j \to \infty$ linear gegen $I(f;\ \alpha,\beta)$. Ist f analytisch, so konvergieren die absteigenden Diagonalen des Schemas $L_j^{(k)}$ für festes j und $k \to \infty$ superlinear gegen $I(f;\ \alpha,\beta)$. Es läßt sich zeigen, daß sowohl die Spalten als auch die absteigenden Diagonalen $L_j^{(k)}$ gegen $I(f;\ \alpha,\beta)$ konvergieren, wenn nur die Stetigkeit von f vorausgesetzt wird.

LITERATUR zu 9.5: [4], 2.7; [7], 4.4; [14], 11; [18], 13.7; [20], 9.5; [25], 8.4; [26], 6.5; [32], H § 7.2; [34], 6.2.2; [35], 3.2-4; [38], 4.2.2; [41], III § 8; [87], 8.3.

9.6 ADAPTIVE QUADRATURVERFAHREN

Die adaptiven Quadraturverfahren verbinden die Adaption mit der Extrapolation (Romberg-Verfahren). Sie arbeiten mit nichtäquidistanten Teilintervallen und halten die Anzahl der Teilintervalle (und damit der Funktionsauswertungen) möglichst klein.

Im Anhang ist ein FORTRAN-Programm zur adaptiven Quadratur angegeben, der zugehörige Algorithmus ist als Vorspann zum Programm abgedruckt.

Literatur: [35], 4. Aufl., [105c].

9.7 KONVERGENZ DER QUADRATURFORMELN.

SATZ 9.1. Eine Quadraturformel der Form

$$(9.11)\qquad Q^{(n)}(f;\ \alpha,\beta) = \sum_{k=0}^{n} A_k^{(n)} f(x_k^{(n)}), \qquad x_k^{(n)} \in [\alpha,\beta]\ ,$$

konvergiert für $n \to \infty$ und für jede in $[\alpha,\beta]$ stetige Funktion f genau dann gegen $I(f;\ \alpha,\beta)$, d.h.

$$(9.12)\qquad \lim_{n\to\infty} Q^{(n)}(f;\ \alpha,\beta) = \lim_{n\to\infty} \sum_{k=0}^{n} A_k^{(n)} f(x_k^{(n)}) = I(f;\ \alpha,\beta),$$

wenn

1. (9.12) für jedes Polynom $f \equiv P$ der Form (6.9) erfüllt ist und
2. eine Konstante K existiert, so daß $\sum_{k=0}^{n} |A_k^{(n)}| < K$ für jedes n gilt.

Wendet man (9.11) auf $f(x) = 1$ an, so erhält man mit 1.

$$Q^{(n)}(1;\ \alpha,\beta) = \sum_{k=0}^{n} A_k^{(n)} = \int_\alpha^\beta dx = \beta-\alpha\ .$$

Sind alle Gewichte $A_k^{(n)} > 0$,so ist 2. sicher erfüllt; treten dagegen negative Gewichte auf, so kann $|A_0^{(n)}| + |A_1^{(n)}| + \ldots + |A_n^{(n)}|$ bei genügend großem n beliebig groß werden.

LITERATUR zu 9.7: [2] Bd.I,3.7;[19],7.5.2;[20],9.6; [41], III § 7.
Ergänzende Literatur zu Kap. 9: [80 a];[81 b];[86 a], § 6 ;[91 a], 8; [92b], Bd. 2, 13.

10. NUMERISCHE VERFAHREN FÜR ANFANGSWERTPROBLEME BEI GEWÖHNLICHEN DIFFERENTIALGLEICHUNGEN ERSTER ORDNUNG.

Im folgenden werden numerische Verfahren zur Lösung von Anfangswertproblemen(AWPen) bei gewöhnlichen Differentialgleichungen (DGLen) erster Ordnung angegeben. Dabei wird angenommen, daß die DGLen in der expliziten Form $y' = f(x,y)$ gegeben sind und den Voraussetzungen des Existenz- und Eindeutigkeitssatzes von Picard-Lindelöf ([9], S.51ff.) genügen.

Betrachtet wird ein AWP der Gestalt

$$(10.1)\quad \begin{cases} y' = f(x,y) = f(x,y(x)) & \text{mit der Anfangsbedingung (AB)} \\ y(x_0) = y_0, & (x_0,y_0) \in G , \end{cases}$$

für welches die folgenden Voraussetzungen erfüllt sein müssen:

(1) f sei *stetig* [1)] in einem Gebiet G der x,y-Ebene,

(2) für je zwei Punkte (x,y_1) und (x,y_2) von G gelte mit einer Lipschitzkonstanten L: $|f(x,y_1) - f(x,y_2)| \le L|y_1-y_2|$.

Dann existiert in einem Gebiet $G_1 \subset G$ genau eine Lösung **y = y(x) des AWPs** (10.1), d.h. durch den Punkt $(x_0,y_0) \in G_1$ geht genau eine Integralkurve der Differentialgleichung $y' = f(x,y)$.

Die Forderung (2) ist insbesondere dann erfüllt, wenn f(x,y) in G eine beschränkte partielle Ableitung nach y besitzt; dann kann man setzen

$$L = \max_{(x,y)\in G} |f_y(x,y)| .$$

Ist die Lösung y(x) mit der AB $y(x_0) = y_0$ für $x \in I = [x_0,\beta] \subset G_1$ gesucht, so heißt I das *Integrationsintervall* des AWPs.

10.1 PRINZIP UND EINTEILUNG DER NUMERISCHEN VERFAHREN.

Im Integrationsintervall I des AWPs (10.1) werden durch

$$x_i = x_0 + ih, \quad i = 0(1)n, \quad x_n = \beta, \quad h = x_{i+1}-x_i > 0 ,$$

äquidistante Stützstellen x_i mit der *Schrittweite* h erklärt.

---

1) Wenn an einer Stelle $(\tilde{x},\tilde{y})$ gilt $f(\tilde{x},\tilde{y}) = \frac{0}{0}$, dann heißt $(\tilde{x},\tilde{y})$ *isolierte Singularität* der DGL ([9], S.129ff.). In der Umgebung isolierter Singularitäten versagen auch numerische Verfahren, da schon ein kleiner Rundungsfehler zu einer starken Verfälschung des Ergebnisses führen kann.

Das Prinzip aller numerischen Verfahren besteht darin, an den Stützstellen x_i für die Werte $y(x_i)$ der gesuchten Lösung $y(x)$ Näherungswerte $Y(x_i)$ so zu bestimmen, daß gilt

$$Y_i := Y(x_i) \approx y(x_i) =: y_i \quad .$$

Aus (10.1) folgt durch formale Integration über $[x_i, x_{i+1}]$ mit $x_{i+1} = x_i + h$

$$(10.2) \qquad y(x_{i+1}) = y(x_i) + \int_{x_i}^{x_{i+1}} f(x, y(x))dx, \qquad i = 0(1)n-1 .$$

Die numerischen Verfahren zur Lösung des AWPs (10.1) unterscheiden sich im wesentlichen dadurch, welche Methode bei der näherungsweisen Berechnung des Integrals in (10.2) benutzt wird. Sie lassen sich einteilen in:

1. Einschrittverfahren (one-step methods),
2. Mehrschrittverfahren (multi-step methods),
3. Extrapolationsverfahren (extrapolation algorithms).

Die *Einschrittverfahren* verwenden zur Berechnung eines weiteren Näherungswertes Y_{i+1} nur *einen* vorangehenden Wert Y_i.
Die *Mehrschrittverfahren* verwenden $s+1$, $s \geq 1$, vorangehende Werte $Y_{i-s}, Y_{i-s+1}, \ldots, Y_{i-1}, Y_i$ zur Berechnung von Y_{i+1}.
Das *Extrapolationsverfahren* stellt einen zum Verfahren von Romberg analogen Algorithmus für die numerische Lösung von AWPen bei DGLen dar.

Unter den Ein- und Mehrschrittverfahren bilden außerdem die sogenannten *Praediktor-Korrektor-Verfahren* eine spezielle Klasse. Es sind Verfahren, die einen Näherungswert $Y_{i+1}^{(0)}$ zunächst nach einem Einschrittverfahren oder Mehrschrittverfahren bestimmen; die Vorschrift zur Bestimmung von $Y_{i+1}^{(0)}$ heißt *Praediktor*. Dieser Wert $Y_{i+1}^{(0)}$ wird dann mit einem sogenannten *Korrektor* verbessert. Die Verbesserungen heißen $Y_{i+1}^{(1)}, Y_{i+1}^{(2)}, \ldots$.

LITERATUR zu 10.1: [13],1.1; [17],0,3; [20], 10.2; [25], 9; [26], 10.1; [32] II, D § 9; [36], 7.2; [38],S.232; [41], S.266,289; [83], 1; [86],1; [91], 1.

10.2 EINSCHRITTVERFAHREN.

10.2.1 DAS POLYGONZUGVERFAHREN VON EULER-CAUCHY.

Man berechnet das Integral in (10.2) nach der *Rechteckregel*

$$\int_{x_i}^{x_{i+1}} f(x)dx = h\, f(x_i) + \frac{h^2}{2} f'(\xi_i), \ \xi_i \in [x_i, x_{i+1}], \ x_{i+1} = x_i + h \ ;$$

sie folgt für $n = 0$ aus (9.4). Man erhält so für y_{i+1} die Darstellung

$$(10.3)\quad \begin{cases} y_{i+1} = Y_{i+1} + \varepsilon_{i+1}^{EC} \quad \text{mit} \\ Y_{i+1} = Y_i + h\,f_i, \quad f_i := f(x_i, Y_i), \quad i = 0(1)n-1, \\ \varepsilon_{i+1}^{EC} = \frac{h^2}{2}\,y''(\xi_i) = O(h^2), \quad \xi_i \in [x_i, x_{i+1}] \end{cases}$$

Y_{i+1} ist der Näherungswert für y_{i+1}, und ε_{i+1}^{EC} ist der *lokale Verfahrensfehler*; er bezieht sich auf einen einzelnen Euler-Cauchy (E-C)-Schritt von x_i nach x_{i+1} unter der Annahme, daß Y_i exakt ist. Die Fehler vorhergehender Schritte werden erst durch den *globalen Verfahrensfehler*

$$e_{i+1} := y_{i+1} - Y_{i+1} = O(h), \quad i = 0(1)n-1,$$

berücksichtigt ([20], S.294/6). Für die Fehlerfortpflanzung ist der Wert

$$K := hL \quad \text{mit} \quad L = \max_{(x,y)\in G} |f_y(x,y)|$$

verantwortlich, K heißt *Schrittkennzahl*. In der Praxis wird h so gewählt, daß gilt $K = hL \in [0.05, 0.20]$ (vgl. dazu [45], S. 391). Über Rundungsfehler siehe Abschnitt 10.4.2; s. a. [20], S. 295/296.

10.2.2 DAS VERFAHREN VON HEUN (PRAEDIKTOR-KORREKTOR-VERFAHREN).

Berechnet man das Integral in (10.2) mit der Sehnentrapezregel, so ergibt sich für den Näherungswert Y_{i+1} für y_{i+1} eine implizite Gleichung, die iterativ gelöst werden muß. Eine erste Näherung (Startwert für die Iteration) $Y_{i+1}^{(0)}$ für Y_{i+1} wird nach (10.3) (Euler-Cauchy) mit dem sogenannten *Praediktor* (explizite Formel) berechnet

$$(10.4)\quad Y_{i+1}^{(0)} = Y_i + h\,f(x_i, Y_i)\,.$$

Diese erste Näherung verbessert man dann iterativ mit dem sogenannten *Korrektor* (implizite Formel)

$$(10.5)\quad Y_{i+1}^{(\nu+1)} = Y_i + \frac{h}{2}\Big(f(x_i, Y_i) + f(x_{i+1}, Y_{i+1}^{(\nu)})\Big), \quad \nu = 0,1,2,\ldots\,.$$

Die Korrektorformel konvergiert unter der Voraussetzung $\frac{h}{2}|f_y| \le \frac{h}{2} L = \varkappa < 1$. Dabei ist $\varkappa$ die Lipschitzkonstante des Korrektors, während L die Lipschitzkonstante der Funktion f ist.

Für den *lokalen Verfahrensfehler* ε_{i+1}^H von Y_{i+1}, der bei einem einzelnen Integrationsschritt von x_i nach x_{i+1} unter der Annahme entsteht, daß Y_i exakt ist, gilt

$$\varepsilon_{i+1}^H := y_{i+1} - Y_{i+1} = -\frac{h^3}{12} y'''(\xi_i) = O(h^3), \quad \xi_i \in [x_i, x_{i+1}] .$$

Da die implizite Gleichung (10.5) iterativ gelöst werden muß, sich also nicht Y_{i+1}, sondern nur $Y_{i+1}^{(\nu+1)}$ ergibt, entsteht zusätzlich ein *Iterationsfehler*

$$\delta_{i+1}^H := Y_{i+1} - Y_{i+1}^{(\nu+1)} .$$

Damit folgt für den *eigentlichen lokalen Verfahrensfehler*

$$E_{i+1}^H := y_{i+1} - Y_{i+1}^{(\nu+1)} = \varepsilon_{i+1}^H + \delta_{i+1}^H .$$

Für $|E_{i+1}^H|$ gilt unter der Voraussetzung $hL < 1$ die Abschätzung

$$|E_{i+1}^H| \le \frac{1-hL+\left(\frac{hL}{2}\right)^{\nu+1}}{1-hL} \frac{h^3}{12} |y'''(\xi_1)| + \frac{\left(\frac{hL}{2}\right)^{\nu+1}}{1-hL} \frac{h^2}{2} |y''(\xi_2)|, \xi_1, \xi_2 \in [x_i, x_{i+1}],$$

so daß bereits für $\nu = 0$ gilt

$$E_{i+1}^H = O(h^3) .$$

Die lokale Fehlerordnung des Korrektors wird schon nach einem Iterationsschritt erreicht. Die Iteration muß nicht zum Stehen kommen. Die Erfahrung zeigt, daß bei hinreichend kleiner Schrittweite i.a. ein bis höchstens zwei Iterationsschritte ausreichen, damit auch $|E_{i+1}^H|$ im wesentlichen gleich $|\varepsilon_{i+1}^H|$ ist. Um sicher zu gehen, wählt man deshalb die Schrittweite h so, daß gilt

(10.6) $\quad 0.05 \le K = hL \le 0{,}20$.

Für den *globalen Verfahrensfehler* e_{i+1}^H, der die Fehler vorangehender Schritte berücksichtigt, gilt

$$e_{i+1}^H := y_{i+1} - Y_{i+1} = O(h^2) .$$

ALGORITHMUS 10.1 (*Praediktor-Korrektor-Verfahren von Heun*).
Zur Lösung des AWPs (10.1) sind bei geeignet gewählter Schrittweite h und $x_i = x_0 + ih$, $i = 0(1)n$, für jedes $i = 0(1)n-1$ die folgenden Schritte durchzuführen:

1. Schritt: Berechnung von $Y_{i+1}^{(0)}$ nach Formel (10.4).
2. Schritt: Berechnung von $Y_{i+1}^{(\nu+1)}$ für $\nu = 0$ und $\nu = 1$ nach (10.5).

Die Schrittweite h ist so zu wählen, daß $K = hL \le 0{,}20$ gilt. Gilt dies von einer Stelle x_j an nicht mehr, so sind die weiteren Schritte mit kleinerer Schrittweite durchzuführen, z.B. mit der halben bisherigen Schrittweite. Man iteriere ein bis höchstens zweimal und setze dann für $\nu = 0$ bzw. $\nu = 1$

(10.7) $$Y_{i+1}^{(\nu+1)} = Y_{i+1} \approx y_{i+1} .$$

Über Fehlerschätzung und Rechnungsfehler s. Abschnitt 10.4.

10.2.3 RUNGE-KUTTA-VERFAHREN.

10.2.3.1 ALLGEMEINER ANSATZ.

Sind $x_i = x_0 + ih$, $i = 0(1)n$, die Stützstellen im Integrationsintervall des AWPs, so lautet der allgemeine Ansatz für ein *Runge-Kutta-Verfahren* (R-K-Verfahren) *der Ordnung m* für einen Integrationsschritt von x_i nach x_{i+1}

(10.8) $$\begin{cases} Y_{i+1} = Y_i + \sum\limits_{j=1}^{m} A_j\, k_j^{(i)} \quad \text{mit} \\ k_j^{(i)} = h\, f(x_i+\alpha_j h,\, Y_i + \sum\limits_{l=1}^{m} \beta_{jl}\, k_l^{(i)}) , \quad j = 1(1)m . \end{cases}$$

Im Fall $\beta_{jl} = 0$ für $l \geq j$ erhält man eine *explizite R-K-Formel*, andernfalls heißt die Formel *implizit*. Implizite R-K-Formeln müssen iterativ gelöst werden; sie können zusammen mit einer expliziten Formel als Praediktor-Korrektor-Verfahren verwendet werden. Für explizite R-K-Formeln der Ordnung m, $m \leq 4$, gilt für den lokalen Verfahrensfehler

$$y_1 - Y_1 = O(h^{q_l}) \quad \text{mit} \quad q_l = m+1, \quad q_l := \text{lokale Fehlerordnung.}$$

Das Verfahren von Euler-Cauchy ist in diesem Sinne eine explizite R-K-Formel der Ordnung $m = 1$.

Im R-K-Schritt zur Berechnung von Y_{i+1} werden m Werte $k_j^{(i)}$ verwendet, d.h. es sind m Funktionswerte $f(x,y)$ zu berechnen.
Zur Herleitung der R-K-Formeln s. [8], S.163 f., [23], S.511 oder [31], Bd.I, S.198.

10.2.3.2 DAS KLASSISCHE RUNGE-KUTTA-VERFAHREN.

Das klassische Runge-Kutta-Verfahren ist ein Verfahren der Ordnung $m = 4$, so daß wegen (10.8) unter der Annahme, daß Y_i exakt ist, gilt

$$(10.9)\quad \begin{cases} y_{i+1} = Y_{i+1} + O(h^5) \quad \text{mit} \\ Y_{i+1} = Y_i + \sum_{j=1}^{4} A_j\, k_j^{(i)} . \end{cases}$$

Die lokale Fehlerordnung der klassischen R-K-Formel ist somit $O(h^5)$; die globale Fehlerordnung ist $O(h^4)$.

Für die A_j ergeben sich folgende Werte:

$$A_1 = \frac{1}{6}, \qquad A_2 = A_3 = \frac{1}{3}, \qquad A_4 = \frac{1}{6} .$$

An jeder Stützstelle x_i für $i = 0(1)n-1$ sind die Werte von $k_j^{(i)}$ zu berechnen:

$$(10.10)\quad \begin{cases} k_1^{(i)} = h\, f(x_i, Y_i) , \\ k_2^{(i)} = h\, f\left(x_i + \frac{h}{2},\ Y_i + \frac{k_1^{(i)}}{2}\right) , \\ k_3^{(i)} = h\, f\left(x_i + \frac{h}{2},\ Y_i + \frac{k_2^{(i)}}{2}\right) , \\ k_4^{(i)} = h\, f\left(x_i + h,\ Y_i + k_3^{(i)}\right) . \end{cases}$$

Die *klassische R-K-Formel* lautet dann:

$$(10.11)\quad \begin{cases} Y_{i+1} = Y_i + k^{(i)} \quad \text{mit} \\ k^{(i)} = \frac{1}{6}\left(k_1^{(i)} + 2k_2^{(i)} + 2k_3^{(i)} + k_4^{(i)}\right) . \end{cases}$$

Bei der Durchführung des Verfahrens wird zweckmäßig das folgende Rechenschema verwendet.

RECHENSCHEMA 10.1 (*Klassisches R-K-Verfahren*).

i	x	y	f(x,y)	$k_j^{(i)}$	
0	x_0	y_0	$f(x_0,y_0)$	$k_1^{(0)}$	$k_1^{(0)}$
	$x_0+\frac{h}{2}$	$y_0+\frac{k_1^{(0)}}{2}$	$f(x_0+\frac{h}{2}, y_0+\frac{k_1^{(0)}}{2})$	$k_2^{(0)}$	$2k_2^{(0)}$
	$x_0+\frac{h}{2}$	$y_0+\frac{k_2^{(0)}}{2}$	$f(x_0+\frac{h}{2}, y_0+\frac{k_2^{(0)}}{2})$	$k_3^{(0)}$	$2k_3^{(0)}$
	x_0+h	$y_0+k_3^{(0)}$	$f(x_0+h, y_0+k_3^{(0)})$	$k_4^{(0)}$	$k_4^{(0)}$
	$x_1=x_0+h$	$Y_1=y_0+k^{(0)}$			$k^{(0)}=\frac{1}{6}\Sigma$
1	x_1	Y_1	$f(x_1,Y_1)$	$k_1^{(1)}$	$k_1^{(1)}$
	$x_1+\frac{h}{2}$	$Y_1+\frac{k_1^{(1)}}{2}$	$f(x_1+\frac{h}{2}, Y_1+\frac{k_1^{(1)}}{2})$	$k_2^{(1)}$	$2k_2^{(1)}$
	$x_1+\frac{h}{2}$	$Y_1+\frac{k_2^{(1)}}{2}$	$f(x_1+\frac{h}{2}, Y_1+\frac{k_2^{(1)}}{2})$	$k_3^{(1)}$	$2k_3^{(1)}$
	x_1+h	$Y_1+k_3^{(1)}$	$f(x_1+h, Y_1+k_3^{(1)})$	$k_4^{(1)}$	$k_4^{(1)}$
	$x_2=x_1+h$	$Y_2=Y_1+k^{(1)}$			$k^{(1)}=\frac{1}{6}\Sigma$
2	x_2 ⋮	Y_2 ⋮	$f(x_2,Y_2)$ ⋮	$k_1^{(2)}$ ⋮	$k_1^{(2)}$ ⋮

NACHTEILE DES R-K-VERFAHRENS:

1. Je R-K-Schritt sind vier Funktionswerte f(x,y) zu berechnen.
2. Das R-K-Verfahren zeigt an Hand der Werte Y_i nicht unmittelbar an, ob h sinnvoll gewählt wurde oder nicht. Da die lokale Fehlerordnung $O(h^5)$ ist, nimmt der Fehler zwar stark ab, wenn die Schrittweite verkleinert wird, er nimmt aber auch stark zu bei einer Schrittweitenvergrößerung, so daß bei zu großer Schrittweite das Ergebnis genauso unbrauchbar werden kann wie bei einem "groben" Verfahren.

Dieser zweite Nachteil läßt sich mit Hilfe der Schrittkennzahl K = hL beheben, indem man h so wählt, daß (10.6) gilt.
Damit erreicht man auch hier mittlere Genauigkeitsverhältnisse. K wird näherungsweise direkt mit den Zwischenergebnissen eines R-K-Schrittes nach der folgenden Formel bestimmt:

$$K = hL \approx 2 \left| \frac{k_2^{(i)} - k_3^{(i)}}{k_1^{(i)} - k_2^{(i)}} \right| . \tag{10.12}$$

Daraus ergibt sich die Möglichkeit, die Schrittweite im Verlaufe der Rechnung so zu verändern, daß $K = hL \le 0{,}20$ stets erfüllt ist (automatische Schrittweitensteuerung). S. a. Abschnitt 10.4.

10.2.3.3 ZUSAMMENSTELLUNG EXPLIZITER RUNGE-KUTTA-VERFAHREN.

Im folgenden wird eine Koeffiziententabelle für explizite R-K-Verfahren (10.8) der Ordnungen m = 2,3,4,6,7,8 angegeben einschließlich des bereits ausführlich angegebenen klassischen R-K-Verfahrens. Da es sich um explizite Verfahren handelt, muß jeweils $\beta_{jl} = 0$ für $l \ge j$ gelten. Mit der lokalen Fehlerordnung $O(h^{q_l})$ gilt für die globale Fehlerordnung $O(h^{q_g})$ grundsätzlich $q_g = q_l - 1$.

TABELLE 10.1 (Koeffizienten zu expliziten R-K-Verfahren).

m	A_j		(β_{jl})	q_l	Bezeichnung d.Verfahrens
1	$A_1 = 1$	$\alpha_1 = 0$	$\beta_{11} = 0$	2	Euler-Cauchy
2	$A_1 = 0$ $A_2 = 1$	$\alpha_1 = 0$ $\alpha_2 = \frac{1}{2}$	$\begin{pmatrix} 0 & 0 \\ \frac{1}{2} & 0 \end{pmatrix}$	3	
2	$A_1 = \frac{1}{2}$ $A_2 = \frac{1}{2}$	$\alpha_1 = 0$ $\alpha_2 = 1$	$\begin{pmatrix} 0 & 0 \\ 1 & 0 \end{pmatrix}$	3	
3	$A_1 = \frac{1}{6}$ $A_2 = \frac{2}{3}$ $A_3 = \frac{1}{6}$	$\alpha_1 = 0$ $\alpha_2 = \frac{1}{2}$ $\alpha_3 = 1$	$\begin{pmatrix} 0 & 0 & 0 \\ \frac{1}{2} & 0 & 0 \\ -1 & 2 & 0 \end{pmatrix}$	4	

m	A_j	j	(β_{jl})	q_l	Bezeichnung d. Verfahrens
3	$A_1 = \frac{1}{4}$ $A_2 = 0$ $A_3 = \frac{3}{4}$	$\alpha_1 = 0$ $\alpha_2 = \frac{1}{3}$ $\alpha_3 = \frac{2}{3}$	$\begin{pmatrix} 0 & 0 & 0 \\ \frac{1}{3} & 0 & 0 \\ 0 & \frac{2}{3} & 0 \end{pmatrix}$	4	
4	$A_1 = \frac{1}{8}$ $A_2 = \frac{3}{8}$ $A_3 = \frac{3}{8}$ $A_4 = \frac{1}{8}$	$\alpha_1 = 0$ $\alpha_2 = \frac{1}{3}$ $\alpha_3 = \frac{2}{3}$ $\alpha_4 = 1$	$\begin{pmatrix} 0 & 0 & 0 & 0 \\ \frac{1}{3} & 0 & 0 & 0 \\ -\frac{1}{3} & 1 & 0 & 0 \\ 1 & -1 & 1 & 0 \end{pmatrix}$	5	3/8-Regel
4	$A_1 = \frac{1}{6}$ $A_2 = \frac{1}{3}$ $A_3 = \frac{1}{3}$ $A_4 = \frac{1}{6}$	$\alpha_1 = 0$ $\alpha_2 = \frac{1}{2}$ $\alpha_3 = \frac{1}{2}$ $\alpha_4 = 1$	$\begin{pmatrix} 0 & 0 & 0 & 0 \\ \frac{1}{2} & 0 & 0 & 0 \\ 0 & \frac{1}{2} & 0 & 0 \\ 0 & 0 & 1 & 0 \end{pmatrix}$	5	Klassisches R-K-Verfahren
4	$A_1 = 1/6$ $A_2 = \frac{2-\sqrt{2}}{6}$ $A_3 = \frac{2+\sqrt{2}}{6}$ $A_4 = 1/6$	$\alpha_1 = 0$ $\alpha_2 = \frac{1}{2}$ $\alpha_3 = \frac{1}{2}$ $\alpha_4 = 1$	$\begin{pmatrix} 0 & 0 & 0 & 0 \\ \frac{1}{2} & 0 & 0 & 0 \\ -\frac{1}{2}+\frac{1}{2}\sqrt{2} & 1-\frac{1}{2}\sqrt{2} & 0 & 0 \\ 0 & -\frac{1}{2}\sqrt{2} & 1+\frac{1}{2}\sqrt{2} & 0 \end{pmatrix}$	5	R-K-Gill
6	$A_1 = \frac{23}{192}$ $A_2 = 0$ $A_3 = \frac{125}{192}$ $A_4 = 0$ $A_5 = -\frac{81}{192}$ $A_6 = \frac{125}{192}$	$\alpha_1 = 0$ $\alpha_2 = \frac{1}{3}$ $\alpha_3 = \frac{2}{5}$ $\alpha_4 = 1$ $\alpha_5 = \frac{2}{3}$ $\alpha_6 = \frac{4}{5}$	$\begin{pmatrix} 0 & 0 & 0 & 0 & 0 & 0 \\ \frac{1}{3} & 0 & 0 & 0 & 0 & 0 \\ \frac{4}{25} & \frac{6}{25} & 0 & 0 & 0 & 0 \\ \frac{1}{4} & -\frac{12}{4} & \frac{15}{4} & 0 & 0 & 0 \\ \frac{6}{81} & \frac{90}{81} & -\frac{50}{81} & \frac{8}{81} & 0 & 0 \\ \frac{6}{75} & \frac{36}{75} & \frac{10}{75} & \frac{8}{75} & 0 & 0 \end{pmatrix}$	6	Kutta-Nyström
6	$A_1 = \frac{31}{384}$ $A_2 = 0$ $A_3 = \frac{1125}{2816}$ $A_4 = \frac{9}{32}$ $A_5 = \frac{125}{768}$ $A_6 = \frac{5}{66}$	$\alpha_1 = 0$ $\alpha_2 = \frac{1}{6}$ $\alpha_3 = \frac{4}{15}$ $\alpha_4 = \frac{2}{3}$ $\alpha_5 = \frac{4}{5}$ $\alpha_6 = 1$	$\begin{pmatrix} 0 & 0 & 0 & 0 & 0 & 0 \\ \frac{1}{6} & 0 & 0 & 0 & 0 & 0 \\ \frac{4}{75} & \frac{16}{75} & 0 & 0 & 0 & 0 \\ \frac{5}{6} & -\frac{8}{3} & \frac{5}{2} & 0 & 0 & 0 \\ -\frac{8}{5} & \frac{144}{25} & -4 & \frac{16}{25} & 0 & 0 \\ \frac{361}{320} & -\frac{18}{5} & \frac{407}{128} & -\frac{11}{80} & \frac{55}{128} & 0 \end{pmatrix}$	6	Fehlberg I (F I)

m	A_j	j	(β_{jl})							q_l	Bezeichnung d.Verfahrens
	$A_1 = \frac{11}{120}$	$\alpha_1 = 0$	0	0	0	0	0	0			
	$A_2 = 0$	$\alpha_2 = \frac{1}{3}$	$\frac{1}{3}$	0	0	0	0	0			
	$A_3 = \frac{27}{40}$	$\alpha_3 = \frac{2}{3}$	0	$\frac{2}{3}$	0	0	0	0			
7	$A_4 = \frac{27}{40}$	$\alpha_4 = \frac{1}{3}$	$\frac{1}{12}$	$\frac{1}{3}$	$-\frac{1}{12}$	0	0	0		7	Butcher
	$A_5 = -\frac{4}{15}$	$\alpha_5 = \frac{1}{2}$	$-\frac{1}{16}$	$\frac{9}{8}$	$-\frac{3}{16}$	$-\frac{3}{8}$	0	0			
	$A_6 = -\frac{4}{15}$	$\alpha_6 = \frac{1}{2}$	0	$\frac{9}{8}$	$-\frac{3}{8}$	$-\frac{3}{4}$	$\frac{1}{2}$	0			
	$A_7 = \frac{11}{120}$	$\alpha_7 = 1$	$\frac{9}{44}$	$-\frac{9}{11}$	$\frac{63}{44}$	$\frac{18}{11}$	0	$-\frac{16}{11}$			
	$A_1 = \frac{7}{1408}$	$\alpha_1 = 0$	0	0	0	0	0	0	0		
	$A_2 = 0$	$\alpha_2 = \frac{1}{6}$	$\frac{1}{6}$	0	0	0	0	0	0		
	$A_3 = \frac{1125}{2816}$	$\alpha_3 = \frac{4}{15}$	$\frac{4}{75}$	$\frac{16}{75}$	0	0	0	0	0		
8	$A_4 = \frac{9}{32}$	$\alpha_4 = \frac{2}{3}$	$\frac{5}{6}$	$-\frac{8}{3}$	$\frac{5}{2}$	0	0	0	0	7	Fehlberg II (F II)
	$A_5 = \frac{125}{768}$	$\alpha_5 = \frac{4}{5}$	$-\frac{8}{5}$	$\frac{144}{25}$	-4	$\frac{16}{25}$	0	0	0		
	$A_6 = 0$	$\alpha_6 = 1$	$\frac{361}{320}$	$-\frac{18}{5}$	$\frac{407}{128}$	$-\frac{11}{80}$	$\frac{55}{128}$	0	0		
	$A_7 = \frac{5}{66}$	$\alpha_7 = 0$	$-\frac{11}{640}$	0	$\frac{11}{256}$	$-\frac{11}{160}$	$\frac{11}{256}$	0	0		
	$A_8 = \frac{5}{66}$	$\alpha_8 = 1$	$\frac{93}{640}$	$-\frac{18}{5}$	$\frac{803}{256}$	$-\frac{11}{160}$	$\frac{99}{256}$	0	1		

Für m = 4 gibt es kein explizites R-K-Verfahren mit $q_l > 5$, und für m = 5 gibt es überhaupt kein explizites R-K-Verfahren.

BEMERKUNG 10.1 (*Schrittweitensteuerung*).
Die Werte $k_j^{(i)}$ für j = 1(1)6 in Fehlberg I und Fehlberg II sind identisch. Daraus ergibt sich die Möglichkeit einer bequemen Schrittweitensteuerung für Fehlberg I unter Verwendung von Fehlberg II, indem der lokale Verfahrensfehler näherungsweise aus den $k_j^{(i)}$ von Fehlberg I und Fehlberg II berechnet wird. Es gilt

$$\varepsilon_{i+1}^{F\,I} \approx \frac{5}{66}\,(k_1^{(i)} + k_6^{(i)} - k_7^{(i)} - k_8^{(i)}) = O(h^6) \quad .$$

Wächst $\varepsilon_{i+1}^{F\,I}$ über eine vorgegebene Schranke, so wird die Schrittweite für den letzten durchgeführten und die folgenden Schritte verkleinert, z.B. halbiert (s. [52]. Dort findet sich auch eine analoge Formel mit $q_l = 7$).

Für das klassische R-K-Verfahren erfolgt die Schrittweitensteuerung nach (10.6); für alle übrigen in der Tabelle angegebenen Verfahren erfolgt sie mit Hilfe der Fehlerschätzungsformel (10.21), die in Abschnitt 10.4.1 angegeben wird. (S. a. [36], 7.2.5.)

BEMERKUNG 10.2 (R-K-Gill).
Das R-K-Gill-Verfahren (m = 4) ist besonders gut zur Verwendung auf schnellen DVA geeignet. Es ist bei diesem Verfahren möglich, das Anwachsen der Rundungsfehler unter Kontrolle zu halten, indem man aus den Größen $k_j^{(i)}$ folgende Größen berechnet:

$$q_1^{(i)} = q_0^{(i)} + 3\left(\frac{1}{2}(k_1^{(i)} - 2q_0^{(i)})\right) - \frac{1}{2} k_1^{(i)}, \quad q_0^{(0)} = 0\,, \quad q_0^{(i)} = q_4^{(i-1)}\,,$$

$$q_2^{(i)} = q_1^{(i)} + 3(1 - \tfrac{1}{2}\sqrt{2})(\tfrac{2}{3}k_2^{(i)} - q_1^{(i)}), \quad q_3^{(i)} = q_2^{(i)} + 3(1 + \tfrac{1}{2}\sqrt{2})(\tfrac{2}{3}k_3^{(i)} - q_2^{(i)}),$$

$$q_4^{(i)} = q_3^{(i)} + 3\left(\frac{1}{6}(k_4^{(i)} - 2q_3^{(i)})\right) - \frac{1}{2} k_4^{(i)}\,.$$

Es wird mit $Y_{i1} := Y_i$

$$Y_{i2} := Y_{i1} + \frac{1}{2}(k_1^{(i)} - 2q_0^{(i)})\,,$$

$$Y_{i3} := Y_{i2} + (1 - \tfrac{1}{2}\sqrt{2})(k_2^{(i)} - q_1^{(i)})\,,$$

$$Y_{i4} := Y_{i3} + (1 + \tfrac{1}{2}\sqrt{2})(k_3^{(i)} - q_2^{(i)})\,,$$

$$Y_{i+1} = Y_{i4} + \frac{1}{6}(k_4^{(i)} - 2q_3^{(i)})\,.$$

$q_4^{(i)}$ ist angenähert gleich dem dreifachen Rundungsfehler für den Integrationsschritt von x_i nach x_{i+1}; zu seiner Kompensation wird $q_0^{(i+1)} = q_4^{(i)}$ für den nächsten Integrationsschritt gesetzt ([31] I, S.205).

10.2.4 ANFANGSWERTPROBLEMLÖSER

Im Anhang ist ein besonders ökonomisches Programm mit automatischer Schrittweitensteuerung zur Lösung von Einzeldifferentialgleichungen bzw. Differentialgleichungssystemen angegeben, welches mit expliziten Runge-Kutta-Einbettungsformeln, wahlweise 2./3. bzw. 4./5. Ordnung, arbeitet. In Abschnitt P 10.2.4 ist der Algorithmus für die Schrittweitensteuerung erklärt.

10.2.5 IMPLIZITE RUNGE-KUTTA-VERFAHREN.

Mit einem expliziten R-K-Verfahren erreicht man unter Verwendung von m Funktionswerten f_j, j = 1(1)m, pro R-K-Schritt mit der Schrittweite h von x_i nach x_{i+1} die lokale Fehlerordnung $O(h^{m+1})$ für $m \le 4$, für $m > 4$ höchstens $O(h^m)$. Mit einem impliziten R-K-Verfahren läßt sich unter Verwendung von m Funktionswerten pro R-K-Schritt maximal $O(h^{2m+1})$ erreichen, falls die Argumente $x_i + \alpha_j h$ mit den Stützstellen der Gaußschen Quadraturformeln, bezogen auf das Intervall $[x_i, x_{i+1}]$, identisch sind (*Verfahren vom Gauß-Typ*). Im folgenden werden implizite R-K-Formeln vom Gauß-Typ für m = 1,2,3 angegeben:

$m = 1$ ($q_l = 3$):

$$Y_{i+1} = Y_i + k_1^{(i)} \quad \text{mit} \quad k_1^{(i)} = h\, f(x_i + \frac{h}{2},\ Y_i + \frac{k_1^{(i)}}{2}) .$$

$m = 2$ ($q_l = 5$):

$$\begin{cases} Y_{i+1} = Y_i + \frac{1}{2} k_1^{(i)} + \frac{1}{2} k_2^{(i)} \quad \text{mit} \\ k_1^{(i)} = h\, f\Big(x_i + \frac{1}{2}(1 - \frac{1}{\sqrt{3}})h,\ Y_i + \frac{1}{4} k_1^{(i)} + \frac{1}{2}(\frac{1}{2} - \frac{1}{\sqrt{3}}) k_2^{(i)}\Big) , \\ k_2^{(i)} = h\, f\Big(x_i + \frac{1}{2}(1 + \frac{1}{\sqrt{3}})h,\ Y_i + \frac{1}{2}(\frac{1}{2} + \frac{1}{\sqrt{3}}) k_1^{(i)} + \frac{1}{4} k_2^{(i)}\Big) . \end{cases}$$

$m = 3$ ($q_l = 7$):

$$\begin{cases} Y_{i+1} = Y_i + \frac{5}{18} k_1^{(i)} + \frac{4}{9} k_2^{(i)} + \frac{5}{18} k_3^{(i)} \quad \text{mit} \\ k_1^{(i)} = h\, f\Big(x_i + \frac{1}{2}(1 - \sqrt{\tfrac{3}{5}})h,\ Y_i + \frac{5}{36} k_1^{(i)} + (\frac{2}{9} - \frac{1}{\sqrt{15}}) k_2^{(i)} + (\frac{5}{36} - \frac{1}{2\sqrt{15}}) k_3^{(i)}\Big) , \\ k_2^{(i)} = h\, f\Big(x_i + \frac{h}{2},\ Y_i + (\frac{5}{36} + \frac{\sqrt{15}}{24}) k_1^{(i)} + \frac{2}{9} k_2^{(i)} + (\frac{5}{36} - \frac{\sqrt{15}}{24}) k_3^{(i)}\Big) , \\ k_3^{(i)} = h\, f\Big(x_i + \frac{1}{2}(1 + \sqrt{\tfrac{3}{5}})h,\ Y_i + (\frac{5}{36} + \frac{1}{2\sqrt{15}}) k_1^{(i)} + (\frac{2}{9} + \frac{1}{\sqrt{15}}) k_2^{(i)} + \frac{5}{36} k_3^{(i)}\Big) . \end{cases}$$

Für $2 \le m \le 20$ sind Tabellen der Koeffizienten A_j, α_j, β_{jl} in [68] angegeben, sie können aber auch mit dem Unterprogramm STUETZ im Anhang berechnet werden.

Die o.g. Gleichungen bzw. die Gleichungssysteme für die $k_j^{(i)}$ sind nichtlinear und müssen iterativ gelöst werden. Entsprechende Systeme ergeben sich auch für $m > 3$.

Die iterative Auflösung wird hier am Beispiel $m = 2$ erläutert. Dazu wird an den $k_j^{(i)}$ ein zweiter oberer Index als Iterationsindex angebracht. Als Startwerte verwendet man

$$k_1^{(i,0)} = k_2^{(i,0)} = h\, f(x_i, Y_i) .$$

Die *Iterationsvorschrift* lautet:

$$\begin{cases} k_1^{(i,\nu+1)} = h\, f\Big(x_i + \frac{1}{2}(1 - \frac{1}{\sqrt{3}})h,\ Y_i + \frac{1}{4} k_1^{(i,\nu)} + \frac{1}{2}(\frac{1}{2} - \frac{1}{\sqrt{3}}) k_2^{(i,\nu)}\Big) , \\ k_2^{(i,\nu+1)} = h\, f\Big(x_i + \frac{1}{2}(1 + \frac{1}{\sqrt{3}})h,\ Y_i + \frac{1}{2}(\frac{1}{2} + \frac{1}{\sqrt{3}}) k_1^{(i,\nu)} + \frac{1}{4} k_2^{(i,\nu)}\Big) , \quad \nu = 1,2,\ldots \end{cases}$$

Die Konvergenz ist für beliebige Startwerte $k_1^{(i,0)}$, $k_2^{(i,0)}$ gesichert ([13], S.40, s.a. [62], S.31), sofern h entsprechend der Bedingung

$$(10.13) \qquad \max_{1 \le j \le m} hL \sum_{l=1}^{m} |\beta_{jl}| < 1 \quad \text{mit} \quad L = \max_{(x,y) \in G} |f_y(x,y)|$$

gewählt ist. Zum Erreichen der lokalen Fehlerordnung $O(h^{2m+1})$ sind 2m-1 Iterationsschritte erforderlich. Es sind also die Schrittweite h (gemäß 10.13) und die Anzahl m der Funktionswerte pro Integrationsschritt wählbar. Wie in [53] und [62] gezeigt wird, läßt sich aber der zur Erzielung einer gewünschten Genauigkeit ε erforderliche Rechenaufwand AW (ε,m) in Abhängigkeit von m minimalisieren. Zu dem auf diese Weise ermittelten optimalen m läßt sich dann die Schrittweite $h = x_{i+1}-x_i = h(\varepsilon,m)$ für jeden Integrationsschritt berechnen. Ein Programm mit automatischer Schrittweitensteuerung ist im Anhang zu finden. Seine Anwendung empfiehlt sich, wenn das Ergebnis eine auf 18 bis 20 Stellen genaue Mantisse haben soll. Es ist auch für AWPe bei Systemen von $n \le 20$ DGLen 1. Ordnung angelegt.

Ein Bericht von Thomas Eul über einen Algorithmus zur Kombination impliziter Runge-Kutta-Verfahren ist mit Struktogrammen und FORTRAN-Programmen im Rechenzentrum der RWTH Aachen erhältlich.

LITERATUR zu 10.2: [3], 8.1-3; [4], 6.; [5], II § 1; [7], 6.1-6.5; [8], III §§ 4-7; [13], 1; [17], part I 1,2; [18], 14.5; [19], 8.1, 8.3; [20], 10.3; [22]; [25], 9.1; [26], 10.3.4; [29] II, 10.2-10.5; [30], V §§ 2.3; [31], Bd.I, 9; [32] Bd.II, D § 9.2, 9.5; [34], 6.31-33; [36], 7.2.1-2.5; [38], 11; [39]; [41], IV §§ 6.7; [43], § 35A; [45], §§ 25.3-5, 27.1-2; [83], 2; [86], 2; [87], 9; [91], 3 .

10.3 MEHRSCHRITTVERFAHREN.

10.3.1 PRINZIP DER MEHRSCHRITTVERFAHREN.

Die Mehrschrittverfahren verwenden zur Berechnung eines Näherungswertes Y_{i+1} für $y(x_{i+1})$ s+1, $s \in \mathbb{N}$, vorangehende Werte $Y_{i-s}, Y_{i-s+1}, \ldots, Y_{i-1}, Y_i$.

Man betrachtet das AWP

$$(10.14)\quad \begin{cases} y' = f(x,y) = f(x,y(x)), & x \in [x_{-s},\beta] \\ \text{mit der AB } \; y(x_{-s}) = y_{-s}\,. \end{cases}$$

Im Integrationsintervall $[x_{-s},\beta]$ der DGL werden durch

$$x_i = x_0+ih, \quad i = -s(1)n-s, \quad x_{n-s} = \beta, \quad h = \frac{\beta-x_{-s}}{n} = x_{i+1}-x_i > 0, \quad n > s,$$

n+1 äquidistante Stützstellen x_i erklärt.

Man nimmt an, daß die Werte von y und damit auch von f(x,y) bereits an den Stellen $x_{-s}, x_{-s+1}, \ldots, x_{-1}, x_0$ bekannt sind. Die Wertepaare $(x_i, f(x_i,y_i))$ für i = -s(1)0 bilden das *Anlaufstück* zur Berechnung der Näherungswerte $Y_i = Y(x_i)$ für $y_i = y(x_i)$, i = 1(1)n-s, an den restlichen n-s Stützstellen $x_1, x_2, \ldots, x_{n-s}$. Die Werte von y für das Anlaufstück sind entweder vorgegeben (exakt oder näherungsweise) oder sie werden mit Hilfe eines Einschrittverfahrens, z.B. mit Hilfe des klassischen R-K-Verfahrens, näherungsweise berechnet; es sind also y-Werte bzw. Y-Werte. Im folgenden werden die Werte des Anlaufstücks mit $(x_i, f(x_i,Y_i)) = (x_i,f_i)$ bezeichnet.

Man geht aus von der der DGL (10.14) für $[x_i,x_{i+1}]$ zugeordneten Integralgleichung (10.2). Bei einer Klasse von Mehrschrittverfahren wird nun die Funktion f in (10.2) durch das Interpolationspolynom Φ_s vom Höchstgrad s zu den s+1 Interpolationsstellen (x_j,f_j), j = (i-s)(1)i, ersetzt und Φ_s über $[x_i,x_{i+1}]$ integriert. Diese s+1 Interpolationsstellen werden auch als Startwerte bezeichnet. Man erhält so einen Näherungswert Y_{i+1} für y_{i+1}. Im Falle i = 0 sind die Interpolationsstellen mit dem Anlaufstück identisch, für i > 0 kommen dann zu Werten des Anlaufstücks noch Wertepaare (x_j,f_j), j = 1(1)i, hinzu, die sich nacheinander mit den errechneten Näherungswerten $Y_1,Y_2,\ldots,Y_i$ ergeben unter der Annahme, daß die Startwerte exakt seien. Da auf der rechten Seite von (10.2) dann nur Ordinaten von Y_{i-s} bis Y_i auftreten, erhält man eine *explizite* Formel zur Berechnung des Näherungswertes Y_{i+1}. Der zugehörige Integrationsschritt ist ein Extrapolationsschritt.

In analoger Weise erhält man eine implizite Formel, wenn man zur Konstruktion des Interpolationspolynoms für f außer $x_{i-s}, x_{i-s+1}, \ldots, x_i$ auch die Stützstelle x_{i+1} verwendet. Dann tritt auf der rechten Seite von (10.2) neben den Ordinaten $Y_{i-s},Y_{i-s+1},\ldots,Y_i$ auch Y_{i+1} auf. Eine Formel dieser Art ist z.B. die Korrektorformel (10.5) des Verfahrens von Heun.

Wenn man eine explizite und eine implizite Formel als Paar benutzt, so heißen wieder die explizite Formel Praediktor, die implizite Formel Korrektor und das Verfahren Praediktor-Korrektor-Verfahren.

LITERATUR: Besonders zu empfehlen ist für Mehrschrittverfahren zur Lösung von AWPen das Buch von Shampine, L.F. und Gordon, M.K., s. [88b].

10.3.2 DAS EXPLIZITE VERFAHREN VON ADAMS-BASHFORTH.

Bei der Herleitung des Verfahrens von Adams-Bashforth (A-B) wird in (10.2) $f(x,y(x))$ durch sein Interpolationspolynom $\phi_s(x)$ zu den $s+1$ Interpolationsstellen (x_j, f_j), $j=(i-s)(1)i$, und das zugehörige Restglied $R_{s+1}(x)$ ersetzt. Die Integration über $[x_i, x_{i+1}]$ liefert

$$\text{(10.15)} \quad \begin{cases} y_{i+1} = Y_{i+1} + \varepsilon_{i+1}^{AB} \quad \text{mit} \quad Y_{i+1} = Y_i + \displaystyle\int_{x_i}^{x_{i+1}} \phi_s(x)\,dx\,, \\[2ex] \varepsilon_{i+1}^{AB} := y_{i+1} - Y_{i+1} = \displaystyle\int_{x_i}^{x_{i+1}} R_{s+1}(x)\,dx\,; \end{cases}$$

ε_{i+1}^{AB} ist der lokale Verfahrensfehler, der bei der Integration über $[x_i, x_{i+1}]$ unter der Annahme entsteht, daß die Startwerte exakt sind.

Man erhält so für jedes feste s mit den Startwerten (x_j, f_j), $j=(i-s)(1)i$, für den Integrationsschritt von x_i nach x_{i+1} eine A-B-Formel zur Berechnung von Y_{i+1} und den zugehörigen lokalen Verfahrensfehler $\varepsilon_{i+1}^{AB} = O(h^{q_l})$.

Im folgenden werden die A-B-Formeln für $s = 3(1)6$ angegeben:

$s = 3$ ($q_l = 5$): $Y_{i+1} = Y_i + \frac{h}{24}(55f_i - 59f_{i-1} + 37f_{i-2} - 9f_{i-3})$, $i = 0(1)n-4$,

$\varepsilon_{i+1}^{AB} = \frac{251}{720} h^5 y^{(5)}(\eta_i) = O(h^5)$, $\eta_i \in [x_i, x_{i+1}]$;

$s = 4$ ($q_l = 6$): $Y_{i+1} = Y_i + \frac{h}{720}(1901f_i - 2774f_{i-1} + 2616f_{i-2} - 1274f_{i-3} + 251f_{i-4})$,

$\varepsilon_{i+1}^{AB} = \frac{95}{288} h^6 y^{(6)}(\eta_i) = O(h^6)$, $\eta_i \in [x_i, x_{i+1}]$, $i = 0(1)n-5$;

$s = 5$ ($q_l = 7$): $Y_{i+1} = Y_i + \frac{h}{1440}(4277f_i - 7923f_{i-1} + 9982f_{i-2} - 7298f_{i-3} + 2877f_{i-4} - 475f_{i-5})$,

$\varepsilon_{i+1}^{AB} = \frac{19087}{60480} h^7 y^{(7)}(\eta_i) = O(h^7)$, $\eta_i \in [x_i, x_{i-1}]$, $i = 0(1)n-6$;

$s = 6$ ($q_l = 8$): $Y_{i+1} = Y_i + \frac{h}{60480}(198721f_i - 447288f_{i-1} + 705549f_{i-2} - 688256f_{i-3} + 407139f_{i-4} - 134472f_{i-5} + 19087f_{i-6})$,

$\varepsilon_{i+1}^{AB} = \frac{5257}{17280} h^8 y^{(8)}(\eta_i) = O(h^8)$, $\eta_i \in [x_i, x_{i+1}]$, $i = 0(1)n-7$.

Für die globale Fehlerordnung $O(h^{q_g})$ gilt $q_g = q_l - 1$. Man legt zweckmäßig ein Rechenschema der folgenden Form an.

RECHENSCHEMA 10.2 (*A-B-Verfahren*).

	i	x_i	$Y_i = Y(x_i)$	$f_i = f(x_i, Y_i)$
Anlaufstück	$-s$	x_{-s}	$Y_{-s} = y_{-s}$	f_{-s}
	$-s+1$	x_{-s+1}	Y_{-s+1}	f_{-s+1}
	$-s+2$	x_{-s+2}	Y_{-s+2}	f_{-s+2}
	$\vdots$	$\vdots$	$\vdots$	$\vdots$
	0	x_0	Y_0	f_0
	1	x_1	Y_1	f_1
	2	x_2	Y_2	f_2
	$\vdots$	$\vdots$	$\vdots$	$\vdots$
	$n-s-1$	x_{n-s-1}	Y_{n-s-1}	f_{n-s-1}
	$n-s$	x_{n-s}	Y_{n-s}	

● NACHTEIL DER A-B-FORMELN: Es ist jeweils ein Anlaufstück mit s+1 Wertepaaren (x_j, f_j) erforderlich, das mit Hilfe eines anderen Verfahrens bestimmt werden muß. Dieses Verfahren sollte aber von der gleichen lokalen Fehlerordnung sein, was z.B. durch ein entsprechendes R-K-Verfahren gewährleistet wäre. Dieser Sachverhalt würde dafür sprechen, das entsprechende R-K-Verfahren für das ganze Intervall $[x_{-s}, \beta]$ anzuwenden und nicht die A-B-Formel mit der R-K-Formel zu kombinieren.

● VORTEIL DER A-B-FORMELN: Da bei einem A-B-Schritt von x_i nach x_{i+1} jedoch nur ein neuer Funktionswert f_i zu berechnen ist gegenüber m Funktionswerten bei einem R-K-Schritt der Ordnung m, ist die A-B-Formel im Vergleich zur R-K-Formel beträchtlich schneller, weil sie weniger Rechenzeit erfordert. Diese Tatsache spricht wiederum für eine Kombination von R-K- und A-B-Formel.

Trotzdem sollte die A-B-Formel nicht allein verwendet werden, sondern als Prädiktor zusammen mit einer impliziten Formel als Korrektor (s. Abschnitt 10.3.3). Denn bei der Konstruktion der A-B-Formel ist $[x_{i-s}, x_i]$ das Interpolationsintervall für ϕ_s, jedoch $[x_i, x_{i+1}]$ das Integrationsintervall von ϕ_s, so daß der Integrationsschritt einem Extrapolationsschritt (Abschnitt 7.1) entspricht. Bekanntlich wächst jedoch das Restglied R_{s+1} der Interpolation stark an für Werte, die außerhalb des Interpolationsintervalls liegen (s.Abschnitt 7.7). Es ist also zu erwarten, daß auch der lokale Verfahrensfehler ε_{i+1}^{AB} bei zunehmendem h stark anwächst und größer als der lokale Verfahrensfehler eines R-K-Verfahrens gleicher Fehlerordnung wird. Zur Fehlerschätzung vergleiche man Abschnitt 10.4.1.

BEMERKUNG 10.3. Weitere Mehrschrittformeln können konstruiert werden, indem man wieder $f(x,y(x))$ in (10.2) durch das Interpolationspolynom ϕ_s zu den s+1 Interpolationsstellen (x_j, f_j), $j=(i-s)(1)i$, ersetzt und über

$[x_{i-r}, x_{i+1}]$ mit ganzzahligem $r \geq 0$ und $r \leq s$ integriert. Der Fall $r = 0$ liefert die angegebenen A-B-Formeln. Weitere Verfahren s. [5], S.86-88; [17], S.199-201, 241; [38], S.273-276; [41], S.290-294. Der Fall $r = 1$ führt auf die Formel von *Nyström*, die für $s = 3$ lautet

$$(10.16)\quad \begin{cases} y_{i+1} = Y_{i+1} + \varepsilon_{i+1}^{N} \quad \text{mit} \\ Y_{i+1} = Y_{i-1} + \frac{h}{3}(8f_i - 5f_{i-1} + 4f_{i-2} - f_{i-3}), \quad i = 0(1)n-4, \\ \varepsilon_{i+1}^{N} = \frac{29}{90} h^5 y^{(5)}(\eta_i), \qquad \eta_i \in [x_{i-1}, x_{i+1}]. \end{cases}$$

Die Nyström-Formeln verhalten sich aber hinsichtlich der Fortpflanzung von Rundungsfehlern ungünstiger als die A-B-Formeln.

10.3.3 DAS PRAEDIKTOR-KORREKTOR-VERFAHREN VON ADAMS-MOULTON.

Kombiniert man eine A-B-Extrapolationsformel mit einer impliziten Korrektorformel von mindestens gleicher Fehlerordnung (es empfiehlt sich, eine Korrektorformel zu wählen, deren Fehlerordnung um eins höher ist als die der Praediktorformel), so erhält man ein Praediktor-Korrektor-Verfahren. Einen Korrektor höherer Ordnung erhält man, indem man $f(x,y(x))$ in (10.2) durch sein Interpolationspolynom zu den $s+2$ Interpolationsstellen (x_j, f_j), $j=(i-s)(1)i+1$, ersetzt und analog zu Abschnitt 10.3.2 vorgeht.
Im Falle $s = 3$ erhält man für einen Integrationsschritt von x_i nach x_{i+1}

$$(10.17)\quad \begin{cases} y_{i+1} = Y_{i+1} + \varepsilon_{i+1}^{AM_3} \quad \text{mit} \\ Y_{i+1} = Y_i + \frac{h}{720}(251f_{i+1} + 646f_i - 264f_{i-1} + 106f_{i-2} - 19f_{i-3}), \\ \varepsilon_{i+1}^{AM_3} = -\frac{3}{160} h^6 y^{(6)}(\eta_i) = O(h^6), \quad \eta_i \in [x_i, x_{i+1}]. \end{cases}$$

Wegen $f_{i+1} = f(x_{i+1}, Y_{i+1})$ ist die Formel für Y_{i+1} implizit, so daß Y_{i+1} iterativ bestimmt werden muß. Die Iterationsstufe kennzeichnet ein oberer Index ν. Es ergibt sich die *A-M-Formel* für $s = 3$:

$$(10.18)\quad Y_{i+1}^{(\nu+1)} = Y_i + \frac{h}{720}(251f(x_{i+1}, Y_{i+1}^{(\nu)}) + 646f_i - 264f_{i-1} + 106f_{i-2} - 19f_{i-3}).$$

Sie wird als Korrektorformel benutzt zusammen mit der A-B-Formel für $s = 3$ als Praediktor. Die Konvergenzbedingung für die Korrektorformel lautet

$$\frac{251}{720} h\,|f_y| \leq \frac{251}{720} hL = \varkappa < 1 \quad .$$

Bei hinreichend kleiner Schrittweite h reichen i.a. ein bis höchstens zwei Iterationsschritte aus.

ALGORITHMUS 10.3 (Praediktor-Korrektor-Verfahren nach *Adams-Moulton* für $s = 3$). Gegeben sind die DGL $y' = f(x,y)$, $x \in [x_{-3}, \beta = x_{n-3}]$, mit der AB $y(x_{-3}) = y_{-3}$, der Schrittweite $h > 0$, den Stützstellen $x_i = x_0 + ih$, $i = -3(1)n-3$, und dem Anlaufstück (x_i, f_i), $i = -3(1)0$. Dabei ist h möglichst so zu wählen, daß (10.6) gilt. Gesucht sind Näherungen Y_i für $y(x_i)$, $i = 1(1)n-3$. Es sind für einen Integrationsschritt von x_i nach x_{i+1} folgende Schritte durchzuführen:

1. Schritt: Berechnung von $Y_{i+1}^{(0)}$ nach der A-B-Formel (Praediktorformel mit $q_l = 5$)

$$Y_{i+1}^{(0)} = Y_i + \frac{h}{24}(55f_i - 59f_{i-1} + 37f_{i-2} - 9f_{i-3}) .$$

2. Schritt: Berechnung von $f(x_{i+1}, Y_{i+1}^{(0)})$.

3. Schritt: Berechnung von $Y_{i+1}^{(\nu+1)}$ für $\nu=0$ und $\nu=1$ nach der A-M-Formel (10.18) (Korrektorformel mit $q_l = 6$).

Um sicher mit höchstens zwei Iterationsschritten auszukommen, sollte h so gewählt werden, daß $K = hL \le 0{,}20$ gilt. Man setzt dann für $\nu = 0$ bzw. $\nu = 1$

$$Y_{i+1}^{(\nu+1)} = Y_{i+1} \approx y_{i+1} . \qquad (10.19)$$

Ist im Verlaufe der Rechnung vor einem x_j eine Verkleinerung der Schrittweite erforderlich, so empfiehlt es sich i.a., h zu halbieren. Dann ist natürlich das für die weitere Rechnung benötigte Anlaufstück mit $i = j-2$, $j-3/2$, $j-1$, $j-1/2$ neu zu berechnen.

RECHENSCHEMA 10.3 (*A-M-Verfahren für s = 3*).

	i	x_i	$Y_i = Y(x_i)$	$f_i = f(x_i, Y_i)$
Anlaufstück	-3	x_{-3}	$Y_{-3} = y_{-3}$	f_{-3}
	-2	x_{-2}	Y_{-2}	f_{-2}
	-1	x_{-1}	Y_{-1}	f_{-1}
	0	x_0	Y_0	f_0
Extrapolation nach A-B	1	x_1	$Y_1^{(0)}$	$f(x_1, Y_1^{(0)})$
Interpolation nach A-M	1	x_1	$Y_1^{(1)}$	$f(x_1, Y_1^{(1)})$
	1	x_1	$Y_1^{(2)} = Y_1$	$f(x_1, Y_1)$
Extrapolation nach A-B	2	x_2	$Y_2^{(0)}$	$f(x_2, Y_2^{(0)})$
Interpolation nach A-M	2	x_2	$Y_2^{(1)}$	$f(x_2, Y_2^{(1)})$
	2	x_2	$Y_2^{(2)} = Y_2$	

Im folgenden werden weitere A-M-Verfahren angegeben, bei denen jeweils die Fehlerordnung des Praediktors um eins niedriger ist als die des Korrektors mit der Abkürzung $f_{i+1}^{(\nu)} := f(x_{i+1}, Y_{i+1}^{(\nu)})$

s = 4:
$$Y_{i+1}^{(0)} = Y_i + \frac{h}{720}(1901f_i - 2774f_{i-1} + 2616f_{i-2} - 1274f_{i-3} + 251f_{i-4}),$$
$$Y_{i+1}^{(\nu+1)} = Y_i + \frac{h}{1440}(475f_{i+1}^{(\nu)} + 1427f_i - 798f_{i-1} + 482f_{i-2} - 173f_{i-3} + 27f_{i-4}),$$
$$\varepsilon_{i+1}^{AM_4} = -\frac{863}{60480} h^7 y^{(7)}(\eta_i) = O(h^7),\quad \eta_i \in [x_i, x_{i+1}],\quad i = 0(1)n-4;$$

s = 5:
$$Y_{i+1}^{(0)} = Y_i + \frac{h}{1440}(4277f_i - 7923f_{i-1} + 9982f_{i-2} - 7298f_{i-3} + 2877f_{i-4} - 475f_{i-5}),$$
$$Y_{i+1}^{(\nu+1)} = Y_i + \frac{h}{60480}(19087f_{i+1}^{(\nu)} + 65112f_i - 46461f_{i-1} + 37504f_{i-2} - 20211f_{i-3} + 6312f_{i-4} - 863f_{i-5}),$$
$$\varepsilon_{i+1}^{AM_5} = -\frac{275}{24192} h^8 y^{(8)}(\eta_i) = O(h^8),\quad \eta_i \in [x_i, x_{i+1}],\quad i = 0(1)n-5;$$

s = 6:
$$Y_{i+1}^{(0)} = Y_i + \frac{h}{60480}(198721f_i - 447288f_{i-1} + 705549f_{i-2} - 688256f_{i-3} + 407139f_{i-4} - 134472f_{i-5} + 19087f_{i-6}),$$
$$Y_{i+1}^{(\nu+1)} = Y_i + \frac{h}{120960}(36799f_{i+1}^{(\nu)} + 139849f_i - 121797f_{i-1} + 123133f_{i-2} - 88536f_{i-3} + 41499f_{i-4} - 11351f_{i-5} + 1375f_{i-6}),$$
$$\varepsilon_{i+1}^{AM_6} = -\frac{33953}{3628800} h^9 y^{(9)}(\eta_i) = O(h^9),\quad \eta_i \in [x_i, x_{i+1}],\quad i = 0(1)n-6.$$

Da jeweils die Fehlerordnung des Korrektors um eins höher als die des Praediktors ist, kommt man meistens mit ein bis höchstens zwei Iterationsschritten aus. Allgemein gilt sogar für ein Praediktor-Korrektor-Verfahren, dessen Praediktor die Fehlerordnung r_1, dessen Korrektor die Fehlerordnung r_2 besitzt, für den eigentlichen lokalen Verfahrensfehler E_{i+1}^{PK} nach $\nu+1$ Iterationsschritten
$$E_{i+1}^{PK} := y_{i+1} - Y_{i+1}^{(\nu+1)} = O(h^{\min(r_2, r_1+\nu+1)}).$$
Es ist also mit $r_1 = r_2 - 1$ bereits nach einem Iterationsschritt die Fehlerordnung des Korrektors erreicht. Für beliebige $r_1 < r_2$ erreicht man die Fehlerordnung $O(h^{r_2})$ nach $\nu = r_2 - r_1 - 1$ Iterationsschritten. Da jedoch der Fehlerkoeffizient des Praediktors den des Korrektors für $s \geq 3$ um einen Faktor >10 übertrifft, können eine oder mehrere weitere Iterationen erforderlich werden, um den Gesamtfehler auf den Fehler des Korrektors herabzudrücken. Begnügt man sich damit, die Fehlerordnung des Korrektors zu erreichen, so ist im Falle $r_1 = r_2 - 1$ nur eine Iteration erforderlich. Im Falle $r_1 = r_2$ wird man sich stets mit einem Iterationsschritt begnügen (s. auch [17], S.196; [38], S.271; [41], S.299). Benötigt man mehr Iterationen,

so ist es besser, die Schrittweite zu verkleinern, als die Iterationen fortzusetzen.

Im folgenden wird noch ein A-M-Verfahren angegeben, dessen Praediktor-Formel (A-B-Formel für s = 3) und Korrektor-Formel (A-M-Formel für s = 2) die gleiche lokale Fehlerordnung $O(h^5)$ besitzen:

Praediktor: (A-B für s = 3)
$$Y_{i+1}^{(0)} = Y_i + \frac{h}{24}(55f_i - 59f_{i-1} + 37f_{i-2} - 9f_{i-3}),$$

Korrektor: (A-M für s = 2)
$$Y_{i+1}^{(\nu+1)} = Y_i + \frac{h}{24}(9f_{i+1}^{(\nu)} + 19f_i - 5f_{i-1} + f_{i-2}).$$

Das Verfahren erfordert nur jeweils einen Iterationsschritt und erspart damit Rechenzeit.
Für dieses Praediktor-Korrektor-Paar kann eine besonders einfache Fehlerschätzung angegeben werden, vgl. dazu Abschnitt 10.4.1, so daß ohne großen Rechenaufwand und ohne zusätzliche Rechnung mit anderer Schrittweite jeder Wert Y_i sofort verbessert werden kann.

10.3.4 WEITERE PRAEDIKTOR-KORREKTOR-FORMELN.

In Verbindung mit (10.18) oder der nachstehend jeweils für $Y_{i+1}^{(0)}$ angegebenen Formel als Praediktor wendet man die nach dem *Verfahren von Milne-Simpson* gebildeten Formeln als Korrektoren an. Für s = 3 für den Praediktor erhält man für den Korrektor für s = 3 (q_l = 5) bzw. s = 4 (q_l = 6)

s = 3: $Y_{i+1}^{(0)} = Y_{i-3} + \frac{4h}{3}(2f_i - f_{i-1} + 2f_{i-2}) + \frac{28}{90}h^5 y^{(5)}(\xi_i), \quad \xi_i \in [x_{i-3}, x_{i+1}]$,

s = 3: $Y_{i+1}^{(\nu+1)} = Y_{i-1} + \frac{h}{3}(f_{i+1}^{(\nu)} + 4f_i + f_{i-1})$,

$\varepsilon_{i+1}^M = -\frac{h^5}{90}y^5(\eta_i) = O(h^5), \quad \eta_i \in [x_{i-1}, x_{i+1}], \quad i = 0(1)n-4$,

s = 3: $Y_{i+1}^{(0)} = Y_{i-3} + \frac{4h}{3}(2f_i - f_{i-1} + 2f_{i-2}) + \frac{28}{90}h^5 y^{(5)}(\xi_i), \quad \xi_i \in [x_{i-3}, x_{i+1}]$,

s = 4: $Y_{i+1}^{(\nu+1)} = Y_{i-1} + \frac{h}{90}(29f_{i+1}^{(\nu)} + 124f_i + 24f_{i-1} + 4f_{i-2} - f_{i-3})$,

$\varepsilon_{i+1}^M = -\frac{h^6}{90}y^{(6)}(\eta_i) = O(h^6), \quad \eta_i \in [x_{i-1}, x_{i+1}], \quad i = 0(1)n-5$.

Die kleineren Fehlerkoeffizienten bewirken zwar, daß die Verwendung dieser Formeln bei einer kleineren Anzahl von Integrationsschritten zu einem genaueren Resultat führt als eine A-M-Formel gleicher Fehlerordnung bei gleicher Schrittweite. Da jedoch die Fortpflanzung der Rundungsfehler wesentlich stärker ist als bei den A-M-Formeln, führen die Formeln von Milne bei einer größeren Anzahl von Integrationsschritten bald zu ungenaueren Ergebnissen als sie die A-M-Formeln liefern. Diese sind daher i.a. vorzuziehen.

Anstelle der A-M-Formeln als Korrektor kann man Formeln besonders günstiger Fehlerfortpflanzung verwenden. Man setzt dazu den Korrektor mit $q_l = m+3$ allgemein in der Form

$$(10.20) \qquad Y_{i+1} = \sum_{k=0}^{m} a_{i-k} Y_{i-k} + h \sum_{k=-1}^{m} b_{i-k} f(x_{i-k}, Y_{i-k})$$

an. Es bezeichnet e_{i+1}^{F} den globalen Verfahrensfehler einer Formel (10.20), e_{i+1}^{AM} den entsprechenden Wert für die A-M-Formel gleicher Fehlerordnung. Dann stellt e_{i+1}^{F}/e_{i+1}^{AM} ein Maß für die Güte des Korrektors (10.20) hinsichtlich der Fehlerfortpflanzung dar. Nach [49] ist durch

$$Y_{i+1}^{(\nu+1)} = \frac{243}{1000} Y_i + \frac{1}{8} Y_{i-2} + \frac{79}{125} Y_{i-5} + \frac{h}{400} (120 f(x_{i+1}, Y_{i+1}^{(\nu)}) +$$

$$+ 567 f(x_i, Y_i) + 600 f(x_{i-2}, Y_{i-2}) + 405 f(x_{i-4}, Y_{i-4}) + 72 f(x_{i-5}, Y_{i-5}))$$

ein Korrektor mit $q_l = 7$ gegeben, bei dem sich für e_{i+1}^{F}/e_{i+1}^{AM} ca. 8% des globalen Verfahrensfehlers der A-M-Formel gleicher Fehlerordnung ergibt. Als Praediktor benötigt man eine Extrapolationsformel mit $q_l = 6$. Hierfür kann die A-B-Formel für $s = 4$ dienen. Wegen des sehr kleinen Fehlerkoeffizienten in (10.20) empfiehlt es sich, mehr als zwei Iterationsschritte durchzuführen.

10.3.5 DAS MEHRSCHRITTVERFAHREN VON GEAR.

Alle hier behandelten numerischen Verfahren stellen bei beschränkten Integrationsintervallen und hinreichend kleiner Schrittkennzahl $K = hL$ sicher stabile Algorithmen dar im Sinne von Definition 1.8, und zwar sind sie i.a. stark stabil ([20], 10.6). Nur die Verfahren nach Nyström und Milne sind lediglich schwach stabil ([7], 6.9; [13], 2; [17], S. 218, 242, 284; [18], 14.8; [19], 8.5; [34], 6.44; [38], 11.4; [42] §§ 9.11).

In der Praxis treten auch Probleme auf, bei denen das Integrationsintervall I nicht beschränkt ist. Dann läßt sich jeweils nur für Teilintervalle $\tilde{I} \subset I$ ein Wert $L = \max_{x \in \tilde{I}} |f_y|$ angeben. Es interessiert nur der Fall $f_y < 0$ für alle $x \in (\xi, \infty) \subset I$, $\xi \in \mathbb{R}$. Für $f_y > 0$ in einem Intervall (ξ, ∞) würde sich, wie man am Beispiel $y' = f(x,y) = cy$, $c > 0$, $y(0) = 1$ mit der Lösung $y = e^{cx}$ erkennt, ein unbeschränktes Anwachsen der Lösung ergeben. Schließlich kann auch $|f_y|$ für $x \in I$ zwar beschränkt bleiben, aber sehr große Werte annehmen, z.B. $y' = f(x,y) = cy$, $c < 0$, $|c|$ sehr groß.

Da h schon wegen der beschränkten Stellenzahl des Computers nicht beliebig klein gemacht werden kann, wird dann auch hL sehr groß. Damit wäre eine gewünschte Genauigkeit nicht mehr erreichbar. Noch wesentlicher ist, daß von der hier behandelten Verfahren dann nur die impliziten R-K-Verfahren vom Gauß-Typ und das Verfahren von Heun ($q_g = 2$) stabile Algorithmen darstellen. (Sie besitzen die Eigenschaft der "A-Stabilität", s. [13], S. 100; [83], 2.) Das in 10.5 behandelte Extrapolationsverfahren läßt sich geeignet modifizieren. (s. [13], S. 159.)

Von Gear ([83], 11.1; [100]) wurden besondere implizite Mehrschrittverfahren mit $q_g \leq 6$ angegeben, die für große Werte $|hc|$, Re $c < 0$, stabil sind:

$$q_g=3: \quad Y_{i+1} = \frac{1}{11}\left(18Y_i - 9Y_{i-1} + 2Y_{i-2} + 6hf(x_{i+1}, Y_{i+1})\right),$$

$$q_g=4: \quad Y_{i+1} = \frac{1}{25}\left(48Y_i - 36Y_{i-1} + 16Y_{i-2} - 3Y_{i-3} + 12hf(x_{i+1}, Y_{i+1})\right),$$

$$q_g=5: \quad Y_{i+1} = \frac{1}{137}\left(300Y_i - 300Y_{i-1} + 200Y_{i-2} - 75Y_{i-3} + 12Y_{i-4} + 60hf(x_{i+1}, Y_{i+1})\right),$$

$$q_g=6: \quad Y_{i+1} = \frac{1}{147}\left(360Y_i - 450Y_{i-1} + 400Y_{i-2} - 225Y_{i-3} + 72Y_{i-4} - 10Y_{i-5} + 60hf(x_{i+1}, Y_{i+1})\right).$$

Es wird ein Anlaufstück mit $s+1 = q_g$ Wertepaaren (x_i, Y_i) benötigt. Die impliziten Verfahrensgleichungen werden iterativ gelöst. Als Praediktor (Startwert) kann $Y_{i+1}^{(0)} = Y_i$ verwendet werden. Die Erfahrung zeigt, daß hier i.a. drei Iterationsschritte sinnvoll sind. Das Anlaufstück kann mit der AB $y(-2) = y_{-2}$ durch die Schritte (E-C, Heun)

$$Y_{-1} = y_{-2} + hf(x_{-2}, y_{-2}), \quad Y_0^{(\nu+1)} = Y_{-1} + \frac{h}{2}\left(f(x_{-1}, Y_{-1}) + f(x_0, Y_0^{(\nu)})\right),$$

danach $Y_1^{(\nu+1)} = Y_0$ nach der Formel für $q_g = 3$ usw. ermittelt werden (s. auch Abschnitt 11.3).

In Verbindung mit einem A-M-Verfahren lassen sich die Formeln von Gear zur Integration sogenannter steifer Systeme von DGLen verwenden (s. Abschnitt 11.3).

LITERATUR zu 10.3: [4], 6.8-6.12; [5], II §§ 3.4; [7], 6.6-6.8; [8], III §§ 8-10; [17], Part II 5; [18], 14.6-7; [19], 8.2; [20], 10.4; [23], 7.3; [25], 9.2; [26], 10.5-6; [30], V § 4; [31] Bd.I, 8; [32] Bd.II, D § 9.4; [34], 6.34; [36],7.2.6-7,10-11; [38], 12; [41] IV , §§ 8-10; [43], § 35; [45], § 26; [67] II, 4.2; [83], 6,11; [86], 4,7; [87], 9; [91], 4.

10.4 FEHLERSCHÄTZUNGSFORMELN UND RECHNUNGSFEHLER.

10.4.1 FEHLERSCHÄTZUNGSFORMELN.

Sind $Y_{h_j}(x_i)$ die mit der Schrittweite h_j für $j = 1, 2$ nach einem Verfahren der globalen Fehlerordnung $O(h_j^{q_g})$ berechneten Näherungswerte für $y(x_i)$, so gilt für den globalen Verfahrensfehler die Schätzungsformel

$$(10.21)\quad e_{i,h_1} := y(x_i) - Y_{h_1}(x_i) \approx \frac{1}{\left(\frac{h_2}{h_1}\right)^{q_g} - 1}\Big(Y_{h_1}(x_i) - Y_{h_2}(x_i)\Big) = e^*_{i,h_1}.$$

Dann ist

$$Y^*_{h_1}(x_i) = Y_{h_1}(x_i) + e^*_{i,h_1} = \frac{1}{\left(\frac{h_2}{h_1}\right)^{q_g} - 1}\Big(\left(\frac{h_2}{h_1}\right)^{q_g} Y_{h_1}(x_i) - Y_{h_2}(x_i)\Big) ,$$

ein gegenüber $Y_{h_1}(x_i)$ verbesserter Näherungswert für $y(x_i)$; es gilt:

$$y(x_i) = Y^*_{h_1}(x_i) + O(h_1^{q_g+1}) ,$$

womit die Fehlerordnung i.a. von q_g auf q_g+1 erhöht worden ist (s. dazu [38], S. 253); es kann auch Erhöhung auf q_g+2 eintreten (s. Beispiel 2 sowie Abschnitt 10.5).
Für $h_2 = 2h_1$, $h_1 = h$ gelten die Beziehungen

$$e_{i,h} \approx \frac{1}{2^{q_g} - 1} \left(Y_h(x_i) - Y_{2h}(x_i)\right) ,$$

$$Y_h^*(x_i) = \frac{1}{2^{q_g} - 1} \left(2^{q_g} Y_h(x_i) - Y_{2h}(x_i)\right) .$$

Dabei sind Y_h der mit der Schrittweite h, Y_{2h} der mit der doppelten Schrittweite 2h berechnete und Y_h^* der gegenüber Y_h verbesserte Näherungswert für $y(x_i)$.

BEISPIELE.

1. Euler-Cauchy:

$$e_{i,h}^{EC} \approx Y_h(x_i) - Y_{2h}(x_i) ,$$

$$Y_h^*(x_i) = 2Y_h(x_i) - Y_{2h}(x_i) ;$$

2. Heun:

$$e_{i,h}^{H} \approx \frac{1}{3} \left(Y_h(x_i) - Y_{2h}(x_i)\right),$$

$$Y_h^*(x_i) = \frac{1}{3} \left(4Y_h(x_i) - Y_{2h}(x_i)\right) ;$$

3. Klassischer Runge-Kutta:

$$e_{i,h}^{RK} \approx \frac{1}{15} \left(Y_h(x_i) - Y_{2h}(x_i)\right) ,$$

$$Y_h^*(x_i) = \frac{1}{15} \left(16Y_h(x_i) - Y_{2h}(x_i)\right) ;$$

4. Adams-Bashforth für s = 3:

$$e_{i,h}^{AB} \approx \frac{1}{15} \left(Y_h(x_i) - Y_{2h}(x_i)\right) ,$$

$$Y_h^*(x_i) = \frac{1}{15} \left(16Y_h(x_i) - Y_{2h}(x_i)\right) ;$$

5. Adams-Moulton für s = 3:

$$e_{i,h}^{AM} \approx \frac{1}{31} \left(Y_h(x_i) - Y_{2h}(x_i)\right) ,$$

$$Y_h^*(x_i) = \frac{1}{31} \left(32Y_h(x_i) - Y_{2h}(x_i)\right) .$$

Bei Anwendung des Verfahrens von Heun wird durch die Bildung von Y_h^* die Konvergenzordnung sogar von $q_g = 2$ auf $q_g + 2 = 4$ erhöht, vgl. dazu Abschnitt 9.2.5.

Für den Fall, daß die A-B-Formel für s = 3 (lokale Fehlerordnung $O(h^5)$) als Praediktor mit der A-M-Formel für s = 2 (lokale Fehlerordnung $O(h^5)$)

als Korrektor kombiniert wird (s.S. 203), gilt die folgende Schätzungsformel für den globalen Verfahrensfehler (vgl. [7], S.237) [1)]

$$e_{i,h}^{AM} := y(x_i) - Y_i^{(1)} \approx - \frac{1}{14} (Y_i^{(1)} - Y_i^{(0)}) .$$

Diese Schätzungsformel ist sehr einfach zu handhaben, da sie keine Rechnung mit doppelter Schrittweite erfordert. Sie dient auch dazu, zu beurteilen, ob die gewählte Schrittweite für die gewünschte Genauigkeit ausreicht. Ein gegenüber $Y_i^{(1)}$ verbesserter Näherungswert für $y(x_i)$ ist hier

$$Y^*(x_i) = Y_i^{(1)} - \frac{1}{14} (Y_i^{(1)} - Y_i^{(0)}) = \frac{1}{14} (13Y_i^{(1)} + Y_i^{(0)}) .$$

Analog kann man eine A-B-Formel mit einer A-M-Formel von jeweils gleicher Fehlerordnung $q_l = 6,7,8$ zu einem Praediktor-Korrektor-Paar verbinden, wobei jeweils nur eine Iteration erforderlich ist und erhält folgende Schätzungsformeln für den globalen Verfahrensfehler:

$q_l = 6$: $$e_{i,h}^{AM} := y(x_i) - Y_i^{(1)} \approx - \frac{1}{18} (Y_i^{(1)} - Y_i^{(0)}) ,$$

$q_l = 7$: $$e_{i,h}^{AM} := y(x_i) - Y_i^{(1)} \approx - \frac{1}{22} (Y_i^{(1)} - Y_i^{(0)}) ,$$

$q_l = 8$: $$e_{i,h}^{AM} := y(x_i) - Y_i^{(1)} \approx - \frac{1}{26} (Y_i^{(1)} - Y_i^{(0)}) .$$

BEMERKUNG 10.4. Es ist empfehlenswert, bei den Einschrittverfahren nicht erst nach Durchführung der Rechnung über das gesamte Integrationsintervall der DGL eine Fehlerschätzung durchzuführen, sondern bereits im Verlaufe der Rechnung an mehreren Stellen. Man kann z.B. nach je zwei Schritten mit der Schrittweite h parallel einen Schritt mit der doppelten Schrittweite durchführen, dann Y_h^* bestimmen und mit diesem verbesserten Näherungswert weiterrechnen. So erreicht man sehr viel genauere Ergebnisse.

10.4.2 RECHNUNGSFEHLER.

Während der globale Verfahrensfehler der behandelten Ein- und Mehrschrittverfahren mit $h \to 0$ von der Ordnung q_g abnimmt, wächst der globale Rechnungsfehler mit abnehmender Schrittweite an. Der Gesamtfehler, die Summe aus Verfahrensfehler und Rechnungsfehler, kann also nicht beliebig klein gemacht werden. Man sollte deshalb die Schrittweite h so wählen, daß Verfahrensfehler und Rechnungsfehler von gleicher Größenordnung sind.

---

1) Für das Verfahren von Milne mit $q_l = 5$ gilt $e_{i,h}^{M} \approx - \frac{1}{29} (Y_i^{(1)} - Y_i^{(0)})$.

Bezeichnet man mit $r_{i,h} = r_h(x_i)$ den globalen Rechnungsfehler an der Stelle x_i, so gilt für Einschrittverfahren die grobe Abschätzung

$$|r_{i,h}| \leq \begin{cases} \frac{\varepsilon}{h}(x_i - x_0) & \text{für } C = 0 \\ \frac{\varepsilon}{h}\left(e^{C(x_i-x_0)} - 1\right) & \text{sonst.} \end{cases}$$

Dabei ist ε der maximale absolute Rechnungsfehler pro Rechenschritt und z.B. $C = L$ für Euler-Cauchy und $C \sim L$ für das klassische R-K-Verfahren.

Für Mehrschrittverfahren (auch Praediktor-Korrektor-Verfahren) gilt

$$|r_{i,h}| \leq \frac{\varepsilon}{h} \frac{(x_i - x_0)}{1 - C_2 hL} e^{\frac{C_1(x-x_0)}{1 - C_2 hL}} ,$$

wo C_1 und C_2 von den Koeffizienten der einzelnen Formeln abhängen, s. [17], 5.3, 5.4. Der globale Rechnungsfehler ist also bei Ein- und Mehrschrittverfahren von der Ordnung $O(\frac{1}{h})$.

BEMERKUNG 10.5. Will man den globalen Verfahrensfehler verkleinern, so muß gleichzeitig der Rechnungsfehler verkleinert werden. Das läßt sich nur durch Rechnen mit größerer Stellenzahl, d.h. Verkleinerung von ε erreichen.

LITERATUR zu 10.4: [5], II 1.3; [13], 1.4; [17], 1.4, 2.3, 3.4, 5.4; [20], S.295, 308, 323; [29] Bd.II, 10.3; [38], 11.4.2; [41], S.274ff.; [45], § 27.2; s.a. [7], 6.10.

10.5. EXTRAPOLATIONSVERFAHREN.

Gegeben sei das AWP (10.1).
Zunächst berechnet man mit $h = \frac{x_1 - x_0}{N}$, $\bar{x}_l = x_0 + lh$, N gerade, die Hilfsgrößen

$$\begin{aligned} z_1 &= y_0 + hf(x_0, y_0) \\ z_{l+1} &= z_{l-1} + 2hf(\bar{x}_l, z_l), \quad l = 1,2,\ldots,N-1 \quad . \end{aligned}$$

Dabei ist $x_1 = x_0 + Nh = \bar{x}_N$.
Weiter bildet man mit $h_j = h/2^j$, $N_j = 2^j N$, $j = 0,1,2,\ldots$

$$\begin{aligned} S(x_1, h) &= \tfrac{1}{2}(z_N + z_{N-1} + hf(\bar{x}_N, z_N)) \quad , \\ S(x_1, h_j) &= \tfrac{1}{2}(z_{N_j} + z_{N_j-1} + h_j f(\bar{x}_{N_j}, z_{N_j})) \end{aligned}$$

und setzt

$$L_j^{(0)} = S(x_1, h_j).$$

Dann berechnet man nacheinander

$$L_j^{(k)} = \frac{1}{2^{2k}-1}\left(2^{2k}L_{j+1}^{(k-1)} - L_j^{(k-1)}\right), \qquad k = 1,2,\ldots;\ j \geq k$$

und stellt mit diesen Größen das Rombergschema formal genau wie im Rechenschema 9.1 auf. Die Spalten des Schemas konvergieren gegen $y(x_1)$:

(10.22) $$\lim_{j\to\infty} L_j^{(k)} = y(x_1), \quad k \text{ fest} \quad .$$

Ist $y \in C^{2p+1}[a,b]$, also $f(x,y) \in C^{2p}[a,b]$, so gilt (10.22) für $k \leq p$. Ist y analytisch, so konvergieren die absteigenden Diagonalen des Schemas für festes j und $k \to \infty$ superlinear gegen $y(x_N)$. Die globale Fehlerordnung für $L_0^{(0)}$ ist $O(h^2)$. Von Spalte zu Spalte erhöht sie sich um den Faktor h^2.

Bemerkung 8.1 gilt auch hier: Die Anzahl der Spalten sollte nur so groß gewählt werden, daß keine Oszillation auftritt. Oszillation kann durch den beginnenden Einfluß der Rundefehler bedingt sein wie auch dadurch, daß p nicht groß genug ist (d.h. f ist nicht genügend "glatt").

Anstelle der Folge $h_j = h/2^j$ (Romberg-Folge) empfiehlt sich bei der praktischen Durchführung die Folge

$$h_j = \begin{cases} \dfrac{h_0}{2^{(j+1)/2}} & \text{für } j \text{ ungerade}, \\ \dfrac{1}{3}\,\dfrac{h_0}{2^{(j-2)/2}} & \text{für } j \text{ gerade}, \end{cases} \qquad j > 0,$$

d.h. $h_1=h_0/2$, $h_2=h_0/3$, $h_3=h_0/4$, $h_4=h_0/6$, $h_5=h_0/8$, $h_6=h_0/12$, $h_7=h_0/16$, $h_8=h_0/24$, ..., (Bulirsch-Folge). Damit wird die Rechenarbeit bei der Aufstellung des Schemas verringert ([13] , Bd. 1, S. 156).

Zur Schrittweitensteuerung läßt sich (10.21) benutzen mit $q_g = 2k+2$, $Y_{h_1}(x_1) = L_0^{(0)}$ u.s.f. . Ist ein hinreichend genauer Wert Y_1 bestimmt, so berechnet man $Y_2,\ldots,Y_{i+1}$, indem man das AWP (10.1) mit der AB $Y(x_i) = Y_i$, $i = 1,2,\ldots$ nach dem Extrapolationsverfahren löst. Die Schrittweite kann für jeden Integrationsschritt neu gewählt werden.

Programme für das Extrapolationsverfahren:

1. Algol-Procedur nach Bulirsch-Stoer [98]
2. Fortran-IV Modifikation von 1: Subroutine DREBS in [77] Bd. I.
3. siehe Anhang

Bemerkung zu den Programmen:
Statt des vorstehend beschriebenen Algorithmus, der wie auch die Algorithmen in Abschnitt 8.3 und 9.3 auf polynomialer Extrapolation beruht (Prinzip von Richardson, s. z.B. [3], 7.22; [38], S. 253; [40] III, § 8), ist hier ein auf rationaler Extrapolation beruhender Algorithmus zu Grunde gelegt. Damit haben sich bei Testbeispielen noch günstigere numerische Resultate ergeben ([96], [102]).

LITERATUR zu 10.5: [13], 5; [36], 7.2.13; [74], 9; [83], 6; [86], 5; [91], 6.3.

10.6 ENTSCHEIDUNGSHILFEN BEI DER WAHL DES VERFAHRENS.

Als Kriterium für die Brauchbarkeit eines Verfahrens im Einzelfall läßt sich der unter den vorgegebenen Bedingungen (Problemklasse, geforderte Genauigkeit) entstehende Rechenaufwand ansehen. Er läßt sich aufgliedern in

a) Aufwand für die Berechnung der Werte f(x,y),
b) Aufwand für während der Rechnung erforderliche Änderungen der Schrittweite,
c) Aufwand für die übrigen Operationen.

Bei einfach gebautem f ist der Aufwand für a) nicht so groß; bei Forderung hoher Genauigkeit ($\varepsilon \le 10^{-6}$) empfiehlt sich das Extrapolationsverfahren; bei Forderung geringerer Genauigkeit etwa bis $\varepsilon \le 10^{-4}$ das klassische R-K-Verfahren ($q_g = 4$) oder für $\varepsilon > 10^{-4}$ auch eines der Einschrittverfahren mit $q_g < 4$.

Ist dagegen der Aufwand für a) groß, so sind i.a. Mehrschrittverfahren günstiger, obwohl der Aufwand zu b) hier groß ist (Berechnung von jeweils einem neuen Anlaufstück). Zur Schrittweitensteuerung bei Mehrschrittverfahren siehe auch Abschnitt 11.3.

Diese groben Kriterien beruhen auf in [103] mitgeteilten Testrechnungen. Dabei wurden z.B. implizite R-K-Verfahren nicht einbezogen. Ihre in Abschnitt 10.2.4 angegebenen Vorteile lassen erkennen, daß diese Verfahren für Probleme, die besonders große Genauigkeit ($10^{-10} \le \varepsilon \le 10^{-20}$) erfordern, durchaus in Frage kommen.

LITERATUR zu 10.6:[36], 7.2.1.4;[83], 12;[103];[107];[108].
Ergänzende Literatur zu Kap. 10(gem. mit Kap. 11) s. S. 252

11. NUMERISCHE VERFAHREN FÜR ANFANGSWERTPROBLEME BEI SYSTEMEN VON GEWÖHNLICHEN DIFFERENTIALGLEICHUNGEN ERSTER ORDNUNG UND BEI DIFFERENTIALGLEICHUNGEN HÖHERER ORDNUNG.

Betrachtet wird ein Anfangswertproblem (AWP) aus n gewöhnlichen DGLen erster Ordnung für n Funktionen y_r, $r = 1(1)n$, und n Anfangsbedingungen (ABen) der Gestalt

$$(11.1)\quad \begin{cases} y_r' = f_r(x,y_1,y_2,\ldots,y_n)\ , \\ y_r(x_0) = y_{r0},\quad r = 1(1)n. \end{cases}$$

Für das AWP (11.1) müssen die folgenden Voraussetzungen erfüllt sein:

(1) Die Funktionen f_r seien stetig in einem Gebiet G des $(x,y_1,\ldots,y_n)$-Raumes.

(2) Für die Funktionen f_r gelte mit einer Lipschitzkonstanten L

$$|f_r(x,y_1,\ldots,y_n)-f_r(x,y_1^*,\ldots,y_n^*)| \le L \sum_{\nu=1}^{n} |y_\nu - y_\nu^*|\ ,\quad r = 1(1)n.$$

Dann existiert in einem Gebiet $G_1 \subset G$ genau eine Lösung des AWPs bestehend aus n Funktionen y_r, $r = 1(1)n$, mit $y_r(x_0) = y_{r0}$. Die Voraussetzung (2) ist insbesondere dann erfüllt, wenn die f_r in G beschränkte partielle Ableitungen besitzen. Dann kann gesetzt werden

$$(11.1')\qquad L = \max_{\substack{1 \le k,r \le n \\ (x,y_1,y_2,\ldots,y_n) \in G}} \left|\frac{\partial f_r}{\partial y_k}\right| .$$

In vektorieller Form erhält (11.1) die Form

$$(11.1'')\quad \begin{cases} \mathfrak{y}' = \vec{f}(x,\mathfrak{y})\ , \\ \mathfrak{y}(x_0) = \mathfrak{y}_0\ . \end{cases}$$

mit

$$\mathfrak{y} = \begin{pmatrix} y_1(x) \\ y_2(x) \\ \vdots \\ y_n(x) \end{pmatrix},\qquad \mathfrak{y}' = \begin{pmatrix} y_1'(x) \\ y_2'(x) \\ \vdots \\ y_n'(x) \end{pmatrix},\qquad \vec{f}(x,\mathfrak{y}) = \begin{pmatrix} f_1(x,\mathfrak{y}) \\ f_2(x,\mathfrak{y}) \\ \vdots \\ f_n(x,\mathfrak{y}) \end{pmatrix}.$$

Jedes AWP aus einer DGL n-ter Ordnung für eine Funktion y mit n ABen

$$(11.2)\quad \begin{cases} y^{(n)}(x) = f(x,y,y',\ldots,y^{(n-1)}), \\ y(x_0) = y_0,\ \ y'(x_0) = y_0',\ldots,y^{(n-1)}(x_0) = y_0^{(n-1)}, \end{cases}$$

wobei $y^{(k)}(x) := d^k y/dx^k$ ist, läßt sich durch die Substitution

$$y^{(k)}(x) = y_{k+1}(x), \quad k = 0(1)n-1$$

auf (11.1) zurückführen; dann lauten die zugehörigen ABen

$$y_0^{(k)} = y^{(k)}(x_0) = y_{k+1}(x_0) = y_{k+1,0} \quad \text{für} \quad k = 0(1)n-1 .$$

Alle in Kap. 10 behandelten Verfahren bzw. Algorithmen gelten auch für Systeme, indem man die skalaren Funktionen y,f durch die Vektorfunktionen $\mathfrak{y}, \vec{f}$ ersetzt. Das gilt auch für die Kriterien in Abschnitt 10.6.

11.1 RUNGE-KUTTA-VERFAHREN.

11.1.1 ALLGEMEINER ANSATZ.

Sind $x_i = x_0 + ih$, $i = 0(1)N$, die Stützstellen im Integrationsintervall des AWPs (11.1) bzw. (11.1"), so lautet der Ansatz für ein Runge-Kutta-Verfahren (R-K-Verfahren) der Ordnung m für einen Integrationsschritt von x_i nach x_{i+1} mit $\mathfrak{Y}_i := \mathfrak{Y}(x_i) \approx \mathfrak{y}(x_i)$

$$(11.3) \quad \begin{cases} \mathfrak{Y}_{i+1} = \mathfrak{Y}_i + \sum\limits_{j=1}^{m} A_j \vec{k}_j^{(i)} \quad \text{mit} \\ \vec{k}_j^{(i)} = h\, \vec{f}(x_i + \alpha_j h, \mathfrak{Y}_i + \sum\limits_{l=1}^{m} \beta_{jl} \vec{k}_l^{(i)}), \quad j = 1(1)m . \end{cases}$$

Die in Kapitel 10 angegebenen expliziten und impliziten R-K-Verfahren der Ordnung m gelten auch für AWPe (11.1), wenn man die R-K-Formeln für jede Vektorkomponente getrennt benutzt. Ausführlich werden hier nur das klassische R-K-Verfahren und eine Modifikation für den Fall von AWPen bei gewöhnlichen DGLen zweiter Ordnung sowie das R-K-Fehlberg-Verfahren angegeben.

11.1.2 DAS KLASSISCHE RUNGE-KUTTA-VERFAHREN.

Das klassische R-K-Verfahren ist ein Verfahren der Ordnung m = 4. Unter der Annahme, daß die Näherungswerte $Y_{ri} := Y_r(x_i)$ für $y_{ri} := y_r(x_i)$ exakt sind, gilt

$$(11.4) \quad \begin{cases} y_{r,i+1} = Y_{r,i+1} + O(h^5) \quad \text{mit} \\ Y_{r,i+1} = Y_{ri} + \sum\limits_{j=1}^{4} A_j k_{rj}^{(i)} = Y_{ri} + k_r^{(i)} , \quad r = 1(1)n, \end{cases}$$

d.h. die Ordnung des lokalen Verfahrensfehlers ist $O(h^5)$.

Die Werte A_j ergeben sich für alle r, r = 1(1)n, bei geeigneter Wahl von zwei freien Parametern zu

$$A_1 = \frac{1}{6}, \quad A_2 = A_3 = \frac{1}{3}, \quad A_4 = \frac{1}{6},$$

die Werte $k_{rj}^{(i)}$ sind in Algorithmus 11.1 angegeben.

ALGORITHMUS 11.1 (*Klassisches R-K-Verfahren*).

Gegeben sei das AWP (11.1). Sind $x_i = x_0 + ih$, $i = 0(1)N$, die Stützstellen im Integrationsintervall des AWPs, so sind zur Berechnung der Näherungswerte $Y_{r,i+1}$ für $y_{r,i+1}$ für jedes feste i folgende Schritte auszuführen:

1. Schritt. Berechnung der Werte von $k_{rj}^{(i)}$ bzw. $k_r^{(i)}$ für r = 1(1)n nach den folgenden Formeln

$$k_{r1}^{(i)} = hf_r(x_i, Y_{1i}, \ldots, Y_{ri}, \ldots, Y_{ni}),$$

$$k_{r2}^{(i)} = hf_r(x_i + \frac{h}{2}, Y_{1i} + \frac{k_{11}^{(i)}}{2}, \ldots, Y_{ri} + \frac{k_{r1}^{(i)}}{2}, \ldots, Y_{ni} + \frac{k_{n1}^{(i)}}{2}),$$

$$k_{r3}^{(i)} = hf_r(x_i + \frac{h}{2}, Y_{1i} + \frac{k_{12}^{(i)}}{2}, \ldots, Y_{ri} + \frac{k_{r2}^{(i)}}{2}, \ldots, Y_{ni} + \frac{k_{n2}^{(i)}}{2}),$$

$$k_{r4}^{(i)} = hf_r(x_i + h, Y_{1i} + k_{13}^{(i)}, \ldots, Y_{ri} + k_{r3}^{(i)}, \ldots, Y_{ni} + k_{n3}^{(i)}),$$

$$k_r^{(i)} = \frac{1}{6}(k_{r1}^{(i)} + 2k_{r2}^{(i)} + 2k_{r3}^{(i)} + k_{r4}^{(i)}).$$

2. Schritt. Berechnung der Werte Y_{ri+1} für r = 1(1)n gemäß (11.4) nach der Vorschrift

$$Y_{r,i+1} = Y_{ri} + k_r^{(i)}.$$

Zur Durchführung des Verfahrens wird zweckmäßig das folgende Rechenschema verwendet:

RECHENSCHEMA 11.1 (*Klassisches R-K-Verfahren*)

i				$k_{rj}^{(i)}$	
0	x_0	y_{r0}	$f_r(x_0, y_{10}, \ldots, y_{r0}, \ldots, y_{n0})$	$k_{r1}^{(0)}$	$k_{r1}^{(0)}$
	$x_0 + \frac{h}{2}$	$y_{r0} + \frac{k_{r1}^{(0)}}{2}$	$f_r(x_0 + \frac{h}{2}, y_{10} + \frac{k_{11}^{(0)}}{2}, \ldots, y_{r0} + \frac{k_{r1}^{(0)}}{2}, \ldots, y_{n0} + \frac{k_{n1}^{(0)}}{2})$	$k_{r2}^{(0)}$	$2k_{r2}^{(0)}$
	$x_0 + \frac{h}{2}$	$y_{r0} + \frac{k_{r2}^{(0)}}{2}$	$f_r(x_0 + \frac{h}{2}, y_{10} + \frac{k_{12}^{(0)}}{2}, \ldots, y_{r0} + \frac{k_{r2}^{(0)}}{2}, \ldots, y_{n0} + \frac{k_{n2}^{(0)}}{2})$	$k_{r3}^{(0)}$	$2k_{r3}^{(0)}$
	$x_0 + h$	$y_{r0} + k_{r3}^{(0)}$	$f_r(x_0 + h, y_{10} + k_{13}^{(0)}, \ldots, y_{r0} + k_{r3}^{(0)}, \ldots, y_{n0} + k_{n3}^{(0)})$	$k_{r4}^{(0)}$	$k_{r4}^{(0)}$
	$x_1 = x_0 + h$	$Y_{r1} = y_{r0} + k_r^{(0)}$			$k_r^{(0)} = \frac{1}{6}\sum$
1	x_1	Y_{r1}	$f_r(x_1, Y_{11}, \ldots, Y_{r1}, \ldots, Y_{n1})$	$k_{r1}^{(1)}$	$k_{r1}^{(1)}$
	$x_1 + \frac{h}{2}$	$Y_{r1} + \frac{k_{r1}^{(1)}}{2}$	$f_r(x_1 + \frac{h}{2}, Y_{11} + \frac{k_{11}^{(1)}}{2}, \ldots, Y_{r1} + \frac{k_{r1}^{(1)}}{2}, \ldots, Y_{n1} + \frac{k_{n1}^{(1)}}{2})$	$k_{r2}^{(1)}$	$2k_{r2}^{(1)}$
	$x_1 + \frac{h}{2}$	$Y_{r1} + \frac{k_{r2}^{(1)}}{2}$	$f_r(x_1 + \frac{h}{2}, Y_{11} + \frac{k_{12}^{(1)}}{2}, \ldots, Y_{r1} + \frac{k_{r2}^{(1)}}{2}, \ldots, Y_{n1} + \frac{k_{n2}^{(1)}}{2})$	$k_{r3}^{(1)}$	$2k_{r3}^{(1)}$
	$x_1 + h$	$Y_{r1} + k_{r3}^{(1)}$	$f_r(x_1 + h, Y_{11} + k_{13}^{(1)}, \ldots, Y_{r1} + k_{r3}^{(1)}, \ldots, Y_{n1} + k_{n3}^{(1)})$	$k_{r4}^{(1)}$	$k_{r4}^{(1)}$
	$x_2 = x_1 + h$	$Y_{r2} = Y_{r1} + k_r^{(1)}$			$k_r^{(1)} = \frac{1}{6}\sum$
2	x_2	Y_{r2}	$f_r(x_2, Y_{12}, \ldots, Y_{r2}, \ldots, Y_{n2})$	$k_{r1}^{(2)}$	$k_{r1}^{(2)}$
	$\vdots$	$\vdots$	$\vdots$	$\vdots$	$\vdots$

n mal nebeneinanderzusetzen für r = 1(1)n

Analog zu Abschnitt 10.2.4 kann auch hier eine *Fehlerschätzung* angegeben werden: Sind $Y_{rh}(x_i)$, $r = 1(1)n$, die mit der Schrittweite h berechneten Näherungswerte für $y_r(x_i)$ und $Y_{r2h}(x_i)$ die mit der doppelten Schrittweite berechneten Näherungswerte, so gelten für die globalen Verfahrensfehler

$$e_{ri,h} := y_r(x_i) - Y_{rh}(x_i), \quad r = 1(1)n,$$

die Fehlerschätzungsformeln

$$e_{ri,h} \approx \frac{1}{15}\left(Y_{rh}(x_i) - Y_{r2h}(x_i)\right) = e^*_{ri,h} .$$

Ein gegenüber $Y_{rh}(x_i)$ verbesserter Näherungswert ist

$$Y^*_{rh}(x_i) = Y_{rh}(x_i) + e^*_{ri,h} \approx y_r(x_i) .$$

ALGORITHMUS 11.2 (*Klassisches R-K-Verfahren für n = 2*).
Gegeben sei das AWP: $y' = f(x,y,z)$, $z' = g(x,y,z)$, $y(x_0) = y_0$, $z(x_0) = z_0$. Sind $x_i = x_0 + ih$, $i = 0(1)N$, die Stützstellen im Integrationsintervall des AWP, so sind zur Berechnung der Näherungswerte $Y_{i+1} = Y(x_{i+1})$ und $Z_{i+1} = Z(x_{i+1})$ für $y_{i+1} = y(x_{i+1})$ und $z_{i+1} = z(x_{i+1})$ für jedes feste i ($i = 0(1)N-1$) folgende Schritte durchzuführen:

1. Schritt. Berechnung der Werte von $k_j^{(i)}$, $l_j^{(i)}$ bzw. $k^{(i)}$, $l^{(i)}$ nach den folgenden Formeln mit $Y_0 := y_0$, $Z_0 := z_0$:

$$\begin{array}{l|l}
k_1^{(i)} = hf(x_i, Y_i, Z_i) & l_1^{(i)} = hg(x_i, Y_i, Z_i) \\
k_2^{(i)} = hf\left(x_i + \frac{h}{2}, Y_i + \frac{k_1^{(i)}}{2}, Z_i + \frac{l_1^{(i)}}{2}\right) & l_2^{(i)} = hg\left(x_i + \frac{h}{2}, Y_i + \frac{k_1^{(i)}}{2}, Z_i + \frac{l_1^{(i)}}{2}\right) \\
k_3^{(i)} = hf\left(x_i + \frac{h}{2}, Y_i + \frac{k_2^{(i)}}{2}, Z_i + \frac{l_2^{(i)}}{2}\right) & l_3^{(i)} = hg\left(x_i + \frac{h}{2}, Y_i + \frac{k_2^{(i)}}{2}, Z_i + \frac{l_2^{(i)}}{2}\right) \\
k_4^{(i)} = hf\left(x_i + h, Y_i + k_3^{(i)}, Z_i + l_3^{(i)}\right) & l_4^{(i)} = hg\left(x_i + h, Y_i + k_3^{(i)}, Z_i + l_3^{(i)}\right) \\
\hline
k^{(i)} = \frac{1}{6}\left(k_1^{(i)} + 2k_2^{(i)} + 2k_3^{(i)} + k_4^{(i)}\right) & l^{(i)} = \frac{1}{6}\left(l_1^{(i)} + 2l_2^{(i)} + 2l_3^{(i)} + l_4^{(i)}\right)
\end{array}$$

2. Schritt. Berechnung der Näherungswerte Y_{i+1}, Z_{i+1} nach den Vorschriften

$$Y_{i+1} = Y_i + k^{(i)}; \qquad Z_{i+1} = Z_i + l^{(i)}$$

11.1.3 RUNGE-KUTTA-VERFAHREN FÜR ANFANGSWERTPROBLEME BEI GEWÖHNLICHEN DIFFERENTIALGLEICHUNGEN ZWEITER ORDNUNG.

Eine *Modifikation des klassischen R-K-Verfahrens* ergibt sich für AWPe bei gewöhnlichen DGLen zweiter Ordnung der Form

$$(11.5)\qquad \begin{cases} y'' = g(x,y,y') \,, \\ y(x_0) = y_0, \quad y'(x_0) = y'_0 \,, \end{cases}$$

die den folgenden AWPen äquivalent sind

$$(11.6)\qquad \begin{cases} y' = z \,, \\ z' = g(x,y,z) \,, \\ y(x_0) = y_0, \quad z(x_0) = z_0 \,. \end{cases}$$

Ein AWP (11.6) läßt sich nun gemäß Algorithmus 11.2 lösen. Die dort angegebenen Formeln für die Werte von $k_j^{(i)}$ vereinfachen sich dabei wie folgt mit $Y_0 := y_0$, $Z_0 := z_0$:

$$k_1^{(i)} = hZ_i, \quad k_2^{(i)} = h(Z_i + \frac{l_1^{(i)}}{2}), \quad k_3^{(i)} = h(Z_i + \frac{l_2^{(i)}}{2}), \quad k_4^{(i)} = h(Z_i + l_3^{(i)}) \,.$$

Damit läßt sich aber das AWP (11.5) auch unmittelbar behandeln.

ALGORITHMUS 11.3 (*Modifiziertes klassisches R-K-Verfahren*).
Gegeben sei das AWP (11.5). Sind $x_i = x_0 + ih$, $i = 0(1)N$, die Stützstellen im Integrationsintervall, so sind zur Berechnung der Näherungswerte Y_{i+1} für y_{i+1} für jedes feste $i = 0(1)N-1$ folgende Schritte durchzuführen:

1. Schritt. Berechnung der Werte $l_j^{(i)}$, $j = 1(1)4$, nach den Formeln

$$l_1^{(i)} = hg(x_i, Y_i, Y'_i),$$

$$l_2^{(i)} = hg(x_i + \frac{h}{2},\; Y_i + \frac{h}{2} Y'_i, Y'_i + \frac{l_1^{(i)}}{2}),$$

$$l_3^{(i)} = hg(x_i + \frac{h}{2},\; Y_i + \frac{h}{2} Y'_i + \frac{h^2}{4} Y''_i,\; Y'_i + \frac{l_2^{(i)}}{2}),$$

$$l_4^{(i)} = hg(x_i + h,\; Y_i + hY'_i + \frac{h}{2} l_2^{(i)},\; Y'_i + l_3^{(i)}).$$

2. Schritt. Berechnung von Y_{i+1} und Y'_{i+1} nach den Formeln

$$Y_{i+1} = Y_i + hY'_i + \frac{h}{6}(l_1^{(i)} + l_2^{(i)} + l_3^{(i)}) \,,$$

$$Y'_{i+1} = Y'_i + \frac{1}{6}(l_1^{(i)} + 2l_2^{(i)} + 2l_3^{(i)} + l_4^{(i)}) \,.$$

Dabei ist Y'_{i+1} nur für $i = 0(1)N-2$ zu berechnen.

Das Verfahren von *Runge-Kutta-Nyström* wendet den R-K-Ansatz direkt auf das AWP (11.5) an.

ALGORITHMUS 11.4 (*Verfahren von R-K-Nyström*).
Gegeben sei das AWP (11.5). Sind $x_i = x_0 + ih$, $i = 0(1)N$, die Stützstellen im Integrationsintervall des AWPs, so sind zur Berechnung von Y_{i+1} für jedes feste $i = 0(1)N-1$ folgende Schritte durchzuführen:

1. Schritt. Berechnung der Werte $l_j^{(i)}$, $j = 1(1)4$, nach den Formeln

$$l_1^{(i)} = hg(x_i, Y_i, Y_i') \,,$$

$$l_2^{(i)} = hg\Big(x_i + \frac{h}{2},\ Y_i + \frac{h}{2} Y_i' + \frac{h^2}{8} Y_i'',\ Y_i' + \frac{l_1^{(i)}}{2}\Big) \,,$$

$$l_3^{(i)} = hg\Big(x_i + \frac{h}{2},\ Y_i + \frac{h}{2} Y_i' + \frac{h^2}{8} Y_i'',\ Y_i' + \frac{l_2^{(i)}}{2}\Big) \,,$$

$$l_4^{(i)} = hg\Big(x_i + h,\ Y_i + hY_i' + \frac{h}{2} l_3^{(i)},\ Y_i' + l_3^{(i)}\Big) \text{ mit } Y_0 := y_0,\ Y_0' := y_0' \,.$$

2. Schritt. Berechnung von Y_{i+1} und Y_{i+1}' nach den Formeln

$$Y_{i+1} = Y_i + hY_i' + \frac{h}{6}\big(l_1^{(i)} + l_2^{(i)} + l_3^{(i)}\big) \,,$$

$$Y_{i+1}' = Y_i' + \frac{1}{6}\big(l_1^{(i)} + 2l_2^{(i)} + 2l_3^{(i)} + l_4^{(i)}\big) \,.$$

Dabei ist Y_{i+1}' nur für $i = 0(1)N-2$ zu berechnen.

BEMERKUNG 11.1. Die lokale Fehlerordnung der durch die Algorithmen 11.3 und 11.4 beschriebenen Verfahren ist $O(h^5)$, jedoch ergibt sich im Falle des Verfahrens von R-K-Nyström ein kleinerer Fehlerkoeffizient (vgl. Zurmühl, ZAMM 28 (1948)). Dieser Vorteil kann jedoch durch stärkeres Anwachsen von Rundungsfehlern wieder zunichte gemacht werden. Siehe hierzu Bemerkung 11.3. - Über Rechenzeit sparende direkte R-K-Verfahren für Systeme von DGLen zweiter Ordnung s. [52]

11.1.4 SCHRITTWEITENSTEUERUNG.

Eine der Schrittkennzahl $K = hL$ im Falle $n = 1$ entsprechende Größe läßt sich für AWPe bei Systemen von DGLen erster Ordnung nur mit erheblichem Aufwand gewinnen. Man benutzt deshalb in der Praxis die Größe

$$\delta_{i+1,h} := \max_{1 \le r \le n} |e^*_{ri+1,h}|$$

zur Schrittweitensteuerung. Ist $\varepsilon > 0$ eine vorgegebene Fehlerschranke, etwa eine Einheit der letzten als sicher vorgeschriebenen Stelle, so wird

(1) h beibehalten, falls $0{,}15\varepsilon < \delta_{i+1,h} < 10\varepsilon$ gilt;

(2) h halbiert, falls $\delta_{i+1,h} \geq 10\varepsilon$ ist oder

(3) h verdoppelt, falls $\delta_{i+1,h} \leq 0{,}15\varepsilon$ ist.

11.1.5 RUNGE-KUTTA-FEHLBERG-VERFAHREN.

11.1.5.1 BESCHREIBUNG DES VERFAHRENS.

Dieses Verfahren ([50], s.a. [48]) beruht auf einer Approximation der Funktionen $\bar{y}_r$ durch ihre mit der (q+1)ten Potenz abgebrochenen Taylorentwicklung $\overline{T}_{r,q+1}$ und anschließender Anwendung eines R-K-Verfahrens zur Bestimmung von Näherungswerten für $y_r = \overline{y}_r - \overline{T}_{r,q+1}$.

Gegeben sei das AWP

$$(11.7) \quad \begin{cases} \bar{y}_r' = \bar{f}_r(x,\bar{y}_1,\bar{y}_2,\ldots,\bar{y}_n), & \bar{y}_r \in C^{n+1}[x_0,x_N], \\ \bar{y}_r(x_0) = \bar{y}_{r0}, & r = 1(1)n. \end{cases}$$

Mit dem Ansatz

$$(11.8) \quad \begin{cases} y_r = \bar{y}_r - \displaystyle\sum_{k=1}^{q+1} \frac{\bar{y}_r^{(k)}(x_0)}{k!}(x-x_0)^k, \\ \bar{y}_r^{(k)} = \dfrac{d^k\bar{y}_r}{dx^k} \end{cases}$$

ergibt sich für ein fest gewähltes q, wobei hier q = 3(1)8 sein kann, das transformierte AWP

$$(11.9) \quad \begin{cases} y_r' = \bar{f}_r - \displaystyle\sum_{k=0}^{q} \frac{\bar{y}_r^{(k+1)}(x_0)}{k!}(x-x_0)^k = f_r(x,y_1,\ldots,y_n) \\ y_r(x_0) = y_{r0}, \quad r = 1(1)n\,. \end{cases}$$

Die Werte $\bar{y}_r^{(k)}(x_0)$ werden aus (11.7) berechnet.
Für die folgenden Integrationsschritte ist in (11.9) x_0 durch x_i, y_{r0} durch Y_{ri}, $\bar{y}_{r0}$ durch $\bar{Y}_{ri}$, i = 1(1)N-1, r = 1(1)n, zu ersetzen.
Zur Lösung des transformierten AWP (11.9) wird der folgende R-K-Ansatz für m = 4 gemacht:

$$(11.10) \quad Y_{r,i+1} = Y_{ri} + \sum_{j=1}^{4} c_j\, k_{rj}^{(i)}, \quad i = 0(1)N-1, \quad \text{mit}$$

$$(11.11)\quad \begin{cases} k_{r1}^{(i)} = h\, f_r(x_i+\alpha_1 h,\ Y_{1i},\dots,Y_{ni})\ , \\ k_{r2}^{(i)} = h\, f_r(x_i+\alpha_2 h,\ Y_{1i}+\beta_{21}k_{11}^{(i)},\dots,Y_{ni}+\beta_{21}k_{n1}^{(i)})\ , \\ k_{r3}^{(i)} = h\, f_r(x_i+\alpha_3 h,\ Y_{1i}+\beta_{31}k_{11}^{(i)}+\beta_{32}k_{12}^{(i)},\dots,Y_{ni}+\beta_{31}k_{n1}^{(i)}+\beta_{32}k_{n2}^{(i)})\ , \\ k_{r4}^{(i)} = h\, f_r(x_i+\alpha_4 h,\ Y_{1i}+\beta_{41}k_{11}^{(i)}+\beta_{42}k_{12}^{(i)}+\beta_{43}k_{13}^{(i)},\dots,Y_{ni}+\beta_{41}k_{n1}^{(i)}+ \\ \qquad +\beta_{42}k_{n2}^{(i)}+\beta_{43}k_{n3}^{(i)})\ . \end{cases}$$

Für die Koeffizienten $\alpha_i, \beta_{ik}, c_i$ ergeben sich für $q = 3(1)8$ unter Vorgabe von $\alpha_1 = 1$, $\alpha_4 = 1$, $c_1 = 0$ für alle q die in Tabelle 11.1 ([50], S.10) angegebenen Werte. Der lokale Verfahrensfehler ist nahezu von der Ordnung $O(h^{q+5})$. Die Rücktransformation der Näherungswerte $Y_r(x_i)$ für die Lösungen $y_r(x_i)$ des AWP (11.9) in die gesuchten Näherungswerte $\bar{Y}_r(x_i)$ für die Lösungen $\bar{y}_r(x_i)$ des gegebenen AWP (11.7) erfolgt nach (11.8). Bei jedem Integrationsschritt von x_i nach x_{i+1} sind 4n Funktionswerte f_r und die benötigten Ableitungen zu berechnen.

ALGORITHMUS 11.5 (*R-K-Fehlberg-Verfahren der lokalen Ordnung* $O(h^{q+5})$).

Gegeben sei das AWP (11.7). Sind $x_i = x_0+ih$, $i = 0(1)N$, die Stützstellen des Integrationsintervalls, so sind zur Berechnung der Näherungswerte $\bar{Y}_r(x_{i+1})$ für $\bar{y}_r(x_{i+1})$, $r = 1(1)n$, für jedes feste $i = 0(1)N-1$ die folgenden Schritte durchzuführen:

1. Schritt. Transformation des gegebenen AWP (11.7) auf ein AWP (11.9) mit Hilfe der Transformationsgleichungen (11.8) für ein vorgegebenes q, wobei $q = 3(1)8$ sein kann.

2. Schritt. Berechnung der Werte $k_{rj}^{(i)}$, $j = 1(1)4$, nach den Formeln (11.11) mit $\alpha_1 = \alpha_4 = 1$, $c_1 = 0$. Alle weiteren Koeffizienten werden Tabelle 11.1 entnommen.

3. Schritt. Berechnung der $Y_{r,i+1}$ nach den Formeln (11.10) für $r = 1(1)n$ mit den entsprechenden c_j aus Tabelle 11.1. Zur Fehlerschätzung und Schrittweitensteuerung siehe Abschnitt 11.1.5.2.

4. Schritt. Rücktransformation der $Y_{r,i+1}$ in die gesuchten Näherungswerte $\bar{Y}_{r,i+1}$ nach (11.8)[1]; Erhöhung von i auf i+1 und Rücksprung zum 1. Schritt, falls $i+1 < N$ ist.

---

1) Dabei ist in (11.8) x_0 durch x_i, y_{r0} durch Y_{ri}, $\bar{y}_{r0}$ durch $\bar{Y}_{ri}$, $r = 1(1)n$, $i = 1(1)N-1$ zu ersetzen.

BEMERKUNG 11.2. In [51], S.9-15 sind entsprechende Formeln und Koeffiziententabellen für Systeme von DGLen zweiter Ordnung angegeben. DGLen n-ter Ordnung lassen sich nach R-K-Fehlberg-Verfahren sowohl unmittelbar als auch durch Zurückführung auf Systeme von DGLen erster Orndung behandeln (s. [49]).

11.1.5.2 FEHLERSCHÄTZUNG UND SCHRITTWEITENSTEUERUNG.

Für die lokalen Verfahrensfehler der mit der Schrittweite h nach dem R-K-Fehlberg-Verfahren berechneten Näherungswerte $Y_{r,i+1;h}$ für die Lösungen $y_{r,i+1}$ des transformierten AWPs(11.9) gelten mit

● $$\varepsilon^{RKF}_{r,i+1;h} := y_{r,i+1} - Y_{r,i+1;h}, \quad r = 1(1)n \ ,$$

die Fehlerschätzungsformeln

$$\varepsilon^{RKF}_{r,i+1;h} \approx \sum_{j=1}^{4} (c_j - \tilde{c}_j) k^{(i)}_{rj} - \tilde{c}_5 \, k^{(i)}_{r5} = \varepsilon^{RKF*}_{r,i+1;h}$$

mit $k^{(i)}_{rj}$, j = 1(1)4, nach (11.11) und

$$k^{(i)}_{r5} = h\, f_r(x_i+\alpha_5 h,\ Y_{1i}+\beta_{51}k^{(i)}_{11}+\beta_{52}k^{(i)}_{12}+\beta_{53}k^{(i)}_{13}+\beta_{54}k^{(i)}_{14},\ldots,Y_{ni}+$$
$$+\beta_{51}k^{(i)}_{n1}+\beta_{52}k^{(i)}_{n2}+\beta_{53}k^{(i)}_{n3}+\beta_{54}k^{(i)}_{n4}) \ .$$

Dabei sind die Koeffizienten α_2, α_3, β_{jk} für j = 2(1)4, k = 1(1)j-1 Tabelle 11.1 zu entnehmen und die β_{5k} für k = 1(1)4, die Differenzen $(c_j-\tilde{c}_j)$ für j = 2(1)4 und der Koeffizient $-\tilde{c}_5$ Tabelle 11.2. Außerdem sind $\alpha_1 = \alpha_4 = 1$, $\alpha_5 = 0{,}5$ und $\tilde{c}_1 = 0$ zu setzen.

Zur *Schrittweitensteuerung* gelten mit

● $$\delta_{i+1,h} := \max_{1 \le r \le n} |\varepsilon^{RKF*}_{r,i+1;h}|$$

die in Abschnitt 11.1.4 angegebenen Regeln.

LITERATUR zu 11.1: [4], 6.7; [5], II § 2; [7], 6.11; [8], S.169f.; [13], 1; [17], Part.I,3.2-4;[19], 8.6; [20], 11.2; [30], V § 3; [38], S.236, 260; [43], § 36; [45], § 27,3-5; [83],2; [86],2; [91],3 .

TABELLE 11.1 (*Runge-Kutta-Fehlberg-Verfahren*).

	q = 3	q = 4	q = 5
α_2	+0.6139 3750 0000 0000 0000 0000	+0.6580 0000 0000 0000 0000 0000	+0.6930 0000 0000 0000 0000 0000
α_3	+0.9801 5050 0547 7836 9392 5710	+0.9856 6737 7705 3423 7710 6152	+0.9891 0980 1178 9389 5494 0554
β_{21}	$+0.1744\,4189\,7713\,8241\,6790\,5807\cdot 10^{-1}$	$+0.1352\,7081\,6452\,4289\,0666\,6667\cdot 10^{-1}$	$+0.1096\,5655\,6115\,9094\,6651\,0000\cdot 10^{-1}$
β_{31}	-0.3586 7882 6756 8388 1495 8871	-0.3038 1856 9858 4579 1160 1689	-0.2634 4291 4691 8761 1167 4762
β_{32}	$+0.3798\,1908\,2995\,3616\,2546\,7712\cdot 10^{+1}$	$+0.3702\,2022\,6715\,6111\,9999\,3050\cdot 10^{+1}$	$+0.3572\,9889\,8915\,9524\,9052\,2315\cdot 10^{+1}$
β_{41}	-0.5300 8840 5854 0960 3987 1844	-0.4197 0281 4687 8125 4464 9236	-0.3476 1846 2402 7809 4769 9222
β_{42}	$+0.5338\,1485\,6708\,6758\,0896\,6692\cdot 10^{+1}$	$+0.4908\,7358\,9347\,7264\,7005\,6613\cdot 10^{+1}$	$+0.4553\,4917\,5901\,4395\,7783\,0851\cdot 10^{+1}$
β_{43}	$-0.3065\,4758\,8791\,9469\,0170\,5081\cdot 10^{-1}$	$-0.2053\,9950\,5905\,4351\,0613\,9922\cdot 10^{-1}$	$-0.1483\,1352\,0098\,3537\,6898\,8742\cdot 10^{-1}$
c_2	+0.4412 1629 3834 8949 9911 1935	+0.4059 3958 1212 7163 5357 9224	+0.3747 8889 8549 3438 8205 6346
c_3	+0.4985 7903 4701 8867 9726 8737	+0.5013 3469 3481 5489 3333 6528	+0.5013 4695 0961 6097 1006 8595
c_4	-0.3228 3875 7766 8535 1845 2534	-0.3498 2756 0353 8761 4334 9828	-0.3681 2341 6576 1853 0582 7000
	q = 6	q = 7	q = 8
α_2	+0.7214 5454 5454 5454 5454 5455	+0.7451 2500 0000 0000 0000 0000	+0.7650 7692 3076 9230 7692 3077
α_3	+0.9913 6552 6063 3194 7553 5657	+0.9930 3848 5363 9271 1487 3363	+0.9942 5209 1308 2094 3135 5780
β_{21}	$+0.9174\,4873\,2298\,7773\,7437\,2069\cdot 10^{-2}$	$+0.7867\,1911\,8081\,0505\,2679\,0379\cdot 10^{-2}$	$+0.6871\,4916\,9432\,2800\,8190\,4018\cdot 10^{-2}$
β_{31}	-0.2324 2352 1590 2518 6628 9856	-0.2080 9902 6390 8751 8489 3098	-0.1883 6775 1756 9469 1960 3647
β_{32}	$+0.3430\,9884\,9579\,7474\,6855\,3161\cdot 10^{+1}$	$+0.3288\,0064\,2317\,7861\,9379\,5921\cdot 10^{+1}$	$+0.3148\,3402\,7039\,6575\,4803\,4483\cdot 10^{+1}$
β_{41}	-0.2970 4867 7654 2736 6807 2058	-0.2588 8052 5432 3570 2347 4581	-0.2294 6108 7127 8466 9249 3536
β_{42}	$+0.4253\,5614\,4171\,7345\,1690\,0241\cdot 10^{+1}$	$+0.3982\,0247\,2771\,3378\,7142\,6364\cdot 10^{+1}$	$+0.3743\,9454\,1800\,3716\,7067\,2200\cdot 10^{+1}$
β_{43}	$-0.1134\,8240\,2019\,3090\,5374\,7640\cdot 10^{-1}$	$-0.8878\,6718\,2244\,0774\,1154\,8778\cdot 10^{-2}$	$-0.7161\,1356\,7189\,8768\,9738\,6891\cdot 10^{-2}$
c_2	+0.3474 9756 0763 7592 4747 3558	+0.3235 7817 2873 2113 1314 4579	+0.3025 3444 2117 6066 6026 2503
c_3	+0.4973 8815 2949 6480 4794 2216	+0.4973 7701 6367 3372 8048 6192	+0.4961 4054 7084 6260 0259 9734
c_4	-0.3784 4502 4659 1238 7583 4059	-0.3899 7920 5035 6052 3177 9827	-0.3982 2881 3640 2958 4942 0495

TABELLE 11.2 (*Runge-Kutta-Fehlberg-Verfahren*).

	q = 3	q = 4	q = 5
β_{51}	$-0.3313\ 0525\ 3658\ 8100\ 2491\ 9902\cdot10^{-1}$	$-0.2623\ 1425\ 9179\ 8828\ 4040\ 5772\cdot10^{-1}$	$-0.1765\ 2500\ 0438\ 9122\ 0000\ 3511\cdot10^{-1}$
β_{52}	$+0.4511\ 6616\ 0526\ 0473\ 6265\ 6023$	$+0.3963\ 0802\ 8083\ 2513\ 3017\ 8456$	$+0.2980\ 0559\ 3905\ 6503\ 4350\ 6017$
β_{53}	$-0.2685\ 0139\ 3191\ 2422\ 6283\ 8984$	$-0.2844\ 6169\ 5901\ 5902\ 3494\ 9272$	$-0.2507\ 7267\ 9139\ 7008\ 9123\ 8618$
β_{54}	$+0.2230\ 9349\ 9181\ 5848\ 6465\ 4107$	$+0.2446\ 0441\ 0535\ 1170\ 5685\ 6187$	$+0.2205\ 8680\ 0159\ 8780\ 7429\ 1008$
$c_2-\tilde{c}_2$	$-0.1702\ 4867\ 2027\ 9884\ 4180\ 5841\cdot10^{-1}$	$-0.9245\ 5807\ 4622\ 9991\ 9759\ 1641\cdot10^{-2}$	$-0.5810\ 2290\ 7734\ 6807\ 9145\ 7034\cdot10^{-2}$
$c_3-\tilde{c}_3$	$+0.1209\ 5022\ 3048\ 5433\ 0029\ 8960\cdot10^{-1}$	$+0.9515\ 4723\ 6805\ 5692\ 6259\ 3456\cdot10^{-2}$	$+0.7645\ 0290\ 7083\ 6666\ 5339\ 1321\cdot10^{-2}$
$c_4-\tilde{c}_4$	$-0.1016\ 8602\ 2110\ 0330\ 5056\ 6952\cdot10^{-1}$	$-0.8238\ 6925\ 4456\ 5923\ 6658\ 4739\cdot10^{-2}$	$-0.6754\ 5581\ 0231\ 5326\ 7124\ 2201\cdot10^{-2}$
$-\tilde{c}_5$	$+0.2279\ 0001\ 1616\ 3552\ 2386\ 7149\cdot10^{-1}$	$+0.1684\ 0850\ 3480\ 0123\ 0066\ 7260\cdot10^{-1}$	$+0.1531\ 0431\ 3073\ 5774\ 3447\ 1414\cdot10^{-1}$
	q = 6	q = 7	q = 8
β_{51}	$-0.1102\ 3290\ 7723\ 2656\ 1901\ 1115\cdot10^{-1}$	$-0.6573\ 1383\ 4105\ 5940\ 0491\ 5929\cdot10^{-2}$	$-0.3809\ 4125\ 7927\ 0892\ 3558\ 4971\cdot10^{-2}$
β_{52}	$+0.2058\ 3474\ 6791\ 6321\ 0914\ 6499$	$+0.1342\ 7980\ 9003\ 6828\ 7977\ 1680$	$+0.8430\ 6698\ 4359\ 4067\ 7552\ 9290\cdot10^{-1}$
β_{53}	$-0.1978\ 1229\ 4303\ 8330\ 1520\ 9214$	$-0.1469\ 9487\ 0668\ 5765\ 2618\ 4050$	$-0.1036\ 5677\ 2374\ 4576\ 5329\ 5936$
β_{54}	$+0.1767\ 3288\ 1400\ 4931\ 8247\ 7517$	$+0.1330\ 3548\ 1838\ 5397\ 4001\ 1095$	$+0.9475\ 1247\ 9766\ 3253\ 6138\ 5626\cdot10^{-1}$
$c_2-\tilde{c}_2$	$-0.3980\ 4937\ 3494\ 1333\ 9860\ 1421\cdot10^{-2}$	$-0.2851\ 9738\ 2318\ 2204\ 1843\ 2590.10^{-2}$	$-0.2127\ 5650\ 8672\ 6681\ 6358\ 8885\cdot10^{-2}$
$c_3-\tilde{c}_3$	$+0.6256\ 0928\ 0855\ 0610\ 4883\ 9350\cdot10^{-2}$	$+0.5216\ 5125\ 7105\ 2907\ 6922\ 9573\cdot10^{-2}$	$+0.4411\ 6330\ 8392\ 7609\ 9354\ 3373\cdot10^{-2}$
$c_4-\tilde{c}_4$	$-0.5606\ 5929\ 5791\ 2946\ 3086\ 5272\cdot10^{-2}$	$-0.4731\ 4322\ 5894\ 8080\ 2735\ 7700\cdot10^{-2}$	$-0.4039\ 1352\ 2475\ 1310\ 2683\ 5212\cdot10^{-2}$
$-\tilde{c}_5$	$+0.1586\ 1770\ 9208\ 5055\ 7732\ 4097\cdot10^{-1}$	$+0.1778\ 2595\ 2654\ 1364\ 8004\ 2193\cdot10^{-1}$	$+0.2131\ 4417\ 0182\ 7208\ 6543\ 6848\cdot10^{-1}$

11.2 MEHRSCHRITTVERFAHREN.

Gegeben sei ein AWP der Form

$$(11.12)\quad \begin{cases} y_r' = f_r(x, y_1, y_2, \ldots, y_n), \\ y_r(x_{-s}) = y_{r,-s}, \quad r = 1(1)n, \quad x \in [x_{-s}, \beta]. \end{cases}$$

Durch $x_i = x_0 + ih$, $i = -s(1)N-s$, $x_{N-s} = \beta$, $h = (\beta - x_{-s})/N$, $N > s$, seien N+1 äquidistante Stützstellen erklärt. Man nimmt an, daß die Werte der Funktionen y_r, $r = 1(1)n$, bereits an den s+1 Stützstellen x_i für $i = -s(1)0$ bekannt sind.
Die (n+1)-Tupel $(x_i, f_1(x_i, y_{1i}, y_{2i}, \ldots, y_{ni}), \ldots, f_n(x_i, y_{1i}, y_{2i}, \ldots, y_{ni}))$ für $i = -s(1)0$ bilden das Anlaufstück. Gesucht sind nun die Näherungswerte $Y_{ri} := Y_r(x_i)$ für $y_{ri} := y_r(x_i)$ an den restlichen Stützstellen x_i mit $i = 1(1)N-s$. Die Funktionswerte y_{ri} für das Anlaufstück werden i.a. mit einem R-K-Verfahren näherungsweise berechnet und mit Y_{ri}, $i = -s(1)0$, bezeichnet.
Die in Abschnitt 10.3 angegebenen Verfahren gelten für jede Funktion y_r einzeln. An Stelle von $f_i = f(x_i, Y_i)$ tritt $f_{ri} = f(x_i, Y_{1i}, \ldots, Y_{ni})$. Es werden daher hier nur der für die Praxis wichtigste Fall des Praediktor-Korrektorverfahrens nach Adams-Moulton für s = 3 ausführlich angegeben und das Verfahren nach Adams-Störmer zur unmittelbaren Behandlung eines AWPs (11.5).

ALGORITHMUS 11.6 (*Praediktor-Korrektor-Verfahren nach Adams-Moulton für s = 3*).

Gegeben sei das AWP (11.12). Sind $x_i = x_0 + ih$, $i = -3(1)N-3$, die Stützstellen im Integrationsintervall $[x_{-3}, \beta = x_{N-3}]$ des AWPs, so sind zur Berechnung der Näherungswerte Y_{ri} für $y_r(x_i)$, $r = 1(1)n$, für jedes $i = 1(1)N-3$ die folgenden Schritte auszuführen, nachdem das Anlaufstück ($i = -3(1)0$) z.B. nach einem R-K-Verfahren berechnet wurde.

1. Schritt. Berechnung der Werte $Y_{r,i+1}^{(0)}$ für $r = 1(1)n$ nach der A-B-Formel (Praediktorformel der lokalen Fehlerordnung $O(h^5)$)

$$Y_{r,i+1}^{(0)} = Y_{ri} + \frac{h}{24}\,(55f_{ri} - 59f_{r,i-1} + 37f_{r,i-2} - 9f_{r,i-3})$$

mit $f_{ri} := f_r(x_i, Y_{1i}, Y_{2i}, \ldots, Y_{ni})$.

2. Schritt. Berechnung von $f_r(x_{i+1}, Y_{1,i+1}^{(0)}, \ldots, Y_{n,i+1}^{(0)})$.

3. Schritt. Berechnung von $Y_{r,i+1}^{(\nu+1)}$ für $\nu = 0$ und $\nu = 1$ nach der A-M-Formel (Korrektorformel der lokalen Fehlerordnung $O(h^6)$)

$$Y_{r,i+1}^{(\nu+1)} = Y_{ri} + \frac{h}{720}\,(251 f_r(x_{i+1}, Y_{1,i+1}^{(\nu)}, \ldots, Y_{n,i+1}^{(\nu)}) + 646 f_{ri} - 264 f_{r,i-1} + 106 f_{r,i-2} - 19 f_{r,i-3}).$$

Bei hinreichend kleinem h reichen ein oder höchstens zwei Iterationsschritte aus. Um sicher mit höchstens zwei Iterationsschritten auszukommen, sollte h so gewählt werden, daß $K = hL \le 0{,}20$ mit L gemäß (11.1') gilt. Man setzt dann

$$Y_{r,i+1}^{(\nu+1)} = Y_{r,i+1} \quad \text{mit } \nu = 0 \text{ bzw. } \nu = 1 \text{ für } r = 1(1)n\ .$$

Ist im Verlaufe der Rechnung von einem x_j an die Bedingung $hL \le 0{,}2$ nicht mehr erfüllt, so ist eine Verkleinerung der Schrittweite erforderlich. Es empfiehlt sich dann i.a., h zu halbieren. Dann benötigt man allerdings ein neues Anlaufstück und dazu die Werte $Y_{r,j-2}, Y_{r,j-3/2}, Y_{r,j-1}, Y_{r,j-1/2}$, die man für $r = 1(1)n$ nach einem R-K-Verfahren berechnet.

RECHENSCHEMA 11.2 (*Praediktor-Korrektor-Verfahren nach Adams-Moulton*).

	i	x_i	$Y_{ri} = Y_r(x_i)$	$f_r(x_i, Y_{1i}, Y_{2i}, \ldots, Y_{ni})$
Anlaufstück	-3	x_{-3}	$Y_{r,-3} = y_{r,-3}$	$f_{r,-3}$
	-2	x_{-2}	$Y_{r,-2}$	$f_{r,-2}$
	-1	x_{-1}	$Y_{r,-1}$	$f_{r,-1}$
	0	x_0	Y_{r0}	f_{r0}
Extrapolation nach A-B	1	x_1	$Y_{r1}^{(0)}$	$f_r(x_1, Y_{11}^{(0)}, Y_{21}^{(0)}, \ldots, Y_{n1}^{(0)})$
Interpolation nach A-M	1	x_1	$Y_{r1}^{(1)}$	$f_r(x_1, Y_{11}^{(1)}, Y_{21}^{(1)}, \ldots, Y_{n1}^{(1)})$
	1	x_1	$Y_{r1}^{(2)} = Y_{r1}$	$f_r(x_1, Y_{11}, Y_{21}, \ldots, Y_{n1})$
Extrapolation nach A-B	2	x_2	$Y_{r2}^{(0)}$	$f_r(x_2, Y_{12}^{(0)}, Y_{22}^{(0)}, \ldots, Y_{n2}^{(0)})$
Interpolation nach A-M	2	x_2	$Y_{r2}^{(1)}$	$f_r(x_2, Y_{12}^{(1)}, Y_{22}^{(1)}, \ldots, Y_{n2}^{(1)})$
	2	x_2	$Y_{r2}^{(2)} = Y_{r2}$	

(letzte beiden Spalten:) n mal nebeneinanderzusetzen für $r = 1(1)n$

Im folgenden wird ein Mehrschrittverfahren zur unmittelbaren Behandlung eines AWPs (11.5) ohne Zurückführung auf ein AWP (11.6) angegeben.

ALGORITHMUS 11.7 (*Verfahren von Adams-Störmer*).
Gegeben sei das AWP $y'' = g(x,y,y')$, $y(x_{-3}) = y_{-3}$, $y'(x_{-3}) = y'_{-3}$. Sind $x_i = x_0+ih$, $i = -3(1)N-3$ die Stützstellen im Integrationsintervall $[x_{-3}, x_{N-3} = \beta]$, so sind zur Berechnung des Näherungswertes Y_{i+1} für y_{i+1} für jedes $i = 1(1)N-2$ die folgenden Schritte auszuführen, nachdem das Anlaufstück aus den Wertetripeln (x_i, Y_i, Y'_i), $i = -3(1)0$, z.B. nach dem R-K-Verfahren (Algorithmus 11.3 oder 11.4) berechnet wurde.

1. Schritt. Berechnung der Werte $Y^{(0)}_{i+1}$, $Y'^{(0)}_{i+1}$ nach den Praediktorformeln der lokalen Fehlerordnung $O(h^5)$

$$Y^{(0)}_{i+1} = Y_i + h\,Y'_i + \frac{h^2}{360}\,(323g_i - 264g_{i-1} + 159g_{i-2} - 38g_{i-3})\ ,$$

$$Y'^{(0)}_{i+1} = Y'_i + \frac{h}{24}\,(55g_i - 59g_{i-1} + 37g_{i-2} - 9g_{i-3})\ ,$$

mit $g_i := g(x_i, Y_i, Y'_i)$.

2. Schritt. Berechnung von $g(x_{i+1}, Y^{(0)}_{i+1}, Y'^{(0)}_{i+1})$.

3. Schritt. Berechnung von $Y^{(\nu+1)}_{i+1}$ und $Y'^{(\nu+1)}_{i+1}$ für $\nu = 0$ und $\nu = 1$ nach den Korrektorformeln $(q_L = 6)$

$$Y^{(\nu+1)}_{i+1} = Y_i + h\,Y'_i + \frac{h^2}{1440}\,(135g(x_{i+1}, Y^{(\nu)}_{i+1}, Y'^{(\nu)}_{i+1}) + 752g_i - 246g_{i-1} + 96g_{i-2} - 17g_{i-3})\ ,$$

$$Y'^{(\nu+1)}_{i+1} = Y'_i + \frac{h}{720}\,(251g(x_{i+1}, Y^{(\nu)}_{i+1}, Y'^{(\nu)}_{i+1}) + 646g_i - 264g_{i-1} + 106g_{i-2} - 19g_{i-3}).$$

Zu einer Genauigkeitsabfrage s. Algorithmus 11.6.

Die *Fehlerschätzungsformeln* in Abschnitt 10.4 für den globalen Verfahrensfehler gelten entsprechend auch für die hier gewonnenen Näherungen $Y_{rh}(x_i)$, $r = 1(1)n$.

BEMERKUNG 11.3. Ob es vorteilhafter ist, das AWP einer DGL zweiter bzw. höherer Ordnung

(1) unmittelbar nach dem Verfahren von R-K-Nyström oder Adams-Störmer (direktes Verfahren) bzw. einem entsprechenden direkten Verfahren für DGLen höherer Ordnung oder

(2) durch Zurückführung auf ein AWP eines Systems von DGLen erster Ordnung (indirektes Verfahren)

zu behandeln, läßt sich nicht allgemein entscheiden. Nach [58] kann die erstere Vorgehensweise bei Problemen mit zahlreichen Integrationsschritten zu einer wesentlich stärkeren Anhäufung von Rundungsfehlern führen (s.a. [20], 11.4); nach den Untersuchungen in [58] ist daher (2) i.a. vorzuziehen. Nur wenn die DGL die Form $y^{(n)} = f(x,y)$ hat, ist (1) vorzuziehen.

Für DGLen höherer Ordnung wurde in [104] allgemein nachgewiesen, daß die dem klassischen R-K-Verfahren und dem A-M-Verfahren entsprechenden direkten Lösungsverfahren nur dann den geringeren globalen Gesamtfehler ergeben, wenn in f die Ableitung $y^{(n-1)}$ nicht vorkommt; für $y^{(n)} = f(\ldots,y^{(n-1)})$ besitzen die indirekten Lösungsverfahren den geringeren globalen Gesamtfehler.

LITERATUR zu 11.2: [5], II § 4.6, 5; [7], 6.11; [8], S.176, 192f, § 12; [17], Part II,6; [19], 8.6; [20], 11.3; [30] V § 4; [38], S.276ff.; [43], § 36; [45], § 26.5-6; [83], 7; [86], 3.4 ; [91], 4.

11.3 EIN MEHRSCHRITTVERFAHREN FÜR STEIFE SYSTEME.

Ein System von DGLen (11.1) heißt für $x \in \tilde{I}$, $\tilde{I}$ echtes oder unechtes Teilintervall des Integrationsintervalls I, steif, wenn unter den Lösungsfunktionen y_r sowohl solche sind, die mit wachsenden Werten x sehr stark abnehmen als auch solche, für die für große Werte x auch einige $y_r(x)$ noch groß sind. Das tritt dann ein, wenn

(11.12) $$\max_{x \in \tilde{I}} \left|\frac{\partial f_r}{\partial y_k}\right| \Big/ \min_{x \in \tilde{I}} \left|\frac{\partial f_r}{\partial y_k}\right| \gg 1$$

gilt. Sind λ_i die (i.a. noch von der Stelle x abhängenden) EWe der Matrix $\left(\frac{\partial f_r}{\partial y_k}\right)$, so gibt es in diesem Falle EWe mit $\mathrm{Re}\,\lambda_i < 0$ und

(11.12') $$\max_{j,x \in \tilde{I}} |\lambda_j| \Big/ \min_{j,x \in \tilde{I}} |\lambda_j| \gg 1 \quad .$$

Die Matrix $\left(\frac{\partial f_r}{\partial y_k}\right)$ kann über das Integrationsintervall I stark variieren.

Wird die numerische Integration des AWPs für ein solches System für $x \in \tilde{I}$ ausgeführt, so treffen die Voraussetzungen für die Anwendung des Mehrschrittverfahrens nach Gear (das auch als "steif-stabiles" Verfahren bezeichnet wird) in Abschnitt 10.3.5 zu. Außerhalb des Teilintervalls $\tilde{I} \subset I$, wo (10.12), (10.12') nicht zutrifft, ist dagegen das A-M-Verfahren günstiger. Das gilt auch, wenn für die rasch abnehmenden Komponentenfunktionen y_s, $s \in \{1(1)n\}$, $|\lambda_s|$ groß für $x \in \tilde{I}$, die Werte $|y_s| < \varepsilon$ geworden sind, ε vorgegebene Rechengenauigkeit. Testrechnungen ([100], [108]) zeigten, daß für $x \in \tilde{I}$ das Verfahren von Gear eine wesentlich größere Schrittweite zuläßt als das A-M-Verfahren (damit weniger Rundungsfehler, geringere Rechenzeit). Dagegen ist für $x \notin \tilde{I}$ das A-M-Verfahren günstiger.

Von Gear wurde ein Computer-Programm angegeben, welches entsprechend dem Verhalten der EWe der Matrix $\left(\frac{\partial f_r}{\partial y_k}\right)$ im Verlaufe der Rechnung automatisch vom Verfahren von Gear auf das A-M-Verfahren umschaltet bzw. umgekehrt. Zugleich besorgt das Programm die automatische Bestimmung der Fehlerordnung auf Grund der vorgegebenen Fehlerschranke ε, wobei auch die Fehlerordnung im Verlaufe der Rechnung verändert, d.h. wie auch die Schrittweite automatisch gesteuert wird und zwar sowohl gemäß der Genauigkeitsforderung als auch zur Erfüllung der Konvergenzbedingung für die Korrektoriteration. Schließlich bestimmt das Programm das Anlaufstück zu Beginn der Rechnung ausgehend von $s = 0$ iterativ sowie bei Schrittweitenverkleinerung (Halbierung) das neue Anlaufstück durch Interpolation. Zum Programm s. CAC Algorithm 407 [101] und Subroutine DIFSUB in [77].

Die Iterationsvorschrift für die Korrektoriteration

$$(11.13) \qquad Y_{r,i+1}^{(\nu+1)} = \varphi(Y_{1,i+1}^{(\nu)}, \ldots, Y_{n,i+1}^{(\nu)})$$

konvergiert bei großen Werten der $|\lambda_j| = \left|EW_j\left(\frac{\partial f_r}{\partial y_k}\right)\right|$ nur für sehr kleine h. Möglicherweise wird h kleiner, als es der Stabilitätsbedingung des Verfahrens von Gear entspricht. Dann kann sich durch Anwendung des Newton-Verfahrens anstelle von (11.13) (s. auch Bemerkung 4.4) ein brauchbarer Wert für h ergeben.

BEMERKUNG. Je nach dem Verhalten der λ_i ist die Verwendung eines anderen, zur Integration steifer Systeme geeigneten, Verfahrens zu empfehlen. Siehe hierzu z.B. [84a], Part 2.

LITERATUR zu 11.3: [13], Bd. 1,3; Bd. 2,3.3; [74], I; [83], 11; [86], 6; [103a]
Ergänzende Literatur zu Kap. 10 und 11: [74], III, S.257-276; [82 a], [84 a], [88b], [91 a], 9; [92b], Bd.2, 14; [103a]; [104a]; [108a]; [108b].

12. RANDWERTPROBLEME BEI GEWÖHNLICHEN DIFFERENTIALGLEICHUNGEN.

Gegeben sei die DGL

(12.1) $$y'' = g(x,y,y')$$

mit den Randbedingungen (Zwei-Punkt-Randwertproblem)

(12.2) $$\begin{cases} \alpha_1 y(a) + \alpha_2 y'(a) = A, \\ \beta_1 y(b) + \beta_2 y'(b) = B \end{cases} \qquad |\alpha_1| + |\beta_1| > 0$$

mit $\alpha_i \neq 0$ und $\beta_j \neq 0$ für mindestens ein i bzw. j. Die Bedingungen (12.2) heißen lineare Randbedingungen (RBen), die DGL (12.1) zusammen mit den RBen (12.2) stellt ein Randwertproblem (RWP) zweiter Ordnung dar. An Stelle von (12.2) können auch nichtlineare RBen $r_1(y(a), y'(a)) = 0$ und $r_2(y(b), y'(b)) = 0$ treten. Dieser Fall wird jedoch hier nicht behandelt. Ein RWP n-ter Ordnung ist gegeben durch eine DGL

(12.3) $$y^{(n)} = f(x,y,y',\ldots,y^{(n-1)})$$

und n RBen, in die die Werte von $y,y',\ldots,y^{(n-1)}$ an mindestens zwei Stellen eingehen. In den Anwendungen treten besonders RWPe zweiter und vierter Ordnung auf (s.z.B. [23]).

12.1 ZURÜCKFÜHRUNG DES RANDWERTPROBLEMS AUF EIN ANFANGSWERTPROBLEM.

12.1.1 RANDWERTPROBLEME FÜR NICHTLINEARE DIFFERENTIALGLEICHUNGEN ZWEITER ORDNUNG.

Für die Existenz und Eindeutigkeit der Lösung des RWPs (12.1), (12.2) gilt folgende Aussage: Gegeben sei die DGL (12.1) mit den RBen (12.2). Die Funktion g habe stetige partielle erste Ableitungen für $a \le x \le b$, $y^2 + y'^2 < \infty$, und es gelten für $x \in [a,b]$ mit den Konstanten $0 < L,M < \infty$ folgende Ungleichungen

$$0 < \frac{\partial g}{\partial y} \le L, \quad \left|\frac{\partial g}{\partial y'}\right| \le M, \quad \alpha_1\alpha_2 \le 0, \quad \beta_1\beta_2 \ge 0.$$

Dann besitzt das RWP (12.1), (12.2) für $x \in [a,b]$ eine eindeutig bestimmte Lösung ([21], S.9 und S. 50).

Die Lösung des RWPs wird folgendermaßen konstruiert: Man geht aus von einem AWP, das aus der DGL (12.1) und den ABen

$$(12.4)\qquad \begin{cases} \alpha_1 y(a) + \alpha_2 y'(a) = A\,, \\ \gamma_1 y(a) + \gamma_2 y'(a) = s \end{cases}$$

besteht. Dabei sind für (12.4) die Konstanten γ_1, γ_2 so zu wählen, daß $\alpha_2\gamma_1 - \alpha_1\gamma_2 = 1$ gilt. Der Parameter s muß der Gleichung

$$(12.5)\qquad f(s) = \beta_1 y(b,s) + \beta_2 y'(b,s) - B = 0$$

genügen. O.B.d.A. wird $\alpha_1 \geq 0$, $\alpha_2 \leq 0$, $\beta_i \geq 0$, $i = 1,2$, $\alpha_1 + \beta_1 > 0$ angenommen. Die Lösung des AWPs (12.1), (12.4) hängt von s ab, es gilt $y = y(x,s)$. Aus (12.4) lassen sich $y(a)$, $y'(a)$ wie folgt berechnen

$$(12.6)\qquad y(a) = -\alpha_2 s - \gamma_2 A, \qquad y'(a) = \gamma_1 A + \alpha_1 s.$$

Das AWP (12.1), (12.6) ist zu dem AWP (12.1), (12.4) äquivalent; es kann für jeden Wert von s nach einem der in Kapitel 11 angegebenen Verfahren behandelt werden, so daß man für jedes s Näherungswerte $Y(x_i,s)$, $Y'(x_i,s)$ für $y(x_i,s)$ bzw. $y'(x_i,s)$ erhält mit $x_i = a + i(b-a)/N$, $x_i \in [a,b]$, $i = 1(1)N$, und damit $Y(b,s) \approx y(b,s)$ bzw. $Y'(b,s) \approx y'(b,s)$ berechnen kann.

Zur Bestimmung von s muß die Gleichung (12.5) iterativ gelöst werden. Dazu benötigt man die Werte von $y(b,s)$ und $y'(b,s)$, die sich nur numerisch berechnen lassen, so daß sich im Gegensatz zu den in Kapitel 2 behandelten Gleichungen (12.5) nicht als echte Beziehung in s ergibt.

Man beginnt mit einem beliebigen Startwert $s^{(0)}$ und löst dazu das AWP (12.1), (12.6). Die erhaltenen Werte $Y(b,s^{(0)})$, $Y'(b,s^{(0)})$ benutzt man zur Berechnung einer verbesserten Näherung $s^{(1)}$ für s nach der folgenden Vorschrift

$$(12.7)\qquad \begin{cases} s^{(\nu+1)} = s^{(\nu)} - m\,F(s^{(\nu)}), \quad \nu = 0,1,2,\ldots \quad \text{mit} \\ F(s) = \beta_1\, Y(b,s) + \beta_2 Y'(b,s) - B, \quad m = 2/(\Gamma + \gamma)\,, \\ \gamma = \beta_1\left(\alpha_1 \dfrac{1-e^{-M(b-a)}}{M} - \alpha_2\right) + \alpha_1\beta_2 e^{-M(b-a)}\,, \\ \Gamma = \dfrac{e^{(M/2)(b-a)}}{2\sigma}\Big\{\big(\alpha_1-\alpha_2(\sigma-M/2)\big)\ \big(\beta_1+\beta_2(\sigma+M/2)\big)e^{\sigma(b-a)} + \\ \qquad -\big(\alpha_1+\alpha_2(\sigma+M/2)\big)\ \big(\beta_1-\beta_2(\sigma-M/2)\big)e^{-\sigma(b-a)}\Big\}\,, \\ \sigma = \dfrac{1}{2}\sqrt{4L+M^2}\,, \text{ mit } \dfrac{\partial g}{\partial y} \leq L\,,\ L>0\,,\ M>0\,. \end{cases}$$

Mit $s^{(1)}$ löst man erneut das AWP (12.1), (12.6) und bestimmt anschließend

$s^{(2)}$ nach der Vorschrift (12.7) usw..Es muß also zu jedem Wert $s^{(\nu)}$ das AWP (12.1), (12.6) erneut gelöst werden. Das Verfahren wird abgebrochen, wenn sich zwei aufeinanderfolgende Näherungen $s^{(\nu)}$, $s^{(\nu+1)}$ innerhalb einer vorgegebenen Stellenzahl nicht mehr ändern. Unter den genannten hinreichenden Bedingungen für Existenz und Eindeutigkeit der Lösung des RWPs gibt es unabhängig von der Wahl des Startwertes $s^{(0)}$ genau eine Lösung $\bar{s} = \lim\limits_{\nu \to \infty} s^{(\nu)}$ der Gleichung $F(s) = 0$.

Bei Anwendung eines Verfahrens der globalen Fehlerordnung $O(h^q)$ zur Lösung des AWPs (12.1), (12.6) gilt (s. [21], § 2.2) mit $\lambda = (\Gamma-\gamma)/(\Gamma+\gamma) < 1$, also $0 \le \lambda < 1$ und $i \in [0,N]$

$$(12.8) \quad \begin{cases} |\bar{s} - s^{(\nu)}| \le \lambda^\nu |F(s^{(0)})|/\gamma, & \nu = 1,2,3,\ldots, \\ |Y(x_i,s^{(\nu)}) - y(x_i)| \le O(h^q) + O(\lambda^\nu) , \\ |Y'(x_i,s^{(\nu)}) - y'(x_i)| \le O(h^q) + O(\lambda^\nu) . \end{cases}$$

BEMERKUNG 12.1. Die Anwendung des Newtonschen Verfahrens zur iterativen Lösung von (12.5) nach der Vorschrift $s^{(\nu+1)} = s^{(\nu)} - F(s^{(\nu)})/F'(s^{(\nu)})$ erfordert die Kenntnis von $F'(s^{(\nu)})$. Eine näherungsweise Bestimmung von $F'(s^{(\nu)})$ ist in [21], S.53 angegeben.

SONDERFALL. Für den Fall $\alpha_2 = \beta_2 = 0$ läßt sich o.B.d.A. $\alpha_1 = \beta_1 = 1$ setzen. Damit läßt sich das RWP (12.1), (12.2) auf das AWP der DGL (12.1) mit den ABen $y(a) = A$, $y'(a) = s$ zurückführen. Man wähle einen Startwert $s^{(0)}$. Durch numerische Lösung dieses AWPs ergibt sich $Y(b,s^{(0)})$;mit einem zweiten Startwert $s^{(1)}$ ergibt sich $Y(b,s^{(1)})$. Einen verbesserten Wert $s^{(2)}$ liefert die Regula falsi (Abschnitt 2.1.6.3) mit

$$s^{(2)} = s^{(0)} + (s^{(1)} - s^{(0)}) \cdot \frac{B - Y(b,s^{(0)})}{Y(b,s^{(1)}) - Y(b,s^{(0)})} .$$

Man wähle dabei $s^{(0)}$, $s^{(1)}$ möglichst so, daß $Y(b,s^{(0)}) - B < 0$, $Y(b,s^{(1)}) - B > 0$ oder umgekehrt ist. Das Verfahren ist solange fortzusetzen, bis $|Y(b,s^{(\nu)}) - B| < \varepsilon$ für vorgegebenes $\varepsilon > 0$ gilt.

12.1.2 RANDWERTPROBLEME FÜR SYSTEME VON DIFFERENTIALGLEICHUNGEN ERSTER ORDNUNG.

RWPe für DGLen (12.3) lassen sich durch die Substitutionen $y_{k+1} := y^{(k)}$, $k = 0(1)n-1$, auf RWPe für Systeme von DGLen erster Ordnung der Form

$$(12.9)\quad \begin{cases} \mathfrak{y}' = \vec{f}(x,\mathfrak{y}), \quad x \in [a,b], \\ \mathfrak{A}\mathfrak{y}(a) + \mathfrak{B}\mathfrak{y}(b) = \mathfrak{a} \end{cases}, \quad \mathfrak{y} = \begin{pmatrix} y_1 \\ \vdots \\ y_n \end{pmatrix}, \quad \mathfrak{a} = \begin{pmatrix} a_1 \\ \vdots \\ a_n \end{pmatrix}$$

zurückführen, wobei $\mathfrak{A} = (a_{kl})$, $\mathfrak{B} = (b_{kl})$ (n,n)-Matrizen mit konstanten Elementen sind und $\mathfrak{a}$ ein konstanter Vektor ist.

Für die Existenz und Eindeutigkeit der Lösung eines RWPs (12.9) gilt eine den für das RWP (12.1), (12.2) genannten hinreichenden Bedingungen analoge Aussage ([21], S.16). Sie ist jedoch für umfangreiche Systeme nur mit erheblichem Aufwand nachprüfbar und außerdem in praktisch wichtigen Fällen nicht immer erfüllt. Man versucht auch dann durch Anwendung des nachstehend beschriebenen Verfahrens oder aber des Mehrzielverfahrens (Abschnitt 12.1.3) zum Ziel zu kommen.

Zur Konstruktion der Lösung des RWPs (12.9) geht man aus von dem AWP

$$(12.10)\quad \mathfrak{y}' = \vec{f}(x,\mathfrak{y}), \quad \mathfrak{y}(a) = \mathfrak{s} = \begin{pmatrix} s_1 \\ \vdots \\ s_n \end{pmatrix};$$

seine Lösung sei $\mathfrak{y} = \mathfrak{y}(x,\mathfrak{s})$. Der Vektor $\mathfrak{s}$ ist so zu bestimmen, daß

$$(12.11)\quad \vec{f}(\mathfrak{s}) = \mathfrak{A}\mathfrak{s} + \mathfrak{B}\mathfrak{y}(b,\mathfrak{s}) - \mathfrak{a} = \mathfrak{o}.$$

(12.11) ist ein System von n i.a. nichtlinearen Gleichungen für die n Komponenten s_k von $\mathfrak{s}$. Das AWP (12.10) kann für jeden Vektor $\mathfrak{s}$ nach einem der in Kapitel 11 angegebenen Verfahren gelöst werden, so daß man für jedes $\mathfrak{s}$ Näherungen $\mathfrak{Y}(x_i,\mathfrak{s})$ für die Lösungsvektoren $\mathfrak{y}(x_i,\mathfrak{s})$ des AWPs erhält mit $x_i = a+i(b-a)/N$, $i = 0(1)N$. Damit läßt sich $\mathfrak{Y}(b,\mathfrak{s}) \approx \mathfrak{y}(b,\mathfrak{s})$ ermitteln. Das System (12.11) muß iterativ gelöst werden. Man beginnt mit einem Startvektor $\mathfrak{s}^{(0)}$ und löst zu $\mathfrak{s}^{(0)}$ das AWP (12.10). Der Lösungsvektor $\mathfrak{Y}(b,\mathfrak{s}^{(0)})$, wird zur Berechnung eines verbesserten Näherungsvektors $\mathfrak{s}^{(1)}$ für $\mathfrak{s}$ nach der Vorschrift

$$(12.12)\quad \mathfrak{s}^{(\nu+1)} = \mathfrak{s}^{(\nu)} - (\mathfrak{A}+\mathfrak{B})^{-1}(\mathfrak{A}\mathfrak{s}^{(\nu)} + \mathfrak{B}\mathfrak{Y}(b,\mathfrak{s}^{(\nu)}) - \mathfrak{a}), \quad \nu=0,1,2,\ldots$$

benutzt. Dabei ist vorausgesetzt, daß $\det(\mathfrak{A}+\mathfrak{B}) \neq 0$. Dies ist sicher der Fall, wenn z.B. für die Elemente von $\mathfrak{A}+\mathfrak{B}$ das Zeilensummenkriterium (3.26) erfüllt ist. Mit $\mathfrak{s}^{(1)}$ löst man erneut das AWP (12.10), bestimmt anschließend $\mathfrak{s}^{(2)}$ nach der Vorschrift (12.12) usw.. Das Verfahren wird abgebrochen, wenn z.B. die Abfrage $\max\limits_{1\le j\le n} |s_j^{(\nu+1)} - s_j^{(\nu)}| < \varepsilon$ erfüllt ist. Zur Fehlerabschätzung s. [21], S.56.

BEMERKUNG 12.2. Zur Anwendung des Newtonschen Verfahrens s. [21], S.57/58.

12.1.3 MEHRZIELVERFAHREN.

Die in 12.1.1 und 12.1.2 angeführten Verfahren sind zur angenäherten Lösung von RWPen nur brauchbar, wenn die Gleichung (12.5) bzw. das Gleichungssystem (12.11) gut konditioniert sind [1]. Andernfalls, oder wenn nicht alle hinreichenden Bedingungen für Existenz und Eindeutigkeit erfüllt sind, können die Näherungslösungen der AWPe (12.1), (12.6) bzw. (12.10) bei Integration über $[a,b]$ stark anwachsen oder gar für bestimmte Werte der Iterationsfolge $\mathfrak{s}^{(\nu)}$ Singularitäten für gewisse $x \in [a,b]$ aufweisen. Dann empfiehlt sich entweder die Anwendung eines *Differenzenverfahrens* (Abschnitt 12.3) oder des sogenannten *Mehrzielverfahrens* (Parallel shooting, s. [21], S.61 ff.), das mit einer Aufteilung des Integrationsintervalls $[a,b]$ in Teilintervalle $[\bar{x}_k, \bar{x}_{k+1}]$ arbeitet, wobei gelten muß

(12.13) $$a = \bar{x}_0 < \bar{x}_1 < \dots < \bar{x}_m < \bar{x}_{m+1} = b\ .$$

Jedes $\bar{x}_k$, $k = 0(1)m+1$, fällt mit einer der Stützstellen x_i, $i = 0(1)N$, zusammen. Es gilt $m+1 \le N$. Je kleiner die Länge der Intervalle $[\bar{x}_k, \bar{x}_{k+1}]$ ist, desto geringer wirken sich durch schlechte Kondition von (12.5) bzw. (12.11) hervorgerufene Ungenauigkeiten aus.

ALGORITHMUS 12.1 (*Mehrzielverfahren*).
Gegeben sei das RWP (12.9). Sind $x_i = a+ih$, $h = (b-a)/N$, $i = 0(1)N$, die Stützstellen im Integrationsintervall $[a,b]$ des RWPs, so sind zur Berechnung der Näherungswerte $\mathfrak{Y}(x_i)$ für die Lösungen $\mathfrak{y}(x_i)$ folgende Schritte durchzuführen:

I. Festlegung der Stützstellen $\bar{x}_k$, $k = 0(1)m+1$.

1. Schritt. An den Stützstellen x_i, beginnend mit x_1, bestimme man Näherungen $\tilde{\mathfrak{Y}}_1(x_i)$ für die Lösungen des AWPs

$$\mathfrak{y}' = \vec{f}(x,\mathfrak{y}), \qquad \mathfrak{y}(a) = \tilde{\mathfrak{s}}\ ,$$

wobei $\tilde{\mathfrak{s}}$ ein willkürlich gewählter Vektor ist. Man prüfe dabei für jedes i, ob zu vorgegebenem R mit $2 \le R \le 10^3$ die Ungleichung

(12.14) $$\|\tilde{\mathfrak{Y}}_1(x_i)\| > R\|\tilde{\mathfrak{Y}}_1(a)\|\ ,$$

wobei $\|\tilde{\mathfrak{Y}}_1(x_i)\|$ eine der Vektornormen (3.23) bedeutet, erfüllt ist. Man breche die Rechnung dort ab, wo (12.14) für ein $i = j_1$ zum ersten Mal erfüllt ist.

---

1) S. Abschnitt 3.10.1. (Gilt auch für nichtlineare Systeme.)

2. Schritt. Man setze $x_{j_1} = \bar{x}_1$ und bestimme an den Stützstellen x_i für $i > j_1$ Näherungen $\tilde{\mathfrak{y}}_2(x_i)$ für die Lösungen des AWPs

$$\mathfrak{y}' = \vec{f}(x,\mathfrak{y}), \qquad \mathfrak{y}(\bar{x}_1) = \tilde{\mathfrak{y}}_1(\bar{x}_1) .$$

Man prüfe dabei für jedes i, ob zu dem im 1. Schritt festgelegten R die Ungleichung

$$\|\tilde{\mathfrak{y}}_2(x_i)\| > R\|\tilde{\mathfrak{y}}_2(\bar{x}_1)\|$$

erfüllt ist. Ist dies erstmals für ein $i = j_2$ der Fall, so breche man dort die Rechnung ab.

3. Schritt. Man setze $x_{j_2} = \bar{x}_2$ und bestimme an den Stützstellen x_i für $i > j_2$ Näherungen $\tilde{\mathfrak{y}}_3(x_i)$ für die Lösungen des AWPs

$$\mathfrak{y}' = \vec{f}(x,\mathfrak{y}), \qquad \mathfrak{y}(\bar{x}_2) = \tilde{\mathfrak{y}}_2(\bar{x}_2) .$$

Man fahre analog zu den Schritten 1 und 2 fort, bis für einen Index j_k gilt $x_{j_k} = \bar{x}_k = x_{N-1}$. Dann setze man $m = j_k$, so daß sämtliche Teilpunkte (12.13) festliegen. Sind die Funktion $\vec{f}(x,\mathfrak{y})$ oder deren Ableitungen nur stückweise stetig, so sind die Unstetigkeitsstellen zu den Teilpunkten $\bar{x}_k$ hinzuzunehmen und diese entsprechend (12.13) umzuordnen.

II. Berechnung der $\mathfrak{Y}(x_i) \approx \mathfrak{y}(x_i)$.

4. Schritt. In jedem der Teilintervalle $[\bar{x}_k, \bar{x}_{k+1}]$ wird durch die Substitution

$$t = \frac{x-\bar{x}_k}{\bar{h}_k} \quad \text{mit} \quad \bar{h}_k = \bar{x}_{k+1} - \bar{x}_k , \quad k = 0(1)m , \tag{12.15}$$

eine neue Veränderliche t eingeführt. Man setzt für $x \in [\bar{x}_k, \bar{x}_{k+1}]$

$$\mathfrak{y}(x) = \mathfrak{y}(\bar{x}_k+t\bar{h}_k) =: \mathfrak{y}_k(t), \quad \vec{f}_k(t,\mathfrak{y}_k(t)) := \bar{h}_k\vec{f}(\bar{x}_k+t\bar{h}_k,\mathfrak{y}_k(t)), \tag{12.16}$$

so daß dort gilt

$$\frac{d\mathfrak{y}_k(t)}{dt} = \vec{f}_k(t,\mathfrak{y}_k(t)), \quad 0 \le t \le 1, \quad k = 0(1)m \tag{12.17}$$

mit den Anschlußbedingungen

$$\mathfrak{y}_{k+1}(0) - \mathfrak{y}_k(1) = \mathfrak{o} , \qquad k = 0(1)m-1 , \tag{12.18}$$

und der RB

$$\mathfrak{A}\mathfrak{y}_0(0) + \mathfrak{B}\mathfrak{y}_m(1) - \mathfrak{a} = \mathfrak{o} . \tag{12.18'}$$

5. Schritt. Die m+1 Systeme von DGLen erster Ordnung (12.17) werden als ein System von (m+1)n DGLen erster Ordnung geschrieben

$$(12.17')\quad \begin{cases} \frac{d}{dt}\hat{\mathfrak{y}}(t) = \vec{F}(t,\hat{\mathfrak{y}}(t)), \quad 0 \le t \le 1, \quad \text{mit} \\ \hat{\mathfrak{y}}(t) = \begin{pmatrix} \mathfrak{y}_0(t) \\ \mathfrak{y}_1(t) \\ \vdots \\ \mathfrak{y}_m(t) \end{pmatrix}, \quad \vec{F}(t,\hat{\mathfrak{y}}) = \begin{pmatrix} \vec{f}_0(t,\mathfrak{y}_0) \\ \vec{f}_1(t,\mathfrak{y}_1) \\ \vdots \\ \vec{f}_m(t,\mathfrak{y}_m) \end{pmatrix} \end{cases}$$

Die Bedingungen (12.18) und (12.18') lassen sich zu den RBen

$$(12.19)\qquad \hat{\mathfrak{A}}\hat{\mathfrak{y}}(0) + \hat{\mathfrak{B}}\hat{\mathfrak{y}}(1) = \hat{\mathfrak{a}}$$

zusammenfassen mit

$$\hat{\mathfrak{A}} = \begin{pmatrix} \mathfrak{A} & \mathfrak{O} & \mathfrak{O} & \cdots & \mathfrak{O} \\ \mathfrak{O} & \mathfrak{E} & \mathfrak{O} & \cdots & \mathfrak{O} \\ \mathfrak{O} & \mathfrak{O} & \mathfrak{E} & \cdots & \mathfrak{O} \\ \vdots & \vdots & & \ddots & \vdots \\ \mathfrak{O} & \mathfrak{O} & \mathfrak{O} & \cdots & \mathfrak{E} \end{pmatrix}, \quad \hat{\mathfrak{B}} = \begin{pmatrix} \mathfrak{O} & \mathfrak{O} & \mathfrak{O} & \cdots & \mathfrak{O} & \mathfrak{B} \\ -\mathfrak{E} & \mathfrak{O} & \mathfrak{O} & \cdots & \mathfrak{O} & \mathfrak{O} \\ \mathfrak{O} & -\mathfrak{E} & \mathfrak{O} & \cdots & \mathfrak{O} & \mathfrak{O} \\ \vdots & \vdots & \vdots & \ddots & \vdots & \vdots \\ \mathfrak{O} & \mathfrak{O} & \mathfrak{O} & \cdots & -\mathfrak{E} & \mathfrak{O} \end{pmatrix}, \quad \hat{\mathfrak{a}} = \begin{pmatrix} \mathfrak{a} \\ \mathfrak{o} \\ \mathfrak{o} \\ \vdots \\ \mathfrak{o} \end{pmatrix}$$

wobei $\mathfrak{O}$ die Nullmatrix bezeichnet. Die Vektoren $\hat{\mathfrak{a}}$ besitzen (m+1)n Komponenten, $\hat{\mathfrak{A}}, \hat{\mathfrak{B}}$ sind (m+1,m+1)-Matrizen, wobei jedes Element selbst eine (n,n)-Matrix ist.

Das RWP (12.17'), (12.19) für $\hat{\mathfrak{y}}(t)$, $t \in [0,1]$ ist dem RWP (12.9) für $\mathfrak{y}(x)$, $x \in [a,b]$, äquivalent, wobei zwischen $\mathfrak{y}$ und $\hat{\mathfrak{y}}$ die Beziehungen gemäß (12.16) und (12.17') bestehen.

6. Schritt. Das RWP (12.17'), (12.19) ist durch Zurückführung auf das AWP

$$\frac{d\hat{\mathfrak{y}}(t)}{dt} = \vec{F}(t,\hat{\mathfrak{y}}), \quad \hat{\mathfrak{y}}(0) = \hat{\mathfrak{s}} = \begin{pmatrix} \mathfrak{s}_0 \\ \mathfrak{s}_1 \\ \vdots \\ \mathfrak{s}_m \end{pmatrix},$$

nach dem in Abschnitt 12.1.2 beschriebenen Verfahren iterativ zu lösen.

BEMERKUNG 12.3 (zum 1. Schritt von Algorithmus 12.1). Es ist besser, statt des willkürlich gewählten Vektors $\tilde{\mathfrak{s}}$ für das RWP (12.9) nach dem in Abschnitt 12.1.2 beschriebenen Verfahren Näherungen $\overline{\mathfrak{Y}}(x_i)$ für $\mathfrak{y}(x_i)$ zu bestimmen und $\tilde{\mathfrak{s}} = \overline{\mathfrak{Y}}(a)$ zu setzen.

BEMERKUNG 12.4. Eine Modifikation des oben beschriebenen Mehrzielverfahrens, welche die Transformation (12.15) vermeidet, ist in [36], S.171ff. skizziert. Dort finden sich auch Literaturangaben zu einer ausführlichen Darstellung des beschriebenen Verfahrens und über Algol- und Fortranprogramme dazu.

LITERATUR zu 12.1: [4], 6.14; [5], III § 4.3; [7], 7.3; [8], IV § 3; [19], 8.7.1; [21], 2; [30], V § 5; [32] Bd.III, E § 4.6; [36], 7.3; [45], § 29; [87], 9.6.1.

12.2 DIFFERENZENVERFAHREN.

12.2.1 DAS GEWÖHNLICHE DIFFERENZENVERFAHREN.

Dieses Verfahren wird in erster Linie bei linearen RWPen angewandt, d.h. an Stelle der DGLen (12.1), (12.3) treten lineare DGLen der Form

$$L(y) \equiv y^{(n)} + p_{n-1}(x)y^{(n-1)} + \ldots + p_1(x)y' + p_0(x)y = q(x).$$

Ein *lineares RWP zweiter Ordnung* hat die Form

$$(12.20)\quad \begin{cases} L(y) \equiv y'' + p_1(x)y' + p_0(x)y = q(x) \quad, \\ \alpha_1 y(a) + \alpha_2 y'(a) = A \quad, \\ \beta_1 y(b) + \beta_2 y'(b) = B \quad. \end{cases}$$

Für q(x) = 0 ist die DGL homogen, für A = B = 0 sind die RBen homogen. Sind die DGL oder die RBen homogen, so liegt ein halbhomogenes RWP vor. Sind gleichzeitig $q(x) \equiv 0$, A = B = 0, so liegt ein vollhomogenes Problem vor.Die Lösbarkeitsaussagen für inhomogene bzw. homogene RWPe, wie sie aus der Theorie der linearen DGLen bekannt sind, setzen die Kenntnis eines Fundamentalsystems von Lösungen der homogenen DGL und einer Partikulärlösung der inhomogenen DGL voraus. Bei der numerischen Lösung ergeben sich entsprechende Aussagen aufgrund der Lösbarkeitsbedingungen für das lineare Gleichungssystem, das durch die Diskretisierung dem gegebenen RWP zugeordnet wird. Die Konstruktion der numerischen Lösung erfolgt nach dem

ALGORITHMUS 12.2 (*Gewöhnliches Differenzenverfahren für lineare RWPe zweiter Ordnung*).
Gesucht sind Näherungswerte Y_i für die Lösungen $y(x_i)$ des RWPs (12.20) an den Stützstellen $x_i = x_0 + ih$, $h = (b-a)/N$, $i = 0(1)N$ des Integrationsintervalls [a,b].

1. Schritt. Die Ableitungen an den Stellen x_i, $y'_i := y'(x_i)$, $y''_i := y''(x_i)$ werden durch mit den Näherungswerten $Y_j \approx y(x_j)$, $j = i-1, i, i+1$ gebildete Differenzenquotienten (Fehlerordnung $O(h^2)$) ersetzt (Diskretisierung des RWPs):

$$y'_i = \frac{1}{2h}(-Y_{i-1} + Y_{i+1}) + O(h^2), \quad i \neq 0, \quad i \neq N,$$

$$y''_i = \frac{1}{h^2}(Y_{i-1} - 2Y_i + Y_{i+1}) + O(h^2).$$

2. Schritt. Es ist ein dem RWP (12.20) zugeordnetes lineares Gleichungssystem aufzustellen. Dazu schreibt man die diskretisierte DGL an den Stellen x_i, $i = 1(1)N-1$, an und multipliziert mit h^2 und ordnet nach Y_i. Mit $p_{ki} := p_k(x_i)$, $k = 0$ und 1, $q_i = q(x_i)$ erhält man N-1 lineare Gleichungen für N+1 unbekannte Werte Y_i, $i = 0(1)N$:

$$\text{(12.21)} \quad (1 - \tfrac{h}{2}p_{1i})Y_{i-1} + (-2+h^2 p_{0i})Y_i + (1 + \tfrac{h}{2}p_{1i})Y_{i+1} = h^2 q_i, \; i = 1(1)N-1 ,$$

Eine Gleichung der Form (12.21) heißt *Differenzengleichung*.
Die Diskretisierung der RBen ergibt

$$\alpha_1 Y_0 + \alpha_2 \frac{Y_1 - Y_{-1}}{2h} = A ,$$

$$\beta_1 Y_N + \beta_2 \frac{Y_{N+1} - Y_{N-1}}{2h} = B .$$

Zur Elimination der Werte Y_{-1}, Y_{N+1} schreibt man die diskretisierte DGL auch an den Stellen x_0, x_N an (sogenannte zusätzliche RBen, s. [106]):

$$(1-(h/2)p_{10})Y_{-1} + (-2+h^2 p_{00})Y_0 + (1+(h/2)p_{10})Y_1 = h^2 q_0 ,$$
$$(1-(h/2)p_{1N})Y_{N-1} + (-2+h^2 p_{0N})Y_N + (1+(h/2)p_{1N})Y_{N+1} = h^2 q_N .$$

Die erste dieser Gln. löst man nach Y_{-1}, die zweite nach Y_{N+1} auf und setzt diese Werte in die diskretisierten RBen ein. Man erhält mit den Abkürzungen

$$\tilde{\alpha}_1 = \alpha_1 h - \tilde{\alpha}_2(2 - h^2 p_{00})/2, \quad \tilde{\alpha}_2 = \frac{2\alpha_2}{2 - hp_{10}}, \quad \tilde{A} = A + \alpha_2 \cdot \frac{hq_0}{2 - hp_{10}},$$

$$\tilde{\beta}_1 = \beta_1 h + \tilde{\beta}_2(2 - h^2 p_{0N})/2, \quad \tilde{\beta}_2 = \frac{2\beta_2}{2 + hp_{1N}}, \quad \tilde{B} = B - \beta_2 \cdot \frac{hq_N}{2 + hp_{1N}}$$

die Gln.

$$(12.22)\qquad \begin{cases} \tilde{\alpha}_1 Y_0 + \tilde{\alpha}_2 Y_1 = \tilde{A}\,h, \\ -\tilde{\beta}_2 Y_{N-1} + \tilde{\beta}_1 Y_N = \tilde{B}\,h. \end{cases}$$

Zusammen mit (12.21) liegt damit ein System von N+1 linearen Gleichungen für die N+1 Näherungswerte Y_i vor von der Form

$$(12.23)\qquad \mathfrak{A}\mathfrak{y} = \mathfrak{a} \quad \text{mit} \quad \mathfrak{y} = \begin{pmatrix} Y_0 \\ Y_1 \\ \vdots \\ Y_{N-1} \\ Y_N \end{pmatrix}, \quad \mathfrak{a} = \begin{pmatrix} \tilde{A}h \\ h^2 q_1 \\ \vdots \\ h^2 q_{N-1} \\ \tilde{B}h \end{pmatrix}.$$

$$\mathfrak{A} = \begin{pmatrix} \tilde{\alpha}_1 & \tilde{\alpha}_2 & 0 & 0 \cdots\cdots & 0 & 0 \\ 1-\frac{h}{2}p_{11} & -2+h^2 p_{01} & 1+\frac{h}{2}p_{11} & 0 \cdots\cdots & 0 & 0 \\ \vdots & & & & \vdots & \vdots \\ 0 \cdots & \cdots & \cdots & 1-\frac{h}{2}p_{1N-1} & -2+h^2 p_{0N-1} & 1+\frac{h}{2}p_{1N-1} \\ 0 \cdots & \cdots & \cdots & 0 & -\tilde{\beta}_2 & \tilde{\beta}_1 \end{pmatrix}$$

3. Schritt. Die Matrix $\mathfrak{A}$ des linearen Gleichungssystems (12.23) ist tridiagonal. Das System ist nach dem Algorithmus in Abschnitt 3.7 aufzulösen. Die Lösbarkeitsbedingungen sind denen des RWPs (12.20) äquivalent. Ist das RWP inhomogen ($q(x) \not\equiv 0$ oder wenigstens $A \neq 0$ oder $B \neq 0$), so hat das System, falls $\det \mathfrak{A} \neq 0$, eine eindeutig bestimmte Lösung. Mit $q(x) \equiv 0$ sind alle $q_i = 0$. Ist dann auch $A = B = 0$, so liegt ein vollhomogenes RWP vor. Nur falls $\det \mathfrak{A} = 0$, hat dann das System nichttriviale Lösungen. Die Lösungen Y_i des linearen Gleichungssystems konvergieren mit $h \to 0$ gegen die exakten Werte $y(x_i)$ der Lösung des RWPs (12.20).

Genügt die Schrittweite h den Bedingungen $h|p_1(x)| < 2$ und $p_0(x) < 0$ für alle $x \in [a,b]$, so ist die Matrix $\mathfrak{A}$ tridiagonal, diagonal dominant, und es gilt $\det \mathfrak{A} \neq 0$ (Abschnitt 3.7, s.a. [19], S. 445).

Für den globalen Gesamtfehler (Verfahrensfehler plus Rundungsfehler) gilt falls $y \in C^4[a,b]$

$$(12.24)\qquad |Y_i - y(x_i)| \leq Ch^2 + D/h^2 \quad , \quad i = 1(1)N-1 \quad ,$$

doch läßt sich C i.a. praktisch nicht ermitteln, D ist proportional zum maximalen lokalen Rundungsfehler ϱ. Um eine Gesamtfehlerschranke $O(h^2)$ zu erhalten, muß $\varrho = O(h^4)$ gelten ([5], S. 145,177; [19], 8.7.2).

Fehlerschätzung. Ist $Y_h(x_i)$ der mit der Schrittweite h berechnete Näherungswert für $y(x_i)$ und $Y_{2h}(x_i)$ der mit der doppelten Schrittweite berechnete Näherungswert, so gilt für den globalen Verfahrensfehler $e_{i,h}$ des Näherungswertes $Y_h(x_i)$

$$e_{i,h} := y(x_i) - Y_h(x_i) \approx \frac{1}{3}(Y_h(x_i) - Y_{2h}(x_i)) \; . \tag{12.25}$$

Ein gegenüber $Y_h(x_i)$ verbesserter Näherungswert für $y(x_i)$ ist

$$Y_h^*(x_i) = Y_h(x_i) + e_{i,h} = y(x_i) + O(h^4) \; .$$

Sonderfall: Ist in den RBen $\alpha_2 = \beta_2 = 0$, so wird $Y_0 = A/\alpha_1$, $Y_N = B/\beta_1$. Damit reduziert sich (12.23) auf ein tridiagonales System von N-1 Gln. für die N-1 Werte Y_i, $i = 1(1)N-1$.

Ein lineares RWP *vierter* Ordnung ist durch eine lineare DGL 4. Ordnung und je zwei (je linear unabhängige) RBen in folgender Form gegeben:

$$\begin{cases} y^{(4)} + p_3(x)y''' + p_2(x)y'' + p_1(x)y' + p_0(x)y = q(x) \; , \\ \alpha_{k0}y(a) + \alpha_{k1}y'(a) + \alpha_{k2}y''(a) + \alpha_{k3}y'''(a) = A_k \; , \\ \beta_{k0}y(b) + \beta_{k1}y'(b) + \beta_{k2}y''(b) + \beta_{k3}y'''(b) = B_k \; , \\ k = 1 \text{ und } k = 2 \; . \end{cases}$$

Zur Aufstellung des diesem RWP bei Anwendung des Differenzenverfahrens zugeordneten linearen Gleichungssystems für die Näherungswerte Y_i benötigt man neben den Näherungswerten für y_i', y_i'' noch solche für $y_i''' := y'''(x_i)$, $y_i^{(4)} := y^{(4)}(x_i)$.

Je nachdem, ob x_i ein innerer oder ein Randpunkt von $[a,b]$ ist, d.h. $i \neq 0$, $i \neq N$ oder $i = 0$ bzw. $i = N$ gilt, benutzt man verschiedene Ausdrücke:

$$y_i''' = \frac{1}{2h^3}(-Y_{i-2} + 2Y_{i-1} - 2Y_{i+1} + Y_{i+2}) + O(h^2), \quad i \neq 0, \quad i \neq N,$$

$$y_0''' = \frac{1}{2h^3}(-3Y_{-1} + 10Y_0 - 12Y_1 + 6Y_2 - Y_3) + O(h^2),$$

$$y_N''' = \frac{1}{2h^3}(Y_{N-3} - 6Y_{N-2} + 12Y_{N-1} - 10Y_N + 3Y_{N+1}) + O(h^2) \; ,$$

$$y_i^{(4)} = \frac{1}{h^4}(Y_{i-2} - 4Y_{i-1} + 6Y_i - 4Y_{i+1} + Y_{i+2}) + O(h^2), \quad i \neq 0, \quad i \neq N \; ,$$

$$y_0^{(4)} = \frac{1}{h^4}(Y_{-1} - 4Y_0 + 6Y_1 - 4Y_2 + Y_3) + O(h) \; ,$$

$$y_N^{(4)} = \frac{1}{h^4}(Y_{N-3} - 4Y_{N-2} + 6Y_{N-1} - 4Y_N + Y_{N+1}) + O(h) \; .$$

Die Ausdrücke für y"' unterscheiden sich nur im Restgliedkoeffizienten. Durch Einsetzen der Näherungswerte für die Ableitungen in die an den Stellen x_i, i = 3(1)N-3, angeschriebene diskretisierte DGL erhält man ein System von N-5 linearen Gleichungen für N+1 unbekannte Werte Y_i, i = 0(1)N. Vier weitere Gln. ergeben sich, indem man die diskretisierte DGL. auch noch für i = 1,2, N-1, N-2 anschreibt. Dabei verwendet man in den Fällen i = 1, i = N-1 für y_0''', Y_N''' und $y_0^{(4)}$, $y_N^{(4)}$ die oben angegebenen Werte. In den vier so erhaltenen Gleichungen ("zusätzliche RBen", s. [106]) treten zusätzlich die unbekannten Werte Y_{-1}, Y_{N+1} auf. Schließlich erhält man durch Einsetzen der Näherungswerte für die Ableitungen in die erste und zweite bzw. dritte und vierte RB je zwei in Y_0, Y_{-1}; Y_1, Y_2, Y_3 bzw. Y_N, Y_{N+1}; Y_{N-1}, Y_{N-2}, Y_{N-3} lineare Beziehungen, die nach Y_0, Y_{-1} bzw. Y_N, Y_{N+1} aufgelöst werden:

$$Y_0 = A_0Y_1+B_0Y_2+C_0Y_3+D_0, \qquad Y_{-1} = A_{-1}Y_1+B_{-1}Y_2+C_{-1}Y_3+D_{-1},$$
$$Y_N = A_NY_{N-1}+B_NY_{N-2}+C_NY_{N-3}+D_N, \quad Y_{N+1} = A_{N+1}Y_{N-1}+B_{N+1}Y_{N-2}+C_{N+1}Y_{N-3}+D_{N+1}.$$

A_l, B_l, C_l, D_l, l = 0,-1;N,N+1, hängen von den Koeffizienten der jeweiligen RBen und von h ab. Setzt man die Werte für Y_0, Y_{-1} bzw. Y_N, Y_{N+1} in die aus der DGL erhaltenen N-1 Gleichungen ein, so erhält man folgendes System von N-1 linearen Gleichungen für die N-1 Näherungswerte $Y_i \approx y(x_i)$

$$\left\{\begin{array}{ll}
\tilde{d}_1Y_1+\tilde{e}_1Y_2+\tilde{f}_1Y_3 & = \tilde{q}_1\,, \\
\tilde{c}_2Y_1+\tilde{d}_2Y_2+\tilde{e}_2Y_3+f_2Y_4 & = \tilde{q}_2\,, \\
b_iY_{i-2}+c_iY_{i-1}+d_iY_i+e_iY_{i+1}+f_iY_{i+2} & = 2h^4q_i \quad \text{für } i = 3(1)N-3, \\
b_{N-2}Y_{N-4}+\tilde{c}_{N-2}Y_{N-3}+\tilde{d}_{N-2}Y_{N-2}+\tilde{e}_{N-2}Y_{N-1} & = \tilde{q}_{N-2}\,, \\
\tilde{b}_{N-1}Y_{N-3}+\tilde{c}_{N-1}Y_{N-2}+\tilde{d}_{N-1}Y_{N-1} & = \tilde{q}_{N-1}\,,
\end{array}\right.$$

mit

$$\left.\begin{array}{l}
b_i = 2-hp_{3i}, \quad f_i = 2+hp_{3i}, \\
c_i = -8+2hp_{3i}+2h^2p_{2i}-h^3p_{1i}, \\
d_i = 12-4h^2p_{2i}+2h^4p_{0i}, \\
e_i = -8-2hp_{3i}+2h^2p_{2i}+h^3p_{1i},
\end{array}\right\} i = 1(1)N-1;$$

$$\tilde{d}_1 = d_1+b_1A_{-1}+c_1A_0, \quad \tilde{e}_1 = e_1+b_1B_{-1}+c_1B_0\,,$$

$$
\begin{aligned}
\tilde{f}_1 &= f_1 + b_1 C_{-1} + c_1 C_0 \,, \\
\tilde{c}_2 &= c_2 + b_2 A_0, \qquad \tilde{d}_2 = d_2 + b_2 B_0, \qquad \tilde{e}_2 = e_2 + b_2 C_0 \,, \\
\tilde{c}_{N-2} &= c_{N-2} + f_{N-2} C_N, \qquad \tilde{d}_{N-2} = d_{N-2} + f_{N-2} B_N, \qquad \tilde{e}_{N-2} = e_{N-2} + f_{N-2} A_N \,, \\
\tilde{b}_{N-1} &= b_{N-1} + f_{N-1} C_{N+1} + e_{N-1} C_N, \qquad \tilde{c}_{N-1} = c_{N-1} + f_{N-1} B_{N+1} + e_{N-1} B_N \,, \\
\tilde{d}_{N-1} &= d_{N-1} + f_{N-1} A_{N+1} + e_{N-1} A_N \,; \\
p_{li} &= p_l(x_i), \quad l = 1,2,3; \quad q_i = q(x_i), \quad i = 1(1)N-1 \,; \\
\tilde{q}_1 &= 2h^4 q_1 - b_1 D_{-1} - c_1 D_0, \qquad \tilde{q}_2 = 2h^4 q_2 - b_2 D_0 \,, \\
\tilde{q}_{N-1} &= 2h^4 q_{N-1} - f_{N-1} D_{N+1} - e_{N-1} D_N, \qquad \tilde{q}_{N-2} = 2h^4 q_{N-2} - f_{N-2} D_N \,.
\end{aligned}
$$

Die Matrix $\mathfrak{A}$ des Gleichungssystems weist beiderseits der Hauptdiagonalen je zwei zur Hauptdiagonalen parallele Reihen auf, deren Elemente i.a. von Null verschieden sind, außerhalb dieser Reihen sind alle Elemente 0 (fünfdiagonale Matrix):

$$
\mathfrak{A} = \begin{pmatrix}
\tilde{d}_1 & \tilde{e}_1 & \tilde{f}_1 & 0 & 0 & 0 & 0 & \cdots & & & & 0 \\
\tilde{c}_2 & \tilde{d}_2 & \tilde{e}_2 & f_2 & 0 & 0 & 0 & \cdots & & & & 0 \\
b_3 & c_3 & d_3 & e_3 & f_3 & 0 & 0 & \cdots & & & & 0 \\
0 & b_4 & c_4 & d_4 & e_4 & f_4 & 0 & \cdots & & & & 0 \\
\vdots & & \ddots & \ddots & \ddots & \ddots & \ddots & & & & & \vdots \\
0 & \cdots & 0 & b_{N-4} & c_{N-4} & d_{N-4} & e_{N-4} & f_{N-4} & 0 \\
0 & \cdots & 0 & 0 & b_{N-3} & c_{N-3} & d_{N-3} & e_{N-3} & f_{N-3} \\
0 & \cdots & 0 & 0 & 0 & b_{N-2} & \tilde{c}_{N-2} & \tilde{d}_{N-2} & \tilde{e}_{N-2} \\
0 & \cdots & 0 & 0 & 0 & 0 & \tilde{b}_{N-1} & \tilde{c}_{N-1} & \tilde{d}_{N-1}
\end{pmatrix}
$$

Man löst dieses Gleichungssystem

$$
\mathfrak{A}\mathfrak{y} = \mathfrak{a} = \begin{pmatrix} a_1 \\ \vdots \\ a_{N-1} \end{pmatrix}, \quad a_i = 2h^4 q_i \text{ für } i = 3(1)N-3, \quad a_1 = \tilde{q}_1, \quad a_2 = \tilde{q}_2 \,, \quad a_{N-2} = \tilde{q}_{N-2}, \quad a_{N-1} = \tilde{q}_{N-1}
$$

durch analoge Schritte wie in Abschnitt 3.7 oder 3.9. Mit

$$\alpha_1 = \tilde{d}_1, \quad \alpha_2 = \tilde{d}_2 - \delta_2\beta_1, \quad \alpha_{N-2} = \tilde{d}_{N-2} - b_{N-2}\gamma_{N-4} - \delta_{N-2}\beta_{N-3},$$

$$\alpha_{N-1} = \tilde{d}_{N-1} - \tilde{b}_{N-1}\gamma_{N-3} - \delta_{N-1}\beta_{N-2},$$

$$\beta_1 = \tilde{e}_1/\alpha_1, \quad \beta_2 = (\tilde{e}_2 - \delta_2\gamma_1)/\alpha_2, \quad \beta_{N-2} = (\tilde{e}_{N-2} - \delta_{N-2}\gamma_{N-3})/\alpha_{N-2}, \quad \beta_{N-1} = 0$$

$$\gamma_1 = \tilde{f}_1/\alpha_1, \quad \gamma_2 = f_2/\alpha_2, \quad \gamma_{N-2} = \gamma_{N-1} = 0,$$

$$\delta_2 = \tilde{c}_2, \quad \delta_{N-2} = \tilde{c}_{N-2} - b_{N-2}\beta_{N-4}, \quad \delta_{N-1} = \tilde{c}_{N-1} - \tilde{b}_{N-1}\beta_{N-3},$$

$$\left.\begin{array}{l} \alpha_i = d_i - b_i\gamma_{i-2} - \delta_i\beta_{i-1}, \ \beta_i = (e_i - \delta_i\gamma_{i-1})/\alpha_i, \\ \gamma_i = f_i/\alpha_i, \quad \delta_i = c_i - b_i\beta_{i-2}, \end{array}\right\} \quad i = 3(1)N-3,$$

$$g_0 = 0, \quad g_1 = a_1/\alpha_1, \quad g_{N-2} = (a_{N-2} - b_{N-2}g_{N-4} - \delta_{N-2}g_{N-3})/\alpha_{N-2},$$

$$g_{N-1} = (a_{N-1} - \tilde{b}_{N-1}g_{N-3} - \delta_{N-1}g_{N-2})/\alpha_{N-1},$$

$$g_i = (a_i - b_i g_{i-2} - \delta_i g_{i-1})/\alpha_i, \qquad i = 2(1)N-3,$$

erhält man die Lösungen

$$Y_{N-1} = g_{N-1}, \ Y_{N-2} = g_{N-2} - \beta_{N-2}Y_{N-1}, \ Y_i = g_i - \beta_i Y_{i+1} - \gamma_i Y_{i+2}, \ i = (N-3)(1)1.$$

Die Fehlerordnung ist $O(h^2)$: $y(x_i) = Y_i + O(h^2)$. Für die Fehlerschätzung gilt (12.25).

Der Verfahrensfehler der nach dem gewöhnlichen Differenzenverfahren gewonnenen Näherungswerte Y_i ist umso größer, je größer die Schrittweite h ist. Verkleinerung von h führt aber zu einer größeren Zahl linearer Gleichungen für die Y_i und zu einem Anwachsen der Rundungsfehler.

12.2.2 DIFFERENZENVERFAHREN HÖHERER NÄHERUNG.

Verwendet man statt der Approximationen für $y_i^{(k)}$ in Abschnitt 12.2.1 sogenannte finite Ausdrücke höherer Näherung, so lassen sich, ohne h zu verkleinern bzw. N zu vergrößern, i.a. genauere Näherungswerte Y_i erreichen. Allerdings enthält jede Gleichung des jetzt dem RWP zugeordneten linearen Gleichungssystems mehr unbekannte Werte Y_i als beim gewöhnlichen Differenzenverfahren.

Finite Ausdrücke der Fehlerordnungen $O(h^4)$ und $O(h^6)$ sind nachstehend in einer Tabelle zusammengestellt [1]. Dabei gilt für die k-te Ableitung

---

[1] Weitere finite Ausdrücke s. [32] Bd.III, E. Tabelle 28.31.

● $y_i^{(k)} := y^{(k)}(x_i) = \text{finiter Ausdruck} + O(h^q)$, $q = 4$ bzw. 6

und

$$|Y_i - y(x_i)| = O(h^q)$$

$y_i^{(k)}$	Finiter Ausdruck	Fehler-ordnung
y_i'	$\frac{1}{12h}(Y_{i-2}-8Y_{i-1}+8Y_{i+1}-Y_{i+2})$	$O(h^4)$
y_i''	$\frac{1}{12h^2}(-Y_{i-2}+16Y_{i-1}-30Y_i+16Y_{i+1}-Y_{i+2})$	$O(h^4)$
y_i'''	$\frac{1}{8h^3}(Y_{i-3}-8Y_{i-2}+13Y_{i-1}-13Y_{i+1}+8Y_{i+2}-Y_{i+3})$	$O(h^4)$
$y_i^{(4)}$	$\frac{1}{6h^4}(-Y_{i-3}+12Y_{i-2}-39Y_{i-1}+56Y_i-39Y_{i+1}+12Y_{i+2}-Y_{i+3})$	$O(h^4)$
y_i'	$\frac{1}{60h}(-Y_{i-3}+9Y_{i-2}-45Y_{i-1}+45Y_{i+1}-9Y_{i+2}+Y_{i+3})$	$O(h^6)$
y_i''	$\frac{1}{180h^2}(2Y_{i-3}-27Y_{i-2}+270Y_{i-1}-490Y_i+270Y_{i+1}-27Y_{i+2}+2Y_{i+3})$	$O(h^6)$

Wendet man finite Ausdrücke mit $O(h^4)$ bei der numerischen Behandlung eines linearen RWPs zweiter Ordnung an, so erhält man ein lineares Gleichungssystem mit fünfdiagonaler Matrix. Bei Anwendung finiter Ausdrücke mit $O(h^4)$ auf ein lineares RWP vierter Ordnung erhält man lineare Gleichungssysteme mit siebendiagonaler Matrix. Dabei wird die mit $O(h^4)$ bzw. $O(h^6)$ diskretisierte DGL für die Argumentstellen x_i, wobei $i = 3(1)(N-3)$ bei RWPen 2. Ordnung mit $O(h^4)$-Diskretisierung bzw. $i = 4(1)(N-4)$ bei RWPen 4. Ordnung mit $O(h^4)$-Diskretisierung sowie bei RWPen 2. Ordnung mit $O(h^6)$-Diskretisierung, angeschrieben. Bei der Diskretisierung der RBen treten (fiktive) Werte Y_i mit $i < 0$, $i > N$, also außerhalb des Integrationsintervalls $[a,b]$, auf. Zu deren Elimination dienen die "zusätzlichen RBen". Man gewinnt sie, indem man die mit einer Fehlerordnung $O(h^q)$, $q < 4$ bzw. $q < 6$ diskretisierte DGL auch für die Stellen x_i mit

$$i = 0, 1, 2, \quad N-2, N-1, N \qquad \text{bzw.}$$
$$i = 0, 1, 2, 3, \quad N-3, N-2, N-1, N$$

anschreibt. Dabei ist q so zu wählen, daß nach Elimination der fiktiven Werte Y_i gerade N+1 lineare Gln. für die N+1 Näherungswerte Y_i, $i = 0(1)N$, verbleiben (s. 12.2.1). Die Ordnung des dann erreichten globalen Verfahrens bedarf jedoch einer besonderen Untersuchung (Allgemeine Aussagen hierüber s. z.B. [98], [106]). Sie hängt neben der

Diskretisierungsordnung auch davon ab, welche Differenzierbarkeitseigenschaften die Lösungsfunktion besitzt. Die $O(h^4)$-Diskretisierung für das RWP 2. Ordnung mit $\alpha_2 = \beta_2 = 0$ ergibt z.B. die globale Fehlerordnung $O(h^4)$ (s. hierzu [98], [106]).

Wendet man das Differenzenverfahren auf ein nichtlineares RWP, z.B. (12.1), (12.2), an, so erhält man ein System nichtlinearer Gleichungen für die Näherungswerte Y_i.

Bei linearen DGLen speziellen Typs läßt sich mit einer geringeren Anzahl von Funktionswerten Y_i in den einzelnen Gleichungen des linearen Gleichungssystems auch schon die Fehlerordnung $O(h^4)$ oder $O(h^6)$ erreichen: Man stellt dabei Linearkombinationen von Werten der Ableitungen an benachbarten Stützstellen x_i als Linearkombinationen von Funktionswerten dar (*Hermitesche Verfahren* oder Mehrstellenverfahren , [5],III § 2.4).

12.2.3 ITERATIVE AUFLÖSUNG DER LINEAREN GLEICHUNGSSYSTEME ZU SPEZIELLEN RANDWERTPROBLEMEN

Treten bei der Behandlung von RWPen nach einem Differenzenverfahren höherer Näherung umfangreiche lineare Gleichungssysteme mit großer Bandbreite ($m \geq 3$) auf, so ist eine iterative Auflösung mit Relaxation zu empfehlen (Abschnitt 3.11).(Das kann für RWPe bei gewöhnlichen DGLen bei großem Integrationsintervall eintreten; es tritt meistens ein für RWP bei partiellen DGLen, die hier nicht behandelt werden.) In manchen Fällen ist es nicht erforderlich, die hinreichenden Konvergenzbedingungen für die Koeffizienten des linearen Gleichungssystems nachzuprüfen; es läßt sich dann bereits an Hand des gegebenen RWPs entscheiden, ob eine iterative Auflösung möglich ist. Ein Beispiel ist das inhomogene RWP einer linearen DGL zweiter Ordnung in der selbstadjungierten Form (s. z.B. [5], S. 208; [6], § 7.3; [45], S. 476)

$$-(fy')' + gy = r \ , \quad y(a) = A \ , \quad y(b) = B \quad .$$

Gilt $f(x) > 0$, $g(x) \geq 0$ für $x \in [a,b]$, so ist bei numerischer Behandlung nach dem gewöhnlichen Differenzenverfahren sowohl die Iteration in Gesamtschritten als auch die Iteration in Einzelschritten anwendbar ([5], S. 173ff.; [6] § 23.2). Zudem ist dann gewährleistet, daß $\det \mathfrak{A} \neq 0$.

12.2.4 LINEARE EIGENWERTPROBLEME.

Das homogene lineare von einem Parameter λ abhängige RWP

$$\begin{cases} y'' + p_1(x)y' + (p_0(x)-\lambda)y = 0 \\ y(a) = 0, \qquad y(b) = 0 \end{cases}$$

soll mit Hilfe des gewöhnlichen Differenzenverfahrens näherungsweise numerisch gelöst werden. Es ergibt sich für Y_i, $i = 1(1)N-1$, das homogene lineare Gleichungssystem ($Y_0 = Y_N = 0$)

$$(12.26) \quad (1-\frac{h}{2}p_{1i})Y_{i-1} + (-2+h^2 p_{0i})Y_i + (1+\frac{h}{2}p_{1i})Y_{i+1} = h^2\lambda Y_i, \quad i = 1(1)N-1.$$

Die Matrix $\mathfrak{A}$ des Systems (12.26) besteht aus den Zeilen 2(1)N-1 der Matrix $\mathfrak{A}$ in Algorithmus 12.2 . Dann läßt sich (12.26) in folgender Form schreiben

$$\mathfrak{A}\mathfrak{y} = \lambda\mathfrak{y} \quad \text{mit} \quad \mathfrak{y} = \begin{pmatrix} Y_1 \\ \vdots \\ Y_{N-1} \end{pmatrix}.$$

Es liegt die EWA einer Matrix vor. $\mathfrak{A}$ ist eine tridiagonale Matrix, die allerdings nur für $p_1(x) \equiv 0$, $x \in [a,b]$, symmetrisch ist. Dann läßt sich das Verfahren in Abschnitt 5.5.2 anwenden. Sonst wird man ein anderes der in Kap. 5 angegebenen Verfahren zur Bestimmung der EWe und EVen anwenden.

LITERATUR zu 12.2: [5], III, §§ 1-3; [7], 7.1-2; [8], IV § 4; [17], part III; [19], 8.7.2-3; [21], 3,5.3; [30], V § 6; [32] Bd.III, E § 28.2,6,7; 29.1,2,4; [34], 6.52; [36], 7.4; [45], § 30; [87], 9.6.2.

Ergänzende Literatur zu Kap. 12: [83 a],[84 a], Chapt. 15-17;[92b], Bd.2,15; [105 a];[106].

A N H A N G

C - Programme

von:

Dr. Albert Becker	(Kapitel P2 - P5)
Thilo Gukelberger	(Kapitel P6, P10 - P12)
Dorothee Seesing	(Kapitel P7 - P8)

Vorwort zu den C Programmen

Zu den meisten im Textteil beschriebenen Verfahren sind die Algorithmen in der Programmiersprache C implementiert worden.

Die Programme sind in Anlehnung an FORTRAN 77 Programme aus der Formelsammlung zur Numerischen Mathematik mit Standard-FORTRAN 77 Programmen, 5. Auflage, 1986, entstanden. Einige Algorithmen wurden inhaltlich modifiziert, andere der Sprachstruktur von C angepaßt, und (wir hoffen es zumindest) verbessert in bezug auf Programmstruktur, Genauigkeit und Ausführungsgeschwindigkeit.

C ist keine selbstdokumentierende Hochsprache; nicht nur aus diesem Grund sind alle Programme hinreichend kommentiert, die Schnittstelle zum Benutzer (Parameterliste) wird sehr ausführlich beschrieben.

Alle Programme wurden umfangreichen Testläufen unterworfen, frühere Entwicklungsversionen verworfen. Fehlerfreiheit kann nicht garantiert werden, sie wurde jedoch immer wieder angestrebt und ist - auch das glauben wir - weitgehend verwirklicht.

Testrechner war ein IBM PC-AT 02 mit Numerik-Koprozessor 80287 unter dem Betriebssystem IBM PC DOS 3.10. Die meisten Programme beinhalten extensive Gleitkommaberechnungen, die Verwendung eines Numerik-Koprozessors ist daher empfehlenswert, da die Ausführungsgeschwindigkeit der Programme enorm gesteigert wird.

Compiliert wurden die Programme mit dem C-Compiler von IBM, Version 1.00 (entspricht der Version 3.00 von MicroSoft), der, wenn auch nicht gerade schnell, seine Dienste zu unserer Zufriedenheit verrichtete. Bei großen Prozeduren (hqr2 - Eigenwertbestimmung, imruku - Implizites Runge-Kutta-Verfahren) versagt die Nachoptimierung, was aber lediglich einen Verlust an Performence bedeutet.

Die Anpassung an andere Rechner bzw. Compiler ist leicht zu realisieren, falls eine mathematische Programmbibliothek vorhanden ist, die die transzendenten Funktionen (sqrt(), sin(), cos() etc.) beinhaltet. Das Includefile u_const.h ist anzupassen, falls der Compiler keine Gleitkommazahlen gemäß der IEEE-Norm (8 Byte floating point Zahlen, 53 Bit Mantisse, 11 Bit Exponent) unterstützt. Spezielle Erweiterungen des IBM Compilers wurden nicht verwendet, die benutzten Sprachelemente entsprechen dem von Kernighan und Ritchie vorgeschlagenen Sprachumfang, der mittlerweile als Sprachstandard angesehen wird.

Die einzelnen Unterprogramme sind zu logisch zusammengehörigen Einheiten zusammengefaßt, die meistens mit den im Textteil beschriebenen Verfahren übereinstimmen. Diese Module sind zugleich Übersetzungseinheiten, sollten also i.a. nicht vergrößert oder verkleinert werden; ist die Veränderung von Modulen notwendig, so müssen bei Vergrößerungen redundante Include- (**#include**) und Konstantendefinitionen (**#define**) entfernt werden, bei Verkleinerungen selbige hinzugefügt werden.

Um den Aufrufmechanismus der Unterprogramme zu erläutern, haben wir zu Beginn ein Hauptprogramm (Testprogramm für P 5.5.3) hinzugefügt. Es steht exemplarisch für viele unserer eigenen Testprogramme.

Die Unterprogramme können gegen eine geringe Aufwandsentschädigung auf 5 1/4 Zoll Disketten im Standard-IBM Format (360 KB) unter folgender Adresse bezogen werden:

Prof. Dr. Gisela Engeln-Müllges
Kesselstr.88
5100 Aachen-Lichtenbusch

Frau Prof. Dr. Engeln-Müllges, die die Anregung zu diesem Projekt gab und immer wieder auf eine schnelle, aber gründliche Realisierung drängte, sei an dieser Stelle für Ihre Bemühungen und Unterstützung unser herzlicher Dank ausgesprochen.

Die Include-Datei u_const.h ist in das Verzeichnis zu stellen, wo der Compiler nach Include-Dateien sucht.

```
/*----------------------- FILE u_const.h ---------------------------*/

#define IEEE

/* IEEE - Norm fuer die Darstellung von Gleitkommazahlen:

      8 Byte lange Gleitkommazahlen, mit

     53 Bit Mantisse  ==> Mantissenbereich:    2 hoch 52 versch. Zahlen
                                                mit 0.1 <= Zahl < 1.0,
                                                1 Vorzeichen-Bit
     11 Bit Exponent  ==> Exponentenbereich:  -1024...+1023

   Die 1. Zeile ( #define IEEE ) ist zu loeschen, falls die Maschine
   bzw. der Compiler keine Gleitpunktzahlen gemaess der IEEE-Norm
   benutzt. Zusaetzlich muessen die Zahlen  MAXEXPON, MINEXPON
   (s.u.) angepasst werden.
   */

#ifdef IEEE         /*----------- Falls IEEE Norm --------------------*/

#define MACH_EPS  2.220446049250313e-016   /* Maschinengenauigkeit    */
                                           /* IBM-AT:  = 2 hoch -52   */
/* MACH_EPS ist die kleinste positive, auf der Maschine darstellbare
   Zahl x, die der Bedingung genuegt: 1.0 + x > 1.0                  */

#define EPSQUAD   4.930380657631324e-032
#define EPSROOT   1.490116119384766e-008

#define POSMAX    8.98846567431158e+307    /* groesste positive Zahl  */
#define POSMIN    5.56268464626800e-309    /* kleinste positive Zahl  */
#define MAXROOT   9.48075190810918e+153

#define BASIS     2                        /* Basis der Zahlendarst.  */
#define PI        3.141592653589793e+000
#define EXP_1     2.718281828459045e+000

#else               /*----------------- sonst ----------------------*/

double exp  (double);
double atan (double);
double pow  (double,double);
double sqrt (double);

double masch()             /* MACH_EPS maschinenunabhaengig bestimmen */
{
  double eps = 1.0, x = 2.0, y = 1.0;
  while ( y < x )
    { eps *= 0.5;
      x = 1.0 + eps;
    }
  eps *= 2.0; return (eps);
}
```

```
int basis()                    /* BASIS maschinenunabhaengig bestimmen      */
{
  double x = 1.0, one = 1.0, b = 1.0;

  while ( (x + one) - x == one ) x *= 2.0;
  while ( (x + b) == x ) b *= 2.0;

  return ( (int) ((x + b) - x) );
}

#define BASIS     basis()                        /* Basis der Zahlendarst.  */

/* Falls die Maschine (der Compiler) keine IEEE-Darstellung fuer
   Gleitkommazahlen nutzt, muessen die folgenden 2 Konstanten an-
   gepasst werden.
   */

#define MAXEXPON  1023.0                         /* groesster Exponent      */
#define MINEXPON -1024.0                         /* kleinster Exponent      */

#define MACH_EPS  masch()
#define EPSQUAD   MACH_EPS * MACH_EPS
#define EPSROOT   sqrt(MACH_EPS)

#define POSMAX    pow ((double) BASIS, MAXEXPON)
#define POSMIN    pow ((double) BASIS, MINEXPON)
#define MAXROOT   sqrt(POSMAX)

#define PI        4.0 * atan (1.0)
#define EXP_1     exp(1.0)

#endif               /*-------------- ENDE ifdef ---------------------*/

#define NEGMAX   -POSMIN                         /* groesste negative Zahl  */
#define NEGMIN   -POSMAX                         /* kleinste negative Zahl  */

#define TRUE      1
#define FALSE     0

/* Definition von Funktionsmakros:
   */

#define min(X, Y) ((X) < (Y)  ?  (X) : (Y))      /* Minimum von X,Y         */
#define max(X, Y) ((X) > (Y)  ?  (X) : (Y))      /* Maximum von X,Y         */
#define abs(X) ((X) >= 0  ?  (X) : -(X))         /* Absolutbetrag von X     */
#define sign(X, Y) (Y < 0 ? -abs(X) : abs(X))    /* Vorzeichen von          */
                                                 /* Y mal abs(X)            */
#define sqr(X) ((X) * (X))                       /* Quadrat von X           */

/*------------------  ENDE FILE u_const.h  -------------------------*/
```

P 0 Beispiel fuer den Aufruf von eigen (P 5.5.3)

```
/*-------------------- TESTPROGRAMM FUER eigen ----------------------*/
#include <stdio.h>

/*====================================================================*/
/*                                                                    */
/*  Bestimmung von Eigenwerten/-vektoren.                             */
/*                                                                    */
/*====================================================================*/
/*                                                                    */
/*     Name des Quellfiles:   mqr.c                                   */
/*     Uebersetzungsaufruf:   cc mqr;                                 */
/*     Objektdatei:           mqr.obj                                 */
/*     Objektdatei mit eigen: feigen.obj                              */
/*     Linkaufruf:            clink mqr+feigen;                       */
/*     Aufruf :  mqr < einmat                                         */
/*                                                                    */
/*  Das File einmat hat beispielsweise die Form:                      */
/*  5                                                                 */
/*  1.0 2.0 3.0  1.0  2.0                                             */
/*  0.1 0.3 0.0  2.0  1.0                                             */
/*  3.0 1.0 9.0  4.0  2.0                                             */
/*  0.0 0.0 0.0 -1.0  0.0                                             */
/*  0.1 0.1 .01  7.0  1.0                                             */
/*                                                                    */
/*  Die erste Zahl (5) ist die Dimension der Matrix, dann folgen die  */
/*  1. bis 5. Zeile der 5 x 5 Matrix.                                 */
/*                                                                    */
/*====================================================================*/

main()
{
  double sqrt(), fabs();
  double **mat,               /* Eingabematrix                         */
         **a,                 /* Kopie davon                           */
         **ev,                /* Eigenvektoren, falls vec <> 0 gesetzt */
         *skal,               /* Skalierungsvektor                     */
         *wr,                 /* Eigenwerte (Realteil)                 */
         *wi,                 /* Eigenwerte (+/- Imaginaerteil)        */
         *malloc();

  int eigen (int,int,double**,double**,double*,double*,int*);

  int n,                    /* Zeilen- (Spalten-) zahl der Matrix mat  */
      *cnt,                 /* Iterationszaehler                       */
      res,                  /* Ergebnis                                */
      vec = 1;              /* flag fuer Eigenvektoren (=0 -> keine)   */

  unsigned m;
  register i, j;
  double   v, w, norm;
  int      k;

  scanf("%d",&n);                  /* Spaltenzahl der Matrix einlesen  */
```

```
   m = n * sizeof(double);

   mat = (double **) malloc(m);                    /* Speicher allokieren  */
   if ( mat == NULL ) exit(1);
   a = (double **) malloc(m);
   if ( a == NULL ) exit(1);
   skal = malloc(m);
   if ( skal == NULL ) exit(1);
   wr   = malloc(m);
   if ( wr == NULL ) exit(1);
   wi   = malloc(m);
   if ( wi == NULL ) exit(1);
   cnt  = (int *) malloc(n*sizeof(int));
   if ( cnt == NULL ) exit(1);

   for (i = 0; i < n; i++)
     { mat[i] = malloc(m);
       a[i] = malloc(m);
       if ( mat[i] == NULL )
         { printf("nicht genuegend Speicher \n");
           exit(1);
         }
     }

   if (vec)
     { ev = (double **) malloc(m);           /* Nur wenn EVs bestimmt wer- */
       if ( ev == NULL ) exit(1);            /* den, braucht man Speicher  */
                                             /* fuer die Eigenvektoren     */
       for (i = 0; i < n; i++)
         { ev[i] = malloc(m);
           if (ev[i] == NULL)
             { printf("nicht genuegend Speicher \n");
               exit(1);
             }
         }
      }

   printf("\n \n Dimension der Matrix = %d \n",n);
   for (i = 0; i < n; i++)
     { printf("\n ");
       for (j = 0; j < n; j++)
         { scanf("%F", mat[i]+j);                   /*  Matrix einlesen, */
           a[i][j] = mat[i][j];                     /*  kopieren         */
           printf("% 10.5f ", *(mat[i]+j));         /*  und ausgeben     */
         }
     }

   printf("\n ");
                                                    /*  eigen ausfuehren   */
   res = eigen (vec, n, mat, ev, wr, wi, cnt);

   if (res != 0)                                    /*  Fehler !!!         */
     { printf("\n Fehler : %d \n",res);
       for (i = 0; i < n; i++) printf(" %d ",cnt[i]);
       exit(1);
     }
                                    /*  Wenn vec<>0, Eigenvektoren ausgeben  */
```

```
  if (vec)
    { printf("\n Die normierten Eigenvektoren sind:  \n \n ");
      for (i = 0; i < n; i++)
        { for (j = 0; j < n; j++) printf( " % 10.5f ",(*(ev[i] +j)) );
          printf(" \n ");
        }
    }
                                           /* Eigenwerte ausgeben       */

  printf("\n Die Eigenwerte lauten:\t\t\t\t\tIterationszahlen: \n \n ");
  for (i = 0; i<n; i++)
    printf ("% 20.15e + % 20.15e * i\t%4d \n ", wr[i], wi[i], cnt[i]);
                         /* Ergebnis pruefen: Summe der L1-Normen be-  */
                         /* rechnen von                                */
                         /* Matrix*Eigenvektor - Eigenwert*Eigenvektor  */
  if (vec)               /* (muss fast 0 sein).                        */
    {
     for (norm = 0.0, k = 0; k < n; k++)
       if (wi[k] == 0.0)
         { for (i = 0; i < n; i++)
             {
              for (w = 0.0, j = 0; j < n; j++)
                w += a[i][j] * ev[j][k];
              w -= wr[k] * ev[i][k];
              norm += fabs(w);
             }
         }
       else
         {
          for (i = 0; i < n; i++)
            { for (w = 0.0, j = 0; j < n; j++)
                w += a[i][j] * ev[j][k];
              w -= wr[k] * ev[i][k] - wi[k] * ev[i][k+1];
              for (v = 0.0, j = 0; j < n; j++)
                v += a[i][j] * ev[j][k+1];
              v -= wr[k] * ev[i][k+1] + wi[k] * ev[i][k];
              norm += 2.0 * sqrt (v*v + w*w);
            }
          k++;
         }
     printf("Pruefung: % e (muss naeherungsweise 0 sein)\n", norm);
    }

  for (i = 1; i < 79; i++) printf("*");
  printf(" \n");
  for (i = 0; i < n; i++)                  /*  Speicher freigeben      */
    { if ( mat[i] != NULL ) free((double*) mat[i]);
      if ( vec && (ev[i] != NULL) ) free((double*) ev[i]);
      if ( vec && (a[i] != NULL) ) free((double*) a[i]);
    }
  exit(0);
}

/*----------------------  ENDE TESTPROGRAMM  ------------------------*/
```

P 2

P 2.1.6.1 DAS NEWTON-VERFAHREN

```
/*-------------- MODUL NEWTON (eindimensional) --------------------*/

#include <u_const.h>

#define ITERMAX 300                    /* Maximale Iterationszahl        */

#define ABSERR 0.0                     /* Zugelassener Absolutfehler     */
#define RELERR 128.0 * MACH_EPS        /* Zugelassener Relativfehler     */
#define FKTERR EPSQUAD                 /* Max. Fehler im Funktionswert */

 int newton (fkt, fderv, x, fval, iter)            /*************************/
                                                    /* Newton-Verfahren       */
  double (*fkt)(), (*fderv)(), *x, *fval;          /*************************/
  int    *iter;

/*====================================================================*/
/*                                                                    */
/*  Die Funktion newton realisiert das Newton-Iterationsverfahren    */
/*  zur Loesung der Gleichung fkt(x) = 0.                            */
/*  Die Funktion fkt und deren 1. Ableitung muessen als Parameter    */
/*  uebergeben werden.                                               */
/*                                                                    */
/*====================================================================*/
/*                                                                    */
/*   Anwendung:                                                       */
/*   =========                                                        */
/*       Bestimmung von Nullstellen der stetig differenzierbaren Funk- */
/*       tion fkt. Dabei muss ein geeigneter Startwert fuer die Itera- */
/*       tion vorgegeben werden.                                      */
/*                                                                    */
/*====================================================================*/
/*                                                                    */
/*   Eingabeparameter:                                                */
/*   ================                                                 */
/*      fkt      double fkt(double);                                  */
/*               Funktion, deren Nullstelle zu bestimmen ist.        */
/*               fkt hat die Form:                                    */
/*                   double fkt(x)                                    */
/*                   double x;                                        */
/*                   { double f;                                      */
/*                     f = ...;                                       */
/*                     return(f);                                     */
/*                   }                                                */
/*      fderv    double fderv(double);                                */
/*               1. Ableitung der Funktion fkt; die Funktion fderv   */
/*               hat den gleichen Aufbau wie fkt.                    */
/*        x      double *x;                                           */
/*               Startwert der Iteration.                             */
/*                                                                    */
```

```
/*   Ausgabeparameter:                                                      */
/*   ================                                                       */
/*      x           double *x;                                              */
/*                  Gefundene Naeherungsloesung fuer eine Nullstelle       */
/*                  von fkt.                                                */
/*      fval        double *fval;                                           */
/*                  Funktionswert an der gefundenen Naeherungsloesung,     */
/*                  der fast 0 sein muss.                                   */
/*      iter        int *iter;                                              */
/*                  Anzahl der durchgefuehrten Iterationsschritte.         */
/*                                                                          */
/*   Rueckgabewert:                                                         */
/*   =============                                                          */
/*      = 0         Nullstelle mit abs(fkt) < FKTERR gefunden              */
/*      = 1         Abbruch mit abs(xneu-xalt) < ABSERR + xneu * RELERR    */
/*      = 2         Iterationsmaximum erreicht                             */
/*                                                                          */
/*==========================================================================*/
/*                                                                          */
/*   Benutzte Funktionen:                                                   */
/*   ===================                                                    */
/*                                                                          */
/*      double fkt ():  Funktion, deren Nullstelle zu bestimmen ist        */
/*      double fderv(): 1. Ableitung von fkt                                */
/*                                                                          */
/*   Aus der C-Bibliothek: fabs()                                           */
/*                                                                          */
/*==========================================================================*/
/*                                                                          */
/*   Benutzte Konstanten: ABSERR, RELERR, MACH_EPS, FKTERR, ITERMAX,       */
/*   ===================  EPSROOT                                           */
/*                                                                          */
/*==========================================================================*/

{
  double fs, diff, fabs();

  *iter = 0;

  while ( *iter < ITERMAX )                            /* Newton-Iteration  */
    {
      *fval = (*fkt)(*x);                              /* Funktionswert an x */
      if ( fabs(*fval) < FKTERR )              /* Fkt.wert < FKTERR -> fertig */
        return(0);
      fs = (*fderv)(*x);                               /* 1. Ableitung an x */
      if ( fabs(fs) < EPSROOT ) fs = EPSROOT;
      (*iter)++;
      diff = *fval / fs;
      *x -= diff;                          /* xneu = xalt - fwert / 1.Ableitung */

      if ( fabs(diff) < fabs(*x) * RELERR + ABSERR ) return(1);
    }
  return(2);                           /* Iterationsmaximum erreicht        */
}
```

```
int newpoly (n, koeff, x, fval, iter)   /*****************************/
                                         /* Newton-Verfahren fuer      */
  int    n, *iter;                       /* Polynome                   */
  double *koeff, *x, *fval;              /*****************************/

/*====================================================================*/
/*                                                                    */
/*  Die Funktion newpoly realisiert das Newton-Iterationsverfahren    */
/*  zur Loesung der Gleichung fkt(x) = 0, falls fkt durch ein Polynom */
/*  gegeben ist.                                                      */
/*                                                                    */
/*====================================================================*/
/*                                                                    */
/*   Anwendung:                                                       */
/*   =========                                                        */
/*      Bestimmung einer Nullstelle des Polynoms:                     */
/*                                                  n-1          n    */
/*      koeff[0] + koeff[1]*x +...+ koeff[n-1]*x   + koeff[n]*x       */
/*                                                                    */
/*====================================================================*/
/*                                                                    */
/*   Eingabeparameter:                                                */
/*   ================                                                 */
/*      n          int n;                                             */
/*                 Grad des Polynoms.                                 */
/*      koeff      double *koeff;                                     */
/*                 Koeffizientenvektor des Polynoms mit den Komponenten */
/*                 koeff[0],..,koeff[n];                              */
/*      x          double *x;                                         */
/*                 Startwert der Iteration.                           */
/*                                                                    */
/*   Ausgabeparameter:                                                */
/*   ================                                                 */
/*      x          double *x;                                         */
/*                 Gefundene Naeherungsloesung fuer eine Nulllstelle  */
/*                 von fkt.                                           */
/*      fval       double *fval;                                      */
/*                 Funktionswert an der gefundenen Naeherungsloesung, */
/*                 der fast 0 sein muss.                              */
/*      iter       int *iter;                                         */
/*                 Anzahl der durchgefuehrten Iterationsschritte.     */
/*                                                                    */
/*   Rueckgabewert:                                                   */
/*   =============                                                    */
/*      = 0        Nullstelle mit abs(fkt) < FKTERR gefunden          */
/*      = 1        Abbruch mit abs(xneu-xalt) < ABSERR + xneu * RELERR */
/*      = 2        Iterationsmaximum erreicht                         */
/*                                                                    */
/*====================================================================*/
/*                                                                    */
/*   Benutzte Funktionen:                                             */
/*   ===================                                              */
/*                                                                    */
/*      double polval (): Hornerschema zur Berechnung des Polynoms    */
/*                        und dessen 1. Ableitung.                    */
```

```
/*                                                                    */
/*   Aus der C-Bibliothek: fabs()                                     */
/*                                                                    */
/*====================================================================*/
/*                                                                    */
/*   Benutzte Konstanten: ABSERR, RELERR, MACH_EPS, FKTERR, ITERMAX,  */
/*   ====================  EPSROOT                                    */
/*                                                                    */
/*====================================================================*/
{
  double   *fs, *dummy;
  double   diff, fabs();
  void     polval (int, double*,double,double*,double*);
  int      dummy1;

  if ( n < 1 || koeff[n] == 0.0 ) return(3); /* falsche Parameter     */

  *iter = 0;                         /* Iterationszaehler initialisieren  */

  while ( *iter < ITERMAX )
    {
     polval (n, koeff, *x, fval, fs);     /* Polynomwert val und      */
                                          /* 1. Ableitung berechnen   */
     if ( fabs(*fval) <= FKTERR )         /* Genau genug ?            */
         return(0);

     if ( fabs(*fs) < EPSROOT )      /* Um Overflow zu verhindern, 1.Ab- */
       *fs = EPSROOT;                /* leitung auf EPSROOT begrenzen    */

     (*iter)++;                      /* Iterationszaehler erhoehen       */

     diff = *fval / *fs;             /* neue Schrittweite                */
     *x -= diff;                     /* xneu = xalt - Fktwert/1.Abl.     */

     if ( fabs(diff) <= fabs(*x) * RELERR + ABSERR )
       return(1);                    /* Schrittweite klein genung ?      */
    }
  return(2);
}


void polval(n, koef, x, val, dval)      /*********************************/
                                        /* Polynomwert u. 1. Ableitung */
  int    n;                             /*********************************/
  double *koef, x, *val, *dval;

/*====================================================================*/
/*                                                                    */
/*  polval wertet ein Polynom, das durch den Koeffizientenvektor      */
/*  koeff in aufsteigender Reihenfolge gegeben ist, an der Stelle x   */
/*  aus. Zusaetzlich wird die 1. Ableitung an x berechnet.            */
/*                                                                    */
/*====================================================================*/
/*                                                                    */
```

```
/*   Eingabeparameter:                                                    */
/*   ================                                                     */
/*      n          int n;                                                 */
/*                 Grad des Polynoms.                                     */
/*      koeff      double *koeff;                                         */
/*                 Koeffizientenvektor des Polynoms mit den n+1 Kompo-    */
/*                 nenten koeff[0],...,koeff[n].                          */
/*      x          double *x;                                             */
/*                 Stelle, an der der Polynomwert zu berechnen ist.       */
/*                                                                        */
/*   Ausgabeparameter:                                                    */
/*   ================                                                     */
/*      val        double *val;                                           */
/*                 Polynomwert an x.                                      */
/*      dval       double *dval;                                          */
/*                 Wert der 1. Ableitung des Polynoms an x.               */
/*                                                                        */
/*========================================================================*/

{
  register i;
                                          /* Horner-Schema                */
  for (*val = *dval = 0.0, i = n; i >= 1; i--)
    {
      *val = *val * x + koef[i];          /* val  : Polynomwert           */
      *dval = *dval * x + *val;           /* dval : 1. Ableitung          */
    }
  *val = *val * x + koef[0];
}
```

P 2.1.6.2 MODIFIZIERTES NEWTON VERFAHREN FÜR MEHRFACHE NULLSTELLEN

```
int newmod (fkt, fderv1, fderv2, x, fval, iter, mul)

  double    (*fkt)(),                  /*********************************/
            (*fderv1)(),               /* Modifiziertes Newton-Verfah-  */
            (*fderv2)(), *x, *fval;    /* ren fuer mehrfache Nullstel-  */
  register *iter;                      /* len                           */
  int       *mul;                      /*********************************/

/*========================================================================*/
/*                                                                        */
/*  newmod berechnet eine Nullstelle der 2-mal stetig differenzier-      */
/*  bare Funktion fkt.                                                    */
/*  Die Funktion fkt und deren 1. Ableitung und 2. Ableitung muessen      */
/*  uebergeben werden. Besteht Verdacht auf eine mehrfache Nullstel-     */
/*  le, so sollte die i.a. aufwendigere Prozedur newmod dem einfachen    */
/*  Newton-Verfahren vorgezogen werden.                                   */
/*                                                                        */
/*========================================================================*/
/*                                                                        */
```

```
/*    Anwendung:                                                         */
/*    =========                                                          */
/*       Bestimmung von Nullstellen der mindestens 2-mal stetig dif-     */
/*       ferenzierbaren Funktion fkt, insbesondere wenn die gesuchte     */
/*       Nullstelle eine Vielfachheit > 1 hat.                           */
/*                                                                       */
/*=======================================================================*/
/*                                                                       */
/*    Eingabeparameter:                                                  */
/*    ================                                                   */
/*       fkt      double fkt(double);                                    */
/*                Funktion, deren Nullstelle zu bestimmen ist            */
/*                fkt hat die gleiche Form wie in newton.                */
/*       fderv1   double fderv(double);                                  */
/*                1. Ableitung der Funktion fkt; Form wie fkt.           */
/*       fderv2   double fderv(double);                                  */
/*                2. Ableitung der Funktion fkt; Form wie fkt.           */
/*       x        double *x;                                             */
/*                Startwert der Iteration.                               */
/*                                                                       */
/*    Ausgabeparameter:                                                  */
/*    ================                                                   */
/*       x        double *x;                                             */
/*                Gefundene Naeherungsloesung fuer eine Nullstelle       */
/*                von fkt.                                               */
/*       fval     double *fval;                                          */
/*                Funktionswert an der gefundenen Naeherungsloesung,     */
/*                der fast 0 sein muss.                                  */
/*       iter     int *iter;                                             */
/*                Anzahl der durchgefuehrten Iterationsschritte.         */
/*       mul      int *mul;                                              */
/*                Vielfachheit der Nullstelle                            */
/*                                                                       */
/*    Rueckgabewert:                                                     */
/*    =============                                                      */
/*       = 0      Nullstelle mit abs(fkt) < FKTERR gefunden              */
/*       = 1      Abbruch mit abs(xneu-xalt) < ABSERR + xneu * RELERR    */
/*       = 2      Iterationsmaximum erreicht                             */
/*                                                                       */
/*=======================================================================*/
/*                                                                       */
/*    Benutzte Funktionen:                                               */
/*    ===================                                                */
/*                                                                       */
/*       double fkt ():   Funktion, deren Nullstelle zu bestimmen ist    */
/*       double fderv1(): 1. Ableitung von fkt                           */
/*       double fderv2(): 2. Ableitung von fkt                           */
/*                                                                       */
/*    Aus der C-Bibliothek: fabs()                                       */
/*                                                                       */
/*=======================================================================*/
/*                                                                       */
/*    Benutzte Konstanten: ABSERR, RELERR, MACH_EPS, FKTERR, ITERMAX,    */
/*    ===================  EPSROOT                                       */
/*                                                                       */
/*=======================================================================*/
```

```
{
  double fs, fss, diff, xj, fabs();
  int    res = 2;

  *iter = 0;                           /* Iterationszaehler initialisieren  */

  while ( *iter < ITERMAX )  /* Newton-Iteration bis ITERMAX erreicht */
    {
      *fval = (*fkt)(*x);                              /* Funktionswert     */

      if ( fabs(*fval) < FKTERR)
         { res = 0; break; }

      fs = (*fderv1)(*x);                              /* 1. Ableitung      */
      fss = (*fderv2)(*x);                             /* 2. Ableitung      */

      (*iter)++;
      xj = 1.0 / ( 1.0 - *fval * fss / (fs * fs) );

      diff = xj * (*fval) / fs;
      *x -= diff;                   /* xneu = xalt - xj * Fktwert/ 1.Abl.   */

      if ( fabs(diff) < fabs(*x) * RELERR + ABSERR )
        { res = 1; break; }
    }
  *mul = (int) (xj + 0.5);
  return(res);
}

/*---------------------------- ENDE NEWTON ---------------------------*/
```

P 2.1.6.5 DAS PEGASUS-VERAHREN

```
/*------------------------ MODUL PEGASUS ---------------------------*/

#include <u_const.h>

#define ITERMAX 300                       /* Maximale Iterationszahl        */

#define ABSERR 0.0                        /* Zugelassener Absolutfehler     */
#define RELERR MACH_EPS                   /* Zugelassener Relativfehler     */
#define FKTERR EPSQUAD                    /* Max. Fehler im Funktionswert */

 int pegasus (fkt, x1, x2, f2, iter)     /********************************/
                                          /*       Pegasus-Verfahren       */
  double (*fkt)(), *x1, *x2, *f2;         /********************************/
  int    *iter;

/*==================================================================*/
/*                                                                  */
/*  pegasus berechnet eine Nullstelle der stetigen Funktion fkt,    */
```

```
/*  falls fuer die beiden Startwerte x1 und x2 die Bedingung:          */
/*    fkt(x1) * fkt(x2) <= 0.0  erfuellt ist.                          */
/*                                                                     */
/*=====================================================================*/
/*                                                                     */
/*   Anwendung:                                                        */
/*   =========                                                         */
/*      Bestimmung einer Nullstelle der stetigen Funktion fkt, wenn    */
/*      ein Einschlussintervall [x1, x2] fuer die Nullstelle bekannt   */
/*      ist.                                                           */
/*                                                                     */
/*=====================================================================*/
/*                                                                     */
/*   Eingabeparameter:                                                 */
/*   ================                                                  */
/*      fkt       double fkt(double);                                  */
/*                Funktion, deren Nullstelle zu bestimmen ist.         */
/*                fkt hat die Form:                                    */
/*                    double fkt(x)                                    */
/*                    double x;                                        */
/*                    { double f;                                      */
/*                      f = ...;                                       */
/*                      return(f);                                     */
/*                    }                                                */
/*      x1,x2     double *x1, *x2;                                     */
/*                Anfangswerte mit fkt(x1) * fkt(x2) <= 0.             */
/*                                                                     */
/*   Ausgabeparameter:                                                 */
/*   ================                                                  */
/*      x2        double *x2;                                          */
/*                Gefundene Naeherungsloesung fuer eine Nullstelle     */
/*                von fkt.                                             */
/*      f2        double *f2;                                          */
/*                Funktionswert an der gefundenen Naeherungsloesung,   */
/*                der fast 0 sein muss.                                */
/*      iter      int *iter;                                           */
/*                Anzahl der durchgefuehrten Iterationsschritte.       */
/*                                                                     */
/*   Rueckgabewert:                                                    */
/*   =============                                                     */
/*      = -1      Kein Einschluss: fkt(x2) * fkt(x1) > 0               */
/*      =  0      Nullstelle mit abs(f2) < FKTERR gefunden             */
/*      =  1      Abbruch mit abs(xneu-xalt) < ABSERR + xneu * RELERR, */
/*                Funktionswert pruefen                                */
/*      =  2      Iterationsmaximum erreicht                           */
/*                                                                     */
/*=====================================================================*/
/*                                                                     */
/*   Benutzte Funktionen:                                              */
/*   ===================                                               */
/*                                                                     */
/*   Aus der C-Bibliothek: fabs()                                      */
/*                                                                     */
/*=====================================================================*/
/*                                                                     */
/*   Benutzte Konstanten: ABSERR, RELERR, MACH_EPS, EPSROOT, ITERMAX   */
/*   ===================                                               */
```

```
/*                                                                   */
/*===================================================================*/

{
  double f1, x3, f3, s12, fabs();
  int    res = 2;

  *iter = 0;                      /* Iterationszaehler initialisieren */

   f1 = (*fkt)(*x1);                   /* Funktionswerte an *x1, *x2 */
  *f2 = (*fkt)(*x2);

  if ( f1 * (*f2) > 0.0 ) return(-1);   /* kein Einschluss -> Fehler  */

  if ( f1 * (*f2) == 0.0 )              /* ein Startwert ist Loesung  */
    { if (f1 = 0.0)
        { *x2 = *x1; *f2 = 0.0; }
      return(0);
    }

  while ( *iter <= ITERMAX )            /* Pegasus-Iteration          */
    {
     (*iter)++;

     s12 = (*f2 - f1) / (*x2 - *x1);    /* Sekantensteigung           */

     x3  = *x2 - *f2 / s12;             /* neuer Naeherungswert       */
     f3  = (*fkt)(x3);

     if ( *f2 * f3 <= 0.0 )             /* neues Einschlussintervall  */
       { *x1 = *x2;
          f1 = *f2;
       }
     else  f1 *= *f2 / ( *f2 + f3 );

     *x2 = x3;
     *f2 = f3;

     if ( fabs(*f2) < FKTERR )          /* Nullstelle gefunden        */
       { res = 0; break; }
     if ( fabs(*x2 - *x1) <= fabs(*x2) * RELERR + ABSERR )
       { res = 1; break; }     /* Abbruch mit kleiner Schrittweite   */
    }

  if ( fabs(f1) < fabs(*f2) )  /* Betragsmaessig kleineren           */
    { *x2 = *x1;               /* Funktionswert auf *f2 zuweisen     */
      *f2 = f1;
    }
  return(res);
}

/*-------------------------  ENDE PEGASUS  --------------------------*/
```

P 2.1.6.7 VERFAHREN VON PEGASUS, ANDERSON/BJÖRCK, KING

```
/*---------------------- MODUL NULLSTELLE --------------------------*/

#include <u_const.h>

#define ITERMAX 300                  /* Maximale Anzahl der Funktions-  */
                                     /* auswertungen                    */
#define ABSERR 0.0                   /* Zugelassener Absolutfehler      */
#define RELERR MACH_EPS              /* Zugelassener Relativfehler      */
#define FKTERR 1.0E-20               /* Max. Fehler im Funktionswert    */


 int roots (method, fkt, quadex,     /***********************************/
             x1, x2, fx2, iter)     /* Nullstellenbestimmung mit den */
                                     /* Verfahren von                   */
   double (*fkt)(), *x1, *x2, *fx2;  /* Anderson, Bjoerck und King      */
   int    method, quadex, *iter;     /***********************************/

/*====================================================================*/
/*                                                                    */
/*  Die Funktion roots bestimmt eine Nullstelle der stetigen Funktion */
/*  fkt. Genuegen die Startwerte x1 und x2 der Bedingung:            */
/*  fkt(x1) * fkt(x2) <= 0.0, so ist jedes der vier Verfahren -       */
/*  Pegasus, Pegasus-King, Anderson-Bjoerck, Anderson-Bjoerck-King -  */
/*  konvergent.                                                       */
/*                                                                    */
/*====================================================================*/
/*                                                                    */
/*   Anwendung:                                                       */
/*   =========                                                        */
/*      Bestimmung einer Nullstelle der stetigen Funktion fkt. Ist    */
/*      ein Einschlussintervall [x1, x2] fuer die Nullstelle bekannt, */
/*      so konvergiert das Verfahren in jedem Fall.                   */
/*                                                                    */
/*====================================================================*/
/*                                                                    */
/*   Literatur:                                                       */
/*   =========                                                        */
/*   1) Anderson, N., Bjoerck, A., A new high order method of Regula  */
/*      Falsi typ for computing a root of an equation, BIT 13,        */
/*      p. 253-264, (1973).                                           */
/*   2) King, R.F., An improved Pegasus-method for root finding,      */
/*      BIT 13, p.423-427, (1973).                                    */
/*                                                                    */
/*====================================================================*/
/*                                                                    */
/*   Eingabeparameter:                                                */
/*   ================                                                 */
/*      method   int method;                                          */
/*               Gewaehltes Verfahren:                                */
/*           =1  Pegasus-Verfahren                                    */
/*           =2  Pegasus-King-Verfahren                               */
/*           =3  Anderson-Bjoerck-Verfahren                           */
/*        sonst  Anderson-Bjoerck-King-Verfahren                      */
/*      fkt      double fkt(double);                                  */
```

```
/*               Funktion, deren Nullstelle zu bestimmen ist.          */
/*               fkt hat die Form:                                     */
/*                   double fkt(x)                                     */
/*                   double x;                                         */
/*                   { double f;                                       */
/*                     f = ...;                                        */
/*                     return(f);                                      */
/*                   }                                                 */
/*     quadex    int quadex;                                           */
/*         =0    nur lineare Extrapolation zugelassen, falls die       */
/*               Startwerte die Nullstelle nicht einschliessen;        */
/*               sinnvoll, falls eine mehrfache Nullstelle vermutet    */
/*               wird.                                                 */
/*      sonst    quadratische Extrapolation.                           */
/*     x1,x2     double *x1, *x2;                                      */
/*               Anfangswerte fuer die Iteration; ist nur ein Start-   */
/*               wert bekannt, so kann *x1 = *x2 gesetzt werden. Das   */
/*               Verfahren konstruiert dann kuenstlich einen zweiten   */
/*               Startwert.                                            */
/*                                                                     */
/*   Ausgabeparameter:                                                 */
/*   =================                                                 */
/*     x2        double *x2;                                           */
/*               Gefundene Naeherungsloesung fuer eine Nullstelle      */
/*               von fkt.                                              */
/*     f2        double *f2;                                           */
/*               Funktionswert an der gefundenen Naeherungsloesung,    */
/*               der fast 0 sein muss.                                 */
/*     iter      int *iter;                                            */
/*               Anzahl der durchgefuehrten Iterationsschritte.        */
/*                                                                     */
/*   Rueckgabewert:                                                    */
/*   ==============                                                    */
/*      =  0     Nullstelle mit abs(f2) < FKTERR gefunden              */
/*      =  1     Abbruch mit abs(xneu-xalt) < ABSERR + xneu * RELERR,  */
/*               Funktionswert pruefen                                 */
/*      =  2     Iterationsmaximum erreicht                            */
/*                                                                     */
/*=====================================================================*/
/*                                                                     */
/*   Benutzte Funktionen:                                              */
/*   ====================                                              */
/*                                                                     */
/*     swap2 (): Tauscht zwei x- und zwei Funktionswerte               */
/*                                                                     */
/*     Aus der C-Bibliothek: fabs()                                    */
/*                                                                     */
/*=====================================================================*/
/*                                                                     */
/*   Benutzte Konstanten: ABSERR, RELERR, MACH_EPS, EPSROOT, FKTERR    */
/*   ====================  ITERMAX                                     */
/*                                                                     */
/*=====================================================================*/
```

```
{
  double f1, x3, f3, fquot, q, x3new, fabs();
  int   sec = 0, neg, incl, res = 2;
  void swap2();

  if ( *x1 == *x2 )             /* Falls *x1 = *x2, wird *x2 abgeaendert */
    *x2 = (1.0 + EPSROOT) * (*x2) + EPSROOT;

    f1 = (*fkt)(*x1);           /* Funktionswerte an den Startpunkten    */
  *fx2 = (*fkt)(*x2);
                                /* Zaehler fuer die Anzahl der Funk-     */
  *iter = 2;                    /* tionsauswertungen besetzen.           */

  if ( fabs(f1) < fabs(*fx2) )          /* Betragsmaessig kleineren      */
    swap2 (x1, x2, &f1, fx2);           /* Funktionswert in f2 speichern */

  if ( fabs(*fx2) < FKTERR )            /* *x2 schon Nullstelle ?        */
    return(0);

  if ( f1 * (*fx2) > 0.0 )              /* incl = 0: kein Einschluss,    */
    { incl = 0; f3 = *fx2; }            /* sonst Einschluss              */
  else
    { incl = 1; sec = 1; }              /* sec = 1: Naechster Schritt    */
                                        /* ist Sekantenschritt           */

  while ( *iter <= ITERMAX )      /* Iterationsbeginn */
    {
      if ( !incl )                      /* Falls *x1, *x2 die Nullstelle */
        { fquot = f1 / *fx2;            /* nicht einschliessen           */
          if ( fquot > 1.0 )
            { if ( quadex && (fquot - f1 / f3 > 1.0) )
                f1 *= 1.0 - *fx2 / f3;
            }
          else
            if ( fquot < 0.0 )
              { incl = 1;
                if ( fabs(*x1 - *x2) <= fabs(*x2) * RELERR + ABSERR )
                  { res = 1; break; }
                else sec = 1;
              }
            else return(2);                 /* Nullstelle nicht gefunden */
        }

      q = *fx2 / (*fx2 - f1);
      x3 = *x2 + q * (*x1 - *x2);

      if ( !incl )              /* Liegt kein Einschluss vor, so wird ein  */
        if ( *x2 == x3 )        /* neues x3 konstruiert, das von *x2 u.*x1 */
                                /* verschieden ist; ex. kein solches x3,   */
          {                     /* so liegt die Nullstelle bei *x2.        */
           x3new = *x2 + (*x1 - *x2) / 3.0;
           if ( x3new == *x2 ) { res = 1; break; }
           else
             { do
                 { q += q;
                   x3new = *x2 + q * (*x1 - *x2);
                 }
```

```
            while ( x3new == *x2 );
            if ( x3new == *x1 ) { res = 1; break; }
            else x3 = x3new;
          }
        }
      else
        if ( *x1 == x3 )
          { x3new = *x1 + (*x2 - *x1) / 3.0;
            if ( x3new == *x1 ) { res = 1; break; }
            else
              { q = f1 / (f1 - *fx2);
                do
                  { q += q;
                    x3new = *x1 + q * (*x2 - *x1);
                  }
                while ( x3new == *x1);
                if ( x3new == *x2 ) { res = 1; break; }
                else x3 = x3new;
              }
          }
                               /* nun gilt: x1 != x3 u. *x2 != x3.    */
    f3 = (*fkt)(x3);           /* Berechnung des Funktionswertes an x3. */
    (*iter)++;                 /* Zaehler fuer f-Berechnungen erhoehen. */

    if ( fabs(f3) < FKTERR )                          /* x3 Nullstelle ?  */
      { res = 0;
        swap2 (x2, &x3, fx2, &f3);                    /* tauschen, fertig */
        return(0);
      }

    if ( !incl ) swap2 (x1, x2, &f1, fx2);
    else
      if ( *fx2 * f3 < 0.0 )
        { neg = 1;                           /* neg = 1: *x2 u. x3 schlies- */
          swap2 (x1, x2, &f1, fx2);  /* sen die Nullstelle ein          */
        }
      else neg = 0;
    swap2 (x2, &x3, fx2, &f3);

    if ( !incl ) continue;     /* kein Einschluss => weiter bei while */
                               /* sonst: *x1 o. *x2 Nullstelle ?      */

    if ( fabs(*x1 - *x2) <= fabs(*x2) * RELERR + ABSERR )
      { res = 1; break; }

    /* Ansonsten wird die gewaehlte Methode zur Bestimmung eines      */
    /* neuen Wertes fuer f1 angewandt:                                */

    switch (method)
      {
        case 1:  if ( !neg )     /* Pegasus-Verfahren                 */
                   f1 *= f3 / (*fx2 + f3);
                 break;

        case 2:  if ( sec )          /* Pegasus-King-Verfahren        */
                   {
                     f1 *= f3 / (*fx2 + f3);
```

```
                      sec = 0;
                    }
                  else if ( !neg )
                         f1 *= f3 / (*fx2 + f3);
                       else sec = 1;
                  break;

        case 3:   if ( !neg )      /* Anderson-Bjoerck-Verfahren        */
                    {
                      q = 1.0 - *fx2 / f3;
                      if ( q <= 0.0 ) q = 0.5;
                      f1 *= q;
                    }
                  break;

        default:  if ( sec )       /* Anderson-Bjoerck-King-Verfahren */
                    {
                      q = 1.0 - *fx2 / f3;
                      f1 *= (q > 0.0 ) ? q : 0.5;
                      sec = 0;
                    }
                  else if ( !neg )
                         { q = 1.0 - *fx2 / f3;
                           f1 *= (q > 0.0) ? q : 0.5;
                         }
                       else sec = 1;
                  break;
       }

    }  /* ende while ( *iter < ITERMAX ) */

 if ( fabs(f1) < fabs(*fx2) )       /* Betragsmaessig kleinsten Funk-    */
   swap2 (x1, x2, &f1, fx2);        /* tionswert und zugeh. x-Wert auf   */
                                    /* *x2 bzw. *fx2 zuweisen            */
 return (res);
}


 void swap2 (x, y, fx, fy)

  double *x, *y, *fx, *fy;

/*====================================================================*/
/*                                                                    */
/*  Die Prozedur swap2 tauscht die Werte der Speicherstellen x,y und  */
/*  fx,fy.                                                            */
/*                                                                    */
/*====================================================================*/
{
 double temp;

   temp = *x;     *x = *y;     *y = temp;
   temp = *fx;   *fx = *fy;   *fy = temp;
}

/*-----------------------   ENDE NULLSTELLE   -------------------------*/
```

P 2.2.2.3 DAS VERFAHREN VON MÜLLER

```
/*-------------------------- MODUL MUELLER ---------------------------*/

#include <u_const.h>

#define sabs(A,B) (abs(A) + abs(B))      /* komplexer Summenabs.       */

#define ITERMAX 500                      /* Iterationsmaximum,         */
                                         /* bei hohem Polynomgrad      */
                                         /* eventl. erhoehen           */
#define START 0.125                      /* Startwert bei skala=0      */


int muller (n, a, skala, zreal, zimag)   /****************************/
                                         /*     Mueller-Verfahren     */
  int    n, skala;                       /****************************/
  double a[], zreal[], zimag[];

/*====================================================================*/
/*                                                                    */
/*  muller bestimmt saemtliche reellen und komplexen Nullstellen      */
/*  eines Polynoms P vom Grade n mit                                  */
/*                          n              n-1                        */
/*      P(x) = a[n] * x  + a[n-1] * x    + ... + a[1] * x + a[0],     */
/*                                                                    */
/*  wobei a[i], i=0..n, reell sind.                                   */
/*                                                                    */
/*  Die Startwerte fuer das Mueller-Verfahren werden durch die        */
/*  Konstante START = 0.125 vorgegeben. Diese Wahl hat sich           */
/*  als guenstig erwiesen, kann aber gegebenenfalls abgeaendert       */
/*  werden.                                                           */
/*                                                                    */
/*====================================================================*/
/*                                                                    */
/*   Anwendung:                                                       */
/*   =========                                                        */
/*      Beliebige Polynome mit reellen Koeffizienten.                 */
/*      Mehrfache Nullstellen liegen in einem kleinen Kreis           */
/*      um den wahren Wert, der etwa mit dem Mittelwert der berech-   */
/*      neten Naeherungen uebereinstimmt.                             */
/*                                                                    */
/*====================================================================*/
/*                                                                    */
/*   Literatur:                                                       */
/*   =========                                                        */
/*      Muller, D.E., A method for solving algebraic equations using  */
/*      an automatic computer, Math. Tables Aids Comp. 10,            */
/*      p. 208-251, (1956).                                           */
/*                                                                    */
/*====================================================================*/
/*                                                                    */
```

```
/*   Eingabeparameter:                                                */
/*   ================                                                 */
/*      n          Grad des Polynoms ( >= 1 )      int    n;          */
/*      a          Vektor der Koeffizienten        double a[];        */
/*                 ( a[0],..,a[n] )                                   */
/*      skala      = 0, keine Skalierung           int    skala;      */
/*                 != 0 automatische Skalierung                       */
/*                                                                    */
/*   Ausgabeparameter:                                                */
/*   ================                                                 */
/*      zreal      Vektor der Laenge n,            double zreal[];    */
/*                 zreal[0],..,zreal[n-1] sind                        */
/*                 die Realteile der n Nullstellen                    */
/*      zimag      zimag[0],..,zimag[n-1] ent-     double zreal[];    */
/*                 halten die Imaginaerteile der                      */
/*                 berechneten Nullstellen                            */
/*                                                                    */
/*   Rueckgabewert:                                                   */
/*   =============                                                    */
/*      = 0        alles ok                                           */
/*      = 1        falsche Eingabeparameter (n<1 oder a[n] = 0.0)     */
/*      = 2        Iterationsmaximum ITERMAX ueberschritten           */
/*                                                                    */
/*====================================================================*/
/*                                                                    */
/*   Benutzte Funktionen:                                             */
/*   ===================                                              */
/*                                                                    */
/*     fwert():     Bestimmt den Funktionswert des aktuellen Polynoms */
/*     quadloes():  Loesst eine quadratische Geichung mit komplexen   */
/*                  Koeffizienten                                     */
/*                                                                    */
/*   Aus der C-Bibliothek: fabs(), pow()                              */
/*                                                                    */
/*====================================================================*/
/*                                                                    */
/*   Benutzte Konstanten: MACH_EPS, EPSROOT, EPSQUAD, ITERMAX, START  */
/*   ===================                                              */
/*                                                                    */
/*====================================================================*/

{
  void fwert(int,int,double*,double,double,double,double*,double*);
  void quadloes(double,double,double,double,double,double,
                                           double*,double*);

  register i;
    int iu, iter;
   double pow(double,double),  /* Potenzfunktion */
          fabs(double),
          p, q, temp, scale, start, zrealn,
          x0real, x0imag, x1real, x1imag, x2real,x2imag,
          f0r,    f0i,    f1r,    f1i,    f2r,   f2i,
          h1real, h1imag, h2real, h2imag, hnr,   hni,
          fdr,    fdi,    fd1r,   fd1i,   fd2r,  fd2i,
          fd3r,   fd3i,
          b1r,    b1i;
```

```
for( i=0; i<n; i++) { zreal[i] = a[i];     /*  a auf zreal kopieren  */
                      zimag[i] = 0.0;   } /*  zimag mit 0 besetzen  */

if ( (n <= 0) || (fabs(a[n]) <= 0.0) )
  return(1);                              /* unzulaessige Parameter */

scale = 0.0;                  /* Skaliere Polynom, wenn ( skala != 0 ) */

if ( skala != 0 )             /* scale                                 */
  { p = fabs(a[n]);           /*                 a[i]  1/(n-i)         */
    for (i=0; i<n; i++)       /*  =  max{ abs( ---- )         ,i=0..n-1} */
      if (zreal[i] != 0.0)    /*                 a[n]                  */
        {
         zreal[i] /= p;
         scale = max (scale, pow (fabs(zreal[i]), 1.0/(n-i)) );
        }
    zrealn = a[n] / p;                       /* zrealn = +/-1          */

                              /*                      n-i              */
    if ( scale != 1.0 )       /* a[i] = a[i] / ( scale    ), i=0..n-1  */
                              /*                                       */
      for (p = 1.0, i = n-1; i >= 0; i--)
        { p *= scale;
          zreal[i] /= p;
        }
  }    /* end if (skala.. */
else
  { scale = 1.0; zrealn = a[n]; }

iu = 0;

do {   /*  Muellerverfahren bis iu == n-1  */

    while ( fabs(zreal[iu]) < EPSQUAD )          /* Nulloesungen des    */
      {                                          /* Rest-Polynoms       */
        zreal[iu] = zimag[iu] = 0.0;
        iu++;
      }

    if ( iu >= n-1 )                          /* Wenn iu == n-1 --> Ende */
      {
        zreal[n-1] *= -scale / zrealn;
        zimag[n-1] = 0.0;
        return(0);
      }

    if (skala != 0)                           /* Wenn Skalierung, Start- */
      {                                       /* wert neu berechnen      */
       for (start = 0.0, i = n-1; i >= iu; i--)
         start = max(start, fabs(zreal[i]));
       start /= 128.0;                    /* Alle Nullstellen liegen im  */
      }                                   /* Kreis um (0,0) mit Radius   */
                                          /* r = 1 + max{abs(a[i]),i=..} */
    else start = START;

    iter = 0;                        /* Iterationszaehler initialisieren */
```

```
x0real = -start; x0imag = 0.0;          /* Startwerte fuer Muller */
x1real =  start; x1imag = 0.0;
x2real =  0.0  ; x2imag = 0.0;

h1real = x1real - x0real; h1imag = 0.0;   /*  h1 = x1 - x0        */
h2real = x2real - x1real; h2imag = 0.0;   /*  h2 = x2 - x1        */

f0r = zrealn;     f0i = 0.0;          /* zugehoerige Funktionswerte */
f1r = f0r;        f1i = 0.0;

for ( i=n; i > iu; )
  { f0r = f0r * x0real + zreal[--i];
    f1r = f1r * x1real + zreal[i];
  }

f2r = zreal[iu]; f2i = 0.0;
fd1r = (f1r - f0r) / h1real;        /* 1. dividierte Differenz Nr.1 */
fd1i = 0.0;                         /* fd1 = (f1 - f0) / h1         */

do {    /* Mueller-Iteration */

     if ( sabs(f0r,f0i) < EPSQUAD           /* Startwert ist gute  */
        || sabs(f1r,f1i) < EPSQUAD )       /* Naeherung            */
       { x1real = x0real;
         x1imag = x0imag;
         f2r = f0r; f2i = f0i;
         break;
       }
                                       /* 1. dividierte Differenz Nr.2 */
                                       /* fd2 = (f2 - f1) / h2         */
     temp = h2real * h2real + h2imag * h2imag;
     fdr = f2r - f1r;
     fdi = f2i - f1i;
     fd2r = ( fdr * h2real + fdi * h2imag ) / temp;
     fd2i = ( fdi * h2real - fdr * h2imag ) / temp;

     fdr = fd2r - fd1r;            /* 2. dividierte Differenz        */
     fdi = fd2i - fd1i;            /* fd3 = (fd2 - fd1) / (h1 + h2) */

     hnr = h1real + h2real; hni = h1imag + h2imag;
     temp = hnr * hnr + hni * hni;
     fd3r = ( fdr * hnr + fdi * hni ) / temp;
     fd3i = ( fdi * hnr - fdr * hni ) / temp;

     b1r = h2real * fd3r - h2imag * fd3i + fd2r;  /*  h2 * f3   */
     b1i = h2real * fd3i + h2imag * fd3r + fd2i;

     h1real = h2real;                  /* letzte Korrek. merken, */
     h1imag = h2imag;
                                       /* neue berechnen         */
     if ( (fd3r != 0.0) || (fd3i != 0.0) ||
             (b1r != 0.0) || (b1i != 0.0) )
       quadloes (fd3r, fd3i, b1r,b1i, f2r,f2i, &h2real,&h2imag);
     else
       { h2real = 0.5; h2imag = 0.0; }

     x1real =  x2real;                 /* alte Loesung merken,   */
```

```
        x1imag =  x2imag;
        x2real += h2real;                    /* neue berechnen:        */
        x2imag += h2imag;                    /* x2 = x2 + h2           */

        f1r  = f2r;    f1i  = f2i;  /* genauso fuer Funktionswerte */
        fd1r = fd2r;   fd1i = fd2i;

        fwert (n, iu, zreal, zrealn, x2real, x2imag, &f2r, &f2i);

                        /* Uneffektive Richtungen und damit over-   */
                        /* flow vermeiden                           */
        i = 0;
        while ( sabs(f2r,f2i)  > n * sabs(f1r,f1i) )
          {
                                       /* gegen underflow sichern  */
            if ( i > 10 ) break; else i++;
            h2real *= 0.5;             /* h halbieren; x2,f2 korrig. */
            h2imag *= 0.5;
            x2real -= h2real;  x2imag -= h2imag;
            fwert (n, iu, zreal, zrealn, x2real, x2imag, &f2r, &f2i);
          }

       iter++;
       if ( iter > ITERMAX ) return(2);  /* ITERMAX ueberschritten */

     }                                   /* Ende Mulleriteration   */
  while ( (sabs(f2r,f2i) > EPSQUAD) &&
          (sabs(h2real,h2imag) > MACH_EPS * sabs(x2real,x2imag)) );

  if ( sabs(f1r,f1i) < sabs(f2r,f2i) )
    {
     x2real = x1real;  x2imag = x1imag;   /* bessere Naeherung    */
    }                                     /* aussuchen            */


  if ( fabs(x2imag) > EPSROOT * fabs(x2real) )
    {                                    /* Abdividieren einer kom-  */
                                         /* plexen Nullstelle u. der */
                                         /* komplex konjugierten     */
     p  = 2.0 * x2real;
     q  = -x2real * x2real - x2imag * x2imag;

     zreal[n-1] += p * zrealn;
     zreal[n-2] += p * zreal[n-1] + q * zrealn;
     for (i = n-3; i > iu + 1; i--)
        zreal[i] += p * zreal[i+1] + q * zreal[i+2];

     x2real *= scale; x2imag *= scale;
     zreal [iu+1] =  x2real;
     zimag [iu+1] =  x2imag;
     zreal [iu]   =  x2real;
     zimag [iu]   = -x2imag;
     iu += 2;                         /* Polynomgrad um 2 erniedrigen */
    }
  else
    {
     zreal[n-1] += zrealn * x2real;      /* reelle Nullstelle ab-   */
```

```
          for (i = n-2; i > iu; i--)          /* dividieren              */
            zreal[i] += zreal[i+1] * x2real;

          zreal[iu] = x2real * scale;
          zimag[iu] = 0.0;
          iu++;                          /* Polynomgrad um 1 erniedrigen */
        }
      }
    while ( iu < n );                         /* Ende Mullerverfahren    */
    return(0);
}


void fwert (n, iu, zreal, zrealn, xreal, ximag, freal, fimag)

 int    n, iu;
 double zreal[], zrealn, xreal, ximag, *freal, *fimag;

/*====================================================================*/
/*                                                                    */
/*  fwert bestimmt den Funktionswert eines Polynoms vom Grade n-iu    */
/*  mit den reellen Koeffizienten zreal[iu],..,zreal[n-1],zrealn an   */
/*  der (komplexen) Stelle (xreal, ximag).                            */
/*                                                                    */
/*====================================================================*/
/*                                                                    */
/*  Eingabeparameter:                                                 */
/*  ================                                                  */
/*      zreal    Vektor der Koeffizienten          double zreal[];    */
/*      zrealn   fuehrender Koeffizient            double zrealn;     */
/*      xreal    Realteil der Auswertungsstelle    double xreal;      */
/*      ximag    Imaginaerteil Auswertungsstelle   double ximag;      */
/*                                                                    */
/*  Ausgabeparameter:                                                 */
/*  ================                                                  */
/*      freal    Realteil des Polynomwerts         double *freal:     */
/*      fimag    Imaginaerteil des Polynomwerts    double *fimag;     */
/*                                                                    */
/*====================================================================*/

{
  double   temp;
  register i;

  *freal = zrealn;  *fimag = 0.0;
  if ( ximag == 0.0 )                       /* Funktionswert reell    */
    for (i = n; i > iu; )
       *freal = *freal * xreal + zreal[--i];
  else
    for (i = n; i > iu; )                   /* Funktionswert komplex  */
      { temp    = *freal;
        *freal  = *freal * xreal - *fimag * ximag + zreal[--i];
        *fimag  = temp * ximag + xreal * *fimag;
      }
}
```

```
void quadloes (ar, ai, br, bi, cr, ci, treal, timag)

  double ar, ai, br, bi, cr, ci, *treal, *timag;

/*====================================================================*/
/*                                                                    */
/*  Berechnung der betragsmaessig kleinsten Loesung der Gleichung     */
/*  a*t**2 + b*t + c = 0. a, b, c und t sind komplex.                 */
/*                                   2                                */
/*  Formel dazu: t = 2c / (-b +/- sqrt (b  - 4ac)).                   */
/*  Die Formel ist auch fuer a=0 gueltig!                             */
/*                                                                    */
/*====================================================================*/
/*                                                                    */
/*  Eingabeparameter:                                                 */
/*  ================                                                  */
/*      ar, ai   a Faktor von t**2              double ar,ai;         */
/*      br, bi   b Faktor von t                 double br,bi;         */
/*      cr, ci   c konstanter Term              double cr,ci;         */
/*                                                                    */
/*  Ausgabeparameter:                                                 */
/*  ================                                                  */
/*      treal,timag  t komplexe Loesung         double *treal,*timag; */
/*                                                                    */
/*  Benutzte Funktionen aus der C-Bibliothek: sqrt()                  */
/*                                                                    */
/*====================================================================*/

{
 double   pr, pi, qr, qi, h, sqrt();

   pr = br * br - bi * bi; pi = 2.0 * br * bi;         /*  p = b * b   */
   qr = ar * cr - ai * ci; qi = ar * ci + ai * cr;     /*  q = a * c   */
   pr = pr - 4.0 * qr;
   pi = pi - 4.0 * qi;                             /* p = b * b - 4 * a * c */
   h  = sqrt ( pr * pr + pi * pi );                    /* q = sqrt (p) */
   qr = h + pr; if (qr < 0.0) qr = 0.0; qr = sqrt (qr / 2.0);
   qi = h - pr; if (qi < 0.0) qi = 0.0; qi = sqrt (qi / 2.0);
   if ( pi< 0.0 ) qi = -qi;

   h = qr * br + qi * bi;     /* p = -b +/- q, so dass Betrag p gross */
   if ( h > 0.0 ) { qr = -qr; qi = -qi; }
   pr = qr - br; pi = qi - bi;

   h = pr * pr + pi * pi;                          /* t = (2 * c) / p   */
   *treal = 2.0 * (cr * pr + ci * pi) / h;
   *timag = 2.0 * (ci * pr - cr * pi) / h;
}

/*----------------------- ENDE MUELLER ---------------------------*/
```

P 2.2.2.4 DAS BAUHUBER-VERFAHREN

```
/*------------------------- MODUL BAUHUBER -------------------------*/

#include <u_const.h>

#define ITERMAX 1000                  /* Maximale Anzahl der Funktions-  */
                                      /* auswertungen pro Nullstelle     */
#define EPS (64.0 * MACH_EPS)         /* Genauigkeit im Funktionswert    */
#define BETA (8.0 * EPS)
#define QR 0.1                        /* Real-/Imaginaerteil des         */
#define QI 0.9                        /* Spiralisierungsfaktors          */

int bauhub (real, scale, n, ar, ai, rootr, rooti, abs_val)

  int    real, scale, n;
  double *ar, *ai, *rootr, *rooti, *abs_val;

/*====================================================================*/
/*                                                                    */
/*  bauhub bestimmt mit dem Verfahren von Bauhuber saemtliche reellen */
/*  und komplexen Nullstellen eines Polynoms P vom Grade n mit        */
/*                                                 n-1          n     */
/*      P(x) = a[0] + a[1] * x + ... + a[n-1] * x     + a[n] * x ,    */
/*                                                                    */
/*  wobei a[i], i=0..n, komplex sind.                                 */
/*                                                                    */
/*====================================================================*/
/*                                                                    */
/*   Anwendung:                                                       */
/*   =========                                                        */
/*      Beliebige Polynome mit komplexen Koeffizienten.               */
/*      Ist das Polynom schlecht konditioniert (kleine Aenderungen    */
/*      in den Koeffizienten fuehren zu grossen Aenderungen in den    */
/*      Nullstellen), so sollte das Polynom nicht skaliert werden;    */
/*      ansonsten ist eine Skalierung fuer Stabilitaet und Perfor-    */
/*      mance von Vorteil.                                            */
/*                                                                    */
/*====================================================================*/
/*                                                                    */
/*   Eingabeparameter:                                                */
/*   ================                                                 */
/*      real      int real;                                           */
/*        = 0     Polynomkoeffizienten sind komplex                   */
/*       != 0     Polynomkoeffizienten sind reell                     */
/*      scale     int scale;                                          */
/*        = 0     keine Skalierung                                    */
/*       != 0     Skalierung des Polynoms, s. polysc()                */
/*      n         int n;                                              */
/*                Grad des Polynoms ( >= 1 )                          */
/*      ar, ai    double ar[], ai[];                                  */
/*                Real-/Imaginaerteile der Polynomkoeffizienten       */
/*                ( ar[0],..,ar[n] )                                  */
/*                                                                    */
```

```
/*   Ausgabeparameter:                                                    */
/*   ================                                                     */
/*      rootr     double rootr[];    (Vektor der Laenge n+1 !!!)         */
/*                rootr[0],..,rootr[n-1] sind die Realteile der          */
/*                n Nullstellen                                           */
/*      rooti     double rooti[];    (Vektor der Laenge n+1 !!!)         */
/*                rooti[0],..,rooti[n-1] enthalten die Imaginaerteile    */
/*                der berechneten Nullstellen                             */
/*      abs_val   double abs_val[];                                       */
/*                abs_val[0],..,abs_val[n-1] sind die Absolutbetraege    */
/*                der Polynomwerte an den gefundenen Nullstellen          */
/*                                                                        */
/*   Rueckgabewert:                                                       */
/*   =============                                                        */
/*      = 0       alles ok                                                */
/*      = 1       falsche Eingabeparameter n < 1                          */
/*      = 2       ar[n] = 0.0 und ai[n] = 0.0 gewaehlt                    */
/*      = 3       Iterationsmaximum ITERMAX ueberschritten                */
/*                                                                        */
/*========================================================================*/
/*                                                                        */
/*   Benutzte Funktionen:                                                 */
/*   ===================                                                  */
/*     bauroot():   Bestimmt eine Nullstelle des Polynoms                 */
/*     scpoly():    Skaliert das Polynom                                  */
/*     chorner():   Berechnung des Polynomwerts                           */
/*     polydiv():   Abdividieren einer Nullstelle                         */
/*     cabs():      Komplexer Absolutbetrag                               */
/*                                                                        */
/*========================================================================*/

{
  void   polydiv(), scpoly(), chorner();
  int    bauroot();
  double cabs();

  int    i, res;
  double x0r, x0i, *scalefak,
         tempr, tempi, t1, t2, t3, t4, t5;


  if ( n < 1 ) return (1);

  if ( ar[n] == 0.0 && ai[n] == 0.0 ) /* Fuehrender Koeffizient muss */
    return (2);                        /* verschieden von 0 sein      */

  for (i = 0; i <= n; i++)          /* Kopiere die Originalkoeffizien- */
    { rootr[i] = ar[i];             /* auf root                        */
      rooti[i] = ai[i];
    }

  if ( scale )                     /* Skaliere Polynom, falls gewuenscht */
    scpoly (n, rootr, rooti, scalefak);
  else  *scalefak = 1.0;

  x0r = 0.0;  x0i = 0.0;                                 /* Startwert */
```

```
   for (i = 0; i < n; i++)
     {                                   /* i-te Nullstelle berechnen */
      res = bauroot (n, i, rootr, rooti, &x0r, &x0i);

      rootr[i] = *scalefak * x0r;             /* Nullstelle merken */
      rooti[i] = *scalefak * x0i;

      if ( res > 0 ) return (3);      /* Iterationsmaximum erreicht */

      /* Polynomwert des Originalpolynoms an (rootr[i],rooti[i])    */

      chorner (n, 0, ar, ai, rootr[i], rooti[i],
               &tempr, &tempi, &t1, &t2, &t3, &t4, &t5);

      abs_val[i] = cabs (tempr, tempi);          /* Fehler merken    */

      polydiv (n, i, rootr, rooti, x0r, x0i);   /* Abdividieren     */

      if ( real ) x0i = -x0i;         /* Neuer Startwert in Abhaen- */
        else x0r = x0i = 0.0;         /* gigkeit von real          */
     }
 return(0);
}


void scpoly (n, ar, ai, scal)            /********************************/
                                         /*     Polynom-Skalierung       */
  int n;                                 /********************************/
  double *ar, *ai, *scal;

/*====================================================================*/
/*                                                                    */
/*  scalpoly skaliert das Polynom P mit                               */
/*                                              n-1            n      */
/*     P(x) = a[0] + a[1] * x + ... + a[n-1] * x    + a[n] * x ,      */
/*                                                                    */
/*  wobei a[i], i=0..n, komplex sind.                                 */
/*                                                                    */
/*====================================================================*/
/*                                                                    */
/*   Eingabeparameter:                                                */
/*   ================                                                 */
/*      n          int n;                                             */
/*                 Grad des Polynoms ( >= 1 )                         */
/*      ar         double ar[], ai[];                                 */
/*                 Real-/Imaginaerteile der Koeffizienten a[0],..,a[n] */
/*                                                                    */
/*   Ausgabeparameter:                                                */
/*   ================                                                 */
/*      ar, ai     double ar[], ai[];                                 */
/*                 Real-/Imaginaerteile der Koeffizienten a[0],..,a[n] */
/*                 des skalierten Polynoms.                           */
/*      scal       double *scal;                                      */
/*                 Skalierungsfaktor                                  */
/*                                                                    */
/*====================================================================*/
```

```
/*                                                                          */
/*   Benutzte Funktionen:                                                   */
/*   ====================                                                   */
/*      cabs():  Komplexer Absolutbetrag                                    */
/*                                                                          */
/*   Aus der C - Bibliothek: pow()                                          */
/*                                                                          */
/*   Macros:     max                                                        */
/*==========================================================================*/

{
  double p, cabs(), pow();
  int    i;

  *scal = 0.0;
                               /* scal =                                    */
  p = cabs (ar[n], ai[n]);     /*             a[i]  1/(n-i)                 */
  for (i = 0; i < n; i++)      /*    max{ cabs( ---- )         ,i=0..n-1}   */
                               /*             a[n]                          */
    { ai[i] /= p; ar[i] /= p;
      *scal = max (*scal, pow (cabs (ar[i],ai[i]), 1.0/(n-i)) );
    }
  ar[n] /=  p; ai[n] /= p;     /* Betrag von a[n] = 1                       */

  if ( *scal == 0.0 ) *scal = 1.0;

  for (p = 1.0, i = n-1; i >= 0; i--)
    { p *= *scal;              /*                       n-i                 */
      ar[i] /= p; ai[i] /= p;  /* a[i] = a[i] / (scal      ), i=0..n-1      */
    }                          /*                                           */
}


int bauroot (n, iu, ar, ai, x0r, x0i)      /*******************************/
                                           /*     Bauhuber-Iteration      */
  int      n, iu;                          /*******************************/
  double   *ar, *ai, *x0r, *x0i;

/*==========================================================================*/
/*                                                                          */
/*  bauroot berechnet eine Nullstelle des Polynoms P vom Grad n-iu:         */
/*                                                          n-iu            */
/*       P(x) = a[iu] + a[iu+1] * x + ... + a[n] * x      mit               */
/*                                                                          */
/*  komplexen Koeffizienten a[i], i=iu..n.                                  */
/*  Dabei wird das Newtonverfahren auf die Funktion P(x) / P'(x) an-        */
/*  gewandt, die Iteration durch Spiralisierung und Extrapolation           */
/*  stabilisiert.                                                           */
/*                                                                          */
/*==========================================================================*/
/*                                                                          */
/*   Eingabeparameter:                                                      */
/*   =================                                                      */
/*      n           int n;                                                  */
/*                  Maximalgrad des Polynoms ( >= 1 )                       */
```

```
/*    iu          int iu;                                              */
/*                Index des konstanten Terms im Polynom, n-iu ist der  */
/*                Grad des Polynnoms mit Koeff. a[iu],...,a[n]         */
/*    ar, ai      double ar[], ai[];                                   */
/*                Real-/Imaginaerteile der Koeffizienten               */
/*                                                                     */
/*   Ausgabeparameter:                                                 */
/*   ================                                                  */
/*    x0r,x0i     double *x0r, x0i;                                    */
/*                Real-/Imaginaerteil der gefundenen Nullstelle        */
/*                                                                     */
/*   Rueckgabewert:                                                    */
/*   =============                                                     */
/*      = 0       alles ok                                             */
/*      = 2       Iterationsmaximum ITERMAX ueberschritten             */
/*                                                                     */
/*=====================================================================*/
/*                                                                     */
/*   Benutzte Funktionen:                                              */
/*   ===================                                               */
/*     chorner():   Berechnung des Polynomwerts                        */
/*     cabs():      Komplexer Absolutbetrag                            */
/*     quadloes():  Quadratische Gleichung loesen (s. Mueller-Verf.)   */
/*                                                                     */
/*   Aus der C-Bibliothek: fabs()                                      */
/*                                                                     */
/*   Benutzte Konstanten: TRUE, FALSE, ITERMAX,                        */
/*   ===================  QR, QI, MACH_EPS, EPS, EPSROOT, BETA         */
/*=====================================================================*/

{
  int    res, result = 2, endit = FALSE,
         iter = 0, i = 0;
  double xoldr, xoldi, xnewr, xnewi, h, h1, h2, h3, h4, dzmax, dzmin,
         dxr, dxi, tempr, tempi, abs_pold, abs_pnew, abs_p1new,
         temp, temp1r, temp1i, ss, u, v, bdze,
         pr, pi, p1r, p1i, p2r, p2i;

  void   quadloes(), chorner();
  double cabs(), fabs();

  if ( n - iu == 1 )                          /* Polynom vom Grad 1    */
    { quadloes (0.0, 0.0, ar[n], ai[n],
                ar[n-1], ai[n-1], x0r, x0i);
      return(0);
    }

  if ( n - iu == 2 )                          /* Polynom vom Grad 2    */
    { quadloes (ar[n], ai[n], ar[n-1], ai[n-1],
                ar[n-2], ai[n-2], x0r, x0i);
      return(0);
    }

  xnewr = *x0r;  xnewi = *x0i;
  endit = FALSE;
```

```
chorner (n, iu, ar, ai, xnewr, xnewi,      /* Polynomwert berechnen  */
         &pr, &pi, &p1r, &p1i, &p2r, &p2i, &ss);
iter++;

abs_pnew = cabs (pr, pi);
if ( abs_pnew < EPS ) return (0);    /* Startwert ist gute Naeherung */

abs_pold = abs_pnew;
dzmin = BETA * (EPSROOT + cabs (xnewr, xnewi));

while ( iter < ITERMAX )    /* Bauhuber-Iteration */
  {
   abs_p1new = cabs (p1r, p1i);

   if ( abs_pnew > abs_pold )                   /* Spiralisierungsschritt */
     { i = 0;                                   /* dx = dx * q            */
       iter++;
       temp = dxr;
       dxr = QR * dxr - QI * dxi;
       dxi = QR * dxi + QI * temp;
     }
   else
     { dzmax = 1.0 + cabs (xnewr, xnewi);
       h1 = p1r * p1r - p1i * p1i - pr * p2r + pi * p2i;
       h2 = 2.0 * p1r * p1i - pr * p2i - pi * p2r;
       if (     abs_p1new > 10.0 * ss
            && cabs (h1, h2) > 100.0 * ss * ss)
         { i++;
           if ( i > 2 ) i = 2;
           tempr = pr * p1r - pi * p1i;
           tempi = pr * p1i + pi * p1r;
           res = cdiv (-tempr, -tempi, h1, h2, &dxr, &dxi);

          if ( cabs (dxr, dxi) > dzmax )
            { temp = dzmax / cabs (dxr,dxi);      /* Newton-Schritt   */
              dxr *= temp;
              dxi *= temp;
              i = 0;
            }
          if (    i == 2
              && cabs (dxr, dxi) < dzmin / EPSROOT
              && cabs (dxr, dxi) > 0.0)
            { i = 0;                         /* Extrapolationsschritt  */
              res = cdiv (xnewr - xoldr, xnewi - xoldi,
                          dxr, dxi, &h3, &h4);
              h3 += 1.0;
              h1 = h3 * h3 - h4 * h4;
              h2 = 2.0 * h3 * h4;
              res = cdiv (dxr, dxi, h1, h2, &h3, &h4);
              if ( cabs (h3, h4) < 50.0 * dzmin )
                { dxr += h3;  dxi += h4;
                }
            }
          xoldr = xnewr;  xoldi = xnewi;
          abs_pold = abs_pnew;
         }
       else
```

```
          { i = 0;                              /* Sattelpunktnaehe         */
            h = dzmax / abs_pnew;
            dxr = h * pr;  dxi = h * pi;
            xoldr = xnewr;  xoldi = xnewi;
            abs_pold = abs_pnew;
            do
              { chorner (n, iu, ar, ai, xnewr+dxr, xnewi+dxi,
                         &u, &v, &h, &h1, &h2, &h3, &h4);
                iter++;
                dxr *= 2.0; dxi *= 2.0;
              }
            while ( fabs (cabs (u,v) / abs_pnew - 1.0) < EPSROOT );
          }
      }

    if ( endit )
      { if ( cabs (dxr, dxi) < 0.1 * bdze )
          { xnewr += dxr;  xnewi += dxi;
          }
        result = 0; break;                      /* Iteration beenden */
      }
    else
      { xnewr = xoldr + dxr;
        xnewi = xoldi + dxi;
        dzmin = BETA * ( EPSROOT + cabs (xnewr, xnewi) );
        chorner (n, iu, ar, ai, xnewr, xnewi,
                 &pr, &pi, &p1r, &p1i, &p2r, &p2i, &ss);
        iter++;
        abs_pnew = cabs ( pr, pi);
        if ( abs_pnew == 0.0 ) { result = 0; break; }

        if ( cabs (dxr, dxi) < dzmin || abs_pnew < EPS )
          {
           endit = TRUE;
           bdze = cabs (dxr, dxi);
          }
      }

   } /* Ende Bauhuber-Iteration */

 *x0r = xnewr;  *x0i = xnewi;
 return (result);

}


void chorner (n, iu, ar, ai, xr, xi,          /***********************/
              pr, pi, p1r, p1i, p2r, p2i, rf1) /*    Horner-Schema     */
                                              /***********************/
  int    n, iu;
  double *ar, *ai, xr, xi,
         *pr, *pi, *p1r, *p1i, *p2r, *p2i, *rf1;

/*====================================================================*/
/*                                                                    */
/*  Hornerschema fuer Polynome mit komplexen Koeffizienten; berechnet */
/*  werden:                                                           */
```

```
/*     1. Polynomwert der Polynoms P (komplex) vom Grade n - iu,         */
/*     2. die 1. Ableitung,                                              */
/*     3. die 2. Ableitung an der Stelle x,                              */
/*     4. eine Fehlerschaetzung der 1. Ableitung.                        */
/*                                                                       */
/*=======================================================================*/
/*                                                                       */
/*   Eingabeparameter:                                                   */
/*   ================                                                    */
/*      n          int n;                                                */
/*                 Maximalgrad des Polynoms ( >= 1 )                     */
/*      ar, ai     double ar[], ai[];                                    */
/*                 Real-/Imaginaerteile der Koeffizienten des Polynoms   */
/*                 mit Koeffizienten a[iu],..,a[n]                       */
/*      x0r,x0i    double x0r, x0i;                                      */
/*                 Real-/Imaginaerteil der Auswertungsstelle             */
/*                                                                       */
/*   Ausgabeparameter:                                                   */
/*   ================                                                    */
/*      pr, pi     double *pr, *pi;                                      */
/*                 Real-/Imaginaerteil der Polynomwerts                  */
/*      p1r, p1i   double *p1r, *p1i;                                    */
/*                 Real-/Imaginaerteil der 1. Ableitung                  */
/*      p2r, p2i   double *p2r, *p2i;                                    */
/*                 Real-/Imaginaerteil der 2. Ableitung                  */
/*      rf1        double *rf1;                                          */
/*                 Fehlerschaetzung fuer die 1. Ableitung                */
/*                                                                       */
/*=======================================================================*/
/*                                                                       */
/*   Benutzte Funktionen:                                                */
/*   ===================                                                 */
/*     cabs():      Komplexer Absolutbetrag                              */
/*                                                                       */
/*=======================================================================*/
/*                                                                       */
/*   Benutzte Konstanten:  EPS                                           */
/*   ===================                                                 */
/*                                                                       */
/*=======================================================================*/

{
  register i, j;
  int      i1;
  double   temp, cabs();

  *p2r = ar[n];  *p2i = ai[n];

  *pr = *p1r = *p2r;  *pi = *p1i = *p2i;
  *rf1 = cabs (*pr, *pi);
  i1 = n - iu;

  for (j = n - iu, i = n - 1; i >= iu; i--, j--)
    {
      temp = *pr;                          /* Polynomwert (pr,pi)       */
      *pr = *pr * xr - *pi * xi + ar[i];
      *pi = *pi * xr + temp * xi + ai[i];
```

```
    if ( i == iu ) break;

    temp = *p1r;                       /* 1. Ableitung (p1r,p1i)       */
    *p1r = *p1r * xr - *p1i * xi;
    *p1i = *p1i * xr + temp * xi;
    temp = cabs (*p1r, *p1i);          /* Fehlerschaetzung fuer die    */
    *p1r += *pr;    *p1i += *pi;       /* Ableitung des Polynoms       */
    temp = max (temp, cabs (*pr, *pi));
    if ( temp > *rf1 )
      { *rf1 = temp; i1 = j - 1; }
    if ( i - iu <= 1 ) continue;

    temp = *p2r;                       /* 2. Ableitung (p2r,p2i)       */
    *p2r = *p2r * xr - *p2i * xi + *p1r;
    *p2i = *p2i * xr + temp * xi + *p1i;
   }

  temp = cabs (xr, xi);
  if ( temp != 0.0 )
     *rf1 *= pow (temp, (double) i1) * (i1 + 1);
  else
     *rf1 = cabs (*p1r, *p1i);
  *rf1 *= EPS;

  *p2r *= 2.0;  *p2i *= 2.0;
}


void polydiv (n, iu, ar, ai, x0r, x0i)    /*****************************/
                                          /* Polynom-Division mit dem  */
  int    n, iu;                           /* Horner-Schema             */
  double  *ar, *ai, x0r, x0i;             /*****************************/

/*====================================================================*/
/*                                                                    */
/*  polydiv berechnet die Koeffizienten des Polynoms Q, das durch     */
/*  Division des Polynoms P durch x - x0 entsteht, falls x0 eine      */
/*  Nullstelle von P ist: P(x) = Q(x) * ( x - x0 ). Alle Groessen     */
/*  sind komplex.                                                     */
/*                                                                    */
/*====================================================================*/
/*                                                                    */
/*   Eingabeparameter:                                                */
/*   ================                                                 */
/*      n         int n;                                              */
/*                Maximalgrad des Polynoms ( >= 1 )                   */
/*      ar, ai    double ar[], ai[];                                  */
/*                Real-/Imaginaerteile der Koeffizienten des Polynoms */
/*                P vom Grade n-iu mit a[iu],..,a[n]                  */
/*      x0r,x0i   double x0r, x0i;                                    */
/*                Real-/Imaginaerteil der abzudividierenden Nullstelle */
/*                                                                    */
/*   Ausgabeparameter:                                                */
/*   ================                                                 */
```

```
/*      ar, ai    double ar[], ai[];                                    */
/*                Real-/Imaginaerteile der Koeffizienten                */
/*                ar[iu+1],..,ar[n] des Quotientenpolynoms Q            */
/*                                                                      */
/*======================================================================*/

{
  register i, j;
  double   temp;

  for (i = n - 1; i > iu; i--)
    {
     temp = ar[i+1];
     ar[i] += temp * x0r - ai[i+1] * x0i;
     ai[i] += ai[i+1] * x0r + temp * x0i;
    }
}


 int cdiv (ar, ai, br, bi, cr, ci)   /**********************************/
                                     /*      Komplexe Division         */
 double ar, ai, br, bi, *cr, *ci;    /**********************************/

/*======================================================================*/
/*                                                                      */
/*  Komplexe Division c = a / b                                         */
/*                                                                      */
/*======================================================================*/
/*                                                                      */
/*   Eingabeparameter:                                                  */
/*   ================                                                   */
/*      ar,ai     double ar, ai;                                        */
/*                Real-,Imaginaerteil des Dividenden                    */
/*      br,bi     double br, bi;                                        */
/*                Real-,Imaginaerteil des Divisors                      */
/*                                                                      */
/*   Ausgabeparameter:                                                  */
/*   ================                                                   */
/*      cr,ci     double *cr, *ci;                                      */
/*                Real- u. Imaginaerteil des Divisionsergebnisses       */
/*                                                                      */
/*   Rueckgabewert:                                                     */
/*   =============                                                      */
/*      = 0       Ergebnis ok                                           */
/*      = 1       Division durch 0                                      */
/*                                                                      */
/*   Benutzte Funktionen:                                               */
/*   ===================                                                */
/*      C Bilbliotheksfunktionen: fabs()                                */
/*                                                                      */
/*======================================================================*/

{
 double temp, fabs();

 if ( br == 0.0 && bi == 0.0 ) return (1);
```

```
 if ( fabs(br) > fabs(bi) )
   { temp = bi / br; br = temp * bi +br;
     *cr = (ar + temp * ai) / br;
     *ci = (ai - temp * ar) / br;
   }
 else
   { temp = br / bi; bi = temp * br + bi;
     *cr = ( temp * ar + ai ) / bi;
     *ci = ( temp * ai - ar ) / bi;
   }
 return (0);
}


double cabs ( ar, ai)                       /* Komplexer Absolutbetrag  */
 double ar, ai;

/*====================================================================*/
/*                                                                    */
/*  Komplexer Absolutbetrag von a                                     */
/*                                                                    */
/*====================================================================*/
/*                                                                    */
/*   Eingabeparameter:                                                */
/*   ================                                                 */
/*      ar,ai     double ar, ai;                                      */
/*                Real-,Imaginaerteil von a                           */
/*                                                                    */
/*   Rueckgabewert:                                                   */
/*   =============                                                    */
/*      Absolutbetrag von a                                           */
/*                                                                    */
/*   Benutzte Funktionen:                                             */
/*   ===================                                              */
/*      C Bilbliotheksfunktionen: fabs(), sqrt()                      */
/*                                                                    */
/*====================================================================*/

 {
 double temp, sqrt(), fabs();

 if ( ar == 0.0 && ai == 0.0 ) return (0.0);
 ar = fabs(ar); ai = fabs(ai);

 if ( ai > ar )
  { temp = ai; ai = ar; ar = temp; }              /* Tausche ai und ar */

 return ( (ai == 0.0) ? (ar) : (ar * sqrt(1.0 + ai/ar * ai/ar)) );
 }

/*----------------------  ENDE BAUHUBER  ----------------------------*/
```

P 3

P 3.2 GAUSS-ALGORITHMUS

```
/*----------------------- MODUL GAUSS ---------------------------*/

#include <stdio.h>
#include <u_const.h>


int gauss (cas, n, matrix, lumat, perm, b, x, signdet)
                                        /*****************************/
  int    cas, n, perm[], *signdet;      /*     GAUSS-Algorithmus     */
  double **matrix, **lumat, b[], x[];   /*****************************/

/*================================================================*/
/*                                                                */
/*  Die Funktion gauss dient zur Loesung eines linearen Gleichungs- */
/*  systems:  matrix * x = b.                                     */
/*  Dabei sind: matrix die regulaere n x n Koeffizientenmatrix,   */
/*              b die rechte Seite des Systems (n-Vektor),        */
/*              x der Loesungsvektor des Gleichungssystems.       */
/*                                                                */
/*  gauss arbeitet nach dem Gauss-Algorithmus mit Dreieckzerlegung */
/*  und skalierter Spaltenpivotsuche (Crout-Verfahren mit Zeilen- */
/*  vertauschung).                                                */
/*                                                                */
/*================================================================*/
/*                                                                */
/*   Anwendung:                                                   */
/*   =========                                                    */
/*      Beliebige lineare Gleichungssysteme mit regulaerer n x n  */
/*      Koeffizientenmatrix.                                      */
/*                                                                */
/*================================================================*/
/*                                                                */
/*   Steuerparameter:                                             */
/*   ===============                                              */
/*      cas      int cas;                                         */
/*               Aufrufart von gauss:                             */
/*       = 0     Bestimmung der Zerlegungsmatrix und Berechnung   */
/*               der Loesung des Gleichungssystems.               */
/*       = 1     Nur Berechnung der Zerlegungsmatrix lumat.       */
/*                                                                */
/*       = 2     Nur Loesung des Gleichungssystems; zuvor muss je- */
/*               doch die Zerlegungsmatrix bestimmt sein. Diese   */
/*               Aufrufart wird verwendet, falls bei gleicher     */
/*               Matrix lediglich die rechte Seite des Systems vari- */
/*               iert, z. B. zur Berechnung der Inversen.         */
/*                                                                */
/*   Eingabeparameter:                                            */
/*   ================                                             */
/*      n        int n;  ( n > 1 )                                */
/*               Dimension von matrix und lumat,                  */
/*               Anzahl der Komponenten des b-Vektors, des Loe-   */
```

```
/*              sungsvektors x, des Permutationsvektors perm.          */
/*     matrix   double *matrix[n];                                     */
/*              Matrix des Gleichungssystems. Diese wird als Vektor    */
/*              von Zeigern uebergeben.                                */
/*     lumat    double *lumat[n];       ( bei cas = 2 )                */
/*              LU-Dekompositionsmatrix, die die Zerlegung von         */
/*              matrix in eine untere und obere Dreieckmatrix ent-     */
/*              haelt.                                                 */
/*              matrix u. lumat koennen gleich gewaehlt werden; dann   */
/*              geht der urspruengliche Inhalt von matrix verloren.    */
/*     perm     int perm[n];            ( bei cas = 2 )                */
/*              Permutationsvektor, der die Zeilenvertauschungen       */
/*              von lumat enthaelt.                                    */
/*     b        double b[n];            ( bei cas = 0, 2 )             */
/*              Rechte Seite des Gleichungssystems.                    */
/*     signdet  int *signdet;           ( bei cas = 2 )                */
/*              Vorzeichen der Determinante von matrix; die De-        */
/*              terminante kann durch das Produkt der Diagonal-        */
/*              elemente mal signdet bestimmt werden.                  */
/*                                                                     */
/*   Ausgabeparameter:                                                 */
/*   ================                                                  */
/*     lumat    double *lumat[n];       ( bei cas = 0, 1 )             */
/*              LU-Dekompositionsmatrix, die die Zerlegung von         */
/*              matrix in eine untere und obere Dreieckmatrix ent-     */
/*              haelt.                                                 */
/*     perm     int perm[n];            ( bei cas = 0, 1 )             */
/*              Permutationsvektor, der die Zeilenvertauschungen       */
/*              von lumat enthaelt.                                    */
/*     x        double x[n];            ( bei cas = 0, 2 )             */
/*              Loesungsvektor des Systems.                            */
/*     signdet  int *signdet;           ( bei cas = 0, 1 )             */
/*              Vorzeichen der Determinante von matrix; die De-        */
/*              terminante kann durch das Produkt der Diagonal-        */
/*              elemente mal signdet bestimmt werden.                  */
/*                                                                     */
/*   Rueckgabewert:                                                    */
/*   =============                                                     */
/*     = 0      alles ok                                               */
/*     = 1      n < 2 gewaehlt oder unzulaessige Eingabeparameter      */
/*     = 2      zu wenig Speicherplatz                                 */
/*     = 3      Matrix ist singulaer                                   */
/*     = 4      Matrix rechnerisch singulaer                           */
/*     = 5      Falsche Aufrufart                                      */
/*                                                                     */
/*=====================================================================*/
/*                                                                     */
/*   Benutzte Funktionen:                                              */
/*   ===================                                               */
/*                                                                     */
/*     int gaudec (): Bestimmt die LU-Dekomposition                    */
/*     int gausol (): Loest das lineare Gleichungssystem               */
/*                                                                     */
/*=====================================================================*/
```

```
{
 int  res;
 int  gaudec (int,double**,double**,int*,int*),
      gausol (int,double**,int*,double*,double*);

 if ( n < 2 ) return(1);

 switch (cas)
   {
     case 0 : { res = gaudec (n, matrix, lumat, perm, signdet);
                if ( res == 0 )
                  return (gausol (n, lumat, perm, b, x));
                else return(res);
              }

     case 1 : return (gaudec (n, matrix, lumat, perm, signdet) );

     case 2 : return (gausol (n, lumat, perm, b, x) );
   }
 return(5);                                      /* Falsche Aufrufart */
}


int gaudec (n, matrix, lumat, perm, signdet)
                                    /*****************************/
    int n, perm[], *signdet;        /*    LU-Dekomposition       */
  double *matrix[], *lumat[];       /*****************************/

/*====================================================================*/
/*                                                                    */
/*  gaudec berechnet die Zerlegung einer n x n Matrix in eine         */
/*  untere und eine obere Dreieckmatrix. Diese Zerlegung wird zur     */
/*  Loesung eines linearen Gleichungssystems benoetigt. Die Zerlegung */
/*  befindet sich nach Aufruf von gaudec in der n x n Matrix lumat.   */
/*                                                                    */
/*====================================================================*/
/*                                                                    */
/*   Eingabeparameter:                                                */
/*   ================                                                 */
/*      n        int n;  ( n > 1 )                                    */
/*               Dimension von matrix und lumat,                      */
/*               Anzahl der Komponenten des b-Vektors, des Loe-       */
/*               sungsvektors x, des Permutationsvektors perm.        */
/*   matrix      double *matrix[n];                                   */
/*               Matrix des Gleichungssystems. Diese wird als Vektor  */
/*               von Zeigern uebergeben.                              */
/*                                                                    */
/*   Ausgabeparameter:                                                */
/*   ================                                                 */
/*    lumat      double *lumat[n];                                    */
/*               LU-Dekompositionsmatrix, die die Zerlegung von       */
/*               matrix in eine untere und obere Dreieckmatrix ent-   */
/*               haelt.                                               */
/*     perm      int perm[n];                                         */
/*               Permutationsvektor, der die Zeilenvertauschungen     */
```

```
/*                  von lumat enthaelt.                                  */
/*        signdet  int *signdet;                                         */
/*                  Vorzeichen der Determinante von matrix; die De-      */
/*                  terminante kann durch das Produkt der Diagonal-      */
/*                  elemente mal signdet bestimmt werden.                */
/*                                                                       */
/*   Rueckgabewert:                                                      */
/*   ==============                                                      */
/*        = 0       alles ok                                             */
/*        = 1       n < 2 gewaehlt oder unzulaessige Eingabeparameter    */
/*        = 2       zu wenig Speicherplatz                               */
/*        = 3       Matrix ist singulaer                                 */
/*        = 4       Matrix rechnerisch singulaer                         */
/*                                                                       */
/*=======================================================================*/
/*                                                                       */
/*   Benutzte Funktionen:                                                */
/*   ====================                                                */
/*                                                                       */
/*   Aus der C Bibliothek: fabs(), free(), malloc()                      */
/*                                                                       */
/*=======================================================================*/
/*                                                                       */
/*   Benutzte Konstanten: NULL, MACH_EPS                                 */
/*   ====================                                                */
/*                                                                       */
/*   Macros: max                                                         */
/*   =======                                                             */
/*                                                                       */
/*=======================================================================*/

{
 int      j0;
 register k, j, m;
 double   piv, temp, *temp1, *d, zmax;
 double   *malloc(), fabs();
 void     free();

 if ( &n == NULL || n < 2 ) return(1);       /*  Unzulaessige Parameter */
 for (k = 0; k < n; k++)
    if ( matrix[k] == NULL ) return(1);
                                             /* d = Skalierungsvektor   */
                                             /* fuer Pivotsuche         */
 d = malloc(n*sizeof(double));               /* Speicher allokieren     */
 if ( d == NULL ) return(2);                 /* zu wenig Speicher       */

 if ( lumat != matrix )                     /* Falls lumat u. matrix ver- */
   for (k = 0; k < n; k++)                  /* schieden gewaehlt sind,    */
     for (j = 0; j < n; j++)                /* kopiere matrix auf lumat.  */
       lumat[k][j] = matrix[k][j];

  for (k = 0; k < n; k++)
    {
     perm[k] = k;                            /* Initialisiere perm      */
     for (zmax = 0.0, j = 0; j < n; j++)
       zmax = max (zmax, fabs(lumat[k][j]));
                                             /* Zeilenmax. bestimmen    */
```

```
    if ( zmax == 0.0 ) return(3);              /* matrix singulaer            */
    d[k] = zmax;
   }

  *signdet = 1;                                /* Vorzeichen der Determ.      */

  for (k = 0; k < n-1; k++)                    /* Schleife ueber alle Zeilen  */
   {                                           /* bis n-2                     */
    piv = fabs( lumat[k][k] ) / d[k];
    j0 = k;                                    /* Suche aktuelles Pivotelement */
    for (j = k+1; j < n; j++)
      { temp = fabs( lumat[j][k] ) / d[j];
        if ( piv < temp )
          {
            piv = temp;                        /* Merke Pivotelement u.       */
            j0 = j;                            /* dessen Index                */
          }
      }

    if ( piv < MACH_EPS )                      /* Wenn piv zu klein, so ist   */
      { *signdet = 0;                          /* matrix nahezu singulaer     */
        return(4);
      }

    if ( j0 != k )
      {
        *signdet = - *signdet;                 /* Vorzeichen Determinante *(-1) */
              m = perm[j0];                    /* Tausche Eintraege im Pivot- */
        perm[j0] = perm[k];                    /* vektor                      */
         perm[k] = m;

            temp = d[j0];                      /* Tausche Eintraege im        */
           d[j0] = d[k];                       /* Skalierungsvektor           */
            d[k] = temp;

           temp1 = lumat[j0];                  /* Tausche j0-te und k-te Zeile */
       lumat[j0] = lumat[k];                   /* von lumat (nur die Zeiger)  */
        lumat[k] = temp1;
      }

    for (j = k+1; j < n; j++)                  /* Gauss Eliminationsschritt   */
      if ( lumat[j][k] != 0.0 )
        { lumat[j][k] /= lumat[k][k];
          for (temp = lumat[j][k], m = k+1; m < n; m++)
            lumat[j][m] -= temp * lumat[k][m];
        }
   } /* end k */

  if ( fabs(lumat[n-1][n-1]) < MACH_EPS )
    { *signdet = 0;
      return(4);
    }

  if ( d != NULL ) free (d);                   /* Speicher fuer Skalierungs-  */
                                               /* vektor freigeben            */
  return(0);
}
```

```
int gausol (n, lumat, perm, b, x)          /*****************************/
                                           /*    GAUSS-Loesung          */
  int    n, perm[];                        /*****************************/
  double *lumat[], b[], x[];

/*====================================================================*/
/*                                                                    */
/*  gausol  bestimmt die Loesung x des linearen Gleichungssystems     */
/*  lumat * x = b mit der n x n Koeffizientenmatrix lumat, wobei      */
/*  lumat in zerlegter Form ( LU - Dekomposition ) vorliegt, wie      */
/*  sie von gaudec als Ausgabe geliefert wird.                        */
/*                                                                    */
/*====================================================================*/
/*                                                                    */
/*   Eingabeparameter:                                                */
/*   ================                                                 */
/*      n          int n;  ( n > 1 )                                  */
/*                 Dimension von lumat,                               */
/*                 Anzahl der Komponenten des b-Vektors, des Loe-     */
/*                 sungsvektors x, des Permutationsvektors perm.      */
/*      lumat      double *lumat[n];                                  */
/*                 LU-Dekompositionsmatrix, wie sie von gaudec        */
/*                 geliefert wird.                                    */
/*      perm       int perm[n];                                       */
/*                 Permutationsvektor, der die Zeilenvertauschungen   */
/*                 von lumat enthaelt.                                */
/*      b          double b[n];                                       */
/*                 Rechte Seite des Gleichungssystems.                */
/*                                                                    */
/*   Ausgabeparameter:                                                */
/*   ================                                                 */
/*      x          double x[n];                                       */
/*                 Loesungsvektor des Systems.                        */
/*                                                                    */
/*   Rueckgabewert:                                                   */
/*   =============                                                    */
/*      = 0        alles ok                                           */
/*      = 1        n < 2 gewaehlt oder unzulaessige Eingabeparameter  */
/*                                                                    */
/*====================================================================*/
/*                                                                    */
/*   Benutzte Konstanten: NULL                                        */
/*   ====================                                             */
/*                                                                    */
/*====================================================================*/

{
 register j, k;
 double   sum;

 if ( &n == NULL || n < 2 ) return(1);       /* Unzulaessige Parameter */

 for (j = 0; j < n; j++)
    if ( lumat[j] == NULL ) return(1);
```

```
  if ( b == NULL || perm == NULL ) return(1);

  x[0] = b[perm[0]];                              /* Vorwaertselimination    */
  for (k = 1; k < n; k++)
    for (x[k] = b[perm[k]], j=0; j < k; j++)
      x[k] -= lumat[k][j] * x[j];

  x[n-1] /= lumat[n-1][n-1];                      /* Rueckwaertselimination */
  for (k = n-2; k >= 0; k--)
    {
    for (sum = 0.0, j = k+1; j < n; j++)
      sum += lumat[k][j] * x[j];
    x[k] = (x[k] - sum) / lumat[k][k];
    }
  return(0);
}


double det (n, matrix)                    /*********************************/
                                          /*      Determinante             */
  int n;                                  /*********************************/
  double **matrix;
/*====================================================================*/
/*                                                                    */
/*  det berechnet die Determinante einer n x n Matrix.               */
/*                                                                    */
/*====================================================================*/
/*                                                                    */
/*   Eingabeparameter:                                                */
/*   ================                                                 */
/*      n          int n;  ( n > 1 )                                  */
/*                 Dimension von matrix.                              */
/*      matrix     double *matrix[n];                                 */
/*                 n x n Matrix, deren Determinante zu bestimmen ist. */
/*                                                                    */
/*   Rueckgabewert:                                                   */
/*   =============                                                    */
/*      double     Determinante von matrix.                           */
/*                 Ist der Rueckgabewert = 0, so ist die Matrix ent-  */
/*                 weder singulaer oder es ist nicht genuegend Speicher */
/*                 vorhanden.                                         */
/*                                                                    */
/*====================================================================*/
/*                                                                    */
/*   Benutzte Funktionen:                                             */
/*   ===================                                              */
/*                                                                    */
/*      int gaudec() : Zerlegung von matrix in LU-Form.               */
/*                                                                    */
/*   Aus der C Bibliothek: free(), malloc()                           */
/*                                                                    */
/*====================================================================*/
```

```
/*                                                                    */
/*   Benutzte Konstanten: NULL                                        */
/*   ====================                                             */
/*                                                                    */
/*====================================================================*/

{
  register i;
  double   *malloc(), **lu, tempdet;
  void     free();

  int res, signdet, *perm, gaudec (int,);

  lu = (double **) malloc (n*sizeof(double)); /* Speicher fuer die    */
                                              /* Gauss-Zerlegung al-  */
  for (i = 0; i < n; i++)                     /* lokieren             */
    lu[i] = malloc (n*sizeof(double));
  perm = (int *) malloc (n*sizeof(double));

  res = gaudec (n, matrix, lu, perm, &signdet);  /* Zerlegung in lu   */
  if ( res != 0 || signdet == 0 ) return(0.0);   /* berechnen         */

  tempdet = (double) signdet;
  for (i = 0; i < n; i++)
    tempdet *= lu[i][i];                         /* Berechne det      */

  for (i = 0; i < n; i++)                        /* Speicher freigeben */
    if ( lu[i] != NULL ) free (lu[i]);
  if ( lu != NULL ) free ((double **) lu);
  if ( perm != NULL ) free ((int *) perm);

  return (tempdet);
}


double hcond (n, matrix)                /*******************************/
                                        /* HADAMARDsche Konditionszahl */
int    n;                               /*******************************/
double **matrix;
/*====================================================================*/
/*                                                                    */
/*  hcond bestimmt die Hadamardsche Konditionszahl einer n x n        */
/*  Matrix.  Ist der Rueckgabewert von hcond() sehr viel kleiner      */
/*  als 1, so ist die Matrix schlecht konditioniert. Die Loesung      */
/*  eines linearen Gleichungssystems wird dann ungenau.               */
/*                                                                    */
/*====================================================================*/
/*                                                                    */
/*   Eingabeparameter:                                                */
/*   ================                                                 */
/*      n          int n;  ( n > 1 )                                  */
/*                 Dimension von matrix.                              */
/*      matrix     double *matrix[n];                                 */
/*                 n x n Matrix, deren Konditionszahl zu bestimmen ist. */
/*                                                                    */
```

```
/*    Rueckgabewert:                                                   */
/*    ==============                                                   */
/*       double   Hadamardsche Konditionszahl von matrix.              */
/*                Falls der Rueckgabewert = 0 ist, handelt es sich     */
/*                um eine singulaere Matrix oder es steht zu wenig     */
/*                Speicher zur Verfuegung.                             */
/*                                                                     */
/*=====================================================================*/
/*                                                                     */
/*    Benutzte Funktionen:                                             */
/*    ====================                                             */
/*                                                                     */
/*       int gaudec() : Zerlegung von matrix in LU-Form.               */
/*                                                                     */
/*    Aus der C Bibliothek: fabs(), free(), malloc(), sqrt()           */
/*                                                                     */
/*=====================================================================*/
/*                                                                     */
/*    Benutzte Konstanten: NULL                                        */
/*    ====================                                             */
/*                                                                     */
/*=====================================================================*/

{
 register j, i;
 double   temp, cond, sqrt(), fabs(),
          *malloc(), **lu;
 void     free();

 int res, signdet, *perm, gaudec (int,);

 lu = (double **) malloc(n*sizeof(double));    /* Speicher fuer die    */
                                               /* Gauss-Zerlegung al-  */
 for (i = 0; i < n; i++)                       /* lokieren             */
   lu[i] = malloc (n*sizeof(double));
 perm = (int *) malloc (n*sizeof(double));

 res = gaudec (n, matrix, lu, perm, &signdet);    /* Zerlegung in lu   */
 if ( res != 0 || signdet == 0 ) return(0.0);     /* berechnen         */

 cond = 1.0;                                   /* Konditionszahl be-   */
 for (i = 0; i < n; i++)                       /* stimmen              */
   { for (temp = 0.0, j = 0; j < n; j++)
       temp += matrix[i][j] * matrix[i][j];
     cond *= lu[i][i] / sqrt (temp);
   }

 for (i = 0; i < n; i++)                          /* Speicher freigeben */
   if ( lu[i] != NULL ) free (lu[i]);
 if ( lu != NULL ) free ((double **) lu);
 if ( perm != NULL ) free ((int *) perm);

 return (fabs(cond));
}

/*------------------------ ENDE GAUSS ---------------------------------*/
```

P 3.4 DAS CHOLESKY VERFAHREN

```
/*------------------------ MODUL CHOLESKY ----------------------------*/

#include <stdio.h>
#include <u_const.h>


int cholesky (cas, n, matrix, b, x)    /*******************************/
                                       /*    CHOLESKY-Verfahren       */
  int    n;                            /*******************************/
  double *matrix[], *b, *x;
/*====================================================================*/
/*                                                                    */
/*  Die Funktion cholesky dient zur Loesung eines linearen            */
/*  Gleichungssystems:  matrix * x = b                                */
/*  mit der n x n Koeffizientenmatrix matrix und der rechten Seite b  */
/*  nach dem Cholesky-Verfahren.                                      */
/*                                                                    */
/*  Die Eingabematrix muss symmetrisch und positiv definit sein,      */
/*  d.h. fuer alle n Vektoren y != 0 muss gelten:                     */
/*                                       y * matrix * y > 0.          */
/*                                                                    */
/*  cholesky arbeitet nur auf der unteren Dreieckmatrix incl. der     */
/*  Diagonalen, so dass gegenueber dem Gaussverfahren eine erhebliche */
/*  Reduktion des Speicherplatzes erreicht wird; es genuegt daher     */
/*  diesen Teil der Matrix an cholesky zu uebergeben.                 */
/*                                                                    */
/*====================================================================*/
/*                                                                    */
/*   Anwendung:                                                       */
/*   =========                                                        */
/*                                                                    */
/*      Lineare Gleichungssysteme mit n x n Koeffizientenmatrix,      */
/*      die symmetrisch und positiv definit ist.                      */
/*                                                                    */
/*====================================================================*/
/*                                                                    */
/*   Steuerparameter:                                                 */
/*   ===============                                                  */
/*      cas      int cas;                                             */
/*               Aufrufart von cholesky:                              */
/*        = 0    Bestimmung der Zerlegungsmatrix und Berechnung der   */
/*               Loesung des Gleichungssystems.                       */
/*        = 1    Nur Berechnung der Zerlegungsmatrix; wird auf        */
/*               matrix ueberspeichert.                               */
/*        = 2    Nur Loesung des Gleichungssystems; zuvor muss je-    */
/*               doch die Zerlegungsmatrix bestimmt sein. Diese       */
/*               Aufrufart wird verwendet, falls bei gleicher         */
/*               Matrix lediglich die rechte Seite des Systems vari-  */
/*               iert, z. B. zur Berechnung der Inversen.             */
/*                                                                    */
```

```
/*   Eingabeparameter:                                                   */
/*   ================                                                    */
/*      n          int n;  ( n > 1 )                                     */
/*                 Dimension von matrix, Anzahl der Komponenten          */
/*                 des b-Vektors u. des Loesungsvektors x.               */
/*      matrix     double *matrix[n];                                    */
/*                    cas = 0, 1: Matrix des Gleichungssystems.          */
/*                    cas = 2   : Zerlegungsmatrix.                      */
/*      b          double b[n];           ( bei cas = 0, 2 )             */
/*                 Rechte Seite des Gleichungssystems.                   */
/*                                                                       */
/*   Ausgabeparameter:                                                   */
/*   ================                                                    */
/*      matrix     double *matrix[n];     ( bei cas = 0, 1 )             */
/*                 Dekompositionsmatrix, die die Zerlegung von           */
/*                 matrix enthaelt.                                      */
/*      x          double x[n];           ( bei cas = 0, 2 )             */
/*                 Loesungsvektor des Systems.                           */
/*                                                                       */
/*   Rueckgabewert:                                                      */
/*   =============                                                       */
/*      = 0        alles ok                                              */
/*      = 1        n < 2 gewaehlt oder falsche Eingabeparameter          */
/*      = 2        Matrix ist nicht positiv definit                      */
/*                                                                       */
/*=======================================================================*/
/*                                                                       */
/*   Benutzte Funktionen:                                                */
/*   ===================                                                 */
/*      int chodec()  : Bestimmt die Dekomposition                       */
/*      int chosol()  : Loest das lineare Gleichungssystem               */
/*                                                                       */
/*=======================================================================*/
/*                                                                       */
/*   Benutzte Konstanten: NULL                                           */
/*   ====================                                                */
/*                                                                       */
/*=======================================================================*/

{
 int chodec(int,double**),
     chosol(int,double**,double*,double*), res;
 register i;

 if ( &n == NULL || matrix == NULL || n < 2 ) return(1);
 for (i = 0; i < n; i++)
    if ( matrix[i] == NULL ) return(1); /* falsche Eingabeparameter  */

 switch (cas)
   {
     case 0 : { res = chodec (n, matrix);
                if ( res == 0 )
                   return (chosol (n, matrix, b, x));
                else return (res);
              }

     case 1 : return (chodec (n, matrix));
```

```
    case 2 : return (chosol (n, matrix, b, x));
  }
 return(4);                                      /* Falsche Aufrufart */
}


int chodec (n, matrix)                       /****************************/
                                             /*  CHOLESKY-Dekomposition  */
  int    n;                                  /****************************/
  double *matrix[];

/*====================================================================*/
/*                                                                    */
/*  chodec berechnet die Zerlegungsmatrix einer symmetrischen, posi-  */
/*  tiv definiten Matrix. Die Zerlegungsmatrix wird auf matrix ueber- */
/*  speichert.                                                        */
/*                                                                    */
/*====================================================================*/
/*                                                                    */
/*   Eingabeparameter:                                                */
/*   ================                                                 */
/*      n         int n;   ( n > 1 )                                  */
/*                Dimension von matrix,                               */
/*                Anzahl der Komponenten des b-Vektors.               */
/*      matrix    double *matrix[n];                                  */
/*                Matrix des Gleichungssystems.                       */
/*                                                                    */
/*   Ausgabeparameter:                                                */
/*   ================                                                 */
/*      matrix    double *matrix[n];                                  */
/*                Dekompositionsmatrix, die die Zerlegung von         */
/*                matrix enthaelt.                                    */
/*                                                                    */
/*   Rueckgabewert:                                                   */
/*   =============                                                    */
/*      = 0       alles ok                                            */
/*      = 1       n < 2 gewaehlt                                      */
/*      = 2       Matrix ist nicht positiv definit                    */
/*                                                                    */
/*====================================================================*/
/*                                                                    */
/*   Benutzte Funktionen:                                             */
/*   ===================                                              */
/*                                                                    */
/*   Aus der C Bibliothek: sqrt()                                     */
/*                                                                    */
/*====================================================================*/
/*                                                                    */
/*   Benutzte Konstanten:  EPSQUAD                                    */
/*   ===================                                              */
/*                                                                    */
/*====================================================================*/
```

```
{
 register j, k, i;
 double   sum, sqrt(double);

 if ( n < 2 ) return (1);                           /* n < 2  Fehler !   */
 if ( matrix[0][0] < EPSQUAD ) return (2);          /* matrix ist nicht  */
                                                    /* positiv definit.  */
 matrix[0][0] = sqrt (matrix[0][0]);
 for (j = 1; j < n; j++) matrix[j][0] /= matrix[0][0];

 for (i = 1; i < n; i++)
   {
    sum = matrix[i][i];
    for (j = 0; j < i; j++)  sum -= sqr(matrix[i][j]);

    if ( sum < EPSQUAD ) return(2);             /* nicht positiv definit */
    matrix[i][i] = sqrt (sum);
    for (j = i+1; j < n; j++)
      {
       sum = matrix[j][i];
       for (k = 0; k < i; k++)
         sum -= matrix[i][k] * matrix[j][k];
       matrix[j][i] = sum / matrix[i][i];
      }
   }
 return(0);
}


int chosol (n, lmat, b, x)                      /******************************/
                                                /*        CHOLESKY-Loesung    */
  int    n;                                     /******************************/
  double *lmat[], *b, *x;

/*====================================================================*/
/*                                                                    */
/*  chosol bestimmt die Loesung x des linearen Gleichungssystems      */
/*  B * x = b mit der unteren Dreieckmatrix B wie sie als Ausgabe     */
/*  von chodec bestimmt wird.                                         */
/*                                                                    */
/*====================================================================*/
/*                                                                    */
/*   Eingabeparameter:                                                */
/*   ================                                                 */
/*      n        int n;  ( n > 1 )                                    */
/*               Dimension von lmat, Anzahl der Komponenten           */
/*               des b-Vektors u. des Loesungsvektors x.              */
/*      lmat     double *lmat[n];                                     */
/*               untere Dreieckmatrix, wie sie von chodec als Aus-    */
/*               gabe geliefert wird.                                 */
/*      b        double b[n];                                         */
/*               Rechte Seite des Gleichungssystems.                  */
/*                                                                    */
```

```
/*    Ausgabeparameter:                                                    */
/*    ================                                                     */
/*       x          double x[n];                                           */
/*                  Loesungsvektor des Systems.                            */
/*                                                                         */
/*    Rueckgabewert:                                                       */
/*    =============                                                        */
/*       = 0        alles ok                                               */
/*       = 1        Zerlegungsmatrix unzulaessig                           */
/*                                                                         */
/*=========================================================================*/

{
 register j, k;
 double   sum;

 if ( lmat[0][0] == 0.0 ) return(1); /* Unzulaessige Zerlegungsmatrix */

 x[0] = b[0] / lmat[0][0];                 /* Vorwaertselimination       */
 for (k = 1; k < n; k++)
   {
    for (sum = 0.0, j = 0; j < k; j++)
      sum += lmat[k][j] * x[j];
    if ( lmat[k][k] == 0.0 ) return(1);
    x[k] = (b[k] - sum) / lmat[k][k];
   }

 x[n-1] /= lmat[n-1][n-1];                 /* Rueckwaertselimination     */
 for (k = n-2; k >= 0; k--)
   {
    for (sum = 0.0, j = k+1; j < n; j++)
      sum += lmat[j][k] * x[j];
    x[k] = (x[k] - sum) / lmat[k][k];
   }
 return(0);
}

/*--------------------------  ENDE CHOLESKY  -----------------------------*/
```

P 3.6 DAS AUSTAUSCH VERFAHREN

```
/*--------------------------  MODUL PIVOT  --------------------------*/

#include <stdio.h>
#include <u_const.h>

 int pivot( n, matrix, inverse, s, cond)   /****************************/
                                           /*   Austausch-Verfahren   */
    int n;                                 /****************************/
 double *matrix[], *inverse[], *s, *cond;

/*=================================================================*/
/*                                        -1                       */
/*  pivot berechnet die inverse Matrix A    einer regulaeren       */
/*  n x n Matrix A mit dem Austauschverfahren.                      */
/*  Es wird Spalten- und Zeilenpivotsuche benutzt, um das Verfahren */
/*  moeglichst stabil zu halten.                                    */
/*                                                                  */
/*=================================================================*/
/*                                                                  */
/*   Anwendung:                                                     */
/*   =========                                                      */
/*                                                                  */
/*       Regulaere n x n Matrizen, deren Inverse explizit zu bestim-*/
/*       men ist.                                                   */
/*                                                                  */
/*=================================================================*/
/*                                                                  */
/*   Eingabeparameter:                                              */
/*   ================                                               */
/*       n          int n;   ( n > 1 )                              */
/*                  Dimension von matrix und inverse.               */
/*       matrix     double *matrix[n];                              */
/*                  Matrix des Gleichungssystems. Diese wird als Vektor */
/*                  von Zeigern uebergeben.                         */
/*                                                                  */
/*   Ausgabeparameter:                                              */
/*   ================                                               */
/*       inverse    double *inverse[n];                             */
/*                  Inverse von matrix.                             */
/*       s          double *s;                                      */
/*                  Spur ( matrix * inverse ) - n, die fast 0 sein muss. */
/*       cond       double *cond;                                   */
/*                  Konditionszahl von matrix im Sinne der Max-Norm; */
/*                  ist cond = 1.E+k, so gehen bei der Durchfuehrung von */
/*                  pivot ca. k Dezimalstellen verloren.            */
/*                                                                  */
/*   Rueckgabewert:                                                 */
/*   =============                                                  */
/*       = 0        Inverse bestimmt                                */
/*       = 1        n < 2 gewaehlt oder matrix unzulaessig          */
/*       = 2        zu wenig Speicherplatz                          */
/*       = 3        Matrix ist singulaer oder rechnerisch singulaer */
```

```
/*                                                                        */
/*========================================================================*/
/*                                                                        */
/*   Benutzte Funktionen:                                                 */
/*   ===================                                                  */
/*                                                                        */
/*   Aus der C Bibliothek: fabs(), free(), malloc()                       */
/*                                                                        */
/*========================================================================*/
/*                                                                        */
/*   Benutzte Konstanten: NULL, MACH_EPS                                  */
/*   ===================                                                  */
/*                                                                        */
/*========================================================================*/
{
  int      *permx,                          /*  Zeilenpermutationen   */
           *permy;                          /*  Spaltenpermutationen  */

  register k, j, i, ix, iy;                 /*  Schleifenindizes      */
  int      nx, ny;                          /*  Pivotindizes          */
  double   *malloc();
  double   piv,                             /*  Hilfsgroessen         */
           temp, norma, normb,
           faktor, h1, h2,
           *temp1, fabs();
  void     free();

  if ( n < 2 ) return(1);          /* Unzulaessige Eingabeparameter   */
  for (k = 0; k < n; k++)
     if ( matrix[k] == NULL ) return(1);

  permx = (int *) malloc (n * sizeof(int));   /*  Speicher allokieren  */
  if ( permx == NULL ) return(2);
  permy = (int *) malloc(n * sizeof(int));
  if ( permx == NULL ) return(2);

  for (i = 0; i < n; i++)
    { permx[i] = permy[i] = -1;               /*  permx, permy initial.*/
      for (j = 0; j < n; j++)                 /*  Kopiere matrix auf   */
        inverse[i][j] = matrix[i][j];         /*  inverse              */
    }

  for (i = 0; i < n; i++)
    { for (piv = 0.0, ix = 0; ix < n; ix++)   /*  Suche aktuelles      */
        if ( permx[ix] == -1 )                /*  Pivotelement         */
          { for (iy = 0; iy < n; iy++)
              if ( permy[iy] == -1 &&
                       fabs(piv) < fabs(inverse[ix][iy]) )
                {
                  piv = inverse[ix][iy]; /* merke aktuelle Pivotpos.   */
                  nx = ix; ny = iy;      /* u. deren Indizes           */
                }
          }
      if ( fabs(piv) < MACH_EPS )        /* Wenn piv zu klein, so ist  */
        return(3);                       /* matrix nahezu singulaer    */
```

```
      permx[nx] = ny; permy[ny] = nx;    /* Tausche Pivotpositionen    */

      temp = 1.0 / piv;                  /* Pivotschritt ...           */
      for (j = 0; j < n; j++)
        if ( j != nx )
          { faktor = inverse[j][ny] * temp;
            for (k = 0; k < n; k++)        /* ... ausserhalb von Pivot- */
                                           /*     zeile u. -spalte      */
                inverse[j][k] -= inverse[nx][k] * faktor;

            inverse[j][ny] = faktor;       /* ... in der Pivotspalte    */
          }
      for (k = 0; k < n; k++)
        inverse[nx][k] *= -temp;           /* ... in der Pivotzeile     */
      inverse[nx][ny] = temp;              /* ... fuers Pivotelement    */

    } /* end i */

            /* Zeilen- u. Spaltenvertauschungen rueckgaengig machen */
  for (i = 0; i < n; i++)
    {                                   /* Bestimme j mit permx[j] = i */
     for (j = i; j < n; j++) if (permx[j] == i) break;
     if ( j != i)
       {
          temp1 = inverse[i];                 /* Zeilenvertauschung    */
        inverse[i] = inverse[j];              /* nur Zeilenzeiger      */
        inverse[j] = temp1;                   /* tauschen !            */
        permx[j] = permx[i]; permx[i] = i;
       }
                                        /* Bestimme j mit permy[j] = i */
      for (j = i; j < n; j++) if (permy[j] == i) break;
      if ( j != i)
        {
         for (k = 0; k < n; k++)
           {          temp = inverse[k][i];
            inverse[k][i] = inverse[k][j];    /* Spaltenvertauschung */
            inverse[k][j] = temp;
           }
          permy[j] = permy[i]; permy[i] = i;
        }
    }  /* end i */

  if ( permy != NULL ) free( (int*) permy);    /* Speicher freigeben   */
  if ( permx != NULL ) free( (int*) permx);

  *s = norma = normb = 0.0;
  for (i = 0; i < n; i++)
    {                                   /*  matrix * inverse bilden      */
     h1 = h2 = 0.0;                     /*  und alle Elemente            */
     for (j = 0; j < n; j++)            /*  betragsmaessig aufaddieren */
       {                                /*  *s muss nahezu n sein        */
        for (temp = 0.0, k = 0; k < n; k++)
          temp += matrix[i][k] * inverse[k][j];
        *s += fabs(temp);
```

```
        h1 += fabs (matrix[i][j]);
        h2 += fabs (inverse[i][j]);
      }
    norma = max ( h1, norma );            /* Konditionszahl von matrix  */
    normb = max ( h2, normb );            /* im Sinne der Maxnorm be-   */
    *cond = norma * normb;                /* rechnen                    */

  } /* end i */

  *s -= (double) n;                       /*    *s nahezu 0 ?           */
  return(0);
}

/*------------------------ ENDE PIVOT ------------------------------*/
```

P 3.7 TRIDIAGONALE GLEICHUNGSSYSTEME

```
/*----------------------- MODUL TRIDIAGONAL ------------------------*/

#include <u_const.h>

                                               /*************************/
 trdiag (n, lower, diag, upper, b, rep)        /* GAUSS-Verfahren fuer */
                                               /* Tridiagonalmatrizen  */
    int n, rep;                                /*************************/
  double lower[], diag[], upper[], b[];

/*====================================================================*/
/*                                                                    */
/*  trdiag bestimmt die Loesung x des linearen Gleichungssystems      */
/*  A * x = b mit tridiagonaler n x n Koeffizientenmatrix A, die in   */
/*  den 3 Vektoren lower, upper und diag wie folgt abgespeichert ist: */
/*                                                                    */
/*        ( diag[0]  upper[0]    0        0  .   .    .  0        )   */
/*        ( lower[1] diag[1]   upper[1]   0      .    .  .        )   */
/*        (   0      lower[2]  diag[2]  upper[2]  0      .        )   */
/*  A =   (   .         0      lower[3]   .   .      .            )   */
/*        (   .         .         .       .   .      .   0        )   */
/*        (   .         .              .      .      .            )   */
/*        (                 .             .      .  upper[n-2]    )   */
/*        (   0 .   .   .       0     lower[n-1]    diag[n-1]     )   */
/*                                                                    */
/*====================================================================*/
/*                                                                    */
/*    Anwendung:                                                      */
/*    =========                                                       */
/*       Vorwiegend fuer diagonaldominante Tridiagonalmatrizen, wie   */
/*       sie bei der Spline-Interpolation auftreten.                  */
/*       Fuer diagonaldominante Matrizen existiert immer eine LU-     */
/*       Zerlegeung; fuer nicht diagonaldominante Tridiagonalmatrizen */
/*       sollte die Funktion band vorgezogen werden, da diese mit     */
/*       Spaltenpivotsuche arbeitet und daher numerisch stabiler ist. */
```

```
/*                                                                      */
/*======================================================================*/
/*                                                                      */
/*   Eingabeparameter:                                                  */
/*   ================                                                   */
/*      n         Dimension der Matrix ( > 1 )  int n                   */
/*                                                                      */
/*      lower     untere Nebendiagonale         double lower[n]         */
/*      diag      Hauptdiagonale                double diag[n]          */
/*      upper     obere Nebendiagonale          double upper[n]         */
/*                                                                      */
/*                bei rep != 0 enthalten lower, diag und upper die      */
/*                Dreieckzerlegung der Ausgangsmatrix.                  */
/*                                                                      */
/*      b         rechte Seite des Systems      double b[n]             */
/*      rep       = 0  erstmaliger Aufruf       int rep                 */
/*                !=0  wiederholter Aufruf                              */
/*                     fuer gleiche Matrix,                             */
/*                     aber verschiedenes b.                            */
/*                                                                      */
/*   Ausgabeparameter:                                                  */
/*   ================                                                   */
/*      b         Loesungsvektor des Systems;   double b[n]             */
/*                die urspruengliche rechte Seite wird ueberspeichert   */
/*                                                                      */
/*      lower     ) enthalten bei rep = 0 die Zerlegung der Matrix;     */
/*      diag      ) die urspruenglichen Werte von lower u. diag werden  */
/*      upper     ) ueberschrieben                                      */
/*                                                                      */
/*   Die Determinante der Matrix ist bei rep = 0 durch                  */
/*      det A = diag[0] * ... * diag[n-1] bestimmt.                     */
/*                                                                      */
/*   Rueckgabewert:                                                     */
/*   =============                                                      */
/*      = 0       alles ok                                              */
/*      = 1       n < 2 gewaehlt                                        */
/*      = 2       Die Dreieckzerlegung der Matrix existiert nicht       */
/*                                                                      */
/*======================================================================*/
/*                                                                      */
/*   Benutzte Funktionen:                                               */
/*   ===================                                                */
/*                                                                      */
/*   Aus der C Bibliothek: fabs()                                       */
/*                                                                      */
/*======================================================================*/

{
 register i;
 double   fabs();

 if ( n < 2 ) return(1);                 /* n mindestens 2           */

                                         /* Wenn rep = 0 ist,        */
                                         /* Dreieckzerlegung der     */
 if (rep == 0)                           /* Matrix u. det be-        */
   {                                     /* stimmen                  */
```

```
    for (i = 1; i < n; i++)
      { if ( fabs(diag[i-1]) < MACH_EPS )   /*  Wenn ein diag[i] = 0  */
          return(2);                          /*  ist, ex. keine Zerle- */
        lower[i] /= diag[i-1];                /*  gung.                 */
        diag[i] -= lower[i] * upper[i-1];
      }
   }

 if ( fabs(diag[n-1]) < MACH_EPS ) return(2);

 for (i = 1; i < n; i++)                      /*  Vorwaertselimination  */
    b[i] -= lower[i] * b[i-1];

 b[n-1] /= diag[n-1];                         /* Rueckwaertselimination */
 for (i = n-2; i >= 0; i--)
    b[i] = ( b[i] - upper[i] * b[i+1] ) / diag[i];
 return(0);
}

/*------------------------  ENDE TRIDIAGONAL  -------------------------*/
```

P 3.8 SYSTEME MIT ZYKLISCHEN TRIDIAGONALMATRIZEN

```
/*---------------  MODUL ZYKLISCH TRIDIAGONAL  ----------------------*/

#include <u_const.h>


int tzdiag (n, lower, diag, upper,          /******************************/
           lowrow, ricol, b, rep )          /* Systeme mit zyklisch tri-  */
                                            /* diagonalen Matrizen        */
                                            /******************************/
     int n, rep;
  double lower[], diag[], upper[], lowrow[], ricol[], b[];

/*====================================================================*/
/*                                                                    */
/*  trdiag bestimmt die Loesung x des linearen Gleichungssystems      */
/*  A * x = b mit zyklisch tridiagonaler n x n Koeffizienten-         */
/*  matrix A, die in den 5 Vektoren lower, upper, diag, lowrow und    */
/*  ricol wie folgt abgespeichert ist:                                */
/*                                                                    */
/*       ( diag[0]  upper[0]    0        0  .  . 0  ricol[0]   )      */
/*       ( lower[1] diag[1]   upper[1]   0      .    .   0     )      */
/*       (   0      lower[2]  diag[2]  upper[2]   0    .       )      */
/*  A =  (   .         0      lower[3]   .    .     .   .      )      */
/*       (   .            .         .       .    .     0       )      */
/*       (   .         .             .       .    .     .      )      */
/*       (   0                .             .        . upper[n-2] )   */
/*       ( lowrow[0]  0 .  .   0        lower[n-1]  diag[n-1]  )      */
/*                                                                    */
/*  Speicherplatz fuer lowrow[1],..,lowrow[n-3] und ricol[1],...,     */
/*  ricol[n-3] muss zusaetzlich bereitgestellt werden, da dieser      */
```

```
/*  fuer die Aufnahme der Zerlegungsmatrix verfuegbar sein muss, die  */
/*  auf die 5 genannten Vektoren ueberspeichert wird.                 */
/*                                                                    */
/*====================================================================*/
/*                                                                    */
/*   Anwendung:                                                       */
/*   =========                                                        */
/*      Vorwiegend fuer diagonaldominante zyklische Tridiagonalmatri- */
/*      zen wie sie bei der Spline-Interpolation auftreten.           */
/*      Fuer diagonaldominante Matrizen existiert immer eine LU-      */
/*      Zerlegeung.                                                   */
/*                                                                    */
/*====================================================================*/
/*                                                                    */
/*   Eingabeparameter:                                                */
/*   ================                                                 */
/*      n        Dimension der Matrix ( > 2 )  int n                  */
/*      lower    untere Nebendiagonale         double lower[n]        */
/*      diag     Hauptdiagonale                double diag[n]         */
/*      upper    obere Nebendiagonale          double upper[n]        */
/*      b        rechte Seite des Systems      double b[n]            */
/*      rep      = 0  erstmaliger Aufruf       int rep                */
/*               !=0  wiederholter Aufruf                             */
/*                    fuer gleiche Matrix,                            */
/*                    aber verschiedenes b.                           */
/*                                                                    */
/*   Ausgabeparameter:                                                */
/*   ================                                                 */
/*      b        Loesungsvektor des Systems,   double b[n]            */
/*               die urspruengliche rechte Seite wird ueberspeichert  */
/*                                                                    */
/*      lower    ) enthalten bei rep = 0 die Zerlegung der Matrix;    */
/*      diag     ) die urspruenglichen Werte von lower u. diag werden */
/*      upper    ) ueberschrieben                                     */
/*      lowrow   )                             double lowrow[n-2]     */
/*      ricol    )                             double ricol[n-2]      */
/*                                                                    */
/*   Die Determinante der Matrix ist bei rep = 0 durch                */
/*      det A = diag[0] * ... * diag[n-1]     bestimmt.               */
/*                                                                    */
/*   Rueckgabewert:                                                   */
/*   =============                                                    */
/*      = 0      alles ok                                             */
/*      = 1      n < 3 gewaehlt                                       */
/*      = 2      Die Zerlegungsmatrix existiert nicht                 */
/*                                                                    */
/*====================================================================*/
/*                                                                    */
/*   Benutzte Funktionen:                                             */
/*   ===================                                              */
/*                                                                    */
/*   Aus der C Bibliothek: fabs()                                     */
/*                                                                    */
/*====================================================================*/
```

```
{
 double    temp, fabs();
 register i;

 if ( n < 3 ) return(1);

 if (rep == 0)                                    /*  Wenn rep = 0 ist,      */
   {                                              /*  Zerlegung der          */
     lower[0] = upper[n-1] = 0.0;                 /*  Matrix berechnen.      */

     if ( fabs (diag[0]) < MACH_EPS ) return(2);
                                               /* Ist ein Diagonalelement  */
     temp = 1.0 / diag[0];                     /* betragsmaessig kleiner   */
     upper[0] *= temp;                         /* MACH_EPS, so ex. keine   */
     ricol[0] *= temp;                         /* Zerlegung.               */

     for (i = 1; i < n-2; i++)
       { diag[i] -= lower[i] * upper[i-1];
         if ( fabs(diag[i]) < MACH_EPS ) return(2);
         temp = 1.0 / diag[i];
         upper[i] *= temp;
         ricol[i] = -lower[i] * ricol[i-1] * temp;
       }

     diag[n-2] -= lower[n-2] * upper[n-3];
     if ( fabs(diag[n-2]) < MACH_EPS ) return(2);

     for (i = 1; i < n-2; i++)
       lowrow[i] = -lowrow[i-1] * upper[i-1];

     lower[n-1] -= lowrow[n-3] * upper[n-3];
     upper[n-2] = ( upper[n-2] - lower[n-2] * ricol[n-3] ) / diag[n-2];

     for (temp = 0.0, i = 0; i < n-2; i++)
       temp -= lowrow[i] * ricol[i];
     diag[n-1] += temp - lower[n-1] * upper[n-2];

     if ( fabs(diag[n-1]) < MACH_EPS ) return(2);
   }  /* end if ( rep == 0 ) */

 b[0] /= diag[0];                               /* Vorwaertselimination    */
 for (i = 1; i < n-1; i++)
   b[i] = ( b[i] - b[i-1] * lower[i] ) / diag[i];

 for (temp = 0.0, i = 0; i < n-2; i++)
   temp -= lowrow[i] * b[i];

 b[n-1] = ( b[n-1] + temp - lower[n-1] * b[n-2] ) / diag[n-1];

 b[n-2] -= b[n-1] * upper[n-2];                 /* Rueckwaertselimination  */
 for (i = n-3; i >= 0; i--)
   b[i] -= upper[i] * b[i+1] + ricol[i] * b[n-1];

 return(0);
}

/*------------------  ENDE ZYKLISCH TRIDIAGONAL  --------------------*/
```

P 3.9.2 DAS GAUSS VERFAHREN MIT PIVOTISIERUNG FÜR BANDMATRIZEN

```
/*------------------  MODUL BAND (mit Pivotisierung)  ----------------*/

#include <stdio.h>
#include <u_const.h>


int band (cas, n, ld, ud, packmat, b, perm, signdet)
                                           /***************************/
  int    cas, n, ld, ud, perm[], *signdet;  /* GAUSS-Algorithmus fuer */
  double **packmat, b[];                   /*      Bandmatrizen      */
                                           /***************************/

/*====================================================================*/
/*                                                                    */
/*  Die Funktion band dient zur Loesung eines linearen Gleichungs-    */
/*  systems:  packmat * x = b.                                        */
/*  Dabei sind: packmat die regulaere n x n Koeffizientenmatrix in    */
/*                 gepackter Form (n-zeilige Bandmatrix mit           */
/*                 ld+1+ud Spalten) mit ld Sub- u. ud Superdiagonalen, */
/*              b die rechte Seite des Systems (n-Vektor),            */
/*              x der Loesungsvektor des Gleichungssystems.           */
/*                                                                    */
/*  band arbeitet nach dem Gauss-Algorithmus mit Dreieckzerlegung     */
/*  und Spaltenpivotsuche (Crout-Verfahren mit Zeilenvertauschung).   */
/*  Durch die Pivotsuche entstehen min( ud, ld) zusaetzliche Spalten, */
/*  so dass fuer packmat insgesamt n x (ld+1+ud+min(ld,ud))           */
/*  Speicherplaetze verfuegbar gemacht werden muessen.                */
/*                                                                    */
/*====================================================================*/
/*                                                                    */
/*   Anwendung:                                                       */
/*   =========                                                        */
/*       Lineare Gleichungssysteme mit regulaerer n x n Matrix, die   */
/*       Bandstruktur besitzt.                                        */
/*       Insbesondere fuer Bandmatrizen mit grossem n (im Vergleich zu */
/*       ld+1+ud) bietet band Rechenzeit- und Speicherplatzvorteile   */
/*       gegenueber dem Standard-Gauss-Verfahren.                     */
/*                                                                    */
/*====================================================================*/
/*                                                                    */
/*   Steuerparameter:                                                 */
/*   ===============                                                  */
/*       cas      int cas;                                            */
/*                Aufrufart von band:                                 */
/*         = 0    Bestimmung der Zerlegungsmatrix und Berechnung der  */
/*                Loesung des Gleichungssystems.                      */
/*         = 1    Nur Berechnung der Zerlegungsmatrix, die auf        */
/*                packmat ueberspeichert wird.                        */
/*         = 2    Nur Loesung des Gleichungssystems; zuvor muss je-   */
/*                doch die Zerlegungsmatrix bestimmt sein. Diese      */
/*                Aufrufart wird verwendet, falls bei gleicher        */
/*                Matrix lediglich die rechte Seite des Systems vari- */
/*                iert, z. B. zur Berechnung der Inversen.            */
```

```
/*                                                                    */
/*   Eingabeparameter:                                                */
/*   ================                                                 */
/*      n         int n;  ( n > 2 )                                   */
/*                Dimension von packmat (Anzahl der Zeilen),          */
/*                Anzahl der Komponenten des b-Vektors.               */
/*      ld        int ld; ( ld >= 0 )                                 */
/*                Anzahl der Subdiagonalen.                           */
/*      ud        int ud; ( ud >= 0 )                                 */
/*                Anzahl der Superdiagonalen.                         */
/*      packmat   double *packmat[n];                                 */
/*                cas = 0, 2:                                         */
/*                Matrix des Gleichungssystems. Diese wird als Vektor */
/*                von Zeigern uebergeben. Die Zeilenlaenge betraegt   */
/*                mindestens   ld + 1 + ud + min ( ld, ud ), wobei    */
/*                die Spalten 0,..,ld-1 die Subdiagonalen,            */
/*                die Spalte ld die Diagonale und die Spalten         */
/*                ld+1,..,ld+ud die Superdiagonalen enthalten.        */
/*                Ist A die Originalmatrix des Systems in ungepackter */
/*                Form, so gilt:                                      */
/*                A[i][k] = packmat[i][ld+k-i],                       */
/*                          fuer k,i aus dem Diagonalband             */
/*                cas = 1:                                            */
/*                Zerlegungsmatrix in gepackter Form.                 */
/*      b         double b[n];          ( bei cas = 0, 2 )            */
/*                Rechte Seite des Gleichungssystems.                 */
/*      perm      int perm[n];          ( bei cas = 2 )               */
/*                Permutationsvektor, der die Zeilenvertauschungen    */
/*                von packmat enthaelt.                               */
/*      signdet   int *signdet;         ( bei cas = 2 )               */
/*                Vorzeichen der Determinante von packmat; die De-    */
/*                terminante kann durch das Produkt der Diagonal-     */
/*                elemente mal signdet bestimmt werden.               */
/*                                                                    */
/*   Ausgabeparameter:                                                */
/*   ================                                                 */
/*      packmat   double *packmat[n];   ( bei cas = 0, 1 )            */
/*                Dekompositionsmatrix, die die Zerlegung von         */
/*                matrix in eine untere oder obere Dreieckmatrix in   */
/*                gepackter Form enthaelt; die Ausgangsmatrix wird    */
/*                ueberspeichert.                                     */
/*      perm      int perm[n];          ( bei cas = 0, 1 )            */
/*                Permutationsvektor, der die Zeilenvertauschungen    */
/*                von lumat enthaelt.                                 */
/*      b         double b[n];          ( bei cas = 0, 2 )            */
/*                Loesungsvektor des Systems, der auf die rechte Seite */
/*                ueberspeichert wird.                                */
/*      signdet   int *signdet;         ( bei cas = 0, 1 )            */
/*                Vorzeichen der Determinante von matrix; die De-     */
/*                terminante kann durch das Produkt der Diagonal-     */
/*                elemente mal signdet bestimmt werden.               */
/*                                                                    */
/*   Rueckgabewert:                                                   */
/*   =============                                                    */
/*      = 0       alles ok                                            */
/*      = 1       n < 3 gewaehlt oder unzulaessige Eingabeparameter   */
/*      = 2       zu wenig Speicherplatz                              */
```

```
/*      = 3        Matrix ist singulaer oder rechnerisch singulaer      */
/*      = 4        Falsche Aufrufart                                    */
/*                                                                      */
/*======================================================================*/
/*                                                                      */
/*   Benutzte Funktionen:                                               */
/*   ===================                                                */
/*       int banddec() : Zerlegungsmatrix berechnen                     */
/*       int bandsol() : Gleichungssystem loesen                        */
/*                                                                      */
/*======================================================================*/
/*                                                                      */
/*   Benutzte Konstanten: NULL                                          */
/*   ====================                                               */
/*                                                                      */
/*======================================================================*/

{
 register i;
 int      banddec (int,int,int,double**,int*,int*),
          bandsol (int,int,int,double**,double*,int*), res;

 if ( n < 3 || ld < 0 || ud < 0 || n < ld+1+ud ) return(1);
 for (i = 0; i < n; i++)
    if ( packmat[i] == NULL ) return(1);

 switch (cas)
   {
     case 0 : { res = banddec (n, ld, ud, packmat, perm, signdet);
                if ( res == 0 )
                  return (bandsol (n, ld, ud, packmat, b, perm));
                else return(res);
              }

     case 1 : return (banddec (n, ld, ud, packmat, perm, signdet));

     case 2 : return (bandsol (n, ld, ud, packmat, b, perm));
   }
 return(4);
}


int banddec (n, ld, ud, packmat, perm, signdet)
                                        /*******************************/
  int    n, ld, ud, perm[], *signdet;   /*       LU-Zerlegung          */
  double *packmat[];                    /*******************************/

/*======================================================================*/
/*                                                                      */
/*   Eingabeparameter:                                                  */
/*   ================                                                   */
/*      n          int n;  ( n > 2 )                                    */
/*                 Dimension von packmat (Anzahl der Zeilen),           */
/*                 Anzahl der Komponenten des b-Vektors.                */
/*      ld         int ld; ( ld >= 0 )                                  */
/*                 Anzahl der Subdiagonalen.                            */
/*      ud         int ud; ( ud >= 0 )                                  */
```

```
/*               Anzahl der Superdiagonalen.                            */
/*      packmat  double *packmat[n];                                    */
/*               Matrix des Gleichungssystems. Diese wird als Vektor    */
/*               von Zeigern uebergeben. Die Zeilenlaenge betraegt      */
/*               mindestens   ld + 1 + ud + min ( ld, ud ), wobei       */
/*               die Spalten 0,..,ld-1 die Subdiagonalen,               */
/*               die Spalte ld die Diagonale und die Spalten            */
/*               ld+1,..,ld+ud die Superdiagonalen enthalten.           */
/*                                                                      */
/*   Ausgabeparameter:                                                  */
/*   ================                                                   */
/*      packmat  double *packmat[n];                                    */
/*               Dekompositionsmatrix, die die Zerlegung von            */
/*               matrix in eine untere oder obere Dreieckmatrix in      */
/*               gepackter Form enthaelt; die Ausgangsmatrix wird       */
/*               ueberspeichert.                                        */
/*      perm     int perm[n];                                           */
/*               Permutationsvektor, der die Zeilenvertauschungen       */
/*               von lumat enthaelt.                                    */
/*      signdet  int *signdet;                                          */
/*               Vorzeichen der Determinante von packmat; die De-       */
/*               terminante kann durch das Produkt der Diagonal-        */
/*               elemente mal signdet bestimmt werden.                  */
/*                                                                      */
/*   Rueckgabewert:                                                     */
/*   =============                                                      */
/*      = 0      alles ok                                               */
/*      = 1      n < 3 gewaehlt oder unzulaessige Eingabeparameter      */
/*      = 2      zu wenig Speicherplatz                                 */
/*      = 3      Matrix ist singulaer oder rechnerisch singulaer        */
/*                                                                      */
/*======================================================================*/
/*                                                                      */
/*   Benutzte Funktionen:                                               */
/*   ===================                                                */
/*                                                                      */
/*   Aus der C Bibliothek: fabs()                                       */
/*                                                                      */
/*======================================================================*/
/*                                                                      */
/*   Benutzte Konstanten: NULL, MACH_EPS                                */
/*   ===================                                                */
/*                                                                      */
/*   Benutzte Macros: min, max                                          */
/*   ===============                                                    */
/*                                                                      */
/*======================================================================*/
{
  int        j0, mm, up, istart, iend, step, kstart,
             kend, kjend, km, jm, jk;

  register k, j, i;
  double   piv, temp, fabs();

 if ( ld < 0 || ud < 0 || n < 3 || n < ld+1+ud )
   return(1);                          /* Unzulaessige Parameter        */
```

```
  if ( ld == 0 || ud == 0 ) return(0);  /* Matrix hat bereits Dreieck- */
                                        /* gestalt                     */
   mm = ld + 1 + ud + min (ld, ud);

   up = ld <= ud;                       /* up = 0 ==> Transformation   */
                                        /* auf untere Dreieckmatrix    */
   for (i = 0; i < n; i++)
     for (k = ld+ud+1; k < mm; k++)     /* eventl. benoetigte Zusatz-  */
       packmat[i][k] = 0.0;             /* spalten mit 0 initialisieren*/

   *signdet = 1;                              /* Vorzeichen der Determ. */
                                              /* initialisieren         */
   if ( up )
     { istart = 0; iend = n-1; step = 1;      /* Anfang, Ende und Lauf- */
       kstart = 1;                            /* richtung der Schleifen */
     }                                        /* in Abhaengigkeit von   */
   else                                       /* up bestimmen           */
     { istart = n-1; iend = 0; step = -1;
       kstart = -1;
     }

   for (i = istart; i != iend; i += step)     /* Schleife ueber alle    */
                                              /* Zeilen                 */
     {
      kend =  ( up  ?  min (ld+1, n-i) : max (-i-1, -ud-1) );
      j0 = 0;
      piv = fabs(packmat[i][ld]);             /* Pivotelement waehlen   */
      for (k = kstart; k != kend; k += step)
        if ( fabs( packmat[k+i][ld-k] ) > piv )
          {
           piv = fabs( packmat[k+i][ld-k] );
           j0 = k;
          }

      if ( piv < MACH_EPS ) return(3);         /* Ist piv = 0, so ist die */
      perm[i] = j0;                            /* Matrix singulaer        */
      kjend =  ( up  ?  min (j0+ud+1, n-i) : max ( -i-1, j0-ld-1) );

      if (j0 != 0)
        {
         *signdet = - *signdet;           /* Zeilenvertauschung         */
         for (k = 0; k != kjend; k += step)
           { km = k + ld;
             if (km < 0) km += mm;
                               temp = packmat[i][km];
                  packmat[i][km] = packmat[i+j0][k+ld-j0];
             packmat[i+j0][k+ld-j0] = temp;
           }
        }

      for (k = kstart; k != kend; k +=step)    /* Schleife ueber alle */
        {                                      /* Zeilen unterhalb    */
        packmat[k+i][ld-k] /= packmat[i][ld];  /* von i               */
        for (j = kstart; j != kjend; j += step)
          {                                    /* Schleife ueber alle */
           jk = j + ld - k;                    /* Spalten rechts von i*/
           jm = j + ld;
```

```
                                              /* Spalten, die durch die Pivot- */
          if ( jk < 0 ) jk += mm;             /* suche zusaetzlich entstehen,  */
          if ( jm < 0 ) jm += mm;             /* werden ab Spalte ud+ld+1 ge-  */
                                              /* speichert.                    */

          packmat[k+i][jk] -= packmat[k+i][ld-k] * packmat[i][jm];
        }
      }  /* end k */
    }  /* end i */

  perm[iend] = 0;
  return(0);
 }


int bandsol (n, ld, ud, packmat, b, perm)    /***************************/
                                             /*      Band-Loesung       */
    int n, ld, ud, perm[];                   /***************************/
  double *packmat[], b[];

/*====================================================================*/
/*                                                                    */
/*   Eingabeparameter:                                                */
/*   ================                                                 */
/*      n          int n;  ( n > 2 )                                  */
/*                 Dimension von packmat (Anzahl der Zeilen),         */
/*                 Anzahl der Komponenten des b-Vektors.              */
/*      ld         int ld; ( ld >= 0 )                                */
/*                 Anzahl der Subdiagonalen.                          */
/*      ud         int ud; ( ud >= 0 )                                */
/*                 Anzahl der Superdiagonalen.                        */
/*      packmat    double *packmat[n];                                */
/*                 Zerlegungsmatrix in gepackter Form, wie sie von    */
/*                 banddec geliefert wird.                            */
/*      b          double b[n];                                       */
/*                 Rechte Seite des Gleichungssystems.                */
/*      perm       int perm[n];                                       */
/*                 Permutationsvektor, der die Zeilenvertauschungen   */
/*                 von packmat enthaelt; Ausgabe von banddec.         */
/*                                                                    */
/*   Ausgabeparameter:                                                */
/*   ================                                                 */
/*      b          double b[n];                                       */
/*                 Loesungsvektor des Systems, der auf die rechte Seite */
/*                 ueberspeichert wird.                               */
/*                                                                    */
/*   Rueckgabewert:                                                   */
/*   =============                                                    */
/*      = 0        alles ok                                           */
/*      = 1        unzulaessige Eingabeparameter                      */
/*                                                                    */
/*====================================================================*/
/*                                                                    */
/*   Benutzte Macros: min, max                                        */
/*   ===============                                                  */
/*                                                                    */
/*====================================================================*/
```

```
{
  int       j0, s, mm, up, istart, iend, step, kstart,
            kend, km;

  register i, k;
  double   temp;

 if ( ld < 0 || ud < 0 || n < 3 || n < ld+1+ud )
   return(1);                          /* Unzulaessige Parameter    */
 for (i = 0; i < n; i++)
    if ( packmat[i] == NULL ) return(1);

  mm = ld + ud + 1 + min (ld, ud);     /* mm = max. Speicherbedarf   */
                                       /* pro Zeile                  */

  up = ld <= ud;                       /* up = 0 ==> Tranformation   */
                                       /* auf untere Dreieckmatrix   */
  if ( up )
    { istart = 0; iend = n-1; step = 1; /* Grenzen und Laufrichtung  */
      kstart = 1; s = -1;               /* in Abhaengigkeit von up   */
    }                                   /* setzen                    */
  else
    { istart = n-1; iend = 0; step = -1;
      kstart = -1; s = 1;
    }

  for (i = istart; i != iend; i += step)  /* b-Vektor gemaess perm  */
    {                                     /* anpassen               */
     if (perm[i] != 0)
       { temp = b[i];
         b[i] = b[i+perm[i]];
         b[i+perm[i]] = temp;
       }

     kend =  ( up  ? min (ld+1, n-i) : max (-i-1, -ud-1) );

     for (k = kstart; k != kend; k += step)
       b[k+i] -= packmat[k+i][ld-k] * b[i];
    }

  for (i = iend; i != istart + s ; i -= step)
    { kend = ( up  ?  min (ld+ud+1, n-i) : max (-i-1, -ud-ld) );

      for (k = kstart; k != kend; k += step)
        { km = k + ld;                 /* Vor- bzw. Rueckwaerts-        */
          if ( km < 0 ) km += mm;      /* transformation durchfuehren */
          b[i] -= packmat[i][km] * b[i+k];
        }
      b[i] /= packmat[i][ld];
    }
  return(0);
}

/*-------------------  ENDE BAND (mit Pivotisierung)  ---------------*/
```

P 3.9.2 DAS GAUSS VERFAHREN OHNE PIVOTSUCHE FÜR BANDMATRIZEN

```
/*------------------ MODUL BAND (ohne Pivotisierung) ----------------*/

#include <stdio.h>
#include <u_const.h>

                                        /*******************************/
int bando(cas, n, ld, ud, packmat, b)   /* Gleichungssysteme mit       */
                                        /* Bandmatrizen (ohne Pivot-   */
    int cas, n, ud, ld;                 /* suche)                      */
  double **packmat, b[];                /*******************************/

/*====================================================================*/
/*                                                                    */
/*  Die Funktion bando dient zur Loesung eines linearen Gleichungs-   */
/*  systems:  packmat * x = b.                                        */
/*  Dabei sind: packmat die regulaere Koeffizientenmatrix in gepack-  */
/*                ter Form (Bandmatrix mit ld+ud+1 Spalten),          */
/*              b die rechte Seite des Systems (n-Vektor),            */
/*              x der Loesungsvektor des Gleichungssystems.           */
/*                                                                    */
/*  bando arbeitet nach dem Gauss-Algorithmus mit Dreieckzerlegung,   */
/*  im Gegensatz zu band ohne Pivotsuche.                             */
/*                                                                    */
/*====================================================================*/
/*                                                                    */
/*   Anwendung:                                                       */
/*   =========                                                        */
/*      Lineare Gleichungssysteme mit regulaerer Bandmatrix;          */
/*      insbesondere diagonaldominante u. positiv definite Band-      */
/*      matrizen.                                                     */
/*                                                                    */
/*====================================================================*/
/*                                                                    */
/*   Steuerparameter:                                                 */
/*   ===============                                                  */
/*      cas       int cas;                                            */
/*                Aufrufart von bando:                                */
/*       = 0      Bestimmung der Zerlegungsmatrix und Berechnung der  */
/*                Loesung des Gleichungssystems.                      */
/*       = 1      Nur Berechnung der Zerlegungsmatrix, die auf        */
/*                packmat ueberspeichert wird.                        */
/*       = 2      Nur Loesung des Gleichungssystems; zuvor muss je-   */
/*                doch die Zerlegungsmatrix bestimmt sein. Diese      */
/*                Aufrufart wird verwendet, falls bei gleicher        */
/*                Matrix lediglich die rechte Seite des Systems vari- */
/*                iert, z. B. zur Berechnung der Inversen.            */
/*                                                                    */
/*   Eingabeparameter:                                                */
/*   ================                                                 */
/*      n         int n;  ( n > 2 )                                   */
/*                Dimension von packmat (Anzahl der Zeilen),          */
/*                Anzahl der Komponenten des b-Vektors.               */
/*      ld        int ld; ( ld >= 0 )                                 */
/*                Anzahl der Subdiagonalen.                           */
```

```
/*      ud        int ud; ( ud >= 0 )                                       */
/*                Anzahl der Superdiagonalen.                               */
/*      packmat   double *packmat[n];                                       */
/*                cas = 0, 2:                                               */
/*                Matrix des Gleichungssystems. Diese wird als Vektor       */
/*                von Zeigern uebergeben. Die Zeilenlaenge betraegt         */
/*                mindestens   ld + 1 + ud, wobei                           */
/*                die Spalten 0,..,ld-1 die Subdiagonalen,                  */
/*                die Spalte ld die Diagonale und die Spalten               */
/*                ld+1,..,ld+ud die Superdiagonalen enthalten.              */
/*                Ist A die Originalmatrix des Systems in ungepackter       */
/*                Form, so gilt:                                            */
/*                A[i][k] = packmat[i][ld+k-i],                             */
/*                           fuer k,i aus dem Diagonalband                  */
/*                cas = 1:                                                  */
/*                Zerlegungsmatrix in gepackter Form.                       */
/*      b         double b[n];          ( bei cas = 0, 2 )                  */
/*                Rechte Seite des Gleichungssystems.                       */
/*                                                                          */
/*   Ausgabeparameter:                                                      */
/*   ================                                                       */
/*      packmat   double *packmat[n];   ( bei cas = 0, 1 )                  */
/*                Dekompositionsmatrix, die die Zerlegung von               */
/*                matrix in eine obere Dreieckmatrix in gepackter           */
/*                Form enthaelt; die Ausgangsmatrix geht verloren.          */
/*      b         double b[n];          ( bei cas = 0, 2 )                  */
/*                Loesungsvektor des Systems, der auf die rechte Seite      */
/*                ueberspeichert wird.                                      */
/*                                                                          */
/*   Rueckgabewert:                                                         */
/*   =============                                                          */
/*      = 0       alles ok                                                  */
/*      = 1       n < 3 gewaehlt oder unzulaessige Eingabeparameter         */
/*      = 2       Matrix ist singulaer oder rechnerisch singulaer           */
/*      = 3       Falsche Aufrufart                                         */
/*                                                                          */
/*==========================================================================*/
/*                                                                          */
/*   Benutzte Funktionen:                                                   */
/*   ===================                                                    */
/*      int banodec() : Zerlegungsmatrix berechnen                          */
/*      int banosol() : Gleichungssystem loesen                             */
/*                                                                          */
/*==========================================================================*/
/*                                                                          */
/*   Benutzte Konstanten: NULL                                              */
/*   ====================                                                   */
/*                                                                          */
/*==========================================================================*/

{
 register i;
 int      banodec (int,int,int,double**),
          banosol (int,int,int,double**,double*), res;

 if ( n < 3 || ld < 0 || ud < 0 || n < ld+1+ud ) return(1);
```

```
 for (i = 0; i < n; i++)
    if ( packmat[i] == NULL ) return(1);

 switch (cas)
   {
     case 0 : { res = banodec (n, ld, ud, packmat);
                if ( res == 0 )
                  return (banosol (n, ld, ud, packmat, b));
                else return (res);
              }

     case 1 : return (banodec (n, ld, ud, packmat));

     case 2 : return (banosol (n, ld, ud, packmat, b));
   }

 return(3);
}


int banodec (n, ld, ud, packmat)          /*****************************/
                                          /*  Obere Dreieck-Zerlegung  */
     int n, ld, ud;                       /*****************************/
  double *packmat[];
/*====================================================================*/
/*                                                                    */
/*   Eingabeparameter:                                                */
/*   ================                                                 */
/*      n         int n;  ( n > 2 )                                   */
/*                Dimension von packmat (Anzahl der Zeilen),          */
/*                Anzahl der Komponenten des b-Vektors.               */
/*      ld        int ld; ( ld >= 0 )                                 */
/*                Anzahl der Subdiagonalen.                           */
/*      ud        int ud; ( ud >= 0 )                                 */
/*                Anzahl der Superdiagonalen.                         */
/*      packmat   double *packmat[n];                                 */
/*                Matrix des Gleichungssystems. Diese wird als Vektor */
/*                von Zeigern uebergeben. Die Zeilenlaenge betraegt   */
/*                mindestens   ld + 1 + ud, wobei                     */
/*                die Spalten 0,..,ld-1 die Subdiagonalen,            */
/*                die Spalte ld die Diagonale und die Spalten         */
/*                ld+1,..,ld+ud die Superdiagonalen enthalten.        */
/*                                                                    */
/*   Ausgabeparameter:                                                */
/*   ================                                                 */
/*      packmat   double *packmat[n];                                 */
/*                Dekompositionsmatrix, die die Zerlegung von         */
/*                packmat in eine obere Dreieckmatrix in              */
/*                gepackter Form enthaelt; die Ausgangsmatrix wird    */
/*                ueberspeichert.                                     */
/*                                                                    */
/*   Rueckgabewert:                                                   */
/*   =============                                                    */
/*      = 0       alles ok                                            */
/*      = 1       n < 3 gewaehlt oder unzulaessige Eingabeparameter   */
```

```
/*        = 2       Matrix ist singulaer oder rechnerisch singulaer     */
/*                                                                      */
/*====================================================================*/
/*                                                                      */
/*   Benutzte Konstanten: NULL, MACH_EPS                                */
/*   ====================                                               */
/*                                                                      */
/*   Benutzte Macros:  min                                              */
/*   ===============                                                    */
/*====================================================================*/

{
  double   fabs();
  int      kend, kjend, jm, jk;
  register k, j, i;

 if ( ld == 0 ) return(0);                 /* Matrix besitzt schon obere   */
 for (k = 0; k < n; k++)                   /* Dreieckgestalt               */
    if ( packmat[k] == NULL ) return(1);

  for (i = 0; i < n-1; i++)                         /* Schleife ueber alle  */
    {                                                /* Zeilen               */
     kend =  min (ld+1, n-i);
     kjend = min (ud+1, n-i);

     if ( fabs(packmat[i][ld]) < MACH_EPS )     /* Zerlegung ex. nicht */
       return(2);

     for (k = 1; k != kend; k++)                     /* Schleife ueber alle */
       {                                             /* Zeilen unterhalb    */
        packmat[k+i][ld-k] /= packmat[i][ld];   /* von i               */

        for (j = 1; j != kjend; j++)
          {
            jk = j + ld - k;
            jm = j + ld;
            packmat[k+i][jk] -= packmat[k+i][ld-k] * packmat[i][jm];
          }
       } /* end k */
    }  /* end i */

  return(0);
 }


int banosol (n, ld, ud, packmat, b)       /*******************************/
                                          /*          Bandloesung        */
    int n, ld, ud;                        /*******************************/
 double *packmat[], b[];

/*====================================================================*/
/*                                                                      */
/*   Eingabeparameter:                                                  */
/*   ================                                                   */
/*       n          int n;  ( n > 2 )                                   */
/*                  Dimension von packmat (Anzahl der Zeilen),          */
```

```
/*                 Anzahl der Komponenten des b-Vektors.                  */
/*      ld         int ld; ( ld >= 0 )                                    */
/*                 Anzahl der Subdiagonalen.                              */
/*      ud         int ud; ( ud >= 0 )                                    */
/*                 Anzahl der Superdiagonalen.                            */
/*      packmat    double *packmat[n];                                    */
/*                 Zerlegungsmatrix in gepackter Form, wie sie von        */
/*                 banddec geliefert wird.                                */
/*      b          double b[n];                                           */
/*                 Rechte Seite des Gleichungssystems.                    */
/*                                                                        */
/*   Ausgabeparameter:                                                    */
/*   ================                                                     */
/*      b          double b[n];                                           */
/*                 Loesungsvektor des Systems, der auf die rechte Seite */
/*                 ueberspeichert wird.                                   */
/*                                                                        */
/*   Rueckgabewert:                                                       */
/*   =============                                                        */
/*      = 0        alles ok                                               */
/*      = 1        n < 3 gewaehlt oder unzulaessige Eingabeparameter     */
/*                                                                        */
/*========================================================================*/
/*                                                                        */
/*   Benutzte Macros:  min                                                */
/*   ===============                                                      */
/*                                                                        */
/*========================================================================*/

{
  int      kend;
  register i, k;

 if ( n < 3 ) return(1);                       /*  Unzulaessige Parameter   */

  for (i = 0; i < n-1; i++)
    {
     kend = min (ld+1, n-i);
     for (k = 1; k != kend; k++)
       b[k+i] -= packmat[k+i][ld-k] * b[i];
    }

  for (i = n-1; i >= 0 ; i--)                 /* Rueckwaertstransformation */
    {
     kend = min (ud+1, n-i);
     for (k = 1; k < kend; k++)
        b[i] -= packmat[i][k+ld] * b[i+k];
     b[i] /= packmat[i][ld];
    }
  return(0);
 }

/*----------------  ENDE BAND (ohne Pivotisierung)  -----------------*/
```

P 3.9.4 PACKEN VON BANDMATRIZEN

```
/*------------------------- MODUL PACK ------------------------------*/

#include <u_const.h>

int pack (n, ld, ud, no, row, packrow)      /***************************/
                                            /* Packen der no-ten Zeile */
 int    n, ld, ud, no;                      /* einer n x n Matrix A    */
 double *row, *packrow;                     /***************************/

/*====================================================================*/
/*                                                                    */
/*  pack konvertiert die no-te Zeile row einer n x n Matrix A         */
/*  mit ld Subdiagonalen und ud Superdiagonalen auf die Zeile packrow */
/*  der Laenge ld+ud+1 wie sie fuer band und bando benoetigt wird.    */
/*  Die Zeile row ist dann die no-te Zeile der Eingabematrix          */
/*  packmat fuer die Funktionen band und bando.                       */
/*                                                                    */
/*====================================================================*/
/*                                                                    */
/*   Eingabeparameter:                                                */
/*   ================                                                 */
/*      n          int n;  ( n > 2 )                                  */
/*                 Dimension der Matrix (Anzahl der Zeilen).          */
/*      ld         int ld; ( ld >= 0 )                                */
/*                 Anzahl der Subdiagonalen.                          */
/*      ud         int ud; ( ud >= 0 )                                */
/*                 Anzahl der Superdiagonalen.                        */
/*      no         int no;                                            */
/*                 Zeilennummer der zu konvertierenden Zeile          */
/*      row        double *row;                                       */
/*                 no-te Zeile der Laenge n der Originalmatrix.       */
/*                                                                    */
/*   Ausgabeparameter:                                                */
/*   ================                                                 */
/*      packrow    double *packrow;                                   */
/*                 no-te Zeile in gepackter Form mit Laenge ld+ud+1.  */
/*                                                                    */
/*====================================================================*/

{
 register k, m = 0, j;

 k = ld - no;
 while ( k-- > 0 ) packrow[m++] = 0.0;
 for (j = 0; j < n; j++)
   if ( (no - j  <= ld) && (j - no <= ud) ) packrow[m++] = row[j];

 k = ld + ud + 1 - m;
 while ( k-- > 0 ) packrow[m++] = 0.0;

 return(0);
}
```

```
                                              /***************************/
int unpack (n, ld, ud, no, packrow, row)      /* no-te Zeile einer ge-   */
                                              /* packten Bandmatrix auf */
 int n, ld, ud;                               /* Originalform bringen    */
 double *packrow, *row;                       /***************************/

/*====================================================================*/
/*                                                                    */
/*   unpack konvertiert die no-te Zeile packrow der (n x ld+ud+1)     */
/*   Bandmatrix in gepackter Form mit ld Subdiagonalen und ud Super-  */
/*   diagonalen auf die no-te Zeile der Laenge n einer Matrix A in Ori-*/
/*   ginalform. Damit wird die inverse Operation zu pack realisiert.  */
/*                                                                    */
/*====================================================================*/
/*                                                                    */
/*   Eingabeparameter:                                                */
/*   ================                                                 */
/*      n        int n;  ( n > 2 )                                    */
/*               Dimension der Originalmatrix (Anzahl der Zeilen).    */
/*      ld       int ld; ( ld >= 0 )                                  */
/*               Anzahl der Subdiagonalen.                            */
/*      ud       int ud; ( ud >= 0 )                                  */
/*               Anzahl der Superdiagonalen.                          */
/*      no       int no;                                              */
/*               Zeilennummer der zu konvertierenden Zeile            */
/*      packrow  double *packrow;                                     */
/*               no-te Zeile in gepackter Form mit Laenge ld+ud+1.    */
/*                                                                    */
/*   Ausgabeparameter:                                                */
/*   ================                                                 */
/*      row      double *row;                                         */
/*               no-te Zeile der Laenge n der Originalmatrix.         */
/*                                                                    */
/*====================================================================*/
/*                                                                    */
/*   Benutzte Macros: min, max                                        */
/*   ===============                                                  */
/*                                                                    */
/*====================================================================*/

{
 register  m = 0, k;
 int       i, j;

    k = i = no - ld;
    while ( k-- > 0 ) row[m++] = 0.0;
    k = min (n - m + ld, ud + ld);
    for (j = max (0, -i); j <= k; j++)
        row[m++] = packrow[j];

    k = n - m ;
    while ( k-- > 0 ) row[m++] = 0.0;

 return(0);
}

/*-------------------------- ENDE PACK --------------------------------*/
```

P 3.11.3 DAS GAUSS-SEIDEL VERFAHREN

```
/*----------------------- MODUL GAUSS-SEIDEL -------------------------*/

#include <stdio.h>
#include <u_const.h>

#define ITERMAX 300                      /* Maximale Iterationszahl    */


int seidel (krit, n, matrix, b, omega, x, residu, iter)
                                                /***********************/
 int    n, krit, *iter;                         /* Iterationsverfahren */
 double **matrix, b[], x[], residu[], omega;    /* von Gauss-Seidel    */
                                                /***********************/

/*====================================================================*/
/*                                                                    */
/*  seidel dient zur iterativen Loesung eines linearen Gleichungs-    */
/*  systems  matrix * x = b.                                          */
/*  Dabei sind: matrix die regulaere n x n Koeffizientenmatrix,       */
/*              b die rechte Seite des Systems (n-Vektor),            */
/*              x der Loesungsvektor des Gleichungssystems.           */
/*                                                                    */
/*  seidel arbeitet nach dem Einzelschrittverfahren mit Relaxation,   */
/*  wobei der Relaxationskoeffizient 0<omega<2 bekannt sein muss.     */
/*  Im Spezialfall omega=1 erhaelt man das Gauss-Seidel-Verfahren.    */
/*                                                                    */
/*====================================================================*/
/*                                                                    */
/*   Anwendung:                                                       */
/*   =========                                                        */
/*       Gleichungssysteme mit regulaerer n x n Matrix, die entweder  */
/*       dem Zeilensummenkriterium oder dem Spaltensummenkriterium    */
/*       oder dem Kriterium von Schmidt-v.Mises genuegt.              */
/*       Nur in diesen Faellen kann Konvergenz garantiert werden.     */
/*                                                                    */
/*====================================================================*/
/*                                                                    */
/*   Eingabeparameter:                                                */
/*   ================                                                 */
/*       krit      int krit;                                          */
/*                 zu pruefendes Kriterium                            */
/*                 =1 : Zeilensummenkriterium                         */
/*                 =2 : Spaltensummenkriterium                        */
/*                 =3 : Kriterium von Schmidt-v.Mises                 */
/*                 sonst : keine Pruefung                             */
/*       n         int n;  ( n > 1 )                                  */
/*                 Dimension von matrix und lumat,                    */
/*                 Anzahl der Komponenten des b-Vektors, des Loe-     */
/*                 sungsvektors x.                                    */
/*       matrix    double *matrix[n];                                 */
/*                 Matrix des Gleichungssystems. Diese wird als Vektor */
/*                 von Zeigern uebergeben. matrix wird ueberschrieben. */
```

```
/*      b          double b[n];                                            */
/*                 Rechte Seite des Gleichungssystems,                     */
/*                 wird ueberspeichert.                                    */
/*      omega      double omega; ( 0.0 < omega < 2.0 )                     */
/*                 Relaxationskoeffizient.                                 */
/*                                                                         */
/*   Ausgabeparameter:                                                     */
/*   =================                                                     */
/*      x          double x[n];                                            */
/*                 Loesungsvektor des Systems.                             */
/*      residu     double residu[n];                                       */
/*                 Vektor der Residuen b - matrix * x; muss nahezu 0       */
/*                 sein.                                                   */
/*      iter       int *iter;                                              */
/*                 Durchgefuehrte Anzahl von Iterationen.                  */
/*                                                                         */
/*   Rueckgabewert:                                                        */
/*   ==============                                                        */
/*      =  0       Loesung gefunden                                        */
/*      =  1       n < 2 gewaehlt oder omega <= 0 oder omega >= 2          */
/*      =  2       matrix oder b oder x unzulaessig                        */
/*      =  3       Ein Diagonalelement von matrix = 0                      */
/*      =  4       Iterationsmaximum ueberschritten                        */
/*      = 11       Spaltensummenkriterium verletzt                         */
/*      = 12       Zeilensummenkriterium verletzt                          */
/*      = 13       Kriterium von Schmidt-v.Mises verletzt                  */
/*                                                                         */
/*=========================================================================*/
/*                                                                         */
/*   Benutzte Funktionen:                                                  */
/*   ====================                                                  */
/*                                                                         */
/*      Aus der C Bibliothek: fabs(), sqrt()                               */
/*                                                                         */
/*=========================================================================*/
/*                                                                         */
/*   Benutzte Konstanten: NULL, MACH_EPS                                   */
/*   ====================                                                  */
/*                                                                         */
/*   Benutzte Macros: sqr                                                  */
/*   ================                                                      */
/*                                                                         */
/*=========================================================================*/

{
 register i, j;
 int      res = 0;
 double   temp, sqrt(), fabs();

 *iter = 0;                                  /* Iterationszaehler = 0    */

 if ( n < 2 ||                               /* Eingabeparameter pruefen */
      omega <= 0.0 || omega >= 2.0 ) return(1);

 for (i = 0; i < n; i++)
    if ( matrix[i] == NULL ) return(1);
 if ( x == NULL || b == NULL ) return(1);
```

```
for (i = 0; i < n; i++)                       /* matrix ueberschreiben,     */
  {                                           /* so dass Diagonalelemente */
   if (matrix[i][i] == 0.0 ) return(3);       /* gleich 1 sind            */
   temp = 1.0 / matrix[i][i];
   for (j = 0; j < n; j++)
     matrix[i][j] *= temp;
   b[i] *= temp;                              /* rechte Seite b angleichen  */
  }

switch (krit)                                 /* Hinreichende Konvergenzkriterien */
  {                                           /* ueberpruefen:              */

    case 1: for (i = 0; i < n; i++)           /* Zeilensummenkriterium     */
              {
               for (temp = 0.0, j = 0; j < n; j++)
                 temp += fabs(matrix[i][j]);
               if (temp >= 2.0) return(11);
              }
            break;

    case 2: for (j = 0; j < n; j++)           /* Spaltensummenkriterium */
              {
               for (temp = 0.0, i = 0; i < n; i++)
                 temp += fabs(matrix[i][j]);
               if (temp >= 2.0) return(12);
              }
            break;

    case 3: for (temp = 0.0, i = 0; i < n; i++)
              for (j = 0; j < n; j++)         /* Kriterium von Schmidt,*/
                temp += sqr(matrix[i][j]);    /* v. Mises               */
            temp = sqrt(temp - 1.0);
            if (temp >= 1.0) return(13);
            break;

    default: break;                           /* keine Pruefung            */
  }

for (i = 0; i < n; i++) residu[i] = x[i];     /* x auf residu kopieren */

while ( *iter <= ITERMAX )                    /* Beginn Iteration          */
  {
   (*iter)++;
   for (i = 0; i < n; i++)
     {
      for (temp = b[i], j = 0; j < n; j++)
        temp -= matrix[i][j] * residu[j];
      residu[i] += omega * temp;
     }

   for (i = 0; i < n; i++)                    /* Abbruchkriterium ueberpruefen */
     {
      temp = fabs(x[i] - residu[i]);
      if ( temp <= MACH_EPS )
        { x[i] = residu[i];                   /* Ist am Ende der Schleife   */
          res = 0;                            /* res = 0  -> Iterationsabbruch */
```

```
        }
      else
        { for (j = 0; j < n; j++) x[j] = residu[j];
          res = 4;
          break;
        }
      }
    if ( res == 0 ) break;                        /* Loesung gefunden    */

  }                                               /* Ende Iteration      */

  for (i = 0; i < n; i++)                         /* Residuum bestimmen  */
    { for (temp = b[i], j = 0; j < n; j++)
        temp -= matrix[i][j] * x[j];
      residu[i] = temp;
    }

  return(res);
}

/*----------------------- ENDE GAUSS-SEIDEL -----------------------*/
```

P 4

P 4.2.4 DAS MEHRDIMENSIONALE GEDAEMPFTE NEWTON-VERFAHREN

```
/*----------------- MODUL NEWTON (mehrdimensional) ----------------*/

#include <stdio.h>
#include <u_const.h>

#define eps MACH_EPS                        /* geforderte Genauigkeit   */
                                            /* eps >= MACH_EPS          */
#define ITERMAX 300                         /* Maximale Iterationszahl  */

FILE *fp;                               /* Filepointer: Protokolldatei  */


int newt (n, x, fkt, jaco, kmax, prim, protok, fvalue, iter)
                                               /**********************/
   int    n, kmax, prim, *iter;                /* Gedaempftes Newton- */
   double *x, *(*fkt)(), **(*jaco)(), *fvalue; /* Verfahren,          */
   char   *protok;                             /* mehrdimensional     */
                                               /**********************/

/*====================================================================*/
/*                                                                    */
/*    newt bestimmt eine Loesung des nichtlinearen Gleichungssystems  */
/*                                                                    */
/*                f0 (x[0],...,x[n-1])     = 0                        */
/*                f1 (x[0],...,x[n-1])     = 0                        */
/*                :                                                   */
/*                f(n-1) (x[0],...,x[n-1]) = 0                        */
/*                                                                    */
/*    mit dem gedaempften Newton-Iterationsverfahren.                 */
/*    Zur Durchfuehrung muss die Funktion fkt uebergeben werden,      */
/*    die Jacobi-Matrix (Matrix der partiellen Ableitungen) kann      */
/*    wahlweise als Funktion uebergeben werden; will man den Program- */
/*    mieraufwand fuer diese Funktion sparen, so ist die Approxima-   */
/*    tion japprox(), die die Jacobi-Matrix durch die vorderen Dif-   */
/*    ferenzenquotienten ersetzt, als Aktualparameter anzugeben.      */
/*                                                                    */
/*    Das Verfahren ist quadratisch konvergent, falls eine Loesung    */
/*    existiert und ein geeigneter Startwert vorgegeben wird.         */
/*                                                                    */
/*    Besitzt ein nichtlineares Gleichungssystem Loesungen,           */
/*    so kann das Newton-Verfahren abhaengig von den folgenden        */
/*    Parametern gegen eine dieser Loesungen konvergieren:            */
/*                                                                    */
/*      1.  Startvektor der Iteration                                 */
/*      2.  Anzahl der Iterationsschritte in Primitivform             */
/*      3.  Maximalzahl der Daempfungsschritte                        */
/*                                                                    */
/*    Es werden drei Abbruchkriterien verwendet:                      */
/*                                                                    */
/*      1.  Die L2 - Norm der Differenz deltax zwischen aktuellem     */
/*          x-Wert und dem zuvor bestimmten ist kleiner gleich        */
```

```
/*          eps * x-Wert oder                                       */
/*       2. die L2 - Norm des Funktionswertes an der Stelle der     */
/*          neuen Naeherung ist kleiner oder gleich eps oder        */
/*       3. die Maximalzahl der Iterationen ist erreicht,           */
/*                                                                  */
/*    wobei eps die geforderte Genauigkeit ist (eps >= MACH_EPS).   */
/*                                                                  */
/*    Zwischenergebnisse koennen auf eine Protokolldatei ausgege-   */
/*    ben werden, falls der  Eingabeparameter protok ungleich " "   */
/*    gewaehlt wird. Beginnt der Name der Protokolldatei mit 'a'    */
/*    oder 'A', so wird ein ausfuehrliches Protokoll, andernfalls   */
/*    ein Kurzprotokoll erstellt.                                   */
/*                                                                  */
/*==================================================================*/
/*                                                                  */
/*   Anwendung:                                                     */
/*   =========                                                      */
/*       Nichtlineare Gleichungssysteme mit n Funktionen von n unab-  */
/*       haengigen Einflussgroessen.                                */
/*                                                                  */
/*==================================================================*/
/*                                                                  */
/*   Literatur:                                                     */
/*   =========                                                      */
/*       Conte, S.D., de Boor, C.: Elementary Numerical Analysis, an  */
/*       algorithmic approch. New York - Sidney - Toronto,          */
/*       3. Aufl. 1980.                                             */
/*                                                                  */
/*==================================================================*/
/*                                                                  */
/*   Eingabeparameter:                                              */
/*   ================                                               */
/*       n         int n;                                           */
/*                 Anzahl der Gleichungen und Anzahl der Unbe-      */
/*                 kannten des Systems.                             */
/*       x         double x[n];                                     */
/*                 Startvektor der Iteration.                       */
/*       fkt       double *fkt();                                   */
/*                 Funktion, welche die n Funktionswerte f0,...,f(n-1) */
/*                 berechnet.                                       */
/*                 Das Funktionsprogramm hat die folgende Form      */
/*                                                                  */
/*                    double *fkt(n, x, fvalue)                     */
/*                     double *x, *fvalue;                          */
/*                     int    n;                                    */
/*                    {                                             */
/*                      fval[0] = ......      ;                     */
/*                      :                                           */
/*                      fval[n-1] = ....      ;                     */
/*                      return(fval);                               */
/*                    }                                             */
/*                                                                  */
/*                 fkt gibt also einen Zeiger auf double zurueck;   */
/*                 nach Ausfuehrung von fkt zeigt dieser auf die    */
/*                 Speicherflaeche fvalue, die die n Funktionswerte */
/*                 enthaelt.                                        */
/*                                                                  */
```

```
/*      jaco     double **jaco();                                    */
/*               Funktion, die vom Benutzer bereitgestellt           */
/*               werden muss und welche die Jakobi-Matrix von f      */
/*               berechnet. jaco hat die Form:                       */
/*                                                                   */
/*                  double **jaco (n, x, mem)                        */
/*                   double *x, **mem;                               */
/*                   int    n;                                       */
/*                  {                                                */
/*                   double **df;                                    */
/*                   df = mem;                                       */
/*                   for (i = 0; i < n; i++)                         */
/*                      for (j = 0; j < n; j++)                      */
/*                         df[i][j] = ...;                           */
/*                   return(df);                                     */
/*                  }                                                */
/*                                                                   */
/*               Dabei ist ... durch die partielle Ableitung der     */
/*               i-ten Funktionskomponente nach der j-ten x-Komponen- */
/*               te zu ersetzten. mem ist hierbei die Lokation fuer  */
/*               den Speicherbereich, der nach Ausfuehrung die       */
/*               Jacobimatrix beinhaltet. Der Rueckgabewert von      */
/*               **jaco() zeigt auf diesen Speicherbereich.          */
/*               Alternativ kann die Funktion japprox (s.u.) als     */
/*               Aktualparameter eingesetzt werden; in diesem Fall   */
/*               wird die Jacobi-Matrix durch die vorderen Diffe-    */
/*               renzenquotienten ersetzt.                           */
/*      kmax     int kmax;  ( 0 <= kmax <= 10 )                      */
/*               Maximalzahl der Daempfungsschritte.                 */
/*               kmax = 0  ==> normales Newton-Verfahren; kmax = 4   */
/*               ist eine gute Wahl zum Testen.                      */
/*      prim     int prim;                                           */
/*               Anzahl der Schritte in Primitivform, d.h. nach prim */
/*               Iterationsschritten wird die Jacobi-Matrix neu be-  */
/*               stimmt (zum Testen 0, 1, 2, 3).                     */
/*      protok   char *protok;                                       */
/*               Name der Protokolldatei.                            */
/*               = " "     : kein Protokoll.                         */
/*               = "a....": Ausfuehrliches Protokoll mit Zwischener- */
/*                          ergebnissen.                             */
/*               sonst     : Startwerte und Endergebnisse.           */
/*                                                                   */
/*   Ausgabeparameter:                                               */
/*   =================                                               */
/*      x        Loesungsvektor des nichtlinearen Gleichungssystems. */
/*      fvalue   double fvalue[n];                                   */
/*               Funktionswerte am Loesungsvektor x.                 */
/*      iter     int *iter;                                          */
/*               Anzahl durchgefuehrter Iterationen.                 */
/*                                                                   */
/*   Rueckgabewert:                                                  */
/*   ==============                                                  */
/*      = -1     Warnung: Loesung mit L2-Norm von fvalue > 128 * eps */
/*      =  0     Loesung gefunden mit L2-Norm von fvalue <= eps      */
/*      =  1     Falsche Eingabeparameter: n<2 o. kmax<0 o. prim<0   */
/*      =  2     zu wenig Speicherplatz                              */
/*      =  3     Jacobi-Matrix ist singulaer                         */
```

```
/*       =  4    Iterationsmaximum ueberschritten                       */
/*       =  5    Protokolldatei kann nicht eroeffnet werden             */
/*                                                                      */
/*====================================================================*/
/*                                                                      */
/*   Benutzte Funktionen:                                               */
/*   ====================                                               */
/*                                                                      */
/*      int      gauss (): Bestimmt die Loesung des linearen Glei-      */
/*                         chungssystems: jaco * deltax = f. (P 3.2)    */
/*   double     l2norm(): Bestimmt die L2-Norm eines Vektors.           */
/*   double ** japprox(): Approximation der Jacobi-Matrix.              */
/*      int      popen (): Oeffnen der Protokolldatei.                  */
/*     void     pwrite(): Schreiben der Protokolldatei.                 */
/*     void     pclose(): Schliessen der Protokolldatei.                */
/*                                                                      */
/*   Aus der C Bibliothek: free(), malloc()                             */
/*                                                                      */
/*====================================================================*/
/*                                                                      */
/*   Benutzte Konstanten: NULL, ITERMAX, eps                            */
/*   ====================                                               */
/*                                                                      */
/*====================================================================*/

{
  int    gauss(int,int,double**,double**,int*,double*,double*,int*);

  double l2norm(int, double*);  /* Bestimmt die euklidsche Norm eines */
                                /* Vektors.                           */

  int  popen ();                /* Oeffnen,                           */
  void pwrite(),                /* Schreiben,                         */
       pclose();                /* Schliessen der Protokolldatei      */

  double **jmat,                /* Fuer die LU-Dekomposition in gauss */
         *deltax,
         *xtemp,
         *fvalue0,
         fxnorm, fxnorm1, dnorm, omega, *fv;

  double    *malloc(unsigned int);
  void      free();

  int       *perm, res = 0, count, vordet, cas;
  int       flag, flag1;
  register i, k;
  unsigned m;

  if ( n < 2 || kmax < 0 || prim < 0 ) return(1);
                                      /* falsche Eingabeparameter */
  m = n * sizeof(double);
  deltax   =  malloc(m);                         /* Speicher fuer die  */
  xtemp    =  malloc(m);                         /* Vekt. deltax,xtemp */
  fvalue0  =  malloc(m);                         /* allokieren         */

  perm  = (int*) malloc(n*sizeof(int));          /* Allokierungen fuer */
```

```
  jmat = (double**) malloc(m);                        /* gauss              */
  for (i = 0; i < n; i++)
    { jmat[i] = malloc(m);
      if ( jmat[i] == NULL ) return(2);               /* Zu wenig Speicher  */
    }

  flag = protok[0] != ' ';
  flag1 = (protok[0] == 'a') || (protok[0] == 'A');

  if ( flag ) res = popen (n, x, kmax, prim, protok);

  if ( res != 0 ) return(5); /* Protokolldatei kann nicht geoeffnet  */
                             /* werden.                               */

  *iter = 0;                 /* Iterationszaehler initialisieren      */
  count = prim;              /* prim Schritte mit fester Jacobi-Mat.  */
                             /* im 1. Schritt Jacobi-Mat. berechnen   */

  fv = (*fkt)(n, x, fvalue);      /* Funktionswerte am Startvektor     */
  fxnorm = l2norm(n, fvalue);     /* L2-Norm des Funktionswertes am    */
                                  /* Startwert x.                      */
  if ( fxnorm <= eps )
    { res = 0;                    /* Startwert ist schon Loesung.      */
      if ( flag ) pclose(n, *iter, x, fvalue, res);
      return (res);
    }

 do {  /* Newton-Iteration */

     (*iter)++;                   /* Iterationszaehler erhoehen        */
     if ( count < prim )          /* Wenn Zaehler < prim, dann Primi-  */
       { count++; cas = 2; }      /* tivform des Newton-Verfahrens     */
     else
       { count = 0;              /* sonst: Jacobi-Matrix neu berechnen */
         cas = 0;
         jmat = (*jaco)(n, x, jmat, fkt, fvalue);
       }

     /* Loese lin. Gleichungssystem: jmat * deltax = (*fkt)(n,x)        */
     /* nach deltax auf; jmat enthaelt die LU-Dekomposition, die bei    */
     /* cas = 2 nicht neu berechnet wird.                               */

    res = gauss(cas, n, jmat, jmat, perm, fvalue, deltax, &vordet);

     if ( res != 0 )                  /* singulaere Jacobi-Matrix bzw. */
       { res = 3;                     /* keine Loesung aus gauss       */
         if ( flag ) pclose(n, *iter, x, fvalue, res);
         return (res);
       }

     omega = 2.0;                  /* Daempfungsfaktor initialisieren */
     k = -1;

     do {  /*  Daempfung  */
         k++;
         omega *= 0.5;                             /* omega = 2 hoch -k  */
         for (i = 0; i < n; i++)
```

```
            xtemp[i] = x[i] - omega * deltax[i];
          fv = (*fkt) (n, xtemp, fvalue);
          fxnorm1 = l2norm (n, fv);
          if ( kmax == 0 ) break;         /* Falls keine Daempfung ver- */
                                          /* langt.                     */
          if ( k == 0 )                   /* Falls doch nicht zu daemp- */
             for (i = 0; i < n; i++)      /* fen ist, Funktionswerte in */
                fvalue0[i] = fv[i];       /* fvalue0 merken             */
        }
                                               /* Solange daempfen bis */
    while ( fxnorm < fxnorm1 && k <= kmax );  /* k = kmax oder ein x  */
                                               /* mit kleinerem f-Wert */
                                               /* gefunden.            */

    if ( (0 < k  && k <= kmax) || kmax == 0 )    /* falls Daempfung  */
      {                                          /* oder kmax = 0    */

        for (i = 0; i < n; i++)                 /* aktuelle Werte ver-  */
          x[i] = xtemp[i];                      /* wenden,              */
        fxnorm = fxnorm1;
        dnorm = omega * l2norm (n, deltax);
      }
    else                                   /* ansonsten  x = x - deltax */
      { for (i = 0; i < n; i++)
          { x[i] -= deltax[i];
            fvalue[i] = fvalue0[i];
          }
        fxnorm = l2norm (n, fvalue);
        dnorm = l2norm (n, deltax);
      }

    if ( flag1 ) pwrite (*iter, fxnorm, dnorm, k);

   }                                  /* solange erfuellt sind:       */
 while ( dnorm > eps * l2norm (n, x)  /* Norm(deltax) > eps*Norm(x),  */
          && fxnorm > eps             /* Norm(fx) > eps,              */
          && *iter < ITERMAX );       /* iter < Iterationsmax.        */

/* Speicher freigeben fuer: **jmat, *deltax, *xtemp, *fvalue0, *perm  */

 for (i = 0; i < n; i++)
   if ( jmat[i] != NULL ) free ((double *) jmat[i]);
 if ( jmat    != NULL ) free ((double **) jmat);
 if ( deltax  != NULL ) free ((double *) deltax);
 if ( xtemp   != NULL ) free ((double *) xtemp);
 if ( fvalue0 != NULL ) free ((double *) fvalue0);
 if ( perm    != NULL ) free ((int *) perm);

 if ( *iter >= ITERMAX ) res = 4;   /* Iterationsmax. ueberschritten  */
   else
   if ( fxnorm > 128*eps ) res = -1;  /* Warnung: Schlechte Naeherung */

 if ( flag ) pclose ( n, *iter, x, fvalue, res );
 return (res);                       /* Protokolldatei schliessen     */

}
```

```
double l2norm (n, x)                               /************************/
                                                   /*  Euklidsche Norm     */
  double x[];                                      /************************/
  int    n;

/*====================================================================*/
/*                                                                    */
/*  l2norm gibt die euklidsche Norm (L2-Norm) des n-dimensionalen     */
/*  Vektors x = (x[0],x[1],...,x[n-1]) zurueck. Diese Routine ver-    */
/*  meidet underflow in jedem Fall.                                   */
/*                                                                    */
/*====================================================================*/
/*                                                                    */
/*   Benutzte Funktionen:                                             */
/*   ===================                                              */
/*                                                                    */
/*   Aus der C Bibliothek: fabs(), sqrt()                             */
/*                                                                    */
/*====================================================================*/
/*                                                                    */
/*   Benutzte Konstanten: MAXROOT                                     */
/*   ====================                                             */
/*                                                                    */
/*====================================================================*/

{
  register i, j;
  double   scale, sum, temp, xiabs,
           sqrt(double), fabs(double);

  if ( n <= 0 ) return(0.0);                     /* n <= 0 ==> Norm = 0 */
  for (i = 0; i < n; i++)
    if ( x[i] != 0.0 ) break;

  if ( i == n ) return(0.0);                     /* Nullvektor          */
  scale = fabs (x[i]);
  if ( i == n-1 ) return(scale);            /* Nur eine Komponente != 0  */

  j = i + 1;
  for (sum = 1.0, i = j; i < n; i++)
    { xiabs = fabs (x[i]);
      if ( xiabs <= scale )                   /* scale = bisheriges Max. */
        {                                     /* von abs(x[i])           */
          temp = xiabs / scale;
          if ( temp > MAXROOT )
            sum += temp * temp;               /* sum = sum + temp*temp   */
        }
      else
      { temp = scale / xiabs;
        if ( temp <= MAXROOT ) temp = 0.0;
        sum *= temp * temp; sum += 1.0; /* sum = sum*temp*temp + 1  */
        scale = xiabs;
      }
    }
  return( scale * sqrt(sum) );

}
```

```
double **japprox(n, x, mem, fkt, f0)      /*******************************/
                                          /* Approximation der Jacobi-   */
  double *(*fkt)(), *x, *f0, **mem;       /* matrix                      */
     int n;                               /*******************************/

/*====================================================================*/
/*                                                                    */
/*  japprox naehert die Jakobi-Matrix eines Funktionsvektors durch    */
/*  die vorderen Differenzenquotienten an. Die Funktion kann alter-   */
/*  nativ zur Jacobi-Matrix an das Newton-Verfahren newt uebergeben   */
/*  werden.                                                           */
/*                                                                    */
/*====================================================================*/
/*                                                                    */
/*  Eingabeparameter:                                                 */
/*  ================                                                  */
/*      n        int n;                                               */
/*               Anzahl der Gleichungen und Anzahl der Unbe-          */
/*               kannten des Systems.                                 */
/*      x        double x[n];                                         */
/*               Vektor, an dem die Jacobi-Matrix bestimmt wird.      */
/*      mem      double **mem;                                        */
/*               Zeiger auf den Speicherbereich fuer die Ausgabe.     */
/*      fkt      double *fkt();                                       */
/*               Funktion, welche die n Funktionswerte f0,...,f(n-1)  */
/*               berechnet (wie in newt).                             */
/*      f0       double *f0;                                          */
/*               Vektor der Funktionswerte an der Stelle x.           */
/*                                                                    */
/*  Ausgabeparameter:                                                 */
/*  ================                                                  */
/*      mem      double **mem;                                        */
/*               Beinhaltet die Approximation der Jacobi-Matrix.      */
/*                                                                    */
/*  Rueckgabewert:                                                    */
/*  =============                                                     */
/*      double ** : Zeiger auf mem; NULL falls zu wenig Speicher.     */
/*                                                                    */
/*====================================================================*/
/*                                                                    */
/*   Benutzte Funktionen:                                             */
/*   ===================                                              */
/*                                                                    */
/*   Aus der C Bibliothek: free(), malloc()                           */
/*                                                                    */
/*====================================================================*/
/*                                                                    */
/*   Benutzte Konstanten: NULL, EPSROOT                               */
/*   ===================                                              */
/*                                                                    */
/*====================================================================*/
```

```
{
  double    **pjaco, xj, *f1, *y, *malloc();
  register int i, j;
  void      free();

  pjaco = mem;                              /* mem ist die Speicherflae-  */
                                            /* che fuer die Jacobi-Matrix */
  f1 = (double *) malloc(n*sizeof(double));
  if ( f1 == NULL ) return (NULL);          /* Zu wenig Speicher          */

  for (j = 0; j < n; j++)
    {
     xj = x[j];
     x[j] += EPSROOT;                /* temporaer: x[j] = x[j] + EPSROOT  */
     y = (*fkt)(n, x, f1);             /* f1 enthaelt die Funktionswerte */
                                       /* am neuen x-Vektor              */
     x[j] = xj;                        /* Alte x Komponente zurueckspei- */
                                       /* chern                          */
     for (i = 0; i < n; i++)           /* vordere Differenzenquotienten  */
        pjaco[i][j] = ( f1[i] - f0[i] ) / EPSROOT;
    }

  if ( f1 != NULL ) free((double *) f1);
  return(pjaco);
}


int popen (n, x, kmax, prim, protok)

  int n, kmax, prim;
  double *x;
  char *protok;

/*====================================================================*/
/*                                                                    */
/* popen eroeffnet die Protokolldatei protok im append-mode und       */
/* schreibt die Eingabeparameter des Newtonverfahrens auf diese Datei.*/
/*                                                                    */
/*====================================================================*/
/*                                                                    */
/*  Eingabe: Eingabewert n, x, kmax, prim, protok aus newt.           */
/*  Rueckgabewert: =0 : Protokolldatei eroeffnet                      */
/*                 =1 : Datei kann nicht geoeffnet werden             */
/*                                                                    */
/*====================================================================*/
/*                                                                    */
/*   Benutzte Konstanten: NULL                                        */
/*   ====================                                             */
/*                                                                    */
/*====================================================================*/
```

```
{
  register i;
  int      res = 0;

  fp = fopen(protok,"a");
  if ( fp == NULL ) return(1);
  fprintf(fp, "Gedaempftes Newton-Verfahren \n");
  fprintf(fp, "---------------------------- \n\n");
  fprintf(fp, "Dimension des Systems          n   : %3d \n",n);
  fprintf(fp, "Anzahl der Schritte in Primitivform prim: %3d \n",prim);
  fprintf(fp, "Maximalzahl der Daempfungsschritte  kmax: %3d\n\n",kmax);

  fprintf(fp, "Startvektor x :\n");
  for (i = 0; i < n; i++)
    fprintf(fp, "\t x[%2d] = % e \n",i,x[i]);
  if ( protok[0] == 'a' || protok[0] == 'A' )
    fprintf(fp, "\n Iter\t Norm(f)\t Norm(deltax)\tk \n\n");
  else fprintf(fp, "\n");
  return(0);
}


void pwrite (iter, fxnorm, dnorm, k)

  int    iter, k;
  double fxnorm, dnorm;

/*====================================================================*/
/*                                                                    */
/*  pwrite beschreibt die Protokolldatei protok mit der               */
/*       -  aktuellen Iterationszahl,                                 */
/*       -  L2-Norm des aktuellen Funktionswertes,                    */
/*       -  L2-Norm der aktuellen Schrittweite,                       */
/*       -  Daempfungszahl.                                           */
/*                                                                    */
/*====================================================================*/
/*                                                                    */
/*  Eingabe: Eingabewerte iter, fxnorm, dnorm, k aus newt.            */
/*                                                                    */
/*====================================================================*/

{
  fprintf(fp, " %3d\t% e\t% e\t%2d \n",iter,fxnorm,dnorm,k);
}


void pclose (n, iter, x, fvalue, res)

 int    n, iter, res;
 double *x, *fvalue;

/*====================================================================*/
/*                                                                    */
/*  pclose beschreibt die Protokolldatei protok mit                   */
/*       -  der Dimension n des Problems,                             */
```

```
/*      -  der Gesamtzahl der Iterationen,                           */
/*      -  der Loesung x des nichtlinearen Gleichungssystems,        */
/*      -  dem Funktionswert fvalue an der Stelle x,                 */
/*      -  dem Rueckgabewert von newt                                */
/*  und schliesst die Protokolldatei.                                */
/*                                                                   */
/*===================================================================*/
/*                                                                   */
/*  Eingabe: Eingabewerte n, iter, x, fvalue, res aus newt.          */
/*                                                                   */
/*===================================================================*/

{
  register i;
  fprintf(fp,"\n\nDurchgefuehrte Newtonschritte  iter: %3d \n",iter);
  fprintf(fp,"Rueckgabewert                  res : %3d \n\n",res);
  fprintf(fp,"Naeherungsloesung x:\t\t Funktionswerte:\n\n");
  for (i = 0; i < n; i++)
    fprintf(fp,"x[%2d] = % e \t\t f(%2d) = % e\n",i,x[i],i,fvalue[i]);
  fprintf(fp,
     "\n-------------------------------------------------------------\n");
  fclose(fp);
}

/*------------------------- ENDE NEWTON --------------------------*/
```

P 5

P 5.3 DAS v. MISES-VERFAHREN

```
/*---------------------------  MODUL MISES  ---------------------------*/

#include <stdio.h>
#include <u_const.h>

#define MAXIT 200
#define eps 128 * MACH_EPS

int mises (n, mat, x, ew)                 /*********************************/
                                          /*     v. Mises - Verfahren      */
  int n;                                  /*********************************/
  double *mat[], x[], *ew;

/*====================================================================*/
/*                                                                    */
/*  Die Funktion mises bestimmt den betragsgroessten Eigenwert u. den */
/*  zugehoerigen Eigenvektor einer n x n Matrix mit                   */
/*  dem Iterationsverfahren von v. Mises.                             */
/*                                                                    */
/*====================================================================*/
/*                                                                    */
/*   Anwendung:                                                       */
/*   =========                                                        */
/*      Reelle n x n Matrizen, falls der betragsgroesste reelle       */
/*      Eigenwert die Vielfachheit 1 besitzt.                         */
/*                                                                    */
/*====================================================================*/
/*                                                                    */
/*   Eingabeparameter:                                                */
/*   ================                                                 */
/*      n        int n;   ( n > 1 )                                   */
/*               Dimension von mat                                    */
/*      mat      double *mat[n];                                      */
/*               Eingabematrix.                                       */
/*                                                                    */
/*   Ausgabeparameter:                                                */
/*   ================                                                 */
/*      x        double x[n];                                         */
/*               Eigenvektor von mat zum betragsgroessten EW.         */
/*      ew       double *ew;                                          */
/*               Betragsgroesster Eigenwert.                          */
/*                                                                    */
/*   Rueckgabewert:                                                   */
/*   =============                                                    */
/*      = 0      alles ok                                             */
/*      = 1      n < 2 gewaehlt                                       */
/*      = 2      zu wenig Speicher                                    */
/*      = 3      max. Iterationszahl erreicht                         */
/*                                                                    */
/*====================================================================*/
```

```
/*                                                                      */
/*   Benutzte Funktionen:                                               */
/*   ====================                                               */
/*      Aus der C Bibliothek: sqrt(), malloc(), free()                  */
/*                                                                      */
/*======================================================================*/
/*                                                                      */
/*   Benutzte Konstanten: NULL, MACH_EPS, MAXIT                         */
/*   ====================                                               */
/*                                                                      */
/*   Benutzte Macros: sqr                                               */
/*   ================                                                   */
/*                                                                      */
/*======================================================================*/

{
  double sqrt(double), *malloc(unsigned int);
  void free();

  register i, j;
  int      iter;
  double   *y, s, temp;

  if ( n < 2 ) return(1);                    /* n muss > 1 sein        */
  y = malloc(n*sizeof(double));              /* Speicher allokieren    */
  if ( y == NULL ) return(2);

  s = 1.0 / sqrt((double) n);                /* x initialisieren       */
  for (i=0; i<n; i++)                        /* mit Vektor der Norm 1  */
    x[i] = s;

  for (iter = 1; iter <= MAXIT; iter++)      /* Iteration              */
    {
      *ew = 0.0; temp = 0.0;
      for ( i=0; i<n; i++)                   /* mat * x berechnen      */
        { for (y[i] = 0.0, j = 0; j < n; j++)
            y[i] += mat[i][j] * x[j];
          *ew += x[i] * y[i];                /* x * mat * x bestimmen  */
          temp += y[i] * y[i];               /* Norm y berechnen       */
        }
      if ( temp == 0.0 ) return(0);          /* mat = Nullmatrix       */
      temp = sqrt(temp);
      for (s=0.0, i = 0; i < n; i++)         /* Norm mat * x - ew * x  */
        {                                    /* berechnen              */
          s += sqr(*ew * x[i] - y[i]);
          x[i] = y[i] / temp;                /* x fuer naechste Itera. */
        }                                    /* setzen                 */
      if ( sqrt(s) < eps * (*ew) )           /* genau genug ?          */
         return(0);
    }
 free(y);                                    /* Speicher freigeben     */
 return(3);

}

/*-------------------------- ENDE MISES --------------------------*/
```

P 5.5.3 EIGENWERTBESTIMMUNG MIT DEM VERFAHREN VON MARTIN, PARLETT, PETERS, REINSCH UND WILKINSON

```
/*----------------------- MODUL EIGEN -----------------------------*/

#include <stdio.h>
#include <u_const.h>

#define MAXIT 30                          /* Max. Iterationszahl pro EW */

int eigen (vec, n, mat,                   /*****************************/
           eivec, valreal, valim, cnt) /*  Eigenwerte u. -vektoren  */
                                       /*  reeller n x n Matrizen   */
  int    n, *cnt, vec;                    /*****************************/
  double **mat, **eivec, *valreal, *valim;

/*====================================================================*/
/*                                                                    */
/*  Die Funktion  eigen  bestimmt alle Eigenwerte und Eigenvektoren   */
/*  einer reellen n * n Matrix nach dem Verfahren von Parlett, Peters,*/
/*  Reinsch und Wilkinson.                                            */
/*                                                                    */
/*====================================================================*/
/*                                                                    */
/*   Anwendung:                                                       */
/*   =========                                                        */
/*      Reelle n x n Matrizen                                         */
/*                                                                    */
/*====================================================================*/
/*                                                                    */
/*   Literatur:                                                       */
/*   =========                                                        */
/*      1) Peters, Wilkinson: Eigenvectors of real and complex        */
/*         matrices by LR and QR triangularisations,                  */
/*         Num. Math. 16, p.184-204, (1970).                          */
/*      2) Peters, Wilkinson: Similarity reductions of a general      */
/*         matrix to Hesseberg form, Num. Math. 12, p. 349-368,(1968).*/
/*      3) Parlett, Reinsch: Balancing a matrix for calculations of   */
/*         eigenvalues and eigenvectors, Num. Math. 13, p. 293-304,   */
/*         (1969).                                                    */
/*                                                                    */
/*====================================================================*/
/*                                                                    */
/*   Steuerparameter:                                                 */
/*   ===============                                                  */
/*      vec       int vec;                                            */
/*                Aufrufart von eigen:                                */
/*       = 0      Nur Berechnung der Eigenwerte                       */
/*       = 1      Bestimmung aller Eigenvektoren u. Eigenwerte.       */
/*                                                                    */
/*   Eingabeparameter:                                                */
/*   ================                                                 */
/*      n         int n;  ( n > 1 )                                   */
/*                Dimension von mat und eivec, Anzahl der Eigenwerte  */
/*      mat       double *mat[n];                                     */
```

```
/*              Eingabematrix, deren Eigenwerte (Eigenvektoren) zu    */
/*              berechnen sind.                                       */
/*                                                                    */
/*   Ausgabeparameter:                                                */
/*   ================                                                 */
/*      eivec   double *eivec[n];     ( bei vec = 1 )                 */
/*              Matrix, die bei vec = 1 die Eigenvektoren in folgen-  */
/*              der Weise enthaelt:                                   */
/*              Ist der j-te Eigenwert reell, so ist die j-te Spalte  */
/*              von eivec der zugehoerige reelle Eigenvektor;         */
/*              Ist andernfalls der j-te Eigenwert komplex, so        */
/*              enthaelt die j-te Spalte von eivec den Realteil des   */
/*              zugehoerigen Eigenvektors und die (j+1)-te Spalte     */
/*              den Imaginaerteil. Der zum (j+1)-ten Eigenwert ge-    */
/*              hoerige Eigenvektor ist dann der komplex konjugierte  */
/*              des zuletzt genannten.                                */
/*      valreal double valreal[n];                                    */
/*              Realteile der n Eigenwerte.                           */
/*      valim   double valim[n];                                      */
/*              Imaginaerteile der n Eigenwerte.                      */
/*      cnt     int cnt[n];                                           */
/*              Anzahl der Iterationsschritte pro Eigenwert.          */
/*              Bei einem Paar komplex konjugierter Eigenwerte ist    */
/*              der zweite Wert negativ.                              */
/*                                                                    */
/*   Rueckgabewert:                                                   */
/*   =============                                                    */
/*      =   0   alles ok                                              */
/*      =   1   n < 2 gewaehlt oder unzulaessige Eingabeparameter     */
/*      =   2   zu wenig Speicherplatz                                */
/*      = 10x   Fehler x aus balance()                                */
/*      = 20x   Fehler x aus elmh()                                   */
/*      = 30x   Fehler x aus elmtrans()   (nur bei vec = 1)           */
/*      = 4xx   Fehler xx aus hqr2()                                  */
/*      = 50x   Fehler x aus balback()    (nur bei vec = 1)           */
/*      = 60x   Fehler x aus norm()       (nur bei vec = 1)           */
/*                                                                    */
/*====================================================================*/
/*                                                                    */
/*   Benutzte Funktionen:                                             */
/*   ===================                                              */
/*                                                                    */
/*      int balance (): Balancierung einer n x n Matrix               */
/*      int elmh ():    Transformation auf obere Hessebergform        */
/*      int elmtrans(): Vorbesetzung der Eigenvektoren                */
/*      int hqr2 ():    Eigenwerte/Eigenvektoren bestimmen            */
/*      int balback (): Rueckbalancierung fuer Eigenvektoren          */
/*      int norm ():    Normierung der Eigenvektoren                  */
/*                                                                    */
/*      C Bibliotheksfunktionen: malloc(), free()                     */
/*                                                                    */
/*====================================================================*/
/*                                                                    */
/*   Benutzte Konstanten:   NULL, BASIS                               */
/*   ===================                                              */
/*                                                                    */
/*====================================================================*/
```

```
{
 double *malloc(unsigned int);
 void free();

 int balance  (int,double**,double*,int*,int*,int),
     elmhes   (int,int,int,double**,int*),
     elmtrans (int,int,int,double**,int*,double**),
     hqr2     (int,int,int,int,double**,double*,
                         double*,double**,int*),
     norm_1   (int,double**,double*),
     balback  (int,int,int,double*,double**);

 int      low, high, res;
 double   *skal;

 if ( n < 2 ) return(1);                        /*  n mindestens 2          */

 skal = malloc(n * sizeof(double));             /*  noch genuegend Spei-  */
 if ( skal == NULL ) return(2);                 /*  cher fuer skal ?      */

                                                /* mat balancieren, so    */
 res = balance (n, mat, skal,                   /* dass die l1-Norm von */
              &low, &high, BASIS);              /* Zeilen und Spalten    */
 if ( res != 0 ) return(res+100);               /* ungefaehr gleich ist */

 res = elmhes (n, low, high, mat, cnt);        /*  mat auf obere Hesse-   */
 if ( res != 0 ) return(res+200);               /*  berg-form bringen      */

                                                /*  eivec geeignet vorbe- */
 if ( vec)                                      /*  setzen                 */
   { res = elmtrans (n, low, high, mat, cnt, eivec);
     if ( res != 0 ) return(res+300);
   }

 res = hqr2 (vec, n, low, high, mat,           /*  QR-Algorithmus von     */
             valreal, valim, eivec, cnt);      /*  Francis ausfuehren u. */
 if ( res != 0 ) return (res+400);              /*  Eigenwerte berechnen  */

 if ( vec )
   { res = balback (n, low, high,              /*  Balancierung rueck-    */
                    skal, eivec );             /*  gaengig machen, wenn  */
      if ( res != 0 ) return(res+500);         /*  EVs gewuenscht, dann  */
      res = norm_1 (n, eivec, valim);          /*  Eigenvekt. normieren. */
      if ( res != 0 ) return (res+600);
   }
 free((double *) skal);                         /*  Speicher fuer skal     */
 return(0);                                     /*  freigeben              */
}
```

```
int balance (n, mat, skal, low, high, basis)
                                                 /****************************/
  int    n, *low, *high, basis;                  /* Balancierung der Aus-    */
  double *skal, *mat[];                          /* gangsmatrix              */
                                                 /****************************/

/*====================================================================*/
/*                                                                    */
/*  balance balanciert die Matrix mat so, dass Einheitsspalten iso-   */
/*  liert werden und die uebrigen Spalten u. Zeilen der Matrix in     */
/*  etwa gleiche 1-Norm erhalten.                                     */
/*                                                                    */
/*====================================================================*/
/*                                                                    */
/*   Eingabeparameter:                                                */
/*   ================                                                 */
/*      n        int n;  ( n > 1 )                                    */
/*               Dimension von mat                                    */
/*      mat      double *mat[n];                                      */
/*               n x n Ausgangsmatrix                                 */
/*      basis    int basis;                                           */
/*               Basis der Zahlendarstellung (vgl BASIS)              */
/*                                                                    */
/*   Ausgabeparameter:                                                */
/*   ================                                                 */
/*      mat      double *mat[n];                                      */
/*               skalierte Matrix                                     */
/*      low      int *low;                                            */
/*      high     int *high;                                           */
/*               Die Zeilen von 0 bis low-1 bzw. die Zeilen von high  */
/*               bis n-1 enthalten die isolierten Eigenwerte.         */
/*      skal     double *skal;                                        */
/*               Der Vektor skal enthaelt in den Positionen           */
/*               0..low-1 und high..n-1 die isolierten Eigenwerte, in */
/*               den uebrigen Komponenten die Skalierungsfaktoren,    */
/*               die zur Transformation von mat verwendet wurden.     */
/*                                                                    */
/*====================================================================*/
/*                                                                    */
/*   Benutzte Funktionen:                                             */
/*   ===================                                              */
/*      void swap() : Tausch-Funktion                                 */
/*      C Bilbliotheksfunktionen: fabs()                              */
/*                                                                    */
/*====================================================================*/
/*                                                                    */
/*   Benutzte Konstanten:   TRUE, FALSE                               */
/*   ===================                                              */
/*                                                                    */
/*====================================================================*/
```

```
{
 register i, j, k, m;
 int      iter;
 double   b2, temp, r, c, f, g, s, fabs(double);
 void     swap(double*,double*);

 b2 = (double) (basis * basis); m = 0; k = n-1;

 do
   { iter = FALSE;
     for (j = k; j >= 0; j--)
       { for (r = 0.0, i = 0; i <= k; i++)
           if (i != j)  r += fabs(mat[j][i]);
         if ( r == 0.0 )
           { skal[k] = (double) j;
             if ( j != k )
               { for (i = 0; i <= k; i++) swap(&mat[i][j], &mat[i][k]);
                 for (i = m; i < n; i++)  swap(&mat[j][i], &mat[k][i]);
               }
             k--; iter = TRUE;
           }
       }   /* end of j */
   }   /* end of do  */
 while (iter);

 do
   { iter = FALSE;
     for (j = m; j <= k; j++)
       { for (c = 0.0, i = m; i <= k; i++)
           if ( i != j ) c += fabs(mat[i][j]);
         if ( c == 0.0 )
           { skal[m] = (double) j;
             if ( j != m )
               { for (i = 0; i <= k; i++) swap(&mat[i][j], &mat[i][m]);
                 for (i = m; i < n; i++)  swap(&mat[j][i], &mat[m][i]);
               }
             m++; iter = TRUE;
           }
       }   /* end of j */
   }   /* end of do  */

 while (iter);

 *low = m; *high = k;
 for (i = m; i <= k; i++) skal[i] = 1.0;

 do
   { iter = FALSE;
     for (i = m; i <= k; i++)
       { for (c = r = 0.0, j = m; j <= k; j++)
           if ( j !=i )
             { c += fabs(mat[j][i]);
               r += fabs(mat[i][j]);
             }
         g = r / basis; f = 1.0; s = c + r;
         while ( c < g ) { f *= basis; c *= b2; }
         g = r * basis;
```

```
        while ( c >= g ) { f /= basis; c /= b2; }
        if ( (c+r) / f < 0.95 * s )
          { g = 1.0 / f; skal[i] *= f; iter = TRUE;
            for (j = m; j < n; j++ ) mat[i][j] *= g;
            for (j = 0; j <= k; j++ ) mat[j][i] *= f;
          }
      }
    }
  while (iter);

  return (0);
}


int balback (n, low, high, skal, eivec)  /*****************************/
                                         /* Balancierung der EVs      */
int    n, low, high;                     /* rueckgaengig machen       */
double *skal, **eivec;                   /*****************************/

/*====================================================================*/
/*                                                                    */
/*  balback macht die durch balance vorgenommene Balancierung in be-  */
/*  zug auf die Eigenvektoren ruechgaengig.                           */
/*                                                                    */
/*====================================================================*/
/*                                                                    */
/*   Eingabeparameter:                                                */
/*   ================                                                 */
/*      n        int n;  ( n > 1 )                                    */
/*               Dimension von mat                                    */
/*      low      int low;                                             */
/*      high     int high;   vgl. balance                             */
/*      eivec    double *eivec[n];                                    */
/*               Matrix der Eigenvektoren, wie sie von qr2 geliefert  */
/*               wird.                                                */
/*      skal     double skal;                                         */
/*               Skalierungsinformationen aus balance                 */
/*                                                                    */
/*   Ausgabeparameter:                                                */
/*   ================                                                 */
/*      eivec    double *eivec[n];                                    */
/*               Nicht normierte Eigenvektoren der Originalmatrix     */
/*                                                                    */
/*   Benutzte Funktionen:                                             */
/*   ===================                                              */
/*      void swap() : Tausch-Funktion                                 */
/*                                                                    */
/*====================================================================*/

{
 register i, j, k;
 double s;
 void swap();

 for (i = low; i <= high; i++)
   {
     s = skal[i];
```

```
      for (j = 0; j < n; j++) eivec[i][j] *= s;
    }
  for (i = low-1; i >= 0; i--)
    {
      k = (int) skal[i];
      if ( k != i )
        for (j = 0; j < n; j++) swap (&eivec[i][j], &eivec[k][j]);
    }
  for (i = high+1; i < n; i++)
    {
      k = (int) skal[i];
      if ( k != i )
        for (j = 0; j < n; j++) swap (&eivec[i][j], &eivec[k][j]);
    }
  return(0);
}


int elmhes(n, low, high, mat, perm)

  int    n, low, high, *perm;
  double **mat;

/*====================================================================*/
/*                                                                    */
/*  elmhes transformiert die Matrix mat auf obere Hesseberg-form      */
/*                                                                    */
/*====================================================================*/
/*                                                                    */
/*   Eingabeparameter:                                                */
/*   ================                                                 */
/*      n         int n;   ( n > 1 )                                  */
/*                Dimension von mat                                   */
/*      low       int low;                                            */
/*      high      int high; vgl. balance                              */
/*      mat       double *mat[n];                                     */
/*                n x n Matrix, die zu transformieren ist             */
/*      perm      int *perm;                                          */
/*                Permutationsvektor aus balance                      */
/*                                                                    */
/*   Ausgabeparameter:                                                */
/*   ================                                                 */
/*      mat       double *mat[n];                                     */
/*                obere Hesseberg-Matrix; zusaetzliche Transformations-*/
/*                informationen sind in den uebrigen Zeilen u. Spalten */
/*                enthalten.                                          */
/*                                                                    */
/*====================================================================*/
/*                                                                    */
/*   Benutzte Funktionen:                                             */
/*   ===================                                              */
/*                                                                    */
/*      void  swap(): Vertauscht zwei Zahlen                          */
/*      C Bilbliotheksfunktionen: fabs()                              */
/*                                                                    */
/*====================================================================*/
```

```
{
 register i, j, m;
 void     swap(double*,double*);
 double   x, y, fabs();

 for (m = low+1; m < high; m++)
   {
     i = m;
     x = 0.0;
     for (j = m; j <= high; j++)
       if ( fabs(mat[j][m-1]) > fabs(x) )
         { x = mat[j][m-1]; i = j; }
     perm[m] = i;
     if (i != m)
       {
         for (j = m-1; j < n; j++) swap (&mat[i][j], &mat[m][j]);
         for (j = 0; j<= high; j++) swap (&mat[j][i], &mat[j][m]);
       }
     if ( x != 0.0 )
       for (i = m+1; i <= high; i++)
         {
           y = mat[i][m-1];
           if ( y != 0.0 )
             { y = mat[i][m-1] = y / x;
               for (j = m; j < n; j++) mat[i][j] -= y * mat[m][j];
               for (j = 0; j <= high; j++) mat[j][m] += y * mat[j][i];
             }
         } /* end i */
   } /* end m */

  return(0);
}


 int elmtrans (n, low, high, mat, perm, h)

  int    n, low, high, *perm;
  double **mat, **h;

/*====================================================================*/
/*                                                                    */
/*   elmtrans kopiert den Teil der Matrix mat auf h, der die obere    */
/*   Hesseberg-Matrix enthaelt.                                       */
/*                                                                    */
/*====================================================================*/
/*                                                                    */
/*   Eingabeparameter:                                                */
/*   ================                                                 */
/*      n         int n;  ( n > 1 )                                   */
/*                Dimension von mat und eivec,                        */
/*                Anzahl der Komponenten des Realteil valreal und des */
/*                Imaginaerteils der Eigenwerte.                      */
/*      low       int low;                                            */
/*      high      int high; vgl. balance                              */
/*      mat       double *mat[n];                                     */
```

```
/*              n x n Eingabematrix                                      */
/*      perm    int *perm;                                               */
/*              Permutationsinformation aus balance                      */
/*                                                                       */
/*   Ausgabeparameter:                                                   */
/*   ================                                                    */
/*      h       double *h[n];                                            */
/*              Hesseberg-Matrix.                                        */
/*                                                                       */
/*=======================================================================*/

{
 int k, i;
 int     j;

 for (i = 0; i < n; i++)
   { for (k = 0; k < n; k++) h[i][k] = 0.0;
     h[i][i] = 1.0;
   }

 for (i = high-1; i > low; i--)
   {
     j = perm[i];
     for (k = i+1; k <= high; k++) h[k][i] = mat[k][i-1];
     if ( i != j )
       {
         for (k = i; k <= high; k++)
           { h[i][k] = h[j][k]; h[j][k] = 0.0;
           }
         h[j][i] = 1.0;
       }
   }
 return(0);
}


 hqr2 (vec, n, low, high, h, wr, wi, eivec, cnt)
                                      /*********************************/
  int    n, low, high, *cnt, vec;     /* Eigenwerte/-vektoren einer  */
  double **h, **eivec, *wr, *wi;      /* oberen Hesseberg-Matrix     */
                                      /*********************************/

/*=======================================================================*/
/*                                                                       */
/*  hqr2 berechnet die Eigenwerte und (falls vec != 0) die Eigenvek-    */
/*  toren einer n * n Matrix, die obere Hesseberg-Form besitzt.          */
/*                                                                       */
/*=======================================================================*/
/*                                                                       */
/*   Steuerparameter:                                                    */
/*   ===============                                                     */
/*      vec     int vec;                                                 */
/*              Aufrufart von hqr2:                                      */
/*       = 0    Nur Berechnung der Eigenwerte                            */
/*       = 1    Bestimmung aller Eigenvektoren u. Eigenwerte.            */
```

```
/*                                                                    */
/*   Eingabeparameter:                                                */
/*   ================                                                 */
/*      n          int n;  ( n > 1 )                                  */
/*                 Dimension von mat und eivec,                       */
/*                 Anzahl der Komponenten des Realteil valreal und des */
/*                 Imaginaerteils der Eigenwerte.                     */
/*      low        int low;                                           */
/*      high       int high; vgl. balance                             */
/*      h          double *h[n];                                      */
/*                 Obere Hessebergmatrix (Dreieckmatrix + eine untere */
/*                 Diagonale).                                        */
/*                                                                    */
/*   Ausgabeparameter:                                                */
/*   ================                                                 */
/*      eivec      double *eivec[n];        ( bei vec = 1 )           */
/*                 Matrix, die bei vec = 1 die Eigenvektoren in folgen- */
/*                 der Weise enthaelt:                                */
/*                 Ist der j-te Eigenwert reell, so ist die j-te Spalte */
/*                 von eivec der zugehoerige reelle Eigenvektor;      */
/*                 Ist andernfalls der j-te Eigenwert komplex, so ent- */
/*                 haelt die j-te Spalte von eivec den Realteil des zu- */
/*                 gehoerigen Eigenvektors und die (j+1)-te Spalte den */
/*                 Imaginaerteil. Der zum (j+1)-ten Eigenwert gehoerige */
/*                 Eigenvektor ist dann der komplex konjugierte des zu- */
/*                 letzt genannten.                                   */
/*      wr         double valreal[n];                                 */
/*                 Realteile der n Eigenwerte.                        */
/*      wim        double valim[n];                                   */
/*                 Imaginaerteile der n Eigenwerte.                   */
/*      cnt        int cnt[n];                                        */
/*                 Anzahl der Iterationsschritte pro Eigenwert.       */
/*                 Bei einem Paar komplex konjugierter Eigenwerte ist */
/*                 der zweite Wert negativ.                           */
/*                                                                    */
/*   Rueckgabewert:                                                   */
/*   =============                                                    */
/*      =   0      alles ok                                           */
/*      = 4xx      Iterationsmaximum bei der Berechnung von Eigenwert */
/*                 Nr. xx erreicht.                                   */
/*      = 499      Nullmatrix                                         */
/*                                                                    */
/*====================================================================*/
/*                                                                    */
/*   Benutzte Funktionen:                                             */
/*   ===================                                              */
/*                                                                    */
/*      int hqrvec(): Ruecktransformation der Eigenvektoren           */
/*                                                                    */
/*      C Bilbliotheksfunktionen: fabs(), sqrt()                      */
/*                                                                    */
/*====================================================================*/
/*                                                                    */
/*   Benutzte Konstanten:   MACH_EPS, MAXIT                           */
/*   ===================                                              */
/*                                                                    */
/*====================================================================*/
```

```
{
 int    na, en, iter, i, j, k, l, m, hqrvec();
 double p, q, r, s, t, w, x, y, z, fabs(), sqrt();

  for (i = 0; i < n; i++)
    if (i < low || i > high)
      { wr[i] = h[i][i]; wi[i] = 0.0; cnt[i] = 0;
      }
  en = high; t = 0.0;

  while (en >= low)
    { iter = 0; na = en - 1;

      for (;;)
        { for (l = en; l > low; l--)      /* kleines Subdiagonalelement */
            if ( fabs(h[l][l-1]) <=       /* suchen                     */
              MACH_EPS * (fabs(h[l-1][l-1]) + fabs(h[l][l])) )  break;

          x = h[en][en];
          if (l == en)                          /* einen EW gefunden    */
            { wr[en] = h[en][en] = x + t; wi[en] = 0.0;
              cnt[en] = iter;
              en--; break;
            }

          y = h[na][na]; w = h[en][na] * h[na][en];
          if (l == na)                          /* zwei EWs gefunden    */
            { p = (y - x) * 0.5; q = p * p + w;
              z = sqrt(fabs(q));
              x = h[en][en] = x + t; h[na][na] = y + t;
              cnt[en] = -iter; cnt[na] = iter;
              if (q >= 0.0)
                {                               /* reelle Eigenwerte    */
                 z = (p < 0.0) ? (p-z) : (p+z);
                 wr[na] = x + z; wr[en] = s = x - w / z;
                 wi[na] = wi[en] = 0.0;
                 x = h[en][na]; r = sqrt(x*x + z*z);
                 { if (vec)
                     { p = x / r; q = z / r;
                       for (j = na; j < n; j++)
                         { z = h[na][j];
                           h[na][j] = q * z + p * h[en][j];
                           h[en][j] = q * h[en][j] - p * z;
                         }
                       for (i = 0; i <= en; i++)
                         { z = h[i][na];
                           h[i][na] = q * z + p * h[i][en];
                           h[i][en] = q * h[i][en] - p * z;
                         }
                       for (i = low; i <= high; i++)
                         { z = eivec[i][na];
                           eivec[i][na] = q * z + p * eivec[i][en];
                           eivec[i][en] = q * eivec[i][en] - p * z;
                         }
                     }
                }
```

```
            }
          else                                /* konj. komplexe EWs   */
            { wr[na] = wr[en] = x + p;
              wi[na] = z; wi[en] = - z;
            }
        en -= 2;
        break;
      }

    if ( iter >= MAXIT )
      { cnt[en] = MAXIT + 1; return(en);
      }
    if ( (iter != 0) && (iter % 10 == 0) )
      { t += x;
        for (i = low; i <= en; i++) h[i][i] -= x;
        s = fabs(h[en][na]) + fabs(h[na][en-2]);
        x = y = 0.75 * s; w = - 0.4375 * s * s;
      }
    iter ++;

    for (m = en-2; m >= 1; m--)
      { z = h[m][m]; r = x - z; s = y - z;
        p = ( r * s - w ) / h[m+1][m] + h[m][m+1];
        q = h[m+1][m+1] - z - r - s;
        r = h[m+2][m+1];
        s = fabs(p) + fabs(q) + fabs(r);
        p /= s; q /= s; r /= s;
        if ( m == 1 ) break;
        if ( fabs(h[m][m-1]) * (fabs(q) + fabs(r)) <=
             MACH_EPS * fabs(p)
             * ( fabs(h[m-1][m-1]) + fabs(z) + fabs(h[m+1][m+1])) )
          break;
      }

    for (i = m+2; i <= en; i++) h[i][i-2] = 0.0;
    for (i = m+3; i <= en; i++) h[i][i-3] = 0.0;

    for (k = m; k <= na; k++)
      {
       if (k != m)            /* Doppelter QR-Schritt, der die Zei- */
         {                    /* len l bis en u. die Spalten m bis  */
                              /* en betrifft                        */
          p = h[k][k-1]; q = h[k+1][k-1];
          r = (k != na) ? h[k+2][k-1] : 0.0;
          x = fabs(p) + fabs(q) + fabs(r);
          if (x == 0.0) continue;                 /*  naechstes k   */
          p /= x; q /= x; r /= x;
         }
       s = sqrt (p*p + q*q + r*r);
       if (p < 0.0) s = -s;
       if (k != m) h[k][k-1] = -s * x;
         else if (l != m) h[k][k-1] = -h[k][k-1];
       p += s; x = p/s; y = q/s; z = r/s; q /= p; r /= p;

       for (j = k; j < n; j++)                /* Zeilenmodifikation   */
         { p = h[k][j] + q * h[k+1][j];
           if (k != na)
```

```
              { p += r * h[k+2][j]; h[k+2][j] -= p * z;
              }
            h[k+1][j] -= p * y; h[k][j] -= p * x;
          }
        j = (k+3 < en) ? (k+3) : en;
        for (i = 0; i <= j; i++)           /* Spaltenmodifikation  */
          { p = x * h[i][k] + y * h[i][k+1];
            if (k != na)
              { p += z * h[i][k+2]; h[i][k+2] -= p * r;
              }
            h[i][k+1] -= p * q; h[i][k] -= p;
          }
        if (vec)
            for (i = low; i <= high; i++)
              { p = x * eivec[i][k] + y * eivec[i][k+1];
                if (k != na)
                  { p += z * eivec[i][k+2]; eivec[i][k+2] -= p * r;
                  }
                eivec[i][k+1] -= p * q;
                eivec[i][k]   -= p;
              }

      }   /* end k          */

    }   /* end for(;;)     */

  }   /* while (en >= low) */               /* Alle EW's gefunden   */

 if (vec)                    /* Ruecksubstitution der EV's ausfuehren  */
   if (hqrvec (n, low, high, h, wr, wi, eivec, vec)) return(99);
 return(0);
}


hqrvec (n, low, high, h, wr, wi, eivec)              /*********************/
                                                     /* Transformation    */
  int    n, low, high;                               /* der Eigenvektoren */
  double **h, **eivec, *wr, *wi;                     /*********************/

/*====================================================================*/
/*                                                                    */
/*  hqr2 berechnet die Eigenvektoren zu den durch hqr2 berechneten    */
/*  Eigenwerten.                                                      */
/*                                                                    */
/*====================================================================*/
/*                                                                    */
/*   Eingabeparameter:                                                */
/*   ================                                                 */
/*      n        int n;  ( n > 1 )                                    */
/*               Dimension von mat und eivec, Anzahl der Eigenwerte.  */
/*      low      int low;                                             */
/*      high     int high; vgl. balance                               */
/*      h        double *h[n];                                        */
/*               Obere Hessebergmatrix (Dreieckmatrix + eine untere   */
/*               Diagonale).                                          */
/*      wr       double valreal[n];                                   */
```

```
/*              Realteile der n Eigenwerte.                                 */
/*      wim     double valim[n];                                            */
/*              Imaginaerteile der n Eigenwerte.                            */
/*                                                                          */
/*   Ausgabeparameter:                                                      */
/*   ================                                                       */
/*      eivec   double *eivec[n];     ( bei vec = 1 )                       */
/*              Matrix, die bei vec = 1 die Eigenvektoren spalten-          */
/*              weise enthaelt.                                             */
/*                                                                          */
/*   Rueckgabewert:                                                         */
/*   =============                                                          */
/*      =  0    alles ok                                                    */
/*      =  1    h ist die Nullmatrix, also auch die Ausgangsmatrix          */
/*                                                                          */
/*==========================================================================*/
/*                                                                          */
/*   Benutzte Funktionen:                                                   */
/*   ===================                                                    */
/*                                                                          */
/*      int   cdiv(): Division zweier komplexer Zahlen                      */
/*                                                                          */
/*      C Bilbliotheksfunktionen: fabs()                                    */
/*                                                                          */
/*                                                                          */
/*==========================================================================*/
/*                                                                          */
/*   Benutzte Konstanten:   MACH_EPS                                        */
/*   ===================                                                    */
/*                                                                          */
/*==========================================================================*/

{
 int        cdiv (double,double,double,double,double*,double*);
 register   i, k, j, l, m, en, na;
 double     p, q, r, s, t, w, x, y, z,
            ra, sa, vr, vi, norm, fabs();

  for (norm = 0.0, k = 0, i = 0; i < n; i++)  /* Norm von h bestimmen */
    {
     for (j = k; j < n; j++) norm += fabs(h[i][j]);
     k = i;
    }
  if (norm == 0.0) return(1);                 /* Nullmatrix            */

  for (en = n-1; en >= 0; en--)               /* Ruecktransformation   */
    {
     p = wr[en]; q = wi[en]; na = en - 1;
     if (q == 0.0)
       {
        m = en; h[en][en] = 1.0;
        for (i = na; i >= 0; i--)
          {
           w = h[i][i] - p; r = h[i][en];
           for (j = m; j <= na; j++) r += h[i][j] * h[j][en];
           if (wi[i] < 0.0)
             { z = w; s = r; }
```

```
      else
        {
         m = i;
         if (wi[i] == 0.0)
           h[i][en] = -r / ((w != 0.0) ? (w) : (MACH_EPS * norm));
         else
           {  /* Loese lineares Gleichungssystem:     */
              /* | w   x |  | h[i][en]   |   | -r |  */
              /* |       |  |            | = |    |  */
              /* | y   z |  | h[i+1][en] |   | -s |  */

             x = h[i][i+1]; y = h[i+1][i];
             q = sqr(wr[i] - p) + sqr(wi[i]);
             h[i][en] = t = (x * s - z * r) / q;
             h[i+1][en] = ( (fabs(x) > fabs(z) ) ?
                          (-r -w * t) / x : (-s -y * t) / z);
           }
        }  /* wi[i] >= 0  */
     }  /*  end i      */
   }  /* end q = 0  */
  else
    if (q < 0.0)
      {
       m = na;
       if (fabs(h[en][na]) > fabs(h[na][en]))
         {
          h[na][na] = - (h[en][en] - p) / h[en][na];
          h[na][en] = - q / h[en][na];
         }
       else
         cdiv(-h[na][en], 0.0, h[na][na]-p, q,
                                 &h[na][na], &h[na][en]);

       h[en][na] = 1.0; h[en][en] = 0.0;
       for (i = na-1; i >= 0; i--)
         {
          w = h[i][i] - p; ra = h[i][en]; sa = 0.0;
          for (j = m; j <= na; j++)
            {
             ra += h[i][j] * h[j][na];
             sa += h[i][j] * h[j][en];
            }
          if (wi[i] < 0.0)
            {
             z = w; r = ra; s = sa;
            }
          else
            {
             m = i;
             if (wi[i] == 0.0)
                cdiv (-ra, -sa, w, q, &h[i][na], &h[i][en]);
             else
               {
     /* loese komplexes Gleichungssystem:    */
     /* | w + i*q   x | | h[i][na] + i*h[i][en]  |   | -ra+i*sa | */
     /* |             | |                        | = |          | */
     /* |    y   z+i*q| | h[i+1][na]+i*h[i+1][en]|   | -r+i*s   | */
```

```
                  x = h[i][i+1]; y = h[i+1][i];
                  vr = sqr(wr[i] - p) + sqr(wi[i]) - sqr(q);
                  vi = 2.0 * q * (wr[i] - p);
                  if (vr == 0.0 && vi == 0.0)
                    vr = MACH_EPS * norm *
                    (fabs(w)+fabs(q)+fabs(x)+fabs(y)+fabs(z));

                  cdiv (x*r-z*ra+q*sa, x*s-z*sa-q*ra, vr, vi,
                                           &h[i][na], &h[i][en]);
                  if (fabs(x) > fabs(z) + fabs(q))
                    {
                     h[i+1][na] =
                             (-ra - w * h[i][na] + q * h[i][en]) / x;
                     h[i+1][en] =
                             (-sa - w * h[i][en] - q * h[i][na]) / x;
                    }
                  else
                    cdiv(-r -y * h[i][na], -s - y * h[i][en], z, q,
                                       &h[i+1][na], &h[i+1][en]);

                }   /* end wi[i] > 0  */
              }   /* end wi[i] >= 0  */
            }   /* end i             */
         }    /*  if q < 0          */
     }     /* end  en              */

  for (i = 0; i < n; i++)      /* Eigenvektoren zu den EW's < low und  */
    if (i < low || i > high)   /* > high                              */
      for (k = i+1; k < n; k++) eivec[i][k] = h[i][k];

  for (j = n-1; j >= low; j--)
    {
     m = (j < high) ? j : high;
     if (wi[j] < 0.0)
       for (l = j-1, i = low; i <= high; i++)
         {
          for (y = z = 0.0, k = low; k <= m; k++)
            {
             y += eivec[i][k] * h[k][l];
             z += eivec[i][k] * h[k][j];
            }
          eivec[i][l] = y; eivec[i][j] = z;
         }
     else
       if (wi[j] == 0.0)
         for (i = low; i <= high; i++)
           {
            for (z = 0.0, k = low; k <= m; k++)
              z += eivec[i][k] * h[k][j];
            eivec[i][j] = z;
           }
    }  /*  end j  */
  return(0);
}
```

```
int norm_1 (n, v, wi)

  int    n;
  double **v, *wi;

/*====================================================================*/
/*                                                                    */
/*  norm_1 normiert die in der Matrix v spaltenweise abgelegten       */
/*  Eigenvektoren im Sinne der 1-Norm.                                */
/*                                                                    */
/*====================================================================*/
/*                                                                    */
/*   Eingabeparameter:                                                */
/*   ================                                                 */
/*      n         int n; ( n > 1 )                                    */
/*                Dimension der Eingabematrix v                       */
/*      v         double **v;                                         */
/*                Matrix der Eigenvektoren                            */
/*      wi        double *wi;                                         */
/*                Imaginaerteile der Eigenwerte                       */
/*                                                                    */
/*   Ausgabeparameter:                                                */
/*   ================                                                 */
/*      v         double **v;                                         */
/*                Matrix der zu 1 normierten Eigenvektoren            */
/*                                                                    */
/*   Rueckgabewert:                                                   */
/*   =============                                                    */
/*      = 0       alles ok                                            */
/*                                                                    */
/*   Benutzte Funktionen:                                             */
/*   ===================                                              */
/*      double cabs():  Komplexer Absolutbetrag                       */
/*      int    cdiv():  Komplexe Division                             */
/*                                                                    */
/*      C Bilbliotheksfunktionen: fabs()                              */
/*                                                                    */
/*====================================================================*/

{
 register i, j;
 double   maxi, tr, ti, fabs(), cabs();
 int      cdiv();

 for (j = 0; j < n; j++)
   { if ( wi[j] == 0.0 )
       { maxi = v[0][j];
         for (i = 1; i < n; i++)
           if ( fabs(v[i][j]) > fabs(maxi) )  maxi = v[i][j];
         if ( maxi != 0.0 )
          { maxi = 1.0 / maxi;
            for (i = 0; i < n; i++) v[i][j] *= maxi;
          }
       }
     else
       { tr = v[0][j]; ti = v[0][j+1];
         for (i = 1; i < n; i++)
```

```
          if ( cabs (v[i][j], v[i][j+1]) > cabs (tr,ti) )
            { tr = v[i][j]; ti = v[i][j+1];
            }
        if ( tr != 0.0 || ti != 0.0 )
          for (i = 0; i < n; i++)
            cdiv (v[i][j], v[i][j+1], tr, ti, &v[i][j], &v[i][j+1]);
        j++;
      }
  }
  return(0);
}


 int cdiv (ar, ai, br, bi, cr, ci)
  double ar, ai, br, bi, *cr, *ci;

/*====================================================================*/
/*                                                                    */
/*   Komplexe Division c = a / b                                      */
/*                                                                    */
/*====================================================================*/
/*                                                                    */
/*    Eingabeparameter:                                               */
/*    ================                                                */
/*       ar,ai      double ar, ai;                                    */
/*                  Real-,Imaginaerteil des Dividenden                */
/*       br,bi      double br, bi;                                    */
/*                  Real-,Imaginaerteil des Divisors                  */
/*                                                                    */
/*    Ausgabeparameter:                                               */
/*    ================                                                */
/*       cr,ci      double *cr, *ci;                                  */
/*                  Real- u. Imaginaerteil des Divisionsergebnisses   */
/*                                                                    */
/*    Rueckgabewert:                                                  */
/*    =============                                                   */
/*       = 0        Ergebnis ok                                       */
/*       = 1        Division durch 0                                  */
/*                                                                    */
/*    Benutzte Funktionen:                                            */
/*    ===================                                             */
/*                                                                    */
/*       C Bilbliotheksfunktionen: fabs()                             */
/*                                                                    */
/*====================================================================*/

{
 double temp, fabs();

 if ( br == 0.0 && bi == 0.0 ) return(1);
 if ( fabs(br) > fabs(bi) )
   { temp = bi / br; br = temp * bi +br;
     *cr = (ar + temp * ai) / br;
     *ci = (ai - temp * ar) / br;
   }
 else
```

```
   { temp = br / bi; bi = temp * br + bi;
     *cr = ( temp * ar + ai ) / bi;
     *ci = ( temp * ai - ar ) / bi;
   }
 return(0);
}


double cabs (ar, ai)
  double ar, ai;

/*====================================================================*/
/*                                                                    */
/*  Komplexer Absolutbetrag von a                                     */
/*                                                                    */
/*====================================================================*/
/*                                                                    */
/*   Eingabeparameter:                                                */
/*   ================                                                 */
/*      ar,ai    double ar, ai;                                       */
/*               Real-,Imaginaerteil von a                            */
/*                                                                    */
/*   Rueckgabewert:                                                   */
/*   =============                                                    */
/*      Absolutbetrag von a                                           */
/*                                                                    */
/*   Benutzte Funktionen:                                             */
/*   ===================                                              */
/*      void swap():  Tauscht zwei double Werte                       */
/*      C Bilbliotheksfunktionen: fabs(), sqrt()                      */
/*                                                                    */
/*====================================================================*/

{
 double sqrt(), fabs();
 void   swap(double*, double*);

 if ( ar == 0.0 && ai == 0.0 ) return(0.0);
 ar = fabs(ar); ai = fabs(ai);
 if ( ai > ar ) swap ( &ar, &ai );
 return ( (ai == 0.0) ? (ar) : (ar * sqrt(1.0 + ai/ar * ai/ar)) );
}


 void swap (x, y)
  double *x,*y;

/*====================================================================*/
/*  swap tauscht die Inhalte von x und y.                             */
/*====================================================================*/

{ double temp;
  temp = *x;   *x = *y;   *y = temp;
}

/*------------------------- ENDE EIGEN ----------------------------*/
```

P 6

P 6.2.2 DISKRETER POLYNOMIALER AUSGLEICH

```
/* -------------------- MODUL DISK-POLY-AUS -------------------------- */

#include <u_const.h>

#define  QQ 1
#define  FQ 2
#define XQQ 3


void dis_pol_a (grad, stuetz, x, f, w, alpha, b, c)
int grad, stuetz;
double x[], f[], w[], alpha[], b[], c[];

/*************************************************************************
*                                                                        *
* Das Unterprogramm dis_pol_a berechnet die Koeffizienten alpha, b und  *
* c fuer ein Ausgleichspolynom p grad-ten Grades zu stuetz vorgegebe-   *
* nen Wertepaaren mit zugehoerigen positiven Gewichten.                  *
* Das Ausgleichspolynom pgrad(x) hat die Form:                           *
*                                                                        *
*    pgrad(x) = alpha0*Q0(x) + alpha1*Q1(x) +.....+ alphagrad*Qgrad(x)   *
*                                                                        *
* wobei:   Qk(x) = (x-bk) * Qk-1(x) - ck * Qk-2(x)      k=2,3,...,grad  *
*                        Q0(x) = 1                                       *
*                        Q1(x) = x - b1                                  *
*                 bk = (x*Qk-1,Qk-1) / (Qk-1,Qk-1)       k=1,2,...,grad  *
*                 ck = (Qk-1,Qk-1) / (Qk-2,Qk-2)         k=2,3,...,grad  *
*             alphak = (f,Qk) / (Qk,Qk)                  k=0,1,...,grad  *
*                                                                        *
* hierbei bedeuten:                                                      *
*       (Q1,Qk) = w0*Q1(x0)*Qk(x0) +....+ wN*Q1(xN)*Qk(xN)               *
*        (f,Qk) = w0*f0*Qk(x0) +....+ wN*fN*Qk(xN)                       *
*      (xQ1,Qk) = x0*w0*Q1(x0)*Qk(x0) +....+ xN*wN*Q1(xN)*Qk(xN)         *
*                 (N = stuetz - 1 = Anzahl der Stuetzstellen - 1)        *
*                                                                        *
* Fuer die Auswertung des Polynoms pgrad gilt:                           *
*                                                                        *
*    pgrad(x) = S0                                                       *
*                         mit      Sn = alphan                           *
*                                Sn-1 = alphan-1 + Sn(x-bn)              *
*                                  Sk = alphak + Sk+1*(x-bk+1) - Sk+2*ck+2 *
*                                     fuer k = n-2, ...., 0              *
*                                                                        *
*                                                                        *
* Eingabeparameter:                                                      *
*                                                                        *
*      Name       Typ/Laenge        Bedeutung                            *
*    ----------------------------------------------------------------   *
*      grad       int               Grad des Ausgleichspolynoms          *
*     stuetz      int               Zahl der vorgegebenen Wertepaare     *
*                                   (Stuetzstellen)                      *
```

```
*         x        double [stuetz]  Abszissen der vorgegebenen Wertepaare*
*         f        double [stuetz]  Ordinaten der vorgegebenen Wertepaare*
*         w        double [stuetz]  Gewichte                             *
*                                                                        *
*                                                                        *
* Ausgabeparameter:                                                      *
*                                                                        *
*      Name        Typ/Laenge       Bedeutung                            *
*    ------------------------------------------------------------------- *
*      alpha       double [grad+1]  Koeffizienten fuer das Polynom in    *
*                                   oben beschriebener Form              *
*         b        double [grad+1] }  Hilfsgroessen zur Berechnung der   *
*         c        double [grad+1] }  Qk  (s.oben)                       *
*                                                                        *
*                                                                        *
* Benoetigte Unterprogramme:                                             *
*                                                                        *
*      skal  :  Berechnung von Skalarprodukten                           *
*                                                                        *
*                                                                        *
* Benutzte Konstanten:                                                   *
*                                                                        *
*       QQ : Flagge fuer Berechnung der (Qk ,Qk )                        *
*       FQ : Flagge fuer Berechnung der (f,Qk )                          *
*      XQQ : Flagge fuer Berechnung der (xQk ,Qk )                       *
*                                                                        *
**************************************************************************/

{int i;
 double qi_qi, qi_qi_m1, qi_qi_m2, sum_1, sum_2;
 double skal ();

 for (i=0,sum_1=0.0; i < stuetz; i++)
   sum_1 += w[i] * x[i];
 for (i=0,sum_2=0.0; i < stuetz; i++)
   sum_2 += w[i];
 b[1] = sum_1 / sum_2;

 qi_qi_m1 = skal (1, stuetz, QQ, x, f, w, b, c);
 qi_qi_m2 = skal (0, stuetz, QQ, x, f, w, b, c);

 alpha[0] = skal (0, stuetz, FQ, x, f, w, b, c) / qi_qi_m2;
 alpha[1] = skal (1, stuetz, FQ, x, f, w, b, c) / qi_qi_m1;

 for (i = 2; i <= grad; i++)
   {b[i] = skal (i-1, stuetz, XQQ, x, f, w, b, c) / qi_qi_m1;
    c[i] = qi_qi_m1 / qi_qi_m2;
    qi_qi = skal (i, stuetz, QQ, x, f, w, b, c);
    alpha[i] = skal (i, stuetz, FQ, x, f, w, b, c) / qi_qi;
    qi_qi_m2 = qi_qi_m1;
    qi_qi_m1 = qi_qi;
   }
}
```

```
double skal (k, stuetz, qq_fq_xqq, x, f, w, b, c)
int k, stuetz;
short int qq_fq_xqq;
double x[], f[], w[], b[], c[];

/***********************************************************************
*                                                                     *
* Das Unterprogramm skal berechnet die in dis_pol_a benoetigten Ska-  *
* larprodukte. Je nach Aufruf wird (Qk,Qk), (f,Qk) oder (xQk,Qk) be-  *
* rechnet.                                                            *
*                                                                     *
*                                                                     *
* Eingabeparameter:                                                   *
*                                                                     *
*      Name        Typ/Laenge         Bedeutung                       *
*    ------------------------------------------------------------     *
*       k          int                Grad des Polynoms Q, fuer das die *
*                                     Skalarprodukte zu berechnen sind *
*    stuetz        int                Zahl der vorgegebenen Wertepaare *
*                                     (Stuetzstellen)                 *
*   qq_fq_xqq      short int          Flagge, die angibt, welches Skalar- *
*                                     produkt zu berechnen ist        *
*                                        QQ : (Qk,Qk)                 *
*                                        FQ : (f,Qk)                  *
*                                       XQQ : (xQk,Qk)                *
*       x          double [stuetz]    Abszissen der vorgegebenen Wertepaare*
*       f          double [stuetz]    Ordinaten der vorgegebenen Wertepaare*
*       w          double [stuetz]    Gewichte                        *
*       b          double [grad+1] }  Hilfsgroessen zur Berechnung der *
*       c          double [grad+1] }  Qk                              *
*                                                                     *
*                                                                     *
* Rueckgabewert von skal:                                             *
*                                                                     *
*    sum : Skalarprodukt                                              *
*                                                                     *
*                                                                     *
* Benoetigte Unterprogramme:                                          *
*                                                                     *
*    q  :  Berechnung von Qk(xi)                                      *
*                                                                     *
*                                                                     *
* Benutzte Konstanten:                                                *
*                                                                     *
*     QQ : Flagge fuer Berechnung der (Qk,Qk)                         *
*     FQ : Flagge fuer Berechnung der (f,Qk)                          *
*    XQQ : Flagge fuer Berechnung der (xQk,Qk)                        *
*                                                                     *
***********************************************************************/

{double help, sum=0.0;
 double q();
 int i;

 for (i = 0; i < stuetz; i++)
   {help = q (k, x[i], b, c);
```

```
    switch (qq_fq_xqq) {
       case QQ:
         sum += w[i] * help * help;
         break;
       case FQ:
         sum += w[i] * f[i] * help;
         break;
       case XQQ:
         sum += w[i] * x[i] * help * help;
      }
   }
 return (sum);
}


double q (k, x, b, c)
int k;
double x, b[], c[];

/************************************************************************
*                                                                       *
* Das Unterprogramm q berechnet den in skal benoetigten Wert Qk (x).    *
* Zwar kann die Bestimmung von Qk rekursiv erfolgen, indem als einzige  *
* Anweisung die folgende in den else-Block eingebracht wird:            *
*                                                                       *
*   return ( (x-b[k]) * q(k-1, x, b, c) - c[k] * q(k-2, x, b, c) );     *
*                                                                       *
* In diesem Fall fuehrt die Kuerze und Eleganz in der Programmierung    *
* jedoch zu einem deutlich erhoehten Rechenaufwand und damit verbunde-  *
* nem Zeitbedarf. Bei hoeherem Polynomgrad bzw. grosser Anzahl an       *
* Stuetzstellen ist daher hiervon abzuraten.                            *
*                                                                       *
*                                                                       *
* Eingabeparameter:                                                     *
*                                                                       *
*      Name       Typ/Laenge          Bedeutung                         *
*    -------------------------------------------------------------------*
*        k        int                 Grad des Polynoms Q               *
*        x        double              Stelle, an der Qk ausgewertet werden *
*                                     soll                              *
*        b        double [grad+1] }   Hilfsgroessen zur Berechnung der  *
*        c        double [grad+1] }   Qk                                *
*                                                                       *
*                                                                       *
* Rueckgabewert von q:                                                  *
*                                                                       *
*     Qk (x)                                                            *
*                                                                       *
************************************************************************/

{int i;
 double q_k, q_k_m1, q_k_m2;

 if (k == 0)
   return (1.0);
```

```
 else if (k == 1)
   return ( x-b[1] );
 else
   {q_k_m2 = 1.0;
    q_k_m1 = x - b[1];
    for (i = 2; i <= k; i++)
      {q_k = (x-b[i])*q_k_m1 - c[i]*q_k_m2;
       q_k_m2 = q_k_m1;
       q_k_m1 = q_k;
      }
    return (q_k);
   }
}


double evaluate (grad, x, b, c, alpha)
int grad;
double x, b[], c[], alpha[];

/***********************************************************************
*                                                                      *
* Das Unterprogramm evaluate wertet das in dis_pol_a berechnete Polynom*
* p an einer Stelle x aus. Wegen der zweistufigen Rekursion der Aus-   *
* wertung entstuende in dieser Routine das gleiche Problem wie in der  *
* Routine q. Deswegen wurde auch hier auf die zwar elegantere, aber    *
* wesentlich langsamere rekursive Programmierung verzichtet.           *
*                                                                      *
*                                                                      *
* Eingabeparameter:                                                    *
*                                                                      *
*      Name      Typ/Laenge          Bedeutung                         *
*    ---------------------------------------------------------------   *
*      grad      int                 Grad des Polynoms p               *
*        x       double              Stelle, an der p_grad ausgewertet *
*                                    werden soll                       *
*        b       double [grad+1] }  Hilfsgroessen zur Berechnung der   *
*        c       double [grad+1] }  Q_k                                *
*    alpha       double [grad+1]     Koeffizienten fuer das Polynom p in *
*                                    oben beschriebener Form           *
*                                                                      *
*                                                                      *
* Rueckgabewert von evaluate:                                          *
*                                                                      *
*     p_grad(x)                                                        *
*                                                                      *
***********************************************************************/

{double si, si_p1, si_p2;
 int i;

 if (grad == 0)
   return (alpha[0]);
 else if (grad == 1)
   return ( alpha[0] + alpha[1] * (x-b[1]) );
 else
   {si_p2 = alpha[grad];
```

```
    si_p1 = alpha[grad-1] + alpha[grad] * (x - b[grad]);
    for (i = grad-2; i >= 0; i--)
      {si = alpha[i] + si_p1 * (x-b[i+1]) - si_p2 * c[i+2];
       si_p2 = si_p1;
       si_p1 = si;
      }
    return (si);
  }
}

/* -------------------- ENDE DISK-POLY-AUS ------------------------- */
```

P 6.4.3 DISKRETE FOURIERTRANSFORMATION

```
/* -------------------- MODUL REELLE-FFT --------------------------- */

#include <u_const.h>


void rfft (tau, tau_2, y, direct)
int tau, tau_2, direct;
double y[];

/***********************************************************************
*                                                                      *
* Die Routine rfft bestimmt fuer direct=0 zu m=tau_2=2^tau gegebenen   *
* reellen Funktionswerten y(0), ...., y(m-1) die diskreten Fourier-    *
* koeffizienten                                                        *
*     a_0 , ...., a_m/2   und  b_1 , ...., b_m/2 - 1                   *
* der zugehoerigen diskreten Fourierteilsumme                          *
*     a_0 + (Summe k=1 bis m/2-1)  a_k *cos(k*omega*x) + b_k *sin(k*omega*x) *
*         + a_m/2 *cos(m/2*omega*x)                                    *
* mit:                                                                 *
*     omega = 2*PI/l  (l:Periodenlaenge)                               *
* und fuehrt fuer direct=1 die Umkehrtransformation durch.             *
* Die (Umkehr-) Transformation erfolgt mit einer schnellen Fourier-    *
* transformation (Fast Fourier Transform, FFT) halber Laenge.          *
* Dieses Programm entstand in Anlehnung an das Buch:                   *
*       K. NIEDERDRENK: Die endliche Fourier- und Walsh- Transformation *
*                       mit einer Einfuehrung in die Bildverarbeitung, *
*                                 2. Auflage 1984, Wiesbaden           *
*                                                                      *
* Dieses Buch enthaelt auch eine ausfuehrliche Herleitung des verwen-  *
* deten Algorithmus.                                                   *
*                                                                      *
*                                                                      *
```

```
* Eingabeparameter:                                                      *
*                                                                        *
*     Name    Typ/Laenge          Bedeutung                              *
*   ---------------------------------------------------------------      *
*     tau     int                 2^tau = Anzahl der Funktionswerte      *
*                                 tau muß >= 0 sein                      *
*     tau_2   int                 Anzahl der Funktionswerte              *
*      y      double [tau_2]      direct=0 : y enthaelt die Funktions-   *
*                                              werte                     *
*                                 direct=1 : y enthaelt die diskreten    *
*                                              Fourierkoeffizienten wie  *
*                                              folgt:                    *
*                                              y[0] = a0                 *
*                                              y[k] = a(k+1)/2           *
*                                                mit k=1,3, ..,tau_2-1   *
*                                              y[k] = bk/2               *
*                                                mit k=2,4, ..,tau_2-2   *
*                                              also in der Reihenfolge:  *
*                                                a0, a1, b1, a2, b2, ... *
*     direct  int                 steuert die Richtung der durchzu-      *
*                                 fuehrenden Transformation:             *
*                                    direct=0 : Berechnung der diskreten *
*                                               Fourierkoeffizienten     *
*                                    direct=1 : Berechnung der Funk-     *
*                                               tionswerte               *
*                                                                        *
*                                                                        *
* Ausgabeparameter:                                                      *
*                                                                        *
*     Name    Typ/Laenge          Bedeutung                              *
*   ---------------------------------------------------------------      *
*      y      double [tau_2]      direct=0 : y enthaelt die diskreten    *
*                                              Fourierkoeffizienten wie  *
*                                              folgt:                    *
*                                              a0 = y[0]                 *
*                                              ak = y[2*k-1]             *
*                                                mit k=1,2, ..,tau_2/2   *
*                                              bk = y[2*k]               *
*                                                mit k=1,2, ..,tau_2/2-1 *
*                                              also in der Reihenfolge:  *
*                                                a0, a1, b1, a2, b2, ... *
*                                 direct=1 : y enthaelt die Funktions-   *
*                                              werte                     *
*                                                                        *
* Benoetigte Unterprogramme:                                             *
*                                                                        *
*      aus der C-Bibliothek: sin, cos                                    *
*                                                                        *
* Benutzte Konstanten:                                                   *
*                                                                        *
*     PI :  3.141...                                                     *
*                                                                        *
**************************************************************************/

{int md_2, md_4, sigma, sigma_2, j_2, min_n, n_min_0, n_min_1;
```

```
int ind_1, ind_2, k, j, n, l, k_2, tau_2_2k;
double faktor, arg, arg_m, arg_md_2, y_hilf;
double ew_r, ew_i, eps_r, eps_i, ur, ui, wr, wi;
double rett, hilf_1, hilf_2, hilf_3, hilf_4;
double sin (), cos ();

md_2 = tau_2 / 2;
md_4 = md_2 / 2;
faktor = 1.0 / md_2;
arg_md_2 = 2.0 * PI * faktor;
arg_m = 0.5 * arg_md_2;
if (direct == 1)
  faktor = 1.0;

if (direct == 1)                /* Zusammenfassung der reellen Daten zur */
  {y_hilf = y[1];               /* Durchfuehrung einer FFT halber Laenge */
   y[1] = y[0] - y[tau_2-1];
   y[0] += y[tau_2-1];

   ew_r = cos(arg_m);           /* ew_r bzw. ew_i : Real- bzw. Imagi-    */
   ew_i = sin(arg_m);           /*                  naerteil der tau_2 - */
                                /*                  ten Einheitswurzel   */
   eps_r = 1.0;                 /* eps_r bzw. eps_i : Real- bzw. Imagi-  */
   eps_i = 0.0;                 /*                  naerteil von (tau_2 - */
                                /*                  te Einheitswurzel)^k */

   for (k = 1; k < md_4; k++)
     {k_2 = 2 * k;
      tau_2_2k = tau_2 - k_2;
      rett = eps_r;
      eps_r = rett * ew_r  -  eps_i * ew_i;
      eps_i = rett * ew_i  +  eps_i * ew_r;
      hilf_1 = 0.5 * (eps_r * (y_hilf - y[tau_2_2k-1])
                    + eps_i * (y[k_2] + y[tau_2_2k])
                   );
      hilf_2 = 0.5 * (eps_i * (y_hilf - y[tau_2_2k-1])
                    - eps_r * (y[k_2] + y[tau_2_2k])
                   );
      hilf_3 = 0.5 * (y_hilf + y[tau_2_2k-1]);
      hilf_4 = 0.5 * (y[k_2] - y[tau_2_2k]);
      y_hilf = y[k_2+1];
      y[k_2] = hilf_3 - hilf_2;
      y[k_2+1] = hilf_1 - hilf_4;
      y[tau_2_2k] = hilf_2 + hilf_3;
      y[tau_2_2k+1] = hilf_1 + hilf_4;
     }
   y[md_2+1] = y[md_2];
   y[md_2] = y_hilf;
  }

for (j = k = 0; j < md_2; j++)          /* Umspeicherung mit der Bit- */
  {k = j;                               /* Umkehrfunktion (gleichzei- */
   for (n=1,sigma=0.0; n < tau; n++)    /* tige Normierung, falls     */
     {sigma = 2 * sigma + (k & 1);      /* direct = 0)                */
      k /= 2;
     }
```

```
    if (j <= sigma)
      {j_2 = 2 * j;
       sigma_2 = 2 * sigma;
       ur = y[j_2];
       ui = y[j_2+1];
       y[j_2] = y[sigma_2] * faktor;
       y[j_2+1] = y[sigma_2+1] * faktor;
       y[sigma_2] = ur * faktor;
       y[sigma_2+1] = ui * faktor;
      }
   }

/* Durchfuehrung der FFT halber Laenge                                     */
/*                 min_n : 2^(tau-1-n)                                     */
/*               n_min_1 : 2^(n-1)                                         */
/*               n_min_0 : 2^n                                             */
/*           wr bzw. wi : Real- bzw. Imaginärteil von ((tau_2)/2)-te       */
/*                        Einheitswurzel potenziert mit 2^min_n            */
/*     eps_r bzw. eps_i : Real- bzw. Imaginärteil von ((tau_2)/2)-te       */
/*                        Einheitswurzel potenziert mit l * 2^min_n        */

  min_n = md_2;
  n_min_1 = 1;
  for (n = 1; n < tau; n++)
   {min_n /= 2;
    n_min_0 = 2 * n_min_1;
    arg = arg_md_2 * min_n;
    wr = cos(arg);
    wi = (direct & 1) ? 1.0 : -1.0;
    wi *= sin(arg);
    eps_r = 1.0;
    eps_i = 0.0;
    for (l = 0; l < n_min_1; l++)
      {for (j = 0; j <= md_2-n_min_0; j += n_min_0)
         {ind_1 = (j + 1) * 2;
          ind_2 = ind_1 + n_min_0;
          ur = y[ind_2] * eps_r  -  y[ind_2+1] * eps_i;
          ui = y[ind_2] * eps_i  +  y[ind_2+1] * eps_r;
          y[ind_2] = y[ind_1] - ur;
          y[ind_2+1] = y[ind_1+1] - ui;
          y[ind_1] += ur;
          y[ind_1+1] += ui;
         }
       rett = eps_r;
       eps_r = rett * wr  -  eps_i * wi;
       eps_i = rett * wi  +  eps_i * wr;
      }
    n_min_1 = n_min_0;
   }

  if (direct == 0)                          /* Trennung der zusammenge-    */
   {y_hilf = y[tau_2-1];                    /* faßt transformierten Daten, */
    y[tau_2-1] = 0.5 * (y[0] - y[1]);       /* falls direct = 0            */
    y[0] = 0.5 * (y[0] + y[1]);

    ew_r = cos(arg_m);            /* ew_r bzw. ew_i : Real- bzw. Imagi-    */
    ew_i = -sin(arg_m);           /*                  naerteil der tau_2 - */
```

```
                              /*                 ten Einheitswurzel   */
    eps_r = 1.0;              /* eps_r bzw. eps_i : Real- bzw. Imagi- */
    eps_i = 0.0;              /*              naerteil von (tau_2 -   */
                              /*              te Einheitswurzel)^k    */

    for (k = 1; k < md_4; k++)
      {rett = eps_r;
       eps_r = rett * ew_r  -  eps_i * ew_i;
       eps_i = rett * ew_i  +  eps_i * ew_r;
       ind_1 = k * 2;
       ind_2 = tau_2 - ind_1;
       hilf_1 = 0.5 * (eps_i * (y[ind_1] - y[ind_2])
                     + eps_r * (y[ind_1+1] + y_hilf)
                      );
       hilf_2 = 0.5 * (eps_r * (y[ind_1] - y[ind_2])
                     - eps_i * (y[ind_1+1] + y_hilf)
                      );
       hilf_3 = 0.5 * (y[ind_1] + y[ind_2]);
       hilf_4 = 0.5 * (y[ind_1+1] - y_hilf);
       y_hilf = y[ind_2-1];
       y[ind_1-1] = hilf_1 + hilf_3;
       y[ind_1] = hilf_2 - hilf_4;
       y[ind_2-1] = hilf_3 - hilf_1;
       y[ind_2] = hilf_2 + hilf_4;
      }
    y[md_2-1] = y[md_2];
    y[md_2] = y_hilf;
   }
}

/* -------------------- ENDE REELLE-FFT ---------------------------- */
```

P 7

P 7.1 INTERPOLATION DURCH ALGEBRAISCHE POLYNOME

```
/* ------------------------ MODUL NEWTIP -------------------------- */

int newtip (n, x, y, b)

int n;
double *x, *y, *b;

/*****************************************************************************
*                                                                            *
*   n e w t i p  berechnet die Koeffizienten eines Interpolations-           *
*   polynoms in der Form von NEWTON nach dem Verfahren in Kap. 7.5.1 .       *
*   Anschliessend koennen mit der Function  v a l n i p  Funktions-          *
*   werte dieses Polynoms berechnet werden.                                  *
*                                                                            *
* ========================================================================== *
*                                                                            *
*   EINGABEPARAMETER:                                                        *
*   -----------------                                                        *
*                                                                            *
*    Name    Typ/Laenge     Bedeutung                                        *
*   ---------------------------------------------------------------------    *
*    n       int/---        Grad des Interpolationspolynoms                  *
*    x       double/[n+1]   x-Koordinaten der zu interpolierenden            *
*                           Wertepaare                                       *
*    y       double/[n+1]   y-Koordinaten der zu interpolierenden            *
*                           Wertepaare                                       *
*                                                                            *
*   AUSGABEPARAMETER:                                                        *
*   -----------------                                                        *
*                                                                            *
*    Name    Typ/Laenge     Bedeutung                                        *
*   ---------------------------------------------------------------------    *
*    b       double/[n+1]   Koeffizienten des Polynoms in der Dar-           *
*                           stellung                                         *
*                           p[x] = b[0] + b[1]*(x-x[0] +                     *
*                                  b[2]*(x-x[0])*(x-x[1]) + ...              *
*                                  b[n]*(x-x[0])*...*(x-x[n-1])              *
*                                                                            *
*   WERT DES UNTERPROGRAMMS:                                                 *
*   ------------------------                                                 *
*                                                                            *
*    = 0 : kein Fehler                                                       *
*    = 1 : n < 0                                                             *
*    = 2 : zwei Stuetzstellen sind gleich                                    *
*                                                                            *
*****************************************************************************/
```

```
{int i,k;
 double h;

 if (n < 0)   return (1);

 for (i=0; i<=n; i++)
    b [i] = y [i];

 for (i=1; i<=n; i++)
    for (k=n; k>=i; k--)
      {h = x [k] - x [k-i];
       if (h == 0.)    return (2);     /* Zwei gleiche Stuetzstellen */
       b [k] = (b [k] - b [k-1]) / h;
      }
 return (0);
}

/* ---------------------- ENDE  NEWTIP  -------------------------- */



/* ---------------------- MODUL VALNIP  -------------------------- */

double valnip (x0, x, b, n)

int n;
double x0, *x, *b;

/***********************************************************************
*                                                                      *
*   v a l n i p  berechnet den Funktionswert des Newtonschen Interpo-  *
*   lationspolynoms mit den Koeffizienten b[i], i=0(1)n, an der Stelle *
*   x0 nach einem verallgemeinerten Hornerschema.                      *
*                                                                      *
* ==================================================================== *
*                                                                      *
*   EINGABEPARAMETER:                                                  *
*   -----------------                                                  *
*                                                                      *
*    Name     Typ/Laenge     Bedeutung                                 *
*   ------------------------------------------------------------------ *
*    x0       double/---     Stelle, an der das Polynom ausgewertet    *
*                            werden soll                               *
*    x        double/[n+1]   Stuetzstellen x[i], i=0(1)n, des Inter-   *
*                            polationspolynoms                         *
*    b        double/[n+1]   Koeffizienten des Newtonschen Interpola-  *
*                            tionskoeffizienten in der Darstellung     *
*                            p[x] = b[0] + b[1]*(x-x[0]) +             *
*                                   b[2]*(x-x[0])*(x-x[1]) + ...       *
*                                   b[n]*(x-x[0])*...*(x-x[n-1])       *
*    n        int/---        Grad des Polynoms                         *
*                                                                      *
*   WERT DES UNTERPROGRAMMS:                                           *
*   ------------------------                                           *
*                                                                      *
*   Funktionswert an der Stelle x0                                     *
```

```
*                                                                          *
* ======================================================================== *
*                                                                          *
*   Bemerkung: v a l n i p  muss im rufenden Programm als double          *
*              vereinbart werden.                                          *
*                                                                          *
***************************************************************************/

{int i;
 double h;

 for (h=b[n],i=n-1; i>=0; i--)
     h = h * (x0 - x [i]) + b [i];
 return (h);
}

/* ---------------------- ENDE  VALNIP  ------------------------- */
```

P 7.8.3.1 INTERPOLATION MITTELS NICHT-PERIODISCHER POLYNOM-SPLINES DRITTEN GRADES

```
/* ------------------------ MODUL SPLINE ------------------------- */

#include <stdio.h>


int spline (n, x, y, marg_0, marg_n, marg_cond, b, c ,d)

int n, marg_cond;
double *x, *y, *b, *c, *d;
double marg_0, marg_n;

/*********************************************************************
*                                                                    *
*   s p l i n e  berechnet zu den vorgegebenen Wertepaaren          *
*            ( x [i], y [i], i = 0(1)n-1 )                           *
*   die Koeffizienten eines kubischen Splines.                       *
*   Die Art der Randbedingung wird durch die Variable  marg_cond     *
*   festgelegt.                                                      *
*                                                                    *
* ================================================================== *
*                                                                    *
*   EINGABEPARAMETER:                                                *
*   -----------------                                                *
*                                                                    *
*    Name        Typ/Laenge     Bedeutung                            *
*   --------------------------------------------------------------   *
*    n           int/---        Anzahl der Stuetzstellen; die Anzahl *
*                               muss > 2 sein                        *
*    x           double/[n]     x-Koordinaten der Wertepaare         *
*    y           double/[n]     y-Koordinaten der Wertepaare         *
*    marg_0      double/---     Randbedingung in x [0]               *
*    marg_n      double/---     Randbedingung in x [n-1]             *
*    marg_cond   int/---        = 0 : not-a-knot-Bedingung           *
*                                     (keine Vorgabe von marg_0,     *
*                                      marg_n)                       *
*                               = 1 : marg_0, marg_n sind            *
*                                     1. Ableitungen                 *
*                               = 2 : marg_0, marg_n sind            *
*                                     2. Ableitungen                 *
*                               = 3 : marg_0, marg_n sind            *
*                                     3. Ableitungen                 *
*                                                                    *
*   AUSGABEPARAMETER:                                                *
*   -----------------                                                *
*                                                                    *
*    Name   Typ/Laenge   Bedeutung                                   *
*   --------------------------------------------------------------   *
*    b      double/[n-1]  |  Splinekoeffizienten nach Ansatz 7.12    *
*    c      double/[n-1]  |  (a entspricht y)                        *
*    d      double/[n-1]  |                                          *
*                                                                    *
```

```
*                                                                          *
*   WERT DES UNTERPROGRAMMS:                                               *
*                                                                          *
*    = -i : Monotoniefehler: x [i-1] >= x [i]                              *
*    =  0 : kein Fehler                                                    *
*    =  1 : falscher Wert fuer marg_cond                                   *
*    =  2 : n < 3                                                          *
*    =  3 : es steht nicht genuegend Speicherplatz fuer die notwen-        *
*           digen Hilfsfelder zur Verfuegung                               *
*    >  3 : Fehler in  trdiag                                              *
*                                                                          *
* ======================================================================== *
*                                                                          *
*   benutzte Unterprogramme:  trdiag                                       *
*   ------------------------                                               *
*                                                                          *
*   aus der C-Bibliothek benutzte Unterprogramme:  malloc, free            *
*   ---------------------------------------------                          *
*                                                                          *
*   benutzte Konstanten:  NULL                                             *
*   --------------------                                                   *
*                                                                          *
****************************************************************************/

{int i, error;
 double *h, *a;

 if (n < 3)  return (2);
/*
   es wird Speicherplatz fuer das Hilfsfeld zur Verfuegung
   gestellt.
 */
 a = (double*) malloc (n * sizeof (double));
 h = (double*) malloc ((--n) * sizeof (double));
 if (a == NULL || h == NULL) return (3);

 for (i=0; i<=n-1; i++)
   {h [i] = x [i+1] - x [i];
    if (h [i] <= 0.)  return (-i);  /* Ueberpruefung der Monotonie */
   }
/*
    Aufstellen des Gleichungssystems
*/
 for (i=0; i<=n-2; i++)
   {a [i] = 3. * ((y [i+2] - y [i+1]) / h [i+1]
                - (y [i+1] - y [i]) / h [i]);
    b [i] = h [i];
    c [i] = h [i+1];
    d [i] = 2. * (h [i] + h [i+1]);
   }
 /*
     In Abhaengigkeit von der Randbedingung werden Werte neu besetzt
 */
```

```
 switch (marg_cond)
   {case 0: {if (n == 2)
               {a [0] /= 3.;
                d [0] *= 0.5;
               }
             else
               {a [0]   *= h [1] / (h [0] + h [1]);
                a [n-2] *= h [n-2] / (h [n-1] + h [n-2]);
                d [0]   -= h [0];
                d [n-2] -= h [n-1];
                c [0]   -= h [0];
                b [n-2] -= h [n-1];
               }
             break;
            }
    case 1: {a [0]   -= 1.5 * ((y [1] - y [0]) / h [0] - marg_0);
             a [n-2] -= 1.5 * (marg_n - (y [n] - y [n-1]) / h [n-1]);
             d [0]   -= h [0] * 0.5;
             d [n-2] -= h [n-1] * 0.5;
             break;
            }
    case 2: {a [0]   -= h [0] * marg_0 * 0.5;
             a [n-2] -= h [n-1] * marg_n * 0.5;
             break;
            }
    case 3: {a [0]   += marg_0 * h [0] * h [0] * 0.5;
             a [n-2] -= marg_n * h [n-1] * h [n-1] * 0.5;
             d [0]   += h [0];
             d [n-2] += h [n-1];
             break;
            }
    default : {free (a); free (h);   return (1);}
   }
/*
   Berechnen der Koeffizienten
*/
 switch (n-1)
   {case 1 : {c [1] = a [0] / d [0];
              break;
             }
    default :{error = trdiag (n-1, b, d, c, a, 0);
              if (error != 0) {free (a); free (h); return (error+3);}

              for (i=0; i<=n-2; i++) /* Ueberschreiben des Loesungs- */
                c [i+1] = a [i];     /* vektors auf c                */
             }
   }
/*
   In Abhaengigkeit von der Randbedingung wird der erste und der letzte
   Wert von c neu besetzt.
*/
```

```
 switch (marg_cond)
   {case 0: {if (n == 2)
               c [0] = c [2] = c [1];
             else
               {c [0] = c [1] + h [0] * (c [1] - c [2]) / h [1];
                c [n] = c [n-1] + h [n-1] *
                        (c [n-1] - c [n-2]) / h [n-2];
               }
             break;
            }
    case 1: {c [0] = 1.5 * ((y [1] - y [0]) / h [0] - marg_0);
             c [0] = (c [0] - c [1] * h [0] * 0.5) / h [0];
             c [n] = -1.5 * ((y [n] - y [n-1]) / h [n-1] - marg_n);
             c [n] = (c [n] - c [n-1] * h [n-1] * 0.5) / h [n-1];
             break;
            }
    case 2: {c [0] = marg_0 * 0.5;
             c [n] = marg_n * 0.5;
             break;
            }
    case 3: {c [0] = c[1] - marg_0 * h [0] * 0.5;
             c [n] = c [n-1] + marg_n * h [n-1] * 0.5;
            }
   }
 for (i=0; i<=n-1; i++)
   {b [i] = (y [i+1] - y [i]) / h [i] - h [i] *
            (c [i+1] + 2. * c [i]) / 3.;
    d [i] = (c [i+1] - c [i]) / (3. * h [i]);
   }
 free (h);        /* der Speicherplatz fuer das Hilfsfeld wird   */
 free (a);        /* wieder frei gegeben.                        */
 return (0);
}

/* ------------------------ ENDE  SPLINE -------------------------- */



/* ------------------------ MODUL SPVAL ------------------------- */

double spval (n, x0, a, b, c, d, x, ausg)

int n;
double x0, ausg [3];
double *a, *b, *c, *d, *x;

/********************************************************************
*                                                                   *
*   s p v a l  berechnet Funktionswerte eines kubischen Polynom-    *
*   splines und seine nichttrivialen Ableitungen                    *
*                                                                   *
* ================================================================= *
*                                                                   *
*   EINGABEPARAMETER:                                               *
*   ----------------                                                *
*                                                                   *
```

```
*    Name     Typ/Laenge      Bedeutung                                   *
*    ------------------------------------------------------------------  *
*    n        int/---         Anzahl der Stuetzstellen                    *
*    x0       double/---      Stelle, an der der Funktionswert gesucht    *
*                             wird                                        *
*    a        double/[n-1]    |                                           *
*    b        double/[n-1]    |  Splinekoeffizienten                      *
*    c        double/[n-1]    |                                           *
*    d        double/[n-1]    |                                           *
*    x        double/[n]      Stuetzstellen                               *
*                                                                         *
*   AUSGABEPARAMETER:                                                     *
*   ----------------                                                      *
*                                                                         *
*    Name     Typ/Laenge      Bedeutung                                   *
*    ------------------------------------------------------------------  *
*    ausg     double/[3]      Ableitungen an den Stellen x0               *
*                             ausg [0] enthaelt die 1.,                   *
*                             ausg [1]          die 2. und                *
*                             ausg [2]          die 3. Ableitung          *
*                                                                         *
*                                                                         *
*   WERT DES UNTERPROGRAMMS:                                              *
*   -----------------------                                               *
*                                                                         *
*    Funktionswert an der Stelle x0                                       *
*                                                                         *
* ===================================================================== *
*                                                                         *
*   Bemerkung:  spval muss im rufenden Programm als double verein-       *
*   ----------  bart werden                                               *
*                                                                         *
**************************************************************************/

{int i, k, m;

 i = 0, k = n;
 while (m = (i+k) >> 1, m != i)           /* das Intervall, in dem x0 */
   {if (x0 < x [m])  k = m;               /* liegt, wird gesucht.     */
    else             i = m;
   }
 x0 -= x [i];
 ausg [0] = (3. * d [i] * x0 + 2. * c [i]) * x0 + b [i];
 ausg [1] = 6. * d [i] * x0 + 2. * c [i];
 ausg [2] = 6. * d [i];
 return (((d [i] * x0 + c [i]) * x0 + b [i]) * x0 + a [i]);
}

/* ------------------------ ENDE  SPVAL  --------------------------- */
```

```
/* ---------------------- MODUL SPLINE_TAB ------------------------ */

#include <u_const.h>

#define MACH_N_EPS MACH_EPS*10.

spline_tab (n, xanf, xend, num,
            x, a, b, c, d, x_tab, y_tab, maxlen, length)

int n, num, maxlen, *length;
double xanf, xend;
double *x, *a, *b, *c, *d;
double *x_tab, *y_tab;

/***********************************************************************
*                                                                      *
*   s p l i n e _ t a b  tabelliert einen kubischen Spline in einem    *
*   beliebigem Intervall innerhalb seines Definitionsintervalls        *
*   [ x[0],x[n-1] ]. Die Knoten des Splines im Tabellenintervall       *
*   mittabelliert.                                                     *
*                                                                      *
* ==================================================================== *
*                                                                      *
*   EINGABEPARAMETER:                                                  *
*   -----------------                                                  *
*                                                                      *
*    Name    Typ/Laenge          Bedeutung                             *
*   ---------------------------------------------------------------    *
*    n       int/---             Anzahl der Stuetzstellen des Splines  *
*                                (n > 1)                               *
*    xanf    double/---          linke Intervallgrenze des Intervalls, *
*                                in dem der Spline tabelliert werden   *
*                                soll                                  *
*    xend    double/---          rechte Intervallgrenze                *
*                                Falls xanf > xend, werden die beiden  *
*                                Grenzen innerhalb des Programms ver-  *
*                                tauscht                               *
*    num     int/---             Anzahl der Punkte der Tabelle         *
*                                (num > 1 )                            *
*    x       double/[n]          Stuetzstellen des Splines             *
*    a       double/[n]          |                                     *
*    b       double/[n]          | Koeffizienten des Splines           *
*    c       double/[n]          |                                     *
*    d       double/[n]          |                                     *
*    maxlen  int/---             maximale Tabellenlaenge               *
*                                (maxlen >= num)                       *
*                                                                      *
*   AUSGABEPARAMETER:                                                  *
*   -----------------                                                  *
*                                                                      *
*    Name    Typ/Laenge          Bedeutung                             *
*   ---------------------------------------------------------------    *
*    x_tab   double/[maxlen]     x-Koordinaten der Tabelle             *
*    y_tab   double/[maxlen]     y-Koordinaten der Tabelle             *
*    length  int/---             letzter Index der Tabelle             *
*                                                                      *
*                                                                      *
```

```
*   WERT DES UNTERPROGRAMMS:                                           *
*   ------------------------                                           *
*                                                                      *
*     = 0 : kein Fehler                                                *
*     = 1 : n zu klein gewaehlt                                        *
*     = 2 : num zu klein gewaehlt                                      *
*     = 3 : maxlen zu klein gewaehlt                                   *
*     = 4 : xanf oder xend liegt nicht im Definitionsintervall         *
*     = 5 : die maximale Tabellenlaenge wurde ueberschritten; die      *
*           Tabelle ist bis zu diesem Index tabelliert                 *
*                                                                      *
* ==================================================================== *
*                                                                      *
*   benutzte Konstanten:  MACH_EPS, MACH_N_EPS                         *
*   --------------------                                               *
***********************************************************************/

{int len, i, k, m;
 double x0, x1, step;
/*
    Fehlerabfragen
*/
 if (n < 2)                return (1);
 if (--num < 1)            return (2);
 if (maxlen < num + 1) return (3);
 if (xanf < x [0] ||
     xend > x [n-1])       return (4);

 if (xanf > xend)           /* Falls xanf > xend angegeben wurde, */
   {x0 = xend;              /* werden die Inhalte getauscht       */
    xend = xanf;
    xanf = x0;
   }
 if ((xend - xanf) / xend < MACH_N_EPS) /* Ruecksprung, falls linke   */
   return (0);                          /* und rechte Intervallgrenze */
                                        /* zusammenfallen             */
 i = 0;   k = n;
 while (m = (i + k) >> 1, m != i)
   {if (xanf < x [m])              k = m;   /* Es wird das Anfangs- */
    else                           i = m;   /* intervall bestimmt,  */
   }                                        /* in dem xanf liegt.   */
 step = (xend - xanf) / num;            /* Schrittweite bestimmen   */
 x_tab [(len=0)] = xanf;
 y_tab [0]       = ((d [i] * x1 + c [i]) * x1 + b [i]) * x1 + a [i];
/*
    die folgende Schleife wird so lange bearbeitet, bis x0 eine
    Schrittweite vor der rechten Intervallgrenze ist
*/
 x0 = xanf + step;
 while ((x0 - xend + step) / x0 <= MACH_N_EPS)
    {while ((x0 - x [i+1]) / x0 < MACH_N_EPS &&
            (x0 - xend + step) / x0 <= MACH_N_EPS)
      {x_tab [++len] = x0;
       x1 = x0 - x [i];
       y_tab [len]   = ((d [i] * x1 + c [i]) * x1 + b [i]) * x1 + a [i];
       x0 +=step;
       if (len == maxlen)  return (5);
```

```
      }
    if ((x0  - xend + step) / x0 <= MACH_N_EPS)
      {x_tab [++len] = x [++i];
       y_tab [len]   = a [i];
       if (len == maxlen)  return (5);
      }
    }
/*
    falls noch Stuetzstellen zwischen dem letzten Wert
    und der rechten Intervallgrenze liegen, werden sie
    nun in die Tabelle eingebracht
*/
 i++;
 if ((x0 - step - x [i]) / x0 < MACH_N_EPS
      && (xend  - x [i]) / xend > MACH_N_EPS)
   while ((xend - x [i]) / xend > MACH_N_EPS)
     {x_tab [++len] = x [i];
      y_tab [len]   = a [i++];
      if (len == maxlen)  return (5);
     }
/*
    zum Schluss wird die rechte Intervallgrenze tabelliert
*/
 if ((xend - x[i]) / xend < MACH_N_EPS)
   {x_tab [++len] = xend;
    x1 = xend - x [--i];
    y_tab [len] = ((d [i] * x1 + c [i]) * x1 + b [i]) * x1 + a [i];
   }
 else
  {x_tab [++len] = xend;
   y_tab [len] = a [i];
  }
 *length = len;
 return (0);
}

/* -------------------- ENDE  SPLINE_TAB  --------------------------- */
```

P 7.8.3.2 INTERPOLATION MITTELS PERIODISCHER POLYNOMSPLINES DRITTEN GRADES

```
/* ------------------------ MODUL PERSPL -------------------------- */

#include <stdio.h>


int perspl (n, x, y, b, c, d)

int n;
double *x, *y, *b, *c, *d;

/***********************************************************************
*                                                                      *
*   p e r s p l  berechnet zu den gegebenen Punktepaaren               *
*   ( x [i], y [i] ) , i = 0(1)n-1, die Koeffizienten des              *
*   periodischen kubischen Splines nach Kapitel 7.8.3.                 *
*                                                                      *
* ==================================================================== *
*                                                                      *
*   EINGABEPARAMETER:                                                  *
*   -----------------                                                  *
*                                                                      *
*    Name     Typ/Laenge     Bedeutung                                 *
*   ------------------------------------------------------------------ *
*     n       int/---        Anzahl der Wertepaare                     *
*     x       double/[n]     | vorgegebene                             *
*     y       double/[n]     | Wertepaare                              *
*                                                                      *
*   AUSGABEPARAMETER:                                                  *
*   -----------------                                                  *
*                                                                      *
*    Name     Typ/Laenge     Bedeutung                                 *
*   ------------------------------------------------------------------ *
*     b       double/[n]     |  Splinekoeffizienten nach dem in der    *
*     c       double/[n]     |  Formelsammlung beschriebenen Ansatz    *
*     d       double/[n]     |  (a entspricht y)                       *
*                                                                      *
*                                                                      *
*   WERT DES UNTERPROGRAMMS:                                           *
*   ------------------------                                           *
*                                                                      *
*    = 0 : kein Fehler                                                 *
*    = 1 : |  Fehler in tzdiag aufgetreten                             *
*    = 2 : |                                                           *
*    = 3 : Eingabedaten nichtperiodisch                                *
*    = 4 : n < 3                                                       *
*    = 5 : nicht genuegend Speicherplatz fuer die Hilfsfelder          *
*          vorhanden                                                   *
*    = 6 : x [i] nicht monoton steigend                                *
*                                                                      *
* ==================================================================== *
```

```
*                                                                            *
*   benutzte Unterprogramme:  tzdiag                                         *
*   ------------------------                                                 *
*                                                                            *
*   aus der C-Bibliothek benutzte Unterprogramme:  malloc, free              *
*   ---------------------------------------------                            *
*                                                                            *
*   benutzte Konstanten:  NULL                                               *
*   --------------------                                                     *
*                                                                            *
*****************************************************************************/

{register i, im1;
 int nm1, error;
 double hr, hl, *a, *lowrow, *ricol;

 if ((--n) < 2)    return (4);

 lowrow = (double*) malloc (n * sizeof (double)); /* Speicherplatz  */
 ricol = (double*) malloc (n * sizeof (double));  /* fuer die Hilfs- */
 a     = (double*) malloc ((n+1) * sizeof (double));
                                                  /* felder wird zur */
                                                  /* Verfuegung ge-  */
 if (lowrow == NULL || ricol == NULL)             /* stellt.         */
                    return (5);

 for (nm1=n-1, i=0; i<=nm1; i++)                   /* Die Monotonie  */
   if (x [i+1] <= x [i])                           /* wird ueber-    */
                    return (6);                    /* prueft         */

 if (y [n] != y [0])                               /* Periodizitaet  */
                    return (3);                    /* wird ueber-    */
                                                   /* prueft         */
/*
    Aufstellen des zyklisch tridiagonalen Gleichungssystems
*/
 if (n == 2)
   {c [1]  = 3.*((y [2] - y [1]) / (x [2] - x [1]));
    c [1] -= 3.*((y [1] - y [0]) / (x [1] - x [0]));
    c [1] /= (x [2] - x [0]);
    c [2]  = - c [1];
   }
 else
   {for (i=1, im1=0; i<=nm1; i++, im1++)
      {hl = x [i] - x [im1];
       hr = x [i+1] - x [i];
       b [im1]  = hl;
       d [im1]  = 2. * (hl + hr);
       c [im1]  = hr;
       a [im1]  = 3. * (y [i+1] - y [i]) / hr;
       a [im1] -= 3. * (y [i] - y [im1]) / hl;
      }
    ricol [0] = b [0];
    hl = x [n] - x [nm1];
    hr = x [1] - x [0];
    b [nm1]  = hl;
    d [nm1]  = 2. * (hl + hr);
```

```
    lowrow [0]    = hr;
    a [nm1]  = 3. * (y [1] - y [0]) / hr;
    a [nm1] -= 3. * (y [n] - y [nm1]) / hl;
/*
    Loesen des Gleichungssystems
*/
    error = tzdiag (n, b, d, c, lowrow, ricol, a, 0);
    if (error == 0)
       for (i=0; i<=nm1; i++)
          c [i+1] = a [i];
    else
       return (error);
   }
 c [0] = c [n];
 for (i=0; i<=nm1; i++)
   {hl    = x [i+1] - x [i];
    b [i]  = (y [i+1] - y [i]) / hl;                 /* Berechnen der      */
    b [i] -= hl * (c [i+1] + 2. * c [i]) / 3.;    /* restlichen         */
    d [i]  = (c [i+1] - c [i]) / hl / 3.;         /* Koeffizienten      */
   }
 free (lowrow);                                    /* Freigeben des      */
 free (ricol);                                     /* Hilfsspeichers     */
 free (a);
 return (0);
}

/* ------------------------  ENDE  PERSPL  -------------------------- */
```

P 7.8.3.3 INTERPOLATION MITTELS PARAMETRISCHER POLYNOMSPLINES DRITTEN GRADES

```
/* ------------------------  MODUL PARSPL  -------------------------- */
#include <u_const.h>

#define MAXIMUM 1.e50

int parspl (n, x, y, marg_cond, marg_0, marg_n, cond_t, t,
            bx, cx, dx, by, cy, dy)

int n, marg_cond, cond_t;
double *x, *y, *t;
double *bx, *cx, *dx, *by, *cy, *dy;
double marg_0 [2], marg_n [2];

/*********************************************************************
*                                                                    *
*   p a r s p l  berechnet zu den Wertepaaren ( x[i],y [i] ) ,       *
*   i = 0(1)n-1,  einen parametrischen kubischen Spline. Dabei       *
*   kann die Art der Randbedingung vorgeben werden.                  *
*   Dem Benutzer bietet sich die Moeglichkeit, die Parameter-        *
```

```
*   stuetzstellen  t  entweder anzugeben oder sie berechnen zu         *
*   lassen.                                                            *
*                                                                      *
* ==================================================================== *
*                                                                      *
*   EINGABEPARAMETER:                                                  *
*   -----------------                                                  *
*                                                                      *
*    Name        Typ/Laenge     Bedeutung                              *
*    -------------------------------------------------------------     *
*    n           int/---        Anzahl der Wertepaare                  *
*    x           double/[n]     |  Wertepaare                          *
*    y           double/[n]     |                                      *
*    marg_cond   int/---        Art der Randbedingung :                *
*                               = 0 : not-a-knot-Bedingung             *
*                               = 1 : Vorgabe der ersten Ableitung     *
*                                     nach dem Parameter t             *
*                               = 2 : Vorgabe der zweiten Ableitung    *
*                               = 3 : periodischer Spline              *
*                               = 4 : Vorgabe der Ableitungen dy/dx    *
*    marg_0      double/[2]     |  Randbedingungen                     *
*    marg_n      double/[2]     |                                      *
*    cond_t      int/---        Vorgabe der Kurvenparameter t[i]       *
*                                = 0 : die Parameterwerte t[i] werden  *
*                                      im Programm berechnet           *
*                               != 0 : der Benutzer gibt die Werte     *
*                                      selber vor                      *
*    t           double/[n]     bei cond_t != 0 : t enthaelt die       *
*                               streng monoton steigenden Parameter-   *
*                               stuetzstellen                          *
*                                                                      *
*                                                                      *
*   AUSGABEPARAMETER:                                                  *
*   -----------------                                                  *
*                                                                      *
*    Name        Typ/Laenge     Bedeutung                              *
*    -------------------------------------------------------------     *
*    t           double/[n]     Parameterwerte der Punktepaare         *
*    bx          double/[n]     |  Koeffizienten der Spline-           *
*    cx          double/[n]     |  komponente sx                       *
*    dx          double/[n]     |  (ax entspricht x)                   *
*    by          double/[n]     |  Koeffizienten der Spline-           *
*    cy          double/[n]     |  komponenten sy                      *
*    dy          double/[n]     |  (ay entspricht y)                   *
*                                                                      *
*                                                                      *
*   WERT DES UNTERPROGRAMMS:                                           *
*   ------------------------                                           *
*                                                                      *
*    =  0 : kein Fehler                                                *
*    = -i : Monotoniefehler beim Index i                               *
*    =  1 : n < 3                                                      *
*    =  2 : falscher Wert fuer die Randbedingung                       *
*    =  3 : periodischer Spline : x[0] != x[n-1]                       *
*    =  4 : periodischer Spline : y[0] != y[n-1]                       *
*    >  4 : Fehler in perspl oder spline aufgetreten                   *
*                                                                      *
```

```
* ==================================================================== *
*                                                                      *
*   benutzte Unterprogramme:  spline, perspl                           *
*   ------------------------                                           *
*                                                                      *
*   aus der C-Bibliothek benutzte Unterprogramme:  sqrt                *
*   ---------------------------------------------                      *
*                                                                      *
*   benutzte Macros:  abs, sign                                        *
*   ----------------                                                   *
*                                                                      *
*   benutzte Konstanten:  MAXIMUM : bei marg_cond = 4 werden Ein-      *
*   --------------------  gabewerte, deren Absolutbetrag >= MAXIMUM    *
*                         ist, als unendlich aufgefasst. Der be-       *
*                         treffende Tangentialvektor bekommt die       *
*                         Komponenten                                  *
*                         ( 0., sign (y[1]-y[0]) )  fuer den linken,   *
*                         ( 0., sign (y[n-1]-y[n-2]) fuer den rech-    *
*                         ten Rand.                                    *
*                                                                      *
* ==================================================================== *
*                                                                      *
*   Bemerkung : Man erhaelt einen natuerlichen Spline bei Vorgabe      *
*               von marg_cond = 2 und Randbedingungen = 0.             *
*                                                                      *
***********************************************************************/

{register i;
 int nm1, mess, error ;
 double deltx, delty, delt, alfx, alfy, betx, bety;
 double sqrt ();
/*
      Fehlerabfragen
*/
 if ((--n) < 2)   return (1);
 if (marg_cond < 0 || marg_cond > 4)   return (2);
/*
      Falls t nicht vorgegeben wurde, werden die
      Werte nun berechnet.
*/
 if (cond_t == 0)
    {t [0] = 0.;
     for (nm1=n-1,i=1; i<=n; i++)
       {deltx = x [i] - x [i-1];
        delty = y [i] - y [i-1];
        delt  = deltx*deltx + delty*delty;
        if (delt <= 0.)   return (-i);
        t [i] = t [i-1] + sqrt (delt);
       }
    }
/*
     In Abhaengigkeit von der Randbedingung werden die Werte
     fuer den Aufruf der Unterprogramme belegt.
*/
 switch (marg_cond)
    {case 0 : {mess = 0;
               break;
```

```
          }
     case 1 :
     case 2 : {mess = marg_cond;
               alfx = marg_0 [0];
               alfy = marg_0 [1];
               betx = marg_n [0];
               bety = marg_n [1];
               break;
              }
     case 3 : {if (x [n] != x [0])   return (3);
               if (y [n] != y [0])   return (4);
               break;
              }
     case 4 : {mess = 1;
               if (abs (marg_0 [0]) >= MAXIMUM)
                  {alfx = 0.;
                   alfy = sign (1., y[1] - y [0]);
                  }
               else
                  {alfx = sign (sqrt (1. / (1. +
                                   marg_0 [0] * marg_0 [0])),
                               x [1] - x [0]);
                   alfy = alfx * marg_0 [0];
                  }
               if (abs (marg_n [0]) >= MAXIMUM)
                  {betx = 0.;
                   bety = sign (1., y [n] - y [n-1]);
                  }
               else
                  {betx = sign (sqrt(1./(1.+marg_n [0]*marg_n [0])),
                               x [n] - x [n-1]);
                   bety = betx * marg_n [0];
                  }
              }
    }
 if (marg_cond == 3)
   {error = perspl (n+1,t,x,bx,cx,dx);
    if (error != 0) return (error + 4);
    error = perspl (n+1,t,y,by,cy,dy);
    if (error != 0) return (error + 10);
   }
 else
   {error  = spline (n+1,t,x,alfx,betx,mess,bx,cx,dx);
    if (error  != 0)   return (error + 4);
    error  = spline (n+1,t,y,alfy,bety,mess,by,cy,dy);
    if (error  != 0)   return (error + 9);
   }
 return (0);
}

/* ----------------------- ENDE  PARSPL  ------------------------- */
```

```
/* ------------------------ MODUL PSPVAL -------------------------- */

pspval (n, twert, t, ax, bx, cx, dx, ay, by, cy, dy, sx, sy, ausp)

int n;
double twert, *sx, *sy, ausp [2][3];
double *t, *ax, *bx, *cx, *dx, *ay, *by, *cy, *dy;

/***********************************************************************/
*                                                                     */
*   p s p v a l  berechnet den Funktionswert an der Stelle twert     */
*   eines parametrischen kubischen Splines und seine nichttrivialen  */
*   Ableitungen an dieser Stelle.                                     */
*                                                                     */
* ================================================================== */
*                                                                     */
*   EINGABEPARAMETER:                                                 */
*                                                                     */
*    Name    Typ/Laenge   Bedeutung                                   */
*   ---------------------------------------------------------------  */
*    n       int/---      Anzahl der Punktepaare ( x[i],y[i] )        */
*    twert   double/---   Stelle, die ausgewertet werden soll         */
*    t       double/[n]   Parameterwerte der Punktepaare              */
*                         (siehe  p a r s p l )                       */
*    ax      double/[n]   |                                           */
*    bx      double/[n]   |  Koeffizienten der Spline-                */
*    cx      double/[n]   |  komponente sx                            */
*    dx      double/[n]   |                                           */
*    ay      double/[n]   |                                           */
*    by      double/[n]   |  Koeffizienten der Spline-                */
*    cy      double/[n]   |  komponente sy                            */
*    dy      double/[n]   |                                           */
*                                                                     */
*   AUSGABEPARAMETER:                                                 */
*                                                                     */
*    Name    Typ/Laenge   Bedeutung                                   */
*   ---------------------------------------------------------------  */
*    sx      double/---   Funktionswert  sx (twert)                   */
*    sy      double/---   Funktionswert  sy (twert)                   */
*    ausp    double/[2][3] Ableitungswerte:                           */
*                         die erste Zeile enthaelt die Ableitungen    */
*                         sx (twert), die zweite Zeile sy (twert)     */
*                                                                     */
* ================================================================== */
*                                                                     */
*   benutzte Unterprogramme:  spval                                   */
*                                                                     */
***********************************************************************/

{int i;
 double spval ();

 *sx = spval (n, twert, ax, bx, cx, dx, t, &ausp [0][0]);
 *sy = spval (n, twert, ay, by, cy, dy, t, &ausp [1][0]);
}
/* ---------------------- ENDE  PSPVAL -------------------------- */
```

P 7.9.1 INTERPOLATION MITTELS POLYNOMSPLINES FUENFTEN GRADES

```
/* ------------------------ MODUL HERMIT --------------------------- */

int hermit (n, x, y, y1, marg_cond ,marg_0, marg_n, rep, c, d, e, f,
            h, upper, lower, diag, lowrow, ricol)

int n, marg_cond, rep;
double marg_0, marg_n;
double *x, *y, *y1, *c, *d, *e, *f;
double *h, *upper, *lower, *diag, *lowrow, *ricol;

/***********************************************************************
*                                                                     *
*   h e r m i t  berechnet die Koeffizienten eines hermiteschen        *
*   Polynomsplines fuenften Grades.                                    *
*   Bei Aufrufen mit gleichen Stuetzstellen, aber verschiedenen        *
*   Funktionswerten und Ableitungswerten, besteht die Moeglichkeit,    *
*   die wiederholte Aufstellung und Umformung des Gleichungssystems    *
*   zu vermeiden, indem man den Parameter  rep  von Null verschie-     *
*   den waehlt.                                                        *
*                                                                     *
*  ================================================================== *
*                                                                     *
*   EINGABEPARAMETER:                                                  *
*   ----------------                                                   *
*                                                                     *
*    Name        Typ/Laenge     Bedeutung                              *
*   -----------------------------------------------------------------  *
*     n          int/---        Anzahl der Stuetstellen                *
*     x          double/[n]     Stuetzstellen                          *
*     y          double/[n]     Funktionswerte der Stuetzstellen       *
*     y1         double/[n]     erste Ableitungen zu den Stuetz-       *
*                               stellen                                *
*     marg_cond  int/---        Art der Randbedingung                  *
*                               = 1 : periodischer Spline              *
*                               = 2 : natuerlicher Spline              *
*                               = 3 : 2. Ableitungen an den Raendern   *
*                                     werden vorgegeben                *
*                               = 4 : Kruemmungsradien des Splines     *
*                                     an den Raendern wird vorge-      *
*                                     geben                            *
*                               = 5 : 3. Ableitungen an den Raendern   *
*                                     werden vorgegeben                *
*     marg_0     double/---     }   Randbedingungen                    *
*     marg_n     double/---     }                                      *
*     rep        int/---        != 0 : Wiederholungsaufruf             *
*                                                                     *
*   AUSGABEPARAMETER:                                                  *
*   ----------------                                                   *
*                                                                     *
```

```
*    Name          Typ/Laenge    Bedeutung                                     *
*    ------------------------------------------------------------------        *
*     c            double/[n]    |                                             *
*     d            double/[n]    |  Koeffizienten der Splinepolynome           *
*     e            double/[n]    |  (a = y, b = y1)                            *
*     f            double/[n]    |                                             *
*     upper        double/[n]    |                                             *
*     lower        double/[n]    |  Hilfsfelder, die bei wiederhol-            *
*     diag         double/[n]    |  tem Aufruf mit rep != 0 zwischen-          *
*     lowrow       double/[n]    |  zeitlich nicht veraendert werden           *
*     ricol        double/[n]    |  duerfen                                    *
*                                                                              *
*                                                                              *
*    WERT DES UNTERPROGRAMMS:                                                  *
*    ------------------------                                                  *
*                                                                              *
*      = 0 : kein Fehler                                                       *
*      = 1 : Art der Randbedingung falsch gewaehlt                             *
*      = 2 : n < 3                                                             *
*      = 3 : bei marg_cond = 1 : Periodizitaet nicht erfuellt                  *
*      = 4 : Monotonie der Stuetzstellen verletzt                              *
*      = 5 : bei marg_cond = 4 : Randbedingungen = 0.                          *
*      = 6 : Fehler in trdiag oder tzdiag                                      *
*                                                                              *
* ============================================================================ *
*                                                                              *
*    benutzte Unterprogramme:  trdiag, tzdiag, fdext                           *
*    ------------------------                                                  *
*                                                                              *
*    aus der C-Bibliothek benutzte Unterprogramme:  sqrt                       *
*    ---------------------------------------------                             *
*                                                                              *
********************************************************************************/

{int i, nm1, nm2, error;
 double hi, alpha, rec1, rec2, beta1, beta2, y21, y2n;
 double hsq, a1, a2, a3, b1, b2, b3;
 double fdext (), sqrt ();
/*
    Fehlerabfragen
*/
 if (rep == 0)
   {if (marg_cond < 1 || marg_cond > 5)  return (1);
    if ((--n) < 2)                       return (2);

    if (marg_cond == 1 && (y [0] != y [n] || y1 [0] != y1 [n]))
                                         return (3);
    for (nm1=n-1,nm2=n-2,i=0; i<=nm1; i++)
      {hi = x [i+1] - x [i];
       if (hi < 0.)                      return (4);
       h [i] = hi;
      }
    h [n] = h [0];
    if (marg_cond == 4)
      if (marg_0 == 0. || marg_n == 0.)
                                         return (5);
```

```
/*
   Aufstellen des Gleichungssystems
*/
    if (marg_cond == 5)
      alpha = 8. / 9.;
    else
      alpha = 1.;

    if (n == 2)
      diag [0] = 3. * alpha * (1. / h [0] + 1. / h [1]);
    else
      {rec1 = alpha / h [0];
       for (i=0; i<=n-3; i++,rec1=rec2)
         {rec2 = 1. / h [i+1];
          diag [i] = 3. * (rec1 + rec2);
          upper [i] = lower [i+1] = -rec2;
         }
       diag [nm2] = 3. * (1. / h [nm2] + alpha / h [nm1]);
      }
    if (marg_cond == 1)
      {rec1 = 1. / h [nm1];                    /* bei periodischen      */
       rec2 = 1. / h [0];                      /* Splines muessen Wer-  */
       diag [nm1] = 3. * (rec1 + rec2);        /* te veraendert werden. */
       lowrow [0] = ricol [0] = -rec2;
       if (n == 2)
         {upper [0] -= rec2;
          lower [1] -= rec2;
         }
       else
         {lower [nm1] = upper [nm2] = -rec1;
         }
      }
  }
 else
  {nm1 = (--n) - 1;    /* Wiederholungsaufruf */
   nm2 = n - 2;
  }
 switch (marg_cond)
   {case 1:
    case 2: {beta1 = beta2 = 0.;
             break;
            }
    case 3: {beta1 = 0.5 * marg_0 / h [0];
             beta2 = 0.5 * marg_n / h [nm1];
             break;
            }
    case 4: {y21 = sqrt ((1. + y1 [0] * y1 [0]) *
                         (1. + y1 [0] * y1 [0]) *
                         (1. + y1 [0] * y1 [0])) / marg_0;
             y2n = sqrt ((1. + y1 [n] * y1 [n]) * (1. + y1 [n] * y1 [n])*
                         (1. + y1 [n] * y1 [n])) / marg_n;
             beta1 = 0.5 * y21 / h [0];
             beta2 = 0.5 * y2n / h [nm1];
             break;
            }
```

```
    case 5: {hsq = h [0] * h [0];
             beta1 = 10. * (y [1] - y [0]) / 3. / h [0] / hsq -
                     2. * (2. * y1 [1] + 3. * y1 [0]) / 3. / hsq -
                     marg_0 / 18.;
             hsq = h [nm1] * h [nm1];
             beta2 = -10. * (y [n] - y [nm1]) / 3. / h [nm1] / hsq +
                     2. * (3. * y1 [n] + 2. * y1 [nm1]) / 3. / hsq +
                     marg_n / 18.;
             break;
            }
  }
 rec1  = 1. / h [0];                  /* Aufstellen der rechten Seite des  */
 a1 =  y [0]; a2 =  y [1];            /* Gleichungssystems                 */
 b1 = y1 [0]; b2 = y1 [1];
 for (i=0; i<=nm2; i++,a2=a3,b2=b3,rec1=rec2)
   {rec2 = 1. / h [i+1];
    a3   =  y [i+2];
    b3   = y1 [i+2];
    c [i] = fdext (a1, a2, a3, b1, b2, b3, rec1, rec2);
    a1 = a2;
    b1 = b2;
   }
 c [0]   += beta1;
 c [nm2] += beta2;
/*
    Bei periodischen Splines muss tzdiag aufgerufen werden,
    sonst trdiag
*/
 if (marg_cond == 1)
   {c [nm1] = fdext (a1, a2, y[1], b1, b2, y1[1], rec1, 1./h[n]);
    if (n == 2)
      {c [2] = (c [1] - lower [1] * c [0] / diag [0]) /
               (diag [1] - lower [1] * upper [0] / diag [0]);
       c [1] = (c [0] - upper [0] * c [2]) / diag [0];
      }
    else
      {error = tzdiag (n, lower, diag, upper, lowrow, ricol, c, rep);
       if (error != 0)                  return (6);
       for (i=n; i>=1; i--)
         c [i] = c [i-1];
      }
    c [0] = c [n];
   }
 else
   {switch (nm1)
      {case 1 : {c [1] = c [0] / diag [0];
                 break;
                }
       case 2 : {c [2] = (c [1] - lower [1] * c [0] / diag [0]) /
                         (diag [1] - lower [1] * upper [0] /
                                                 diag [0]);
                 c [1] = (c [0] - upper [0] * c [2]) / diag [0];
                 break;
                }
```

```
        default: {error = trdiag (nm1, lower, diag, upper, c, rep);
                  if (error != 0)          return (6);
                  for (i=n-1; i>=1; i--)
                  c [i] = c [i-1];
                 }
     }
   switch (marg_cond)
     {case 2: {c [0] = c [n] = 0.;
               break;
              }
      case 3: {c [0] = 0.5 * marg_0;
               c [n] = 0.5 * marg_n;
               break;
              }
      case 4: {c [0] = 0.5 * y21;
               c [n] = 0.5 * y2n;
               break;
              }
      case 5: {c [0] = h [0] * beta1 + c [1] / 3.;
               c [n] = h [nm1] * beta2 + c [nm1] / 3.;
              }
     }
  }
/*
   Berechnen der restlichen Koeffizienten
*/
 for (i=0; i<=nm1; i++)
   {d [i] = 10. * (y [i+1] - y [i]) / h [i] -
            2. * (2. * y1 [i+1] + 3. * y1 [i]);
    d [i] = (d [i] / h [i] + c [i+1] - 3. * c [i]) / h [i];
   }
 d [n] = d [nm1] - (2. * (y1 [n] - y1 [nm1]) / h [nm1] -
                  2. * (c [n] + c [nm1])) / h [nm1];
 for (i=0; i<=nm1; i++)
   {hi = h [i];
    e [i] = (0.5 * (y1 [i+1] - y1 [i]) / hi - c [i]) / hi;
    e [i] = (e [i] - 0.25 * (d [i+1] + 5. * d [i])) / hi;
    f [i] = (((c [i+1] - c [i]) / hi - 3. * d [i]) / hi -
             6. * e [i]) / hi / 10.;
   }
 return (0);
}


double fdext (a1, a2, a3, b1, b2, b3, rec1, rec2)

double a1, a2, a3, b1, b2, b3, rec1, rec2;

/***********************************************************************
*                                                                      *
*  Der Wert dieser Funktion, die als double () vereinbart werden       *
*  muss, ist ein Element der rechten Seite des Gleichungssystems,      *
*  das in  h e r m i t  aufgestellt wird.                              *
*                                                                      *
***********************************************************************/
```

```
{double hilf, rec1h, rec2h;

 rec1h = rec1 * rec1;
 rec2h = rec2 * rec2;
 hilf  = 10. * ((a3 - a2) * rec2 * rec2h - (a2 - a1) * rec1 * rec1h);
 hilf += 4. * (b1 * rec1h - 1.5 * (rec2h - rec1h) * b2 - b3 * rec2h);
 return (hilf);
}

/* ---------------------- ENDE  HERMIT --------------------------- */



/* ------------------------ MODUL HMTVAL ------------------------- */

double hmtval (n, x0, a, b, c, d, e, f, x, ausg)

int n;
double x0, ausg [5];
double *a, *b, *c, *d, *e, *f, *x;

/*********************************************************************
*                                                                    *
*   h m t v a l  berechnet die Funktionswerte an der Stelle x0      *
*   eines Hermit-Splines und seiner nichttrivialen Ableitungen.     *
*                                                                    *
* ================================================================== *
*                                                                    *
*   EINGABEPARAMETER:                                                *
*                                                                    *
*    Name    Typ/Laenge    Bedeutung                                 *
*   ---------------------------------------------------------------- *
*    n       int/---       Anzahl der Stuetstellen                   *
*    x0      double/---    Stelle, die ausgewertet werden soll       *
*    a       double/[n]    }                                         *
*    b       double/[n]    }  Koeffizienten der Splinepolynome       *
*    c       double/[n]    }  gemaess Ansatz 7.15                    *
*    d       double/[n]    }                                         *
*    e       double/[n]    }                                         *
*    f       double/[n]    }                                         *
*    x       double/[n]    Stuetzstellen                             *
*                                                                    *
*   AUSGABEPARAMETER:                                                *
*                                                                    *
*    Name    Typ/Laenge    Bedeutung                                 *
*   ---------------------------------------------------------------- *
*    ausg    double/5      Ableitungen :                             *
*                          ausg [k] ist die k-te Ableitung           *
*                                                                    *
*                                                                    *
*   WERT DES UNTERPROGRAMMS:                                         *
*                                                                    *
*   Der Wert des Unterprogramms ist der Funktionswert an der         *
*   Stelle x0.                                                       *
*                                                                    *
*********************************************************************/
```

```
{int i, k, m;
 double hilf;

 i = 0, k = n;
 while (m = (i+k) >> 1, m != i)
   {if (x0 < x [m])  k = m;
    else             i = m;
   }
 x0 -= x [i];
 hilf = ((((f [i] * x0 + e [i]) * x0 + d [i]) * x0 +
            c [i]) * x0 + b [i]) * x0 + a [i];
 ausg [0] = (((5. * f [i] * x0 + 4. * e [i]) * x0 + 3. * d [i]) * x0 +
                                2. * c [i]) * x0 + b [i];
 ausg [1] = ((20. * f [i] * x0 + 12. * e [i]) * x0 + 6. * d [i]) * x0 +
                                2. * c [i];
 ausg [2] = (60. * f [i] * x0 + 24. * e [i]) * x0 + 6. * d [i];
 ausg [3] = 120. * f [i] * x0 + 24. * e [i];
 ausg [4] = 120. * f [i];
 return (hilf);
}

/* ---------------------- ENDE  HMTVAL ------------------------ */


/* --------------------- MODUL HERMIT_TAB ---------------------- */

#include <u_const.h>

#define MACH_N_EPS MACH_EPS*10.

hermit_tab (n, xanf, xend, num,
            x, a, b, c, d, e, f, x_tab, y_tab, maxlen, length)

int n, num, maxlen, *length;
double xanf, xend;
double *x, *a, *b, *c, *d, *e, *f;
double *x_tab, *y_tab;

/*********************************************************************
*                                                                    *
*   h e r m i t _ t a b  tabelliert einen kubischen Spline in einem  *
*   beliebigem Intervall innerhalb seines Definitionsintervalls      *
*   [ x[0],x[n-1] ]. Die Knoten des Splines im Tabellenintervall     *
*   mittabelliert.                                                   *
*                                                                    *
* ================================================================= *
*                                                                    *
```

```
*   EINGABEPARAMETER:                                                  *
*   -----------------                                                  *
*                                                                      *
*    Name    Typ/Laenge          Bedeutung                             *
*    ---------------------------------------------------------------   *
*    n       int/---             Anzahl der Stuetzstellen des Splines  *
*                                (n > 1)                               *
*    xanf    double/---          linke Intervallgrenze des Intervalls, *
*                                in dem der Spline tabelliert werden   *
*                                soll                                  *
*    xend    double/---          rechte Intervallgrenze                *
*                                Falls xanf > xend, werden die beiden  *
*                                Grenzen innerhalb des Programms ver-  *
*                                tauscht                               *
*    num     int/---             Anzahl der Punkte der Tabelle         *
*                                (num > 1 )                            *
*    x       double/[n]          Stuetzstellen des Splines             *
*    a       double/[n]          |                                     *
*    b       double/[n]          |  Koeffizienten des Splines          *
*    c       double/[n]          |                                     *
*    d       double/[n]          |                                     *
*    e       double/[n]          |                                     *
*    f       double/[n]          |                                     *
*    maxlen  int/---             maximale Tabellenlaenge               *
*                                (maxlen >= num)                       *
*                                                                      *
*   AUSGABEPARAMETER:                                                  *
*   -----------------                                                  *
*                                                                      *
*    Name    Typ/Laenge          Bedeutung                             *
*   ----------------------------------------------------------------   *
*    x_tab   double/[maxlen]     x-Koordinaten der Tabelle             *
*    y_tab   double/[maxlen]     y-Koordinaten der Tabelle             *
*    length  int/---             letzter Index der Tabelle             *
*                                                                      *
*                                                                      *
*   WERT DES UNTERPROGRAMMS:                                           *
*   ------------------------                                           *
*                                                                      *
*    = 0 : kein Fehler                                                 *
*    = 1 : n zu klein gewaehlt                                         *
*    = 2 : num zu klein gewaehlt                                       *
*    = 3 : maxlen zu klein gewaehlt                                    *
*    = 4 : xanf oder xend liegt nicht im Definitionsintervall          *
*    = 5 : die maximale Tabellenlaenge wurde ueberschritten; die       *
*          Tabelle ist bis zu diesem Index tabelliert                  *
*                                                                      *
* ==================================================================== *
*                                                                      *
*   benutzte Konstanten:  MACH_EPS, MACH_N_EPS                         *
*   --------------------                                               *
***********************************************************************/

{int len, i, k, m;
 double x0, x1, step;
/*
   Fehlerabfragen
```

```
*/
 if (n < 2)              return (1);
 if (--num < 1)          return (2);
 if (maxlen < num + 1) return (3);
 if (xanf < x [0] ||
     xend > x [n-1])   return (4);

 if (xanf > xend)         /* Falls xanf > xend angegeben wurde, */
   {x0 = xend;            /* werden die Inhalte getauscht        */
    xend = xanf;
    xanf = x0;
   }
 if ((xend - xanf) / xend < MACH_N_EPS) /* Ruecksprung, falls linke    */
   return (0);                          /* und rechte Intervallgrenze */
                                        /* zusammenfallen             */
 i = 0;   k = n;
 while (m = (i + k) >> 1, m != i)
   {if (xanf < x [m])                k = m;   /* Es wird das Anfangs- */
    else                             i = m;   /* intervall bestimmt,  */
   }                                          /* in dem xanf liegt.   */
 step = (xend - xanf) / num;               /* Schrittweite bestimmen */
 x_tab [(len=0)] = xanf;
 y_tab [0]         = ((((f [i] * x1 + e [i]) * x1 + d [i]) * x1
                     + c [i]) * x1 + b [i]) * x1 + a [i];
/*
   die folgende Schleife wird so lange bearbeitet, bis x0 eine
   Schrittweite vor der rechten Intervallgrenze ist
*/
 x0 = xanf + step;
 while ((x0 - xend + step) / x0 <= MACH_N_EPS)
   {while ((x0 - x [i+1]) / x0 < MACH_N_EPS &&
           (x0 - xend + step) / x0 <= MACH_N_EPS)
      {x_tab [++len] = x0;
       x1 = x0 - x [i];
       y_tab [len]    = ((((f [i] * x1 + e [i]) * x1 + d [i]) * x1
                        + c [i]) * x1 + b [i]) * x1 + a [i];
       x0 +=step;
       if (len == maxlen)  return (5);
      }
    if ((x0  - xend + step) / x0 <= MACH_N_EPS)
      {x_tab [++len] = x [++i];
       y_tab [len]    = a [i];
       if (len == maxlen)  return (5);
      }
   }
/*
   falls noch Stuetzstellen zwischen dem letzten Wert
   und der rechten Intervallgrenze liegen, werden sie
   nun in die Tabelle eingebracht
*/
 i++;
 if ((x0 - step - x [i]) / x0 < MACH_N_EPS
      && (xend  - x [i]) / xend > MACH_N_EPS)
   while ((xend - x [i]) / xend > MACH_N_EPS)
     {x_tab [++len] = x [i];
      y_tab [len]    = a [i++];
      if (len == maxlen)  return (5);
```

```
    }
/*
    zum Schluss wird die rechte Intervallgrenze tabelliert
*/
 if ((xend - x[i]) / xend < MACH_N_EPS)
   {x_tab [++len] = xend;
    x1 = xend - x [--i];
    y_tab [len] = ((((f [i] * x1 + e [i]) * x1 + d [i]) * x1
                    + c [i]) * x1 + b [i]) * x1 + a [i];
   }
 else
  {x_tab [++len] = xend;
   y_tab [len] = a [i];
  }
 *length = len;
 return (0);
}

/* --------------------- ENDE  HERMIT_TAB ------------------------ */
```

P 7.9.2 INTERPOLATION MITTELS PARAMETRISCHER POLYNOMSPLINES FUENFTEN GRADES

```
/* ------------------------ MODUL PARMIT ------------------------- */

#include <u_const.h>
#include <stdio.h>

#define MAXIMUM 1.e50

int parmit (n, x, y, marg, xricht, yricht, richt, corn_1, corn_n,
            cx, dx, ex, fx, cy, dy, ey, fy, t, xt, yt)

int n, marg, richt;
double *x, *y, *xricht, *yricht, *t, *xt, *yt,
       *cx, *dx, *ex, *fx, *cy, *dy, *ey, *fy,
       corn_1 [2], corn_n [2];
```

```
/***********************************************************************
*                                                                      *
*   p a r m i t  berechnet die Koeffizienten parametrischer Hermit-    *
*   Splines (siehe Kapitel 7.9). Die Art der Randbedingung kann        *
*   dabei durch den Parameter  marg  angegeben werden.                 *
*                                                                      *
* ==================================================================== *
*                                                                      *
*   EINGABEPARAMETER:                                                  *
*   -----------------                                                  *
*                                                                      *
*    Name     Typ/Laenge     Bedeutung                                 *
*   ---------------------------------------------------------------    *
*    n        int/---        Anzahl der Punkte ( x[i],y[i] ),          *
*                            i=0(1)n-1                                 *
*    marg     int/---        Art der Randbedingung:                    *
*                            = 1 : periodischer Spline                 *
*                            = 2 : natuerlicher Spline                 *
*                            = 3 : die 2. Ableitungen an den Raendern  *
*                                  werden vorgegeben                   *
*                            = 4 : die 2. Ableitungen der Splinekom-   *
*                                  ponenten an den Raendern werden     *
*                                  vorgegeben                          *
*                            = 5 : die Kruemmungskreisradien an den    *
*                                  Raendern werden vorgegeben          *
*                                  Der Kruemmungssinn wird durch das   *
*                                  Vorzeichen von corn_1 [0] bzw.      *
*                                  corn_n [0] bestimmt. Ist der Ra-    *
*                                  dius positiv, so liegt der Kruem-   *
*                                  mungskreis in Richtung wachsenden   *
*                                  Kurvenparameters gesehen links von  *
*                                  der Kurve (Kurve konkav von links). *
*                                  Bei negativem Radius ist die        *
*                                  Kruemmung konkav von rechts.        *
*                                  Zur Richtung des Kurvenparameters   *
*                                  t : Punkte mit hoeherem Index ha-   *
*                                  ben hoeheren Parameter.             *
*                            = 6 : die 3. Ableitungen an den Raendern  *
*                                  werden vorgegeben                   *
*    x        double/[n]     } vorgegebene Punktepaare ( x[i], y[i] )  *
*    y        double/[n]     }                                         *
*    xricht   double/[n]     x-Komponenten der Tangential- bzw. Nor-   *
*                            malvektoren in den Punkten ( x[i],y[i] )  *
*                            ( falls richt = 1 bzw. richt = 2)         *
*    yricht   double/[n]     y-Komponenten der Tangential- bzw. Nor-   *
*                            malvektoren oder Ableitungswerte          *
*                            dy / dx(x[i]), i=0(1)n-1 (in Abhaengig-   *
*                            keit zu richt).                           *
*                            Falls ein Ableitungswert zum Betrag >     *
*                            MAXIMUM, wird dieser Wert als unendlich   *
*                            aufgefasst. Der Spline nimmt dort eine    *
*                            senkrechte Tangente an.                   *
*    richt    int/---        = 1 : Tangentialvektoren                  *
*                            = 2 : Normalvektoren                      *
*                            = 3 : Ableitungen dy / dx(x[i])           *
*                            werden vorgegeben                         *
```

```
*     corn_1  double/[2]     |  Randbedingungen, falls benoetigt      *
*     corn_n  double/[2]     |  (siehe marg)                          *
*                                                                     *
*                                                                     *
*   AUSGABEPARAMETER:                                                 *
*   ----------------                                                  *
*                                                                     *
*    Name     Typ/Laenge    Bedeutung                                 *
*   ------------------------------------------------------------------*
*    cx       double/[n]    |                                         *
*    dx       double/[n]    |  Koeffizienten der Splinekomponente     *
*    ex       double/[n]    |  sx [t],  fuer i=0(1)n-2                *
*    fx       double/[n]    |                                         *
*    cy       double/[n]    |                                         *
*    dy       double/[n]    |  Koeffizienten der Splinekomponente     *
*    ey       double/[n]    |  sy [t],  fuer i=0(1)n-2                *
*    fy       double/[n]    |                                         *
*    t        double/[n]    Parameterwerte  t [i], i=0(1)n-1          *
*                           (siehe Kapitel 7.8.3)                     *
*                                                                     *
*                                                                     *
*   WERT DES UNTERPROGRAMMS:                                          *
*   -----------------------                                           *
*                                                                     *
*    =  0 : kein Fehler                                               *
*    =  1 : marg falsch gewaehlt                                      *
*    =  2 : falscher Wert fuer richt                                  *
*    =  3 : n zu klein (n muss > 2 sein)                              *
*    =  4 : nicht genuegend Speicherplatz verfuegbar fuer die         *
*           Hilfsfelder                                               *
*    =  5 : bei richt = 3: in einem Punkt ist die Berechnung eines    *
*           sinnvollen Tangentialvektors wegen mehrdeutiger Ein-      *
*           gabedaten nicht moeglich. Dieser Fehler tritt z.B.        *
*           dann auf, wenn drei aufeinanderfolgende Punkte auf        *
*           einer Geraden liegen und die Tangente im mittleren        *
*           Punkt senkrecht dazu vorgegeben wird.                     *
*    =  6 : ein Tangential- oder Normalvektor ist 0                   *
*    =  7 : zwei aufeinanderfolgende Punkte sind gleich (Doppel-      *
*           punkte sind sonst erlaubt)                                *
*    =  8 : bei marg = 3: die Ableitungen an den Raendern wurden      *
*           vorgegeben, aber der Spline hat am Rand eine senkrech-    *
*           te Tangente                                               *
*    =  9 : einer der vorgegebenen Kruemmungsradien ist 0             *
*    = 10 : bei marg = 1: die Eingabedaten (x) sind nicht-periodisch  *
*    = 11 : Fehler in hermit                                          *
*    = 12 : bei marg = 1: die Eingabedaten (y) sind nicht-periodisch  *
*    = 13 : Fehler in hermit                                          *
*                                                                     *
* =================================================================== *
*                                                                     *
*   benutzte Unterprogramme:  hermit                                  *
*   -----------------------                                           *
*                                                                     *
*   aus der C-Bibliothek benutzte Unterprogramme:  malloc, free       *
*   ----------------------------------------------                    *
*                                                                     *
```

```
*   benutzte Macros:  abs                                              *
*   ----------------                                                   *
*                                                                      *
*   benutzte Konstanten:  MAXIMUM                                      *
*   --------------------                                               *
*                                                                      *
* ==================================================================== *
*                                                                      *
*   Bemerkung : Bei Vorgabe von Tangential- oder Normalvektoren ist    *
*               zu beachten :                                          *
*               - die Laenge der Vektoren hat auf den Spline keinen    *
*                 Einfluss, da das Programm die Vektoren auf 1 nor-    *
*                 miert                                                *
*               - die normierten und ausgerichteten Tangentialvek-     *
*                 toren sind bei jeder Wahl von richt nach Ausfueh-    *
*                 rung in den Hilfsfeldern xt und yt enthalten         *
*                                                                      *
***********************************************************************/

{int i, nm1, marg_herm, error;
 double deltx, delty, delt, corn_1_herm, corn_n_herm;
 double sqrt ();
 double *lower, *diag, *upper, *lowrow, *ricol, *h;
/*
                    Fehlerabfragen
*/
 if (marg < 1 || marg > 6)      return (1);
 if (richt < 1 || richt > 3)    return (2);
 if ((--n) < 2)                 return (3); /* n ist nun letzter Index */

 for (t[0]=0.,i=1; i<=n; i++)
   {deltx = x [i] - x [i-1];                 /* Berechnen der Para- */
    delty = y [i] - y [i-1];                 /* meterwerte          */
    delt  = deltx * deltx + delty * delty;
    if (delt <= 0.)             return (5);
    t [i] = t [i-1] + sqrt (delt);
   }

 upper  = (double*) malloc ((n+1) * sizeof (double));
 diag   = (double*) malloc ((n+1) * sizeof (double));
 lower  = (double*) malloc ((n+1) * sizeof (double));
 lowrow = (double*) malloc ((n+1) * sizeof (double));
 ricol  = (double*) malloc ((n+1) * sizeof (double));
 h      = (double*) malloc ((n+1) * sizeof (double));
 if (upper == NULL  || diag == NULL  || lower == NULL ||
    lowrow == NULL || ricol == NULL || h == NULL)          return (4);

 switch (richt)
   {case 1: {for (i=0; i<=n; i++)          /* Uebertrag bzw. Festlegen */
              {xt [i] = xricht [i];        /* der Komponenten der      */
               yt [i] = yricht [i];        /* in Abhaengigkeit von der */
              }                            /* Variablen richt          */
             break;
            }
```

```
    case 2: {for (i=0; i<=n; i++)
               {xt [i] = yricht [i];
                yt [i] = -xricht [i];
               }
              break;
             }
    case 3: {for (i=0; i<=n; i++)
               {if (abs (yricht [i]) < MAXIMUM)
                  {xt [i] = 1.;
                   yt [i] = yricht [i];
                  }
                else
                  {xt [i] = 0.;          /* Wenn yt MAXIMUM ueber-    */
                   yt [i] = 1.;          /* schreitet, wird eine senk- */
                  }                      /* rechte Tangente angenommen */
               }
              break;
             }
  }

for (nm1=n-1, i=0; i<=n; i++)
  {delt = sqrt (xt [i] * xt [i]                /* Normierung            */
              + yt [i] * yt [i]);
   if (delt <= 0.)
     {free (upper);  free (diag);  free (lower);
      free (lowrow); free (ricol); free (h);               return (6);}
   xt [i] /= delt;
   yt [i] /= delt;
  }

delt = (x [1] - x [0]) * xt [0]               /* Ausrichtung            */
      + (yt [1] - yt [0]) * yt [0];
if (delt < 0.)
  {xt [0] = -xt [0];
   yt [0] = -yt [0];
  }
else if (delt == 0. && richt == 3)
      {free (upper);  free (diag);  free (lower);
       free (lowrow); free (ricol); free (h);              return (5);}
for (i=1; i<=nm1; i++)
  {delt = (x [i+1] - x [i]) * xt [i] +
          (y [i+1] - y [i]) * yt [i];
   if (delt < 0.)
     {xt [i] = - xt [i];
      yt [i] = - yt [i];
     }
   else if (delt == 0.)
     {delt = (x [i] - x [i-1]) * xt [i] +
             (y [i] - y [i-1]) * yt [i];
      if (delt < 0.)
        {xt [i] = - xt [i];
         yt [i] = - yt [i];
        }
```

```
       else
         if (delt == 0. && richt == 3)
           {free (upper);  free (diag);  free (lower);
            free (lowrow); free (ricol); free (h);          return (5);}
       }
    }
  delt = (x [n] - x [n-1]) * xt [n] +
         (y [n] - y [n-1]) * yt [n];
  if (delt < 0.)
    {xt [n] = - xt [n];
     yt [n] = - yt [n];
    }
  else if (delt == 0. && richt == 3)
    {free (upper);  free (diag);  free (lower);
     free (lowrow); free (ricol); free (h);          return (5);}

  switch (marg)                             /* Belegen der noch fuer den  */
    {case 1: {marg_herm = 1;                /* Aufruf von hermit benoe-   */
              break;                        /* tigten Werte:              */
             }                              /* marg_herm gibt die Art der */
     case 2: {marg_herm = 2;                /*         Randbedingung an;*/
              break;                        /* corn_1_herm, corn_n_herm   */
             }                              /*              sind die ent- */
     case 3: {if (xt [0] == 0. || xt [n] == 0.)
              {free (upper);  free (diag);  free (lower);
               free (lowrow); free (ricol); free (h);      return (8);}
              corn_1_herm = corn_n_herm = 1.;
              marg_herm = 3;                /*             sprechenden    */
              break;                        /*         Randbedingungen*/
             }
     case 4: {corn_1_herm = corn_1 [0];
              corn_n_herm = corn_n [0];
              marg_herm = 3;
              break;
             }
     case 5: {if (corn_1 [0] == 0. || corn_n [0] == 0.)
                 {free (upper);  free (diag);  free (lower);
                  free (lowrow); free (ricol); free (h);   return (9);}
              corn_1_herm = corn_n_herm = 1.;
              if (xt [0] == 0.)  corn_1_herm = -1. / corn_1 [0] / yt [0];
              if (xt [n] == 0.)  corn_n_herm = -1. / corn_n [0] / yt [n];
              marg_herm = 3;
              break;
             }
     case 6: {corn_1_herm = corn_1 [0];
              corn_n_herm = corn_n [0];
              marg_herm = 5;
             }
    }
  error = hermit (n+1,t,x,xt,marg_herm,corn_1_herm,corn_n_herm,0,
                  cx, dx, ex, fx, h, upper, lower, diag, lowrow, ricol);

  if (marg == 1 && error == 3)                       /* die Eingabedaten    */
    {free (upper);  free (diag);  free (lower);    /* sind nichtperio-    */
     free (lowrow); free (ricol); free (h);         /* disch               */
     return (10);
    }
```

```
if (error != 0)
  {free (upper);  free (diag);  free (lower);
   free (lowrow); free (ricol); free (h);
   return (11);
  }

switch (marg)
  {case 3: {corn_1_herm =
                (xt [0] * xt [0] * xt [0] *     /* Besetzen der       */
                 corn_1 [0] + yt [0]) / xt [0];  /* Randbedingungen    */
            corn_n_herm =                        /* fuer den zweiten */
                 (xt [n] * xt [n] * xt [n] *     /* Aufruf von         */
                  corn_n [0] + yt [n]) / xt [n]; /* hermit             */
            break;
           }
   case 4:
   case 6: {corn_1_herm = corn_1 [1];
            corn_n_herm = corn_n [1];
            break;
           }
   case 5: {corn_1_herm = corn_n_herm = 1.;
            if (xt [0] != 0.)
              corn_1_herm = (1. / corn_1 [0] + yt [0]) / xt [0];
            if (xt [n] != 0.)
              corn_n_herm = (1. / corn_n [0] + yt [n]) / xt [n];
           }
  }
error = hermit (n+1, t, y, yt, marg_herm, corn_1_herm, corn_n_herm, 1,
                cy, dy, ey, fy, h, upper, lower, diag, lowrow, ricol);

if (marg == 1 && error == 3)                    /* die Eingabedaten    */
  {free (upper);  free (diag);  free (lower);   /* sind nichtperio-    */
   free (lowrow); free (ricol); free (h);       /* disch               */
   return (12);
  }
if (error != 0)
  {free (upper);  free (diag);  free (lower);
   free (lowrow); free (ricol); free (h);
   return (13);
  }

free (lower);  free (diag);  free (upper);
free (lowrow); free (ricol); free (h);

return (0);
}

/* ------------------------ ENDE PARMIT ------------------------- */
```

```
/* ----------------------- MODUL PMTVAL ------------------------ */

void pmtval (n, t0, t, ax, bx, cx, dx, ex, fx, ay, by, cy, dy,
             ey, fy, sx, sy, res)

int n;
double *ax, *bx, *cx, *dx, *ex, *fx, *ay, *by, *cy, *dy, *ey, *fy,
       t0, *sx, *sy, res [2][5], *t;

/**********************************************************************
*                                                                    *
*   p m t v a l  berechnet Funktionswerte eines parametrischen       *
*   Hermit-Splines ( sx[t],sy[t] ) und seiner nichttrivialen Ablei-  *
*   tungen an der Stelle t0.                                         *
*                                                                    *
* ================================================================== *
*                                                                    *
*   EINGABEPARAMETER:                                                *
*   ----------------                                                 *
*                                                                    *
*    Name     Typ/Laenge     Bedeutung                               *
*   -------------------------------------------------------------    *
*    t0       double/---     Stelle, deren Funktionswert gesucht     *
*                            wird                                    *
*    n        int/---        Anzahl der Parameterwerte t[i]          *
*    t        double/[n]     Parameterwerte des Splines (siehe Unter-*
*                            programm  parmit)                       *
*    ax       double/[n]     |                                       *
*    bx       double/[n]     |                                       *
*    cx       double/[n]     |  Koeffizienten der Splinekomponente sx*
*    dx       double/[n]     |    (gemaess 7.15)                     *
*    ex       double/[n]     |                                       *
*    fx       double/[n]     |                                       *
*    ay       double/[n]     |                                       *
*    by       double/[n]     |                                       *
*    cy       double/[n]     |  Koeffizienten der Splinekomponente sy*
*    dy       double/[n]     |                                       *
*    ey       double/[n]     |                                       *
*    fy       double/[n]     |                                       *
*                                                                    *
*                                                                    *
*   AUSGABEPARAMETER:                                                *
*   ----------------                                                 *
*                                                                    *
*    Name     Typ/Laenge     Bedeutung                               *
*   -------------------------------------------------------------    *
*    sx       double/---     Funktionswert  sx [t0]                  *
*    sy       double/---     Funktionswert  sy [t0]                  *
*    res      double/[2][5]  Ableitungswerte                         *
*                                                                    *
* ================================================================== *
*                                                                    *
*   benutzte Unterprogramme:  hmtval                                 *
*   ------------------------                                         *
*                                                                    *
**********************************************************************/
```

```
{int i;
 double hmtval ();

 *sx = hmtval (n, t0, ax, bx, cx, dx, ex, fx, t, &res[0][0]);
 *sy = hmtval (n, t0, ay, by, cy, dy, ey, fy, t, &res[1][0]);
 return;
}

/* ---------------------- ENDE PMTVAL -------------------------- */
```

P 7.10 POLYNOMIALE AUSGLEICHSSPLINES DRITTEN GRADES

```
/* ------------------------ MODUL GLSPL ---------------------------- */

#include <stdio.h>


int glspl (n, xn, fn, w, a, b, c ,d)

int n;
double *xn, *fn, *w, *a, *b, *c, *d;

/***********************************************************************
*                                                                      *
*   In   g l s p l  werden die Koeffizienten einer glaettenden          *
*   natuerlichen Splinefunktion berechnet.                             *
*   Die Splinefunktion wird in der Form dargestellt :                  *
*                                                                      *
*   s(x) = a(i) + b(i) * (x-xn(i)) + c(i) * (x-xn(i))*(x-xn(i))        *
*                + d(i) * (x-xn(i))*(x-xn(i))*(x-xn(i))                *
*   fuer                                                               *
*        xn(i) <= x <= xn(i+1),  i=0(1)n-1                             *
*                                                                      *
* ==================================================================== *
*                                                                      *
*   EINGABEPARAMETER:                                                  *
*   -----------------                                                  *
*                                                                      *
*    Name     Typ/Laenge     Bedeutung                                 *
*   ---------------------------------------------------------------    *
*    n        int/---        Anzahl der Knoten, n > 6                  *
*    xn       double/[n]     strend monoton steigende Knoten           *
*    fn       double/[n]     Messwerte an den Knoten                   *
*    w        double/[n]     Gewichte zu den Messwerten, w[i] > 0.     *
*                                                                      *
*   AUSGABEPARAMETER:                                                  *
*   -----------------                                                  *
*                                                                      *
*    Name     Typ/Laenge     Bedeutung                                 *
*   ---------------------------------------------------------------    *
*    a        double/[n]     }  Die Elemente 0 bis n-2 sind die        *
*    b        double/[n]     }  Koeffizienten der Splinefunktion.      *
*    c        double/[n]     }  Die Elemente mit Index n-1 sind        *
*    d        double/[n]     }  Hilfsspeicher                          *
*                                                                      *
*                                                                      *
*   WERT DES UNTERPROGRAMMS:                                           *
*   ------------------------                                           *
*                                                                      *
*   = 0 : kein Fehler                                                  *
*   = 1 : n zu klein gewaehlt                                          *
*   = 2 : die Knoten sind nicht streng monoton wachsend angeordnet     *
*   = 3 : mindestens ein Gewicht ist <= 0.                             *
*   = 4 : nicht genuegend Hilfsspeicher vorhanden                      *
*   = 5 : }                                                            *
```

```
*    = 6 : }  Fehler im Unterprogramm bando                                  *
*    = 7 : }                                                                 *
*                                                                            *
* ========================================================================== *
*                                                                            *
*   benutzte Unterprogramme:  bando                                          *
*   ------------------------                                                 *
*                                                                            *
*   aus der C-Bibliothek benutzte Unterprogramme:  malloc, free              *
*   -----------------------------------------------                          *
*                                                                            *
*   benutzte Konstanten:  NULL                                               *
*   ---------------------                                                    *
*                                                                            *
*****************************************************************************/

{int i, error;
 double help1, help2;
 double *h1, *h2;
 double **mat;

 if ((--n) < 6)                return (1);        /*  Plausibilitaets-  */
 for (i=0; i<=n-1; i++)                           /*  pruefung          */
   if (xn [i] >= xn [i+1])  return (2);
 for (i=0; i<=n; i++)
   if (w [i] <= 0.)            return (3);

 h1  = (double*) malloc (n * sizeof (double));     /* Allocieren des */
 h2  = (double*) malloc (n * sizeof (double));     /* Hilfspeichers  */
 mat = (double**) malloc ((n+1) * sizeof (double));
 for (i=0; i<=n; i++)
   mat [i] = (double*) malloc (5 * sizeof (double));

 if (h1 == NULL || h2 == NULL) return (4);  /* Wenn nicht genuegend */
 for (i=0; i<=n; i++)                       /* Speicherplatz zur    */
   if (mat [i] == NULL)        return (4);  /* Verfuegung steht,    */
                                            /* Ruecksprung mit Feh- */
                                            /* lerparameter         */
/*
    Die Berechnung der Splinekoeffizienten
    erfolgt nach dem Algorithmus, der in
    Kapitel 7.10 beschrieben wird.
*/
 for (i=0; i<=n-1; i++)
   {h1 [i]  = xn [i+1] - xn [i];
    h2 [i] = 1. / h1 [i];                   /* Zunaechst Berechnung von */
    c [i]  = h2 [i] * h2 [i];               /* Hilfsgroessen            */
    b [i]  = 6. / w [i];
   }
 b [n] = 6. / w [n];
 for (i=1; i<=n-1; i++)
    d [i] = h2 [i-1] + h2 [i];
/*
    Berechnung der Matrixelemente und der rechten Seite des
    fuenfdiagonalen Gleichungssystems der c [i], i=0(1)n-2
*/
```

```
 for (i=2; i<=n-2; i++)
   {mat [i][0]   = b [i] * h2 [i-1] * h2 [i];
    mat [i-2][4] = mat [i][0];
   }
 for (i=1; i<=n-2; i++)
   {mat [i][1]   = h1 [i] - b [i] * h2 [i] * d [i]
                        - b [i+1] * h2 [i] * d [i+1];
    mat [i-1][3] = mat [i][1];
   }
 for (i=0; i<=n-2; i++)
    mat [i][2]   = 2. * (h1 [i] + h1 [i+1]) + b [i] * c [i]
                 + b [i+1] * d [i+1] * d [i+1] + b [i+2] * c [i+1];
 help1 = (fn [1] - fn [0]) * h2 [0];
 for (i=0; i<=n-2; help1=help2, i++)
   {help2  = (fn [i+2] - fn [i+1]) * h2 [i+1];
    c [i] = (help2 - help1 ) * 3.;
   }                                                 /* Besetzen der  */
 mat [0][0]   = mat [1][0]   = mat [0][1]   = 0.;    /* noch nicht    */
 mat [n-2][3] = mat [n-3][4] = mat [n-2][4] = 0.;    /* belegten Ele- */
                                                     /* mente         */
/*
    Aufruf des Unterprogramms zur Loesung von
    Bandmatrizen ohne Pivotisierung
*/
 error = bando (0,n-1,2,2,mat,c);
 if (error != 0) return (error+4);

 for (i=n-1; i>=1; i--)       /* Verschieben der Loesungswerte  */
   c [i] = c [i-1];
 c [0] = c [n] = 0.;
/*
    Berechnen der a[i], b[i], d[i]
*/
 a [0] = fn [0] + b [0] / 3. * h2 [0] * (c [0] - c [1]);
 for (i=1; i<=n-1; i++)
    a [i] = fn [i] - b [i] / 3. * (c [i-1] * h2 [i-1] -
           d [i] * c [i] + c [i+1] * h2 [i]);
 a [n] = fn [n] - b [n] / 3. * (h2 [n-1] * (c [n-1] - c[n]));

 for (i=0; i<=n-1; i++)
   {b [i] = h2 [i] * (a [i+1] - a [i]) - h1 [i] / 3. *
           (c [i+1] + 2. * c [i]);
    d [i] = h2 [i] / 3. * (c [i+1] - c [i]);
   }
 free (h1);   free (h2);      /* Freigeben des Speicherplatzes  */
 for (i=0; i<=n; i++)
   free ((double*) mat [i]);

 return (error);
}

/* ----------------------- ENDE GLSPL --------------------------- */
```

P 7.11.2 BIKUBISCHE SPLINES, FLAECHENINTEGRALE

```
/* ------------------------ MODUL BIKUB1 -------------------------- */

#include <u_func.h>
#include <stdio.h>

bikub1 (n, m, mat, x, y)

int n, m;
double ****mat, *x, *y;

/***********************************************************************
*                                                                      *
*   Dieses Unterprogramm berechnet die Koeffizienten bikubischer       *
*   Splines.                                                           *
*                                                                      *
* ==================================================================== *
*                                                                      *
*   EINGABEPARAMETER:                                                  *
*   ----------------                                                   *
*                                                                      *
*    Name   Typ/Laenge                Bedeutung                        *
*   ---------------------------------------------------------------    *
*    n      int/---                   Anzahl der x-Intervalle          *
*    m      int/---                   Anzahl der y-Intervalle          *
*    mat    double/[n+1][m+1][4][4]   mat wird als Feld von Zeigern    *
*                                     uebergeben. Es muessen fol-      *
*                                     gende Werte besetzt sein fuer    *
*                                     i = 0(1)n, j = 0(1)m :           *
*                                     mat [i][j][0][0] enthaelt die    *
*                                        Funktionswerte u[i][j];       *
*                                     mat [i][j][1][0] enthaelt        *
*                                        fuer j=0 und j=m die Ab-      *
*                                        leitungen p [i][j];           *
*                                     mat [i][j][0][1] enthaelt        *
*                                        fuer i=0 und i=n die Ab-      *
*                                        leitungen q [i][j];           *
*                                     mat [i][j][1][1] enthaelt        *
*                                        fuer i=0 und i=n sowie j=0    *
*                                        und j=m die Ableitungen       *
*                                        r[i][j]                       *
*    x      double/[n+1]              Grenzen der x-Intervalle         *
*    y      double/[m+1]              Grenzen der y-Intervalle         *
*                                                                      *
*                                                                      *
*   AUSGABEPARAMETER:                                                  *
*   ----------------                                                   *
*                                                                      *
*    Name   Typ/Laenge                Bedeutung                        *
*   ---------------------------------------------------------------    *
*    mat    s. o.                     Spline-Koeffizienten             *
*                                     ( fuer                           *
*                                        i = 0(1)n-1, j = 0(1)m-1 )    *
```

```
 *                                                                          *
 *                                                                          *
 *   WERT DES UNTERPROGRAMMS:                                               *
 *   ------------------------                                               *
 *                                                                          *
 *    =  0 : kein Fehler aufgetreten                                        *
 *    =  1 : | Fehler in trdiag in step_1                                   *
 *    =  2 : |                                                              *
 *    =  3 : nicht genuegend Speicherplatz fuer die Hilfsspeicher           *
 *    =  4 : x[i] nicht monoton steigend angeordnet                         *
 *    =  5 : | Fehler in trdiag in step_2                                   *
 *    =  6 : |                                                              *
 *    =  7 : nicht genuegend Speicherplatz fuer die Hilfsspeicher           *
 *    =  8 : y[i] nicht monoton steigend angeordnet                         *
 *    =  9 : | Fehler in trdiag in step_3                                   *
 *    = 10 : |                                                              *
 *    = 11 : nicht genuegend Speicherplatz fuer die Hilfsspeicher           *
 *    = 12 : | Fehler in trdiag in step_4                                   *
 *    = 13 : |                                                              *
 *    = 14 : nicht genuegend Speicherplatz fuer die Hilfsspeicher           *
 *                                                                          *
 * ======================================================================== *
 *                                                                          *
 *   benutzte Unterprogramme:  trdiag                                       *
 *   ------------------------  step_1, step_2, step_3, step_4,              *
 *                             step_5, step_6, step_5to9 :                  *
 *                             Diese Unterprogramme realisieren die         *
 *                             einzelnen Schritte des Algorithmus           *
 *                             zur Berechnung bikubischer Splines           *
 *                                                                          *
 ****************************************************************************/

{int i, j, error;
 int k;
 double *h1, *h2;

 h1 = (double*) malloc ((max(n,m)+1) * sizeof (double));
 h2 = (double*) malloc ((max(n,m)+1) * sizeof (double));
 if (h1 == NULL || h2 == NULL)   return (9);

 error = step_1 (n, m, mat, x, h1);
 if (error != 0)  {free (h1);  free (h2);   return (error);}

 error = step_2 (n, m, mat, y, h2);
 if (error != 0)  {free (h1);  free (h2);   return (error+4);}

 error = step_3 (n, m, mat, x, h1);
 if (error != 0)  {free (h1);  free (h2);   return (error+8);}

 error = step_4 (n, m, mat, y, h2);
 if (error != 0)  {free (h1);  free (h2);   return (error+11);}

 for (i=0; i<=n-1; i++)
   for (j=0; j<=m-1; j++)
     step_5to9 (n, m, mat, x, y, i, j);

 free (h1); free (h2);
```

```
 return (0);
}
/*
    Vorgehensweise in den Unterprogrammen step_1 bis step_4 :

    1.  Monotonie der x [i] bzw. y [i] pruefen
    2.  Spalten des Tridiagonal-Systems bestimmen
    3.  Die rechten Seiten der verschiedenen
        Gleichungssysteme berechnen, eine Korrektur
        in der ersten und letzten Gleichung durchfuehren
        und mit Hilfe des Unterprogramms trdiag die
        Gleichungssysteme loesen. Dabei wird die
        Kennung fuer die Wiederholung1 nach dem
        ersten Durchlauf umgesetzt.
    4.  Loesungsvektor in die Matrix mat uebertragen
    5.  Fehlermeldungen, die auftreten koennen, sind:
        error = 1, 2 : Fehler in trdiag,
        error = 3    : nicht genuegend Speicherplatz fuer
                       die Hilfsfelder vorhanden,
        error = 4    : Monotonie verletzt
*/

step_1 (n, m, mat, x, h)

int n, m;
double ****mat, *x, *h;

{int i, j, nm1, rep, error;
 double *a, *b, *c, *d;

 a = (double*) malloc ((n-1) * sizeof (double));
 b = (double*) malloc ((n-1) * sizeof (double));
 c = (double*) malloc ((n-1) * sizeof (double));
 d = (double*) malloc ((n-1) * sizeof (double));
 if (a == NULL || b == NULL || c == NULL || d == NULL)
                                  return (3);

 for (nm1=n-1,i=0; i<=nm1; i++)
   {h [i] = x [i+1] - x [i];
    if (h [i] <= 0.)  {free (a); free (b); free (c); free (d);
                       return (4);}
   }
 for (i=0; i<=n-2; i++)
   {b [i] = 1. / h [i];
    c [i] = 1. / h [i+1];
    d [i] = 2. * (b [i] + c [i]);
   }
 for (rep=0,j=0; j<=m; j++,rep=1)
   {for (i=0; i<=n-2; i++)
      a [i] = 3. * ((mat [i+1][j][0][0] - mat [i][j][0][0]) /
                                             (h [i] * h [i])
              + (mat [i+2][j][0][0] - mat [i+1][j][0][0]) /
                                        (h [i+1] * h [i+1]));
    a [0] -= mat [0][j][1][0] / h [0];
    a [n-2] -= mat [n][j][1][0] / h [nm1];

    error = trdiag (n-1, b, d, c, a, rep);
```

```
    if (error != 0)                break;
    for (i=0; i<=n-2; i++)
      mat [i+1][j][1][0] = a [i];
   }
 free (a); free (b); free (c); free (d);
 return (error);
}


step_2 (n, m, mat, y, h)

int n, m;
double ****mat, *y, *h;

{int i, j, mm1, rep, error;
 double *a, *b, *c, *d;

 a = (double*) malloc ((m-1) * sizeof (double));
 b = (double*) malloc ((m-1) * sizeof (double));
 c = (double*) malloc ((m-1) * sizeof (double));
 d = (double*) malloc ((m-1) * sizeof (double));
 if (a == NULL || b == NULL || c == NULL || d == NULL)
                                return (3);

 for (mm1=m-1,i=0; i<=mm1; i++)
   {h [i] = y [i+1] - y [i];
    if (h [i] <= 0.)  {free (a); free (b); free (c); free (d);
                       return (4);}
   }
 for (i=0; i<=m-2; i++)
   {b [i] = 1. / h [i];
    c [i] = 1. / h [i+1];
    d [i] = 2. * (b [i] + c [i]);
   }
 for (rep=0,i=0; i<=n; i++,rep=1)
   {for (j=0; j<=m-2; j++)
      a [j] = 3. * ((mat [i][j+1][0][0] - mat [i][j][0][0]) /
                                                   (h [j] * h [j])
                  + (mat [i][j+2][0][0] - mat [i][j+1][0][0]) /
                                               (h [j+1] * h [j+1]));
    a [0] -= (mat [i][0][0][1] / h [0]);
    a [m-2] -= (mat [i][m][0][1] / h [mm1]);
    error = trdiag (m-1, b, d, c, a, rep);
    if (error != 0)                break;
    for (j=0; j<=m-2; j++)
      mat [i][j+1][0][1] = a [j];
   }
 free (a); free (b); free (c); free (d);
 return (error);
}
```

```
step_3 (n, m, mat, x, h)

int n, m;
double ****mat, *x, *h;

{int i, j, nm1, rep, error;
 double *a, *b, *c, *d;

 a = (double*) malloc ((n-1) * sizeof (double));
 b = (double*) malloc ((n-1) * sizeof (double));
 c = (double*) malloc ((n-1) * sizeof (double));
 d = (double*) malloc ((n-1) * sizeof (double));
 if (a == NULL || b == NULL || c == NULL || d == NULL)
                                  return (3);

for (i=0; i<=n-2; i++)
   {b [i] = 1. / h [i];
    c [i] = 1. / h [i+1];
    d [i] = 2. * (b [i] + c [i]);
   }
 for (rep=0,j=0; j<=m; j+=m,rep=1)
   {for (i=0; i<=n-2; i++)
      a [i] = 3. * ((mat [i+1][j][0][1] - mat [i][j][0][1]) /
                                               (h [i] * h [i])
                 + (mat [i+2][j][0][1] - mat [i+1][j][0][1]) /
                                          (h [i+1] * h [i+1]));
    a [0] -= mat [0][j][1][1] / h [0];
    a [n-2] -= mat [n][j][1][1] / h [n-1];
    error = trdiag (n-1, b, d, c, a, rep);
    if (error != 0)           break;
    for (i=0; i<=n-2; i++)
      mat [i+1][j][1][1] = a [i];
   }
 free (a); free (b); free (c); free (d);
 return (error);
}


step_4 (n, m, mat, y, h)

int n, m;
double ****mat, *y, *h;

{int i, j, mm2, rep, error;
 double *a, *b, *c, *d;

 a = (double*) malloc ((m-1) * sizeof (double));
 b = (double*) malloc ((m-1) * sizeof (double));
 c = (double*) malloc ((m-1) * sizeof (double));
 d = (double*) malloc ((m-1) * sizeof (double));
 if (a == NULL || b == NULL || c == NULL || d == NULL)
                                  return (3);
```

```
 for (mm2=m-2,i=0; i<=mm2; i++)
   {b [i] = 1. / h [i];
    c [i] = 1. / h [i+1];
    d [i] = 2. * (b [i] + c [i]);
   }
 for (rep=0,i=0; i<=n; i++,rep=1)
   {for (j=0; j<=mm2; j++)
      a [j] = 3. * ((mat [i][j+1][1][0] - mat [i][j][1][0]) /
                                              (h [j]* h [j])
                 + (mat [i][j+2][1][0] - mat [i][j+1][1][0]) /
                                         (h [j+1] * h [j+1]));
    a [0] -= mat [i][0][1][1] / h [0];
    a [m-2] -= mat [i][m][1][1] / h [m-1];
    error = trdiag (m-1, b, d, c, a, rep);
    if (error != 0)          break;
    for (j=0; j<=mm2; j++)
      mat [i][j+1][1][1] = a [j];
   }
 free (a); free (b); free (c); free (d);
 return (error);
}


int ipt [4][4] = {0,0,0,0,0,0,0,0,2,1,2,1,3,2,3,2};
double dat [4][4] = {1.,0.,0.,0.,0.,1.,0.,0.,-3.,-2.,3.,-1.,
                     2.,1.,-2.,1.};

step_5 (i, g, x)

int i;
double g [4][4], *x;

{int k, l;
 double hpt [4], h;

 h = x [i+1] - x [i];
 for (hpt[0]=1.,k=1; k<=3; k++)
   hpt [k] = hpt [k-1] / h;
 for (k=0; k<=3; k++)
   for (l=0; l<=3; l++)
     g [k][l] = dat [k][l] * hpt [ipt[k][l]];
 return;
}


step_6 (i, g, x)

int i;
double g [4][4], *x;

{int k, l;
 double hpt [4], h;

 h = x [i+1] - x [i];
 for (hpt[0]=1.,k=1; k<=3; k++)
   hpt [k] = hpt [k-1] / h;
```

```
 for (k=0; k<=3; k++)
   for (l=0; l<=3; l++)
     g [l][k] = dat [k][l] * hpt [ipt[k][l]];
 return;
}


step_5to9 (n, m, mat, x, y, i, j)

int n, m, i, j;
double ****mat, *x, *y;

{int k, l, kl;
 double gx [4][4], gyt [4][4], w [4][4], wgyt [4][4];

 step_5 (i, gx, x);                                 /*  Schritt 5  */
 step_6 (j, gyt, y);                                /*  Schritt 6  */

 for (l=0; l<=1; l++)                               /*  Schritt 7  */
   for (k=0; k<=1; k++)
     {w [k][l]       = mat [i][j][k][l];
      w [k+2][l]     = mat [i+1][j][k][l];
      w [k][l+2]     = mat [i][j+1][k][l];
      w [k+2][l+2]   = mat [i+1][j+1][k][l];
     }

 for (k=0; k<=3; k++)                               /*  Schritt 8  */
   for (l=0; l<=3; l++)
     {wgyt [k][l] = 0.;
      for (kl=0; kl<=3; kl++)
        wgyt [k][l] += (w [k][kl] * gyt [kl][l]);
     }

 for (k=0; k<=3; k++)
   for (l=0; l<=3; l++)
     {w [k][l] = 0.;
      for (kl=0; kl<=3; kl++)
        w [k][l]     += (gx [k][kl] * wgyt [kl][l]);
     }

 for (k=0; k<=3; k++)                               /*  Schritt 9  */
    for (l=0; l<=3; l++)
      mat [i][j][k][l] = w [k][l];

 return;
}

/* ------------------------  ENDE  BIKUB1  -------------------------- */
```

```
/* ------------------------ MODUL BIKUB2 -------------------------- */

#include <u_func.h>
#include <stdio.h>

bikub2 (n, m, mat, x, y)

int n, m;
double ****mat, *x, *y;

/***********************************************************************
*                                                                     *
*   Berechnung der Koeffizienten bikubischer Splines ohne Vorgabe     *
*   der Randwerte fuer die partiellen Ableitungen                     *
*                                                                     *
* =================================================================== *
*                                                                     *
*   EINGABEPARAMETER:                                                 *
*   ----------------                                                  *
*                                                                     *
*    Name    Typ/Laenge                Bedeutung                      *
*   ----------------------------------------------------------------- *
*    n       int/---                   Anzahl der x-Intervalle        *
*    m       int/---                   Anzahl der y-Intervalle        *
*    mat     double/[n+1][m+1][4][4]   mat [i][j][0]] ist fuer        *
*                                      i=0(1)n, j=0(1)m, mit den      *
*                                      Funktionswerten besetzt        *
*    x       double/[n+1]              Grenzen der x-Intervalle       *
*    y       double/[n+1]              Grenzen der y-Intervalle       *
*                                                                     *
*                                                                     *
*   AUSGABEPARAMETER:                                                 *
*   ----------------                                                  *
*                                                                     *
*    Name    Typ/Laenge                Bedeutung                      *
*   ----------------------------------------------------------------- *
*    mat     double/[n+1][m+1][4][4]   es werden alle mat[i][j][k][l] *
*                                      berechnet fuer                 *
*                                      i=0(1)n-1, j=0(1)m-1,          *
*                                      k=0(1)3,   l=0(1)3             *
*                                                                     *
*                                                                     *
*   WERT DES UNTERPROGRAMMS:                                          *
*   -----------------------                                           *
*                                                                     *
*    = 0 : kein Fehler aufgetreten                                    *
*    = 1 : nicht genuegend Speicherplatz fuer das Hilfsfeld vor-      *
*          handen                                                     *
*    = 2 : |                                                          *
*    = 3 : | Monotoniefehler in x oder y                              *
*    = 4 : |                                                          *
*   >= 5 : Fehler in bikub1                                           *
*                                                                     *
* =================================================================== *
*                                                                     *
*   benutzte Unterprogramme:  step_12, step_22, step_32, bikub1       *
*   -----------------------                                           *
```

```
*                                                                          *
*   aus der C-Bibliothek benutzte Unterprogramme:  malloc, free            *
*   ---------------------------------------------                          *
*                                                                          *
*   benutzte Macros:  max                                                  *
*   ----------------                                                       *
*                                                                          *
*   benutzte Konstanten:  NULL                                             *
*   --------------------                                                   *
*                                                                          *
***************************************************************************/

{int error;
 double *h;

 h = (double*) malloc (max(n,m) * sizeof (double));
 if (h == NULL)   return (1);

 error = step_12 (n, m, mat, x, h);
 if (error != 0)  {free (h);   return (error+1);}

 error = step_22 (n, m, mat, y, h);
 if (error != 0)  {free (h);   return (error+2);}

 error = step_32 (n, m, mat, x, h);
 if (error != 0)  {free (h);   return (error+3);}

 free (h);

 error = bikub1 (n, m, mat, x, y);
 if (error != 0)  return (error+4);
 else             return (0);
}

step_12 (n, m, mat, x, h)

int n, m;
double ****mat, *x, *h;

{int k, l, i;

 for (k=0; k<=1; k++)
   for (l=0; l<=n-2; l+=n-2)
     {i = k + l;
      h [i] = x [i+1] - x [i];
      if (h [i] <= 0.)              return (1);
     }
 for (i=0; i<=m; i++)
   {mat [0][i][1][0] = (mat [1][i][0][0] - mat [0][i][0][0]) *
                       (1. / h [0] + 0.5 / (h [0] + h [1]))
                     - (mat [2][i][0][0] - mat [1][i][0][0]) *
                        h [0] / (h [1] * 2. * (h [0] + h [1]));
    mat [n][i][1][0] = (mat [n][i][0][0] - mat [n-1][i][0][0]) *
                        (0.5 / (h [n-2] + h [n-1]) + 1. / h [n-1])
                     - (mat [n-1][i][0][0] - mat [n-2][i][0][0]) * h [n-1] /
                        (2. * (h [n-2] + h [n-1]) * h [n-2]);
   }
```

```
 return (0);
}


step_22 (n, m, mat, y, h)

int n, m;
double ****mat, *y, *h;

{int k, l, j;

 for (k=0; k<=1; k++)
   for (l=0; l<=m-2; l+=m-2)
     {j = k + l;
      h [j] = y [j+1] - y [j];
      if (h [j] <= 0.)            return (1);
     }
 for (j=0; j<=n; j++)
   {mat [j][0][0][1] = (mat [j][1][0][0] - mat [j][0][0][0]) *
                       (1. / h [0] + 0.5 / (h [0] + h [1]))
                     - (mat [j][2][0][0] - mat [j][1][0][0]) *
                        h [0] / (h [1] * 2. * (h [0] + h [1]));
    mat [j][m][0][1] = (mat [j][m][0][0] - mat [j][m-1][0][0]) *
                        (0.5 / (h [m-2] + h [m-1]) + 1. / h [m-1])
                     - (mat [j][m-1][0][0] - mat [j][m-2][0][0]) * h [m-1] /
                        (2. * (h [m-2] + h [m-1]) * h [m-2]);
   }
 return (0);
}

step_32 (n, m, mat, x, h)

int n, m;
double ****mat, *x, *h;

{int k, l, i;

 for (k=0; k<=1; k++)
   for (l=0; l<=n-2; l+=n-2)
     {i = k + l;
      h [i] = x [i+1] - x [i];
      if (h [i] <= 0.)            return (1);
     }
 for (i=0; i<=m; i+=m)
   {mat [0][i][1][1] = (mat [1][i][0][1] - mat [0][i][0][1]) *
                       (1. / h [0] + 0.5 / (h [0] + h [1]))
                     - (mat [2][i][0][1] - mat [1][i][0][1]) *
                        h [0] / (h [1] * 2. * (h [0] + h [1]));
    mat [n][i][1][1] = (mat [n][i][0][1] - mat [n-1][i][0][1]) *
                        (0.5 / (h [n-2] + h [n-1]) + 1. / h [n-1])
                     - (mat [n-1][i][0][1] - mat [n-2][i][0][1]) * h [n-1] /
                        (2. * (h [n-2] + h [n-1]) * h [n-2]);
   }
 return (0);
}

/* ----------------------- ENDE BIKUB2 -------------------------- */
```

```
/* ------------------------ MODUL BIKUB3 --------------------------- */

#include <stdio.h>

bikub3 (n, m, mat, x, y, fn)

int n, m;
double ****mat, *x, *y, ***fn;

/*********************************************************************
*                                                                    *
*   b i k u b 3  berechnet die Koeffizienten bikubischer Splines     *
*   bei Vorgabe von Funktionswerten und Flaechennormalen in allen    *
*   Punkten.                                                         *
*                                                                    *
* ================================================================== *
*                                                                    *
*   EINGABEPARAMETER:                                                *
*   ----------------                                                 *
*                                                                    *
*    Name    Typ/Laenge               Bedeutung                      *
*   ------------------------------------------------------------    *
*    n       int/---                  Anzahl der x-Intervalle        *
*    m       int/---                  Anzahl der y-Intervalle        *
*    mat     double/[n+1][m+1][4][4]  mat [i][j][0][0] muss fuer     *
*                                     i=0(1)n, j=0(1)m, mit den      *
*                                     Funktionswerten besetzt sein   *
*    x       double/[n+1]             Grenzen der x-Intervalle       *
*    y       double/[n+1]             Grenzen der y-Intervalle       *
*    fn      double/[n+1][m+1][3]     Normalenvektoren               *
*                                                                    *
*                                                                    *
*   AUSGABEPARAMETER:                                                *
*   ----------------                                                 *
*                                                                    *
*    Name    Typ/Laenge               Bedeutung                      *
*   ------------------------------------------------------------    *
*    mat     double/[n+1][m+1][4][4]  es werden alle weiteren        *
*                                     mat [i][j][k][l] berechnet     *
*                                     fuer i=0(1)n-1, j=0(1)m-1,     *
*                                     k=0(1)4, l=0(1)4               *
*                                                                    *
*                                                                    *
*   WERT DES UNTERPROGRAMMS:                                         *
*   ----------------------                                           *
*                                                                    *
*   = 0 : kein Fehler aufgetreten                                    *
*   = 1 : dritte Komponente in fn gleich Null                        *
*   = 2 : nicht genuegend Speicherplatz fuer die Hilfsfelder         *
*   = 3 : Fehler in step_32                                          *
*   = 4 : Monotoniefehler                                            *
*   = 5 : |  Fehler in step_3                                        *
```

```
 *   = 6 : |                                                              *
 *   = 7 : |  Fehler in step_4                                            *
 *   = 8 : |                                                              *
 *                                                                        *
 * ====================================================================== *
 *                                                                        *
 *   benutzte Unterprogramme:  step_3, step_4, step_32, step_13           *
 *   -----------------------                                              *
 *                                                                        *
 *   aus der C-Bibliothek benutzte Unterprogramme:  malloc, free          *
 *   ---------------------------------------------                        *
 *                                                                        *
 *   benutzte Konstanten:  NULL                                           *
 *   --------------------                                                 *
 *                                                                        *
 *************************************************************************/

{int error, i, j;
 double *h1, *h2;

 error = step_13 (n, m, mat, fn);
 if (error != 0) return (error);

 h1 = (double*) malloc (n * sizeof (double));
 h2 = (double*) malloc (m * sizeof (double));
 if (h1 == NULL || h2 == NULL)  return (2);

 error = step_32 (n, m, mat, x, h1);
 if (error != 0) {free (h1); free (h2);  return (error+2);}

 for (i=0; i<=n-1; i++)
   {h1 [i] = x [i+1] - x [i];
    if (h1 [i] <= 0.)  {free (h1); free (h2);  return (4);}
   }

 for (j=0; j<=m-1; j++)
   {h2 [j] = y [j+1] - y [j];
    if (h2 [j] <= 0.)  {free (h1); free (h2);  return (4);}
   }

 error = step_3 (n, m, mat, x, h1);
 if (error != 0) {free (h1); free (h2);  return (error+4);}

 error = step_4 (n, m, mat, y, h2);
 if (error != 0) {free (h1); free (h2);  return (error+6);}

 free (h1);  free (h2);

 for (i=0; i<=n-1; i++)
    for (j=0; j<=m-1; j++)
      step_5to9 (n, m, mat, x, y, i, j);

 return (0);
}
```

```
step_13 (n, m, mat, fn)

int n, m;
double ****mat, ***fn;

{int i, j;

 for (i=0; i<=n; i++)
    for (j=0; j<=m; j++)
      {if (fn [i][j][2] == 0.) return (1);
       mat [i][j][1][0] = - fn [i][j][0] / fn [i][j][2];
       mat [i][j][0][1] = - fn [i][j][1] / fn [i][j][2];
      }
 return (0);
}

/* ------------------------ ENDE  BIKUB3 --------------------------- */
```

```
/* ------------------------- MODUL BSVAL ----------------------------- */

bsval (n, m, mat, x, y, xcoord, ycoord, value)

int n, m;
double ****mat, *x , *y, xcoord, ycoord, *value;

/***********************************************************************
*                                                                     *
*   b s v a l  berechnet den Wert eines bikubischen Splines im        *
*   Punkt ( xcoord,ycoord ).                                          *
*                                                                     *
* =================================================================== *
*                                                                     *
*   EINGABEPARAMETER:                                                 *
*   -----------------                                                 *
*                                                                     *
*    Name    Typ/Laenge                   Bedeutung                   *
*   ----------------------------------------------------------------  *
*    n       int/---                      Anzahl der x-Intervalle     *
*    m       int/---                      Anzahl der y-Intervalle     *
*    mat     double/[n+1][m+1][4][4]      Matrix der Koeffizienten,   *
*                                         wie z.B. in bikubl berechnet *
*    x       double/[n+1]                 enthaelt die Grenzen der x- *
*                                         Intervalle                  *
*    y       double/[n+1]                 enthaelt die Grenzen der y- *
*                                         Intervalle                  *
*    xcoord  double/---                   x-Koordinate des Punktes,   *
*                                         dessen Wert berechnet werden *
*                                         soll                        *
*    ycoord  double/---                   y-Koordinate                *
*                                                                     *
*                                                                     *
*   AUSGABEPARAMETER:                                                 *
*   -----------------                                                 *
*                                                                     *
*    Name    Typ/Laenge                   Bedeutung                   *
*   ----------------------------------------------------------------  *
*    value   double/---                   Wert des Punktes            *
*                                                                     *
*                                                                     *
*   WERT DES UNTERPROGRAMMS:                                          *
*   ------------------------                                          *
*                                                                     *
*   = 0 : kein Fehler                                                 *
*   = 1 : der Punkt liegt ausserhalb des Spline-Definitionsbereichs   *
*                                                                     *
* =================================================================== *
*                                                                     *
*   benutzte Unterprogramme:  xyintv                                  *
*   ------------------------                                          *
*                                                                     *
***********************************************************************/

{int i, j, k , l, error;
 double xip [4], yjp [4], xi, yj;
```

```
 error = xyintv (n, m, x, y, &i, &j, &xi, &yj, xcoord, ycoord);
 if (error != 0)  return (error);

 xip [0] = yjp [0] = 1.;    *value = 0.;
 for (k=1; k<=3; k++)
   {xip [k] = xip [k-1] * xi;
    yjp [k] = yjp [k-1] * yj;
   }
 for (k=0; k<=3; k++)
    for (l=0; l<=3; l++)
       *value += mat [i][j][k][l] * xip [k] * yjp [l];

 return (0);
}


xyintv (n, m, x, y, i, j, xi, yj, xcoord ,ycoord)

int n, m, *i, *j;
double  x [], y [], *xi, *yj, xcoord, ycoord;

/***********************************************************************
*                                                                      *
*  In  x y i n t v  wird das Intervall bestimmt, in dem der Punkt      *
*  ( xcoord,ycoord ) liegt.                                            *
*                                                                      *
* ==================================================================== *
*                                                                      *
*   EINGABEPARAMETER:                                                  *
*   -----------------                                                  *
*                                                                      *
*    Name    Typ/Laenge              Bedeutung                         *
*   -------------------------------------------------------------      *
*    n       int/---                 Anzahl der x-Intervalle           *
*    m       int/---                 Anzahl der y-Intervalle           *
*    x       double/[n+1]            enthaelt die Grenzen der x-       *
*                                    Intervalle                        *
*    y       double/[n+1]            enthaelt die Grenzen der y-       *
*                                    Intervalle                        *
*    xcoord  double/---              x-Koordinate des Punktes          *
*    ycoord  double/---              y-Koordinate                      *
*                                                                      *
*                                                                      *
*   AUSGABEPARAMETER:                                                  *
*   -----------------                                                  *
*                                                                      *
*    Name    Typ/Laenge              Bedeutung                         *
*   -------------------------------------------------------------      *
*    i       int/---                 Grenze des x-Intervalls, in       *
*                                    dem xcoord liegt                  *
*                                    ( x[i] <= xcoord <= x[i+1] )      *
*    j       int/---                 Grenze des y-Intervalls, in       *
*                                    dem ycoord liegt                  *
*                                    ( y[j] <= ycoord <= y[j+1] )      *
*    xi      double/---              xi = xcoord - x[i]                *
```

```
*    yj        double/---                yj = ycoord - y[j]                  *
*                                                                            *
*                                                                            *
*                                                                            *
*   WERT DES UNTERPROGRAMMS:                                                 *
*   ------------------------                                                 *
*                                                                            *
*   = 0 : kein Fehler                                                        *
*   = 1 : der Punkt liegt ausserhalb des Spline-Definitionsbereichs          *
*                                                                            *
*****************************************************************************/

{int up, low, mid;

 if (xcoord < x [0]) return (1);
 if (xcoord > x [n]) return (1);
 if (ycoord < y [0]) return (1);
 if (ycoord > y [m]) return (1);

 low = 0; up = n;
 do
   {mid = (up + low) >> 1;
    if   (xcoord < x [mid])      up = mid;
    else
      if (xcoord > x [mid+1])  low = mid;
   }
   while (xcoord < x [mid] || xcoord > x [mid+1]);
 *i  = mid;
 *xi = xcoord - x [mid];

 low = 0; up = m;
 do
   {mid = (up + low) >> 1;
    if (ycoord < y [mid])        up = mid;
    else
      if (ycoord > y [mid+1])  low = mid;
   }
   while (ycoord < y [mid] || ycoord > y [mid+1]);
  *j = mid;
 *yj = ycoord - y [mid];

 return (0);
}


/* ----------------------- ENDE BSVAL --------------------------- */
```

```
/* ------------------------ MODUL FIBIKU ------------------------- */

double fibiku (n, m, a, x, y)

int n, m;
double ****a, *x, *y;

{int i, j;
 double value;
 double fibik1 ();

/***********************************************************************
*                                                                      *
*  f i b i k u  berechnet naeherungsweise das Riemannsche Flaechen-    *
*  integral ueber den gesamten Definitionsbereich eines bikubischen    *
*  Splines (x [0] bis x [n], y [0] bis y [n]).                         *
*                                                                      *
* ==================================================================== *
*                                                                      *
*   EINGABEPARAMETER:                                                  *
*   ----------------                                                   *
*                                                                      *
*    Name     Typ/Laenge        Bedeutung                              *
*   -------------------------------------------------------------      *
*     n       int/---           Anzahl der x-Intervalle                *
*     m       int/---           Anzahl der y-Intervalle                *
*     a       double/           Koeffizienten des bikubischen Splines  *
*             [n+1][m+1][4][4]                                         *
*     x       double/[n+1]      Grenzen der x-Intervalle               *
*     y       double/[n+1]      Grenzen der y-Intervalle               *
*                                                                      *
*                                                                      *
*   WERT DES UNTERPROGRAMMS:  Integralwert                             *
*   ----------------------                                             *
* ==================================================================== *
*                                                                      *
*   benutzte Unterprogramme:  fibik1                                   *
*   ----------------------                                             *
***********************************************************************/

 for (value=0., i=0; i<=n-1; i++)
    for (j=0; j<=m-1; j++)
       value += fibik1 (n, m, a, i, j, x [i+1] - x [i],
                        y [j+1] - y [j]);
 return (value);
}


double fibik1 (n, m, a, i, j, xi, yj)

int n, m, i, j;
double ****a, xi, yj;

/***********************************************************************
*                                                                      *
*  f i b i k 1  berechnet ein Doppelintegral mit einem Spline als      *
```

```
 *  Integranden. Der Bereich ist das Rechteck 0 bis xi und 0 bis yj      *
 *  (xi und yj sind relative Koordinaten).                               *
 *                                                                       *
 * ===================================================================== *
 *                                                                       *
 *   EINGABEPARAMETER:  vgl. fibiku                                      *
 *   ----------------                                                    *
 *                                                                       *
 *   WERT DES UNTERPROGRAMMS:  Integralwert                              *
 *   -----------------------                                             *
 ************************************************************************/

{int k, l;
 double xip [5], yjp [5], value;

 for (xip [0]=yjp [0]=1., k=1; k<=4; k++)
    {xip [k] = xip [k-1] * xi;
     yjp [k] = yjp [k-1] * yj;
    }
 for (value=0., k=0; k<=3; k++)
    for (l=0; l<=3; l++)
        value += a [i][j][k][l] * xip [k+1] * yjp [l+1] /
                                   (double) ((k+1)*(l+1));
 return (value);
}

/* ------------------------ ENDE FIBIKU ------------------------- */


/* ------------------------ MODUL FIBIK2 ------------------------ */


int fibik2 (n, m, a, x, y, xlow, ylow, xup, yup, value)

int n, m;
double ****a, x [], y [], xlow, ylow, xup, yup, *value;

/************************************************************************
 *                                                                      *
 *  f i b i k 2  berechnet ein Doppelintegral mit einem Spline als      *
 *  Integranden. Der Bereich ist das Teilrechteck xlow bis xup, ylow    *
 *  bis yup. Die Grenzen muessen nicht mit den Gitterpunkten zusammen-  *
 *  fallen, die fuer die Berechnung des bikubischen Splines benutzt     *
 *  wurden.                                                             *
 *                                                                      *
 * ==================================================================== *
 *                                                                      *
 *   EINGABEPARAMETER:  vgl. fibiku                                     *
 *   ----------------                                                   *
 *                                                                      *
 *   AUSGABEPARAMETER:                                                  *
 *   ----------------                                                   *
 *                                                                      *
```

```
*    Name     Typ/Laenge    Bedeutung                                   *
*   ------------------------------------------------------------------ *
*    value    double/---    Integralwert                                *
*                                                                       *
*                                                                       *
*   WERT DES UNTERPROGRAMMS:                                            *
*   ------------------------                                            *
*                                                                       *
*      = 0 : kein Fehler                                                *
*     != 0 : Fehler in xyintv aufgetreten                               *
*                                                                       *
* ===================================================================== *
*                                                                       *
*   benutzte Unterprogramme:  xyintv, fibik1                            *
*   ------------------------                                            *
*************************************************************************/

{int ilow, jlow, error, iup, jup, i, j;
 double xilow, xiup, yjlow, yjup, factor, xi;
 double fibik1 ();

 error = xyintv (n, m, x, y, &ilow, &jlow, &xilow, &yjlow, xlow, ylow);
 if (error != 0) return (error);

 error = xyintv (n, m, x, y, &iup, &jup, &xiup, &yjup, xup, yup);
 if (error != 0) return (error+1);

 factor = 1.;
 if (ilow > iup)
   {i  = iup;
    iup = ilow;
    ilow = i;
    xi = xiup;
    xiup = xilow;
    xilow = xi;
    factor = -factor;
   }
 if (jlow > jup)
   {i  = jup;
    jup = jlow;
    jlow = i;
    xi = yjup;
    yjup = yjlow;
    yjlow = xi;
    factor = -factor;
   }
 *value  = fibik1 (n, m, a, ilow, jlow, xilow, yjlow);
 *value -= fibik1 (n, m, a, ilow, jup, xilow, yjup);
 *value -= fibik1 (n, m, a, iup, jlow, xiup, yjlow);
 *value += fibik1 (n, m, a, iup, jup, xiup, yjup);
 for (i=ilow; i<=iup-1; i++)
   {*value += fibik1 (n, m, a, i, jup, x[i+1]-x[i], yjup);
    *value -= fibik1 (n, m, a, i, jlow, x[i+1]-x[i], yjlow);
   }
 for (j=jlow; j<=jup-1; j++)
   {*value += fibik1 (n, m, a, iup, j, xiup, y[j+1]-y[j]);
    *value -= fibik1 (n, m, a, ilow, j, xilow, y[j+1]-y[j]);
```

```
  ,

    for (i=ilow; i<=iup-1; i++)
      *value += fibik1 (n, m, a, i, j, x[i+1]-x[i], y[j+1]-y[j]);
   }
 *value *= factor;
 return (0);
}


/* ------------------------ ENDE  FIBIK2 ------------------------- */
```

P 7.12.1 EINDIMENSIONALE BEZIER-SPLINES

```
/* ------------------------ MODUL KUBBEZ -------------------------- */

void kubbez (b, d, m)

int m;
double b [][3],  d [][3];

/**********************************************************************
*                                                                    *
*   Dieses Unterprogramm berechnet nach dem kubischen Bezier-Ver-    *
*   fahren Bezier-Punkte einer Kurve.                                *
*                                                                    *
* ================================================================== *
*                                                                    *
*   EINGABEPARAMETER:                                                *
*                                                                    *
*    Name     Typ/Laenge       Bedeutung                             *
*   -------------------------------------------------------------    *
*    d        double/[][3]     Koordinaten der Gewichtspunkte        *
*    m        int/---          Anzahl der Kurvensegmente             *
*                                                                    *
*   AUSGABEPARAMETER:                                                *
*                                                                    *
*    Name     Typ/Laenge       Bedeutung                             *
*   -------------------------------------------------------------    *
*    b        double/[][3]     Koordinaten der Bezier-Punkte         *
*                                                                    *
**********************************************************************/

{int i, j;

 for (i=0; i<=2; i++)
    {for (j=1; j<=m-1; j++)
       {b [3*j-2][i] = (2. * d [j-1][i] + d [j][i])               / 3.;
        b [3*j]  [i] = (d [j-1][i] + 4. * d [j][i] + d [j+1][i]) / 6.;
        b [3*j+2][i] =                (d [j][i] + 2. * d [j+1][i]) / 3.;
       }
     b [2]    [i] = (d [0][i] + 2. * d [1][i])  / 3.;
     b [3*m-2][i] = (d [m][i] + 2. * d [m-1][i]) / 3.;
     b [0]   [i]  = d [0][i];   /* Die Randpunkte werden so besetzt, */
     b [3*m][i]   = d [m][i];   /* dass ein natuerlicher kubischer   */
    }                           /* Bezier-Spline vorliegt            */
 return (0);
}

/* ------------------------ ENDE  KUBBEZ -------------------------- */
```

P 7.1 EINDIMENSIONALE BEZIER-SPLINES, MODIFIZIERTES VERFAHREN

```
/* ------------------------- MODUL MOKUBE -------------------------- */

void mokube (b, d, m, eps)

int m;
double b [][3], d [][3], eps;

/*********************************************************************
*                                                                   *
*   m o k u b e  realisiert das modifizierte kubische Bezier-Ver-   *
*   fahren. Hierbei werden die eingegebenen Interpolationsstellen   *
*   als Gewichtspunkte aufgefasst, zu denen Pseudo-Interpolations-  *
*   stellen berechnet werden. Diese werden so lange verschoben, bis *
*   sie bis auf die Genauigkeitsschranke eps mit den Interpolations-*
*   stellen uebereinstimmen.                                        *
*                                                                   *
* ================================================================= *
*                                                                   *
*   EINGABEPARAMETER:                                               *
*   -----------------                                               *
*                                                                   *
*    Name    Typ/Laenge          Bedeutung                          *
*   --------------------------------------------------------------  *
*    d       double/[m+1][3]     Koordinaten der Bezier-Punkte      *
*                                (damit gleichzeitig die Gewichts-  *
*                                punkte)                            *
*    m       int/---             Anzahl der Kurvensegmente          *
*    eps     double/---          Genauigkeit, mit der interpoliert  *
*                                werden soll                        *
*                                                                   *
*   AUSGABEPARAMETER:                                               *
*   -----------------                                               *
*                                                                   *
*    Name    Typ/Laenge          Bedeutung                          *
*   --------------------------------------------------------------  *
*    b       double/[3*m+1][3]   Koordinaten der Bezier-Punkte      *
*                                                                   *
* ================================================================= *
*                                                                   *
*   aus der C-Bibliothek benutzte Unterprogramme:  sqrt             *
*   ---------------------------------------------                   *
*                                                                   *
*********************************************************************/

{int i, j, okay;
 double diff, sqrt ();
/*
    Berechnung der noch benoetigten Bezier-Punkte
*/
 kubbez (b, d, m);
```

```
/*
    die Bezier-Punkte werden so lange korrigiert, bis
    sie bis auf eps mit den eingegebenen Bezier-Punkten
    uebereinstimmen
*/
 for (;;)
   {for (i=0; i<=2; i++)
     {for (j=3; j<=3*m-3; j+=3)
       {diff = d [j/3][i] - b [j][i];
        if (j != 3)        b [j-3][i] += diff / 4.;
                           b [j-2][i] += diff / 2.;
                           b [j-1][i] += diff;
                           b [j][i]   += diff;
                           b [j+1][i] += diff;
                           b [j+2][i] += diff / 2.;
        if (j != 3*m-3)    b [j+3][i] += diff / 4.;
       }
     }
    for (okay=1,j=1; j<=m-1; j++)
      {for (diff=0., i=0; i<=2; i++)
        diff += (d [j][i] - b [3*j][i]) * (d [j][i] - b [3*j][i]);
       if (sqrt (diff) > eps) okay = 0;
      }
    if (okay) break;
   }
 return;
}

/* ------------------------ ENDE  MOKUBE ------------------------- */
```

P 7.12.3 ZWEIDIMENSIONALE BEZIER-SPLINES, NICHTMODIFIZIERTES UND MODIFIZIERTES VERFAHREN

```
/* ------------------------ MODUL BEZIER ------------------------- */

#include <u_const.h>
#include <stdio.h>


bezier (b, d, typ, m, n, eps)

int n, m, typ;
double ***b, ***d, eps;

/*********************************************************************
*                                                                    *
*   b e z i e r  realisiert das bikubische und das modifizierte bi-  *
*   kubische Bezierverfahren.                                        *
*   Beim bikubischen Bezierverfahren werden aus den Eingabedaten     *
*       Interpolationsstellen berechnet fuer eine nach dem bikubi-   *
```

```
*       schen Bezierverfahren zu bestimmende Spline-Flaeche.                *
*    Beim modifizierten bikubischen Bezierverfahren werden die ein-         *
*       gegebenen Interpolationsstellen zunaechst als Gewichtspunkte        *
*       aufgefasst, zu welchen man sich Pseudo-Interpolationsstellen        *
*       errechnet. Diese werden so lange verschoben, bis sie mit den        *
*       echten Interpolationsstellen uebereinstimmen bis auf die Ge-        *
*       nauigkeit eps.                                                      *
*                                                                           *
* ========================================================================= *
*                                                                           *
*    EINGABEPARAMETER:                                                      *
*    -----------------                                                      *
*                                                                           *
*     Name    Typ/Laenge               Bedeutung                            *
*    ---------------------------------------------------------------------- *
*     b       double/[3][3*m+1][3*n+1] Koordinaten der Bezierpunkte         *
*                                      bei beiden Typen b[3][j][i]          *
*                                      mit                                  *
*                                         j=0     und  i=0(1)3*n,           *
*                                         i=0     und  j=0(1)3*m,           *
*                                         j=3*m   und  i=0(1)3*n,           *
*                                         i=3*n   und  j=0(1)3*m;           *
*                                      bei typ = 1 muss zusaetzlich         *
*                                      angegeben werden:                    *
*                                        j=3(3)3*m-3 und i=3(3)3*n-3        *
*     d       double/[3][m+1][n+1]     bei typ = 0 (sonst leer) :           *
*                                      Koordinaten der Gewichtspunkte       *
*     typ     int/---                  = 0 : Bezierverfahren                *
*                                      = 1 : modifiziertes Verfahren        *
*     m       int/---                  Anzahl der Pflaster in 1.            *
*                                      Richtung                             *
*     n       int/---                  Anzahl der Pflaster in 2.            *
*                                      Richtung                             *
*     eps     double/---               bei typ = 1 : Genauigkeits-          *
*                                      schranke fuer die Interpolation      *
*                                                                           *
*    AUSGABEPARAMETER:                                                      *
*    -----------------                                                      *
*                                                                           *
*     Name    Typ/Laenge    Bedeutung                                       *
*    ---------------------------------------------------------------------- *
*     b       double/[3][3*m+1][3*n+1] Koordinaten der Bezierpunkte         *
*                                      b [3][j][i] mit j=0(1)3*m            *
*                                      und i=(1)3*n                         *
*                                                                           *
*                                                                           *
*    WERT DES UNTERPROGRAMMS:                                               *
*    ------------------------                                               *
*                                                                           *
*     = 0 : kein Fehler                                                     *
*     = 1 : nicht genuegend Speicherplatz fuer die Hilfsfelder              *
*                                                                           *
*  ======================================================================== *
*                                                                           *
*    benutzte Unterprogramme:  intpol, b_point                              *
*    ------------------------                                               *
*                                                                           *
```

```
*   aus der C-Bibliothek benutzte Unterprogramme:  malloc, free        *
*   ---------------------------------------------                      *
*                                                                      *
*   benutzte Macros:  abs                                              *
*   ----------------                                                   *
*                                                                      *
*   benutzte Konstanten:  NULL                                         *
*   --------------------                                               *
*                                                                      *
*  ================================================================== *
*                                                                      *
*   Literatur: G. Engeln-Muellges; F. Reutter : Numerische Mathematik  *
*              fuer Ingenieure, BI-Htb. 104, Mannheim-Wien-Zuerich     *
*              1973, 4. Aufl. 1985                                     *
*                                                                      *
***********************************************************************/

{int i, j, l, okay;
 double diff [3], ***value, ***h;
 void intpol (), b_point ();

 value = (double***) malloc (3 * sizeof (double));
 h     = (double***) malloc (3 * sizeof (double));
 for (l=0; l<=2; l++)
   {value [l] = (double**) malloc ((3*m+1) * sizeof (double));
    h [l]     = (double**) malloc ((3*m+1) * sizeof (double));
    for (j=0; j<=3*m; j++)
      {value [l][j] = (double*) malloc ((3*n+1) * sizeof (double));
       h [l][j]     = (double*) malloc ((3*n+1) * sizeof (double));
      }
   }

 if (typ == 0)
   b_point (b, d, m, n);
 else
   {for (i=0; i<=3*n; i+=3)
      for (j=0; j<=3*m; j+=3)
        for (l=0; l<=2; l++)
          value [l][j][i] = b [l][j][i];
    for (l=0; l<=2; l++)
      for (j=0; j<=m; j++)
        for (i=0; i<=n; i++)
          d [l][j][i] = b [l][3*j][3*i];
    b_point (b, d, m, n);

    for (;;)
      {for (j=0; j<=3*m; j+=3)
        for (i=0; i<=3*n; i+=3)
          {for (l=0; l<=2; l++)
             diff [l] = value [l][j][i] - b [l][j][i];
           intpol (diff, j, i, b, h, m, n);
          }
```

```
      for (okay=1,j=0; j<=3*m; j+=3)
        for (i=0; i<=3*n; i+=3)
          for (l=0; l<=2; l++)
            if (abs (b [l][j][i] - value [l][j][i]) > eps) okay = 0;
      if (okay) break;
     }
   }
 for (l=0; l<=2; l++)
   {for (j=0; j<=3*m; j++)
     {free (value [l][j]);   free (h [l][j]);
     }
    free (value [l]);  free (h [l]);
   }
 free (value);  free (h);
 return;
}


void intpol (diff, j, i, b, h, m, n)

int j, i, m, n;
double diff [3], ***b, ***h;

/***********************************************************************
*                                                                      *
*   i n t p o l  fuehrt die Aenderungen (an der nach dem bikubischen   *
*   Bezierverfahren errechneten Spline-Flaeche) in den Interpo-        *
*   lationsstellen durch.                                              *
*                                                                      *
* ==================================================================== *
*                                                                      *
*   EINGABEPARAMETER:                                                  *
*   -----------------                                                  *
*                                                                      *
*    Name    Typ/Laenge                 Bedeutung                      *
*   -------------------------------------------------------------      *
*    diff    double/[3]                 Koordinaten des Differenz-     *
*                                       vektors, nach dem die Be-      *
*                                       zierflaeche veraendert wird    *
*    j, i    int/---                    kennzeichnen das Pflaster, in  *
*                                       dessen Umgebung die Bezier-    *
*                                       flaeche veraendert wird        *
*    m       int/---                    Anzahl der Pflaster in 1.      *
*                                       Richtung                       *
*    n       int/---                    Anzahl der Pflaster in 2.      *
*                                       Richtung                       *
*    b       double/[3][3*m+1][3*n+1]   Koordinaten der Bezierpunkte   *
*                                                                      *
*   AUSGABEPARAMETER:                                                  *
*   -----------------                                                  *
*                                                                      *
*    Name    Typ/Laenge                 Bedeutung                      *
*   -------------------------------------------------------------      *
*    b       double/[3][3*m+1][3*n+1]   Koordinaten der Bezierpunkte   *
*                                                                      *
***********************************************************************/
```

```
{int k1, k2, l;

 if (i == 0 || j == 0 || i == 3*n || j == 3*m)
   {for (k1=0; k1<=2; k1++)
      b [k1][j][i] += diff [k1];
    return;
   }

 for (k1=0; k1<=2; k1++)
   {for (l=0; l<=3*m; l++)
      {h [k1][l][0]   = b [k1][l][0];
       h [k1][l][3*n] = b [k1][l][3*n];
      }
    for (l=0; l<=3*n; l++)
      {h [k1][0][l]   = b [k1][0][l];
       h [k1][3*m][l] = b [k1][3*m][l];
      }
   }
 for (l=0; l<=2; l++)
   {for (k1=-1; k1<=1; k1++)
      for (k2=-1; k2<=1; k2++)
        b [l][j+k1][i+k2] += diff [l];
    for (k1=-2; k1<=2; k1+=4)
      for (k2=-1; k2<=1; k2++)
        b [l][j+k1][i+k2] += diff [l] * 0.5;

    for (k1=-1; k1<=1; k1++)
      for (k2=-2; k2<=2; k2+=4)
        b [l][j+k1][i+k2] += diff [l] * 0.5;

    for (k1=-3; k1<=3; k1+=6)
     for (k2=-1; k2<=1; k2++)
      b [l][j+k1][i+k2] += diff [l] * 0.25;

    for (k1=-2; k1<=2; k1+=4)
      for (k2=-2; k2<=2; k2+=4)
        b [l][j+k1][i+k2] += diff [l] * 0.25;

    for (k1=-1; k1<=1; k1++)
      for (k2=-3; k2<=3; k2+=6)
        b [l][j+k1][i+k2] += diff [l] * 0.25;

    for (k1=-3; k1<=3; k1+=6)
      for (k2=-2; k2<=2; k2+=4)
        b [l][j+k1][i+k2] += diff [l] * 0.125;

    for (k1=-2; k1<=2; k1+=4)
      for (k2=-3; k2<=3; k2+=6)
        b [l][j+k1][i+k2] += diff [l] * 0.125;

    for (k1=-3; k1<=3; k1+=6)
      for (k2=-3; k2<=3; k2+=6)
        b [l][j+k1][i+k2] += diff [l] * 0.0625;
   }
```

```
 for (l=0; l<=2; l++)
   {for (k1=0; k1<=3*m; k1++)
      {b [l][k1][0]    = h [l][k1][0];
       b [l][k1][3*n] = h [l][k1][3*n];
      }
    for (k1=0; k1<=3*n; k1++)
      {b [l][0][k1]    = h [l][0][k1];
       b [l][3*m][k1] = h [l][3*m][k1];
      }
   }
 return;
}


void b_point (b, d, m, n)

int n, m;
double ***b, ***d;

/***********************************************************************
*                                                                      *
*   b _ p o i n t  errechnet die fuer eine Flaechenberechnung nach     *
*   dem bikubischen Bezierverfahren noch benoetigten, unbekannten      *
*   Bezierpunkte.                                                      *
*                                                                      *
* ==================================================================== *
*                                                                      *
*   EINGABEPARAMETER:                                                  *
*   ----------------                                                   *
*                                                                      *
*    Name    Typ/Laenge                Bedeutung                       *
*   ------------------------------------------------------------------ *
*    b       double/[3][3*m+1][3*n+1]  Koordinaten der Bezierpunkte    *
*                                      (Vorgabe gemaess Abb. 7.37;     *
*                                      siehe Literaturangabe in        *
*                                      bezier)                         *
*    d       double/[3][m+1][n+1]      Koordinaten der Gewichtspunkte  *
*    m       int/---                   Anzahl der Pflaster in 1.       *
*                                      Richtung                        *
*    n       int/---                   Anzahl der Pflaster in 2.       *
*                                      Richtung                        *
*                                                                      *
*                                                                      *
*   AUSGABEPARAMETER:                                                  *
*   ----------------                                                   *
*                                                                      *
*    Name    Typ/Laenge                Bedeutung                       *
*   ------------------------------------------------------------------ *
*    b       double/[3][3*m+1][3*n+1]  Koordinaten aller Bezierpunkte  *
*                                                                      *
***********************************************************************/
{int i, j, k;
```

```
for (k=0; k<=2; k++)
  {for (j=1; j<=m; j++)
     for (i=1; i<=n; i++)
       b [k][3*j-2][3*i-2] = (4.*d [k][j-1][i-1] + 2.*d [k][j-1][i] +
                               2.*d [k][j][i-1] + d [k][j][i]) / 9.;

   for (j=0; j<=m-1; j++)
     for (i=1; i<=n; i++)
       b [k][3*j+2][3*i-2] = (4.*d [k][j+1][i-1] + 2.*d [k][j][i-1] +
                               2.*d [k][j+1][i] + d [k][j][i]) / 9.;

   for (j=1; j<=m; j++)
     for (i=0; i<=n-1; i++)
       b [k][3*j-2][3*i+2] = (4.*d [k][j-1][i+1] + 2.*d [k][j-1][i] +
                               2.*d [k][j][i+1] + d [k][j][i]) / 9.;

   for (j=0; j<=m-1; j++)
     for (i=0; i<=n-1; i++)
       b [k][3*j+2][3*i+2] = (4.*d [k][j+1][i+1] + 2.*d [k][j][i+1] +
                               2.*d [k][j+1][i] + d [k][j][i]) / 9.;

   for (j=1; j<=m; j++)
     for (i=1; i<=n-1; i++)
       b [k][3*j-2][3*i] = (2.*d [k][j-1][i-1] + 8.*d [k][j-1][i] +
                             d [k][j][i-1] + 2.*d [k][j-1][i+1] +
                             4.*d [k][j][i] + d [k][j][i+1]) / 18.;

   for (j=1; j<=m-1; j++)
     for (i=1; i<=n; i++)
       b [k][3*j][3*i-2] = (2.*d [k][j-1][i-1] + 8.*d [k][j][i-1] +
                             d [k][j-1][i] + 2.*d [k][j+1][i-1] +
                             4.*d [k][j][i] + d [k][j+1][i]) / 18.;

   for (j=1; j<=m-1; j++)
     for (i=0; i<=n-1; i++)
       b [k][3*j][3*i+2] = (2.*d [k][j-1][i+1] + 8.*d [k][j][i+1] +
                             d [k][j-1][i] + 2.*d [k][j+1][i+1] +
                             4.*d [k][j][i] + d [k][j+1][i]) / 18.;

   for (j=0; j<=m-1; j++)
     for (i=1; i<=n-1; i++)
       b [k][3*j+2][3*i] = (2.*d [k][j+1][i-1] + 8.*d [k][j+1][i] +
                             d [k][j][i-1] + 2.*d [k][j+1][i+1] +
                             4.*d [k][j][i] + d [k][j][i+1]) / 18.;

   for (j=1; j<=m-1; j++)
     for (i=1; i<=n-1; i++)
       b [k][3*j][3*i] = (d [k][j-1][i-1] + 4.*d [k][j][i-1] +
                          d [k][j+1][i-1] + 4.*d [k][j-1][i] +
                          16.*d [k][j][i] + 4.*d [k][j+1][i] +
                          d [k][j-1][i+1] + 4.*d [k][j][i+1] +
                          d [k][j+1][i+1]) / 36.;

  }
 return;
}

/* ----------------------- ENDE BEZIER ------------------------- */
```

UNTERPROGRAMME ZUR BERECHNUNG BELIEBIGER PUNKTE AUF DER BEZIER-FLAECHE

```
/* ----------------------- MODUL RECHWP ------------------------- */

void rechwp (b, m, n, wp, num, points)

int n, m, num;
double ***b, points [][3], wp;

/*********************************************************************
*                                                                    *
*   r e c h w p  berechnet num Punkte, die auf der durch wp defi-    *
*   nierten Paramterlinie liegen (wp=0., wenn j=0;  wp=1., wenn      *
*   j=3*m; d.h. wp legt einen Masstab an die (m x n)-Pflaster in     *
*   Zaehlrichtung m).                                                *
*                                                                    *
* ================================================================== *
*                                                                    *
*   EINGABEPARAMETER:                                                *
*   -----------------                                                *
*                                                                    *
*    Name    Typ/Laenge               Bedeutung                      *
*   --------------------------------------------------------------   *
*    b       double/[3][3*m+1][3*n+1] Koordinaten der Bezierpunkte   *
*    m       int/---                  Anzahl der Pflaster in 1.      *
*                                     Richtung                       *
*    n       int/---                  Anzahl der Pflaster in 2.      *
*                                     Richtung                       *
*    wp      double/---               definiert die Parameterli-     *
*                                     nie, auf der Zwischenpunkte    *
*                                     der Bezier-Flaeche berechnet   *
*                                     werden sollen                  *
*    num     int/---                  Anzahl der zu berechnenden     *
*                                     Punkte                         *
*                                                                    *
*   AUSGABEPARAMETER:                                                *
*   -----------------                                                *
*                                                                    *
*    Name    Typ/Laenge               Bedeutung                      *
*   --------------------------------------------------------------   *
*   points  double/[num][3]           Koordinaten der berechneten    *
*                                     Zwischenpunkte                 *
*                                                                    *
* ================================================================== *
*                                                                    *
*   benutzte Unterprogramme:  rechp                                  *
*   ------------------------                                         *
*                                                                    *
* ================================================================== *
*                                                                    *
*   Literatur: G. Engeln-Muellges; F. Reutter : Numerische Mathematik *
*              fuer Ingenieure, BI-Htb. 104, Mannheim-Wien-Zuerich   *
*              1973, 4. Aufl. 1985                                   *
*                                                                    *
*********************************************************************/
```

```
{int i, k;
 double step, h, point [3];
 void rechp ();

 h = (double) (num - 1);
 for (i=0; i<=num-1; i++)
   {step = (double) (i) / h;
    rechp (b, m, n, step, wp, point);
    for (k=0; k<=2; k++)
      points [i][k] = point [k];
   }
 return;
}

/* ------------------------ ENDE  RECHWP ------------------------- */



/* ------------------------ MODUL RECHVP ------------------------- */

void rechvp (b, m, n, vp, num, points)

int n, m, num;
double ***b, points [][3], vp;

/*********************************************************************
*                                                                    *
*   r e c h v p  berechnet num Punkte, die auf der durch vp defi-    *
*   nierten Paramterlinie liegen (vp=0., wenn i=0;  vp=1., wenn      *
*   i=3*n; d.h. vp legt einen Masstab an die (m x n)-Pflaster in     *
*   Zaehlrichtung n).                                                *
*                                                                    *
* ================================================================== *
*                                                                    *
*   EINGABEPARAMETER:                                                *
*   -----------------                                                *
*                                                                    *
*    Name     Typ/Laenge                 Bedeutung                   *
*   ------------------------------------------------------------     *
*    b        double/[3][3*m+1][3*n+1]  Koordinaten der Bezierpunkte *
*    m        int/---                    Anzahl der Pflaster in 1.   *
*                                        Richtung                    *
*    n        int/---                    Anzahl der Pflaster in 2.   *
*                                        Richtung                    *
*    vp       double/---                 definiert die Parameterli-  *
*                                        nie, auf der Zwischenpunkte *
*                                        der Bezier-Flaeche berechnet*
*                                        werden sollen               *
*    num      int/---                    Anzahl der zu berechnenden  *
*                                        Punkte                      *
*                                                                    *
```

```
*   AUSGABEPARAMETER:                                                      *
*   ----------------                                                       *
*                                                                          *
*    Name    Typ/Laenge             Bedeutung                              *
*   ---------------------------------------------------------------------  *
*    points  double/[num][3]        Koordinaten der berechneten            *
*                                   Zwischenpunkte                         *
*                                                                          *
*                                                                          *
* ======================================================================== *
*                                                                          *
*   benutzte Unterprogramme:  rechp                                        *
*   ------------------------                                               *
*                                                                          *
* ======================================================================== *
*                                                                          *
*   Literatur: G. Engeln-Muellges; F. Reutter : Numerische Mathematik      *
*              fuer Ingenieure, BI-Htb. 104, Mannheim-Wien-Zuerich         *
*              1973, 4. Aufl. 1985                                         *
*                                                                          *
****************************************************************************/

{int i, k;
 double step, h, point [3];
 void rechp ();

 h = (double) (num - 1);
 for (i=0; i<=num-1; i++)
   {step = (double) (i) / h;
    rechp (b, m, n, vp, step, point);
    for (k=0; k<=2; k++)
      points [i][k] = point [k];
   }
 return;
}

/* ------------------------  ENDE  RECHVP  ------------------------- */



/* ------------------------  MODUL RECHP  --------------------------- */

void rechp (b, m, n, vp, wp, point)

int m, n;
double vp, wp, ***b, point [3];

/****************************************************************************
*                                                                          *
*   r e c h p  berechnet an der Schnittstelle zweier Parameterli-          *
*   nien, die durch wp und vp definiert sind, einen Punkt der              *
*   Flaeche. (gemaess Gleichung 7.83 in unten angegebener Lite-            *
*   ratur).                                                                *
*                                                                          *
* ======================================================================== *
```

```
*                                                                        *
*   EINGABEPARAMETER:                                                    *
*   ----------------                                                     *
*                                                                        *
*    Name     Typ/Laenge                   Bedeutung                     *
*   ------------------------------------------------------------------- *
*    b        double/[3][3*m+1][3*n+1]     Koordinaten der Bezierpunkte  *
*    m        int/---                      Anzahl der Pflaster in 1.     *
*                                          Richtung                      *
*    n        int/---                      Anzahl der Pflaster in 2.     *
*                                          Richtung                      *
*    vp       double/---                   definieren die Parameterli-   *
*                                          nie, an deren Schnittstelle   *
*                                          ein Punkt der Bezier-Flaeche  *
*                                          berechnet werden soll         *
*                                                                        *
*   AUSGABEPARAMETER:                                                    *
*   ----------------                                                     *
*                                                                        *
*    Name     Typ/Laenge                   Bedeutung                     *
*   ------------------------------------------------------------------- *
*    point    double/[3]                   Koordinaten des berechneten   *
*                                          Punktes der Bezierflaeche     *
*                                                                        *
* ====================================================================== *
*                                                                        *
*   Literatur: G. Engeln-Muellges; F. Reutter : Numerische Mathematik    *
*              fuer Ingenieure, BI-Htb. 104, Mannheim-Wien-Zuerich       *
*              1973, 4. Aufl. 1985                                       *
*                                                                        *
**************************************************************************/

{int i, j, k;
 double h, h1, h2, h3, h4, h5, h6, h7, h8, v, w, vv, ww;

 vv = vp * (double) (3 * (n-1));  ww = wp * (double) (3 * (m-1));
 i = (int) (vv / 3.) * 3;           j = (int) (ww / 3.) * 3;
 v = (vv - (double) (i)) / 3.;      w = (ww - (double) (j)) / 3.;

 h = 1 - v;
 h1 = h * h * h;
 h2 = 3. * h * h * v;
 h3 = 3. * h * v * v;
 h4 = v * v * v;
 h = 1 - w;
 h5 = h * h * h;
 h6 = 3. * h * h * w;
 h7 = 3. * h * w * w;
 h8 = w * w * w;

 for (k=0; k<=2; k++)
   {point [k]  = (b [k][j][i] * h1     + b [k][j][i+1] * h2 +
                  b [k][j][i+2] * h3   + b [k][j][i+3] * h4) * h5;
    point [k] += (b [k][j+1][i] * h1   + b [k][j+1][i+1] * h2 +
                  b [k][j+1][i+2] * h3 + b [k][j+1][i+3] * h4) * h6;
   }
```

```
 for (k=0; k<=2; k++)
   {point [k] += (b [k][j+2][i] * h1   + b [k][j+2][i+1] * h2 +
                  b [k][j+2][i+2] * h3 + b [k][j+2][i+3] * h4) * h7;
    point [k] += (b [k][j+3][i] * h1   + b [k][j+3][i+1] * h2 +
                  b [k][j+3][i+3] * h3 + b [k][j+3][i+3] * h4) * h8;
   }
 return;
}

/* ------------------------ ENDE  RECHP --------------------------- */
```

P 7.13 RATIONALE INTERPOLATION

```
/* ------------------------ MODUL RATINT -------------------------- */

#include <u_const.h>
#include <stdio.h>


int ratint (x, a, n, l, inf_coeff, nend, eps)

int n, l, *nend, inf_coeff [];
double x [], a [], eps;

/*********************************************************************
*                                                                    *
*   r a t i n t  berechnet zu gegebenen Wertepaaren ( x[i],a[i] ),   *
*   i=0(1)n,  die Koeffizienten der Funktion, die durch rationale    *
*   Lagrange Interpolation entsteht.                                 *
*                                                                    *
* ================================================================== *
*                                                                    *
*   EINGABEPARAMETER:                                                *
*                                                                    *
*    Name          Typ/Laenge     Bedeutung                          *
*   -------------------------------------------------------------   *
*     x            double/n+1     Stuetzstellen                      *
*     a            double/n+1     Funktionswerte an den Stuetzstellen*
*     n            int/---        Anzahl der Wertepaare              *
*     l            int/---        Grad des Zaehlerpolynoms           *
*     eps          double/---     Genauigkeit, die bei der Berechnung*
*                                 automatisch interpolierter Punkte  *
*                                 eingeht                            *
*                                                                    *
*   AUSGABEPARAMETER:                                                *
*                                                                    *
*    Name          Typ/Laenge     Bedeutung                          *
*   -------------------------------------------------------------   *
*     x            double/[n+1]   umsortierte Stuetzstellen          *
*     a            double/[n+1]   Koeffizienten der Interpolations-  *
*                                 funktion                           *
*     inf_coeff    int/[n+1]      enthaelt Informationen ueber die   *
*                                 Koeffizienten, die bei der Auswer- *
*                                 tung der Funktion durch ratval be- *
*                                 noetigt werden                     *
*     nend         int/---        Endindex der noch zu interpolieren-*
*                                 den Stuetzstellen                  *
*                                                                    *
*                                                                    *
*   WERT DES UNTERPROGRAMMS:                                         *
*                                                                    *
*    = 0 : kein Fehler                                               *
*    = 1 : der Grad des Zaehlerpolynoms wurde zu gross gewaehlt      *
*    = 2 : zwei Stuetzstellen sind identisch                         *
*    = 3 : nicht genuegend Speicherplatz fuer das Hilfsfeld          *
*    = 4 : Anzahl der noch zu interpolierenden Stellen und Grad      *
```

```
*           des Nennerpolynoms < 0                                         *
*      = 5 : Grad des Nennerpolynoms < 0                                   *
*      = 6 : es wurden nicht alle Stuetzstellen durch das Interpola-       *
*           tionspolynom erfasst                                           *
*                                                                          *
* ======================================================================== *
*                                                                          *
*   benutzte Unterprogramme:  ord, ratval                                  *
*   ------------------------                                               *
*                                                                          *
*   aus der C-Bibliothek benutzte Unterprogramme: malloc, free             *
*   ---------------------------------------------                          *
*                                                                          *
*   benutzte Macros: abs                                                   *
*   ----------------                                                       *
*                                                                          *
*   benutzte Konstanten: NULL                                              *
*   --------------------                                                   *
*                                                                          *
* ======================================================================== *
*                                                                          *
*   Bemerkung:    Die Funktion kann folgendermassen dargestellt            *
*                 werden :                                                 *
*                                                                          *
*   f (x) = a(n) + (x - x(n)) * a(n-1) +                                   *
*                                                                          *
*                 (x - x(n)) * (x - x(n-1))                                *
* +  -------------------------------------------------------------         *
*                                        (x - x(n-2)) * (x - x(n-3))       *
*     a(n-2) + (x - x(n-2)) * a(n-3) + -----------------------------       *
*                                             a(n-4) + ...                 *
*                                                                          *
*  ======================================================================  *
*                                                                          *
*   Literatur:  H. Werner: A Realiable and Numerically Stable              *
*   ----------  Program for Rational Interpolation of Lagrange             *
*               Data, in: COMPUTING VOL 31 (1983), S. 269                  *
*                                                                          *
***************************************************************************/

{register i, j;
 int m, j1;
 double xj, aj, a2, x2, *z;
 double ratval ();
 void ord ();

 if (l > n)     return (1);      /* Grad des Zaehlerpolynoms zu gross   */
                                 /* gewaehlt                            */
 for (i=0; i<=n-1; i++)
   for (j=i+1; j<=n; j++)
     if (x [i] == x [j])  return (2);

 z = (double *) malloc (n * sizeof (double));  /* Speicherplatz fuer */
 if (z == NULL)   return (3);                  /* Hilfsfeld anlegen  */

 m = n-1;     *nend = n;         /* m ist der Grad des Nennerpolynoms   */
```

```
 for (i=0; i<=n; i++)          /* Vorbesetzen des Informationsfeldes  */
   inf_coeff [i] = 0;

 while (*nend > 0)
/*
    Grad des Zaehlers groesser als Grad des Nenners :
    Anzahl von Stuetzstellen, die sich aus Differenz von Zaehler-
    und Nennergrad ergibt, wird mit Bildung von dividierten Diffe-
    renzen interpoliert
*/
   {for (i=1; i<=l-m; i++)
      {ord (x, a, *nend, &xj, &aj);
       for (j=0; j<=(*nend)-1; j++)
         {a [j] = (a [j] - aj) / (x [j] - xj);
         }
       inf_coeff [(*nend)-1] = 1;
       (*nend)--;
      }
    if (*nend < 0 && m < 0)  {free (z);   return (4);}
    if (*nend > 0)
      {ord (x, a, *nend, &xj, &aj);
       for (j1=0,j=0; j<=(*nend)-1; j++)
         {a2 = a [j] - aj;
          x2 = x [j] - xj;
          if (abs (a2) <= abs (x2) * eps)    /* automatisch inter-    */
            {z [j1] = x [j];                 /* polierte Punkte       */
             j1++;
            }
          else
            {a [j-j1] = x2 / a2;             /* Interpolation durch   */
             x [j-j1] = x [j];               /* Bildung von inversen */
            }                                /* dividierten Diffe-    */
         }                                   /* renzen                */
       for (j=0; j<=j1-1; j++)
         {x [(*nend)-1] = z [j];             /* automatisch interpo- */
          a [(*nend)-1] = 0.;                /* lierte Punkte werden */
          for (i=0; i<=(*nend)-1; i++)       /* in die dividierten    */
            a [i] *= (x [i] - x [*nend]);    /* Differenzen einge-    */
          inf_coeff [(*nend)-1] = 1;         /* bracht                */
          (*nend)--;
         }
       if (*nend > 0)
         {(*nend)--;                         /* Berechnung des neuen */
          inf_coeff [(*nend)] = -1;          /* Endindexes, Zaehler- */
          l = m;                             /* und Nennergrades      */
          m = *nend - 1;
         }
       if (m < 0)  {free (z);   return (5);}
      }
   }
  a2 = abs (a [n]);                          /* der Endindex ist <=0 */
  for (i=0; i<=n-1; i++)                     /* Zum Abschluss der     */
    a2 += abs (a [i]);                       /* Interpolation er-     */
  for (j=0, i=0; i<=n-1; i++)                /* folgt die Pruefung,   */
    {if (inf_coeff [i] < 0)  j = i + 1;      /* ob alle Stuetzstel-   */
     if (j != 0)                             /* stellen durch das     */
       {x2 = ratval (x [i+1], x, a, inf_coeff, i);
```

```
      if (abs (x2) <= a2 * eps)
        {free (z);   return (6);}                /* Interpolationspoly-  */
      }                                          /* nom erfasst werden   */
    }
  free (z);      /* Freigeben des Speicherplatzes fuer das Hilfsfeld  */
  return (0);
}


void ord (x, a, n, xj, aj)

int n;
double x [], a [], *xj, *aj;

/***********************************************************************
*                                                                      *
*   in  o r d  wird der betragsmaessig kleinste Funktionswert be-      *
*   stimmt; die dazugehoerige Stuetzstelle wird in ratint als          *
*   naechste interpoliert                                              *
*                                                                      *
* ==================================================================== *
*                                                                      *
*   EINGABEPARAMETER:                                                  *
*                                                                      *
*    Name     Typ/Laenge      Bedeutung                                *
*   ---------------------------------------------------------------    *
*     x       double/[n+1]    Stuetzstellen                            *
*     a       double/[n+1]    Funktionswerte                           *
*     n       int/---         Endindex der Stuetzstellen               *
*                                                                      *
*   AUSGABEPARAMETER:                                                  *
*                                                                      *
*    Name     Typ/Laenge      Bedeutung                                *
*   ---------------------------------------------------------------    *
*     x       double/[n+1]    Austausch der letzten und der naechsten  *
*                             zu interpolierenden Stuetzstelle         *
*     a       double/[n+1]    Austausch analog zu x                    *
*     xj      double/---      Stuetzstelle zu betragsmaessig kleinstem *
*                             Funktionswert                            *
*     aj      double/---      betragsmaessig kleinster Funktionswert   *
*                                                                      *
***********************************************************************/

{int i, j;

  *aj = a [n];
  for (j=n,i=0; i<=n-1; i++)
    if (abs (*aj) > abs (a [i]))
      {j = i;   *aj = a [i];
      }
  *xj = x [j];
  x [j] = x [n]; a [j] = a [n];
  x [n] = *xj;   a [n] = *aj;
  return;
}
```

```
double ratval (x0, x, a, inf_coeff, n)

int inf_coeff [], n;
double x0, x [], a [];

{int i;
 double res;

/***********************************************************************
*                                                                      *
*   r a t v a l  wertet die rationale Interpolationsfunktion aus       *
*                                                                      *
* ==================================================================== *
*                                                                      *
*   EINGABEPARAMETER:                                                  *
*                                                                      *
*    Name         Typ/Laenge      Bedeutung                            *
*   ---------------------------------------------------------------   *
*     x0          double/---      Stelle, an der ausgewertet werden    *
*                                 soll                                 *
*     x           double/[n+1]    Stuetzstellen                        *
*     a           doubel/[n+1]    Koeffizienten der Interpolations-    *
*                                 funktion                             *
*     inf_coeff   int/[n+1]       Marken, ob bei der Auswertung mit    *
*                                 dem Hornerschema dividiert oder mul- *
*                                 tipliziert werden soll               *
*     n           int/---         Endindex der Stuetzstellen           *
*                                                                      *
*                                                                      *
*   WERT DES UNTERPROGRAMMS:                                           *
*                                                                      *
*    Funktionswert an der Stelle x0                                    *
*                                                                      *
***********************************************************************/

 for (res=a[0],i=1; i<=n; i++)
   if (inf_coeff [i-1] >= 0)
     res = a [i] + (x0 - x [i]) * res;
   else
     res = a [i] + (x0 - x [i]) / res;
 return (res);
}

/* ----------------------- ENDE RATINT --------------------------- */
```

P 8

P 8.3 NUMERISCHE DIFFERENTATION NACH DEM ROMBERG-VERFAHREN

```
/* ------------------------ MODUL DIFROM -------------------------- */

#include  <u_const.h>
#include  <stdio.h>


int difrom (func, x0, eps, n, h, res, er_app, nend, hend)

int n, *nend;
double (*func)(), x0, eps, h, *res, *er_app, *hend;

/***********************************************************************
*                                                                     *
*   d i f r o m  berechnet nach dem ROMBERG-Verfahren naeherungs-     *
*   weise die Ableitung einer vorgegebenen Funktion  (func)   an      *
*   der Stelle x0.                                                    *
*                                                                     *
*  ================================================================== *
*                                                                     *
*   EINGABEPARAMETER:                                                 *
*   -----------------                                                 *
*                                                                     *
*    Name    Typ/Laenge    Bedeutung                                  *
*   --------------------------------------------------------------   *
*    func    double/---    Name der abzuleitenden Funktion            *
*    x0      double/---    Stelle, zu der die Ableitung gesucht       *
*                          wird                                       *
*    eps     double/---    Genauigkeit, mit der die Naeherung be-     *
*                          stimmt werden soll                         *
*    n       int/---       Hoechstanzahl der Spalten des Romberg-     *
*                          schemas; n muss > 1 sein                   *
*    h       double/---    Anfangsschrittweite                        *
*                                                                     *
*                                                                     *
*   AUSGABEPARAMETER:                                                 *
*   -----------------                                                 *
*                                                                     *
*    Name    Typ/Laenge    Bedeutung                                  *
*   --------------------------------------------------------------   *
*    res     double/---    Naeherungswert fuer die Ableitung der      *
*                          Funktion func an der Stelle x0.            *
*    er_app  double/---    Fehlerschaetzung fuer res                  *
*    nend    int/---       Anzahl der berechneten Spalten des         *
*                          Schemas                                    *
*    hend    double/---    Schrittweite bei Abbruch                   *
*                                                                     *
*                                                                     *
*   WERT DES UNTERPROGRAMMS:                                          *
*   ------------------------                                          *
*                                                                     *
*   = 0 : kein Fehler und er_app < eps                                *
```

```
*    = 1 : n < 1  oder  eps <= 0  oder  h < MACH_EPS                  *
*    = 2 : geforderte Genauigkeit nach n Schritten nicht erreicht      *
*    = 3 : Schrittweite hat die MACH_EPS unterschritten                *
*    = 4 : nicht genuegend Speicherplatz vorhanden, um das benoe-      *
*          tigte Hilfsfeld anlegen zu koennen                          *
*                                                                      *
* ==================================================================== *
*                                                                      *
*   aus der C-Bibliothek benutzte Unterprogramme:  malloc, free        *
*   ---------------------------------------------                      *
*                                                                      *
*   benutzte Macros:  abs                                              *
*   ----------------                                                   *
*                                                                      *
*   benutzte Konstanten:  MACH_EPS, NULL                               *
*   --------------------                                               *
*                                                                      *
***********************************************************************/

{register i, j;
 int jend, m, error;
 double h2, d1, d2;
 double funk (), *d;
/*
    Fehler bei den Eingabedaten
*/
 if (n <= 1 || eps <= 0. || h < MACH_EPS)  return (1);
/*
    Bereitstellen eines Hilfsfeldes; falls nicht genuegend
    Speicherplatz vorhanden ist, wird mit dem entsprechenden
    Fehlerparameter in das rufende Programm zurueckgesprungen
*/
 d = (double*) malloc (n * sizeof (double));
 if (d == NULL)    return (4);

 h2 = 2. * h;
 d [0] = ((*func) (x0+h) - (*func) (x0-h)) / h2;
/*
   Die Schleife laeuft bis zur maximalen Anzahl von Zeilen
   des Romberg-Schemas und wird unterbrochen, wenn die Schritt-
   weite kleiner als die relative Maschinengenauigkeit wird
   oder der Fehler des Naeherungswertes kleiner als die
   gewuenschte Genauigkeit ist.
 */
 for (error=2,j=1; j<=n-1; j++)
   {d [j] = 0.; d1 = d [0];
    h2 = h;     h *= 0.5;
    jend = j;
    if (h < MACH_EPS)     /*  die Schrittweite ist kleiner als   */
      {error = 3;         /*  die Maschinengenauigkeit           */
       break;
      }
    d [0] = ((*func) (x0+h) - (*func) (x0-h)) / h2;
    for (m=4,i=1; i<=j; i++,m*=4,d1=d2)
      {d2 = d [i];
       d [i] = (m * d [i-1] - d1) / (m-1);
      }
```

```
    *er_app = abs(d[j]-d[j-1]);
    if (*er_app < eps)   /* die gewuenschte Genauigkeit ist  */
      {error = 0;        /* erreicht                         */
       break;
      }
   }
 *res = d [jend];        /*                                  */
 *nend = jend;           /* Besetzen der Endwerte            */
 *hend = h;              /*                                  */

 free (d);               /* Freisetzen der Speicherplatzes   */
                         /* fuer das Hilfsfeld               */
 return (error);
}

/* ----------------------- ENDE DIFROM ------------------------ */
```

P 10

P 10.2 EINSCHRITT-VERFAHREN 10.2.1 - 10.2.3

```
/* ------------------------ MODUL DGL-EINSCHRITT --------------------- */

# include <u_const.h>

# define F0_NEW 1
# define F0_OLD 0
# define MAX_FCT 5000
# define SECHSTEL 1.0 / 6.0

int fct_new [6] = {0, 0, 2, 5, 0, 11};
int fct_old [6] = {0, 0, 1, 3, 0, 7};


dglesv (x, y, dgl, xend, h, eps_abs, eps_rel, error, buff, method,
        boarder, new)
double *x, *y, xend, *h, eps_abs, eps_rel;
double buff[5][3];
double (*dgl) ();
int error, method, boarder, new;

/***********************************************************************
*                                                                     *
* Das Programm dglesv realisiert eine numerische Loesung einer ge-    *
* woehnlichen Differentialgleichung 1.Ordnung:                        *
*                                                                     *
*       y' = F(X,Y)   mit der Anfangsbedingung   Y(x0) = Y0           *
*                                                                     *
* Man kann unter drei verschiedenen Einschrittverfahren waehlen :    *
*     1) Euler-Cauchy-Verfahren                                       *
*     2) Heun-Verfahren                                               *
*     3) Klassisches Runge-Kutta-Verfahren                            *
*                                                                     *
* Man kann                                                            *
*   a) Werte vom letzten Aufruf von dglesv nutzen                     *
*   b) Völlig neu starten                                             *
*                                                                     *
* zu a) Man kann entweder die Naeherung an einer anderen Stelle xend  *
*       durch Interpolation gewinnen, oder die Integration an der     *
*       Stelle fortsetzen, an der man beim letzten Aufruf aufgehoert  *
*       hat.                                                          *
*                                                                     *
* Die Interpolation ist mit einem Zirkularpuffer organisiert. Dieser  *
* Puffer muss erst mit genuegend vielen Werten aufgefuellt werden,    *
* damit mit der geeigneten Ordnung interpoliert werden kann.          *
*                                                                     *
* Das Programm arbeitet mit einer Schrittweitensteuerung mittels      *
* Schrittweitenverdoppelung und -halbierung. Es findet daher die      *
* Schrittweite, die die vorgegebenen Fehlerschranken zulassen, selbst. *
*                                                                     *
*                                                                     *
```

```
* Eingabeparameter:                                                    *
*                                                                      *
*    Name      Typ/Laenge      Bedeutung                               *
*  --------------------------------------------------------------------*
*     x        double *        x-Anfangswert                           *
*     y        double *        Anfangswert der Loesung an der Stelle x *
*    dgl       double * ()     Pointer auf eine function, die die      *
*                              rechte Seite der Differentialgleichung  *
*                              auswertet                               *
*                              Bsp.:   double  dgl (x, y)              *
*                                      double x, y;                    *
*                                      {return (y + 2.0 * x);          *
*                                      }                               *
*    xend      double          Stelle, an der die Loesung gewuenscht   *
*                              wird (x < xend ist erlaubt).            *
*     h        double *        Anfangsschrittweite                     *
*   eps_abs    double          Schranke fuer absoluten Fehler ( >= 0 ); *
*                              fuer eps_abs = 0 wird nur der rel. Fehler*
*                              getestet, ansonsten eine Mischung aus   *
*                              rel. und abs. Fehler                    *
*   eps_rel    double          Schranke fuer relativen Fehler ( >= 0 ); *
*                              fuer eps_rel = 0 wird nur der abs. Fehler*
*                              getestet, ansonsten eine Mischung aus   *
*                              rel. und abs. Fehler                    *
*   error      int             Falls error=1, wird, sofern der Puffer  *
*                              (buff) voll ist, bei xend die Loesung   *
*                              direkt durch Interpolation berechnet.   *
*    buff      double [5][3]   Hilfsfeld fuer den Zirkularpuffer       *
*   method     int             gibt das gewuenschte Verfahren an       *
*                                method = 2  :  Euler-Cauchy           *
*                                method = 3  :  Heun                   *
*                                method = 5  :  klass. Runge-Kutta     *
*   boarder    int             gibt an, ob ueber die Grenze xend       *
*                              hinausgegangen werden darf              *
*                                boarder = 1  :  nein                  *
*                                boarder = 0  :  ja                    *
*    new       int             gibt an, ob dglesv in einem vorher-     *
*                              gehenden Lauf berechnete Daten jetzt    *
*                              nutzen soll                             *
*                                new = 1   :  nein                     *
*                                new = 0   :  ja                       *
*                                                                      *
*                                                                      *
* Ausgabeparameter:                                                    *
*                                                                      *
*    Name      Typ/Laenge      Bedeutung                               *
*  --------------------------------------------------------------------*
*     x        double *        zuletzt erreichte Integrationsstelle    *
*                              (normalerweise ist  x = xend)           *
*     y        double *        Lösung an der Stelle x                  *
*     h        double *        zuletzt verwendete Schrittweite         *
*                                                                      *
*                                                                      *
* Rueckgabewert von dglesv:                                            *
*                                                                      *
*    Fehlercode:                                                       *
*      = 0  :  Es wurde genau bis zur Stelle xend integriert           *
```

```
*        = 1  :  Die Naeherung bei xend wurde durch Interpolation er-   *
*                mittelt.                                                *
*        = 2  :  Es wurden zu viele Funktionsauswertungen gemacht        *
*        = 3  :  Die Schrittweite unterschreitet das Achtfache des Ma-   *
*             :  schinenrundungsfehlers bezogen auf die Integrations-    *
*             :  stelle. Vor weiteren Aufrufen muessen h und die         *
*             :  Fehlerschranken vergroessert werden.                    *
*        = 4  :  eps_abs <= 0  und  eps_rel <= 0                         *
*        = 5  :  xend ist gleich x                                       *
*        = 6  :  unzulaessige Verfahrensnummer (method)                  *
*        = 7  :  unzulaessiger Wert fuer boarder                         *
*                                                                        *
*                                                                        *
* Benoetigte Unterprogramme:                                             *
*                                                                        *
*      interpol : interpoliert nach dem Newton-Schema                    *
*       eul_cau : liefert Naeherungswerte nach Euler-Cauchy              *
*          heun : liefert Naeherungswerte nach dem Heun-Verfahren        *
*          ruku : liefert Naeherungswerte nach dem klassischen Runge-    *
*                 Kutta-Verfahren                                        *
*                                                                        *
*                                                                        *
* Benutzte Konstanten:                                                   *
*                                                                        *
*      SECHSTEL : 1/6                                                    *
*        F0_NEW : 1: Steigung in (x,y) neu berechnen                     *
*        F0_OLD : 0: Steigung in (x,y) nicht neu berechnen (bereits      *
*                    bekannt)                                            *
*       MAX_FCT : max. zulaessige Anzahl von Auswertungen der rechten    *
*                 Seite der DGL                                          *
*      MACH_EPS : Genauigkeit des benutzten Rechners                     *
*                                                                        *
*                                                                        *
* Benutzte globale Felder:                                               *
*                                                                        *
*    fct_new, fct_old                                                    *
*                                                                        *
*                                                                        *
* Benutzte Funktionen:                                                   *
*                                                                        *
*    min, abs                                                            *
*                                                                        *
*************************************************************************/

{int len, ok, act_fct=0;
 double x0, y0, y1, y2, yhilf, diff, hilf;
 double (*verfahren) ();
 double eul_cau (), heun (), ruku (), interpol ();
 static int  buffull, point;

 len = method;
 if (new == 1)                          /* erstmaliger Aufruf (alles neu */
   {point = bufffull = 0;                                 /* berechnen) */
    buff[point][0] = x0 = *x;
    buff[point][1] = y0 = *y;
   }
```

```
else                                       /* wiederholter Aufruf (bereits */
  {x0 = buff[point][0];                    /* berechnete Werte nutzen) */
   y0 = buff[point][1];
   if ( error == 1 && bufffull )
     {*y = interpol (buff, len, xend);
      *x = xend;
      return (error = 1);
     }
  }

if (eps_abs <= 0 && eps_rel <= 0)          /* Fehlerabfragen und Vorbe- */
  return (error = 4);                      /* setzen der Variablen */
if (xend == *x)
  return (error = 5);
if (method != 2 && method != 3 && method != 5)
  return (error = 6);
if (boarder != 0 && boarder != 1)
  return (error = 7);

switch (boarder)                           /* Bestimmung der Schrittweite */
  {case 0:
     *h = ( xend > (*x) ) ? abs(*h) : -abs(*h);
     break;
   case 1:
     hilf = min( abs(*h), abs(xend- (*x)) );
     *h = ( xend > (*x) ) ? hilf : -hilf;
     break;
  }

switch (method)                            /* gewuenschtes Verfahren anwaehlen */
  {case 2:
     verfahren = eul_cau;
     break;
   case 3:
     verfahren = heun;
     break;
   case 5:
     verfahren = ruku;
  }

for (;;)                                   /* Loesen der DGL */
  {act_fct += fct_new[method];
   if (act_fct > MAX_FCT)
     {*x = x0;
      *y = y0;
      return (error = 2);
     }
   if ( abs(*h) < MACH_EPS * 8 * abs(*x) )
     {*x = x0;
      *y = y0;
      return ( error = 3);
     }
   yhilf = (*verfahren) (x0, y0, *h, dgl, F0_NEW);
   y1 = (*verfahren) (x0, y0, (*h) * 2.0, dgl, F0_OLD);
   y2 = (*verfahren) (x0+ (*h), yhilf, *h, dgl, F0_NEW);

   ok = 0;                                 /* Fehlerschaetzung */
```

```
    while ( !ok )
      {switch (method)
         {case 2:
            diff = y2 - y1;
            break;
          case 3:
            diff = (y2 - y1) / 3.0;
            break;
          case 5:
            diff = (y2 - y1) / 15.0;
         }

/* falls geschaetzter Fehler zu groß, Schritt mit halber Schrittweite
   wdh. */

        if ( abs(diff) > eps_abs + abs(y2) * eps_rel )
          {*h *= 0.5;
           act_fct += fct_old[method];
           if (act_fct > MAX_FCT)
             {*x = x0;
              *y = y0;
              return (error = 2);
             }
           if ( abs(*h) < MACH_EPS * 8 * abs(*x) )
             {*x = x0;
              *y = y0;
              return ( error = 3);
             }
           y1 = yhilf;
           yhilf = (*verfahren) (x0, y0, *h, dgl, F0_OLD);
           y2 = (*verfahren) (x0 + (*h), yhilf, *h, dgl, F0_NEW);
          }
        else
          ok = 1;
      }
    x0 += *h * 2.0;                /* verbesserten Schaetzwert berechnen */
    switch (method)
      {case 2:
         y0 = 2.0 * y2 - y1;
         break;
       case 3:
         y0 = (4.0 * y2 - y1) / 3.0;
         break;
       case 5:
         y0 = (16.0 * y2 - y1) / 15.0;
      }
    if ( point + 2 == len )        /* Flagge setzen falls Puffer voll */
      bufffull = 1;
    point = (point + 1) % len;     /* akzeptierte Naeherungswerte ab- */
    buff [point][0] = x0;                                /* speichern */
    buff [point][1] = y0;

 /* Falls beide Naeherungswerte nur wenig voneinander abweichen,
    Schrittweite fuer den naechsten Schritt verdoppeln */

    if ( abs(diff) < 0.0666 * (eps_abs + abs(y2) * eps_rel) )
      *h *= 2.0;
```

```
    if (boarder  &&  x0 != xend)
      {*h = min( abs(*h), 0.5 * abs(xend - x0) );
       *h = (xend > x0) ? *h : -(*h);
      }

/* Falls Intervallende erreicht, Programm beenden bzw. bei xend Loesung
   durch Interpolation berechnen */

    if ( x0 == xend )
      {*x = xend;
       *y = y0;
       return (error = 0);
      }
    else if ( bufffull && (   (x0 > xend  &&  *h > 0.0)
                           || (x0 < xend  &&  *h < 0.0)
                          )
            )
      {*x = xend;
       *y = interpol (buff, len, xend);
       return (error = 1);
      }
  }
}


double interpol (values, len, x)

double values [5][3], x;
int len;

/***********************************************************************
*                                                                      *
* Die Routine interpol fuehrt eine Interpolation nach dem Newton'schen *
* Interpolationsschema durch.                                          *
*                                                                      *
*                                                                      *
* Eingabeparameter:                                                    *
*                                                                      *
*     Name     Typ/Laenge   Bedeutung                                  *
*   -----------------------------------------------------------------  *
*    values    double       values [i][0] :  Abszisse des (i+1) - ten *
*                                            Interpolationspunktes    *
*                           values [i][1] :  Ordinate des (i+1) - ten *
*                                            Interpolationspunktes    *
*                           values [i][2] :  Hilfsfeld                 *
*     len      int          Anzahl der Stuetzstellen                   *
*      x       double       Abszisse, an der das Interpolationspoly-   *
*                           nom ausgewertet werden soll                *
*                                                                      *
*                                                                      *
* Rueckgabewert von interpol : Funktionswert des Interpolationspoly-   *
*                              noms an der Stelle x                    *
*                                                                      *
***********************************************************************/
```

```
{double y;
 int i, j;

 for ( i = 0 ; i < len ; i++)
   values [i][2] = values [i][1];
 for ( i = 1 ; i < len ; i++)
   for ( j = len - 1 ; j >= i ; j--)
     {values [j][2] = values [j-1][2] - values [j][2];
      values [j][2] /= (values [j-i][0] - values [j][0]);
     }
 y = values [len-1][2];
 for ( i = len - 2 ; i >= 0 ; i--)
   y = y * (x - values [i][0]) + values [i][2];
 return (y);
}


double eul_cau (x0, y0, h, dgl, neu_f0)
double x0, y0, h, (*dgl) ();
int neu_f0;

/************************************************************************
*                                                                       *
* Die Routine eul_cau fuehrt einen Euler-Cauchy-Schritt durch.          *
*                                                                       *
*                                                                       *
* Eingabeparameter:                                                     *
*                                                                       *
*      Name      Typ/Laenge   Bedeutung                                 *
*    ------------------------------------------------------------------ *
*       x0       double       Abszisse des letzten Naeherungspunktes    *
*       y0       double       Ordinate des letzten Naeherungspunktes    *
*        h       double       Schrittweite fuer diesen Schritt          *
*      dgl       double * ()  Pointer auf eine function, die die rechte *
*                             Seite der Differentialgleichung auswertet *
*     neu_f0     int          = 1  :  die Steigung im Punkt (x0,y0)     *
*                                     muß noch berechnet werden         *
*                             = 0  :  die Steigung im Punkt (x0,y0)     *
*                                     ist schon berechnet worden        *
*                                                                       *
*                                                                       *
* Rueckgabewert von eul_cau : Naeherungswert durch Euler-Cauchy an der  *
*                             Stelle x0+h                               *
*                                                                       *
************************************************************************/

 {static double f0;

  if (neu_f0)
    f0 = (*dgl) (x0, y0);
  return (y0 + h * f0);
 }
```

```
double heun (x0, y0, h, dgl, neu_f0)
double x0, y0, h, (*dgl) ();
int neu_f0;

/***********************************************************************
*                                                                      *
* Die Routine heun fuehrt einen Heun-Schritt durch.                    *
*                                                                      *
*                                                                      *
* Eingabeparameter:                                                    *
*                                                                      *
*      Name        Typ/Laenge     Bedeutung                            *
*    --------------------------------------------------------------   *
*       x0         double         Abszisse des letzten Naeherungspunktes *
*       y0         double         Ordinate des letzten Naeherungspunktes *
*        h         double         Schrittweite fuer diesen Schritt     *
*      dgl         double * ()    Pointer auf eine function, die die rechte *
*                                 Seite der Differentialgleichung auswertet *
*     neu_f0       int            = 1  :  die Steigung im Punkt (x0,y0) *
*                                         muß noch berechnet werden    *
*                                 = 0  :  die Steigung im Punkt (x0,y0) *
*                                         ist schon berechnet worden   *
*                                                                      *
*                                                                      *
* Rueckgabewert von heun : Naeherungswert durch das Heun-Verfahren     *
*                          an der Stelle x0+h                          *
*                                                                      *
***********************************************************************/

{static double f0;
 double hilf1, f1;

 if (neu_f0)
   f0 = (*dgl) (x0, y0);
 hilf1 = y0 + h * f0;
 f1 = (*dgl) (x0 + h, hilf1);
 return ( y0 + 0.5 * h * (f0 + f1) );
}


double ruku (x0, y0, h, dgl, neu_f0)
double x0, y0, h, (*dgl) ();
int neu_f0;

/***********************************************************************
*                                                                      *
* Die Routine ruku fuehrt einen Runge-Kutta-Schritt durch.             *
*                                                                      *
*                                                                      *
* Eingabeparameter:                                                    *
*                                                                      *
*      Name        Typ/Laenge     Bedeutung                            *
*    --------------------------------------------------------------   *
*       x0         double         Abszisse des letzten Naeherungspunktes *
*       y0         double         Ordinate des letzten Naeherungspunktes *
*        h         double         Schrittweite fuer diesen Schritt     *
```

```
*     dgl       double * ()  Pointer auf eine function, die die rechte *
*                            Seite der Differentialgleichung auswertet *
*     neu_f0    int          = 1  :  die Steigung im Punkt (x0,y0)     *
*                                    muß noch berechnet werden         *
*                            = 0  :  die Steigung im Punkt (x0,y0)     *
*                                    ist schon berechnet worden        *
*                                                                      *
*                                                                      *
* Rueckgabewert von ruku : Naeherungswert durch das Runge-Kutta-Ver-   *
*                          fahren an der Stelle x0+h                   *
*                                                                      *
***********************************************************************/

{static double f0;
 double k1, k2, k3, k4;

 if (neu_f0)
   f0 = (*dgl) (x0, y0);
 k1 = h * f0;
 k2 = h * (*dgl) (x0 + 0.5 * h, y0 + 0.5 * k1);
 k3 = h * (*dgl) (x0 + 0.5 * h, y0 + 0.5 * k2);
 k4 = h * (*dgl) (x0 + h, y0 + k3);
 return ( y0 + SECHSTEL * (k1 + 2.0 * (k2 + k3) + k4) );
}

/* ----------------------- ENDE DGL-EINSCHRITT ---------------------- */
```

P 10.2.4 ANFANGSWERTPROBLEMLOESER

```
/* ------------------------ MODUL AWP ------------------------------- */

#include <stdio.h>
#include <u_const.h>

double pow ();

#define MAX_FCT 10000
#define MACH_1  pow(MACH_EPS,0.75)
#define MACH_2  100.0*MACH_EPS


int awp (xk, yk, n, dgl, xend, h, eps_abs, eps_rel, method, act_fct)
double *xk, *h, xend, eps_abs, eps_rel;
double yk[];
int (*dgl) ();
int n, method, *act_fct;

/***********************************************************************
*                                                                      *
* Die Routine awp berechnet, ausgehend von der Naeherung yk fuer die   *
* Loesung y des Systems gewoehnlicher Differentialgleichungen 1. Ord-  *
* nung                                                                 *
```

```
*                                                                      *
*        Y' = F(X,Y)                                                   *
*                                                                      *
* im Punkt xk, eine Naeherung fuer die Loesung y im Punkt xend. Dabei  *
* wird intern mit Schrittweitensteuerung so gerechnet, dass der Fehler *
* der berechneten Naeherung absolut oder relativ in der Groessenord-   *
* nung der vorgegebenen Fehlerschranken eps_abs und eps_rel liegt.     *
*                                                                      *
*                                                                      *
* Eingabeparameter:                                                    *
*                                                                      *
*    Name      Typ/Laenge       Bedeutung                              *
*   ------------------------------------------------------------------ *
*     xk       double *         Ausgangspunkt der unabhaengigen Vari-  *
*                               ablen x                                *
*     yk       double [n]       Loesungen der Differentialgleichungen  *
*                               an der Stelle *xk                      *
*     n        int              Anzahl der Differentialgleichungen     *
*     dgl      int * ()         Pointer auf eine function, die die     *
*                               rechten Seiten der Differential-       *
*                               gleichungen auswertet                  *
*                               Bsp.:      dgl (x, y, value)           *
*                                          double x, y[], value[];     *
*                                     es ist value(i) = F(x,y(i))      *
*    xend      double           Stelle, an der die Loesung gewuenscht  *
*                               wird; xend darf nicht kleiner als *xk  *
*                               sein                                   *
*     h        double *         Anfangsschrittweite                    *
*   eps_abs    double           Fehlerschranke fuer die absolute Ge-   *
*                               nauigkeit der zu berechnenden Loesung. *
*                               Es muss eps_abs >= 0 sein. Fuer        *
*                               eps_abs = 0 wird nur die relative Ge-  *
*                               nauigkeit beachtet.                    *
*   eps_rel    double           Fehlerschranke fuer die relative Ge-   *
*                               nauigkeit der zu berechnenden Loesung. *
*                               Es muss eps_rel >= 0 sein. Fuer        *
*                               eps_rel = 0 wird nur die absolute Ge-  *
*                               nauigkeit beachtet.                    *
*   method     int              Wahl der zu benutzenden Einbettungs-   *
*                               formel mit Schrittweitensteuerung      *
*                                   3 : Runge-Kutta-Verfahren 2./3.    *
*                                       Ordnung                        *
*                                   6 : Formel von England 4./5.       *
*                                       Ordnung                        *
*                                                                      *
*                                                                      *
* Ausgabeparameter:                                                    *
*                                                                      *
*    Name      Typ/Laenge       Bedeutung                              *
*   ------------------------------------------------------------------ *
*     xk       double *         Stelle, die bei der Integration zu-    *
*                               letzt erreicht wurde. Im Fall error =  *
*                               0 ist normalerweise *xk = xend.        *
*     yk       double [n]       Naeherungswerte der Loesung an der     *
*                               neuen Stelle *xk                       *
*     h        double *         zuletzt verwendete lokale Schrittweite *
*                               (sollte fuer den naechsten Schritt     *
```

```
*                                  unveraendert gelassen werden)         *
*    act_fct    int *              Anzahl tatsaechlich benoetigter Funk- *
*                                  tionsauswertungen                     *
*                                                                        *
*                                                                        *
* Rueckgabewert von awp:                                                 *
*                                                                        *
*    Fehlercode:                                                         *
*        = 0 : alles o.k.                                                *
*        = 1 : beide Fehlerschranken sind (innerhalb der Rechengenau-    *
*              igkeit) zu klein                                          *
*        = 2 : xend <= *xk  (innerhalb der Rechengenauigkeit)            *
*        = 3 : h <= 0  (innerhalb der Rechengenauigkeit)                 *
*        = 4 : n <= 0                                                    *
*        = 5 : *act_fct > MAX_FCT                                        *
*              Die Anzahl der zulaessigen Funktionsauswertungen          *
*              reicht nicht aus, eine geeignete Naeherungsloesung mit    *
*              der geforderten Genauigkeit zu bestimmen. *xk und *h      *
*              enthalten die aktuellen Werte beim Abbruch.               *
*        = 6 : falsche Zahl fuer die zu benutzende Einbettungsformel     *
*        = 7 : nicht genug Speicherplatz vorhanden                       *
*                                                                        *
*                                                                        *
* Benoetigte Unterprogramme:                                             *
*                                                                        *
*     ruku23 : berechnet Runge-Kutta-Werte 2. bzw. 3. Ordnung            *
*     engl45 : berechnet mit der England-Formel Naeherungen 4. bzw.      *
*              5. Ordnung                                                *
*       norm : berechnet die Maximumnorm der Differenz zweier Vek-       *
*              toren                                                     *
*                                                                        *
*     aus der C-Bibliothek: sqrt, malloc                                 *
*                                                                        *
*                                                                        *
* Benutzte Konstanten:                                                   *
*                                                                        *
*     MACH_1 : Genauigkeitsschranken in Abhaengigkeit des benutzten      *
*     MACH_2 : Rechners                                                  *
*                                                                        *
*                                                                        *
* Benutzte Funktionen:                                                   *
*                                                                        *
*    min, max, abs                                                       *
*                                                                        *
*************************************************************************/

{double xend_h, ymax, hhilf, diff, s;
 double *y_bad, *y_good, *y_null;
 double norm (), sqrt ();
 char *malloc ();
 void free ();
 int (*ruk_eng) ();
 int ruku23 (), engl45 ();
 int i, error = 0, ende = 0;

 y_bad  = (double *) malloc (n * sizeof (double));  /* Speicherplatz- */
 y_good = (double *) malloc (n * sizeof (double));  /* reservierung   */
```

```
  y_null = (double *) malloc (n * sizeof (double));
  if (y_bad == NULL  ||  y_good == NULL  ||  y_null == NULL)
    return (error = 7);

  for (i = 0; i < n; i++)
    y_null[i] = 0.0;

  xend_h = (xend >= 0) ? (xend * (1.0 - MACH_2))
                       : (xend * (1.0 + MACH_2));
  *act_fct = 0;
  ymax = norm (yk, y_null, n);

  if (eps_abs <= MACH_2 * ymax  &&  eps_rel <= MACH_2)  /* Plausibili- */
    return (error = 1);                                 /* taetskon-   */
  if (xend_h <= (*xk))                                  /* trollen     */
    return (error = 2);
  if (*h < MACH_2 * abs(*xk))
    return (error = 3);
  if (n <= 0)
    return (error = 4);
  if (method != 3  &&  method != 6)
    return (error = 6);

  switch (method)                       /* gewuenschte Einbettungsformel */
   {case 3:                                                /* anwaehlen */
      ruk_eng = ruku23;
      break;
    case 6:
      ruk_eng = engl45;
   }

  if ((*xk)+(*h) > xend_h)               /* Ende des Integrationsinter-  */
   {*h = xend - (*xk);                   /* valls schon erreicht         */
    hhilf = *h;
    ende = 1;
   }

  do                                           /* Loesen des DGL-Systems */
   {if (error = (*ruk_eng) (*xk, yk, n, dgl, *h, y_bad, y_good))
      return (error);
    *act_fct += method;
    diff = norm (y_bad, y_good, n);
    if (diff < MACH_2)
      s = 2.0;
    else
      {ymax = norm (y_good, y_null, n);
       s = sqrt ((*h) * (eps_abs + eps_rel * ymax) / diff);
       if (method == 6)
         s = sqrt (s);
      }
    if (s > 1.0)                                /* Schritt wird akzeptiert */
      {for (i = 0; i < n; i++)
         yk[i] = y_good[i];
       *xk += (*h);
       *h *= min (2.0, 0.98 * s);
       if (*xk >= xend_h)
         ende = 1;
```

```
        else if ((*xk)+(*h) >= xend_h)
          {hhilf = *h;
           *h = xend - (*xk);
           if (*h < MACH_1 * abs (xend))
             ende = 1;
          }
        else if ((*act_fct)+method > MAX_FCT)
          {error = 5;
           hhilf = *h;
           ende = 1;
          }
      }
    else                                   /* Schritt mit kleinerer */
      *h *= max (0.5, 0.98*s);              /* Schrittweite wdh.     */
  } while (!ende);

 *h = hhilf;                               /* Integration beenden   */
 free ( (double *) y_bad);
 free ( (double *) y_good);
 free ( (double *) y_null);
 return (error);
}


int ruku23 (x, y, n, dgl, h, y2, y3)

double x, h;
double y[], y2[], y3[];
int (*dgl) ();
int n;

/***********************************************************************
*                                                                      *
* Die Routine ruku23 berechnet, ausgehend von der Naeherung y an der   *
* Stelle x, ueber eine Runge-Kutta-Einbettungsformel Naeherungen 2.    *
* und 3. Ordnung y2 und y3 an der Stelle x+h des ueber *dgl zur Ver-   *
* fuegung gestellten Differentialgleichungssystems 1.Ordnung           *
*                                                                      *
*        Y' = F(X,Y)                                                   *
*                                                                      *
* von n gewoehnlichen Differentialgleichungen 1. Ordnung.              *
*                                                                      *
*                                                                      *
* Eingabeparameter:                                                    *
*                                                                      *
*      Name      Typ/Laenge     Bedeutung                              *
*    ----------------------------------------------------------------  *
*        x       double         Ausgangspunkt der unabhaengigen Variab-*
*                               len x                                  *
*        y       double [n]     Loesungen der Differentialgleichungen an*
*                               der Stelle x                           *
*        n       int            Anzahl der Differentialgleichungen     *
*       dgl      int * ()       Pointer auf eine function, die die rech-*
*                               ten Seiten der Differentialgleichungen *
*                               auswertet                              *
```

```
*                           Bsp.:     dgl (x, y, value)            *
*                                     double x, y[], value[];      *
*                                 es ist value(i) = F(x,y(i))      *
*       h      double         Schrittweite                         *
*                                                                  *
*                                                                  *
* Ausgabeparameter:                                                *
*                                                                  *
*      Name    Typ/Laenge     Bedeutung                            *
*    ----------------------------------------------------------    *
*       y2     double [n]     Naeherungen 2. Ordnung fuer die Loesungen *
*                             der Differentialgleichungen an der Stelle *
*                             x+h                                  *
*       y3     double [n]     Naeherungen 3. Ordnung fuer die Loesungen *
*                             der Differentialgleichungen an der Stelle *
*                             x+h                                  *
*                                                                  *
*                                                                  *
* Rueckgabewert von ruku23:                                        *
*                                                                  *
*     Fehlercode:                                                  *
*         = 0 : alles o.k.                                         *
*         = 7 : nicht genug Speicherplatz vorhanden                *
*                                                                  *
*                                                                  *
* Benoetigte Unterprogramme:                                       *
*                                                                  *
*      aus der C-Bibliothek: malloc, free                          *
*                                                                  *
********************************************************************/

{double *yhilf, *k1, *k2, *k3;
 int i, error;
 char *malloc ();
 void free ();

 yhilf = (double *) malloc (n * sizeof (double));  /* Speicherplatz- */
 k1    = (double *) malloc (n * sizeof (double));  /* reservierung   */
 k2    = (double *) malloc (n * sizeof (double));
 k3    = (double *) malloc (n * sizeof (double));
 if (yhilf == NULL  ||  k1 == NULL  ||  k2 == NULL  ||  k3 == NULL)
   return (error = 7);

 (*dgl) (x, y, k1);
 for (i=0 ; i < n ; i++)
   yhilf[i] = y[i] + h * k1[i];
 (*dgl) (x + h, yhilf, k2);

 for (i = 0 ; i < n ; i++)
   yhilf[i] = y[i] + 0.25 * h * (k1[i] + k2[i]);
 (*dgl) (x + 0.5 * h, yhilf, k3);

 for (i = 0 ; i < n ; i++)
   {y2[i] = y[i] + 0.5 * h * (k1[i] + k2[i]);
    y3[i] = y[i] + h / 6.0 * (k1[i] + k2[i] + 4.0 * k3[i]);
   }
 free ( (double *) yhilf);
```

```
 free ( (double *) k1);
 free ( (double *) k2);
 free ( (double *) k3);
 return (error = 0);
}


int engl45 (x, y, n, dgl, h, y4, y5)
double x, h;
double y[], y4[], y5[];
int (*dgl) ();
int n;

/***********************************************************************
*                                                                      *
* Die Routine engl45 berechnet, ausgehend von der Naeherung y an der   *
* Stelle x, ueber die Einbettungsformel von England Naeherungen 4. und *
* 5. Ordnung y4 und y5 an der Stelle x+h des ueber *dgl zur Verfuegung *
* gestellten Differentialgleichungssystems 1.Ordnung                   *
*                                                                      *
*        Y' = F(X,Y)                                                   *
*                                                                      *
* von n gewoehnlichen Differentialgleichungen 1. Ordnung.              *
*                                                                      *
*                                                                      *
* Eingabeparameter:                                                    *
*                                                                      *
*      Name      Typ/Laenge     Bedeutung                              *
*    ----------------------------------------------------------------  *
*       x        double         Ausgangspunkt der unabhaengigen Variab- *
*                               len x                                  *
*       y        double [n]     Loesungen der Differentialgleichungen an *
*                               der Stelle x                           *
*       n        int            Anzahl der Differentialgleichungen     *
*      dgl       int * ()       Pointer auf eine function, die die rech- *
*                               ten Seiten der Differentialgleichungen *
*                               auswertet                              *
*                               Bsp.:        dgl (x, y, value)         *
*                                            double x, y[], value[];   *
*                                        es ist value(i) = F(x,y(i))   *
*       h        double         Schrittweite                           *
*                                                                      *
*                                                                      *
* Ausgabeparameter:                                                    *
*                                                                      *
*      Name      Typ/Laenge     Bedeutung                              *
*    ----------------------------------------------------------------  *
*      y4        double [n]     Naeherungen 4. Ordnung fuer die Loesungen *
*                               der Differentialgleichungen an der Stelle *
*                               x+h                                    *
*      y5        double [n]     Naeherungen 5. Ordnung fuer die Loesungen *
*                               der Differentialgleichungen an der Stelle *
*                               x+h                                    *
*                                                                      *
*                                                                      *
```

```
* Rueckgabewert von engl45:                                            *
*                                                                      *
*     Fehlercode:                                                      *
*         = 0 : alles o.k.                                             *
*         = 7 : nicht genug Speicherplatz vorhanden                    *
*                                                                      *
*                                                                      *
* Benoetigte Unterprogramme:                                           *
*                                                                      *
*      aus der C-Bibliothek: malloc, free                              *
*                                                                      *
************************************************************************/

{double *yhilf, *k1, *k2, *k3, *k4, *k5, *k6;
 int i, error;
 char *malloc ();
 void free ();

 yhilf = (double *) malloc (n * sizeof (double));  /* Speicherplatz- */
 k1    = (double *) malloc (n * sizeof (double));  /* reservierung   */
 k2    = (double *) malloc (n * sizeof (double));
 k3    = (double *) malloc (n * sizeof (double));
 k4    = (double *) malloc (n * sizeof (double));
 k5    = (double *) malloc (n * sizeof (double));
 k6    = (double *) malloc (n * sizeof (double));
 if (yhilf == NULL  ||  k1 == NULL  ||  k2 == NULL  ||  k3 == NULL
     ||  k4 == NULL  ||  k5 == NULL  ||  k6 == NULL)
   return (error = 7);

 (*dgl) (x, y, k1);
 for (i = 0 ; i < n ; i++)
   yhilf[i] = y[i] + 0.5 * h * k1[i];
 (*dgl) (x + 0.5 * h, yhilf, k2);

 for (i = 0 ; i < n ; i++)
   yhilf[i] = y[i] + 0.25 * h * (k1[i] + k2[i]);
 (*dgl) (x + 0.5 * h, yhilf, k3);

 for (i = 0 ; i < n ; i++)
   yhilf[i] = y[i] + h * (-k2[i] + 2.0 * k3[i]);
 (*dgl) (x + h, yhilf, k4);

 for (i = 0 ; i < n ; i++)
   yhilf[i] = y[i] + h / 27.0 * (7.0 * k1[i] + 10.0 * k2[i] + k4[i]);
 (*dgl) (x + 2.0 / 3.0 * h, yhilf, k5);

 for (i = 0 ; i < n ; i++)
   yhilf[i] = y[i] + 0.0016 * h * (28.0 * k1[i] - 125.0 * k2[i]
                                 + 546.0 * k3[i] + 54.0 * k4[i]
                                 - 378.0 * k5[i]);
 (*dgl) (x + 0.2 * h, yhilf, k6);

 for (i = 0 ; i < n ; i++)
   {y4[i] = y[i] + h / 6.0 * (k1[i] + 4.0 * k3[i] + k4[i]);
    y5[i] = y[i] + h / 336.0 * (14.0 * k1[i] + 35.0 * k4[i]
                             + 162.0 * k5[i] + 125.0 * k6[i]);
   }
```

```
 free ( (double *) yhilf);
 free ( (double *) k1);
 free ( (double *) k2);
 free ( (double *) k3);
 free ( (double *) k4);
 free ( (double *) k5);
 free ( (double *) k6);
 return (error = 0);
}


double norm (arr_1, arr_2, n)

int n;
double arr_1[], arr_2[];

/***********************************************************************
*                                                                      *
* Die Routine norm berechnet die Maximumnorm der Differenz             *
* arr_1 - arr_2 der Vektoren arr_1 und arr_2 der Laenge n.             *
*                                                                      *
*                                                                      *
* Eingabeparameter:                                                    *
*                                                                      *
*      Name     Typ/Laenge   Bedeutung                                 *
*    ---------------------------------------------------------------   *
*      arr_1    double [n]   1. Vektor                                 *
*      arr_2    double [n]   2. Vektor                                 *
*        n      int          Anzahl der Elemente in den Vektoren       *
*                                                                      *
*                                                                      *
* Rueckgabewert von norm:                                              *
*                                                                      *
*    Maximumnorm der Differenz der beiden Vektoren                     *
*                                                                      *
*                                                                      *
* Benutzte Funktionen:                                                 *
*                                                                      *
*    max, abs                                                          *
*                                                                      *
***********************************************************************/

{double diff, hilf;
 int i;

 for (i=0,diff=0.0; i < n; i++)
   {hilf = abs (arr_1[i] - arr_2[i]);
    diff = max(diff, hilf);
   }
 return (diff);
}

/* ------------------------- ENDE AWP --------------------------- */
```

P 10.2.5 EINSCHRITT-VERFAHREN

```
/* -------------------- MODUL TREIBER-IRKV --------------------------*/

#include <u_const.h>


int trirkv (dgl, n, m_max, choose, file_st, file_out, file_pro, eps_rel,
            g, x0, xend, y0, yq)
int (*dgl) (), n, m_max, choose;
char *file_st, *file_out, *file_pro;
double *eps_rel, x0, xend;
double g[], y0[], yq[];

/***********************************************************************
*                                                                      *
* Das Programm trirkv loest ein Anfangswertproblem (AWP) mit Systemen  *
* von n Differentialgleichungen 1.Ordnung.                             *
* Die Loesung des AWP erfolgt mit impliziten Runge-Kutta-Verfahren     *
* (IRKV). Dabei wird eine Schrittweitensteuerung, sowie eine Steuerung *
* der Ordnung der IRKV verwendet. Die Stuetzstellen der IRKV werden auf*
* der Datei, deren Name in file_st steht, erwartet.                    *
* Das Unterprogramm trirkv ist nur eine Treiberroutine zur Bereitstel- *
* lung von Speicherplatz, zur Ueberpruefung der Eingabeparameter und   *
* zum Aufruf zweier Unterprogramme je nach Besetzung des Parameters    *
* choose (s. unten).                                                   *
* Die eigentliche Loesung des AWP erfolgt mit dem Unterprogramm imruku.*
* Die Beschreibung des Algorithmus entnehme man der dortigen Programm- *
* beschreibung.                                                        *
*                                                                      *
*                                                                      *
* Eingabeparameter:                                                    *
*                                                                      *
*    Name       Typ/Laenge      Bedeutung                              *
*  ------------------------------------------------------------------  *
*    dgl        int * ()        Pointer auf eine function, die die     *
*                               rechten Seiten der Differentialgleich- *
*                               ungen auswertet                        *
*                               Bsp.:   dgl (x, y, value)              *
*                                       double x, y[], value[];        *
*                                    es ist value(i) = F(x,y(i))       *
*      n        int             Anzahl der Differentialgleichungen     *
*    m_max      int             max. zugelassene Ordnung, d.h. die     *
*                               hoechste Ordnung, fuer die Koeffizien- *
*                               ten bereitstehen.                      *
*                               m_max muss >= 5 sein.                  *
*                               Es ist jedoch nicht sinnvoll, die max. *
*                               Ordnung zu hoch zu waehlen, da die     *
*                               Guete des Verfahrens stark von der Ma- *
*                               schinengenauigkeit abhaengt. So hat    *
*                               sich (fuer dasselbe Programm in FOR-   *
*                               TRAN 77) auf einer Cyber 175 der Firma *
*                               Control Data mit einer Maschinengenau- *
*                               igkeit von 2.5 * 10^-29 im Rechenzentrum*
*                               der RWTH Aachen m_max = 12 bewaehrt.   *
```

```
*                                 In einzelnen Faellen kann ein hoeheres *
*                                 m_max durchaus sinnvoll sein.          *
*   choose      int               = 0  :  nur Loesung des AWP            *
*                                 = 1  :  vor der Loesung des AWP werden *
*                                         die Stuetzstellen erzeugt      *
*                                         (Gauss-Legendre-Stuetzstellen) *
*   file_st     char *            In file_st steht der Name der Datei, in*
*                                 die die Stuetzstellen geschrieben wer- *
*                                 den sollen (bzw. sind).                *
*   file_out    char *            Falls die Ausgabe von (durch den Algo- *
*                                 rithmus festgelegten) Zwischenstellen  *
*                                 erwuenscht ist, wird die Datei, deren  *
*                                 Name in file_out steht, erzeugt.       *
*                                 Fuer file_out[0] == ' ' erfolgt keine  *
*                                 Ausgabe.                               *
*   file_pro    char *            Erzeugung einer Protokolldatei, deren  *
*                                 Name in file_pro steht. Neben Zwischen-*
*                                 ergebnissen wird der Ablauf des Algo-  *
*                                 rithmus protokolliert.                 *
*                                 file_pro[0] == ' '  ==>  keine Ausgabe *
*   eps_rel     double *          geforderte relative Genauigkeit        *
*      g        double [n+1]      Die Gewichte g[1]....g[n] ermoeglichen *
*                                 eine unterschiedliche Wichtung der Kom-*
*                                 ponenten von y[i] bezueglich der Genau-*
*                                 igkeitsforderung *eps_rel. Sollen alle *
*                                 Komponenten gleich gewichtet werden,   *
*                                 wird z.B. g[i] = 1 fuer alle i ge-     *
*                                 waehlt.                                *
*                                 W A R N U N G: Falls g[i] = 0 fuer ein *
*                                                i, koennte es zu einer  *
*                                                Nulldivision kommen,    *
*                                                wenn gleichzeitig die   *
*                                                entsprechenden Komponen-*
*                                                ten der partiellen Ab-  *
*                                                leitungen der rechten   *
*                                                Seite 0 sind. Dies wird *
*                                                nicht abgefangen.       *
*     x0        double            untere Grenze des Integrationsinter-   *
*                                 valls                                  *
*    xend       double            obere Grenze des Integrationsintervalls*
*     y0        double [n+1]      y0[1]....y0[n] sind die Anfangswerte   *
*                                 y(x0)                                  *
*                                                                        *
*                                                                        *
* Ausgabeparameter:                                                      *
*                                                                        *
*     Name       Typ/Laenge       Bedeutung                              *
*   -------------------------------------------------------------------- *
*   eps_rel      double *         Schaetzung des groessten lokalen rela- *
*                                 tiven Fehlers                          *
*     yq         double [n+1]     yq[1]....yq[n] sind Naeherungen fuer   *
*                                 die Loesung des AWP.                   *
*                                                                        *
*                                                                        *
```

```
* Rueckgabewert von trirkv:                                            *
*                                                                      *
*     Fehlercode:                                                      *
*         = 0  :  alles o.k.                                           *
*         = 1  :  keine Konvergenz. Moegliche Abhilfe: max. Ordnung    *
*                 m_max erhoehen.                                      *
*         = 2  :  falsche(r) Eingabeparameter.                         *
*         = 3  :  nicht genug Speicherplatz vorhanden                  *
*         = 4  :  Fehler beim Oeffnen der Stuetzstellen-, Ausgabe- bzw.*
*                 Protokolldatei                                       *
*                                                                      *
*                                                                      *
* Benoetigte Unterprogramme:                                           *
*                                                                      *
*     stuetz : erzeugt die Stuetzstellendatei                          *
*     imruku : Loesen des AWP                                          *
*                                                                      *
***********************************************************************/

{int i, error;
 short int null=0;

 for (i=1,null=0; i<=n && !null; i++)   /* Ueberpruefung der Eingabe- */
   if (g[i] != 0.0)                                      /* parameter */
     null = 1;
 if (n <= 0  ||  m_max <= 4  ||  *eps_rel <= 0.0  ||  !null  ||
     choose < 0  ||  choose > 1)
   error = 2;
 else
   {if (choose > 0)                      /* Erzeugung der Stuetzstellen */
      error = stuetz (m_max, file_st);
    if (error == 0)
      error = imruku (dgl, n, m_max, file_st,         /* Loesen des An- */
                      file_out, file_pro, eps_rel,    /* fangswertpro-  */
                      g, x0, xend, y0, yq);           /* blems          */
   }
 return (error);
}

/* ------------------- ENDE TREIBER-IRKV ------------------------------ */



/* -------------------- MODUL STUETZSTELLEN --------------------------- */

#include <u_const.h>
#include <stdio.h>


int stuetz (m_max, file_st)
int m_max;
char *file_st;

/***********************************************************************
*                                                                      *
* Dieses Unterprogramm berechnet die Koeffizienten fuer implizite      *
```

```
* Runge-Kutta-Verfahren (IRKV) von der Ordnung 1 bis zu einer vorzuge- *
* benden Hoechstordnung m_max.                                          *
* Die Ergebnisse weden auf die Datei, deren Name in file_st steht, ge- *
* schrieben. Dort koennen sie mit dem Unterprogramm imruku aufgerufen  *
* und weiterverarbeitet werden.                                         *
* Fuer jede Ordnung m werden zunaechst die Gauss-Legendre-Stuetzstellen*
* alpha[j], j=0(1)m-1, fuer die Integrationsintervalle bestimmt. Diese *
* ergeben sich als die Nullstellen der Legendre-Polynome.               *
* Die Koeffizienten beta[i][j] und a[j], i,j=1(1)m, ergeben sich aus   *
* der Loesung von m*(m+1) linearen Gleichungssystemen. Die Loesungen   *
* der linearen Gleichungssysteme lassen sich durch ausmultiplizieren   *
* von Lagrange-Polynomen ermitteln.                                     *
*                                                                       *
*                                                                       *
* Eingabeparameter:                                                     *
*                                                                       *
*     Name      Typ/Laenge               Bedeutung                      *
*    ----------------------------------------------------------------   *
*     m_max     int                      maximale Ordnung, bis zu der die*
*                                        Koeffizienten der IRKV erzeugt *
*                                        werden sollen                  *
*     file_st   char *                   In file_st steht der Name der  *
*                                        Datei, in die die Stuetzstellen *
*                                        geschrieben werden sollen      *
*                                                                       *
*                                                                       *
* Rueckgabewert von stuetz:                                             *
*                                                                       *
*     Fehlercode:                                                       *
*          = 0  :  alles o.k.                                           *
*          = 3  :  nicht genug Speicherplatz vorhanden                  *
*          = 4  :  Fehler beim Oeffnen der Stuetzstellendatei           *
*                                                                       *
*                                                                       *
* Benoetigte Unterprogramme:                                            *
*                                                                       *
*     gale0 : berechnet Stuetzstellen und Gewichte einer Gauss-         *
*             Legendre Quadraturformel                                  *
*                                                                       *
*     aus der C-Bibliothek: fopen, fclose, malloc, free, pow            *
*                                                                       *
************************************************************************/

{double *c, *a, *alpha, **beta;
 double zj, beta_jk, alpha_k, aj;
 double pow ();
 int m, i, j, jm1, jp1, k, l, ng, error;
 int gale0 ();
 short int flag;
 FILE *fopen (), *fclose (), *fil_poin;
 char *malloc ();
 void free ();

/* Bereitstellen von Speicherplatz                                     */

 c      = (double *)  malloc ( (m_max + 1) * sizeof (double) );
 a      = (double *)  malloc ( (m_max + 1) * sizeof (double) );
```

```
  alpha = (double *)  malloc ( (m_max + 1) * sizeof (double) );
  beta  = (double **) malloc ( (m_max + 1) * sizeof (double *) );

  if (c == NULL  ||  a == NULL  ||  alpha == NULL  ||  beta == NULL)
    return (error = 3);

  for (i = 0; i <= m_max; i++)
    beta[i] =  (double *) malloc ( (m_max + 1) * sizeof (double));

  for (i = 0; i <= m_max; i++)
    if (beta[i] == NULL)
      return (error = 3);

  if ( (fil_poin = fopen (file_st, "w")) == NULL)
    return (error = 4);

/* Die Gewichte a[j] und beta[j][l], sowie die Stuetzstellen alpha[j]
   werden fuer die Ordnungen von 1 bis m_max erzeugt und auf die
   Stuetzstellendatei geschrieben                                    */

  flag = 0;
  for (m = 1; m <= m_max; m++)
    {if (m > 1)
       gale0 (m, flag, alpha, c);      /* Gauss-Legendre Stuetzstellen */
     else
       alpha[1] = 0.0;

     for (i = 1; i <= m; i++)           /* Transformation der alpha[i] */
       alpha[i] = 0.5 * alpha[i] + 0.5;      /* in das Intervall [0;1] */

     for (j = 1; j <= m; j++)              /* Berechnung der Gewichte */
       {jm1 = j - 1;                          /* beta [j][k] und a[j] */
        jp1 = j + 1;
        zj = 1.0;
        for (k = 1; k <= jm1; k++)
          zj *= alpha[j] - alpha[k];
        for (k = jp1; k <= m; k++)
          zj *= alpha[j] - alpha[k];

        c[0] = 1.0;                     /* Bestimmung der Koeffizienten */
        ng = 0;                          /* des j-ten Lagrange-Polynoms */
        for (k = 1; k <= jm1; k++)
          {alpha_k = -alpha[k];
           for (i = ng; i >= 0; i--)
             c[i+1] = c[i];
           c[0] = alpha_k * c[1];
           for (i = 1; i <= ng; i++)
             c[i] += alpha_k * c[i+1];
           ng += 1;
          }
        for (k = jp1; k <= m; k++)
          {alpha_k = -alpha[k];
           for (i = ng; i >= 0; i--)
             c[i+1] = c[i];
           c[0] = alpha_k * c[1];
           for (i = 1; i <= ng; i++)
             c[i] += alpha_k * c[i+1];
```

```
          ng += 1;
        }
      zj = 1.0 / zj;            /* Berechnung der beta[j][k] und saemt- */
      aj = 0.0;                                         /* licher a[j] */
      for (k = 1; k <= m; k++)
        {for (l=1,beta_jk=0.0; l <= m; l++)
           beta_jk = beta_jk + c[l-1] * pow (alpha[k], (double) l)
                                       / (double) l;
         beta[j][k] = beta_jk * zj;
         aj += c[k-1] / (double) k;
        }
      a[j] = aj * zj;
     }
   fprintf (fil_poin, "\n\n%d\n", m);      /* Ausgabe von Ordnung und */
   for (i = 1; i <= m; i++)             /* Koeffizienten auf die Datei */
     fprintf (fil_poin, "%23.15E ", alpha[i]);
   for (i = 1; i <= m; i++)
     {fprintf (fil_poin, "\n");
      for (j = 1; j <= m; j++)
         fprintf (fil_poin, "%23.15E ", beta[i][j]);
     }
   fprintf (fil_poin, "\n");
   for (i = 1; i <= m; i++)
     fprintf (fil_poin, "%23.15E ", a[i]);
  }
 fclose (fil_poin);
 free ( (double *) c);
 free ( (double *) a);
 free ( (double *) alpha);
 for (i = 0; i <= m_max; i++)
   free ( (double *) beta[i]);
 return (error = 0);
}

/* -------------------- ENDE STUETZSTELLEN ------------------------- */



/* ---------------- MODUL GAUSS-QUADRATUR-FORMEL -------------------- */

#include <stdio.h>
#include <u_const.h>


int gale0 (grad, flag, alpha, zgew)
int grad;
short int flag;
double alpha [], zgew [];

/***********************************************************************
*                                                                      *
* Dieses Programm berechnet die Stuetzstellen und die Gewichte einer   *
* Gauss-Quadraturformel vom Grade grad.                                *
*                                                                      *
*                                                                      *
```

```
* Eingabeparameter:                                                         *
*                                                                           *
*       Name      Typ/Laenge      Bedeutung                                 *
*    -----------------------------------------------------------------     *
*       grad      int             Grad der Quadraturformel                  *
*       flag      short int       = 1  :  die Gewichte der Formel werden    *
*                                         berechnet                         *
*                                 = 0  :  Nur die Stuetzstellen der         *
*                                         Quadratur werden berechnet        *
*                                                                           *
*                                                                           *
* Ausgabeparameter:                                                         *
*                                                                           *
*       Name      Typ/Laenge             Bedeutung                          *
*    -----------------------------------------------------------------     *
*      alpha      double [grad+1]     Stuetzstellen der Gauss-Quadratur-   *
*                                     Formel                                *
*       zgew      double [grad+1]     Gewichte zu den Stuetzstellen alpha  *
*                                                                           *
*                                                                           *
* Rueckgabewert von gale0:                                                  *
*                                                                           *
*       Fehlercode:                                                         *
*            = 0  :  alles o.k.                                             *
*            = 3  :  nicht genug Speicherplatz                              *
*                                                                           *
*                                                                           *
* Benoetigte Unterprogramme:                                                *
*                                                                           *
*      gxpoly : Polynomauswertung mittels Horner-Schema                     *
*      gxpega : berechnet eine Nullstelle eines Polynoms                    *
*                                                                           *
*      aus der C-Bibliothek: cos, malloc, free                              *
*                                                                           *
*                                                                           *
* Benutzte Konstanten:                                                      *
*                                                                           *
*     PI  :  3.141...                                                       *
*                                                                           *
****************************************************************************/

{double *p_old, *p_midd, *c;
 double xk, xk_plus, xk_inv, xfa, grenz_a, grenz_b, zj, zw, x_null;
 double f, xw, xsi;
 double cos ();
 double gxpega (), gxpoly ();
 char *malloc ();
 void free ();
 int i, j, k, error;
 int k_half, k_plus, pos;

 p_old  = (double *) malloc ((grad+1) * sizeof (double));
 p_midd = (double *) malloc ((grad+1) * sizeof (double));
 c      = (double *) malloc ((grad+1) * sizeof (double));
 if (p_old == NULL  ||  p_midd == NULL  ||  c == NULL)
   return (error = 3);
```

```
p_old[0] = 1.0;                          /* Bestimmung der Koeffizienten der */
p_midd[0] = 0.0;                                    /* Legendre-Polynome */
p_midd[1] = 1.0;
xk = 0.0;
k_plus = grad;

for (k = 1; k <= grad - 1; k++)
  {xk += 1.0;
   xk_plus = xk + 1.0;
   xk_inv = 1.0 / xk_plus;
   xfa = (xk + xk_plus) * xk_inv;
   for (i = 0; i <= k; i++)
     c[i+1] = p_midd[i] * xfa;
   c[0] = 0.0;
   xfa = xk * xk_inv;
   for (i = 0; i <= k - 1; i++)
     {c[i] -= p_old[i] * xfa;
      p_old[i] = p_midd[i];
     }
   p_old[k] = p_midd[k];
   for (i = 0; i <= k + 1; i++)
     p_midd[i] = c[i];
  }

grenz_a = 1.0;                   /* Berechnung der Nullstellen bei symme- */
zw = PI / (grad - 0.5);          /* trischer Lage zum Nullpunkt und der   */
k_half = (int) (grad * 0.5);                /* dazugehoerigen Gewichte */

for (j = 1; j <= k_half; j++)
  {zj = (double) j;
   grenz_b = 0.5 * ( cos ( (zj - 0.5) * zw ) + cos (zj * zw) );
   xsi = gxpega (grenz_a, grenz_b, c, k_plus);
   alpha[j] = gxpega (grenz_a, grenz_b, c, k_plus);
   grenz_a = grenz_b;
  }

for (i = 1; i <= k_half; i++)
  alpha[i] = -alpha[i];
pos = k_half;
if (grad % 2  ==  1)
  {pos = k_half + 1;
   alpha[pos] = 0.0;
   for (i = 1; i <= k_half; i++)
     alpha[pos+i] = -alpha[pos-i];
  }
else
  for (i = 1; i <= k_half; i++)
    alpha[pos+i] = -alpha[pos+1-i];

if (flag)           /* Berechnung der Gewichte zu den Stuetzstellen */
  for (i = 1; i <= grad; i++)
    {x_null = alpha[i];
     f = gxpoly (p_old, x_null, grad-1);
     xw = xk_plus * xk_plus * f * f;
     zgew[i] = 2.0 * (1.0 - x_null * x_null) / xw;
    }
free ( (double *) p_old);
```

```
 free ( (double *) p_midd);
 free ( (double *) c);
 return (error = 0);
}


double gxpoly (a, x, n)
double a[], x;
int n;

/***********************************************************************
*                                                                      *
* Diese Routine wertet ein Polynom in der Darstellung:                 *
*                                                                      *
*      Pn (x) = an x^n  + an-1 x^n-1  + .... + a1 x^1  + a0            *
*                                                                      *
* nach dem Horner-Schema aus.                                          *
*                                                                      *
*                                                                      *
* Eingabeparameter:                                                    *
*                                                                      *
*     Name     Typ/Laenge       Bedeutung                              *
*    ------------------------------------------------------------------ *
*      a       double [n+1]     Koeffizienten des Polynoms;            *
*                               a[i] ist der Koeffizient vor der i-ten *
*                               Potenz von x                           *
*      x       double           Stelle, an der das Polynom auszuwerten *
*                               ist                                    *
*      n       int              Grad des Polynoms                      *
*                                                                      *
*                                                                      *
* Rueckgabewert von gxpoly:                                            *
*                                                                      *
*     Pn (x)                                                           *
*                                                                      *
***********************************************************************/

{double summ;
 int i;

 for (i=n-1,summ=a[n]; i >= 0; i--)
   summ = summ * x + a[i];
 return (summ);
}


double gxpega (a, b, c, n)
double a, b, c[];
int n;

/***********************************************************************
*                                                                      *
* Dieses Programm bestimmt eine Nullstelle eines Polynoms vom Grade n, *
* dessen Koeffizienten in dem Feld c stehen. Die Nullstelle befindet   *
* sich innerhalb des Intervalls [a;b]. Das Verfahren ist eine angepas- *
```

```
* ste Version des Pegasus-Verfahrens.                                    *
*                                                                        *
*                                                                        *
* Eingabeparameter:                                                      *
*                                                                        *
*      Name      Typ/Laenge      Bedeutung                               *
*    ------------------------------------------------------------------  *
*        a       double }        Grenzen des Intervalls, in dem sich     *
*        b       double }        die Nullstelle befindet.                *
*        c       double [n+1]    Koeffizienten des Polynoms.             *
*                                c[i] ist der Koeffizient vor der i-ten  *
*                                Potenz von x                            *
*        n       int             Grad des Polynoms                       *
*                                                                        *
*                                                                        *
* Rueckgabewert von gxpega:                                              *
*                                                                        *
*      Nullstelle des Polynoms in [a;b]                                  *
*                                                                        *
*                                                                        *
* Benoetigte Unterprogramme:                                             *
*                                                                        *
*    gxpoly : Polynomauswertung mittels Horner-Schema                    *
*                                                                        *
*                                                                        *
* Benutzte Konstanten:                                                   *
*                                                                        *
*    MACH_EPS : Genauigkeit des benutzten Rechners                       *
*                                                                        *
*                                                                        *
* Benutzte Funktionen:                                                   *
*                                                                        *
*    abs                                                                 *
*                                                                        *
*************************************************************************/

{int i;
 double x_diff, x1, x2, x3, f1, f2, f3, s12, xsi;

 x1 = a;
 x2 = b;
 f1 = gxpoly (c, x1, n);
 f2 = gxpoly (c, x2, n);
 x_diff = x2 - x1;

 for (i = 1; i <= 50; i++)
   {s12 = x_diff / (f2 - f1);
    x3 = x2 - f2 * s12;
    f3 = gxpoly (c, x3, n);
    if ( (f2 * f3) < 0.0 )
      {x1 = x2;
       f1 = f2;
      }
    else
      f1 *= f2 / (f2 + f3);

    x2 = x3;
```

```
    f2 = f3;
    if (abs (f2)  <  MACH_EPS * 100.0)
      {if (abs (f1)  <  abs (f2))
        return (x1);
      else
        return (x2);
      }
    x_diff = x2 - x1;
    if (abs (x_diff)  <  MACH_EPS * 100.0)
      {if (abs (f1)  <  abs (f2))
        return (x1);
      else
        return (x2);
      }
  }
}

/* ---------------- ENDE GAUSS-QUADRATUR-FORMEL -------------------- */



/* -------------------- MODUL PRELUDE ------------------------------ */

#include <stdio.h>

extern FILE *fi_p2, *fi_p3;

extern double *fak, *f0, *f1, *df_dx, *delta_k, *heps, *y, *y_old;
extern double **df_dy, **dblek, **dblek_q, **db;

extern struct koeff {
    struct koeff *lower;
    struct koeff *higher;
    double *alpha;
    double **beta;
    double *a;
  };

extern struct koeff *ord_low, *ord_high, *ord_begi;


int prelude (n, m_max, vz, x, xend, x0, y0, g, eps_rel,
             file_st, file_out, file_pro)
int n, m_max;
short int *vz;
double *x, *eps_rel, xend, x0;
double y0[], g[];
char *file_st, *file_out, *file_pro;

/***********************************************************************
*                                                                      *
* Das Unterprogramm prelude dient als Hilfsroutine fuer das Unterpro-  *
* gramm imruku. Es stellt benoetigten Speicherplatz zur Verfuegung,    *
* liest die Koeffizienten fuer die impliziten Runge-Kutta-Verfahren    *
* ein, besetzt die Variablen *x und *vz (s. unten) vor und gibt die    *
```

```
* Ueberschriften auf die Ausgabe- und Protokolldatei aus (sofern ge-  *
* wuenscht).                                                          *
*                                                                     *
*                                                                     *
* Eingabeparameter:                                                   *
*                                                                     *
*      Name        Typ/Laenge      Bedeutung                          *
*   --------------------------------------------------------------    *
*        n         int             Anzahl der Differentialgleichungen *
*      m_max       int             max. zugelassene Ordnung, d.h. die *
*                                  hoechste Ordnung, fuer die Koeffizien- *
*                                  ten bereitstehen.                  *
*                                  m_max muss >= 5 sein.              *
*      xend        double          obere Grenze des Integrationsintervalls*
*       x0         double          untere Grenze des Integrationsinter- *
*                                  valls                              *
*       y0         double [n+1]    Anfangswerte y(x0)                 *
*       g          double [n]      Gewichte                           *
*    eps_rel       double *        geforderte relative Genauigkeit    *
*    file_st       char *          file_st ist der Name der Datei, die *
*                                  die Koeffizienten fuer die IRKV bis *
*                                  zur Ordnung m_max enthaelt. Diese Da- *
*                                  tei kann mit dem Unterprogramm stuetz *
*                                  erzeugt werden.                    *
*    file_out      char *          Falls die Ausgabe von (durch den Algo- *
*                                  rithmus festgelegten) Zwischenstellen *
*                                  erwuenscht ist, wird die Datei mit Na- *
*                                  men file_out erzeugt.              *
*                                  Fuer file_out [0] == ' ' erfolgt keine *
*                                  Ausgabe.                           *
*    file_pro      char *          Erzeugung einer Protokolldatei mit Na- *
*                                  men file_pro. Neben Zwischenergeb- *
*                                  nissen wird der Ablauf des Algorithmus *
*                                  protokolliert. Fuer file_pro [0] == ' '*
*                                  erfolgt keine Ausgabe.             *
*                                                                     *
*                                                                     *
* Ausgabeparameter:                                                   *
*                                                                     *
*      Name        Typ/Laenge      Bedeutung                          *
*   --------------------------------------------------------------    *
*       vz         short int *      1  :  xend >= x0                  *
*                                  -1  :  xend < x0                   *
*       x          double *        xend - x0                          *
*                                                                     *
*                                                                     *
* Rueckgabewert von prelude:                                          *
*                                                                     *
*     Fehlercode:                                                     *
*          = 0  :  alles o.k.                                         *
*          = 3  :  nicht genug Speicherplatz vorhanden                *
*          = 4  :  Fehler beim Oeffnen der Stuetzstellen-, Ausgabe- bzw.*
*                  Protokolldatei                                     *
*                                                                     *
*                                                                     *
```

```
* Benoetigte Unterprogramme:                                          *
*                                                                     *
*    aus der C-Bibliothek: fopen, fclose, malloc                      *
*                                                                     *
***********************************************************************/

{int i, j, k, ord, error;
 char *malloc ();
 FILE *fopen (), *fclose ();
 FILE *fil_poi1;

/* Bereitstellen von Arbeitsspeicher fuer eindimensionale Felder      */

 fak     = (double *) malloc ( (m_max + 1) * sizeof (double) );
 f0      = (double *) malloc ( (n + 1) * sizeof (double) );
 f1      = (double *) malloc ( (n + 1) * sizeof (double) );
 df_dx   = (double *) malloc ( (n + 1) * sizeof (double) );
 delta_k = (double *) malloc ( (2 * m_max - 1) * sizeof (double) );
 heps    = (double *) malloc ( (m_max + 1) * sizeof (double) );
 y       = (double *) malloc ( (n + 1) * sizeof (double) );
 y_old   = (double *) malloc ( (n + 1) * sizeof (double) );

 if (fak == NULL  ||  f0 == NULL  ||  f1 == NULL  ||  df_dx == NULL
     ||  delta_k == NULL  ||  heps == NULL  ||  y == NULL
     ||  y_old == NULL)
   return (error = 3);

/* Bereitstellen von Arbeitsspeicher fuer zweidimensionale Felder     */

 df_dy = (double **) malloc ( (n + 1) * sizeof (double *));
 for (i = 0; i <= n; i++)
   df_dy[i] =  (double *) malloc ( (n + 1) * sizeof (double));
 dblek = (double **) malloc ( (n + 1) * sizeof (double *));
 for (i = 0; i <= n; i++)
   dblek[i] =  (double *) malloc ( m_max * sizeof (double));
 dblek_q = (double **) malloc ( (n + 1) * sizeof (double *));
 for (i = 0; i <= n; i++)
   dblek_q[i] =  (double *) malloc ( (m_max + 1) * sizeof (double));
 db = (double **) malloc ( (n + 1) * sizeof (double *));
 for (i = 0; i <= n; i++)
   db[i] =  (double *) malloc ( (m_max + 1) * sizeof (double));

 for (i = 0; i <= n; i++)
   if (df_dy[i] == NULL  ||  dblek[i] == NULL ||  dblek_q[i] == NULL
       ||  db[i] == NULL)
      return (error = 3);

/* Vorbereitung einer verketteten Liste zur Aufnahme der Koeffizienten
   fuer die verschiedenen Ordnungen                                   */

 ord_low = (struct koeff *) malloc (sizeof (struct koeff));
 ord_low->lower = NULL;
 ord_begi = ord_low;

 for (i = 1; i <= m_max; i++)
   {ord_low->a     = (double *) malloc ((i + 1) * sizeof (double));
    ord_low->alpha = (double *) malloc ((i + 1) * sizeof (double));
```

```
    ord_low->beta  = (double **) malloc ((i + 1) * sizeof (double *));
    if (ord_low->a == NULL  ||  ord_low->alpha == NULL
       ||  ord_low->beta == NULL)
      return (error = 3);
    for (j = 0; j <= i; j++)
      {ord_low->beta[j] = (double *) malloc ((i + 1) * sizeof (double));
       if (ord_low->beta[j] == NULL)
          return (error = 3);
      }

    if (i < m_max)
      {ord_high = (struct koeff *) malloc (sizeof (struct koeff));
       if (ord_high == NULL)
          return (error = 3);
       ord_low->higher = ord_high;
       ord_high->lower = ord_low;
       ord_low = ord_high;
      }
    else
      {ord_low->higher = NULL;
       ord_low = ord_begi;
       ord_high = ord_low->higher;
      }
   }

/* Einlesen der Koeffizienten von der Stuetzstellendatei                 */

 ord_low = ord_begi;
 if ( (fil_poi1 = fopen (file_st, "r")) == NULL)
   return (error = 4);
 for (i = 1; i <= m_max; i++)
   {fscanf (fil_poi1, "\n\n%d\n", &ord);
    for (j = 1; j <= ord; j++)
      fscanf (fil_poi1, "%E", &ord_low->alpha[j]);
    for (j = 1; j <= ord; j++)
      {fscanf (fil_poi1, "\n");
       for (k = 1; k <= ord; k++)
          fscanf (fil_poi1, "%E", &ord_low->beta[j][k]);
      }
    fscanf (fil_poi1, "\n");
    for (j = 1; j <= ord; j++)
      fscanf (fil_poi1, "%E", &ord_low->a[j]);
    ord_low = ord_low->higher;
   }

 ord_low = ord_begi;
 ord_high = ord_low->higher;
 fclose (fil_poi1);

 *vz = (*x >= 0) ? 1 : -1;
 *x = xend - x0;

/* Kopf fuer Ausgabedatei                                                 */

 if (file_out[0] != ' ')
    {if ( (fi_p2 = fopen (file_out, "w")) == NULL)
       return (error = 4);
```

```
    fprintf (fi_p2, "Anfangsbedingung:\n\n");
    fprintf (fi_p2, "                  x0          Komp.          y0\n");
    fprintf (fi_p2, "%23.15E   1   %23.15E", x0, y0[1]);

    for (i = 2; i <= n; i++)
      fprintf (fi_p2, "\n                              %4d   %23.15E",
                        i, y0[i]);

    fprintf (fi_p2, "\n\nObere Grenze des Integrationsintervalles: ");
    fprintf (fi_p2, "%23.15E\n                         ", xend);
    fprintf (fi_p2, "Geforderte Genauigkeit: %23.15E\n   ", *eps_rel);
    fprintf (fi_p2, "              Hoechste moegliche Ordnung: %2d", m_max);

    fprintf (fi_p2, "\n\n Name der Protokolldatei: %s",
                      file_pro);

    fprintf (fi_p2, "\n\n Schr obere Grenze des Inte-\n");
    fprintf (fi_p2, "  itt  grationsintervalles    Komp.");
    fprintf (fi_p2, "     Naeherungsloesung      Fehlerschaetzung");
  }
else
   fi_p2 = NULL;

/* Kopf fuer Protokolldatei                                              */

 if (file_pro[0] != ' ')
   {if ( (fi_p3 = fopen (file_pro, "w")) == NULL)
     return (error = 4);

    fprintf (fi_p3, "Anfangsbedingung:\n\n");
    fprintf (fi_p3, "                  x0          Komp.          y0\n");
    fprintf (fi_p3, "%23.15E   1   %23.15E", x0, y0[1]);

    for (i = 2; i <= n; i++)
      fprintf (fi_p3, "\n                              %4d   %23.15E",
                        i, y0[i]);

    fprintf (fi_p3, "\n\nObere Grenze des Integrationsintervalles: ");
    fprintf (fi_p3, "%23.15E\n                         ", xend);
    fprintf (fi_p3, "Geforderte Genauigkeit: %23.15E\n   ", *eps_rel);
    fprintf (fi_p3, "              Hoechste moegliche Ordnung: %2d", m_max);

    fprintf (fi_p3, "\n\nGrund gibt die Ursache fuer eine Schritt");
    fprintf (fi_p3, "weitenverkleinerung an:\n");
    fprintf (fi_p3, "      0  Keine Verkleinerung der Schrittweite\n");
    fprintf (fi_p3, "      1  e_rel >= *eps_rel\n");
    fprintf (fi_p3, "      2  delta_g >= dk\n");
    fprintf (fi_p3, "      3  dg_rel >= *eps_rel");

    fprintf (fi_p3, "\n\nGewichte G:         Komp.           G\n");
    for (i = 1; i <= n; i++)
      fprintf (fi_p3, "                                  %3d  %23.15E\n", i, g[i]);

    fprintf (fi_p3, "\n\nName der Ausgabedatei: %s",
                      file_out);
```

```
      fprintf (fi_p3, "\n\n Schr Ord-  Schrittweite obere Grenze     ");
      fprintf (fi_p3, "Naeherung  Fehler-    Anz Fkt Anz. Gr ");
      fprintf (fi_p3, "\n itt  nung       h      d. Intervalls");
      fprintf (fi_p3, "        Y      Schaetzung Ausw.  Iter und");
     }
 else
     fi_p3 = NULL;
 return (error = 0);
}
/* ------------------------- ENDE PRELUDE ------------------------- */



/* ------------------------- MODUL IMRUKU ------------------------- */

#include <stdio.h>
#include <u_const.h>

FILE *fi_p2, *fi_p3;

double *fak, *f0, *f1, *df_dx, *delta_k, *heps, *y, *y_old;
double **df_dy, **dblek, **dblek_q, **db;
/* Die Felder fak ..... db werden allesamt nur als Hilfsfelder fuer
   das Programm imruku benoetigt.                                    */

 struct koeff {
   struct koeff *lower;
   struct koeff *higher;
   double *alpha;
   double **beta;
   double *a;
  };
/* Die Struktur koeff stellt eine verkettete Liste fuer die Koeffi-
   zienten der impliziten Runge-Kutta-Verfahren dar. In den Feldern
   alpha, beta und a stehen die Koeffizienten der aktuellen Ordnung.
   Die Pointer lower bzw. higher zeigen auf die Strukturen, die die
   Koeffizienten der naechst niedrigeren bzw. naechst hoeheren Ord-
   nung beinhalten.                                                  */

 struct koeff *ord_low, *ord_high, *ord_begi;
/* Der Pointer ord_begi zeigt auf das erste Element der verketteten
   Liste, also den Strukturkomplex, der die Koeffizienten fuer die
   Ordnung 1 enthaelt.
   Die Pointer ord_low bzw. ord_high zeigen auf die waehrend des Pro-
   grammlaufs aktuellen Strukturkomplexe mit den Koeffizienten fuer
   die Ordnungen m bzw. m+1                                          */


 int imruku (dgl, n, m_max, file_st, file_out, file_pro, eps_rel, g, x0,
             xend, y0, yq)
 int (*dgl) (), n, m_max;
 char *file_st, *file_out, *file_pro;
 double *eps_rel, x0, xend;
 double g[], y0[], yq[];
```

```
/***********************************************************************
*                                                                      *
* Das Unterprogramm imruku loest ein Anfangswertproblem (AWP) mit Sys- *
* temen von n Differentialgleichungen 1. Ordnung.                      *
* Die Loesung des AWP erfolgt mit impliziten Runge-Kutta-Verfahren     *
* (IRKV). Dabei wird eine Schrittweitensteuerung, sowie eine Steuerung *
* der Ordnung der IRKV verwendet. Imruku benoetigt dazu IRKV der Ord-  *
* nungen 1 bis m_max, eine vorzugebende Hoechstordnung.                *
* Die Koeffizienten dieser Verfahren werden auf der Datei, deren Name  *
* in dem Feld file_st steht, erwartet. Diese Datei kann mit dem Unter- *
* programm stuetz erzeugt werden.                                      *
* Vor jedem Runge-Kutta-Schritt wird zur Ermittlung einer optimalen    *
* Ordnung bezueglich der Anzahl der Funktionsauswertungen eine Auf-    *
* wandsberechnung gemaess aw(eps,m) = (n+1+4*m²)/h(eps,m) vorgenommen, *
* wobei h(eps,m) eine theoretische Schrittweite fuer die Ordnung m und *
* die Genauigkeitsforderung eps ist.                                   *
* Fuer jeden Schritt wird ein IRKV der Ordnung m und m+1 gewaehlt, fuer*
* das gilt:                                                            *
*                                                                      *
*              aw(eps,i) >  aw(eps,i+1)    fuer  i=1(1)m-1             *
*      und     aw(eps,m) <= aw(eps,m+1)                                *
*      bzw.    m = m_max - 1, falls kein derartiges m zwischen 1 und   *
*                             m_max - 1 existiert                      *
*                                                                      *
* Fuer dieses m wird zunaechst eine Schrittweite h gewaehlt, die im    *
* wesentlichen mit der theoretischen Schrittweite h(eps,m) ueberein-   *
* stimmt.                                                              *
* Der Runge-Kutta-Schritt wird nun mit zwei IRKV durchgefuehrt. Ein    *
* IRKV hat die Ordnung m mit den Koeffizienten, die in dem Strukturbe- *
* reich stehen, auf den der Pointer ord_low zeigt, das andere IRKV hat *
* die Ordnung m+1 und seine Koeffizienten stehen in dem durch ord_high *
* bestimmten Strukturbereich.                                          *
* Ist in einem Iterationsschritt die relative mittlere praktische Dif- *
* ferenz eps_rel der beiden Naeherungen y und yq, die mit den beiden   *
* verschiedenen Verfahren erhalten wurden, groesser als *eps_rel, so   *
* wird die Schrittweite h nach theoretischen Ueberlegungen gemaess     *
*                                                                      *
*                 h * sf * (0.5 * eps / e)^(1/(2*m+1)),                *
*                                                                      *
* wobei sf nur ein Sicherheitsfaktor und e die absolute mittlere prak- *
* tische Differenz von y und yq ist, verkleinert und der letzte Schritt*
* mit dem neuen h wiederholt.                                          *
* Ist in einem Iterationsschritt die mittlere praktische Differenz von *
* zwei aufeinanderfolgenden Naeherungen yq[alt] und yq[neu] groesser   *
* als der mittlere geschaetzte Iterationsfehler dk, der sich aus theo- *
* retischen Ueberlegungen ergibt, so kann keine Konvergenz erwartet    *
* werden. Die Schrittweite wird mit 0.6 multipliziert und der letzte   *
* Schritt neu berechnet.                                               *
* Die Iteration wird so lange durchgefuehrt, bis die relative mittlere *
* praktische Differenz von zwei aufeinanderfolgenden Naeherungen klei- *
* ner als die geforderte Genauigkeit eps wird. Dies muesste aus theo-  *
* retischen Ueberlegungen nach spaetestens 2*m+1 Iterationen eingetre- *
* ten sein.                                                            *
* Ist dies jedoch nicht der Fall, so wird die Ordnung m um 1 erhoeht   *
* und der letzte Schritt neu berechnet. Wuerde m_max - 1 dabei ueber-  *
* schritten, kann nur noch versucht werden, mit einer verkleinerten    *
```

```
* Schrittweite, hier 0.8 * h, zum Ziel zu gelangen. Unterschreitet h    *
* durch die Schrittweitensteuerung das 10-fache der Maschinengenauig-   *
* keit, wird die Integration abgebrochen, da keine Konvergenz (zumin-   *
* dest auf der benutzten Rechenanlage) erwartet werden kann.            *
*                                                                       *
*                                                                       *
* Eingabeparameter:                                                     *
*                                                                       *
*     Name        Typ/Laenge       Bedeutung                            *
*   ---------------------------------------------------------------    *
*      dgl        int * ()         Pointer auf eine function, die die   *
*                                  rechten Seiten der Differentialgleich- *
*                                  ungen auswertet                      *
*                                  Bsp.:   dgl (x, y, value)            *
*                                          double x, y[], value[];      *
*                                       es ist value(i) = F(x,y(i))     *
*       n         int              Anzahl der Differentialgleichungen   *
*     m_max       int              max. zugelassene Ordnung, d.h. die   *
*                                  hoechste Ordnung, fuer die Koeffizien- *
*                                  ten bereitstehen.                    *
*                                  m_max muss >= 5 sein.                *
*                                  Es ist jedoch nicht sinnvoll, die max. *
*                                  Ordnung zu hoch zu waehlen, da die   *
*                                  Guete des Verfahrens stark von der Ma- *
*                                  schinengenauigkeit abhaengt. So hat  *
*                                  sich (fuer dasselbe Programm in FOR- *
*                                  TRAN 77) auf einer Cyber 175 der Firma *
*                                  Control Data mit einer Maschinengenau- *
*                                  igkeit von 2.5 * 10^-29 im Rechenzentrum*
*                                  der RWTH Aachen m_max = 12 bewaehrt. *
*                                  In einzelnen Faellen kann ein hoeheres *
*                                  m_max durchaus sinnvoll sein.        *
*   file_st       char *           In file_st steht der Name der Datei, *
*                                  die die Koeffizienten fuer die IRKV bis*
*                                  zur Ordnung m_max enthaelt. Diese Da- *
*                                  tei kann mit dem Unterprogramm stuetz *
*                                  erzeugt werden.                      *
*   file_out      char *           Falls die Ausgabe von (durch den Algo- *
*                                  rithmus festgelegten) Zwischenstellen *
*                                  erwuenscht ist, wird die Datei mit Na- *
*                                  men file_out erzeugt.                *
*                                  Falls file_out[0] == ' ', erfolgt keine*
*                                  Ausgabe.                             *
*   file_pro      char *           Erzeugung einer Protokolldatei, deren *
*                                  Name in file_pro steht. Neben Zwischen-*
*                                  ergebnissen wird der Ablauf des Algo- *
*                                  rithmus protokolliert. Falls         *
*                                  file_pro[0] == ' ', erfolgt keine Aus- *
*                                  gabe.                                *
*   eps_rel       double *         geforderte relative Genauigkeit      *
*      g          double [n+1]     Die Gewichte g[i] ermoeglichen eine un-*
*                                  terschiedliche Wichtung der Komponen- *
*                                  ten von y[i] bezueglich der Genauig- *
*                                  keitsforderung eps_rel. Sollen alle  *
*                                  Komponenten gleich gewichtet werden, *
*                                  wird z.B. g[i] = 1 fuer alle i ge-   *
*                                  waehlt.                              *
```

```
*                            W A R N U N G: Falls g[i] = 0 fuer ein *
*                                           i, koennte es zu einer  *
*                                           Nulldivision kommen,    *
*                                           wenn gleichzeitig die   *
*                                           entsprechenden Komponen-*
*                                           ten der partiellen Ab-  *
*                                           leitungen der rechten   *
*                                           Seite 0 sind. Dies wird *
*                                           nicht abgefangen.       *
*   x0        double             untere Grenze des Integrationsinter- *
*                                valls                                *
*   xend      double             obere Grenze des Integrationsintervalls*
*   y0        double [n+1]       Anfangswerte y(x0)                   *
*                                                                     *
*                                                                     *
* Ausgabeparameter:                                                   *
*                                                                     *
*   Name      Typ/Laenge         Bedeutung                            *
*   ----------------------------------------------------------------  *
*   eps_rel   double *           Schaetzung des groessten lokalen rela-*
*                                tiven Fehlers                        *
*   yq        double [n]         Naeherung fuer die Loesung des AWP;  *
*                                mit dem Verfahren der Ordnung m+1 er-*
*                                zielt                                *
*                                                                     *
*                                                                     *
* Rueckgabewert von imruku:                                           *
*                                                                     *
*   Fehlercode:                                                       *
*        = 0  :  alles o.k.                                           *
*        = 1  :  keine Konvergenz. Moegliche Abhilfe: max. Ordnung    *
*                m_max erhoehen.                                      *
*        = 3  :  nicht genug Speicherplatz vorhanden (im UP prelude)  *
*        = 4  :  Fehler beim Oeffnen der Stuetzstellen-, Ausgabe- bzw.*
*                Protokolldatei (im UP prelude)                       *
*                                                                     *
*                                                                     *
* Benoetigte Unterprogramme:                                          *
*                                                                     *
*     wurz : Das Unterprogramm wurz dient der Berechnung von Wurzeln,*
*            die bei der Bestimmung der Schrittweite h und des mitt- *
*            leren geschaetzten Iterationsfehlers dk bzw. delta_k[l] *
*            fuer l=0(1)2*m-1, auftreten.                            *
*  prelude : Bereitstellen von Arbeitsspeicher, einlesen der Koeffi- *
*            zienten und Ausgabe auf die Ausgabe- bzw. die Protokoll-*
*            datei                                                    *
*                                                                     *
*  aus der C-Bibliothek: sqrt, pow, fclose                            *
*                                                                     *
*                                                                     *
* Benutzte Konstanten:                                                *
*                                                                     *
*    MACH_EPS : Genauigkeit des benutzten Rechners                    *
*                                                                     *
*                                                                     *
```

```
* Literatur:                                                       *
*                                                                  *
*        D. SOMMER: Neue implizite Runge-Kutta-Formeln und deren An- *
*                   wendungsmoeglichkeiten, Dissertation, Aachen 1967 *
*                                                                  *
*******************************************************************/

{int error = 0, m_max_m1 = m_max - 1, fu = 0, sz = 0, m = 1, m_old = 1;
 int i, j, m2, m_p1 = 2, m_m2 = 2, m_m2_p1 = 3, m_m2_m1 = 1;
 int m_m2_m2 = 0;
 int z, l, k, lh;
 int prelude ();
 short int stop, m_help, vz, null, ord_up, cause;
 float aw1, aw2;
 double sqrt (), pow (), wurz ();
 double eps_err = 100.0 * MACH_EPS, eps_lok = 0.0, e_rel;
 double delta = sqrt (MACH_EPS), sf = 0.9;
 double x, summe_g, yj, sum, dk, zpot, h, faklp1, x1;
 double delta_g, e, yqnorm, y_diff, dg_rel, fehler, hbeg;
 FILE *fclose ();

/* Bereitstellen von Arbeitsspeicher, einlesen der Koeffizienten und
   Ausgabe auf die Ausgabe- bzw. die Protokolldatei                 */

 error = prelude (n, m_max, &vz, &x, xend, x0, y0, g, eps_rel,
                  file_st, file_out, file_pro);
 if (error != 0)
   return (error);

 fak[1] = 2.0;                          /* Vorbereitung von Fakultaeten */
 for (i=2,m2=4; i <= m_max; i++,m2+=2)
   fak[i] = fak[i-1] * (double) (m2 * (m2 - 1));

 for (i=1,summe_g=0.0; i <= n; i++)          /* Vorberechnung der Summe */
   summe_g += g[i];                                     /* der Gewichte */

 do {                                    /* Anfang Integrationsschritt */
   sz += 1;
   m_old = m;
   stop = 0;

   (*dgl) (x0, y0, f0);                /* Berechnung von Naeherungen fuer */
   for (j = 1; j <= n; j++)            /* die partiellen Ableitungen der  */
     {yj = y0[j];                      /* rechten Seite bezueglich y an   */
      y0[j] = yj + delta;              /* der Stelle (x0, y0) mit dem     */
      (*dgl) (x0, y0, f1);             /* vorderen Differenzenquotienten  */
      for (i = 1; i <= n; i++)
        df_dy[i][j] = (f1[i] - f0[i]) / delta;
      y0[j] = yj;
     }

   (*dgl) (x0+delta, y0, df_dx);          /* Berechnung von Naeherungen */
   for (i = 1; i <= n; i++)               /* fuer die partiellen Ablei- */
     df_dx[i] = (df_dx[i] - f0[i])        /* tungen der rechten Seite   */
                / delta;                  /* bezueglich x an der Stelle */
```

```
   for (i = 1; i <= n; i++)                /* (x0 ,y0 ) mit dem vorderen   */
     {for (j=1,sum=0.0; j <= n; j++)       /* Differenzenquotienten        */
        sum += df_dy[i][j] * f0[j];
      df_dx[i] += sum;
     }

   fu += n + 2;

   i = 0;                               /* Ueberpruefung, ob die partiellen */
   null = 1;                            /* Ableitungen bezueglich y saemt-  */
   do {                                              /* lich gleich 0 sind */
      i += 1;
      j = 0;
      do {
         j += 1;
         if (df_dy[i][j] != 0.0)
           null = 0;
        } while (null  &&  j < n);
     } while (null  &&  i < n);

   if (!null)                           /* Ueberpruefung, ob die partiellen */
     {null = 1;                         /* Ableitungen bezueglich x saemt-  */
      i = 0;                                         /* lich gleich 0 sind */
      do {
         i += 1;
         if (df_dx[i] != 0.0)
           null = 0;
        } while (null  &&  i < n);
     }

/* Aufwandsberechnung:
      Schaetzung des mittleren Iterationsfehlers, Bestimmung der
      Schrittweite und Aufwandsberechnung.
      Der mittlere geschaetzte Iterationsfehler bei der l-ten Iteration
      ergibt sich zu

            h^(l+2)/(l+2)! * sqrt( g*(df/dx * (df/dy)^l )^2 /summe_g)

      Dazu wird die Wurzel mit dem Unterprogramm wurz berechnet und in
      delta_k[l] gespeichert. Die Schaetzung ergibt sich dann spaeter zu
      dk = h^(l+2)  * delta_k[l] / (l+2)!.
      Die Schrittweite zum Verfahren der Ordnung m ist  heps[m] =
      *eps_rel*(2*m)! / sqrt(g*(df/dx * (df/dy)^(2*m-2) )^2  / summe_g)^(1/(2*m))
      Die Aufwandsberechnung erfolgt nach

            aw(eps,m) = (n+1+4*m*n) / heps[m]

      Es wird die Ordnung genommen, bei der der Aufwand bezueglich der
      Anzahl von Funktionsauswertungen minimal wird. Dies ist fuer das
      erste m der Fall, bei dem aw(eps,m) < aw(eps,m+1) gilt.            */

   if (!null)                          /* Bestimmung der Ordnung der        */
     {m = 1;                           /* Schrittweite, sowie Schaetzung    */
      dk = 0.0;                        /* des mittleren Iterationsfehlers,  */
      for (i = 1; i <= n; i++)         /* falls keine Ableitung 0 ist.      */
        dk += g[i] * df_dx[i] * df_dx[i];
      delta_k[0] = sqrt (dk/summe_g);
```

```
      heps[1] = sqrt ((*eps_rel) * fak[1] / delta_k[0]);
      aw2 = (n + 5) / (float) heps[1];
      m = 2;
      do {
         aw1 = aw2;
         m_m2_m2 = 2 * m - 2;
         delta_k[2*m-3] = wurz (n, df_dy, df_dx, summe_g, g, f1);
         delta_k[m_m2_m2] = wurz (n, df_dy, df_dx, summe_g, g, f1);
         if (delta_k[m_m2_m2] != 0.0)
           {heps[m] = pow ( (*eps_rel) * fak[m] / delta_k[m_m2_m2],
                            1.0 / (2.0*m) );
            aw2 = (n + 1 + 4.0*m*m) / (float) heps[m];
            m += 1;
           }
         else
           null = 1;
       } while (m <= m_max  &&  aw2 < aw1  &&  !null);
     m -= 2;
    }

  if (null)              /* Bei der Berechnung der Schrittweite heps[m] */
    {m = 3;              /* wuerde durch 0 dividiert. Daher wird die    */
     zpot = 1.0;         /* Ordnung 3 gewaehlt und delta_k[1] zu        */
     for (i = 1; i <= 6; i++)              /* *eps_rel * 10^(5-i)  fuer  */
       {delta_k[6-i] = (*eps_rel) * zpot;/* i = 1(1)5 gesetzt. Als     */
        zpot *= 10.0;                      /* Anfangsschrittweite wird */
       }                                   /* 0.1 gewaehlt              */
     h = vz * 0.1;
    }
  else                                     /* Festlegung der endgueltigen */
    h = vz * sf * heps[m];                            /* Schrittweite */

  z = 0;                       /* Initialisierung fuer neuen Schritt */
  x = x0 + h;
  if ( vz * (xend-x) < 0.0 )
    {h = xend - x0;
     x = xend;
    }
  ord_up = 0;
  if ( (m_help = m - m_old) != 0 )       /* Ordnung hat sich geaendert */
    {if (m_help > 0)                              /* Ordnung groesser */
       {for (i = 1; i <= m_help; i++)
          if (ord_high->higher != NULL)
            {ord_high = ord_high->higher;
             ord_low = ord_low->higher;
            }
       }
     else                                          /* Ordnung kleiner */
       for (i = -1; i >= m_help; i--)
         if (ord_low->lower != NULL)
           {ord_low = ord_low->lower;
            ord_high = ord_high->lower;
           }
     m_p1 = m + 1;
     m_m2 = m * 2;
     m_m2_p1 = m_m2 + 1;
     m_m2_m1 = m_m2 - 1;
```

```
      m_m2_m2 = m_m2 - 2;
    }
  do {                                  /* solange bis Genauigkeit erreicht */
    if (ord_up)
      {m += 1;                            /* Die Ordnung wird um 1 erhoeht */
       m_p1 = m + 1;
       ord_low = ord_low->higher;
       ord_high = ord_high->higher;
       m_m2 = m * 2;                          /* Berechnung von haeufig ver- */
       m_m2_p1 = m_m2 + 1;                             /* wendeten Werten */
       m_m2_m1 = m_m2 - 1;
       m_m2_m2 = m_m2 - 2;
       if (!null)        /* delta_k und heps fuer das neue m bestimmen */
         {delta_k[m_m2_m1] = wurz (n, df_dy, df_dx, summe_g, g, f1);
          delta_k[m_m2] = wurz (n, df_dy, df_dx, summe_g, g, f1);
          if (delta_k[m_m2_m2] != 0.0)
            {heps[m] = pow ((*eps_rel) * fak[m] / delta_k[m_m2_m2],
                             1.0 / m_m2);
             h = vz * sf * heps[m];
            }
          else
            null = 1;
         }
       if (null)                              /* Bei der Berechnung der   */
         {zpot = 1.0;                         /* Schrittweite heps[m]     */
          for (i = 1; i <= m_m2; i++)         /* wuerde durch 0 dividiert */
            {delta_k[m_m2-i] = (*eps_rel) * zpot;
             zpot *= 10.0;
            }
          h = vz * 0.1;
         }
      }
    for (i = 1; i <= n; i++)            /* Setzen der Gewichte dblek und  */
      {for (j = 1; j <= m; j++)         /* dblek_q auf die Startwerte h*f0*/
         {dblek[i][j] = h * f0[i];                   /* fuer die Iteration */
          dblek_q[i][j] = h * f0[i];
         }
       dblek_q[i][m_p1] = h * f0[i];
      }
    for (i = 1; i <= n; i++)               /* Vorbesetzen des Feldes fuer */
      y_old[i] = y0[i] + h * f0[i];        /* die alte Naeherung, damit   */
                                           /* Fehlerschaetzung nach der   */
                                           /* ersten Iteration moeglich   */

/* In der folgenden Repeat-Schleife wird in Gesamtschritten iteriert,
   bis die geforderte Genauigkeit erreicht wird, oder die Anzahl der
   Iterationen 2*m+1 ueberschreitet.
   Ist letzteres der Fall, wird die Ordnung erhoeht und der Schritt
   wiederholt. Ist die Konvergenz der Iteration nicht gesichert, oder
   kann die Ordnung nicht mehr erhoeht werden, wird der Schritt mit
   verkleinerter Schrittweite wiederholt                                 */

    l = 0;
    faklp1 = 1.0;
    do {                                         /* Anfang l-te Iteration */
      l += 1;
      faklp1 *= l + 1;
```

```
      cause = 0;
      for (k = 1; k <= m; k++)         /* l-te Iteration fuer die Ge- */
        {x1 = x0 + h * ord_low->alpha[k];   /* wichte dblek mit ei- */
         for (i = 1; i <= n; i++)              /* nem Gesamtschritt */
           {y[i] = y0[i];
            for (j = 1; j <= m; j++)
              y[i] += dblek[i][j] * ord_low->beta[j][k];
           }
         (*dgl) (x1, y, f1);
         for (i = 1; i <= n; i++)                    /* Gesamtschritt */
           db[i][k] = h * f1[i];
        }
      for (i = 1; i <= n; i++)               /* Umspeichern der neuen */
        for (j = 1; j <= m; j++)                         /* Gewichte */
          dblek[i][j] = db[i][j];

      for (k = 1; k <= m_p1; k++)      /* l-te Iteration fuer die Ge- */
        {x1 = x0 + h * ord_high->alpha[k];    /* wichte dblek_q mit */
         for (i = 1; i <= n; i++)             /* einem Gesamtschritt */
           {yq[i] = y0[i];
            for (j = 1; j <= m_p1; j++)
              yq[i] += dblek_q[i][j] * ord_high->beta[j][k];
           }
         (*dgl) (x1, yq, f1);
         for (i = 1; i <= n; i++)                    /* Gesamtschritt */
           db[i][k] = h * f1[i];
        }
      for (i = 1; i <= n; i++)               /* Umspeichern der neuen */
        for (j = 1; j <= m_p1; j++)                      /* Gewichte */
          dblek_q[i][j] = db[i][j];

      fu += m_m2_p1;
      for (i = 1; i <= n; i++)   /* Naeherungen der l-ten Iteration */
        {y[i] = y0[i];           /* Berechnung der neuen Naeherungen*/
         yq[i] = y0[i];          /* y (mit Ordnung m) und yq (mit   */
         for (j = 1; j <= m; j++)                 /* Ordnung m+1) */
           {y[i] += ord_low->a[j] * dblek[i][j];
            yq[i] += ord_high->a[j] * dblek_q[i][j];
           }
         yq[i] += ord_high->a[m_p1] * dblek_q[i][m_p1];
        }

/* Bestimmung der absoluten und relativen mittleren praktischen Dif-
   ferenz delta_g und dg_rel zweier aufeinanderfolgender Iterationen,
   sowie der absoluten und relativen mittleren praktischen Differenz
   e bzw. e_rel der beiden mit verschiedenen Ordnungen erhaltenen
   Naeherungsloesungen                                              */

      delta_g = e = yqnorm = 0.0;
      for (i = 1; i <= n; i++)
        {yqnorm += yq[i] * yq[i];
         y_diff = yq[i] - y_old[i];
         delta_g += g[i] * y_diff * y_diff;
         y_diff = y[i] - yq[i];
         e += g[i] * y_diff * y_diff;
         y_old[i] = yq[i];
        }
```

```
        delta_g = sqrt (delta_g / summe_g);
        e = sqrt (e / summe_g);
        if (yqnorm > 0.0)
          {yqnorm = sqrt (yqnorm);
           dg_rel = delta_g / yqnorm;
           e_rel = e / yqnorm;
          }
        else
          {dg_rel = delta_g;
           e_rel = e;
          }
        fehler = max (e_rel, dg_rel);
        eps_lok = max (eps_lok, fehler);

        lh = 1;                          /* Test auf Abbruch der Iteration */
        if ( e_rel >= (*eps_rel) )
          {cause = 1;
           if (z != 0)
             sf *= 0.9;
           z += 1;
           hbeg = h;
           h *= sf * pow ( (0.5 * (*eps_rel) / e), 1.0 / m_m2_p1 );
           l = 0;
          }
        else
          {if (null)
             {dk = delta_k[l-1];
             }
           else
             {dk = 5.0 * pow (h,(double) (l+1)) * delta_k[l-1] / faklp1;
             }
           if (delta_g >= dk)
             {cause = 2;
              hbeg = h;
              h *= 0.6;
              sf *= 0.8;
              l = 0;
             }
           else
             if ( dg_rel >= (*eps_rel)  &&  m >= m_max_m1
                  &&  l >= m_m2_m1)      /* Schrittweite wird verklei- */
               {cause = 3;               /* nert, da max. Anzahl an    */
                hbeg = h;                /* Iterationen erreicht, je-  */
                h *= 0.8;                /* doch Genauigkeit noch nicht*/
                l = 0;
               }
          }
       if (l == 0)
         {if (fi_p3 != NULL)
            {fprintf (fi_p3, "\n%4d  %3d  %12.4E", sz, m, hbeg);
             fprintf (fi_p3, " %12.4E   %12.4E", x, yq[1]);
             fprintf (fi_p3, "  %10.3E %4d   %4d", fehler, fu, lh);
             fprintf (fi_p3, "   %1d", cause);
             for (i = 2; i <= n; i++)
               fprintf (fi_p3, "\n%51.4E", yq[i]);
            }
```

```
        if (h < eps_err)                /* Verfahren konvergiert nicht */
          stop = error = 1;
        else
          {faklp1 = 1.0;    /* Die Berechnungen des letzten Schrit- */
           x = x0 + h;      /* tes werden rueckgaengig gemacht und  */
           if (vz * (xend - x) < 0.0)    /* der Schritt wiederholt */
             {h = xend - x0;
              x = xend;
             }
           for (i = 1; i <= n; i++)
             {for (j = 1; j <= m; j++)
                dblek[i][j] = dblek_q[i][j] = h * f0[i];
              dblek_q[i][m_p1] = h * f0[i];
             }
           for (i = 1; i <= n; i++)
             y_old[i] = y0[i] + h * f0[i];
          }
      }
    } while (   ((l < m_m2_m1  &&  dg_rel >= (*eps_rel))  ||  l == 0)
             && !stop
            );                                 /* Ende l-te Iteration */
  if (dg_rel >= (*eps_rel)  &&  m_p1 < m_max  &&  !stop)
    {ord_up = 1;        /* Genauigkeit nach theoretisch max. ausrei- */
     cause = 4;         /* chender Anzahl Iterationen noch nicht er- */
     if (fi_p3 != NULL)               /* reicht; Ordnung erhoehen */
       {fprintf (fi_p3, "\n%4d  %3d  %12.4E", sz, m, h);
        fprintf (fi_p3, " %12.4E  %12.4E", x, yq[1]);
        fprintf (fi_p3, "  %10.3E %4d   %4d", fehler, fu, l);
        fprintf (fi_p3, "   %1d", cause);
        for (i = 2; i <= n; i++)
          fprintf (fi_p3, "\n%51.4E", yq[i]);
       }
    }
  else
    ord_up = 0;
} while (ord_up);                  /* solange, bis Genauigkeit erreicht */
if (!stop)                         /* Schritt erfolgreich abgeschlossen */
  {if (fi_p3 != NULL)
     {fprintf (fi_p3, "\n%4d  %3d  %12.4E", sz, m, h);
      fprintf (fi_p3, " %12.4E  %12.4E", x, yq[1]);
      fprintf (fi_p3, "  %10.3E %4d   %4d", fehler, fu, l);
      fprintf (fi_p3, "   %1d", cause);
      for (i = 2; i <= n; i++)
        fprintf (fi_p3, "\n%51.4E", yq[i]);
     }
   if (fi_p2 != NULL)
     {fprintf (fi_p2, "\n%5d %22.15E    1", sz, x);
      fprintf (fi_p2, "     %23.15E  %16.9E", yq[1], fehler);
      for (i = 2; i <= n; i++)
        fprintf (fi_p2, "\n%33d    %23.15E", i, yq[i]);
     }
  }
if (x != xend  &&  !stop)
  {if (z > 1)                       /* Ende des Integrationsintervalls */
     sf /= 0.97;                    /* noch nicht erreicht             */
   x0 = x;
```

```
      for (i = 1; i <= n; i++)
        y0[i] = yq[i];
      }
    else
      {stop = 1;                          /* Abbruch, weil das Anfangswert- */
       *eps_rel = eps_lok;                /* problem geloest wurde, oder    */
      }                                   /* das Verfahren nicht konvergiert*/
    } while (!stop);                          /* Ende Integrationsschritt */
 fclose (fi_p2);
 fclose (fi_p3);
 return (error);
}

/* ---------------------------- ENDE IMRUKU ------------------------ */



/* ------------------------- MODUL WURZ ----------------------------- */
#include <u_const.h>

double wurz (n, dfdy, dfdx, summe_g, g, dfdx_h)
int n;
double *dfdy[], dfdx[], g[], dfdx_h[], summe_g;

/*********************************************************************
*                                                                    *
* Dieses Unterprogramm dient der Berechnung von Wurzeln, die im Unter- *
* programm imruku bei der Bestimmung der Schrittweite h und des mitt- *
* leren geschaetzten Iterationsfehlers dk bzw. delta_k(l), l=0(1)2*m+1 *
* auftreten.                                                         *
*                                                                    *
*    wurz = sqrt ( g * (df/dx * (df/dy)^k )^2 / summe_g )            *
*                                          fuer k=1(1)2*m-1          *
*                                                                    *
* Die Berechnung von (df/dy)^k erfolgt dabei sukzessive bei jedem Aufruf*
* von wurz dadurch, dass (df/dy)^(k-1) *df/dx im alten Feld fuer df/dx, *
* dfdx, abgespeichert ist.                                           *
*                                                                    *
*                                                                    *
* Eingabeparameter:                                                  *
*                                                                    *
*     Name       Typ/Laenge       Bedeutung                          *
*   ---------------------------------------------------------------  *
*       n        int              Anzahl der Differentialgleichungen *
*     dfdy       double [n+1]     Ableitung df/dy der rechten Seite der *
*                       [n+1]     Differentialgleichung bezueglich y aus *
*                                 imruku an der Stelle (x0 , y0 )    *
*       g        double [n+1]     Gewichtsvektor                     *
*    summe_g     double           g[1] + g[2] + g[3] + ..... + g[n]  *
*    dfdx_h      double [n+1]     Hilfsfeld                          *
*                                                                    *
*                                                                    *
```

```
* Ausgabeparameter:                                                    *
*                                                                      *
*     Name       Typ/Laenge      Bedeutung                             *
*    ---------------------------------------------------------------  *
*     dfdx       double [n+1]    (df/dy)^k *df/dx                      *
*                                                                      *
*                                                                      *
* Rueckgabewert von wurz:                                              *
*                                                                      *
*     Wurzel, die berechnet werden sollte (s. Programmbeschreibung)    *
*                                                                      *
*                                                                      *
* Benoetigte Unterprogramme:                                           *
*                                                                      *
*    aus der C-Bibliothek: sqrt, pow                                   *
*                                                                      *
***********************************************************************/

{int i, j;
 double sum;
 double sqrt (), pow ();

 for (i=1,sum=0.0; i <= n; i++)
   {for (j = 1; j <= n; j++)
      sum += dfdy[i][j] * dfdx[j];
    dfdx_h[i] = sum;
   }
 for (j=1,sum=0.0; j <= n; j++)
   {dfdx[j] = dfdx_h[j];
    sum += pow (dfdx[j], 2.0) * g[j];
   }
 return ( sqrt(sum/summe_g) );
}

/* -------------------------- ENDE WURZ -------------------------------- */
```

P 10.3 PRAEDIKTOR - KORREKTOR - VERFAHREN NACH ADAMS-BASHFORTH-MOULTON

```
/* ---------------- MODUL ADAMS-BASHFORTH-MOULTON ------------------ */

#include <stdio.h>
#include <u_const.h>

#define NEW 0
#define GO_AHEAD 1
#define F_LIMIT 2
#define CHECK 1
#define NO_CHECK 0
#define SECHSTEL 1.0/6.0
#define DRITTEL 1.0/3.0
#define RUK 1.0/80.0
#define AD_MOU -19.0/270.0
#define MAX_FCT 1000

double beta[4] = {-9.0, 37.0, -59.0, 55.0};
double betstr[4] = {1.0, -5.0, 19.0, 9.0};
double p[4] = {0.0, 0.5, 0.5, 1.0};
double alpha[4] = {SECHSTEL, DRITTEL, DRITTEL, SECHSTEL};
double guess[2] = {RUK, AD_MOU};


void ad_mou (x, y, n, dgl, xend, h, hmax, eps_abs, eps_rel, error)
double *x, xend, *h, hmax, eps_abs, eps_rel;
double y[];
int n, (*dgl) (), *error;

/***********************************************************************
*                                                                      *
* Die Routine ad_mou fuehrt die numerische Loesung eines Systems ge-   *
* woehnlicher Differentialgleichungen                                  *
*                                                                      *
*      Y' = F(x,y)          mit der Anfangsbedingung y(x0) = Y0        *
*                                                                      *
* mit dem Praediktor-Korrektor Verfahren von Adams-Bashforth-Moulton   *
* durch. Die benoetigten Startwerte werden mit einer Startprozedur     *
* nach Runge-Kutta mit derselben Ordnung wie das A-B-M-Verfahren er-   *
* zeugt.                                                               *
*                                                                      *
* Eingabeparameter:                                                    *
*                                                                      *
*      Name      Typ/Laenge      Bedeutung                             *
*   --------------------------------------------------------------     *
*       x        double *        unabhaengige Variable                 *
*       y        double [n]      Anfangswerte der Loesung an der Stelle x*
*      dgl       int * ()        Pointer auf eine function, die die    *
*                                rechten Seiten der Differentialgleich- *
*                                ungen auswertet                       *
*                                Bsp.:        dgl (x, y, value)        *
*                                                double x, y[], value[]; *
*                                        es ist value(i) = F(x,y(i))   *
*       n        int             Anzahl der Differentialgleichungen    *
```

```
*     xend     double        Stelle, an der die Loesung gewuenscht   *
*                            wird; darf kleiner als x sein           *
*       h      double *      Schrittweite fuer den naechsten Schritt;*
*                            wird normalerweise von ad_mou bestimmt  *
*     hmax     double        max. Schrittweite; muß positiv sein     *
*    eps_abs   double        Fehlerschranken fuer den absoluten bzw. *
*    eps_rel   double        den relativen Fehler; beide muessen     *
*                            >= 0 sein;                              *
*                            Es wird ein gemischter Test durchge-    *
*                            fuehrt:                                 *
*                              abs(lok. Fehler) <=  abs(y) * eps_rel *
*                                                   + eps_abs        *
*                            Wenn also eps_rel = 0 gewaehlt wird,    *
*                            entspricht das einem Test auf den abso- *
*                            luten Fehler, wenn eps_abs = 0 gewaehlt *
*                            wird, einem Test auf den relativen Feh- *
*                            ler. Rel_err eps_abs sollte groesser    *
*                            als das Zehnfache des Maschinenrun-     *
*                            dungsfehlers gewaehlt werden. Ist das   *
*                            nicht der Fall, wird es automatisch     *
*                            auf diesen Wert gesetzt.                *
*     error     int *        Flagge, die anzeigt, unter welchen Um-  *
*                            staenden ad_mou jetzt aufgerufen wird;  *
*                            sofern nicht vom Benutzer geaendert,    *
*                            wird *error von ad_mou selbst vor dem   *
*                            Ruecksprung fuer den naechsten Aufruf   *
*                            passend vorbesetzt; vergl. *error als   *
*                            Ausgabeparameter                        *
*                               *error = 0 : ganz neuer Aufruf       *
*                               *error = 1 : Werte von letztem Aufruf*
*                                            benutzen; die Startwer- *
*                                            te fuer das A-B-M-Ver-  *
*                                            fahren sind bereits     *
*                                            vorbesetzt              *
*                               *error = 2 : weitermachen an alter   *
*                                            Stelle nach zu vielen   *
*                                            Funktionsauswertungen   *
*                                                                    *
*                                                                    *
* Ausgabeparameter:                                                  *
*                                                                    *
*     Name     Typ/Laenge    Bedeutung                               *
*   --------------------------------------------------------------   *
*       x      double *      Stelle, die bei der Integration zuletzt *
*                            erreicht wurde                          *
*       y      double [n]    Loesung an der Stelle *x                *
*       h      double *      Zuletzt gebrauchte Schrittweite; sollte *
*                            fuer den naechsten Schritt unveraendert *
*                            gelassen werden. Bei Aenderungen muss   *
*                            *error = 0 gesetzt werden.              *
*     error    int *         Flagge, die anzeigt, unter welchen Be-  *
*                            dingungen ad_mou verlassen wurde        *
*                            = 0 : alles o.k. Nach Neubesetzung von  *
*                                  xend kann ad_mou erneut aufgeru-  *
*                                  fen werden. (*error = NEW)        *
*                            = 1 : s. *error = 0, jedoch sind die    *
*                                  Startwerte fuer das A-B-M-Verfah- *
```

```
*                                          ren bereits vorbesetzt              *
*                                          (*error = GO_AHEAD)                 *
*                                    = 2 : Das Verfahren erreichte bei         *
*                                          MAX_FCT Funktionsaufrufen nicht     *
*                                          xend; erneuter Aufruf ohne Aen-     *
*                                          derung der Parameter kann zu Er-    *
*                                          folg fuehren (ansonsten evtl.       *
*                                          Fehlerschranken vergroessern)       *
*                                          (*error = F_LIMIT)                  *
*                                    = 3 : Die Schrittweite unterschreitet     *
*                                          das achtfache des Maschinenrun-     *
*                                          dungsfehlers bezogen auf die Inte-*
*                                          grationsstelle. Vor weiteren Auf-   *
*                                          rufen muessen *h und die Fehler-    *
*                                          schranken vergroessert werden.      *
*                                    = 4 : eps_abs oder eps_rel ist negativ    *
*                                          oder beide sind = 0.0               *
*                                    = 5 : xend = *x                           *
*                                    = 6 : hmax ist negativ                    *
*                                    = 7 : nicht genug Speicherplatz           *
*                                                                              *
*                                                                              *
* Benoetigte Unterprogramme:                                                   *
*                                                                              *
*    sta_ruk : liefert Startwerte nach Runge-Kutta                             *
*      a_b_m : fuehrt einen Adams-Bashforth-Moulton-Schritt durch              *
*                                                                              *
*                                                                              *
* Benutzte Konstanten:                                                         *
*                                                                              *
*    MACH_EPS : Genauigkeit des benutzten Rechners                             *
*         NEW : voellig neuer Aufruf von ad_mou                                *
*    GO_AHEAD : Werte von letztem Aufruf benutzen; es kann direkt ein          *
*               A-B-M-Schritt durchgefuehrt werden                             *
*     F_LIMIT : erneuter Aufruf nach zu vielen Funktionsauswertungen           *
*       CHECK : neue Schrittweite in sta_ruk auf Plausibilitaet pruefen*
*    NO_CHECK : neue Schrittweite in sta_ruk nicht auf Plausibilitaet          *
*               pruefen                                                        *
*     MAX_FCT : max. zulaessige Anzahl von Auswertungen der rechten            *
*               Seite der DGL                                                  *
*                                                                              *
*                                                                              *
* Benutzte globale Felder:                                                     *
*                                                                              *
*    guess                                                                     *
*                                                                              *
* Benutzte Funktionen:                                                         *
*                                                                              *
*    max, abs                                                                  *
*                                                                              *
*******************************************************************************/

{double h_save, diff_max, y_max;
 static double x0, *f_help[12];
 int i, act_fct = 0, stop, half, doub;
 static int method;
```

```
int sta_ruk ();
void a_b_m ();
char *malloc ();

if (eps_abs < 0  ||  eps_rel < 0          /* Plausibilitaetskontrollen */
    ||  eps_abs + eps_rel <= 0)
  {*error = 4;
   return;
  }
else if (xend == *x)
  {*error = 5;
   return;
  }
else if (hmax <= 0)
  {*error = 6;
   return;
  }
eps_rel = max(eps_rel, 10.0*MACH_EPS);
switch (*error) {
  case NEW:                                      /* voellig neuer Aufruf */
            for (i = 0; i < 12; i++)     /* Speicherpaltzreservierung */
              {f_help[i] = (double *) malloc (n * sizeof (double));
               if (f_help[i] == NULL)
                 return (*error = 7);
              }
            (*dgl) (*x, y, &f_help[1][0]);
            act_fct += 1;
            h_save = *h;
            if (stop = sta_ruk (*x, &x0, y, n, dgl, xend, h, hmax,
                                CHECK, &method, &act_fct, f_help))
              {*error = NEW;
               *h = h_save;
               return;
              }
            break;
  case GO_AHEAD:                   /* Werte von letztem Aufruf benutzen; */
            a_b_m (&x0, n, dgl, h, f_help);     /* ein A-B-M-Schritt   */
            method = 1;                         /* kann direkt durch-  */
            act_fct += 2;                       /* gefuehrt werden     */
            break;
  case F_LIMIT:                    /* Weitermachen nach zu vielen Funk-  */
            break;                              /* tionsauswertungen   */
 }
for (;;)
  {if (act_fct > MAX_FCT)           /* Zu viele Funktionsauswertungen */
     {*x = x0;
      for (i = 0; i < n; i++)
        y[i] = f_help [10][i];
      *error = F_LIMIT;
      return;
     }
   for (i=0,diff_max=0.0,y_max=0.0; i < n; i++)  /* Fehlerschaetzung */
     {f_help[11][i] = guess[method] * (f_help[10][i] - f_help[9][i]);
      diff_max = max ( diff_max, abs(f_help[11][i]) );
      y_max = max (y_max, abs(f_help[10][i]));
     }
   half = doub = 0;
```

```
    if (diff_max >= eps_rel * y_max + eps_abs)      /* Fehler zu gross */
      {(*h) *= 0.5;
       if (abs(*h) <= 8.0 * MACH_EPS * abs (x0)) /* Schrittweite wird */
         {*error = 3;                                     /* zu klein */
          return;
         }
       else                                      /* Schritt mit halber */
         {half = 1;                               /* Schrittweite wdh. */
          if (stop = sta_ruk (*x, &x0, y, n, dgl, xend, h, hmax,
                         NO_CHECK, &method, &act_fct, f_help))
            {*error = NEW;
             return;
            }
         }
      }
    if (!half)               /* Schrittweite muss nicht halbiert werden */
      {*x = x0;
       for (i = 0; i < n; i++)
         {f_help[10][i] += f_help[11][i];
          y[i] = f_help[10][i];
         }
       (*dgl) (x0, y, &f_help[4][0]);
       act_fct += 1;
       if (diff_max <= 0.02 * (eps_rel * y_max + eps_abs))
         {(*h) *= 2.0;                       /* Zu grosse Genauigkeit;   */
          for (i = 0; i < n; i++)            /* Schrittweite verdoppeln  */
            f_help[1][i] = f_help[4][i];
          if (*h > 0.0 && x0 >= xend  ||  *h < 0.0 && x0 <= xend)
            {*error = NEW;                          /* xend ist erreicht */
             return;
            }
          else               /* Neues Anlaufstueck mit R-K Startproz. */
            {doub = 1;
             if (stop = sta_ruk (*x, &x0, y, n, dgl, xend, h, hmax,
                           CHECK, &method, &act_fct, f_help))
               {*error = NEW;
                return;
               }
            }
         }
       if (!doub)        /* Schrittweite muss nicht verdoppelt werden */
         {if (*h > 0.0 && x0 + (*h) >= xend               /* hinreichend */
              ||  *h < 0.0 && x0 + (*h) <= xend)           /* nahe an xend */
            if (abs (*h) <= 8.0 * MACH_EPS * abs (x0))
              {*error = NEW;  return;  }
            else
              {*error = GO_AHEAD;  return;  }
          a_b_m (&x0, n, dgl, h, f_help);         /* Einen A-B-M-Schritt */
          method = 1;                                    /* durchfuehren */
          act_fct += 2;
         }
      }
   }
}
```

```
int sta_ruk (x, x0, y, n, dgl, xend, h, hmax, new_step, method,
             act_fct, f_help)
double x, *x0, y[], xend, *h, hmax, *f_help [12];
int n, (*dgl) (), new_step, *method, *act_fct;

/*********************************************************************
*                                                                    *
* Die Routine sta_ruk ermittelt Startwerte mit Hilfe des klassischen *
* Runge-Kutta-Verfahrens, die in der Routine ad_mou fuer das Adams-  *
* Bashforth-Moulton-Verfahren benoetigt werden.                      *
*                                                                    *
*                                                                    *
* Eingabeparameter:                                                  *
*                                                                    *
*     Name      Typ/Laenge      Bedeutung                            *
*   ---------------------------------------------------------------- *
*      x        double          unabhaengige Variable; Stelle, ab der *
*                               zu integrieren ist                   *
*      y        double [n]      Anfangswerte der Loesung an der Stelle x*
*      n        int             Anzahl der Differentialgleichungen   *
*     dgl       int * ()        Pointer auf eine function, die die   *
*                               rechten Seiten der Differentialgleich- *
*                               ungen auswertet                      *
*                               Bsp.:        dgl (x, y, value)       *
*                                            double x, y[], value[]; *
*                                     es ist value(i) = F(x,y(i))    *
*     xend      double          Stelle, an der die Loesung gewuenscht *
*                               wird; darf kleiner als x sein        *
*     hmax      double          max. Schrittweite; muß positiv sein  *
*   new_step    int             zeigt an, ob die neue Schrittweite auf *
*                               Plausibilitaet ueberprueft werden soll *
*                                  = 0   :  nicht ueberpruefen       *
*                                  sonst :  ueberpruefen             *
*     f_help  double * [12]     Hilfsfeld                            *
*                                                                    *
*                                                                    *
* Ausgabeparameter:                                                  *
*                                                                    *
*     Name      Typ/Laenge      Bedeutung                            *
*   ---------------------------------------------------------------- *
*      x0       double *        Stelle, bis zu der integriert wurde  *
*      h        double *        Schrittweite fuer den naechsten Schritt;*
*    method     int *           es wird immer *method = 0 ausgegeben *
*                               => Fehlerschaetzung in ad_mou wird mit *
*                                  Faktor fuer R-K-Werte durchgefuehrt *
*    act_fct    int *           aktuelle Anzahl an Aufrufen der function*
*                               *dgl                                 *
*                                                                    *
*                                                                    *
* Rueckgabewert von sta_ruk                                          *
*                                                                    *
*    stop:                                                           *
*          = 0 : alles o.k.                                          *
*          = 1 : neue Schrittweite ist fuer die Rechnergenauigkeit zu *
*                klein                                               *
*                                                                    *
*                                                                    *
```

```
* Benoetigte Unterprogramme:                                           *
*                                                                      *
*   ruk_step : fuehrt einen Runge-Kutta-Schritt durch                  *
*                                                                      *
*                                                                      *
* Benutzte Konstanten:                                                 *
*                                                                      *
*   MACH_EPS                                                           *
*                                                                      *
*                                                                      *
* Benutzte Funktionen:                                                 *
*                                                                      *
*    min, abs                                                          *
*                                                                      *
***********************************************************************/

{double abs_h, x_help;
 int i, repeat_3, stop;
 void ruk_step ();

 if (new_step)          /* neue Schrittweite auf Plausibilitaet pruefen */
   {*h = min (*h, hmax);
    abs_h = abs (*h);
    *h = min (abs_h, abs(xend-(x)) / 3.0);
    *h = (xend > x) ? (*h) : -(*h);
    abs_h = abs (*h);
    if (abs_h <= 8.0 * MACH_EPS * abs (x))
       return (stop = 1);
   }
 *method = 0;
 *x0 = x;
 x_help = x;
 for (i = 0; i < n; i++)
   {f_help[5][i] = y[i];
    f_help[6][i] = y[i];
   }
 for (repeat_3 = 1; repeat_3 <= 3; repeat_3++)     /* 3 Schritte mit    */
   {ruk_step (x0, x_help, n, dgl, f_help, *h);     /* Schrittweite h    */
    x_help += *h;
    *x0 = x_help;
    for (i = 0; i < n; i++)
      {f_help[5][i] += (*h) * f_help[8][i];
       f_help[6][i] = f_help[5][i];
       if (repeat_3 == 3)
          f_help[10][i] = f_help[5][i];
      }
    (*dgl) (*x0, &f_help[5][0], &f_help[repeat_3+1][0]);
   }
 *x0 = x;
 x_help = x;
 for (i = 0; i < n; i++)
   {f_help[5][i] = y[i];
    f_help[6][i] = y[i];
   }

 ruk_step (x0, x_help, n, dgl, f_help, 3.0*(*h));
 *act_fct += 13;                          /* 1 Schritt mit Schrittweite 3*h */
```

```
 for (i = 0; i < n; i++)
   f_help[9][i] = f_help[5][i] + 3.0 * (*h) * f_help[8][i];
 *x0 = x + 3.0 * (*h);
 return (stop = 0);
}


void ruk_step (x0, x_help, n, dgl, f_help, h_help)
double *x0, x_help, *f_help [12], h_help;
int n, (*dgl) ();

/***********************************************************************
 *                                                                     *
 * Die Routine ruk_step fuehrt einen Runge-Kutta_Schritt durch.        *
 *                                                                     *
 *                                                                     *
 * Eingabeparameter:                                                   *
 *                                                                     *
 *      Name      Typ/Laenge      Bedeutung                            *
 *    -------------------------------------------------------------    *
 *       x0       double *        unabhaengige Variable; Stelle, ab der *
 *                                zu integrieren ist                   *
 *     x_help     double          Hilfsvariable; enthaelt bei der Eingabe *
 *                                denselben Wert wie *x0               *
 *        n       int             Anzahl der Differentialgleichungen   *
 *       dgl      int * ()        Pointer auf eine function, die die   *
 *                                rechten Seiten der Differentialgleich- *
 *                                ungen auswertet                      *
 *                                Bsp.:  dgl (x, y, value)             *
 *                                       double x, y[], value[];       *
 *                                   es ist value(i) = F(x,y(i))       *
 *     h_help     double          fuer diesen Runge-Kutta-Schritt zu be- *
 *                                nutzende Schrittweite                *
 *      f_help  double * [12]     Hilfsfeld                            *
 *                                                                     *
 *                                                                     *
 * Ausgabeparameter:                                                   *
 *                                                                     *
 *      Name      Typ/Laenge      Bedeutung                            *
 *    -------------------------------------------------------------    *
 *       x0       double *        unabhaengige Variable; Stelle, bis zu *
 *                                der integriert wurde                 *
 *      f_help  double *[12]      Hilfsfeld                            *
 *                                                                     *
 *                                                                     *
 * Benutzte globale Felder:                                            *
 *                                                                     *
 *    alpha, p                                                         *
 *                                                                     *
 ***********************************************************************/

{int i, repeat_4, index;

 for (i = 0; i < n; i++)
   f_help[8][i] = 0.0;
```

```
 for (repeat_4=1,index=0; repeat_4 <= 4; repeat_4++)
   {(*dgl) (*x0, &f_help[6][0], &f_help[7][0]);
    for (i = 0; i < n; i++)
      f_help[8][i] += alpha[index] * f_help[7][i];
    if (index < 3)
      {index += 1;
       *x0 = x_help + p[index] * h_help;
       for (i = 0; i < n; i++)
         f_help[6][i] = f_help[5][i] + p[index] * h_help * f_help[7][i];
      }
   }
}


void a_b_m (x0, n, dgl, h, f_help)
double *x0, *h, *f_help [12];
int n, (*dgl) ();

/***********************************************************************
*                                                                      *
* Die Routine a_b_m fuehrt einen Schritt mit dem Adams-Bashforth-Moul- *
* ton Verfahren durch.                                                 *
*                                                                      *
*                                                                      *
* Eingabeparameter:                                                    *
*                                                                      *
*   Name      Typ/Laenge        Bedeutung                              *
*  ------------------------------------------------------------------ *
*    x0       double *          unabhaengige Variable; Stelle, ab der *
*                               zu integrieren ist                     *
*    n        int               Anzahl der Differentialgleichungen     *
*   dgl       int * ()          Pointer auf eine function, die die     *
*                               rechten Seiten der Differentialgleich- *
*                               ungen auswertet                        *
*                               Bsp.:      dgl (x, y, value)           *
*                                          double x, y[], value[];     *
*                                     es ist value(i) = F(x,y(i))      *
*    h        double *          zu benutzende Schrittweite             *
*  f_help     double * [12]     Hilfsfeld                              *
*                                                                      *
*                                                                      *
* Ausgabeparameter:                                                    *
*                                                                      *
*   Name      Typ/Laenge        Bedeutung                              *
*  ------------------------------------------------------------------ *
*    x0       double *          unabhaengige Variable; Stelle, bis zu *
*                               der integriert wurde                   *
*  f_help     double * [12]     Hilfsfeld                              *
*                                                                      *
*                                                                      *
* Benutzte globale Felder:                                             *
*                                                                      *
*    beta, betstr                                                      *
*                                                                      *
***********************************************************************/
```

```
{int i, j;

 for (j = 0; j < 4; j++)
   for (i = 0; i < n; i++)
     f_help[j][i] = f_help[j+1][i];
 for (i = 0; i < n; i++)                         /* Praediktor - Schritt */
   f_help[7][i] = 0.0;
 for (j = 0; j < 4; j++)
   for (i = 0; i < n; i++)
     f_help[7][i] += beta[j] * f_help[j][i];
 for (i = 0; i < n; i++)
   f_help[9][i] = f_help[10][i] + (*h) * f_help[7][i] / 24.0;

 *x0 += (*h);                                      /* Neue Stuetzstelle */
 (*dgl) (*x0, &f_help[9][0], &f_help[4][0]);

 for (i = 0; i < n; i++)                          /* Korrektor - Schritt */
   f_help[7][i] = 0.0;
 for (j = 0; j < 4; j++)
   for (i = 0; i < n; i++)
     f_help[7][i] += betstr[j] * f_help[j+1][i];
 for (i = 0; i < n; i++)
   f_help[10][i] += (*h) * f_help[7][i] / 24.0;

 (*dgl) (*x0, &f_help[10][0], &f_help[4][0]);     /* Funktionswert des */
                                                    /* Korrektors */
}

/* ------------------ ENDE ADAMS-BASHFORTH-MOULTON -------------------- */
```

P 10.5 EXTRAPOLATIONSVERFAHREN VON BULIRSCH-STOER

```
/* -------------------- MODUL BULIRSCH-STOER ------------------------- */

#include <stdio.h>
#include <u_const.h>

double log ();

#define EXT_MAX  (int) ( -log(MACH_EPS) / log(2.0) / 7.0 + 0.5)
#define MAX_FCT 1000

int bufol[12] = {2, 4, 6, 8, 12, 16, 24, 32, 48, 64, 96, 128};


int bul_stoe (x, y, n, dgl, xend, h, hmax, eps_abs, eps_rel, new)
double *x, *h;
double xend, hmax, eps_abs, eps_rel;
double y[];
int n, new, (*dgl) ();
```

```
/***********************************************************************
*                                                                      *
* Die Routine bul_stoe fuehrt die numerische Loesung eines Systems ge- *
* woehnlicher Differentialgleichungen                                  *
*                                                                      *
*        Y' = F(x,y)        mit der Anfangsbedingung y(x0) = Y0        *
*                                                                      *
* mit dem Extrapolationsverfahren nach Bulirsch-Stoer durch. Die maxi- *
* male Extrapolationsordnung wird in Abhaengigkeit von der Maschinenge-*
* nauigkeit bestimmt, die Schrittweitensteuerung orientiert sich an der*
* Beschreibung in dem Buch:                                            *
*       HALL, G.; WATT, J.M: Modern Numerical Methods for Ordinary     *
*                            Differential Equations, Oxford 1976,      *
*                                                    Clarendon Press   *
*                                                                      *
*                                                                      *
* Eingabeparameter:                                                    *
*                                                                      *
*      Name      Typ/Laenge      Bedeutung                             *
*    ------------------------------------------------------------------*
*       x        double *        unabhaengige Variable                 *
*       y        double [n]      Anfangswerte der Loesung an der Stelle x*
*      dgl       int * ()        Pointer auf eine function, die die    *
*                                rechten Seiten der Differentialgleich-*
*                                ungen auswertet                       *
*                                Bsp.:      dgl (x, y, value)          *
*                                           double x, y[], value[];    *
*                                      es ist value(i) = F(x,y(i))     *
*       n        int             Anzahl der Differentialgleichungen    *
*      xend      double          Stelle, an der die Loesung gewuenscht *
*                                wird; darf kleiner als x sein         *
*       h        double *        Schrittweite fuer den naechsten Schritt;*
*      hmax      double          max. Schrittweite; muß positiv sein   *
*    eps_abs     double          Fehlerschranken fuer den absoluten bzw.*
*    eps_rel     double          den relativen Fehler; beide muessen   *
*                                >= 0 sein;                            *
*                                Es wird ein gemischter Test durchge-  *
*                                fuehrt:                               *
*                                   abs(lok. Fehler) <= abs(y) * eps_rel *
*                                                        + eps_abs     *
*                                Wenn also eps_rel = 0 gewaehlt wird,  *
*                                entspricht das einem Test auf den abso-*
*                                luten Fehler, wenn eps_abs = 0 gewaehlt*
*                                wird, einem Test auf den relativen Feh-*
*                                ler. Rel_err sollte groesser als das  *
*                                Zehnfache des Maschinenrundungsfehlers*
*                                gewaehlt werden. Ist das nicht der Fall,*
*                                wird es automatisch auf diesen Wert ge-*
*                                setzt.                                *
*      new       int             Flagge, die anzeigt, ob bul_stoe nach *
*                                Ruecksprung wegen zu vielen Funktions-*
*                                auswertungen erneut aufgerufen wird und*
*                                an der alten Stelle weitermachen soll *
*                                   new = 0  :  an alter Stelle weiter-*
*                                               machen                 *
*                                   new = 1  :  neu beginnen           *
*                                                                      *
```

```
*                                                                    *
* Ausgabeparameter:                                                  *
*                                                                    *
*      Name      Typ/Laenge      Bedeutung                           *
*    --------------------------------------------------------------- *
*       x        double *        Stelle, die bei der Integration zuletzt *
*                                erreicht wurde. Normalerweise ist   *
*                                *x = xend.                          *
*       y        double [n]      Loesung an der Stelle *x            *
*       h        double *        Zuletzt gebrauchte Schrittweite; sollte *
*                                fuer den naechsten Schritt unveraendert *
*                                gelassen werden. Bei Aenderungen muss *
*                                new = 1 gesetzt werden.             *
*                                                                    *
*                                                                    *
* Rueckgabewert von bul_stoe:                                        *
*                                                                    *
*     Fehlercode:                                                    *
*         = 0 : alles o.k. Nach Neubesetzung von xend kann bul_stoe  *
*               erneut aufgerufen werden.                            *
*         = 1 : Das Verfahren erreichte bei MAX_FCT Funktionsaufrufen *
*               nicht xend; erneuter Aufruf ohne Aenderung der Parame- *
*               ter kann zum Erfolg fuehren (ansonsten evtl. Fehler- *
*               schranken vergroessern)                              *
*         = 2 : Die Schrittweite unterschreitet das Vierfache des Ma- *
*               schinenrundungsfehlers bezogen auf die Integrations- *
*               stelle. Vor weiteren Aufrufen muessen *h und die Feh- *
*               lerschranken vergroessert werden.                    *
*         = 3 : eps_abs oder eps_rel ist negativ oder beide sind = 0.0 *
*         = 4 : xend = *x                                            *
*         = 5 : hmax ist negativ                                     *
*         = 6 : nicht genug Speicherplatz                            *
*                                                                    *
*                                                                    *
* Benoetigte Unterprogramme:                                         *
*                                                                    *
*    extrapol : fuehrt einen Extrapolationsschritt durch             *
*                                                                    *
*    aus der C-Bibliothek: pow, malloc                               *
*                                                                    *
*                                                                    *
* Benutzte Konstanten:                                               *
*                                                                    *
*    MACH_EPS : Genauigkeit des benutzten Rechners                   *
*     MAX_FCT : max. zulaessige Anzahl von Auswertungen der rechten  *
*               Seite der DGL                                        *
*     EXT_MAX : max. Extrapolationsstufe                             *
*                                                                    *
*                                                                    *
* Benutzte globale Felder:                                           *
*                                                                    *
*    bufol                                                           *
*                                                                    *
*                                                                    *
```

```
* Benutzte Funktionen:                                                    *
*                                                                          *
*    min, max, abs                                                         *
*                                                                          *
***************************************************************************/

{double abs_h, abs_h0, h0, diff_max, hilf;
 int act_fct = 0, ahead = 1, i, j, count, error;
 int column, index;
 char *malloc ();
 static double x0, *f_help[12];
 static int row;
 double pow ();
 void extrapol ();

 if (eps_abs < 0  ||  eps_rel < 0  ||  eps_abs + eps_rel <= 0)
   return (error = 3);                        /* Plausibilitaetskontrollen */
 else if (xend == *x)
   return (error = 4);
 else if (hmax <= 0)
   return (error = 5);

 if (new == 0)                         /* Erneuter Aufruf nach Ruecksprung */
   {*x = f_help[9][0];                           /* wegen zuviel Aufwand */
    for (i = 0; i < n; i++)
      y[i] = f_help[8][i];
   }
 else
   {for (i = 0; i < 12; i++)                   /* Speicherplatzreservierung */
      {f_help[i] = (double *) malloc (n * sizeof (double));
       if (f_help[i] == NULL)
         return (error = 6);
      }
    row = -1;
   }
 eps_rel = max (eps_rel, 10.0*MACH_EPS);

 for (;;)
   {if (new == 1)
      {if (ahead)                                         /* Neuer Schritt */
         {abs_h = abs(*h);
          abs_h = min (abs_h, hmax);
          h0 = min ( abs_h, abs (xend-(*x)) );
          h0 = (xend > (*x)) ? h0 : -h0;
          abs_h0 = abs (h0);
          if (abs_h0  <=  4.0 * MACH_EPS * abs (*x))
            return (error = 0);
          ahead = 0;
         }
       do
         {row += 1;                          /* Bestimmung der Schrittweite */
          *h = h0 / bufol[row];                  /* fuer die Extrapolation  */
          x0 = *x;                          /* Euler-Schritt; Retten der    */
          for (i = 0; i < n; i++)                            /* Anfangswerte */
            f_help[8][i] = y[i];
          (*dgl) (x0, &f_help[8][0], &f_help[11][0]);
```

```
        for (i = 0; i < n; i++)
          f_help[9][i] = f_help[8][i] + (*h) * f_help[11][i];
        x0 += *h;
        (*dgl) (x0, &f_help[9][0], &f_help[11][0]);

/* Mittelpunktregel anwenden                                            */

        for (count = 1; count <= bufol[row] - 1; count++)
          {for (i = 0; i < n; i++)
             f_help[10][i] = f_help[8][i] + 2.0*(*h) * f_help[11][i];
           x0 += *h;
           (*dgl) (x0, &f_help[10][0], &f_help[11][0]);

           for (j = 8; j < 11; j++)              /* Umspeichern fuer den */
             for (i = 0; i < n; i++)              /* naechsten Schritt */
               f_help[j][i] = f_help[j+1][i];
          }

         (*dgl) (x0, &f_help[9][0], &f_help[11][0]);        /* Stabili- */
         for (i = 0; i < n; i++)              /* sieren mit Trapezregel */
           f_help[row][i] = 0.5 * (f_help[9][i] + f_help[8][i]
                                   + (*h) * f_help[11][i]
                                  );
         act_fct += bufol[row] + 2;
        } while (row == 0);

/* Extrapolation                                                        */

      extrapol (&row, f_help, y, n, eps_abs, eps_rel, x, h, h0,
                &ahead, &index);
      if (act_fct >= MAX_FCT)          /* Zuviel Aufwand : Ruecksprung */
        {f_help[9][0] = *x;
         for (i = 0; i < n; i++)
           f_help[8][i] = y[i];
         *x = x0;
         for (i = 0; i < n; i++)
           y[i] = f_help[index-2][i];
         return (error = 1);
        }
     }
    if (!ahead  ||  new == 0)          /* Schritt muss wiederholt werden */
      {new = 1;                        /* Falls erneuter Aufruf vorlag,  */
                                                   /* Flagge loeschen */
       if (row >= min(7, EXT_MAX-1))

/* Umspeichern, da das Extrapolationstableau mit max. 11 Zeilen auf-   */
/* gestellt wird, aber nur max. 8 Extrapolationen moeglich sind        */

         for (j = 0; j < 7; j++)
           for (i = 0; i < n; i++)
             f_help[j][i] = f_help[j+1][i];

/* Genauigkeit trotz vollstaendiger Abarbeitung des Extrapolations-    */
/* schemas nicht erreicht; Schritt mit kleinerer Schrittweite wdh.     */

       if (row >= EXT_MAX + 2)
         {hilf = row - EXT_MAX + 1;
```

```
        h0 = 0.9 * (*h) * pow(0.6,hilf);
        if (abs(h0) <= 4.0 * MACH_EPS * abs(x0))
          return (error = 2);
        row = -1;
      }
    }
  }
}


void extrapol (row, f_help, y, n, eps_abs, eps_rel, x, h, h0, ahead,
               index)
int *row, n, *ahead, *index;
double *f_help[12], y[], eps_abs, eps_rel, *x, *h, h0;

/***********************************************************************
*                                                                      *
* Die Routine extrapol fuehrt einen Extrapolationsschritt fuer die     *
* Routine bul_stoe durch.                                              *
*                                                                      *
*                                                                      *
* Eingabeparameter:                                                    *
*                                                                      *
*     Name      Typ/Laenge       Bedeutung                             *
*   ---------------------------------------------------------------    *
*     row       int *            Zeiger fuer die Felder bufol und f_help*
*    f_help     double * [12]    Matrix fuer Extrapolationswerte       *
*     y         double [n]       Anfangswerte der Loesung an der Stel- *
*                                le x                                  *
*     n         int              Anzahl der Differentialgleichungen    *
*   eps_abs     double           zugelassener absoluter Fehler         *
*   eps_rel     double           zugelassener relativer Fehler         *
*     x         double *         aktuelle Integrationsstelle           *
*     h         double *         lokale Schrittweite                   *
*    h0         double           lokale Schrittweite                   *
*                                                                      *
*                                                                      *
* Ausgabeparameter:                                                    *
*                                                                      *
*     Name      Typ/Laenge      Bedeutung                              *
*   ---------------------------------------------------------------    *
*     ahead     int *           Flagge, die angibt, ob der Schritt ak- *
*                               zeptiert wird oder nicht               *
*                                *ahead = 1  :  Schritt wird akzeptiert *
*                                     sonst  :  Schritt wird verworfen *
*     index     int *           Zeiger fuer die Felder bufol und f_help *
*       x       double *        aktuelle Integrationsstelle            *
*       h       double *        Schrittweite                           *
*                                                                      *
*                                                                      *
* Benutzte Konstanten:                                                 *
*                                                                      *
*    EXT_MAX : max. Extrapolationsordnung                              *
*                                                                      *
*                                                                      *
* Benutzte globale Felder:                                             *
```

```
*                                                                    *
*    bufol                                                           *
*                                                                    *
*                                                                    *
* Benutzte Funktionen:                                               *
*                                                                    *
*    min, max, abs                                                   *
*                                                                    *
*    aus der C-Bibliothek: pow                                       *
*                                                                    *
**********************************************************************/

{int column, i;
 double diff_max, f_help_i1, f_help_i2, bufol_r, bufol_i, y_max = 0.0;
 double help;
 double pow ();

 for (column = 2; column <= min ((*row)+1,EXT_MAX) && (!(*ahead));
      column++)
    {*index = min (11-column, (*row)-column+3);
     for (i=0,diff_max=0.0; i < n; i++)
       {f_help_i1 = f_help[(*index)-1][i];
        f_help_i2 = f_help[(*index)-2][i];
        bufol_r = bufol[*row];
        bufol_i = bufol[(*index)-2];
        f_help[(*index)-2][i] = f_help_i1 + (f_help_i1 - f_help_i2) /
                                ( (bufol_r/bufol_i) * (bufol_r/bufol_i)
                                  - 1.0
                                );
        f_help_i1 = f_help[(*index)-1][i];
        f_help_i2 = f_help[(*index)-2][i];
        y_max = max(y_max, abs(f_help_i2));
        diff_max = max(diff_max, abs(f_help_i2 - f_help_i1));
       }
     if (diff_max < eps_rel * y_max + eps_abs)           /* Schritt wird */
       {*x += h0;                                           /* akzeptiert */
        for (i = 0; i < n; i++)
          y[i] = f_help[(*index)-2][i];
        help = column - EXT_MAX;
        *h = 0.9 * (*h) * pow(0.6,help);            /* Schrittweite fuer */
        *row = -1;                                  /* naechsten Schritt */
        *ahead =1;
       }
    }
}

/* --------------------- ENDE BULIRSCH-STOER ---------------------- */
```

P 11

P 11.1.5 RUNGE-KUTTA-FEHLBERG-VERFAHREN FUER SYSTEME VON DIFFERENTIALGLEICHUNGEN

```
/* --------------------- MODUL R-K-FEHLBERG ------------------------ */

#include <stdio.h>
#include <u_const.h>

#define MAX_FCT 1000

int example;


int rk_fehl (a, da, n, y, dgl, h, hmx, eps_abs, eps_rel)
double *a, da, *h, hmx;
double eps_abs, eps_rel;
double y[];
int n, (*dgl) ();

/*********************************************************************
*                                                                    *
* Ein System gewoehnlicher Differentialgleichungen 1. Ordnung wird   *
* nach der Runge-Kutta-Fehlberg-Methode [O(h⁶ )] mit Schaetzung des lo- *
* kalen Fehlers und Schrittweitensteuerung integriert.               *
*                                                                    *
*                                                                    *
* Eingabeparameter:                                                  *
*                                                                    *
*    Name      Typ/Laenge     Bedeutung                              *
*   -----------------------------------------------------------------*
*     a        double *       Anfangspunkt des Integrationsinter-    *
*                             valls                                  *
*     da       double         Laenge des Integrationsintervalls      *
*                             da < 0.0  ist erlaubt                  *
*     n        int            Anzahl der Differentialgleichungen     *
*     y        double [n]     Anfangswerte an der Stelle a           *
*     dgl      int * ()       Pointer auf eine function, die die     *
*                             rechten Seiten der Differentialgleich- *
*                             ungen auswertet                        *
*                             Bsp.:      dgl (x, y, value)           *
*                                        double x, y[], value[];     *
*                                   es ist value(i) = F(x,y(i))      *
*     h        double *       Anfangsschrittweite; falls *h unrea-   *
*                             listisch vorgegeben wird, wird *h in-  *
*                             tern veraendert; *h kann negativ sein, *
*                             wenn  da < 0.0                         *
*     hmx      double         obere Grenze fuer den Betrag der       *
*                             waehrend der Rechnung benutzten        *
*                             Schrittweiten  (hmx > 0.0)             *
*   eps_abs    double         Grenzen fuer den zulaessigen lokalen   *
*   eps_rel    double         Fehler, relativ zur aktuellen Schritt- *
*                             weite. Gilt fuer jede Komponente der   *
*                             errechneten Loesung y[i]               *
```

```
*                                       abs (Schaetzung des lok. Fehlers)  *
*                                     <= abs(h) * (eps_rel * abs(y[i])     *
*                                                 + eps_abs),              *
*                                   dann wird die Loesung im momentanen    *
*                                   Schritt akzeptiert.                    *
*                                   eps_abs = 0.0  =>  Test fuer rel.      *
*                                                      Fehler              *
*                                   eps_rel = 0.0  =>  Test fuer abs.      *
*                                                      Fehler              *
*                                                                          *
*                                                                          *
* Ausgabeparameter:                                                        *
*                                                                          *
*     Name     Typ/Laenge           Bedeutung                              *
*   ---------------------------------------------------------------------  *
*       a      double *             letzte Stelle, an der eine Loesung     *
*                                   erfolgreich berechnet wurde. Normaler- *
*                                   weise ist dann "a-Ausgabe" = "a-Ein-   *
*                                   gabe + da".                            *
*       y      double [n]           errechneter Loesungsvektor an der      *
*                                   Stelle "a-Ausgabe"                     *
*       h      double *             optimale, im letzten Schritt benutzte  *
*                                   Schrittweite                           *
*                                                                          *
*                                                                          *
* Rueckgabewert von rk_fehl:                                               *
*                                                                          *
*    Fehlercode:                                                           *
*        = 0 : alles o.k.; Loesung errechnet an der Stelle a + da          *
*        = 1 : Nach MAX_FCT Aufrufen der function *dgl wird abge-          *
*              brochen, ohne dass i.a. der Endpunkt a + da erreicht        *
*              wurde. Soll weitergerechnet werden, dann muß rk_fehl        *
*              mit unveraenderten Parametern erneut aufgerufen werden      *
*        = 2 : falsche Eingabedaten, d.h.:                   eps_abs < 0   *
*                                          oder              eps_rel < 0   *
*                                          oder    eps_abs + eps_rel = 0   *
*                                          oder                 hmx <= 0   *
*        = 3 : Die zur Weiterrechnung optimale Schrittweite kann im        *
*              Rechner nicht dargestellt werden.                           *
*        = 4 : nicht genug Speicherplatz                                   *
*                                                                          *
*                                                                          *
* Benoetigte Unterprogramme:                                               *
*                                                                          *
*    aus der C-Bibliothek: sqrt, malloc                                    *
*                                                                          *
*                                                                          *
* Benutzte Konstanten:                                                     *
*                                                                          *
*    MACH_EPS : Genauigkeit des benutzten Rechners                         *
*     MAX_FCT : max. zulaessige Anzahl von Auswertungen der rechten        *
*               Seite der DGL                                              *
*                                                                          *
*                                                                          *
```

```
* Benutzte Funktionen:                                                    *
*                                                                         *
*    min, max, abs                                                        *
*                                                                         *
***************************************************************************/

{double *yt, *t, *r;
 double *k1, *k2, *k3, *k4, *k5, *k6;
 double b, x, hmax, hf, quot, tr, hilf;
 double sqrt ();
 char *malloc ();
 int i, error, act_fct = 0, repeat = 0, ende = 0;

 yt = (double *) malloc (n * sizeof (double));         /* Speicherplatz- */
  t = (double *) malloc (n * sizeof (double));         /* reservierung   */
  r = (double *) malloc (n * sizeof (double));
 k1 = (double *) malloc (n * sizeof (double));
 k2 = (double *) malloc (n * sizeof (double));
 k3 = (double *) malloc (n * sizeof (double));
 k4 = (double *) malloc (n * sizeof (double));
 k5 = (double *) malloc (n * sizeof (double));
 k6 = (double *) malloc (n * sizeof (double));
 if (yt == NULL  ||  t == NULL  ||  r == NULL  ||  k1 == NULL  ||
     k2 == NULL  ||  k3 == NULL  ||  k4 == NULL  ||  k5 == NULL  ||
     k6 == NULL)
   return (error = 4);

 if (eps_rel < 0.0  ||  eps_abs < 0.0     /* Plausibilitaetskontrollen */
     ||  eps_rel + eps_abs == 0.0
     ||  hmx <= 0.0)
   return (error = 2);
 b = (*a) + da;
 if ( abs(da)  <=  13.0 * MACH_EPS * max(abs(*a),abs(b)) )
   return (error = 3);
 hmax = min (hmx,abs(da));
 if (abs(*h) <= 13.0 * MACH_EPS * abs(*a))
   *h = hmax;
 for (;;)
   {if (!repeat)                        /* (*h) wird auf hmax begrenzt  */
      {*h = min (abs(*h), hmax);        /* und so gewaehlt, dass der    */
       *h = (da > 0.0) ? (*h) : -(*h);  /* Endpunkt b erreicht wird,    */
       if ( abs(b-(*a)) <= 1.25 * abs(*h) )              /* falls moegl. */
         {hf = *h;                      /* Falls ende = 1 und *h = b-(*a) zu- */
          ende = 1;                     /* laessig, wird nach dem naechsten   */
          *h = b - (*a);                /* Integrationsschritt abgebrochen    */
         }
       (*dgl) (*a, y, k1);
       act_fct += 1;
      }
    x = (*h) * 0.25;
    for (i = 0; i < n; i++)
      yt[i] = y[i] + x * k1[i];
    x += *a;
    (*dgl) (x, yt, k2);
    for (i = 0; i < n; i++)
      yt[i] = y[i] + (*h) * (k1[i] * (3.0/32.0) + k2[i] * (9.0/32.0));
    x = (*a) + (*h) * 0.375;
```

```
    (*dgl) (x, yt, k3);
    for (i = 0; i < n; i++)
      yt[i] = y[i] + (*h) * (k1[i] * (1932.0/2197.0)
                            - k2[i] * (7200.0/2197.0)
                            + k3[i] * (7296.0/2197.0)
                           );
    x = (*a) + (*h) * (12.0/13.0);
    (*dgl) (x, yt, k4);
    for (i = 0; i < n; i++)
      yt[i] = y[i] + (*h) * (k1[i] * (439.0/216.0) - 8.0 * k2[i]
                            + k3[i] * (3680.0/513.0)
                            - k4[i] * (845.0/4104.)
                           );
    x = (*a) + (*h);
    (*dgl) (x, yt, k5);
    for (i = 0; i < n; i++)
      yt[i] = y[i] + (*h) * (-k1[i] * (8.0/27.0) + 2.0 * k2[i]
                            - k3[i] * (3544.0/2565.0)
                            + k4[i] * (1859./4104.) - k5[i] * (11./40.)
                           );
    x = (*a) + 0.5 * (*h);
    (*dgl) (x, yt, k6);
    for (i = 0; i < n; i++)
      {t[i] = k1[i] * (25.0/216.0) + k3[i] * (1408./2565.0)
              + k4[i] * (2197.0/4104.0) - k5[i] * 0.2;
       yt[i] = y[i] + (*h) * t[i];
      }

/* yt ist jetzt das vorlaeufige Ergebnis des Schrittes. Berechne r,   */
/* die Schaetzung des lokalen Fehlers, relativ zur aktuellen Schritt- */
/* weite                                                              */

    for (i = 0; i < n; i++)
      r[i] = k1[i]/360.0 - k3[i] * (128.0/4275.0)
             - k4[i] * (2197.0/75240.) + k5[i]/50.0 + k6[i] * (2./55.0);

    for (i=0,quot=0.0; i < n; i++)                  /* Genauigkeitstest */
      {tr = abs(r[i]) / (eps_rel * abs(yt[i]) + eps_abs);
       quot = max(quot,tr);
      }

    if (quot <= 1.0)                         /* Ergebnis wird akzeptiert */
      {for (i = 0; i < n; i++)
         y[i] = yt[i];
       *a += (*h);
       if (ende == 1)                    /* Wenn *a = b, dann Ruecksprung */
         {*h = hf;
          return (error = 0);
         }
       quot = max(quot, 0.00065336);    /* Naechsten Schritt vorberei- */
                                                                /* ten */
      }

    quot = min(quot,4096.0);
    hilf = sqrt (quot);
    *h = 0.8 * (*h) / sqrt (hilf);     /* (*h) wurde max. um den Fak-  */
                                       /* tor 5 vergroessert bzw. um   */
                                       /* den Faktor 10 verkleinert    */
```

```
    if (abs(*h) <= 13.0 * MACH_EPS * abs(*a))
      return (error = 3);
    act_fct += 5;

    if (act_fct >= MAX_FCT)
      return (error = 1);

    if (quot > 1.0)                         /* Schritt mit kleinerem (*h) wdh. */
      {repeat = 1;
       ende = 0;
      }
    else                                          /* Schritt wird akzeptiert */
      repeat = 0;
   }
}

/* ---------------------- ENDE R-K-FEHLBERG -------------------------- */
```

P 12

P 12.1 RANDWERTPROBLEME

```
/* ------------------ MODUL RANDWERTPROBLEME ----------------------- */

#include <stdio.h>
#include <u_const.h>

double pow ();

#define MACH_1  pow(MACH_EPS,0.75)
#define MACH_2  100.0*MACH_EPS
#define SINGU 1
#define ENGL45 6
#define MAX_FCT 1000
#define MAX_ITER 15


int rwp (a, b, h, y_start, n, dgl, rand, eps_awp, eps_rb, act_iter)
double a, b, h;
double eps_awp, eps_rb;
double y_start [];
int n, *act_iter;
int  (*dgl) (), (*rand) ();

/***********************************************************************
*                                                                      *
* Diese Routine geht von einem allgemeinen Randwertproblem 1. Ordnung  *
*                                                                      *
*   y' = F(x,y)        a <= x <= b     R(y(a),y(b)) = 0                *
*                                                                      *
* aus und bestimmt ueber das Schiessverfahren zu einer Loesung y eine  *
* Naeherung y_start des zugehoerigen Anfangswertes y(a), mit dem man   *
* dann diese Loesung ueber einen Anfangswertproblemloeser (etwa das    *
* Unterprogramm awp) naeherungsweise bestimmen kann.                   *
* Das nichtlineare Gleichungssystem, das beim Schiessverfahren auf-    *
* tritt, wird mit dem Newton-Verfahren geloest.                        *
*                                                                      *
*                                                                      *
* Eingabeparameter:                                                    *
*                                                                      *
*        Name      Typ/Laenge      Bedeutung                           *
*      -------------------------------------------------------------   *
*         a        double          linke Intervallgrenze               *
*         b        double          rechte Intervallgrenze              *
*                                  b > a                               *
*         h        double          angemessene Anfangsschrittweite     *
*                                  fuer die naeherungsweise Loesung    *
*                                  eines zugeordneten Anfangswertpro-  *
*                                  blems des Schiessverfahrens         *
*        y_start   double [n]      Ausgangsnaeherung fuer einen An-    *
*                                  fangswert y(a) einer Loesung y des  *
*                                  Randwertproblems                    *
*         n        int             Anzahl der Differentialgleichungen  *
```

```
*     dgl      int * ()        Pointer auf eine function, die die    *
*                              rechten Seiten der Differential-      *
*                              gleichungen auswertet                 *
*                              Bsp.: dgl (x, y, value)               *
*                                    double x, y[], value[];         *
*                                 es ist value(i) = F(x,y(i))        *
*    rand      int * ()        Pointer auf eine function, die die    *
*                              Randbedingungen auswertet             *
*                              Bsp.: rand (ya, yb, r)                *
*                                    double ya[], yb[], r[];         *
*                              Der Vektor r beinhaltet die Werte     *
*                              fuer R(ya,yb)                         *
*   eps_awp    double          Genauigkeitsschranke fuer das         *
*                              naeherungsweise Loesen zugeordneter   *
*                              Anfangswertprobleme des Schiessver-   *
*                              fahrens                               *
*    eps_rb    double          Genauigkeitsschranke, mit der die     *
*                              Naeherung y_start fuer die Anfangs-   *
*                              werte y(a) einer Loesung des Rand-    *
*                              wertproblems die Randbedingung R er-  *
*                              fuellen soll                          *
*                                                                    *
* Ausgabeparameter:                                                  *
*                                                                    *
*    Name      Typ/Laenge      Bedeutung                             *
*   -------------------------------------------------------------    *
*   y_start    double [n]      Naeherungswerte fuer die Anfangs-     *
*                              werte y(a) einer Loesung y des Rand-  *
*                              wertproblems                          *
*   act_iter   int *           Anzahl tatsaechlich benoetigter       *
*                              Newton-Iterationen                    *
*                                                                    *
* Rueckgabewert von rwp:                                             *
*                                                                    *
*   Fehlercode:                                                      *
*        = 0 : alles o.k.                                            *
*        = 1 : mindestens eine der Fehlerschranken eps_abs, eps_rel  *
*              und eps_rb ist (innerhalb der Rechengenauigkeit) zu   *
*              klein                                                 *
*        = 2 : b <= a  (innerhalb der Rechengenauigkeit)             *
*        = 3 : h <= 0  (innerhalb der Rechengenauigkeit)             *
*        = 4 : n <= 0                                                *
*        = 5 : Die Anzahl der zulaessigen Funktionsauswertungen      *
*              reicht nicht aus, ein zugeordnetes Anfangswertproblem *
*              des Schiessverfahrens naeherungsweise zu loesen       *
*        = 6 : *act_iter > MAX_ITER. Die Anzahl der zulaessigen      *
*              Newton-Iterationsschritte reicht nicht aus, einen ge- *
*              eigneten Wert y_start innerhalb der geforderten Genau-*
*              igkeit zu bestimmen                                   *
*        = 7 : Die Jacobi-Matrix fuer das Newton-Verfahren ist singu-*
*              laer. Ein Newton-Iterationsschritt kann nicht durchge-*
*              fuehrt werden.                                        *
*        = 8 : Nicht genug Speicherplatz vorhanden                   *
*                                                                    *
*                                                                    *
```

```
* Benoetigte Unterprogramme:                                          *
*                                                                     *
*          awp : loest ein Anfangswertproblem                         *
*        gauss : loest ein lineares Gleichungssystem mit dem Gauss-Al- *
*                gorithmus                                            *
*                                                                     *
*       aus der C-Bibliothek: malloc                                  *
*                                                                     *
*                                                                     *
* Benutzte Konstanten:                                                *
*                                                                     *
*       MACH_1 : Genauigkeitsschranken in Abhaengigkeit des benutzten *
*       MACH_2 : Rechners                                             *
*      MAX_FCT : max. zulaessige Anzahl von Auswertungen der rechten  *
*                Seite der DGL                                        *
*     MAX_ITER : max. zulaessige Anzahl von Newton-Iterationen        *
*        SINGU : 1 : Marke dafuer, dass die Jacobi-Matrix singulaer ist *
*       ENGL45 : 6 : das Unterprogramm awp soll mit der England-Formel *
*                    4./5. Ordnung arbeiten                           *
*                                                                     *
*                                                                     *
* Benutzte Funktionen:                                                *
*                                                                     *
*     max, abs                                                        *
*                                                                     *
***********************************************************************/

{double *yk, *yaj, *r, *rj, *d, *skal;
 double **amat;
 double xk, hk, eps_abs, eps_rel, r_max, delta;
 int *pivot;
 int act_fct, i, jacobi, mark, *sign_det, error = 0;
 int awp (), gauss ();
 char *malloc ();

/* Speicherplatzreservierungen fuer die Hilfsfelder                    */

 yk    = (double *) malloc (n * sizeof (double));
 yaj   = (double *) malloc (n * sizeof (double));
 r     = (double *) malloc (n * sizeof (double));
 rj    = (double *) malloc (n * sizeof (double));
 d     = (double *) malloc (n * sizeof (double));
 skal  = (double *) malloc (n * sizeof (double));
 pivot = (double *) malloc (n * sizeof (double));
 if (yk == NULL  ||  yaj == NULL  ||  r == NULL  ||  rj == NULL  ||
     d == NULL  ||  skal == NULL  ||  pivot == NULL)
   return (error = 8);

 amat = (double **) malloc (n * sizeof (double *));
 for (i = 0; i < n; i++)
   {amat[i] = (double *) malloc (n * sizeof (double));
    if (amat[i] == NULL)
      return (error = 8);
   }

 if (eps_rb < MACH_2)                  /* erste Plausibilitaetskontrollen */
   return (error = 1);
```

```
  if (n <= 0)
    return (error = 4);

  *act_iter = 0;
  eps_abs = 0.5 * eps_awp;
  eps_rel = eps_abs;

/* Falls y_start eine hinreichend genaue Naeherung fuer y(a) ist :
            R u e c k s p r u n g
   (gleichzeitig restliche Plausibilitaetskontrolle der Eingabepara-
    meter ueber das Unterprogramm awp)                                  */

  for (;;)
    {for (i = 0; i < n; i++)
       yk [i] = y_start [i];
     xk = a;
     hk = h;

     error = awp (&xk, yk, n, dgl, b, &hk, eps_abs, eps_rel, ENGL45,
                  &act_fct);
     if (error != 0)
       return (error);

     (*rand) (y_start, yk, r);

     for (i=0,r_max=0.0; i < n; i++)
       r_max = max (r_max, abs(r[i]));
     if (r_max < eps_rb)                      /* Ruecksprung, falls Rand- */
       return (error = 0);                             /* bedingung erfuellt */

     if (++(*act_iter) > MAX_ITER)  /* Ruecksprung, falls max. erlaub- */
       return (error = 6);          /* te Anzahl Newton-Iter. erreicht */

/* Bestimmung eines verbesserten Naeherungswertes y_start fuer y(a)   */
/* mit Hilfe des Newton-Verfahrens, wobei die Jacobi-Matrix amat      */
/* naeherungsweise ueber einseitige Differenzenformeln aufgebaut wird */

     for (jacobi = 0; jacobi < n; jacobi++)
       {for (i = 0; i < n; i++)
          yaj[i] = yk[i] = y_start[i];
        if ( abs (yk[jacobi]) < MACH_2)
          {yk[jacobi] += MACH_1;
           delta = 1.0 / MACH_1;
          }
        else
          {yk[jacobi] *= (1.0 + MACH_1);
           delta = 1.0 / (MACH_1 * yk[jacobi]);
          }
        yaj[jacobi] = yk[jacobi];
        xk = a;
        hk = h;
        error = awp (&xk, yk, n, dgl, b, &hk, eps_abs, eps_rel, ENGL45,
                     &act_fct);

        if (error != 0)
          return (error);
```

```
      (*rand) (yaj, yk, rj);

      for (i = 0; i < n; i++)
        amat[i][jacobi] = (rj[i] - r[i]) * delta;
    }

    mark = gauss (0, n, amat, amat, pivot, r, d, sign_det);
    if (mark == SINGU)             /* Die Jacobi-Matrix ist singulaer */
      return (error = 7);                     /* R u e c k s p r u n g */

    for (i = 0; i < n; i++)
      y_start[i] -= d[i];
  }
}

/* ------------------ ENDE RANDWERTPROBLEME ------------------------- */
```

LITERATURVERZEICHNIS.

L.1 LEHRBÜCHER UND MONOGRAPHIEN (s. auch L.4).

[1] AHLBERG, J.H.; NILSON, E.N.; WALSH, J.L.: The Theory of Splines and their Application, London 1967.

[2] BERESIN, I.S.; SHIDKOW, N.P.: Numerische Methoden, Bd. 1 und 2, Berlin 1970, 1971.

[3] BJÖRCK, A.; DAHLQUIST, G.: Numerische Methoden, München-Wien 1972 (Originaltitel: "Numeriska methoder", Lund (Schweden) 1972), 2. Aufl. 1979.

[4] CARNAHAN, B.; LUTHER, H.A.; WILKES, J.O.: Applied Numerical Methods, New York-London-Sidney-Toronto 1969.

[5] COLLATZ, L.: The Numerical Treatment of Differential Equations, Berlin-Heidelberg-New York 1966.

[6] COLLATZ, L.: Funktionalanalysis und Numerische Mathematik, Berlin-Heidelberg-New York 1968.

[7] CONTE, S.D.: Elementary Numerical Analysis,an algorithmic approach, New York-Sidney-Toronto 1965, 2. Auflage mit C. de Boor, 1977, 3. Aufl. 1980.

[8] DEMIDOWITSCH, B.P.; MARON, I.A.; SCHUWALOWA, E.S.: Numerische Methoden der Analysis, Berlin 1968.

[9] ERWE, F.: Gewöhnliche Differentialgleichungen, BI-Hskrpt. 19, 2. Auflage, Mannheim 1964.

[10] FADDEJEW, D.K.; FADDEJEWA, W.N.: Numerische Methoden der linearen Algebra, Berlin 1970, München, Wien, 5. Aufl. 1979.

[11] FIKE, C.T.: Computer evaluation of mathematical functions, Englewood Cliffs 1966, 1968.

[12] GREVILLE, T.N.E. u.a.: Theory and Application of Spline Functions, New York-London 1969

[13] GRIGORIEFF, R.D.: Numerik gewöhnlicher Differentialgleichungen Band 1, Stuttgart 1972, Band 2, Stuttgart 1977.

[13a] GOLUB, G.H.; VAN LOAN, C.F.: Matrix Computations, Baltimore, Maryland, 2. Auflage 1984.

[13b] HAINER, K.: Numerik mit BASIC-Tischrechnern, Stuttgart 1983.

[14] HÄMMERLIN, G.: Numerische Mathematik I, BI-Hskrpt. 498/498a, Mannheim-Wien-Zürich 1970, 2. überarbeitete Aufl. 1978.

[15] HANDSCOMB, D.C.: Methods of numerical approximation, Oxford-London-New York- Toronto-Sidney 1966.

[16] HEINRICH, H.: Numerische Behandlung nichtlinearer Gleichungen in Überblicke Mathematik 2, BI-Hskrpt. 232/232a, Mannheim 1969.

[17] HENRICI, P.: Discrete Variable Methods in Ordinary Differential Equations, New York-London-Sidney 1962, 1968.

[18] HENRICI, P.: Elemente der numerischen Analysis, Bd.1 und 2, BI-Htb. 551 und 562, Mannheim-Wien-Zürich 1972.

[19] ISAACSON, E.; KELLER, H.B.: Analyse numerischer Verfahren, Zürich und Frankfurt 1973.

[20] ENGELN-MÜLLGES, G.; REUTTER, F.: Numerische Mathematik für Ingenieure, BI-Htb. 104, Mannheim-Wien-Zürich 1973, 2. Aufl. 1977, 3. Auflage 1982 BI-Wissenschaftsverlag, 4. Aufl. 1985, 5. Aufl. 1987.

[20a] ENGELN-MÜLLGES, G.; REUTTER, F.: Formelsammlung zur Numerischen Mathematik mit Standard-FORTRAN 77-Programmen, 5. Auflage 1987, BI-Wissenschaftsverlag

[20b] KAHMANN, J.: BASIC-Programme zur Numerischen Mathematik, Wiesbaden 1985.

[21] KELLER, H.B.: Numerical methods for two point boundary value problems, Massachusetts-Toronto-London 1968.

[22] KNAPP, H.; WANNER, G.: Numerische Integration gewöhnlicher Differentialgleichungen, in Überblicke Mathematik 1, BI-Hskrpt. 161/161a, Mannheim-Zürich 1968.

[23] KNESCHKE, A.: Differentialgleichungen und Randwertprobleme, Band 1, Berlin 1957.

[24] KRYLOV, V.I.: Approximate Calculation of Integrals, New York-London 1962.

[25] McCALLA, Th.R.: Introduction to numerical methods and Fortran Programming, New York-London-Sidney 1967.

[26] McCRACKEN, D.D.; DORN, W.S.: Numerical methods and Fortran-Programming, New York 1964, 3. print 1965.

[27] MEINARDUS, G.: Approximation von Funktionen und ihre numerische Behandlung, Berlin-Heidelberg-New York 1964, engl. Ausgabe 1967.

[27a] NIEDERDRENK, K.: Die endliche Fourier- und Walsh-Transformation mit einer Einführung in die Bildverarbeitung, 2. Auflage 1984, Wiesbaden.

[28] NITSCHE, J.: Praktische Mathematik, BI-Hskrpt. 812, Mannheim-Zürich 1968.

[29] NOBLE, B.: Numerisches Rechnen I,II, BI-Htb. 88,147, Mannheim 1973.

[30] POLOSHI, G.N.: Mathematisches Praktikum, Leipzig 1964.

[31] RALSTON, A.; WILF, H.S.: Mathematische Methoden für Digitalrechner I, München-Wien 1967, 2. Aufl. 1972, II München-Wien 1969, 2. Aufl. 1979.

[32] SAUER, R.; SZABO, I.: Mathematische Hilfsmittel des Ingenieurs, Teil II, Berlin-Heidelberg-New York 1969, Teil III, Berlin-Heidelberg-New York 1968.

[33] SCHWARZ, H.R.; STIEFEL, E.; RUTISHAUSER, H.: Numerik symmetrischer Matrizen, Stuttgart 1968, 2. durchges. u. erweiterte Aufl. 1972.

[34] STIEFEL, E.: Einführung in die numerische Mathematik, Stuttgart 1970. 5. Aufl. 1976.

[35] STOER, J.: Einführung in die numerische Mathematik I, Berlin-Heidelberg-New York 1970 3. Auflage 1979, 4. Aufl. 1983.

[36] STOER, J.; BULIRSCH, R.: Einführung in die numerische Mathematik II, Berlin-Heidelberg-New York 1973, 2. neu bearb. Aufl. 1978.

[37] STROUD, A.H.; SECREST, D.: Gaussian Quadrature Formulas, Englewood Cliffs, N.Y., 1966.

[38] STUMMEL, E.; HAINER, K.: Praktische Mathematik, Stuttgart 1970, 2. überarb. u. erw. Aufl. 1982.

[39] WANNER, G.: Integration gewöhnlicher Differentialgleichungen, BI-Hskrpt. 831/831a, Mannheim-Zürich 1969.

[40] WERNER, H.: Praktische Mathematik I, Berlin-Heidelberg-New York 1970, 3. Aufl. 1982.

[41] WERNER, H.; SCHABACK, R.: Praktische Mathematik II, Berlin-Heidelberg-New York 1972, 2. Aufl. 1979.

[42] WILKINSON, J.H.: Rundungsfehler, Berlin-Heidelberg-New York 1969.

[43] WILLERS, F.A.: Methoden der praktischen Analysis, Berlin 1957, 4. verb. Aufl. 1971.

[44] ZURMÜHL, R.: Matrizen und ihre technischen Anwendungen, Berlin-Göttingen-Heidelberg, 4. neubearb. Aufl. 1964.

[45] ZURMÜHL, R.: Praktische Mathematik für Ingenieure und Physiker, Berlin-Heidelberg-New York, 5. neubearb. Aufl. 1965.

L.2 ORIGINALARBEITEN (s. auch L.5).

[46] DÖRING, B.: Über das Newtonsche Näherungsverfahren, Math.-Phys. Semesterberichte XVI (1969), S.27-40.

[47] ENGELS, H.: Allgemeine interpolierende Splines vom Grade 3, Computing 10 (1972), S.365-374.

[48] FEHLBERG, E.: Neuere genauere Runge-Kutta-Formeln für Differentialgleichungen zweiter Ordnung bzw. n-ter Ordnung, ZAMM 40 (1960), S.252-259 bzw. S.449-455.

[49] FEHLBERG, E.: Numerisch stabile Interpolationsformeln mit günstiger Fehlerfortpflanzung für Differentialgleichungen erster und zweiter Ordnung, ZAMM 41 (1961), S.101-110.

[50] FEHLBERG, E.: New High-Order Runge-Kutta-Formulas with an Arbitrarily Small Truncation Error, ZAMM 46 (1966), S.1-16 (vgl. auch ZAMM 44 (1964), T 17-T 29).

[51] FEHLBERG, E.: Klassische Runge-Kutta-Formeln fünfter bis siebenter Ordnung mit Schrittweitenkontrolle, Computing 4 (1969), S.93-106.

[52] FEHLBERG, E.: Klassische Runge-Kutta-Nyström-Formeln mit Schrittweitenkontrolle, Computing 10 (1972), S.305-315 und Computing 14 (1975), S.371-387.

[53] FILIPPI, S.; SOMMER, D.: Beiträge zu den impliziten Runge-Kutta-Verfahren, Elektron. DVA 10 (1968), S. 113-121.

[54] HEINRICH, H.: Zur Vorbehandlung algebraischer Gleichungen (Abspaltung mehrfacher Wurzeln), ZAMM 36 (1956), S. 145-148.

[55] RITTER, K.: Two Dimensional Splines and their Extremal Properties, ZAMM 49 (1969), S.597-608.

[56] RUTISHAUSER, H.: Über die Instabilität von Methoden zur Integration gewöhnlicher Differentialgleichungen, ZAMP 3 (1952), S.63-74.

[57] RUTISHAUSER, H.: Der Quotienten-Differenzen-Algorithmus, Mitteilungen aus dem Inst. für Angew. Mathematik der ETH Zürich, Nr. 7, Basel 1957, S.5-74.

[58] RUTISHAUSER, H.: Bemerkungen zur numerischen Integration gewöhnlicher Differentialgleichungen n-ter Ordnung, Num. Math. 2 (1960), S.263-279 (s.a. ZAMP 6 (1955), S.497-498).

[59] SCHMIDT, J.W.: Eine Übertragung der Regula falsi auf Gleichungen in Banachräumen, ZAMM 43 (1963), S.1-8 und S.97-110.

[60] SCHMIDT, J.W.: Konvergenzgeschwindigkeit der Regula falsi und des Steffensen-Verfahrens, ZAMM 46 (1966), S.146-148.

[61] SHAH, J.M.: Two-Dimensional-Polynomial Splines, Num. Math. 15 (1970), S.1-14.

[62] SOMMER, D.: Neue implizite Runge-Kutta-Formeln und deren Anwendungsmöglichkeiten, Dissertation, Aachen 1967.

[63] SPICHER, K.: Bemerkungen zur praktischen Durchführung des Verfahrens von Runge-Kutta-Fehlberg, Elektron. DVA 9(1967), S.79-85.

[64] ZURMÜHL, R.: Zum Graeffe-Verfahren und Horner-Schema bei komplexen Wurzeln, ZAMM 30 (1950), S.283-285.

L.3 AUFGABEN- UND FORMELSAMMLUNGEN, TABELLENWERKE, PROGRAMMBIBLIOTHEKEN.

[65] ABRAMOWITZ, M.; STEGUN, I.A. (ed.): Handbook of Mathematical Functions, New York 1965.

[66] BRONSTEIN, I.N.; SEMENDJAJEW, K.A.: Taschenbuch der Mathematik, Leipzig 1969.

[67] COLLATZ, L.; ALBRECHT, J.: Aufgaben aus der Angewandten Mathematik I und II, Braunschweig 1972, 1973.

[68] GLASMACHER, W.; SOMMER, D.: Implizite Runge-Kutta-Formeln, Forschungsberichte des Landes NRW, Nr. 1763, Köln-Opladen 1966.

[69] GRÖBNER, W.; HOFREITER, N.: Integraltafel, erster und zweiter Teil, Wien 1961.

[70] HART, J.F. u.a.: Computer Approximations, New York-London-Sidney 1968.

[71] HASTINGS, C.: Approximations for digital computers, Princeton 1955.

[72] LEBEDEV, A.V.; FEDOROVA , R.M.; BURUNOVA, N.M.: A Guide to Mathematical Tables, 2 Bde.,Oxford-London-New York-Paris 1960.

[73] PRASAD, B.; NARASIMHAN, V.L.: An Index of Approximations of Functions, San Diego 1964.

[74] RICE, J.E.(ed.): Math. Software I, New York, London 1970/71, III 1977

[75] WILKINSON, J.H.; REINSCH, C.: Handbook for automatic computation, Berlin 1971.

[76] ZIELKE, G.: Algol Katalog "Matrizenrechnung", München-Wien 1972.

[77] IMSL International Mathematical and Statistical Library, Houston (Texas), Version 8, 1982.

L.4 ERGÄNZUNGEN ZU L.1

[78] BEZIER, P.: Numerical Control, Mathematics and Applications, New York-London-Toronto 1972.

[78a] BÖHM, W.; GOSE, G.: Einführung in die Methoden der Numerischen Mathematik, Wiesbaden 1977.

[78b] BOOR, de C.: A Practical Guide to Splines, New York, Heidelberg, Berlin 1979.

[78c] BOOR, de C.; GOLUB, G.H.: Recent Advances in Numerical Analysis, New York 1978, Academic Press.

[79] BÖHMER, K.: Spline-Funktionen, Stuttgart 1974.

[80] BÖHMER, K.; MEINARDUS, G.; SCHEMPP, W.: Splinefunktionen, Vorträge und Aufsätze, Mannheim-Wien-Zürich 1975.

[80a] BRASS, H.: Quadraturverfahren (Studia Mathematica, Script 3) Göttingen 1977.

[81] BROSOWSKI, B.; KREß, R.: Einführung in die numerische Mathematik I und II, Mannheim-Wien-Zürich 1975 und 1976.

[81a] DONGARRA, J.J.: Linpack Users'Guide, SIAM Philadelphia 1979.

[81b] ENGELS, H.: Numerical Quadrature and Cubature, London, New York, Toronto, Sydney, San Francisco 1980.

[82] FORSYTHE, G.E.; MOLER, C.B.: Computer-Verfahren für lineare algebraische Systeme, München, Wien, 1971.

[82a] FRIED, I.: Numerical Solution of Differential Equations, New York, 1979, Academic Press.

[83] GEAR, C.W.: Numerical Initial Value Problems in Ordinary Differential Equations, Englewood Cliffs, N.J. 1971.

[83a] GOOS, G.; HARTMANIS, J. (Hrsg.): Lectures Notes in Computer Science, Vol. 76 Codes for Boundary-Value Problems in Ordinary Differential Equations, Berlin, Heidelberg, New York 1979.

[83b] GOOS, G.; HARTMANIS, J. (Hrsg.): Lectures Notes in Computer Science, Vol. 6 EISPACK Guide, Berlin, Heidelberg, New York 1974, 2. Aufl. 1976.

[84] HAGANDER, N.; SUNDBLAD, Y.: Aufgabensammlung Numerische Methoden, Bd. 1: Aufgaben, Bd. 2: Lösungen. München-Wien 1972, 2. Aufl. 1982.

[84a] HALL, G.; WATT, J.M: Modern Numerical Methods for Ordinary Differential Equations, Oxford 1976, Clarendon Press.

[84b] KELLER, H.B.: Numerical Solution of Two Point Boundary Value Problems, SIAM Philadelphia, 1976.

[85] KERNER, J.O.: Numerische Mathematik und Rechentechnik, Teil I, Leipzig 1970, Teil II, 1 und 2, Leipzig 1973.

[85a] KRABS, W.: Optimierung und Approximation, Stuttgart 1975.

[86] LAPIDUS, L.; SEINFELD, J.H.: Numerical Solution of Ordinary Differential Equations, New York and London 1971.

[86a] MEINARDUS, G.; MERZ, G.: Praktische Mathematik I, Mannheim, Wien, Zürich 1979.

[86b] MEIS, Th.; MARCOWITZ, U.: Numerische Behandlung partieller Differentialgleichungen, Berlin, Heidelberg, New York 1978.

[86c] RALSTON, A.: RABINOWITZ, P.: A first Course in Numerical Analysis, 2. Aufl., International Student Edition, Mc Graw Hill, Kogokusha, 1978.

[86d] RICE, John R.: Numerical Methods, Software and Analysis, McGraw-Hill 1983.

[87] SELDER, H.: Einführung in die Numerische Mathematik für Ingenieure, München 1973, 2. durchges. u. ergänzte Aufl. 1979.

[87a] SCHENDEL, U.: Sparse Matrizen, München, Wien 1977

[88] SCHMEIßER, G.; SCHIRMEIER, H.: Praktische Mathematik, Berlin-New-York, 1976.

[88a] SHAMPINE, L.F.; ALLEN, R.C.Jr.: Numerical Computing: An Introduction Philadelphia, London, Toronto 1973

[88b] SHAMPINE, L.F.; GORDON, M.K.: Computer-Lösung gewöhnlicher Differentialgleichungen, Wiesbaden 1984.

[89] SPÄTH, H.: Spline Algorithmen zur Konstruktion glatter Kurven und Flächen, München-Wien 1973, 3. Aufl. 1983.

[90] SPÄTH, H.: Algorithmen für elementare Ausgleichsmodelle, München-Wien 1973.

[90a] SPÄTH, H.: Algorithmen für multivariable Ausgleichsmodelle, München, Wien 1974.

[91] STETTER, J.: Analysis of Discretization Methods for Ordinary Differential Equations, Berlin-Heidelberg-New York 1973.

[91a] STETTER, H.J.: Numerik für Informatiker, München, Wien 1976.

[92] STROUD, A.H.: Numerical Quadrature and Solution of Ordinary Differential Equations, New York-Heidelberg-Berlin 1974.

[92a] TIKHONOV, A.N.; ARSENIN, V.Y.: Solutions of Ill-Posed Problems, New York, Toronto, London, Sydney 1977, Winston & Sons.

[92b] TÖRNIG, W.: Numerische Mathematik für Ingenieure und Physiker
Bd. 1: Numerische Methoden der Algebra
Bd. 2: Eigenwertprobleme und numerische Methoden der Analysis
Berlin, Heidelberg, New York 1979

[92c] TRAUB, J.F.: Iterative Methods for the Solution of Equations, Englewood Cliffs, New York 1964.

[92d] WEISSINGER, J.: Numerische Mathematik auf Personal-Computern, Teil 1, 2, BI-Wissenschaftsverlag, 1984.

[93] WERNER, H.: Vorlesung über Approximationstheorie, Berlin-Heidelberg-New York 1966.

[93a] WERNER, H.; JANSSEN, J.P.; ARNDT, H.: Probleme der praktischen Mathematik. Eine Einführung. Bd. I, 2. Aufl., Bd. II, 2. Aufl. BI-Htb. 134/135, Mannheim, Wien, Zürich 1980.

[93b] WILKINSON, J.H.: The Algebraic Eigenvalue Problem, Oxford, 1965, Clarendon Press

[94] YOUNG, D.M.: Iterative Solution of Large Linear Systems, New York and London 1971.

L.5 ERGÄNZUNGEN ZU L.2.

[94b] ANDERSON, N., Björck, A.: A new High Order Method of Regula Falsi Typ for Computing a Root of an Equation, BIT 13 (1973), S. 253-64.

[95] BAUHUBER, F.: Diskrete Verfahren zur Berechnung von Nullstellen von Polynomen, Computing 5 (1970), S.97-118.

[95a]BERG, L.: On the Simultaneous Calculation of Two Zeros,Computing 24, (1980), S. 87-91.

[96] BULIRSCH, R., STOER, J.: Numerical Treatment of Ordinary Differential Equations by Extrapolation Methods, Numerische Mathematik 8 (1966), S.1-13.

[97] ESSER, H.: Eine stets quadratisch konvergente Modifikation des Steffensen-Verfahrens, Computing 14 (1975), S.367-369.

[98] ESSER, H.: Stabilitätsungleichungen bei Randwertaufgaben gewöhnlicher Differentialgleichungen , Num. Math. 28 (1977), S. 69-100.

[98a]ESSER,H.; NIEDERDRENK, K.: Nichtäquidistante Diskretisierung von Randwertaufgaben, Num. Math. 35 (1980), S. 465-478.

[98b]FORD, J.A.: A Generalization of the Jenkins-Traub Method, Mathematics of Computation, Vol. 31 (1977), S. 193-203

[99] FRANK, W.L.: Finding Zeros of Arbitrary Functions, JACM, Vol. 5 (1958), S.154-160.

[100] GEAR, C.W.: The Automatic Integration of Stiff Ordinary Differential Equations, Comm. of the ACM, Vol 14 No.3 (1971), S.176-179.

[101] GEAR, C.W.: DIFSUB for Solution of Ordinary Differential Equations (D 2), Comm. of the ACM, 14 (1971), S.185-190.

[102] GRAGG, W.B.: On Extrapolation Algorithms for Ordinary Initial Value Problems, J.Siam Numer. Anal. Ser. B, 2 (1965), S.384-403.

[103] HULL-ENRIGHT-FELLEN and SEDGWICK: Comparing Numerical Methods for Ordinary Differential Equations, SIAM J. Num. Anal. Vol.9, Nr.4 (1972), S.603-137.

[103a]HULL, T.E.; ENRIGHT, W.H.; LINDBERG, B.: Comparing Numerical Methods for Stiff Systems of ODE, BIT 15 (1975), S. 10-48

[104] JANSEN, R.: Genauigkeitsuntersuchungen bei direkten und indirekten Verfahren zur numerischen Lösung von gewöhnlichen Differentialgleichungen n-ter Ordnung, Dipl. Arbeit Aachen 1975 (unveröffentlichtes Manuskript).

[104a]JELTSCH, R.: Stability on the imaginary axis and A-stability of linear multistep methods, BIT, 18 (1978), S. 170-174.

[104b]JELTSCH, R.: Stiff Stability and Its Relation to A_0- and A(0)-Stability, SIAM J. Num. Anal. 13 (1976), S. 8-17

[105] JENKINS, M.A.; TRAUB, J.F.: A Three-Stage-Algorithm for Real Polynomials using Quadratic Iteration, SIAM J. Num. Anal. Vol. 7 (1970), S.545-566. S.a. Numer. Math. 14 (1970) S. 252-263.

[105a]KIOUSTELIDIS, J.B.: Algorithmic Error Estimation for Approximate Solution of Nonlinear Systems of Equations, Computing 19 (1978), S. 313-320,

[105b]KIOUSTELIDIS, J.B.: A Derivative-Free Transformation Preserving the Order of Convergence of Iteration Methods in Case of Multiple Zeros, Num. Math. 33 (1979), S. 385-389.

[105c]KAHANER, D.K., J. Stoer: Extrapolated adaptive quadrature SIAM J. SCI. STAT. COMPUT., Vol. 4, No. 1, (1983).

[106] KREISS, H.O.: Difference Approximations for Boundary and Eigenvalue Problems for Ordinary Differential Equations, Math. of Comp. 26 (1972), S.605-624.

[107] KROGH, F.T.: Predictor-Corrector-Methods of High Order with Improved Stability Characteristics, J. Ass. for Comp. Mach., Vol. 13 (1966), S.374-385.

[108] KROGH, F.T.: A Variable Step Variable Order Multistep Method for the Numerical Solution of Ordinary Differential Equations. Jet Propulsion Laboratory Pasadena/Cal. (Sect. Comp. and Anal.), May 1968, S.A91-A95.

[108a] LINDBERG, B.: Characterization of Optimal Stepsize Sequences for Methods for Stiff Differential Equations, SIAM J. Num. Anal. 14, (1977), S. 859-887.

[108b] LINIGER, W.: Stability and Error Bounds for Multistep Solutions of Nonlinear Differential Equations, Proc. ISCAS-77 (IEEE International Symposium on Circuits and Systems), Phoenix, Ariz., April 25-27, 1977, S. 277-280.

[109] MARTIN, R.S.; PETERS, G. and J.H. WILKINSON: The QR-Algorithm for Real Hessenberg Matrices, Num. Math. 14 (1970), S.219-231.

[110] MARTIN, R.S.; J.H. WILKINSON: Similarity Reduction of a General Matrix to Hessenberg Form, Num. Math. 12 (1968), S.349-368.

[111] MULLER, D.E.: A Method for Solving Algebraic Equations using an Automatic Computer, Math. Tables Aids Comp. 10 (1956), S.208-215.

[112] NIETHAMMER, W.: Über- und Unterrelaxation bei linearen Gleichungssystemen, Computing 5 (1970), S.303-311.

[113] PARLETT, B.N; REINSCH, C.: Balancing a Matrix for Calculation of Eigenvalues and Eigenvectors, Num. Math. 13 (1969), S.293-304.

[113a] PATRICK, M.L.; SAARI, D.G.: A Globally Convergent Algorithm for Determining Approximate, Real Zeros of a Glass for Functions, BIT 15 (1975), S. 296-303.

[114] PETERS, G.; J.H. WILKINSON: Eigenvectors of Real and Complex Matrices by LR and QR triangularizations, Num. Math. 16(1970), S.181-204.

[115] REINSCH, C.: Smoothing by Spline Functions I, Num. Math. 10 (1967), S.177-183; II.: Num. Math. 16 (1971), S.451-454.

[116] SPÄTH, H. Zweidimensionale glatte Interpolation, Computing 4 (1969), S.178-182; s. auch Computing 7 (1971), S.364-369.

[117] TRAUB, J.F.: A Class of Globally Convergent Iteration Functions for the Solution of Polynomial Equations, Math. of Comp. 20 (1966), S.113-138.

[118] DOWELL, M., JARRATT, P.: The "Pegasus" Method for Computing the Root of an Equation, BIT 12 (1972), 503-508

[119] DOWELL, M., JARRATT, P.: A Modified Regula Falsi Method for Computing the Root of an Equation. BIT 11 (1971), 168-174

[120] KING, R.F.: An Improved Pegasus-Method for Root Finding. BIT 13 (1973), S. 423-427.

[121] SHRAGER, R.I.: A Rapid Robust Rootfinder. Mathematics of Computation Vol. 44, No. 169, Jan. 1985, S. 151-165.

[122] IGARASHI, M.: Practical stopping rule for finding roots of nonlinear equations, J. of Computational and Applied Mathematics 12, 13 (1985), 371-380 North Holland.

[123] NORTON, V.: Finding a Brackefed Zero by Larkin's Method of Rational Interpolation. ACM Transactions on Mathematical Software, Vol. 11, No. 2, June (1985), 120-134.

SACHREGISTER

A

B

C

D

M

N

O

P

Q

R

T

U

V

W

Z